研精阐微
开物成务

邬贺铨
2016.12.22

亚波长电磁学

(下册)

罗先刚 著

科学出版社

北京

内 容 简 介

本书主要介绍亚波长尺度电磁波与物质相互作用的新奇现象、物理机理及其在各种电磁学/光学系统中的应用。针对传统光学和电磁学理论存在的原理性障碍,阐述了亚波长尺度突破传统极限的理论和方法,并在此基础上给出了亚波长结构辅助的新电磁学和光学定律。本书是亚波长电磁学学科的第一部专著,涉及的主要内容是作者多年来从事基础和应用研究的成果体现,也广泛收录了国际上其他著名团队的最新结果。

本书适合物理、光学、电磁学等领域的理论和实验工作者、大学教师、研究生和高年级本科生阅读和参考。

图书在版编目(CIP)数据

亚波长电磁学.下册/罗先刚著.—北京:科学出版社,2016

ISBN 978-7-03-049951-6

Ⅰ.①亚… Ⅱ.①罗… Ⅲ.①电磁学 Ⅳ.①O441

中国版本图书馆 CIP 数据核字(2016) 第 225841 号

责任编辑:鲁永芳 赵彦超/责任校对:张凤琴
责任印制:吴兆东/封面设计:铭轩堂

科 学 出 版 社出版
北京东黄城根北街 16 号
邮政编码:100717
http://www.sciencep.com
北京建宏印刷有限公司 印刷
科学出版社发行 各地新华书店经销
*
2017 年 1 月第 一 版 开本:720×1000 1/16
2022 年 10 月第二次印刷 印张:45 3/4
字数:880 000
定价:398.00 元
(如有印装质量问题, 我社负责调换)

序 一

古人云: "莫见乎隐,莫显乎微",许多精深的道理往往隐藏在细微之处。历史上取得重要成就的学者往往是从常人没有认识到,或者忽略的地方发现新的现象,建立新的理论,并影响人类社会的发展。光学的发展历程完美地印证了这个规律:在惠更斯之前,以牛顿为代表的经典物理学家一致认为光是一种微粒,尽管惠更斯的波动理论成功说明了光的衍射现象,但它很难解释光的偏振、辐射、吸收等特性,直到麦克斯韦统一电磁场理论以及爱因斯坦正确解释光电效应,关于光的本性的争论才暂时告一段落。

经典电磁学和现代光学通常研究的是电磁波与宏观物质的相互作用,以及微观尺度上的量子效应和应用,对亚波长尺度空间上电磁波的行为缺乏认识,导致许多技术的发展存在难以逾越的障碍。以光的衍射为例,传统理论认为光学成像和传输受到衍射极限的限制,难以在亚波长尺度上操控,严重制约了光子技术的发展。近年来,得益于理论和研究手段的进步,亚波长电磁学取得了快速的发展,其中光子晶体、等离子体激元和超材料三个重要方向均被《自然》杂志作为电磁学发展史上的里程碑。尽管基于亚波长结构的电磁器件在多种系统中发挥了难以替代的关键作用,但目前国际上还没有相应的专著对这一领域进行系统地介绍。本书构建了亚波长电磁学的理论和技术框架,是第一部详细阐述亚波长尺度物理效应、机理及其应用的著作,相关的内容和研究范式将为亚波长领域的开启提供原理和方法支撑。

周炳琨

2016 年 9 月

序 二

电磁学和光学是现代信息社会的重要科学基础。当前,电磁波的应用范围已覆盖关系人类生活和社会安全的许多重要领域。然而,在亚波长尺度,近年来人们在传统电磁学和光学领域观察到一系列新现象。经典理论难以解释这些现象,预示着电磁学理论和方法面临着重大的突破和发展机遇。

纵观百余年的发展历史,亚波长电磁学的研究可分为三个阶段:从 19 世纪末至 20 世纪初为亚波长电磁学的萌芽阶段,期间人们发现了一系列亚波长尺度的异常现象,包括金属薄膜的结构色 (Faraday,1857),一维光子晶体滤波 (Rayleigh,1887),人造手性 (Bose,1897) 以及金属光栅的异常衍射 (Wood,1902) 等;第二个阶段出现在 20 世纪中后期,初步确立了亚波长电磁学的基本理论体系,包括表面等离子体 (Ritchie,1957)、负折射材料 (Veselago,1968) 以及三维光子晶体 (Yablonovitch,1987) 等。20 世纪末至今为第三个阶段,也是亚波长电磁学的蓬勃发展阶段。随着亚波长结构负折射材料 (Pendry et al,1996,1999;Smith et al,2000),小孔的异常透射和聚束效应 (Ebbesen et al,1998,2002),超分辨透镜 (Pendry,2000;Luo et al,2004;Zhang et al,2005),以及任意折射和广义斯涅耳定律 (Luo et al, 2008;Capasso et al, 2011) 取得理论和实验突破,表面等离子体、超材料、光子晶体等领域逐渐深度融合并交织在一起,衍生出许多新的研究方向。

尽管亚波长电磁学已取得长足发展,但迄今为止国际上尚无一本系统的专著对相关的理论框架、技术和应用进行阐述,这与本领域当前的飞速发展态势极不相称。本书详细地介绍了亚波长电磁学的研究历史和发展现状,阐述了亚波长电磁学的基本现象、效应、理论和应用,相关的方法、思路可以拓展到力、热、电、声等多个领域。十余年来,罗先刚团队先后承担了国家 973/863、国家杰出青年科学基金、重点基金等多项国家级项目,在该领域取得了一系列突破性的进展,与国际同行一道奠定了亚波长电磁学科发展的重要基础。本书的部分内容直接来源于上述项目的研究成果,是广大科研工作者和高等学校师生一本很好的参考书。

2016 年 9 月

前　　言

电磁学是经典物理学的基础之一, 主要内容包括静电场、静磁场、电磁感应和电磁波等。自 20 世纪中期以来, 电磁波的重要性不断凸显, 它不仅是现代信息社会的基石, 也是高功率微波、激光武器等未来先进军事技术的核心。

电磁波的研究横跨原子尺度 (伽马射线) 到若干千米的宏观尺度 (射频信号)。对于任意一种电磁波 (包括可见光、红外、太赫兹、微波等), 其研究范围均可根据研究尺度与波长的关系划分为 "超波长" "近波长" 和 "亚波长" 这三个范畴。光学和电磁学最开始研究的范畴属于 "超波长" 领域, 主要研究光和电磁波在界面上的折射、反射等几何光学现象。随着衍射理论的发展, 从 19 世纪初期起, "近波长"这一尺度逐渐被广泛研究, 并在此基础上出现了包括光栅、波带片在内的多种衍射器件。19 世纪末期以来, 随着麦克斯韦方程组和洛伦兹电子论的出现, 电磁学的发展取得了重要进展, 亚波长这一尺度逐渐受到重视。与此同时, 量子力学的诞生进一步使得电磁学的研究尺度深入到原子尺度, 并在这一尺度发现了许多光和物质相互作用的新现象, 为光子的操控提供了全新的理论。从某种意义上讲, 量子力学正是 "亚波长" 这一尺度向下发展的结果。亚波长尺度的全新物理效应, 为突破经典理论的限制奠定了基础。在此基础上, 相继产生了许多前所未有的重大应用, 包括超衍射成像和光刻、高速大容量光子集成、芯片式生化传感等。

亚波长电磁学是研究物质与电磁波在亚波长尺度下的相互作用, 以及其中的现象、规律、机理及应用的学科, 包括材料、器件和系统等不同层次的研究内容。从研究尺度而言, 亚波长电磁学填补了量子力学与传统电磁学之间的空白, 构建了连接微观和宏观物理的桥梁。亚波长电磁学作为一个新的学科分支, 其英文定义称为 Sweology, 作为 Sub-wavelength Electromagnetics 学科的缩写。

一、亚波长电磁学发展简史

亚波长电磁学的发展历史可按频谱特征分为三个阶段。

第一阶段: 纳米技术推动了亚波长尺度异常光学现象的发现

纳米 (10^{-9}m) 是分子和原子所对应的尺度, 远小于可见光的波长。随着对自然界极小尺度的不断探索, 纳米技术逐渐发展成为人类操控原子和分子的工具, 并带来很多光学方面的应用。众所周知, 光学研究的一个关键点在于各种光学材料。

然而自然界材料的光学性质具有诸多局限，不能满足现代光学器件和系统发展的需要。1959 年，费曼在其著名的演说中即指出①："迄今为止，我们一直满足于通过挖掘寻找新材料······可以预见的是，当我们能在小尺度上控制物质的排布时，材料特性的选择范围将被极大地拓展。"这里所指的小尺度即为纳米量级。

纳米技术在光学领域推动的一个重要研究方向是表面等离子体学 (Plasmonics)，主要研究金属纳米结构中自由电子与光子的集体振荡——表面等离子体激元 (Surface Plasmon Polariton，SPP)。1857 年，法拉第研究了半透明纳米金叶的反射和透射特性，发现白光透过之后变成绿色，而反射光的颜色为黄色②。法拉第同时还合成了金的纳米胶体粒子，并得到了奇异的红色光谱。1902 年，美国约翰·霍普金斯大学的 Wood 记录了金属光栅衍射中的一个异常现象③：采用连续谱光源入射，在宽度小于钠原子光谱的波长范围内形成一个明显的衍射谷。并且该现象只在 p 偏振光入射时才产生。尽管 Wood 并没有对该现象给出解释，而仅仅称之为"异常"，但该发现已被公认为表面等离子体领域的开端之一④。

由于 SPP 的本性是金属电子的集体振荡，1968 年以前，关于 SPP 的研究大部分是通过电子损失能谱的测试来开展的。1968 年，Kretschmann 和 Otto 分别采用全反射棱镜，实现表面等离子体的光学激发，为 SPP 的研究提供了一种新的方法⑤。

1977 年，Duyne 和 Creighton 等发现吸附在粗糙银电极表面的每个吡啶分子的拉曼信号要比溶液中单个吡啶分子强 $10^4 \sim 10^6$ 倍⑥。这种基于 SPP 的拉曼散射增强现象后来被称为表面增强拉曼散射 (Surface Enhanced Raman Scattering，SERS)，为拉曼信号探测提供了有效的手段。

1998 年，表面等离子体学的发展取得了另外一个突破。法国科学家 Ebbesen 等发现，金属薄膜上亚波长孔阵列在某些特定波长位置表现出异常透射增强效应

---

① R P Feynman. There's Plenty of Room at the Bottom. *Engineering and Science*, 1960, 23: 22-36.

② M Faraday. The Bakerian Lecture: Experimental Relations of Gold (and Other Metals) to Light. *Philosophical Transactions of the Royal Society of London*, 1857, 147: 145–181.

③ R W Wood. On a Remarkable Case of Uneven Distribution of Light in a Diffraction Grating Spectrum. *Proceedings of the Royal Society of London*, 1902, 18: 269.

④ D Maystre. Theory of Wood's Anomalies. in *Plasmonics*, ed. S Enoch, N Bonod. Springer Series in Optical Sciences 167 (Springer, 2012).

⑤ E Kretschmann, H Raether. Notizen: Radiative Decay of Non Radiative Surface Plasmons Excited by Light. *Zeitschrift Für Naturforschung A*, 1968, 23(12): 2135; A Otto. Excitation of Non-radiative Surface Plasma Waves in Silver by the Method of Frustrated Total Reflection. *Zeitschrift Für Physik*, 1968, 216(4): 398-410.

⑥ D L Jeanmaire, R P Van Duyne. Surface Raman Spectroelectrochemistry. *Journal of Electroanalytical Chemistry and Interfacial Electrochemistry*, 1977, 84(1): 1-20; M G Albrecht, J A Creighton. Anomalously Intense Raman Spectra of Pyridine at a Silver Electrode. *Journal of the American Chemical Society*, 1977, 99(15): 5215-5217.

(Extraordinary Optical Transmission，EOT)[①]：小孔阵列的透射率远大于经典衍射理论的预测结果。该现象引起了学术界的极大关注，因为它预示着在亚波长尺度传统光学衍射定律将被打破，为光子集成以及超衍射光刻奠定了基础[②]。正是基于这一原因，该发现被 *Nature* 杂志认为是现代表面等离子体学的开端 (表 1)。

表 1　光子学历史上的里程碑(www.nature.com/milestones/photons)

1600s~1800s	光的本性的争论
1861	麦克斯韦方程组
1900	普朗克黑体辐射理论
1905	狭义相对论
1923	康普顿效应
1947	量子电动力学
1948	全息术
1954	太阳能电池
1960	激光
1961	非线性光学
1963	量子光学
1964	贝尔不等式
1966	光纤
1970	CCD 相机/半导体激光
1981	高分辨激光光谱和频率测量
1982~1985	量子信息学
1987	光子晶体
1993	蓝光二极管
1998	等离子体激元
2000	超材料
2001	阿秒科学
2006	光机腔体

　　亚波长尺度还有很多奇异的光学结构，其中最典型的是光子晶体。与自然晶体控制电子类似，光子晶体可实现对光子的操控。早在 1887 年，瑞利即发现多层介质膜在一定频率具有全反射特性，并意识到自然界中的很多色彩正是由周期结构中的光学干涉引起的。然而，光子晶体的研究热潮直到一百年后才出现，1987

① T W Ebbesen, et al. Extraordinary Optical Transmission through Sub-wavelength Hole Arrays. *Nature*, 1998, 391: 667–669.

② W L Barnes, A Dereux, T W Ebbesen. Surface Plasmon Subwavelength Optics. *Nature*, 2003, 424(6950): 824-830; X Luo, T Ishihara. Surface Plasmon Resonant Interference Nanolithography Technique. *Applied Physics Letters*, 2004, 84(23): 4780-4782.

年 Yablonovitch 和 Jone 分别从自发辐射和光子局域两个方面引入了光子晶体的概念①, 这为光子操控技术提供了全新的思路, 并形成了众多新的应用, 因此被视为光子学发展史上的另一个里程碑 (表 1)。

第二阶段: 微波波段的亚波长电磁学

除表面等离子体和光子晶体外, 亚波长电磁学中另外两个重要领域是超材料 (Metamaterial) 和超表面 (Metasurface)。所谓超材料, 指人工制备的、特征尺寸远小于工作波长、具有超越自然材料特性 (如具有负折射率) 的一类亚波长人工结构材料。超材料是继表面等离子体、光子晶体之后, 亚波长电磁学发展史上的又一个里程碑 (表 1)。超表面是一种二维超材料, 在保持超材料优异电磁性能的同时, 极大地降低了加工难度。

根据麦克斯韦理论, 材料的折射率取决于介电常数和磁导率。关于负折射率的思考始于 1904 年, 但直到 1968 年, 苏联科学家 Veselago 才从理论上系统地阐明负折射率材料中电磁波的传播特性, 指出负折射率材料同时具备负的磁导率和介电常数②。在此基础上, Veselago 预测了一系列反常的物理现象, 例如电场、磁场和波矢量的左手定则, 逆多普勒效应和逆契伦科夫效应等。Veselago 等开展了大量工作寻找自然界中的负折射率材料, 并发现 $CdCr_2Se_4$ 等磁半导体同时具有电谐振和磁谐振特性。但是由于二者不能调节到相同的谐振频率, 负折射材料的理论一直没有得到实验验证。

为了实现对电和磁谐振的独立调制, 1996 年, 英国帝国理工学院的 Pendry 首次提出利用周期性的金属线, 将传统金属的电谐振频率从光波段压缩到微波波段③。随后又提出利用周期性的金属环, 在微波波段实现磁谐振④。上述两种亚波长结构的提出为负折射率材料的发展奠定了基础。2001 年, Smith 等根据 Pendry 的理论模型, 将周期性的金属线和金属开口谐振环结构组合, 构造出世界上第一块等效介电常数和磁导率同时为负值的亚波长结构材料, 并利用著名的 "棱镜实验" 证实了该材料的等效折射率为负⑤。

---

① E Yablonovitch. Inhibited Spontaneous Emission in Solid-State Physics and Electronics. *Physical Review Letters*, 1987, 58: 2059-2062; S Jone. Strong Localization of Photons in Certain Disordered Dielectric Superlattices. *Physical Review Letters*, 1987, 58: 2486-2489.

② V G Veselago, E E Narimanov. The Left Hand of Brightness: Past, Present and Future of Negative Index Materials. *Nature Materials*, 2006, 5: 759-762.

③ J B Pendry, et al. Extremely Low Frequency Plasmons in Metallic Mesostructures. *Physical Review Letters*, 1996, 76(25): 4773-4776.

④ J B Pendry, et al. Magnetism from Conductors and Enhanced Nonlinear Phenomena. *IEEE Transactions on Microwave Theory and Techniques*, 1999, 47(11): 2075-2084.

⑤ R A Shelby, D R Smith, S Schultz. Experimental Verification of a Negative Index of Refraction. *Science*, 2001, 292(5514): 77-79.

负折射材料的研究过程中也存在着一些不同的意见，这些争论从不同角度推动了整个领域的发展。俄亥俄州立大学电子工程教授 Munk 对 Smith 等提出的负折射率材料提出了质疑①，指出在 Smith 的棱镜实验中，材料样品的折射场的强度比 Teflon 介质棱镜的折射场的强度小了 14~20dB，因此认为该实验的测试得到的负方向的场分布并非是真实的折射场。然而，后续的许多实验结果表明负折射的强度可以大幅提高，从而化解了 Munk 的质疑②。此外，Valanju 等认为在常规介质和负折射材料的交界面处，群速度的传播方向只能沿正方向折射③。但正如 Pendry 指出的，Valanju 等把干涉条纹的前进方向当成了能量的传播方向④，因而得出了错误的结论。

2006 年，超材料的研究取得了重要进展。Pendry 和 Leonhardt 分别提出了电磁空间的变换理论 (Transformation Optics，变换光学)⑤。Pendry 预测结合变换光学和超材料，可实现 "电磁隐身" 等具有 "科幻" 性质的功能，并随即与 Smith 等合作在微波段完成实验验证⑥。此后，大量关于 "变换光学" 和 "隐身衣" 的理论迅速发展，但是由于光波段器件的加工难度较大，早期很多验证工作均是在微波波段开展的。

第三阶段：亚波长电磁学研究领域的融合

表面等离子体和光子晶体一开始便是从光波段开展研究，而超材料的发展历史具有鲜明的微波烙印。近年来，这些研究领域各自均在整个电磁波段取得快速发展。此外，很多现象和器件中，表面等离子体、光子晶体和超材料的内涵相互交织和融合，难以进行严格区分。为了更准确地反映学科的发展，亚波长电磁学作为一个完整的概念逐渐被学术界接受。

亚波长电磁学的第一个融合体现在表面等离子体和超材料领域。以利用金属薄膜上的表面等离子体实现超衍射成像为例，2000 年，Pendry 提出了 "负折射完美透

---

① B A Munk. *Metamaterials: Critique and Alternatives*. Hoboken: John Wiley & Sons, 2009.

② J Valentine, et al. Three-Dimensional Optical Metamaterial with a Negative Refractive Index. *Nature*, 2008, 455(7211): 376-380.

③ P M Valanju, R M Walser, A P Valanju. Wave Refraction in Negative-Index Media: Always Positive and Very Inhomogeneous. *Physical Review Letters*, 2002, 88: 187401.

④ J B Pendry, D R Smith. Comment on Wave Refraction in Negative-Index Media: Always Positive and Very Inhomogeneous. *Physical Review Letters*, 2003, 90: 029303.

⑤ J B Pendry, D Schurig, D R Smith. Controlling Electromagnetic Fields. *Science*, 2006, 312(5781): 1780-82; U Leonhardt. Optical Conformal Mapping. *Science*, 2006, 312(5781): 1777-1780.

⑥ D Schurig, et al. Metamaterial Electromagnetic Cloak at Microwave Frequencies. *Science*, 2006, 314(5801): 977-980.

镜" 的概念①，指出当倏逝波透过等效折射率为 −1 的材料时，倏逝波的幅度不仅不会衰减，反而会以指数规律放大。倏逝波信息的恢复，可有效解决传统的光学成像器件衍射受限问题，理论上可以恢复成像物体的所有光学信息，因此被称为完美成像 (图 1)。Pendry 指出，在近场准静态近似的条件下，只要介电常数为 −1，一层金属薄层 (磁导率为 1) 即可实现超衍射成像。2003 年至 2005 年，表面等离子体在超分辨成像和光刻中的作用被逐渐认识到，由于 SPP 的短波长特性，一层金属薄膜即可实现高频信息的近完美超衍射传输②。

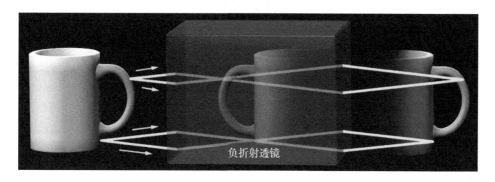

负折射透镜

图 1　负折射成像效果③

　　亚波长电磁学的另一个融合体现在利用微波波段的等效电路方法分析光波段的电磁响应。宾夕法尼亚大学的 Engheta 在 *Science* 杂志撰文指出传统微波段的等效电路概念 (如电容、电感、电阻等) 可被用来分析光波段的各种介质、金属结构的谐振特性，为表面等离子体器件的分析提供了全新的工具④。除了作为一种连接各个领域的手段，等效电路以及相关的超表面理论可解决传统超材料、电磁带隙材料面临的参数不唯一等困难⑤，目前已成为本领域一个通用的分析方法。

① J B Pendry. Negative Refraction Makes a Perfect Lens. *Physical Review Letters*, 2000, 85(18): 3966-3969.

② Luo, Ishihara. Surface Plasmon Resonant Interference Nanolithography Technique; N Fang, et al. Sub-Diffraction-Limited Optical Imaging with a Silver Superlens. *Science*, 2005, 308(5721): 534-537.

③ J B Pendry, D R Smith. The Quest for the Superlens. *Scientific American*, 2006, 259(1): 60-67.

④ N Engheta. Circuits with Light at Nanoscales: Optical Nanocircuits Inspired by Metamaterials. *Science*, 2007, 317(5845): 1698-1702.

⑤ M Pu, et al. Design Principles for Infrared Wide-Angle Perfect Absorber Based on Plasmonic Structure. *Optics Express*, 2011, 19(18): 17413-17420; M Pu, et al. Anisotropic Meta-Mirror for Achromatic Electromagnetic Polarization Manipulation. *Applied Physics Letters*, 2013, 102(13): 131906.

亚波长电磁学的融合还体现在其各个子领域的研究内容具有很强的相关性。譬如负折射现象最初被认为是超材料特有的现象，然而目前已经发现，在表面等离子体、超表面以及光子晶体中均可以实现电磁波的负折射。

二、亚波长电磁学的新理论

新学科的发展一般要经历 "新现象的发现" "新机理的分析和争论" 到 "新理论的建立" 和 "工程应用" 这几个阶段。在亚波长尺度各种奇异现象的基础上，经过对电磁相互作用的详尽分析，目前已经形成了一系列全新的亚波长电磁调控理论。如表 2 所示，除 "负折射理论" "表面等离子体理论" 和 "光子带隙理论" 这几个常见理论外，还有很多与电磁波基本性质密切相关的理论。

表 2　亚波长电磁学中的主要理论

	主要结论	意义	应用
负折射理论①	折射率可为负	改写折射定律	完美成像、变换光学器件等
表面等离子体理论②	表面等离子体具有短波长、定向传输、局域场增强等异常特性	突破衍射极限	超衍射成像/光刻，生化传感、光存储等
光子带隙理论③	周期结构可调控光子带隙	为操控光子的量子特性奠定基础	滤波器、波导、谐振腔、拓扑绝缘体等
超表面辅助的折反射理论	引入梯度相位，可实现任意方向的折射和反射	改写折反射定律	平面光学和电磁器件，大口径薄膜望远镜等
超表面辅助的菲涅耳理论	引入表面亚波长结构，可任意改变菲涅耳透射和反射系数	改写菲涅耳公式	相位调控、偏振调控等
超表面辅助的吸收理论	调控超表面的色散，可实现近完美宽带电磁吸收	打破吸收极限	隐身、光伏等

在传统理论框架中，电磁波的基本特征包括频率、偏振、振幅和相位等，其传播行为主要包括折射、反射、衍射、吸收和散射。负折射理论已经表明折射角可与入射角位居法线同侧 (违反传统斯涅耳定律)，"超表面辅助的折反射理论" 进一步说明通过在表面上引入梯度相位，可实现任意角度的折射和反射，从而突破了传统

---

① V G Veselago. The Electrodynamics of Substances with Simultaneously Negative Values of ε and μ. *Soviet Physics USPEKHI*, 1968, 10(4): 509-514.

② A V Zayats, I I Smolyaninov, A A Maradudin. Nano-Optics of Surface Plasmon Polaritons. *Physics Reports*, 2005, 408(3-4): 131-314.

③ K M Ho, C T Chan, C M Soukoulis. Existence of a Photonic Gap in Periodic Dielectric Structures. *Physical Review Letters*, 1990, 65: 3152-3155.

斯涅耳定律的限制①。此外，"超表面辅助的菲涅耳理论"表明亚波长结构可改写传统的菲涅耳公式，在改变折射/反射方向的基础上，对电磁波的透射/反射系数以及响应频谱进行调制。

亚波长电磁学的另一个重要理论是"超表面辅助的吸收理论"。传统吸波材料的厚度与带宽成正比，吸收性能受到因果律的限制②。利用亚波长结构的色散可调属性，可逼近甚至突破上述理论极限，从而为新型吸波材料的设计奠定基础。

三、亚波长电磁学的应用

亚波长尺度众多异常现象的发现，以及突破传统限制的新理论体系的建立，预示着本领域必然将产生大量实际应用。这些应用是人们长久以来没有意识到，或者即便认识到也无法通过传统方式实现的。由于这些引人注目的潜在应用，亚波长电磁学在全世界范围内引发了研究热潮。

1. 表面等离子体超衍射光刻

传统电磁学和光学在发展过程中面临诸多原理性的障碍，其中最著名的是显微镜中的衍射极限问题。1873 年，阿贝指出显微镜的分辨率不可能小于半波长。众所周知，人眼能感光的最短波长约为 380nm，因此传统显微镜的分辨率最小只能到 200nm 左右，从而限制了人们对分子以及更小尺寸物体的认识。与显微镜类似，光学光刻的分辨力也主要决定于工作波长和数值孔径，严重制约了微电子技术和其他微细加工领域的发展。

表面等离子体具有短波长特性，其最典型的应用之一是超衍射光刻 (图 2)。2003 年，利用表面等离子体光刻技术在 436nm 波长实验获得了 30nm 的光刻图形，达到了衍射极限 (半波长) 的 1/7③。2004 年，表面等离子体光刻正式被广泛接受④。最近，利用表面等离子体共振腔效应，在单次曝光条件下实现了 22nm 节点的光刻⑤。亚波长电磁学领域奠基人 Ebbesen 等在 *Review of Modern Physics* 上指出该技术可作为"传统复杂且昂贵的光刻方案的可行替代技术"⑥。土耳其著名学者 Ozbay

---

① X Luo. Principles of Electromagnetic Waves in Metasurfaces. *Science China-Physics, Mechanics & Astronomy*, 2015, 58: 594201.

② K N Rozanov. Ultimate Thickness to Bandwidth Ratio of Radar Absorbers. *IEEE Transactions on Antennas and Propagation*, 2000, 48(8): 1230-1234.

③ H Yao, et al. Patterining Sub 100nm Isolated Patterns with 436nm Lithography. in *2003 International Microprocesses and Nanotechnology Conference*. Japan: IEEE, 2003, 7947638.

④ Luo, Ishihara. Surface Plasmon Resonant Interference Nanolithography Technique.

⑤ P Gao, et al. Enhancing Aspect Profile of Half-Pitch 32nm and 22nm Lithography with Plasmonic Cavity Lens. *Applied Physics Letters*, 2015, 106(9): 093110.

⑥ F J Garcia-Vidal, et al. Light Passing through Subwavelength Apertures. *Reviews of Modern Physics*, 2010, 8: 729-787.

也在 *Science* 杂志撰文，将该光刻技术列为表面等离子体领域的五个重要发展方向一[①]。而 Thomson Reuters 旗下的 Science Watch 网站在 "Map of nanoscience" 专栏中将表面等离子体光刻与异常透射现象一起作为表面纳米科学领域的重要里程碑工作。

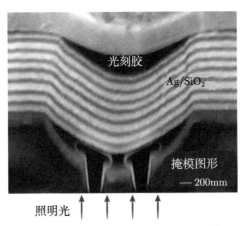

图 2　基于表面等离子体的缩小光刻[②]

2. 平面光学元件

为了实现特定的波前调制功能，传统的折射光学元件大多采用曲面面形结构，例如凸透镜、凹透镜、非球面镜等，较为笨重且难以集成；衍射光学元件，如 20 世纪末发展起来的二元光学元件虽然能在一定程度上实现光学器件的平面化，减小器件重量，但其厚度仍远远大于响应波长，且具有色差大、视场小等限制。

亚波长电磁学的出现为减轻传统光学系统的负荷，以及实现光学系统集成化提供了有效的技术途径。亚波长结构的灵活设计能力使其可实现任意的相位、振幅和偏振调制，因此在很多特定的应用环境下，可利用简单的平面化亚波长结构代替传统光学系统中众多的曲面元件，降低系统的复杂度，提高光学系统的可靠性，促进集成光学系统和空间光学系统的发展。

2005 年，出现了一类基于表面等离子体效应的新型平面光学元件[③]。利用金属狭缝中表面等离子体传播常数随宽度变化的特性，可实现任意局域相位调节，从而建立了超表面辅助的折反射定律 (Metasurface-assisted Law of Refraction and Reflection，MLRR)，也称为广义折反射定律。2011 年，哈佛大学 Capasso 教授的

① E Ozbay. Plasmonics: Merging Photonics and Electronics at Nanoscale Dimensions. Science, 2006, 31115758: 189-193.

② X Luo. Subwavelength Electromagnetics. *Frontiers of Optoelectronics*, 2016, 9(2): 138-150.

③ Luo. Principles of Electromagnetic Waves in Metasurfaces.

工作进一步引起了国际上的研究热潮①。MLRR 可为下一代平面光学和电磁学器件奠定基础，典型的应用包括平面透镜、平面轨道角动量器件、大口径薄膜望远镜等②。

以大口径薄膜透镜为例 (图 3)，亚波长结构超表面可极大减小整个系统的重量，使得 20m 以上口径的空基望远镜成为可能。同时，超表面可解决传统衍射元件面临的色散和视场问题，实现宽带、大视场成像。

图 3　大口径薄膜望远镜

3. 生化传感

生化传感是指对各种生物和化学物质进行检测的技术，具有实时、灵敏、稳定等诸多要求。生化传感不仅对生物医疗和生命安全具有重要意义，也是未来战争中应对各类生化战剂威胁并克敌制胜的关键之一，例如生化传感技术可以实现对化学战剂、生物战剂和爆炸物的实时探测。

一般而言，基于亚波长结构的生化传感技术主要与 SPP 以及其他类型的表面波效应有关。从原理上讲，基于 SPP 的传感技术大致可分为两类：第一类是表面等离子体共振 (Surface Plasmon Resonance，SPR) 生物传感技术，利用的是传导表面等离子体共振峰对被检测介质折射率十分敏感这一特性，通过检测反射光强度极小值的角度位置变化，或波长变化推知被检测物质的折射率变化。第二类是局域表面等离子体共振 (Localized Surface Plasmon Resonance，LSPR) 生物传感技术以及基于 LSPR 的表面增强拉曼散射 (SERS) 技术，利用局域场增强特性，极大提高

① N Yu, et al. Light Propagation with Phase Discontinuities: Generalized Laws of Reflection and Refraction. *Science*, 2011, 334: 333-337.

② M Pu, et al. Spatially and Spectrally Engineered Spin-Orbit Interaction for Achromatic Virtual Shaping. *Scientific Reports*, 2015, 5: 9822; M Pu, et al. Catenary Optics for Achromatic Generation of Perfect Optical Angular Momentum. *Science Advances*, 2015, 1: e1500396; W Pan, et al. A Beam Steering Horn Antenna Using Active Frequency Selective Surface. *IEEE Transactions on Antennas and Propagation*, 2013, 61(12): 6218-6223; Luo. Principles of Electromagnetic Waves in Metasurfaces.

信号强度。

4. 电磁隐身

传统电磁隐身的主要手段包括外形设计和电磁吸收。外形设计主要是在器件的外表面设计特定的反射面，将入射的电磁波反射到其他方向。电磁吸收则是在装备表面覆以具有电磁吸收性能的特殊材料，从而缩减回波信号强度。一般而言，外形设计需要牺牲装备的机动性能，而传统电磁吸波材料存在带宽窄、不能自由设计等缺点。

亚波长超材料和超表面的出现，为吸波材料的设计提供了新的思路。研究表明，利用超表面中的色散特性可显著拓展吸收带宽，仅需 0.3nm 厚的材料即可实现覆盖微波、太赫兹和可见光的完美吸收体，从而颠覆了传统吸波材料带宽-厚度比受限的理论①。此外，近年来出现了一种基于超材料的新型电磁隐身方案——虚拟赋形技术 (Virtual Shaping)②。通过设计空间非均匀的亚波长结构，对入射雷达波施加梯度相位，可将电磁波反射到非威胁方向，从而缩减雷达散射截面 (Radar Cross Section，RCS)。在虚拟赋形技术中，由于不需要电磁吸收，基材的选择范围大幅拓展，可以方便地实现红外、微波多波段兼容，以及在各种极端环境下的隐身。此外，由于不用改变目标的实体外形，该技术将可用于现有非隐身武器装备的升级换代。

电磁吸收和虚拟赋形技术都只能在某些特定方向减小探测几率，不能实现完美隐身。2006 年，变换光学的出现首次使得完美隐身成为可能。根据变换光学理论，折射率变化的超材料可按需要任意弯曲光线。利用该材料制成隐身球壳可使电磁波绕过物体 (图 4)，使被隐藏物不被光学或其他电磁探测器发现③。然而，迄今为止，现有变换光学隐身技术仍面临带宽受限、制备复杂等理论和技术瓶颈，需要进一步深入研究。

5. 电磁辐射

以天线为代表的电磁辐射器件是微波通信、光学通信等领域的核心器件。传统天线的辐射性能受限于天线的口径和天线的结构形式。为了提高天线的辐射能力，不得不增加天线的尺寸，或者采用具有曲面面形的天线，这无疑增加了天线的

---

① Q Feng, et al. Engineering the Dispersion of Metamaterial Surface for Broadband Infrared Absorption. *Optics Letters*, 2012, 37(11): 2133-2135; M Pu, et al. Ultrathin Broadband Nearly Perfect Absorber with Symmetrical Coherent Illumination. *Optics Express*, 2012, 20(3): 2246-2254; Rozanov. Ultimate Thickness to Bandwidth Ratio of Radar Absorbers.

② J R Swandic. Bandwidth Limits and Other Considerations for Monostatic RCS Reduction by Virtual Shaping. (Bethesda M D: Naval Surface Warfare Center, Carderock Div., 2004); Pu, et al. Spatially and Spectrally Engineered Spin-Orbit Interaction for Achromatic Virtual Shaping.

③ Pendry, Schurig, Smith. Controlling Electromagnetic Fields.

体积、重量和成本,降低了系统的灵活性。近几年发展起来的亚波长天线具有低剖面、易赋形等显著优势,成为各国研究的重点,有望极大地拓展军事装备的通讯和探测能力。

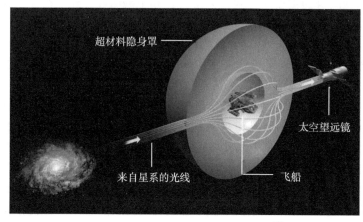

图 4　基于变换光学的完美隐身技术①

　　作为光波段的主要辐射器件,激光器在现代光学系统中是必不可少的重要元件。而随着光学技术的发展,传统大体积的激光器难以满足光学集成度提升的要求。因此,亚波长尺度的纳米激光器成为现代光学技术的迫切需求 (图 5),将推动光学计算、高密度存储技术的发展。

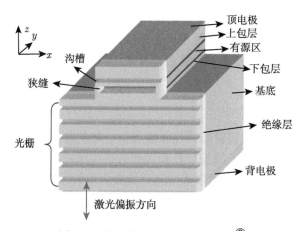

图 5　亚波长结构量子级联激光器②

---

　　① H A Atwater. The Promise of Plasmonics. *Scientific American*, 2007, 296(4): 56-62.
　　② N Yu, et al. Small-Divergence Semiconductor Lasers by Plasmonic Collimation. *Nature Photonics*, 2008, 2(9): 564-570.

6. 光子集成

电子器件是现代信息技术的基础，随着移动数据量日益接近当前无线电频段的最大容量，新一代通信技术正在朝着高频化的方向演进。在此过程中，传统电子技术暴露出越来越多的不足，无论在传输速度、功耗还是带宽上都面临着重大挑战。此外，纳米尺度上量子效应产生的串扰也制约着电子器件的发展。近年来，光子技术由于其内在的超宽带、高速度、抗干扰等优势，成为倍受瞩目的研究领域。然而，受衍射极限的制约，目前光子技术在集成化的过程中还存在诸多技术难题。亚波长光学技术有望突破这一限制。自从 1998 年 Ebbesen 发现 SPP 导致的异常透射现象[1]，表面等离子体光子集成已经发展成为与表面等离子体传感和表面等离子体光刻并列的重大技术，共同构成了光子学发展史上的里程碑之一[2]。

光子集成的研究内容主要包括波导、分束器、干涉仪等无源器件，以及纳米激光器、光调制器、门电路等有源器件。尽管近年来光子集成领域已取得一系列阶段性成果，但还有一些关键理论和技术问题有待研究。

四、本书主要内容

亚波长电磁学是一个既古老又年轻的学科。虽然其基本理论可以追溯到百年之前，但如今整个领域仍然在蓬勃发展和壮大之中。本书系统地阐述了亚波长电磁学的历史、现状和发展趋势。全书共分为五篇，每篇又包含若干章节，分别从基础材料、基本理论、制造工艺、器件与系统等几个层次进行介绍。具体包括以下内容。

第一篇为亚波长电磁学基础，介绍亚波长尺度的基本现象和概念、基础材料，以及基本计算分析方法。

第二篇为亚波长电磁学理论，主要包括超材料、表面等离子体、超表面、光子晶体和双曲色散材料的基本理论、设计和分析方法。

第三篇为亚波长电磁结构加工和表征技术，包括亚波长电磁结构的加工和性能表征方法。

第四篇为亚波长电磁器件及系统，主要阐述基于亚波长电磁学的新器件和系统，包括亚波长天线及辐射技术、亚波长电磁吸收技术、亚波长偏振调控技术、隐身和反隐身技术、亚波长仿生技术等。

第五篇为超衍射光学，围绕衍射极限问题阐述亚波长结构在突破衍射极限方面的应用，包括超分辨成像、存储、光刻、传感和波导集成等。

---

[1] Ebbesen, et al. Extraordinary Optical Transmission through Sub-Wavelength Hole Arrays.

[2] Barnes, Dereux, Ebbesen. Surface Plasmon Subwavelength Optics; Luo, Ishihara. Surface Plasmon Resonant Interference Nanolithography Technique.

在撰写本书时，除收录作者十余年来主持或参加国家 973、863、国家自然科学基金等相关项目的成果外，还广泛参考了国内外许多最新成果，在此对相关作者表示感谢！在本书的成书过程中，受到了科技部、国家自然科学基金委员会、军委装备发展部、军委科技委、中国科学院等领导的关心和支持，作者表示由衷感谢！此外作者还要感谢周光召院士、周炳琨院士、许祖彦院士、杨国桢院士、郑有炓院士、姜文汉院士、林祥棣院士等专家对本领域的长期关心！感谢卢铁城、朱赫、徐文斌等的悉心帮助。

感谢马晓亮、蒲明博、李雄、赵泽宇、王彦钦、高平、郭迎辉、石建平等同志在本书校对中付出的努力。也感谢中国科学院光电技术研究所微细加工光学技术国家重点实验室的其他同志对相关工作的支持。

由于本领域发展迅速，加之作者水平有限，难免有不足之处，欢迎广大读者给予批评指正。

作　者

2016 年 6 月于牧马山

目　录

下　册

序一
序二
前言

第四篇　亚波长电磁器件及系统

第 14 章　相位型光学超构表面 ··· 3
14.1　相位型超表面分类 ·· 3
14.2　相位型器件设计方法 ·· 3
　　14.2.1　电磁偏折器 ·· 4
　　14.2.2　平面透镜 ·· 4
　　14.2.3　相位型电磁超振荡透镜 ·· 5
　　14.2.4　涡旋光产生器 ·· 6
　　14.2.5　贝塞尔光束产生器 ·· 7
　　14.2.6　相位型计算全息图 ·· 7
14.3　传输相位型超表面器件 ·· 10
　　14.3.1　SP 波导传输相位超表面器件 ·· 11
　　14.3.2　等效折射率型介质超表面器件 ·· 23
14.4　电路型相位超表面器件 ·· 25
　　14.4.1　反射式电路型相位超表面器件 ·· 28
　　14.4.2　透射式电路型相位超表面器件 ·· 33
14.5　几何相位型超表面器件 ·· 35
　　14.5.1　几何相位型超表面透射器件 ·· 35
　　14.5.2　几何相位型超表面反射全息器件 ······································ 59
14.6　电路型—几何相位相结合的超表面器件 ·· 61
　　14.6.1　V 形光天线对电磁波的振幅和相位调制 ································ 62
　　14.6.2　V 形结构光束偏折器 ·· 64
　　14.6.3　V 形结构聚焦透镜 ·· 64
　　14.6.4　V 形结构涡旋光束产生器 ·· 66

　　14.6.5　V 形结构全息器件 ·· 67

　　14.6.6　C 形结构超构表面 ·· 68

　参考文献 ··· 69

第 15 章　悬链线光学 ··· 74

　15.1　光学中的曲面和曲线 ··· 74

　　15.1.1　折反射光学中的曲面问题 ·· 74

　　15.1.2　光学测地线中的曲面问题 ·· 77

　　15.1.3　平面光学中的曲线问题 ··· 81

　15.2　光学悬链线 ··· 82

　　15.2.1　悬链线方程 ··· 82

　　15.2.2　折反射光学中的悬链线 ··· 86

　　15.2.3　光学测地线中的悬链线 ··· 87

　　15.2.4　平面光学中的悬链线 ··· 91

　15.3　平面光学悬链线的应用 ··· 94

　　15.3.1　异常偏折及自旋霍尔效应 ·· 94

　　15.3.2　贝塞尔光束产生 ·· 96

　　15.3.3　完美涡旋光束产生 ··· 100

　　15.3.4　平面光学悬链线的变形及应用 ·· 103

　　15.3.5　相干技术提高光学悬链线结构器件效率 ······························ 105

　参考文献 ··· 111

第 16 章　亚波长电磁吸收技术 ·· 113

　16.1　经典吸波材料及理论 ··· 113

　　16.1.1　Salisbury 吸收屏 ·· 114

　　16.1.2　Jaumann 吸波体 ··· 115

　　16.1.3　Planck-Rozanov 带宽–厚度极限 ······································ 117

　16.2　亚波长电磁吸收材料的设计思路 ·· 118

　　16.2.1　传播波—束缚波转换 ·· 118

　　16.2.2　基于电磁谐振的局域电磁吸收 ·· 119

　　16.2.3　超表面理想电磁吸收模型 ·· 123

　16.3　基于两波转换的电磁吸收器 ·· 124

　　16.3.1　金属孔阵列中的完美电磁吸收 ·· 125

　　16.3.2　结构参数对吸收特性的影响 ·· 126

　　16.3.3　孔阵列吸波材料的带宽拓展方法 ······································ 127

　16.4　大角度电磁吸收超材料 ··· 130

　　16.4.1　基于金属线对的大角度吸收器 ·· 130

　　16.4.2　六方晶格排布的全向电磁吸收器 ······································ 132

16.5　基于理想吸收超表面的宽带电磁吸收材料 ························· 135
16.6　基于金属球腔的光波段宽带电磁吸收材料 ························· 138
16.7　可见光透明宽带电磁吸收材料 ·································· 141
16.8　相干完美吸收 ··· 144
　　16.8.1　基于导电薄膜的超宽带相干吸收 ·························· 145
　　16.8.2　基于镜像原理的大角度相干吸收器 ························ 150
　　16.8.3　基于相干吸收的光逻辑运算 ···························· 153
16.9　其他亚波长电磁吸收器 ······································ 155
　　16.9.1　基于衍射调控的宽带太赫兹电磁吸收材料 ··················· 155
　　16.9.2　可调谐吸波材料 ···································· 157
　　16.9.3　基于电磁吸收材料的热辐射调控 ························· 160
　　16.9.4　基于垂直生长碳纳米管的宽带光波吸收器 ·················· 163
参考文献 ·· 165
第 17 章　亚波长偏振调制技术 ······································ 169
17.1　电磁波的偏振特性 ··· 170
　　17.1.1　电磁波偏振基本理论 ································· 170
　　17.1.2　电磁波偏振的表示方法 ······························ 172
17.2　传统偏振调制技术和偏振检测技术 ······························ 175
　　17.2.1　传统偏振器件 ····································· 175
　　17.2.2　偏振技术的应用 ··································· 176
17.3　基于各向异性亚波长结构的偏振调制器件 ························· 178
　　17.3.1　各向异性亚波长结构的分析方法 ························· 178
　　17.3.2　各向异性亚波长结构偏振调制研究进展 ···················· 179
　　17.3.3　超薄各向异性圆偏振器 ······························ 179
　　17.3.4　偏振转换的色散调制数理模型 ························· 182
　　17.3.5　基于二维色散调制的宽带偏振转换器件 ···················· 186
17.4　基于手性亚波长结构的偏振调制器 ····························· 191
　　17.4.1　手性材料的分析方法 ································· 191
　　17.4.2　手性亚波长结构偏振调制研究进展 ······················· 195
　　17.4.3　多频多偏振态平面手性圆偏振器 ························· 198
　　17.4.4　四频点低损耗手性圆偏振器 ·························· 202
　　17.4.5　双频手性线偏振转换器件 ····························· 205
　　17.4.6　同时具备圆二色性和旋光性的偏振转换器 ·················· 208
　　17.4.7　非本征的亚波长手性结构 ····························· 209
　　17.4.8　光学手性近场增强效应 ······························ 210

　　17.4.9　亚波长手性结构的其他特性 ···212

　17.5　亚波长结构相干偏振转换 ···213

　　17.5.1　理论模型 ···213

　　17.5.2　金属网格实现超宽带相干偏振转换 ·····································215

　　17.5.3　三维手性亚波长结构中的相干偏振转换 ·····························218

　参考文献 ··220

第 18 章　亚波长天线和辐射技术 ··223

　18.1　天线的基本参数 ···223

　　18.1.1　辐射方向图 ···223

　　18.1.2　方向性系数 ···224

　　18.1.3　天线的辐射效率和增益 ··225

　　18.1.4　输入阻抗及驻波比 ··225

　　18.1.5　天线的偏振态 ··226

　　18.1.6　天线的带宽 ···226

　18.2　常用的微波天线种类 ···227

　　18.2.1　贴片天线 ···227

　　18.2.2　喇叭天线 ···228

　　18.2.3　偶极子天线 ···228

　18.3　基于亚波长结构的微波天线技术 ··229

　　18.3.1　亚波长结构高方向性天线 ··229

　　18.3.2　亚波长结构偏振调制天线 ··246

　　18.3.3　亚波长结构辐射方向调控天线 ··253

　　18.3.4　基于亚波长结构的天线宽带化设计 ··266

　18.4　纳米光学天线技术 ···271

　　18.4.1　纳米光学天线研究背景 ···272

　　18.4.2　纳米光学天线概念的提出 ··272

　　18.4.3　纳米光学天线的研究进展与应用 ···274

　18.5　金属沟槽阵列光学天线 ···280

　　18.5.1　亚波长沟槽结构的电磁调制理论 ···280

　　18.5.2　单方向定向辐射金属沟槽阵列天线 ··281

　　18.5.3　多方向定向辐射金属沟槽阵列天线 ··286

　　18.5.4　角宽可控均匀辐射金属沟槽阵列天线 ·····································290

　18.6　基于沟槽阵列结构的金属微结构天线 ··295

　　18.6.1　基于亚波长周期沟槽结构的高方向性缝隙天线 ·······················295

　　18.6.2　集成周期沟槽加载型微带贴片天线 ··298

18.7　纳米激光器 ·· 299

18.8　小结 ··· 301

参考文献 ·· 302

第 19 章　表面等离子体传感技术 ·· 310

19.1　表面等离子体共振传感技术 ·· 310

19.1.1　表面等离子体共振传感的基本原理及结构 ············ 310

19.1.2　SPR 传感器的灵敏度 ······································· 312

19.1.3　表面等离子体共振成像 ····································· 312

19.1.4　SPR 传感器的特点 ··· 313

19.2　局域表面等离子体共振传感技术 ······································· 314

19.2.1　LSPR 传感技术的概念及特点 ····························· 314

19.2.2　球形纳米粒子的 LSPR ······································ 316

19.2.3　典型纳米粒子的制备方法 ··································· 318

19.2.4　基于纳米球光刻的 LSPR 传感器 ························· 323

19.3　表面增强拉曼散射传感技术 ·· 333

19.3.1　SERS 概念 ·· 333

19.3.2　SERS 机理 ·· 335

19.3.3　金属纳米结构的电磁场增强效应 ·························· 336

19.3.4　基于 AgFON 的葡萄糖探测 ······························· 343

参考文献 ·· 347

第 20 章　亚波长隐身和反隐身技术 ·· 349

20.1　隐身技术概述 ·· 349

20.1.1　隐身技术的概念 ·· 349

20.1.2　隐身技术发展历史 ··· 349

20.1.3　雷达隐身技术 ··· 352

20.1.4　红外隐身技术 ··· 355

20.2　基于吸波材料的电磁隐身技术 ·· 357

20.3　基于虚拟赋形的电磁隐身技术 ·· 357

20.3.1　基于变换光学的隐身衣 ····································· 357

20.3.2　基于超表面的虚拟赋形 ····································· 362

20.3.3　基于零折射率材料的 RCS 缩减技术 ···················· 367

20.4　反隐身技术概述 ··· 370

20.4.1　传统隐身技术存在的问题 ··································· 371

20.4.2　反隐身的主要技术手段 ····································· 371

参考文献 ·· 375

第 21 章　亚波长电磁仿生学 ·· 378

　21.1　自然界中的光学结构 ·· 378

　　21.1.1　植物中的微纳光学结构 ·· 378

　　21.1.2　动物中的微纳光学结构 ·· 382

　21.2　结构色的成色机理 ·· 391

　　21.2.1　膜层干涉效应 ··· 392

　　21.2.2　衍射效应 ··· 393

　　21.2.3　散射效应 ··· 394

　21.3　亚波长光学仿生器件 ·· 395

　　21.3.1　复眼结构的亚波长仿生技术 ·· 395

　　21.3.2　消反膜的仿生技术 ··· 398

　　21.3.3　偏振调制亚波长仿生技术 ·· 402

　21.4　人工仿生结构色 ··· 407

　　21.4.1　具有光子晶体结构色的蚕丝织物 ··· 408

　　21.4.2　基于纳米金属结构色的高分辨率彩色滤光片 ··· 408

　21.5　仿生加工方法 ·· 419

　参考文献 ·· 421

第 22 章　亚波长电磁动态和智能器件 ··· 424

　22.1　基于亚波长结构的波束扫描天线 ·· 424

　　22.1.1　动态相位调制原理 ··· 425

　　22.1.2　相位调制材料对电磁波辐射方向的调控原理 ·· 426

　　22.1.3　基于频率选择表面的扫描天线 ··· 427

　　22.1.4　基于反射阵列的波束扫描天线 ··· 438

　　22.1.5　基于传输阵列的波束扫描天线 ··· 439

　22.2　基于亚波长结构的智能电磁吸收 ·· 447

　　22.2.1　基于二极管的 L 波段动态电磁吸收结构 ··· 449

　　22.2.2　基于石墨烯的太赫兹波段动态电磁吸收器件 ·· 455

　22.3　偏振动态调控亚波长结构 ·· 460

　　22.3.1　手性智能偏振调控结构 ·· 460

　　22.3.2　各向异性动态偏振调控结构 ·· 463

　22.4　基于柔性可延展材料的智能器件 ·· 465

　参考文献 ·· 468

第 23 章　平面亚波长成像技术 ·· 472

　23.1　小孔成像技术 ·· 472

　23.2　波带片成像 ··· 474

23.3　光子筛成像 ·· 478
23.4　平面衍射成像 ·· 480
　　23.4.1　平面衍射透镜设计 ································· 480
　　23.4.2　平面衍射透镜的色散特性 ······················· 481
　　23.4.3　平面衍射透镜的色散补偿 ······················· 483
　　23.4.4　基于平面衍射透镜的望远镜系统 ················· 486
　　23.4.5　轻量化平面衍射透镜成像实验系统 ··············· 491
23.5　超表面红外成像 ·· 496
23.6　其他微纳结构成像 ·· 499
参考文献 ··· 501

第五篇　超衍射光学

第 24 章　远场超衍射成像 ·· 505
24.1　衍射极限与超衍射光学 ······································ 505
　　24.1.1　衍射极限概述 ····································· 505
　　24.1.2　衍射受限的经典和量子理论 ····················· 507
　　24.1.3　广义衍射极限及超衍射光学 ····················· 509
24.2　传统分辨力增强技术 ·· 510
　　24.2.1　共聚焦激光扫描显微镜 ························· 510
　　24.2.2　结构光照明超分辨技术 ························· 512
24.3　基于超振荡光场的超衍射远场成像 ···················· 514
　　24.3.1　从光瞳滤波器到超振荡 ························· 514
　　24.3.2　Bessel 光束超衍射成像 ························· 517
　　24.3.3　基于长椭球函数的超振荡光瞳滤波器 ··········· 519
　　24.3.4　超振荡望远镜 ····································· 520
24.4　微球超衍射成像 ·· 532
24.5　荧光超衍射成像技术 ·· 534
　　24.5.1　受激辐射损耗超分辨技术 ······················· 534
　　24.5.2　基于单分子定位的荧光超分辨显微技术 ········· 543
参考文献 ··· 543
第 25 章　近场超衍射成像 ·· 547
25.1　衍射极限与近场衍射极限 ···································· 547
25.2　基于超透镜的超衍射成像 ···································· 549
　　25.2.1　超透镜成像的基本理论 ························· 549
　　25.2.2　基于金属−介质多层膜的超分辨成像 ··········· 551
25.3　基于超透镜的超衍射相衬成像 ······························ 555

25.3.1　超衍射 SP 相衬成像技术原理 ·· 555

25.3.2　基于 MIM 透镜的超衍射相衬成像 ····································· 557

25.3.3　MIM 结构透镜的折射率差分辨力 ····································· 559

25.3.4　MIM 结构透镜的空间分辨力 ·· 560

25.3.5　MIM 结构透镜相衬成像的实验验证 ··································· 561

25.4　基于双曲超透镜的超衍射放大和缩小成像 ······························· 563

25.4.1　基于双曲透镜的缩小成像 ·· 564

25.4.2　双曲透镜和超透镜组合成像方法 ······································· 568

25.4.3　平板结构超分辨缩小成像设计方法 ····································· 569

参考文献 ··· 574

第 26 章　超衍射光刻 ·· 576

26.1　传统光刻分辨力增强技术 ·· 576

26.1.1　相移掩模技术 ··· 576

26.1.2　离轴照明技术 ··· 578

26.1.3　邻近效应校正 ··· 579

26.1.4　光瞳滤波技术 ··· 580

26.2　表面等离子体超衍射光刻 ·· 581

26.2.1　表面等离子体超衍射干涉光刻 ··· 581

26.2.2　表面等离子体超衍射成像光刻 ··· 597

26.2.3　表面等离子体超衍射聚焦直写光刻 ····································· 617

26.3　远场超衍射光束直写光刻 ·· 621

26.3.1　基于多光子吸收效应的双光束超衍射直写 ······························ 622

26.3.2　基于单光子吸收的超衍射光束直写 ····································· 624

26.3.3　基于吸收率调制材料的超衍射光束直写 ································· 625

参考文献 ··· 626

第 27 章　超衍射传输 ·· 631

27.1　表面等离子体波导 ·· 631

27.1.1　金属纳米颗粒波导 ··· 631

27.1.2　金属薄膜、条带及纳米线波导 ··· 632

27.1.3　金属狭缝波导 ··· 633

27.1.4　混合型表面等离子体波导 ·· 634

27.1.5　石墨烯表面等离子体波导 ·· 635

27.1.6　有源和非线性波导 ··· 636

27.1.7　等离子体波导与传统光学纳米线的融合 ································· 638

27.2　表面等离子体波导器件 ·· 640

27.2.1　激光器 ··· 640

　　　27.2.2　滤波器 ·· 641

　　　27.2.3　分束器 ·· 646

　　　27.2.4　调制器 ·· 650

　　27.3　表面等离子体波导中的新颖现象 ····························· 656

　　　27.3.1　类电磁诱导透明 ··· 656

　　　27.3.2　轨道角动量的超衍射传输 ································· 661

　参考文献 ·· 664

后记 ··· 668

名词索引 ··· 676

缩写索引 ··· 691

上　册

第一篇　亚波长电磁学基础

第 1 章　亚波长电磁学概述

第 2 章　亚波长电磁学的基本材料

第 3 章　亚波长电磁学的主要数值计算方法

第二篇　亚波长电磁学理论

第 4 章　超材料理论

第 5 章　超构表面理论

第 6 章　表面等离子体理论

第 7 章　双曲色散材料

第 8 章　光子晶体

第三篇　亚波长电磁材料加工及表征技术

第 9 章　可见光、红外及太赫兹波段亚波长结构加工技术

第 10 章　微波波段亚波长电磁结构加工技术

第 11 章　亚波长结构的典型加工实例

第 12 章　亚波长结构、材料及器件形貌表征技术

第 13 章　亚波长结构、材料及器件电磁性能表征技术

第四篇

亚波长电磁器件及系统

第14章 相位型光学超构表面

超构表面,也称为超表面,通常被认为是一种二维的超材料。超表面是一种基于结构化膜层的功能材料或器件,相比于超材料或超材料器件,具有更薄、易集成、低损耗等优点而受到广泛关注。相位型超表面结构是超表面结构中最重要的一类,近年来成为学术界研究的热点。相比于传统的传输型相位器件,超表面相位器件具有相位调控更灵活、加工简单、调控精度更高的优势。利用超表面结构在亚波长尺度内对相位的调节能力,不仅可以实现电磁波波前的调控,还可对电磁偏振态、光学自旋霍尔效应等进行操控,从而构建新型的超薄、易集成的平面电磁学器件。

14.1 相位型超表面分类

根据相位调节原理的不同,相位型超表面大致可分为传输相位型超表面、电路型相位超表面和几何相位型超表面三类。

传输相位型超表面通过利用电磁波在传播过程中累积的相位差来构建超表面器件;电路型相位超表面可等效为一种具有电磁阻抗的界面材料,通过在平面内构建亚波长结构,调节等效电磁阻抗的电容、电感等参数,实现对透射或反射相位的调节,并基于这一相位调节机理构建相应的超表面器件;几何相位型超表面则利用电磁波在偏振态转化过程中不同的几何路径产生的相位差,实现对电磁波传输相位的调制。

本章对这三类不同的相位型超表面的设计原理、特点及其应用进行逐一介绍。为了避免介绍过程的重复,首先对几种主要器件的相位分布进行介绍。

14.2 相位型器件设计方法

超表面的局域相位调控能力可改写传统斯涅耳折反射定律,并形成超表面辅助的折反射定律 (Metasurface-Assisted Law of Refraction and Reflection,MLRR)[1,2]。

$$n_1 k_0 \sin \theta_i + \nabla \phi = n_1 k_0 \sin \theta_r = n_2 k_0 \sin \theta_t \tag{14.2-1}$$

其中 n_1 和 n_2 分别为入射和折射介质的折射率,θ_i、θ_r 和 θ_t 分别为入射角、反射角和折射角,$\nabla \phi$ 为超表面上的相位梯度。该方程可作为一系列超表面电磁器件的设计基础。

14.2.1　电磁偏折器

在电磁学中，电磁偏折器是一类常用的关键元件。在入射波传播方向固定的情况下，电磁偏折器可通过对出射电磁波相位分布的调节，使出射电磁波以一定的角度偏折，实现对电磁波传播方向的控制。光束偏折器在光电检流计、转镜式高速摄影机、光学图像记录及显示等方面有着广泛的应用。传统的光束偏折器通过转动反射镜面改变入射角，达到反射光束偏折的目的。控制机械转动的器件尺寸较大，难以直接应用于微纳光学系统的光路控制中。

电磁偏折器的相位分布与出射角度的关系可表示为

$$\phi(x) = 2m\pi + \phi_0 + n\frac{2\pi}{\lambda}x\sin\theta \tag{14.2-2}$$

其中，m 为整数；ϕ_0 为坐标原点的参考相位值；n 为传播介质折射率；λ 为入射电磁波波长；θ 为偏折角。

考虑在自由空间中偏折的情况，折射率 $n = 1$。$k_x = 2\pi\sin\theta/\lambda$ 对应于横向波矢，而偏折器的本质就是通过相位的调控以实现该横向波矢的激发；横向波矢越大，对应波长电磁波的偏折角就越大。当 k_x 增大到一定程度时，其值大于自由空间传输波矢，即 $k_x > k_0$，此时根据色散关系 $k_0^2 = k_x^2 + k_z^2$（电磁波沿 xz 平面传输，无 k_y 分量，如图 14.2-1），其 z 方向波矢量 k_z 为虚数，因此激发的电磁波对应于一种电场强度沿 z 方向指数衰减，沿 x 方向传输的表面波，此时电磁偏折器可作为一种表面波耦合器。

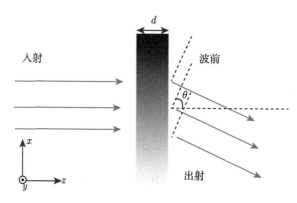

图 14.2-1　电磁偏折器原理图

14.2.2　平面透镜

透镜是光学系统中最重要的元件之一。传统透镜一般都由透明介质制成，通常为曲面结构，根据折射定律来实现对入射光的会聚、发散等控制功能。传统透镜由于体积、性能等因素的制约，在集成光学系统中难以应用。如何设计出体积更小、集成度更高、性能更好的光学透镜是当前光学领域研究的热点。

　　超表面平面透镜聚焦原理如图 14.2-2 所示。根据 MLRR 公式，对于自由空间中平面电磁波的聚焦，超表面的相移应为

$$\phi(x,y) = 2m\pi + \frac{2\pi f}{\lambda} - \frac{2\pi\sqrt{f^2+x^2+y^2}}{\lambda} \qquad (14.2\text{-}3)$$

其中，m 为任意整数；f 为焦距；λ 为入射平面波波长；(x, y) 为对应二维平面内的坐标。

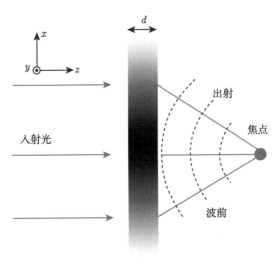

图 14.2-2　平面透镜聚焦原理

14.2.3　相位型电磁超振荡透镜

　　光的衍射特性在原理上限制了成像系统分辨率。多年来，国内外科研工作者开展了大量工作以克服这一理论限制。但是多数超分辨的工作主要集中在成像过程中如何探测和利用带有物体细节信息的高频倏逝波，如扫描近场光学显微镜 (SNOM)、超透镜以及曲面超透镜等。这些方法受限于复杂的近场操作手段。近年来，研究人员提出了一种远场超衍射聚焦和超分辨成像的方法，该方法可利用超振荡现象来解释[3,4]。超振荡现象发生在光场的局部区域，在该区域中，由于光场的干涉效应，光场函数振荡频率比其最高傅里叶空间频率更快，同时其中小部分的光场能量局限在一个尺寸小于衍射极限的区域。超振荡现象为远场超分辨提供了一种有效的技术途径。以下介绍相位型超振荡器件的设计原理。

　　相位型超振荡器件的相位函数可分为两部分：第一部分为实现光场聚焦的双曲相位函数 ϕ_{lens}，其表达式为

$$\phi_{\text{lens}}(r) = \frac{2\pi}{\lambda}\left(-\sqrt{f^2+r^2}+f\right) + 2m\pi \qquad (14.2\text{-}4)$$

其中，λ 为设计波长；f 为焦距；r 为极坐标下的径向坐标值；m 为整数。相位函数的另一部分用于实现超衍射，通常是一种具有多个相位突变点 (0 或 π) 的圆对称二元相位函数，可用函数 $\phi_{\mathrm{binary}}(r)$ 表示。

利用菲涅耳衍射积分，焦斑附近处的光场分布可表示为

$$I(\lambda, \rho, z) \propto \left(\frac{1}{\lambda z}\right)^2$$

$$\times \left| \int_0^R \exp\left[\mathrm{i}\phi_{\mathrm{binary}}(r) + \mathrm{i}\phi_{\mathrm{lens}}(r)\right] \exp\left(\mathrm{i}\pi r^2 \frac{1}{\lambda z}\right) J_0\left(\frac{2\pi r \rho}{\lambda z}\right) r \mathrm{d}r \right|^2 \quad (14.2\text{-}5)$$

其中 ρ 为半径，z 为轴向坐标，J_0 为 0 阶贝塞尔函数。在傍轴区域，公式 (14.2-4) 的双曲相位面可近似地表示成

$$\phi_{\mathrm{lens}}(r) \approx -\frac{\pi r^2}{\lambda_0 f_0} + 2m\pi \quad (14.2\text{-}6)$$

利用公式 (14.2-6)，公式 (14.2-5) 可重新写成

$$I(\lambda, \rho, z) \propto \left(\frac{1}{\lambda z}\right)^2$$

$$\times \left| \int_0^R \exp\left[\mathrm{i}\phi_{\mathrm{binary}}(r)\right] \exp\left[\mathrm{i}\pi r^2 \left(\frac{1}{\lambda z} - \frac{1}{\lambda_0 f_0}\right)\right] J_0\left(\frac{2\pi r \rho}{\lambda z}\right) r \mathrm{d}r \right|^2 \quad (14.2\text{-}7)$$

将式 (14.2-7) 表示的焦斑附近的光场分布函数作为目标函数，相位突变的位置可通过线性优化方法获得。

14.2.4　涡旋光产生器

1992 年，Allen 发现了一种带有轨道角动量 (Orbital Angular Momentum, OAM) 的光束，由于其在垂直传播方向的平面内相位呈螺旋分布，又被称为涡旋光束[5]。相比于圆偏振态 $\pm\hbar$($\hbar$ 为约化普朗克常数，又称狄拉克常数) 的自旋角动量 (Spin Angular Momentum, SAM)，涡旋光束所携带的轨道角动量数理论上可为无限大。这种光束为高容量光通信提供了一个额外的自由度。利用涡旋光束，有可能通过编码信息和信道技术提高传输数据的容量和安全性。作为一个在无线通信领域有巨大应用潜力的工具，光学 OAM 已被用于太比特自由空间的数据传输以及光通信模式复用。目前常用的实现涡旋光束的器件主要包括空间相位板、q 板、计算全息和环形光栅等。

根据涡旋光束的特点，产生涡旋光束的相位器件只需在出射面处相位满足

$$\phi(\varphi) = l\varphi \quad (14.2\text{-}8)$$

其中，l 是涡旋光束拓扑荷数；φ 为方位角。

14.2.5 贝塞尔光束产生器

1987 年, Durnin 理论上证明存在一种沿径向呈现贝塞尔型光强分布的光束, 称之为贝塞尔光束[6]。贝塞尔光束与其他光束最大的区别在于其在传播过程中不会因衍射而扩散, 因此又被称为一种无衍射光束。贝塞尔光束是亥姆霍兹方程的一组严格解, 并不违背传统的光学理论。理想的贝塞尔光束要求光束的横向尺寸及其承载的电磁功率为无限大。但是, 即使用高斯函数去对贝塞尔光束进行光强截断, 贝塞尔光束仍能部分保持其原有的无衍射传输特性。贝塞尔光束除了具有无衍射特性之外还有一个重要的特性就是具有自恢复能力, 即光束在传播过程中如果被微小障碍物遮挡, 在其绕过障碍物后, 会恢复到原有的无衍射传输模式。贝塞尔光束的无衍射传输特性和自恢复能力使其在超分辨成像、微观粒子光学操控、纳米加工等领域具有重要的应用前景。传统产生贝塞尔光束的方法通常是采用轴锥透镜或空间光调制器实现。

贝塞尔光束光场实际上对应于汇聚型锥形光束在空间干涉叠加的光场分布。因此贝塞尔光束产生器在出射面的相位分布应满足

$$\phi(r) = -\frac{2\pi}{\lambda} r \sin(\theta) + 2m\pi \tag{14.2-9}$$

其中, λ 为设计波长; r 为极坐标下的径向坐标值; θ 为偏折角; m 为整数。

对于一维贝塞尔光束, 则式 (14.2-9) 可表示为

$$\phi(x) = -\frac{2\pi}{\lambda} x \sin(\theta) + 2m\pi \tag{14.2-10}$$

14.2.6 相位型计算全息图

全息原理早在 1948 年就已经被 Gabor 提出[7], 但由于其对光源相干性和强度的要求, 直到 1960 年激光出现以后才真正得到发展, 并很快成为一个具有巨大实用价值的全新领域。Gabor 也因其在全息领域的开创性工作获得了 1971 年诺贝尔物理学奖。全息产生的方式包括传统全息、数字全息和计算全息三种。计算全息是近年发展起来的新技术。如图 14.2-3 所示, 计算全息图的基本思想在于: 激光或其他光源照射到全息面上产生衍射, 在成像面形成图像; 全息面的振幅和相位分布可通过逆衍射算法获得。以下介绍几种常用的逆衍射算法。

1. GS 算法

GS 算法由 Gerchberg 和 Saxton 提出, 其算法核心是通过多次迭代趋近最优解, 常用于二维投影全息[8]。二维投影全息图像是全息图在远场 (夫琅禾费衍射区域) 的傅里叶变换, 因此逆衍射过程可通过逆傅里叶变换方法实现。

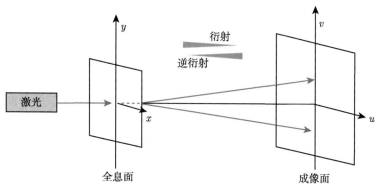

图 14.2-3　计算全息原理图

GS 算法的大致流程如图 14.2-4 所示，假定全息像的复振幅为

$$G(u,v) = A_0(u,v)\mathrm{e}^{\mathrm{i}\phi_0(u,v)} \tag{14.2-11}$$

其中，A_0 和 ϕ_0 分别为目标振幅和相位分布，通常 ϕ_0 为随机相位。相应的全息图可通过逆傅里叶变换获得

$$U(x,y) = F^{-1}(G(u,v)) \tag{14.2-12}$$

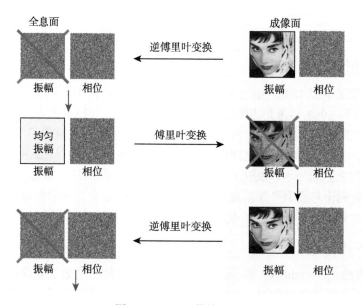

图 14.2-4　GS 算法原理

图中的红色 × 表示在下一次迭代中该图被替换

一般全息图中振幅均匀,可将全息图替换为纯相位型

$$U'(x,y) = \exp\left(\mathrm{i} \times \arg\left(U\left(x,y\right)\right)\right) \qquad (14.2\text{-}13)$$

其中 arg 为复数的相位函数。此时,通过傅里叶变换即可获得全息像的复振幅

$$G'(u,v) = F(U'(x,y)) \qquad (14.2\text{-}14)$$

进一步将全息像的相位代入目标振幅,并得到新的全息像复振幅分布

$$G(u,v) = A_0(u,v) \exp\left(\mathrm{i} \times \arg\left(G'\left(u,v\right)\right)\right) \qquad (14.2\text{-}15)$$

将 $G(u,v)$ 代入式 (14.2-12)~式 (14.2-15) 循环迭代,直至全息像 $G(u,v)$ 与目标图像 $A_0(u,v)$ 的差距缩小到可接受的程度。

2. 点源法

点源法的核心思想是将物体看成是很多个离散物点的组合,在全息平面上将所有点的衍射光场复振幅分布进行叠加,并通过编码计算得到三维全息图。设被记录三维物体与全息图坐标平面分别是 uv 和 xy,每个点源的坐标为 (u_j,v_j,z_j),全息图上的复振幅分布可表示为

$$U(x,y) = \sum_{j=1}^{N} \frac{A_j}{r_j} \exp[-\mathrm{i}(kr_j + \phi_j)] \qquad (14.2\text{-}16)$$

其中,$r_j = \sqrt{(u_j - x)^2 + (v_j - y)^2 + z_j^2}$,对应于物体上第 j 点 (u_j,v_j,z_j) 距离全息图 $(x,y,0)$ 的距离;N 为物体离散的总点数;A_j 与 ϕ_j 分别为初始的振幅及初始相位;k 为波矢。为了消除每一个点之间的干涉效应,常常在每一次循环都乘一个随机相位函数,这样得到的全息图振幅会更均匀。

值得说明的是,上面一次循环只是计算了全息图上某一个像素点的复振幅值,要计算一幅完整的全息图,必须遍历全息图上的每一个点。如果全息图包含 $M \times M$ 个像素点,物体包含 $N \times N$ 个像素,那么循环次数是 $N \times N \times M \times M$,计算量非常大,这也是点源法的主要缺陷。

3. 切片法

在点源法的基础上,人们提出了切片式的全息图计算算法 (又名层析法)。切片法的具体原理与点源法类似,不过它不再把物体离散成一系列的点,而是离散成一系列的面,并使用菲涅耳衍射算法计算各个平面的复振幅全息图并将其叠加,即可得到整个三维物体的全息图。该方法可有效解决点源法计算量过大的问题。

具体而言, 令物体第 j 层的复振幅为 $G_j(u_j, v_j)$, 与全息图平面之间的光学传递函数为 $OTF(j)$, 则其对应的全息图为 $U_j = F^{-1}(F(G_j(u_j, v_j))/OTF(j))$。整个三维物体对应的全息图为每一层全息图的叠加, 即

$$U = \sum_{j=1}^{N} U_j \qquad (14.2\text{-}17)$$

其中 N 为总的离散平面数量。把所有离散层对应的全息图叠加起来, 就得到整个三维物体的全息图。该方法存在的主要问题在于: 对于一个三维物体而言, 离散的平面越多, 得到的全息图质量越好, 但是离散的平面越多, 计算量就越大, 各个平面之间的间隔就越小, 相邻平面之间的干扰就越大, 所以在实际计算中, 离散的平面数量应当折中考虑。

14.3　传输相位型超表面器件

传输相位型超表面器件, 顾名思义, 是基于传输相位原理构建的相位调制型超表面器件。根据电磁波传输理论, 假定一种介质, 其折射率为 n, 波长为 λ 的电磁波在该均匀介质中传输一定距离 d, 则电磁波积累的传输相位可表示为

$$\phi = n k_0 d \qquad (14.3\text{-}1)$$

其中 $k_0 = 2\pi/\lambda$ 为自由空间波矢。传统的相位型光学元件大多采用曲面面形, 利用厚度 d 随空间变化的特点调节电磁波的波前。而对于二元光学器件, 则采用二梯度或多梯度的 d 来离散化地实现相位的调控。无论是曲面相位元件还是二元光学元件都面临两个问题: 一个是器件外形为非平面, 不利于集成和共形设计; 此外多数光学材料折射率 n 值都不是很大, 为了实现足够的相位差, 要求厚度 d 要足够大, 导致器件难以轻量化。

从公式 (14.3-1) 可得到, 除了改变 d 来实现传输相位的调节外, 通过空间变化等效折射率 n 可在厚度 d 保持不变的情况下实现平面相位型光学元件设计; 如果等效折射率 n 的值足够大, 则器件的厚度可有效减小。传输相位型超表面就是基于这一想法构建的。目前常用的构建传输相位型超表面的方法可分为两类: 一类基于表面等离子体波导理论, 另一类基于介质等效折射率理论。这两种方法的区别在于对折射率的调节方式不同。基于表面等离子体波导理论的超表面对折射率的调节主要利用表面等离子体波导 (通常是金属—介质—金属 (MIM) 波导) 中等效导波折射率, 或导波传播常数随介质层宽度变化的特性[1,2,9-15]; 基于介质等效折射率理论的超表面则是利用两种或多种介质 (通常有一种是高折射率介质) 在单元结构内的填充比差异, 实现对结构等效折射率的调制[16]。

14.3.1　SP 波导传输相位超表面器件

1. SP 波导传输相位平面透镜

利用不同宽度 MIM 型 SP 波导的传输相位调节功能，可设计具有点对点亚波长成像功能的金属纳米透镜。

图 14.3-1 给出了金属纳米透镜的基本结构，其中透镜由银膜和空气狭缝构成，d 为银膜厚度 (即狭缝的长度)，a 和 b 分别为物距和像距，整个透镜以 $x = 0$ 为中心轴对称。金属纳米透镜的成像基本原理如下：当 TM 偏振光从物点发出后入射到银膜的纳米狭缝入口时，会激发表面等离子体 (传播常数为 k_{sp})，并在狭缝内传播。表面等离子体在狭缝的出口处经过散射会重新转化为自由空间的光波。如果出射面上光波的光学相位满足聚焦条件，则出射的光波会重新会聚到像点上。在成像过程中，金属透镜通过不同宽度的纳米狭缝控制 SP 传输的相位延迟。在一个物距和像距分别为 a 和 b 的成像过程中，金属透镜上坐标 x 处的光学相位延迟需满足以下几何关系式

$$\phi(x) = 2m\pi + \phi(0) + \frac{2\pi}{\lambda}\left(a + b - \sqrt{a^2 + x^2} - \sqrt{b^2 + x^2}\right) \tag{14.3-2}$$

其中 m 为整数。而表面等离子体在长度为 d 的狭缝中积累的相位延迟则满足

$$\phi = \mathrm{Re}(k_{sp})d + \vartheta \tag{14.3-3}$$

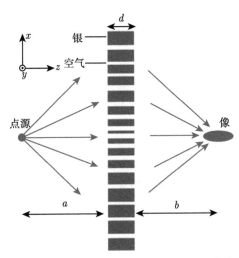

图 14.3-1　金属纳米透镜的结构示意图[15]

其中附加相位因子 ϑ 是由在狭缝入口和出口处的多重反射造成的，其值可由下式算出

$$\vartheta = \arg\left[1 - \left(\frac{1 - k_{\mathrm{sp}}/k_0}{1 + k_{\mathrm{sp}}/k_0}\right)^2 \exp(\mathrm{j}2k_{\mathrm{sp}}d)\right] \qquad (14.3\text{-}4)$$

通过联立求解式 (14.3-2)～式 (14.3-4)，及 MIM 波导模式的计算公式，可计算出金属透镜表面 x 位置处所需要的狭缝宽度 w。图 14.3-2 给出了不同狭缝宽度对应的相位延迟，其中工作波长为 810nm，银膜的厚度为 300nm。从图中可看出对于宽度分布在 10～70nm 的狭缝，300nm 厚度的银膜可提供足够的光学相位延迟调制范围。此外，相比于传播相位因子 $\mathrm{Re}(k_{\mathrm{sp}})d$，附加相位因子所产生的相位延迟很小，因而式 (14.3-3) 可简化为 $\phi = \mathrm{Re}(k_{\mathrm{sp}})d$。

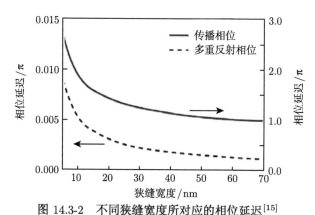

图 14.3-2   不同狭缝宽度所对应的相位延迟[15]

实线代表由传输因子产生的相位延迟，虚线代表由多重反射所产生的相位延迟

以下以具体实例验证上述理论。选取工作波长为 810nm 的近红外光，物距和像距都设为 1μm，银膜透镜厚度为 300nm，缝宽分布在 10～60nm。根据式 (14.3-2)～式 (14.3-4)，可得到金属透镜表面任意 x 位置处狭缝的宽度分布，如图 14.3-3(a) 所示。为了简化透镜的设计，可不考虑相邻两个狭缝之间的耦合作用，因而相邻两个狭缝之间的间隔至少应该大于表面等离子体在银材料中的趋肤深度以保证近似过程的准确性 (波长为 810nm 时，趋肤深度约为 24nm)。图 14.3-3(b) 对应于不同缝宽所产生的相位延迟的理论值和电磁仿真结果之间的对比，两者吻合较好。

图 14.3-4 给出了金属纳米透镜成像过程中的磁场强度分布。点光源设定在 ($x = 0$, $z = 200$nm) 处，金属透镜分布在 $z = 1.2$μm 和 $z = 1.5$μm 之间，入射光为波长 810nm 的 TM 偏振光。在物距为 1μm 的情况下，最终像点的中心位置距离金属透镜出射面 0.935μm。此处约 6% 的像距偏差主要来自于设计过程中被忽略的相邻狭缝之间的耦合。另外，从像点中心位置处的场强截面可看出，像点的半高全宽为

396nm，约为入射光波长的一半，且旁瓣很小。

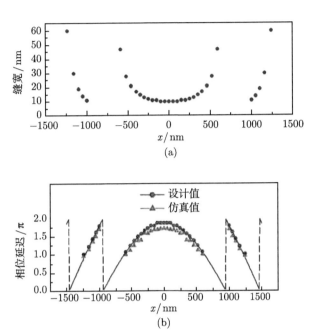

(a)

(b)

图 14.3-3　(a) 金属透镜不同 x 位置处的缝宽；(b) 不同位置的相位延迟[15]

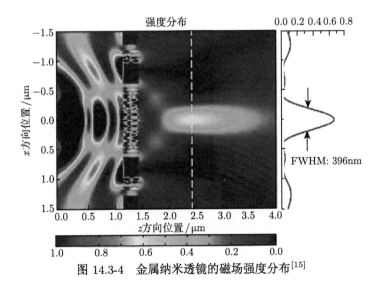

图 14.3-4　金属纳米透镜的磁场强度分布[15]

以上只是给出了一个设计实例，实际上这种金属纳米透镜可根据设计要求实现任意物距和像距的亚波长成像。加之其体积和集成度以及分辨率上的优势，在微纳光学系统中具有巨大的应用潜力。

2. SP 波导传输相位光束偏折器

根据亚波长结构的广义折反射定律可知，如果两层媒质的交界面上存在渐变相位，则折射角和反射角之间不再遵循传统的斯涅耳定律，而需要考虑界面上的相位梯度的影响。即使上下层空间折射率相同，当交界面上存在渐变的相位时，入射角与折射角也不相等。利用超表面调节界面上的相位梯度，可实现对折射和反射波束的任意调制。下面以银—空气—银结构构成的 MIM 波导光束偏折器为例进行介绍，其基本结构如图 14.3-5 所示。

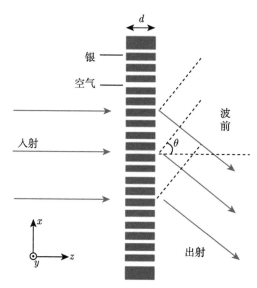

图 14.3-5　SP 波导光束偏折器示意图[11]

当 TM 偏振态的平行光束正入射到偏折器表面时，激发起的表面等离子体以传播常数 k_{sp} 在长度为 d 的纳米狭缝中传播。在经历了相位延迟 $\Delta\phi = \mathrm{Re}(k_{sp})d$ 之后，表面等离子体在狭缝的出射面经过散射重新转化为空间传播光波。此时整个偏折器出射面上的光波相位满足

$$\phi(x) = 2m\pi + \phi(0) - \frac{2\pi}{\lambda}x\sin\theta \tag{14.3-5}$$

其中 m 为整数，出射光偏折角为 θ。下面给出 4 个不同偏折角度 (30°, 45°, 60° 和 80°) 的设计实例，以此证明这种光束偏折器可实现从小角度到大角度的任意光束偏折。设定工作波长为 650nm，银膜厚度为 500nm。不同偏折角度所对应的纳米狭

缝宽度分布如图 14.3-6 所示。

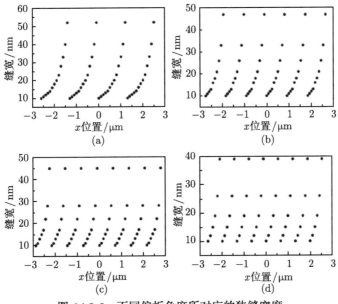

图 14.3-6 不同偏折角度所对应的狭缝宽度

(a) 30°; (b) 45°; (c) 60°; (d) 80°[11]

光束偏折器的入射面和出射面分别位于 $z = 0.2\mu m$ 和 $z = 0.7\mu m$ 处。图 14.3-7 为上述 4 个不同的光束偏折器出射光的相位分布, 偏折角度可根据相位分布和以下公式计算

$$\theta = \arcsin(\lambda N/D) \tag{14.3-6}$$

其中, λ 为自由空间波长; N 为图 14.3-7 中给出的在偏折器出射面上的等相位条纹数目 (对应于这 4 个光束偏折器, N 分别约为 4.5, 6.5, 8 和 9), D 为光束偏折器的口径 (此处 4 个偏折器口径都为 6μm)。

上述 4 个偏折器远场角谱分布如图 14.3-8 所示。可看出, 这 4 个光束偏折器实际偏折角度分别为 30.12°, 45.26°, 60.4° 和 81.55°, 与设计角度值高度吻合。4 个光束偏折器的能量透过率分别为 47.04%, 52.72%, 51.74% 和 53.38%。能量的主要损失来源于入射光在光束偏折器入射面上的反射。

除了平行光垂直入射外, 表面等离子体光束偏折器对于斜入射的平行光也有很好的偏折作用。图 14.3-9 给出了当入射角和设计的偏折角分别为 30° 和 −30° 的情况。此时光束偏折器口径为 4μm, 厚度为 800nm。从出射场的光学相位分布以及远场角谱曲线可看到实际的偏折角和设计值十分吻合, 整个光束偏折器呈现出负折射现象。

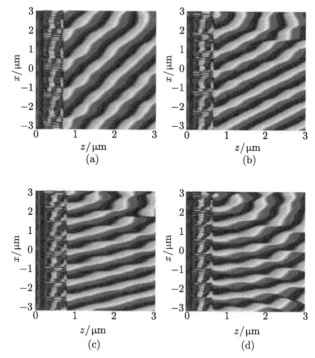

图 14.3-7   不同偏折角度对应的相位分布[11]

(a) 30°；(b) 45°；(c) 60°；(d) 80°

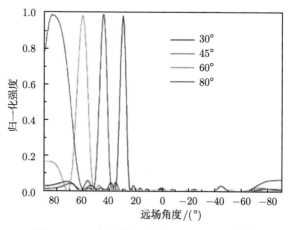

图 14.3-8   光束偏折器的远场角谱分布[11]

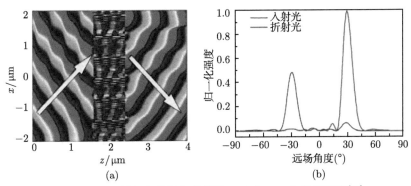

(a)   (b)

图 14.3-9 入射角和偏折角分别为 30° 和 −30° 的偏折器[11]

(a) 瞬态场相位分布；(b) 远场辐射角谱

图 14.3-10 给出了表面等离子体光束偏折器对不同入射光波长的响应。当入射光波长从 550nm 渐变到 750nm 时，对应的偏折角从 37° 近似线性地增大到 55°，线性变化率约为 0.9°/10nm。说明该表面等离子体光束偏折器除了可在光学系统中控制光束的空间传播方向以外，还可用于空间频谱的波分复用。

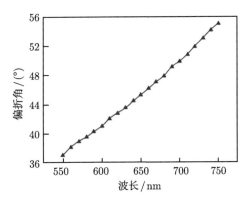

图 14.3-10 偏折器对宽波段电磁波的响应[11]

3. 消色差 SP 波导传输相位器件

平面光学器件由于其质量轻和平面化等优点受到广泛的研究与关注。绝大多数平面光学器件都是基于衍射光学的原理，如衍射光栅、菲涅耳波带片、光子筛等。然而衍射光学元件有较为显著的色差，光栅衍射角通常随波长的增加而增加，衍射透镜焦距随波长的增加而减小。这种色差不仅存在于传统的平面光学器件，在新型超表面中也同样存在。色差导致光学器件在非设计波长下性能退化，甚至失效。在折射光学中相位是通过光传播过程中光程的累积形成的，与传播的空间距离和

折射率 $n(\lambda)$ 有关。对于正常的材料色散，折射率 $n(\lambda)$ 随波长的增加而减少。这将会引起器件对于不同波长产生相位失配。对于衍射光学器件，由于有效光程较短，材料色散可忽略，结构色散起主导作用。例如，光栅的衍射方向取决于光栅的周期与波长的关系。对于同样的光栅，衍射角与波长正相关；为了实现相同的衍射方向角，光栅周期需要随波长的增加而增加。

色差的存在限制了光学元件的工作带宽，给很多器件的实际应用带来负面影响。利用特定条件下 SP 波导传输相位的色散调控能力，通过材料色散和结构色散的相互补偿，可实现宽带消色差光学器件[9]，从而有效解决器件的平面化、轻量化与带宽之间的矛盾。

相位型光学器件所产生的相位延迟需要补偿光线在自由空间中传播产生的相位。例如，对于传统的折射聚焦透镜，需要构建一定曲面面形以补偿自由空间中聚焦的波前所产生的光程差，使得平行入射的光线到焦点的光程为常数。在位置 r 处所需的相位 ϕ 可表示为[17]

$$\phi(r,\lambda) = -\frac{2\pi}{\lambda}l(r) + C(\lambda) \tag{14.3-7}$$

其中 $l(r)$ 是界面上点 r 到目标波前的空间距离。参量 $C(\lambda)$ 为任意值，用于线性光学系统的优化。对于一个消色差的器件，携带功能信息的 $l(r)$ 在不同的波长下是一个常数。因此相对相位分布只是位置 r 的函数，可表示为

$$\Delta\phi(r,\lambda) \cdot \lambda = -2\pi l(r) = \text{const} \tag{14.3-8}$$

参数 $\Delta\phi \cdot \lambda$ 可用来辅助设计消色差器件。

下面分析 TM 偏振光照射亚波长 MIM 狭缝情况。假定在波导中只有 SPP 基模存在，其复传播常数 $\beta = k_{\text{sp}}$ 可从 MIM 波导的本征方程解出

$$\tanh\left(\frac{\sqrt{\beta^2 - k_0^2\varepsilon_{\text{d}}}w}{2}\right) = -\frac{\varepsilon_{\text{d}}\sqrt{\beta^2 - k_0^2\varepsilon_{\text{m}}}}{\varepsilon_{\text{m}}\sqrt{\beta^2 - k_0^2\varepsilon_{\text{d}}}} \tag{14.3-9}$$

其中，w 是狭缝的宽度；k_0 是真空中的波矢；ε_{d} 和 ε_{m} 分别是波导中填充介质的介电常数和金属的介电常数。

金属的介电常数 $\varepsilon_{\text{m}}(\omega)$ 可用 Drude 模型描述

$$\varepsilon_{\text{m}}(\omega) = \varepsilon_\infty - \frac{\omega_{\text{p}}^2}{\omega^2 + \mathrm{i}\omega\gamma_{\text{D}}} \tag{14.3-10}$$

其中，ω 是入射电磁波的角频率；ε_∞ 是频率无穷大时的介电常数；ω_{p} 是等离子体频率；γ_{D} 是碰撞频率。在频率范围 $\omega \ll \omega_{\text{p}}$ 且 $\omega \gg \gamma_{\text{D}}$ 时，$\varepsilon_{\text{m}}(\omega)$ 可被近似为

$$\varepsilon_{\text{m}}(w) \approx -\frac{\omega_{\text{p}}^2}{\omega^2} \ll -1 \tag{14.3-11}$$

利用方程 (14.3-11) 对方程 (14.3-9) 进行简化，$\beta\lambda$ 可表达为介电常数 $\varepsilon_{\rm d}$ 和缝宽 w 的函数

$$\beta\lambda = 2\pi\sqrt{\varepsilon_{\rm d}\left(\frac{2c}{\omega_{\rm p}w}+1\right)} = {\rm const} \qquad (14.3\text{-}12)$$

当 SPP 波经过亚波长金属缝时，每个缝出射的相位延迟 $\Delta\phi$ 为

$$\Delta\phi = 2m\pi + {\rm Re}(\beta h) + \vartheta \qquad (14.3\text{-}13)$$

其中，ϑ 是 SPP 在入射和出射界面间多次反射产生的相移，表达式见式 (14.3-4)；h 是 MIM 波导的长度。理论和数值模拟的结果表明 βh 在相位延迟中占据主导地位。如果 $m = 0$，$\Delta\phi$ 可近似为 ${\rm Re}(\beta h)$。在远高于碰撞频率 $\gamma_{\rm D}$ 的条件下，SPP 在 MIM 波导中的传播常数的虚部是可忽略的 $({\rm Im}(\beta) \ll 1)$。如图 14.3-11(a) 所示的平面光学器件中，波导长度 h 是一个常数，所以

$$\beta h\lambda \approx \Delta\phi \cdot \lambda = {\rm const} \qquad (14.3\text{-}14)$$

因此，MIM 波导在给定宽度、长度、介质及频率满足 $\omega \ll \omega_{\rm p}$ 和 $\omega \gg \gamma_{\rm D}$ 的情况下是消色差的。

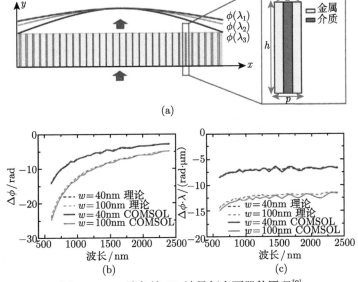

图 14.3-11 消色差 SP 波导超表面器件原理[9]

(a) 器件示意图；(b) 不同宽度 w 对应 MIM 波导的色散；(c) $\Delta\phi \cdot \lambda$ 随波长变化曲线

消色差器件的 MIM 波导单元结构截面图如图 14.3-11(a) 所示。金属缝宽 w 在 20~100nm 范围内渐变；波导长度 h 固定为 3μm。金属为银，狭缝中填充介质为空气。

MIM 狭缝的色散行为如图 14.3-11(b) 所示。$\Delta\phi$ 是相对于缝宽 w=20nm 的金属狭缝波导的相对相位。由图可见 $\Delta\phi$ 随缝宽 w 的减少而增加，随波长 λ 的增加而增加。图 14.3-11(c) 为不同缝宽和波长下的 $\Delta\phi \cdot \lambda$。$\Delta\phi \cdot \lambda$ 在小于 800nm 的波长下快速增加，在长波长的区域变得稳定。该结果与理论相符，设计模型的消色差效应仅在 $\omega \ll \omega_p$ 和 $\omega \gg \gamma_D$ 下成立。

图 14.3-12 是基于电磁偏折器相位要求的设计结果。器件由 29 个不同宽度的金属狭缝构成，在波长 $\lambda = 1\mu m$ 时的偏折角为 $-20°$。x 分量的二维电场图如图 14.3-12(b)~(d) 所示。在 1μm，1.5μm，2μm 三个波长下，光束被偏折到相同方向，如图 14.3-12(e) 所示。在 1μm 至 2μm 的波长范围内偏折角接近 $-19°$。

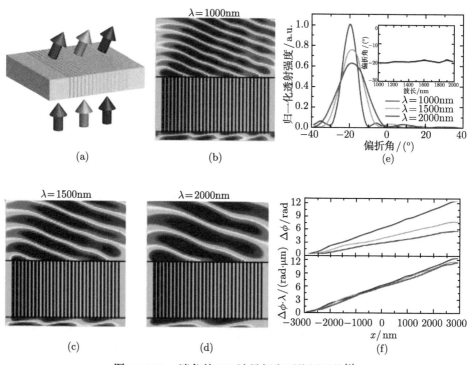

图 14.3-12 消色差 SP 波导超表面偏折器件[9]

该器件还可应用于对斜入射光的偏折。出射角度可通过以下公式进行计算

$$n_t \sin(\theta_t) - n_i \sin(\theta_i) = -\frac{1}{k_0}\frac{d\phi}{dx} = \sin(\theta_0) \tag{14.3-15}$$

其中，θ_i 是入射角；θ_t 和 θ_0 分别是斜入射和垂直入射情况下的出射角。其中基底介质为玻璃，折射率 n_i 为 1.44；出射空间介质为空气，折射率 n_t 为 1。由于已经证明了 θ_0 不随波长变化，离轴入射下的偏折角 θ_t 也保持恒定。

图 14.3-13 为焦距 5μm 的平面消色差透镜的效果图。透镜由 51 个狭缝组成，相邻缝之间的中心间距为 200nm。从图 14.3-13(a) 可看到，在不同波长入射的条件下，焦距均为 5μm。插图为在 1μm，1.5μm，2μm 三个波长下的平面波通过超表面透镜后的电场强度分布，可见器件实现了消色差聚焦的功能。

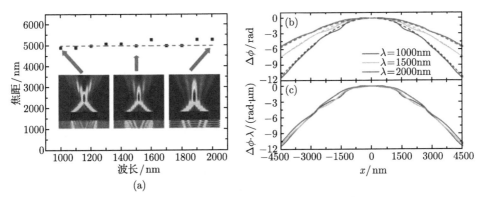

图 14.3-13 消色差 SP 波导超表面聚焦器件

(a) 焦点随波长变化；(b)1μm，1.5μm，2μm 三个波长下相位 $\Delta\phi$ 随 x 变化的曲线；

(c) $\Delta\phi \cdot \lambda$ 随 x 变化的曲线[9]

图 14.3-13(b) 为出射面上方 200nm 处的相位分布，其中虚线为按照式 (14.2-3) 理论计算得到的不同波长入射下所需要匹配的相位分布。从图 14.3-13(c) 可看到，三个波长 (1μm，1.5μm 和 2μm) 下的 $\Delta\phi \cdot \lambda$ 沿 x 轴的分布基本一致，因而该器件可实现消色差聚焦。

4. SP 波导单向耦合器

在 14.2.1 节中已经介绍，对于表面波 (如 SP 波) 同样可通过相位调控的方法实现表面波定向耦合。根据式 (14.3-3)，SP 波导传输相位，或者波导等效折射率，除了可通过狭缝宽度 w 来调节外，同样可通过改变狭缝填充介质来调节。图 14.3-14 为相同狭缝宽度 w，分别填充空气和填充折射率为 1.7 的介质的情况下其 SP 波导模式折射率随狭缝宽度变化的曲线，金属材料为铝，厚度为 100nm，表面等离子体波长 $\lambda_{sp} = 200$nm。在宽度 w 为 60nm 时，其传输相位差为 π/2。利用这一传输相位差，可构造 SP 波导单向耦合器[14]。

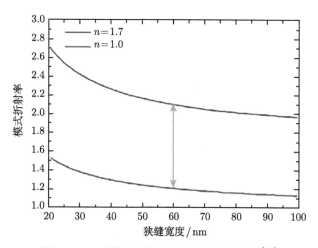

图 14.3-14　模式折射率随宽度的变化规律[14]

图 14.3-15(a) 为 SP 波导单向耦合器结构图，在 100nm 厚的铝膜上开四个宽度为 60nm 的狭缝，其中两个狭缝内填充折射率为 1.7 的介质，相邻狭缝间的距离分别为 $P_1 = 150$nm(0.75λ) 和 $P_2 = 250$nm(1.25λ)。根据前面传输相位的分析可知，狭缝 1 中的 SP 波传输到出射面时的相位相对于狭缝 2 超前 0.5π。SP 波经狭缝 1 到出射面处后会沿界面向左或向右传输，对于向右传输的 SP 波，其传到狭缝 2 处时的相位等于 $\pi/2 - 1.25 \times 2\pi = -2\pi$，刚好与狭缝 2 出射面处的相位相同。而对于经狭缝 2 传到出射面的 SP 波，其向左传输到狭缝 1 出射面时的相位为 $0 - 1.25 \times 2\pi = -2.5\pi$。根据干涉原理，向右传输的 SP 波相干相长，而向左传输的 SP 波相干相消。采用同样的分析方法分析狭缝 2 和狭缝 3 之间的相位关系可得到同样的结果。光场单向传输效果如图 14.3-15(b) 所示。

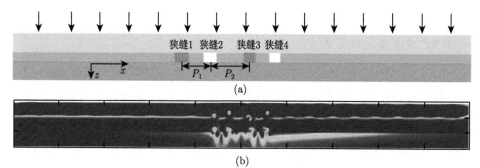

(a)

(b)

图 14.3-15　SP 波导单向耦合器

(a) 结构图；(b) 电场分布[14]

上述 SP 波定向耦合器可用于 SP 干涉光刻,除得到半周期为 50nm 的线条外,其干涉场强约为普通 SP 干涉光刻的两倍[14]。

5. SP 波导涡旋光产生器

根据涡旋光的相位分布要求,利用 SP 波导传输相位调节功能,可设计涡旋光束产生器[18]。图 14.3-16 是采用不同直径金属圆孔 SP 波导构建的涡旋光产生器,金属膜层材料为银,厚度为 800nm。不同的圆孔尺寸具有不同的 SP 传播常数,因此在相同的传播距离 (对应于金属厚度) 下,积累的传输相位不同。图 14.3-16(a) 为圆孔半径从 75nm 变化到 140nm 过程中传输相位的变化曲线,可看到其相位变化覆盖 0~2π。这一相位变化足以构建各种不同拓扑荷的涡旋光束。

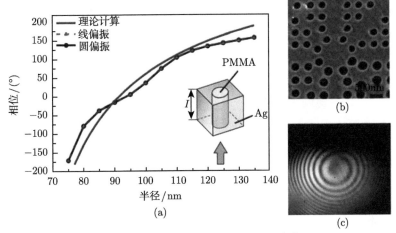

图 14.3-16 SP 波导涡旋光产生器[18]

(a) 单元结构相移与半径的关系; (b) 器件 SEM 图; (c) 涡旋光束与球面波的干涉图

14.3.2 等效折射率型介质超表面器件

相位调控也可通过折射率在空间上的非均匀分布来实现。采用周期硅柱结构,利用不同占空比排列硅柱对应等效折射率的差异,在相同的厚度下可实现传输相位的调节[19]。图 14.3-17 为根据二维聚焦透镜的相位分布要求,利用不同占空比排列硅柱结构构建的平面透镜器件。透镜的设计工作波长为 1.5μm,厚度为 0.5μm;硅柱周期恒定,直径沿径向阶梯式增大。为了抑制高级次衍射,硅柱的周期应小于结构的截止尺寸 λ_0/n,其中 λ_0 为自由空间中的传播波长,n 为硅的折射率。计算得到硅柱周期不能大于 450nm,设计中定为 440nm。图 14.3-17(b) 中不同的颜色区域对应于不同的占空比,即不同直径硅柱区域。从图中可看到硅柱的直径自透镜中心向外不断变小,即硅的占空比不断变小。由于硅的折射率大于空气的折射率,根据等效折射率理论公式，硅的占空比越高，则相同周期下对应的等效折射率也就越高。图 14.3-17(c) 和图 14.3-17(d) 为采用等离子体刻蚀工艺加工得到的硅柱结构侧面图。

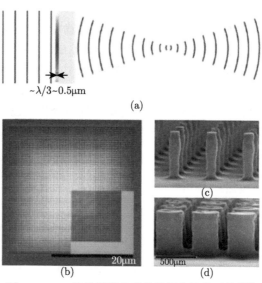

图 14.3-17　等效折射率型传输相位聚焦透镜[19]

(a) 聚焦示意图；(b) 器件正面 SEM 图；(c) 和 (d) 为不同硅柱的 SEM 侧面图

图 14.3-18 为基于硅柱结构等效折射率型介质超表面透镜的聚焦实验测试结果。光束从自由空间入射，在硅基底中聚焦。图中给出了入射面以及 $z = 160\mu m$，

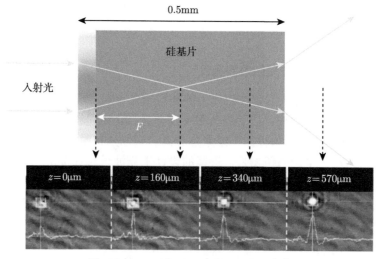

图 14.3-18　硅柱阵列透镜测试结果[19]

340μm 和 570μm 处的输出光强分布。在理论设计的 160μm 焦距位置，入射光被很好聚焦，而在 340μm 及 570μm 等离焦位置，其光斑不断变大。

14.4　电路型相位超表面器件

前面章节已经介绍，超材料可等效为具有特殊介电常数和磁导率的材料。而对于超表面结构，由于其厚度通常远小于波长，不宜再采用体电磁材料的参数来描述。一层超薄的电磁界面可用电磁阻抗 Z_s 或者导纳 Y_s 来表述。如果将超表面结构等效为电磁阻抗表面，则超表面结构的设计实际上也就是对电磁阻抗参数的设计。电路型相位超表面实际上就是利用特定亚波长结构模拟串联或者并联的谐振电路，通过结构参数的设计来对等效电路中的各电容或电感进行调节，从而调节谐振表面阻抗，实现对电磁波相位的调制[1]。下面以一种典型的"工"字形超表面结构单元为例，对其基本原理进行分析。

图 14.4-1 为"工"字形超表面的单元结构，自上而下包含三层："工"字形结构构成的表面阻抗层、介质隔离层以及金属反射层。当 y 偏振的电磁波沿 z 向垂直入射到结构表面，根据等效电路理论，在上工字的下金属横臂和下工字的上金属横臂之间形成等效电容 C，而 y 方向直金属臂在电场的作用下，则产生等效电感，因此该结构可视为由等效电感 L 和等效电容 C 串联的 LC 电路，其对应的表面阻抗可表示为 $Z_s = i\omega L + 1/(i\omega C)$ [21]。而当电场方向沿 x 方向时，由于无法产生有效的电流，该表面结构等效阻抗为无穷大。

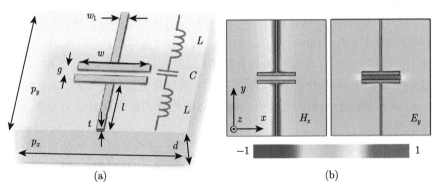

图 14.4-1　(a) 亚波长结构及等效电路模型；(b) 为 y 偏振电磁波入射时的磁场和电场分布[20]

改变"工"字的结构参数，其等效电感和电容值产生相应变化，从而改变结构表面的等效导纳 Y_s(或等效阻抗 Z_s)。反射相位随结构参数的变化规律为[20]

$$\phi_r = \arg\left(\frac{(1-\sqrt{\varepsilon_2}-Y_s/Y_0)-(1+\sqrt{\varepsilon_2}-Y_s/Y_0)\exp(2ikd)}{(1+\sqrt{\varepsilon_2}+Y_s/Y_0)-(1-\sqrt{\varepsilon_2}+Y_s/Y_0)\exp(2ikd)}\right) \tag{14.4-1}$$

其中 ε_2 和 Y_s 为基底介电常数和导纳，d 为介质基底的厚度，k 为介质中的波矢。

图 14.4-2(a) 和 (b) 分别为介质厚度 d 为 2mm 和 6mm 时，仅改变周期工字金属横臂之间的间隙 g 时反射相位的变化。数值模拟中，x 和 y 方向的周期分别选取为 $P_x = 5.2\text{mm}$ 和 $P_y = 7.4\text{mm}$，其他参数为 $w = 2\text{mm}$，$w_1 = 0.1\text{mm}$，$t = 0.035\text{mm}$，介质基底折射率为 1.58。

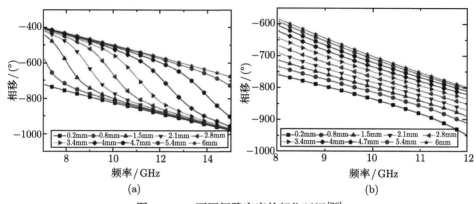

图 14.4-2 不同间隙宽度的相位延迟[20]

(a) $d = 2$mm；(b) $d = 6$mm

从图 14.4-2(a) 可看到，$d = 2\text{mm}$ 时，在 $g = 0.2\text{mm}$ 和 $g = 6\text{mm}$ 两种情况下，7~15GHz 整个区间相位差均接近于 $360°$。但是 $\partial\phi/\partial x$ 并不是常数，在不同频率处表现出不同的变化趋势，因而工作带宽较窄。该现象可通过磁性简谐振子描述，以 10GHz 为例，当 $g = 0.2\text{mm}$ 时，结构表面可视为完全反射面，因而反射相位 (以结构面为参考) 为 $-180°$；当 $g = 2.8\text{mm}$ 时，磁谐振中心位于 10GHz，因而反射相位为 $0°$。当 $g = 6\text{mm}$，结构变为透波结构，反射相位为 $180° - \phi_1$，其中 $\phi_1 = 2nkd$ 为介质层中传播引起的相位延迟。明显可见，随着介质层厚度变薄，$g = 0.2\text{mm}$ 和 $g = 6\text{mm}$ 两种情况的相位差更接近 $360°$。然而相应的磁性耦合更为强烈，Q 值更高，带宽更窄。

为了在不同频率处均实现线性相移，需要降低磁性谐振的 Q 值。最为直接的方法即增加介质层的厚度，使金属层与基底的耦合变弱甚至消失。在以下设计中，介质层厚度选为 6mm，为 8GHz 对应波长的四分之一。如图 14.4-2(b) 所示，在 8~12GHz 内，不同金属条间距宽度对应的相位变化更为平缓，因而可实现宽带相位调制。值得强调的是，这种反射式的超表面结构由于金属反射面的存在，在改变结构几何参数的过程中，其反射电磁波的振幅基本不变，且接近 100%，因此是一种高效率、宽带的超表面器件。

上述相位调节特性可通过等效阻抗理论分析，x 和 y 偏振方向的反射相移可

表述为

$$\phi_x \approx \pi + 2nkd \tag{14.4-2}$$

$$\phi_y = \arg\left(\frac{1 - n - Z_0/Z_y + (-1 - n + Z_0/Z_y)\exp(\mathrm{i}2nkd)}{1 + n + Z_0/Z_y + (-1 + n - Z_0/Z_y)\exp(\mathrm{i}2nkd)}\right)$$

其中 k 为真空波矢, d 为介质层厚度, 折射率为 $n = 1.58$。为了实现宽带异常偏折, 对于不同波长, 相邻结构间的相位差应为常数。从式 (14.4-2) 可看到, 该结构对 x 偏振方向的电磁波相位几乎不调制, 而对 y 偏振方向的电磁波相位调制明显。因此以相邻结构间 y 偏振电磁波的相位差 Δ 作为设计目标。y 偏振方向的阻抗具有以下形式

$$\frac{Z_y}{Z_0} = \frac{A - AB + 1 - B}{(1 - n)(1 - AB) - (1 + n)(A + B)} \tag{14.4-3}$$

其中 $A = \exp(\mathrm{i}(\Delta + 2nkd + \pi))$, $B = \exp(\mathrm{i}2nkd)$。由于在相位调制中需要尽量降低损耗, Z_y 为纯虚数, 可表示为 $Z_y = -\mathrm{i}X$, 其中 X 为结构电抗。

利用公式 (14.4-3), 可计算出 $\Delta = 0.5\pi$, π 及 1.5π 三种情况的理想阻抗, 如图 14.4-3 所示。不同的相移量对应于不同的色散曲线: 对 $\Delta = 0.5\pi$ 而言, 阻抗在大部分频率区间内均为负, 对应于电容性; 对于 $\Delta = \pi$, 电抗在 8GHz 以下为容性, 以上为感性; 对于 $\Delta = 1.5\pi$, 电抗在大部分频率区间为电感性。

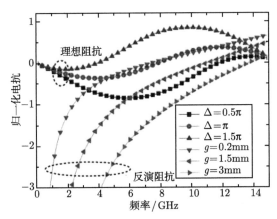

图 14.4-3 亚波长结构的等效阻抗以及三种典型相位差对应的理想阻抗[20]

在实际设计中, 应以上述理想曲线为准则设计材料的等效阻抗。为此, 通过 S 参数反演法反演不同间隙宽度下 ($g = 0.2\mathrm{mm}$, $1.5\mathrm{mm}$, $3\mathrm{mm}$) 结构的阻抗。如图 14.4-3 所示, 三条曲线均可拟合为以下串联电路形式: $X(\omega) = \omega L - 1/\omega C$。对应的集总参数分别为 $L_1 = 3.7\mathrm{nH}$, $C_1 = 0.145\mathrm{pF}$, $L_2 = 3.6\mathrm{nH}$, $C_2 = 0.06\mathrm{pF}$, $L_3 = 3.5\mathrm{nH}$ 以及 $C_3 = 0.032\mathrm{pF}$。

由于反演阻抗与理想阻抗十分吻合, 可预测反射相位变化将是近似线性的, 即相邻结构的相位差在宽频段内均为常数。举例如下: $g = 0.2$mm 时, 在 4~12GHz 内有 $\Delta \approx \pi$; 对于 $g = 2.1$mm, 在 8~13GHz 内均有 $\Delta \approx 0.5\pi$。因此 $g = 0.2$mm 和 $g = 2.1$mm 两种结构在 8~12GHz 内相位差均为 0.5π。

14.4.1　反射式电路型相位超表面器件

1. 宽带电磁偏折器

利用上述 "工" 字型结构, 可构建相位沿 x 方向一维线性渐变的反射式电磁偏折器[20], 其表面亚波长结构阵列如图 14.4-4 所示。在位置 x 处, y 偏振的电磁波反射相位为 $\phi_y(x)$。在正入射条件下, 反射波将具有横向波矢 $k_x = \xi$。此时, 对应的反射角为 $\arcsin(k_x/k)$。

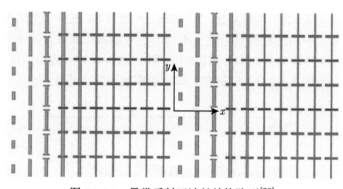

图 14.4-4　异常反射亚波长结构阵列[20]

y 偏振正入射条件下, 不同频点处的全空间电场分布如图 14.4-5 所示。为了便于分析, 截取的区域不包括电磁波直接照射的位置。从场分布中可看出, 除了一些边缘绕射, 在整个频带范围内反射波前均近似为平面, 在 8GHz、8.5GHz、9GHz、9.5GHz、10GHz、10.5GHz 处, 对应的反射角分别为 46°、43°、40°、37°、35°、33°, 与理论计算值相吻合 (理论值分别为 46.2°、42.7°、39.9°、37.3°、35.2° 和 33.3°)。

在光波段由于加工能力的限制, 通常采用一种相比于 "工" 字形更简单的金属矩形贴片式结构。通过调节金属矩形贴片的几何尺寸, 控制其等效表面阻抗, 实现对反射相位的调控[22-24]。图 14.4-6 为基于金属矩形贴片的反射式超表面电磁偏折器的结构示意图。

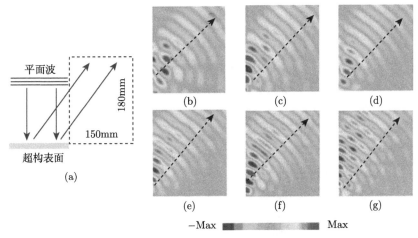

图 14.4-5　全模型电磁仿真

(a) 仿真条件；(b)~(g) 分别为 8GHz，8.5GHz，9GHz，9.5GHz，10GHz，10.5GHz 的近场电场

分布[20]

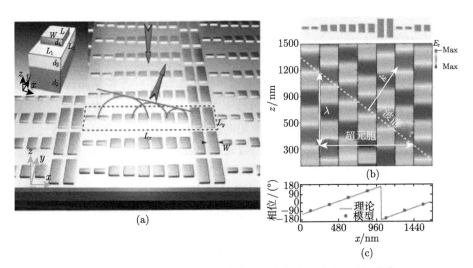

图 14.4-6　基于金属矩形贴片的反射式超表面电磁偏折器[22]

(a) 器件结构及效果；(b) 不同 L 对应的反射相位分布；(c) 理论与模型的对比

当 y 偏振电磁波入射超表面结构，在 850nm 入射波长下，当长度 L 从 40nm
增加到 280nm 过程中，其反射相位变化约 270°。其反射率在 L 变化的过程中变
化很小，平均值为 91%。图 14.4-7 是根据单元结构的优化参数，选取 L 值分别为
40nm，106nm，128nm，150nm 和 260nm 的五种结构构建的光束偏折器及其性能
测试结果。在不同入射角的情况下，器件在对应的角度产生了与设计相符的异常

偏折。

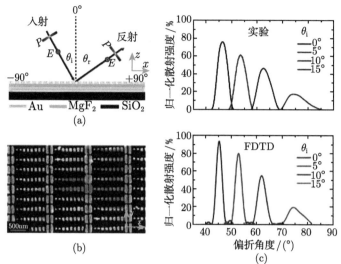

图 14.4-7   基于金属矩形贴片的反射式超表面电磁偏折器[22]

(a) 测试示意图；(b) 器件 SEM 图；(c) 实验和仿真远场角谱图

2. 定向表面波耦合器件

异常偏折器件实际上是通过在超表面上施加一个线性变化的相位，使得光束发生相应的偏折。当空间相位变化足够快，且 2π 相位的变化周期小于入射电磁波的波长时，产生的横向波矢大于自由空间的波矢 $k_0 = 2\pi/\lambda_0$，此时可能激发在超表面平面内传播，而在垂直超表面方向指数衰减的表面波。这种将自由空间传输波耦合到沿表面传输的表面波的器件被称为表面波耦合器件。

图 14.4-8 为基于"工"字形结构构建的定向表面波耦合器[25]。其出射面相位分布如图 14.4-8(c) 所示，对应表面横向波矢量 $k_x = 1.14k_0$。此时电磁波入射到结构表面，在远场无法探测到散射光场，图 14.4-8(d) 为测试得到的远场散射方向图。

这是由于 $k_x > k_0$ 对应于一种表面传输倏逝波模式。其电磁场分布与表面等离子体波类似，电磁能量主要局域在结构的表面，并沿结构表面以导模的方式传输。图 14.4-9 是近场表征实验，证实了自由空间传输电磁波向表面波的耦合转换。

3. 平面透镜

利用前几节分析的"工"字形反射式结构和金属矩形反射式结构调节电路型相位的原理，可构建聚焦相位分布，实现超薄的平面成像反射镜[26,27]。图 14.4-10(a)为工作在 10GHz 频率的一维聚焦透镜示意图，以及不同位置对应参数 L_y 的值。在保持其他参数不变的情况下，采用 14 个不同的 L_y 值调节超表面的等效阻抗，从而实现相应的聚焦型相位分布 ($f = 100\text{mm}$)，如图 14.4-10(b) 所示。

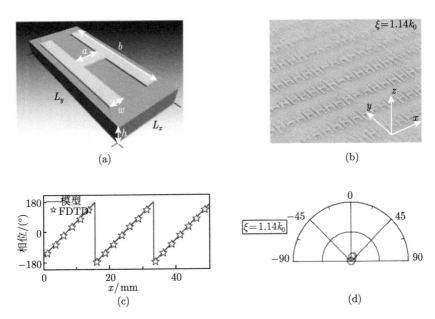

图 14.4-8　基于"工"字形结构定向表面波耦合器件[25]

(a) 结构示意图，金属为 Cu，厚度为 35μm，介质为 FR4，厚度为 1mm；(b) 器件图；

(c) 出射面相位分布；(d) 远场散射方向图

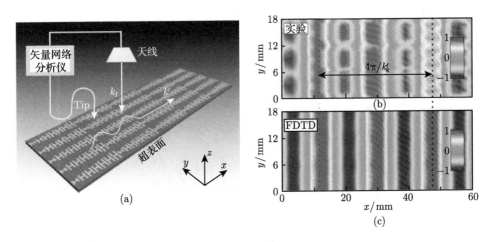

图 14.4-9　基于"工"字形结构定向表面波耦合器测试结果[25]

(a) 近场表征原理图；(b) 实验测得的 E_z 分量分布；(c) 计算得到的 E_z 分量分布

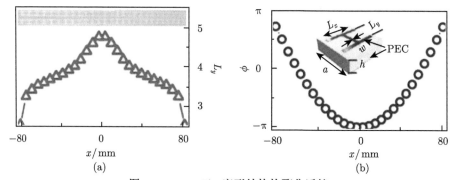

(a)   (b)

图 14.4-10   "工" 字形结构构聚焦透镜

(a) 结构图及 L_y 取值; (b) 相位分布[27]

4. 全息器件

电路型相位超表面结构由于其相位设计的灵活性, 也可用来构建多台阶的相位型全息器件[28,29]。其设计基本思路为: 首先利用全息算法 (详见 14.2.6 节), 针对所需的像, 计算得到对应的相位分布; 第二步是将相位分布进行离散化处理, 根据离散化程度的需要得到一个多台阶分布的全息图; 根据电路型相位超表面调节相位的特点, 结合上一步离散化的相位台阶数设计相应的超表面结构单元, 从而完成实际全息图的构建。这种基于超表面的全息器件相比于传统常用的空间光调制器或二元光学元件, 其像素尺寸可达到深亚波长量级, 因此其单位面积信息容量、成像视场等性能可得到极大地提高。

图 14.4-11(a) 为采用电子束光刻加工得到的, 基于金属矩形结构的反射式全息器件结构电镜图。其反射全息成像过程如图 14.4-11(b) 所示。设计中, 以六台阶相位对计算得到的连续相位分布进行离散化处理, 如图 14.4-11(c)。实验测试得到 20° 和 45° 两个不同入射角条件下, 该全息图的散射效率在近红外波段 (1470~1630nm) 均大于 35%, 其中在 20° 入射时效率大于 40%, 如图 14.4-11(d)。

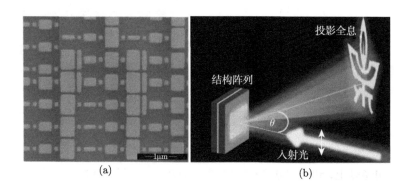

(a)   (b)

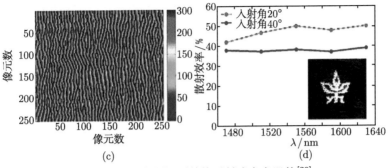

(c)   (d)

图 14.4-11   金属矩形结构反射式全息器件[29]

(a) 器件 SEM 图；(b) 全息成像示意图；(c) 全息图相位分布；(d) 全息成像结果

14.4.2   透射式电路型相位超表面器件

前面理论已经分析，通过对超表面的表面阻抗进行调节，其透射相位也同样可被调制。该原理可以用于设计透射式的电路型超表面器件[30-32]。

图 14.4-12 是一种典型的透射式超表面结构。电磁波沿 x 方向传播，电场和磁场分别沿 y 方向和 z 方向。其上平面的结构形式类似于 "工" 字形结构，是一种典型的电谐振结构；而下表面是一个谐振环结构，为一种典型的磁谐振结构。当 y 偏振的电磁波入射到结构上时，会在结构中同时激发电和磁振荡。将不同参数的结构按一定规律排列，即可实现对透射波前的调控。

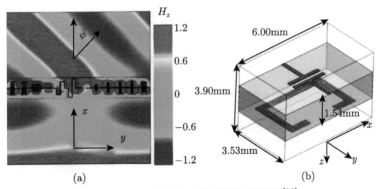

(a)   (b)

图 14.4-12   透射式电路型相位超表面[30]

(a) 偏折效果；(b) 单元结构

需要强调的是该结构不仅可实现 360° 范围内透射相位的调节，相比于其他的透射式超表面结构，它还具有高能量利用率的优点。在微波段，实验证实其透射效率可达到 80% 以上，这一数值相对于其他类型的透射式超表面，如 SPP 波导传输相位型超表面, 以及后面介绍的普通透射式几何相位型超表面的能量利用率要高得多。

然而这种透射式超表面结构有一个致命的缺点, 即虽然其厚度远小于波长, 但其电谐振结构和磁谐振结构均处在结构内部, 这一点不同于加工在表面上的 "工" 字形和金属矩形等反射式电路型相位器件。对于长波长电磁器件如微波、无线电波等, 可通过传统的制备工艺得到, 而对于短波长波段, 如太赫兹、红外乃至可见光波段, 则其对应器件的加工难度较大。因此, 近年来出现了一种基于多层结构的透射式电路型超表面, 这种多层超表面结构可克服单层结构调节相位能力有限的缺陷, 同时兼顾加工的可实现性[31,32]。

该超表面由三层阻抗表面构成, 利用这三层阻抗表面以及它们之间的传输耦合来达到相位调控的目的。图 14.4-13(a) 为利用电子束套刻工艺加工得到的三层超表面器件实物扫描电镜图, 该器件可在红外波段有效地实现光束偏折。但是需要指出的是, 由于多层金属结构的引入, 势必会带来更高的电磁能量损耗。

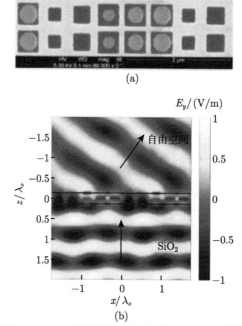

图 14.4-13   多层透射式电路型相位超表面[32]

(a) 多层超表面 SEM 图; (b) 电场分布图

14.5 几何相位型超表面器件

14.5.1 几何相位型超表面透射器件

基于几何相位的透射型器件通常可分为金属型和介质型两种。金属型超表面器件原理上只依赖于二维几何形状,与厚度无关。但其能量利用率通常较低,对于超薄金属型超表面透射器件,其理论的能量利用率极限为 25%[16]。而介质型器件利用具有一定厚度的各向异性材料实现传统波片的偏振转换效果,具有较高的能量利用率。

1. 异常偏折器件

根据亚波长光栅几何相位理论,圆偏振入射电磁波与亚波长光栅相互作用,激发产生的正交偏振光携带与光栅指向角相关的几何相位,值为 $2\sigma\zeta$,其中 ζ 为光栅与 x 轴夹角,即光栅指向角;$\sigma = \pm 1$,对应于右旋和左旋圆偏振。利用空间旋转的亚波长矩形金属粒子结构,可实现异常的电磁偏折[33]。图 14.5-1 为异常偏折角与入射角的对应关系,其中矩形纳米棒结构宽度为 50nm,长度为 200nm,厚度为 40nm。

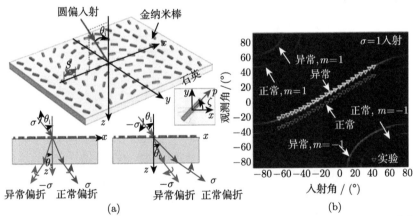

图 14.5-1 (a) 基于几何相位的金属异常偏折器件;(b) 偏折角与入射角关系[33]

由于几何相位不依赖于入射波长,因此基于几何相位的器件具有无色差相位调制特性。图 14.5-2 为上述异常偏折器件在 0.6~1.2μm 宽带内的异常偏折结果。

几何相位理论在第 5 章超表面章节中已经介绍,基于几何相位的金属型异常偏折器件虽然在厚度上极薄,但是由于其各向异性参数,即式 (5.2-74) 中 t_u,t_v 的调节能力有限,器件除了产生振幅为 $0.5|t_u - t_v|$ 正交偏振的异常光束外,同时还存在振幅为 $0.5|t_u + t_v|$、偏振态与入射偏振一致的正常透射光束,从而限制了其异常光束的能量转化效率。为了解决这一问题,可设计一种更为复杂的谐振环结构,以提高器件的设计自由度,对 t_u 和 t_v 进行调节[34]。图 14.5-3 为谐振环结构的示意

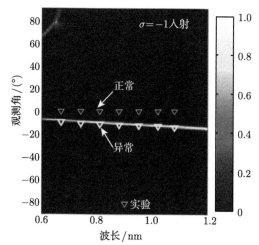

图 14.5-2　异常偏折器件测试结果[33]

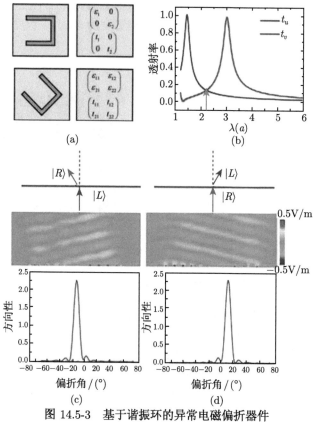

图 14.5-3　基于谐振环的异常电磁偏折器件

(a) 单元结构示意图；(b) t_u, t_v 随波长变化曲线，其中波长已通过单元结构周期归一化；(c) 和 (d) 分别
为左、右旋入射对应的电磁偏折效果[34]

图及利用谐振环结构设计得到的高效异常电磁偏折器件。通过设计谐振环结构的几何尺寸，使 t_u 和 t_v 在图 14.5-3(b) 中绿线所指处振幅相等，且相位相反，此时不发生偏振转化的电磁波振幅值 $0.5|t_u + t_v|$ 为 0，因此透射能量全部转化为具有正交偏振态的电磁波。

除了采用复杂金属表面结构来调节 t_u 和 t_v 以提高出射光圆偏振的纯度外，另一种有效的方法是采用介质型亚波长光栅结构，利用介质的谐振特性同样可实现 t_u, t_v 的有效调节。相对于金属型结构，介质型结构在光波段具有更低的电磁损耗。通过消反膜减小电磁反射的同时，调节 t_u 和 t_v，理论上可实现接近 100% 的能量利用率[35,36]。早在 2003 年 Hasman 等在砷化镓基片表面制作离散的、空间旋转的光栅结构，针对 10.6μm 波长实现了高效的异常电磁偏折[35]，如图 14.5-4。实验测得在 16 台阶相位近似下，衍射效率达到 99%。

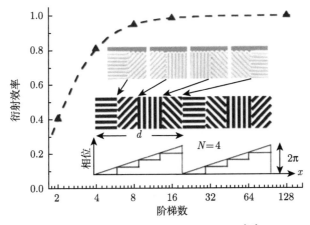

图 14.5-4 介质型异常电磁偏折器件[35]

在可见光波段，利用高折射率介质硅柱的电磁谐振，同样可构造高效率的光学超表面。图 14.5-5 为硅柱结构高效异常偏折器件的结构图和实验测试图。利用硅纳米柱光栅结构的各向异性谐振特性，实现了接近完全偏振转化的异常偏折[36]。需要指出的是，由于介质超表面结构利用电磁谐振来实现 t_u, t_v 的调节，因此相比于金属型超表面结构，其工作带宽通常较窄。

2. 定向表面波耦合器件

定向表面波耦合器件的原理在本章 14.2.1 节中已经讨论。图 14.5-6 是一种基于二台阶相位梯度构建的表面等离子体波定向耦合器件及其测试结果[37]。在金膜表面刻蚀周期性的矩形孔结构，一个周期内包含两个矩形孔，且其指向相互垂直，激发的几何相位差为 π。若激发的横向波矢与金属膜层的表面等离子体波矢相匹配，当电磁波入射到结构表面时，会激发横向传输的表面 SP 波。由于矩孔对不同旋向圆偏振电磁波激发的几何相位是反相的，该器件具有圆偏振选择定向传输特性，即当右旋圆偏振光与器件相互作用后向右传播，左旋圆偏振光向左传播。而线偏振电磁波作为左、右旋圆偏振电磁波的线性叠加，在与器件相互作用的过程中，其左、右旋分量则会发生分离，分别沿器件的左、右方向传播。因此该器件对于线偏振光可作为一种具有定向传播特性的偏振分光器件。

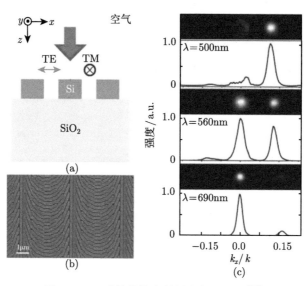

图 14.5-5　硅柱结构高效异常偏折器件[36]

(a) 结构示意图；(b) 表面 SEM 图；(c) 不同波长偏折测试结果

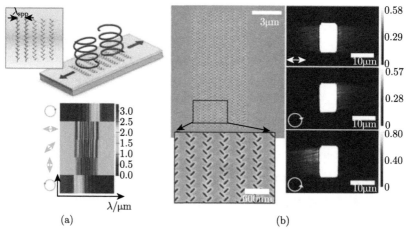

图 14.5-6　表面等离子体波定向耦合器件[37]

(a)，(b) 分别为原理图和实验结果

原理上, 增加相位型器件的相位台阶数量可进一步提高衍射器件包括效率在内的光学性能。采用八台阶相位梯度, Zhang 等实现了类似的圆偏振光选择 SP 波定向耦合器件[38]。

3. 平面成像透镜

利用不同指向金属矩形柱结构对应的几何相位关系, 即 $\phi = 2\sigma\zeta$, 可设计空间变化的矩形柱阵列, 以实现超薄的平面成像透镜[39,40]。图 14.5-7(a), (b) 分别为矩形金属柱阵列一维聚焦透镜 (凸透镜) 和发散透镜 (凹透镜) 的 SEM 图, 矩形柱的长和宽分别为 200nm 和 50nm, 工作波长和焦距分别为 740nm 和 60μm。二者在右旋圆偏振入射下对应的几何相位分布分别如图 14.5-7(d) 和图 14.5-7(c)。

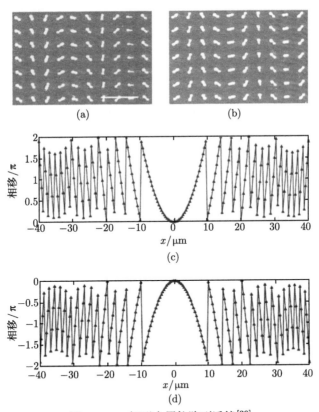

图 14.5-7 矩形金属柱阵列透镜[39]

(a) 和 (b) 分别为超表面凸透镜和凹透镜; (c) 和 (d) 分别为凹、凸透镜对应的相位分布 (对应右旋圆偏振入射)

采用上述超表面结构平面透镜 (设计波长为 810nm, 右、左旋光波对应的焦距分别为 ±60μm) 对 10μm 周期, 5μm 线宽的铬光栅结构进行成像。在右、左旋光波入射下, 分别得到放大倍率为 1.5 和 0.75 的成像效果, 实验结果如图 14.5-8。

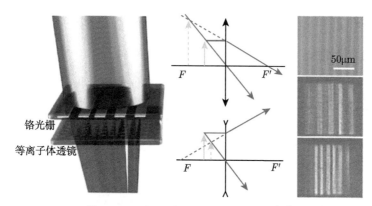

图 14.5-8　矩形金属柱阵列透镜成像[39]

这种相位离散化结构的一大特点就是设计灵活。采用分区域相位设计的方法, 该结构可用于实现多焦点平面透镜的设计, 如图 14.5-9 所示[41]。针对 740nm 入射波长, 在中心圆形区域 I 及外围两个圆环区域 II 和 III 处分别设计焦距为 60μm, 120μm 和 180μm 的三种透镜相位分布, 并且区域 I 和 III 聚焦透镜对应于左旋圆偏振光, 区域 II 聚焦透镜对应于右旋圆偏振光入射。

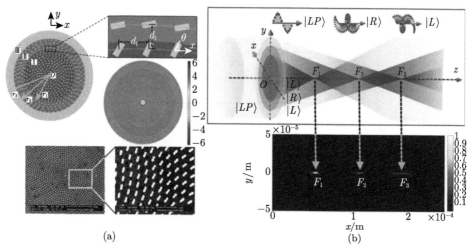

图 14.5-9　矩形金属柱阵列多焦点平面透镜[41]

(a) 透镜结构图; (b) 多焦点聚焦

与异常偏折器件一样, 基于几何相位的平面透镜同样可采用复杂金属表面结构和介质型结构来实现, 以提高器件的能量利用率[34-36,42]。理论和实验证实, 利用更为复杂的金属表面结构,在小于 $\lambda/1000$ 的厚度下,可在微波波段实现 24.7% 的能量利用率。该数值与单层超表面器件的能量利用率理论极限 25% 已非常接近[42]。

4. 电磁超振荡透镜

由于高频成分的缺失,传统光学在远场成像分辨力上受限于衍射极限。充分利用倏逝波的信息虽然能够实现超分辨的成像效果,但是需要相对复杂的近场成像手段。近年来,如何在远场实现超分辨成像成为学术界的难题。研究发现,光学超振荡现象可用于远场的超分辨成像,并有望成为一种不依赖于近场信息而突破衍射极限的远场成像手段[4]。传统的相位型超振荡透镜器件通常是级联普通透镜和光瞳滤波器的一个较为庞大的光学系统,利用透镜的双曲相位与光瞳滤波器交替 0、π 相位的叠加,实现具有超振荡特性的超分辨聚焦光斑。利用深亚波长尺度几何相位单元结构设计的灵活性,可方便地把这两种相位叠加在一个单一的器件中,从而得到超薄超集成的平面超振荡透镜[43]。图 14.5-10 为采用相位型超表面构建的超振荡透镜,其中图 (a) 为结构示意图,图 (b)~(d) 分别为单元结构示意图、相位分布和 SEM 图。

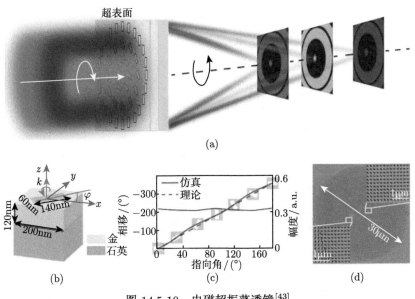

图 14.5-10 电磁超振荡透镜[43]

图 14.5-11(a) 为三组不同透镜的相位分布。其中样品 A 为普通聚焦透镜,其焦斑为常见的艾里斑。另外两组设计的透镜样品 B 和样品 C 皆为超振荡透镜,其中样品 B 可产生 0.807 倍衍射极限的焦斑,其周围旁瓣强度低于中心主瓣 20%;而

样品 C 可产生一个 0.678 倍衍射极限的焦斑，其一级旁瓣强度高于中心主瓣。样品 A、B 和 C 产生的焦斑如图 14.5-11(b) 所示。样品 C 的视场区域可定义为旁瓣小于中心焦斑强度 10% 的区域，这个视场区域可用于实时超分辨成像。理论上，该方法可在焦平面处获得任意小的超衍射焦斑，但当其强度太小时易被噪声淹没。

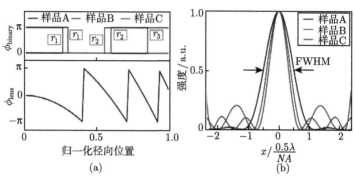

图 14.5-11　三组不同透镜的相位分布和聚焦效果[43]

(a) 三组不同透镜的相位分布；(b) 聚焦光斑场强分布

　　图 14.5-12 对比了以上三组透镜在焦平面 $z = 60\mu m$ 处的聚焦效果。样品 A 的焦斑半高全宽为 $1.364\mu m$，接近于理论计算的衍射极限值 $0.5\lambda/NA = 1.304\mu m$(数值孔径 $NA = 0.2425$)。样品 B 和 C 在焦平面的焦斑大小分别为 $1.1\mu m$ 和 $0.88\mu m$，分别对应 0.843 和 0.674 倍衍射极限。

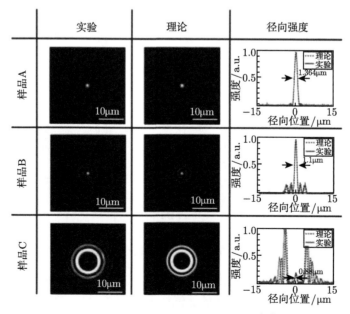

图 14.5-12　三组不同透镜聚焦结果[43]

图 14.5-13 为三组样品在 405nm，532nm，632.8nm 和 785nm 波长下的聚焦光场测试图。其焦距从 93μm 到 48μm 产生了轴向的平移，聚焦强度也相应发生变化，但其聚焦光场呈现出相似的分布。这种衍射焦斑形状的不变性，是由于在傍轴近似条件下，入射波长与焦移平面的乘积 λz 近似为常数，这样就可保证公式 (14.2-7) 中的聚焦焦斑图样在不同波长入射时呈现出不变性。另外，样品 B 相对于样品 A 的艾里斑具有类似于光针的长焦深特性，与无衍射贝塞尔光束的聚焦焦斑相似。

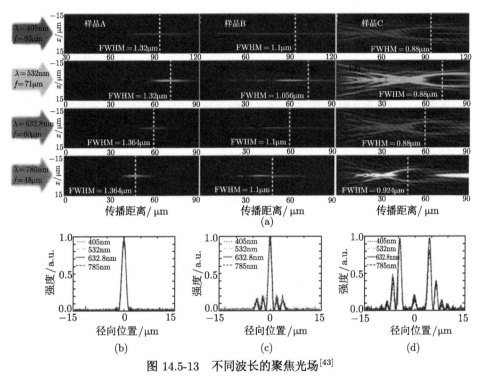

图 14.5-13　不同波长的聚焦光场[43]

(a) 四个波长 ($\lambda = 405\text{nm}$，532nm，632.8nm 和 785nm) 的光场分布；(b)~(d) 分别为 (a) 中对应虚线的光场截线

5. 涡旋光束产生器件

采用空间变化指向的金属矩形柱结构在圆偏振入射时产生的几何相位，可实现宽带工作的涡旋光束产生器件。正如前面所述，几何相位具有无色差特性；而涡旋光束的拓扑荷只与相位的空间分布有关，而与波长无关 (不同于前面讨论的偏折或聚焦器件等)，因此基于几何相位的涡旋光束产生器理论上可近乎完美地宽带工作。如图 14.5-14 所示[33]，该器件在 670nm 到 1.1μm 波长范围内都可产生拓扑荷 $l = 1$ 的涡旋光束。

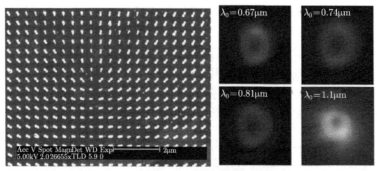

图 14.5-14　基于几何相位的涡旋光束[33]

　　空间指向变化的二维光栅结构不仅可产生涡旋光束，还可用于涡旋光束拓扑荷的检测[44]。传统检测涡旋光束轨道角动量的常用方法是利用双光束干涉系统，将参考平面波或球面波与涡旋光束进行干涉，通过检测干涉图样来确定所携带的拓扑荷数。而基于超表面的涡旋光束检测，只需在超表面涡旋光束产生器外围制作可产生聚焦相位的结构，利用这一聚焦光束与涡旋光束进行干涉的方法，可在单路光束激发的情况下，实现对涡旋光束拓扑荷数的有效测量。具体结构和测试结果如图 14.5-15 所示。当光波入射到器件表面时，中心圆形区域产生的涡旋光

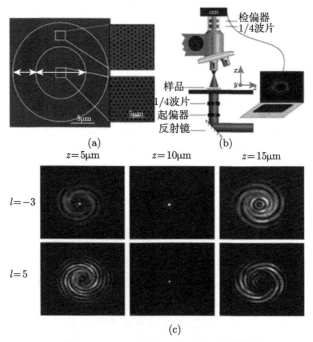

图 14.5-15　涡旋光束产生和检测[44]

(a) 涡旋光束产生和拓扑荷检测器件 SEM 图；(b) 测试光路图；(c) 不同拓扑荷涡旋光束干涉结果图

束与外环区域产生的聚焦光束在透射区域进行干涉，利用中间场显微系统可测得相应的干涉图，根据干涉条纹的数目即可确定涡旋光束的拓扑荷数。

将涡旋光束相位与聚焦光束相位叠加，可得到产生聚焦涡旋光束所需的相位分布。用超表面结构来实现对应的相位分布，则当电磁波入射到超表面结构时，可实现聚焦的涡旋光束[45]。图 14.5-16 为采用正六边形周期排列的空间指向变化的椭圆金柱结构实现聚焦涡旋光束的原理和实验结果图。波长为 632.8nm 的 He-Ne 激光束与超表面结构相互作用后，出射光波的空间几何相位满足聚焦涡旋光束对应的相位分布，从而在 20μm 的设计焦距处得到聚焦的涡旋光束。将涡旋光束与参考光束干涉，得到的干涉图形如图 14.5-16(d)，为两个螺旋花瓣状光斑，对应于拓扑荷 $l = 1$。

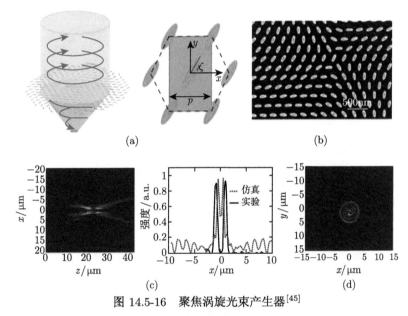

图 14.5-16 聚焦涡旋光束产生器[45]

(a) 结构示意图；(b)SEM 图；(c) 聚焦涡旋光束场分布；(d) 涡旋光束与参考光束干涉图

值得指出的是，根据电磁波的互易性原理，如果将一个圆偏振的点源置于该超表面的焦点处，则点源辐射的电磁波经超表面结构后，可得到定向辐射的涡旋光束，如图 14.5-17 所示。因此该超表面结构还可用作定向涡旋光束辐射器。

6. 贝塞尔光束产生器件

采用空间变化指向的介质硅柱结构，可在可见光波段实现基于几何相位的高效贝塞尔光束产生器，如图 14.5-18[36]。从图中可看到，光波与超表面相互作用后，产生光束的横向光强分布沿传播方向几乎不变，且满足贝塞尔函数的形式。

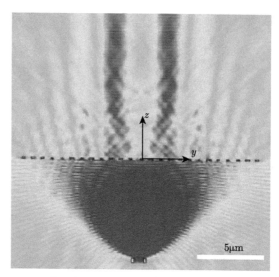

图 14.5-17　定向涡旋光束辐射[45]

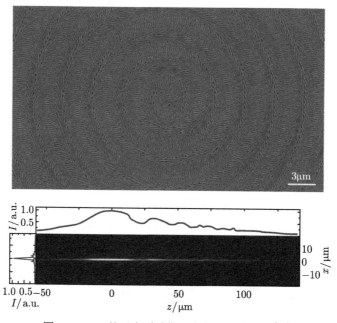

图 14.5-18　基于介质硅柱贝塞尔光束产生器[36]

　　Hasman 等用类似的方法在 10.6μm 红外波长实现了更为复杂的矢量贝塞尔光束，即偏振方向沿角向旋转对称的贝塞尔光束[46]。除了上述通过多台阶离散相位构建相应器件的方法以外，还有一种可实现几何相位连续调控从而构建贝塞尔光束的结构,即悬链线结构[47,48]。关于悬链线结构几何相位调控的内容将在第 15 章中详细介绍。

7. 全息器件

采用亚波长金属矩孔结构可构建相位全息图所对应的相位分布[49-52]。图 14.5-19(a) 是金属矩孔的结构示意图,金属材料为金,其厚度 h 为 120nm,基底为二氧化硅。矩形孔在 xy 面内旋转以产生相位延迟,其周期 p_x 和 p_y 为 300nm,长度 l 为 200nm,宽度 w 为 100nm。图 14.5-19 (b) 为矩孔结构在波长为 632.8nm 圆偏振光入射条件下,正交偏振圆偏光对应的相位及振幅随指向角的变化关系。当方位角变化 180° 时,几何相位变化 360°,正交偏振光的透射效率约从 5.1%变化到 6.1%,如此小的振幅变化对全息图来说可忽略。

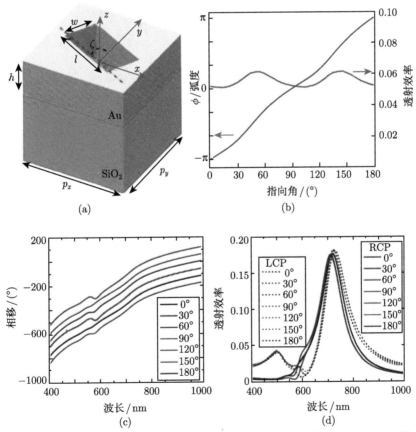

图 14.5-19 (a) 单元结构;(b) 几何相位及透射效率随转角的变化曲线;(c)RCP 相位变化与波长的对应关系;(d) 圆偏振透过率谱[52]

　　图 14.5-19(c) 和 (d) 展示了结构的宽带响应特性。在可见光到近红外波长范围内，相位变化主要由指向角决定。虽然透过率随着波长的变化较大，但是单波长的透过率随方位角几乎无变化，这种性质确保其能实现近似无振幅调制的相位全息。由于矩孔结构具有深亚波长尺度的像元尺寸，相比于传统的空间光调制器 (像元尺寸在微米量级)，可实现更宽角谱的投影全息以及更大的成像视场。

　　图 14.5-20(a) 为超表面投影全息的原理示意图。采用基于 GS 算法原理的迭代傅里叶方法对中国地图 (未显示南海部分) 进行相位编码得到的全息相位分布如图 14.5-20(b)。图 (c) 计算了在左旋圆偏振光入射条件下得到的光场傅里叶变换结果。图中计算的全息图区域为 $30\mu m \times 30\mu m$，得到预先设定的中国地图形貌 (未显示南海部分)。图中光场强度分布的不均匀性主要是由于全息图面积有限。图 14.5-20(d) 为 FIB 加工得到的全息器件 SEM 图。

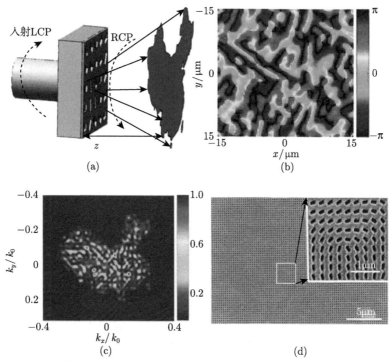

图 14.5-20　(a) 原理示意图；(b) 中国地图 (未显示南海部分) 相位全息图；(c) 得到的全息
像；(d) 样品结构的 SEM 图[52]

　　分别采用 405nm，532nm，632.8nm 及 914nm 波长激光作为入射光源测量全息成像效果，结果如图 14.5-21。样品前方四分之一波片和线偏振片将入射光源转化为右旋圆偏振光；而 CCD 前方的线偏振片及四分之一波片用于滤出左旋圆偏振光场分量。图 14.5-21(b)~(e) 为 405nm，532nm，632.8nm，914nm 波长的全息成像效果图，虽然超表面结构是相位无色散的，但是由于衍射的存在，不同波长入射下，产生的成像角谱会随着波长的增大而增大。

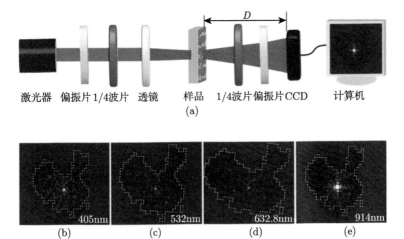

图 14.5-21　(a) 实验装置示意图；(b)~(e)405nm，532nm，632.8nm 和 914nm 波长的
远场全息成像，测试距离分别为 6.8cm，6.0cm，6.0cm 和 3.3cm[52]

理论上，全息成像的尺寸相对于波长的变化可表示为

$$\frac{2\pi}{\lambda_1}\left(\sqrt{z_1^2+(x-x_1)^2+(y-y_1)^2}-z_1\right)=\frac{2\pi}{\lambda_2}\left(\sqrt{z_2^2+(x-x_2)^2+(y-y_2)^2}-z_2\right)$$
(14.5-1)

其中 $(x,y,0)$ 为全息图的坐标；(x_i,y_i,z_i) 代表全息成像的坐标。假定 $z_1=z_2$，在傍轴近似条件下，上面等式 (14.5-1) 可简化为

$$[(x-x_1)+(y-y_1)]/\lambda_1=[(x-x_2)+(y-y_2)]/\lambda_2 \tag{14.5-2}$$

这说明成像的大小与波长是成正比的。这个简单的公式很好地解释了像的尺寸随波长近似线性增大的原因。

下面分析这种基于金属矩孔结构的全息图对矩孔加工的容差特性。几何相位的相位噪声主要由纳米矩形孔指向角的误差引起，如图 14.5-22。计算 5%~30% 随机相位噪声 (由转角加工误差引起) 对全息成像的影响。如图 14.5-22 所示，随着噪声的增加，成像对比度有所下降；但在随机相位噪声达到 30% 的情况下，仍能清晰地探测到全息像。

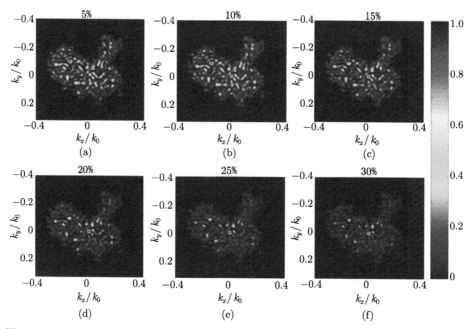

图 14.5-22　(a)~(f) 相对于原全息图 5%，10%，15%，20%，25%，30% 相位噪声对应的
远场归一化强度[52]

　　将超表面全息器件与离轴全息技术相结合，利用几何相位的宽带相位消色差性能还可实现彩色全息成像[53]。图 14.5-23 为基于金属矩孔结构实现彩色全息的原理图。

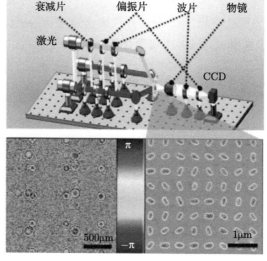

图 14.5-23　金属矩孔结构彩色全息原理，下图为相位分布和结构 SEM 图[53]

实现彩色全息最常用的方法是三基色叠加，然而由于计算全息成像本质上是衍射成像的过程，在三基色叠加的过程中需考虑不同基色对应波长的衍射效应。以 RGB 三基色全息成像为例，字母 R、G 和 B 分别对应红、绿、蓝三色，设计时需考虑不同波长对应字符的尺寸缩放，如图 14.5-24(a)。将三个字符分别设计在不同的空间角谱区，再采用离轴照明方法将三个字符的角谱进行平移，得到如图 14.5-24(b) 所示的彩色全息成像结果。

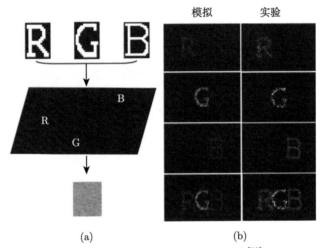

图 14.5-24　RGB 三色彩色全息成像[53]

(a) 原理图；(b) 模拟和实验结果

当红、绿、蓝三个波长的光束入射到超表面器件时，由于器件宽波段工作的原因，每个波长都会分别产生 R、G、B 三个字符，从而形成干扰背景。得益于现代微纳加工技术，如 FIB 和 EBL 技术等的发展，超表面器件的像元尺寸可远小于波长。根据傅里叶变换原理，其对应的最大空间角谱可扩展到倏逝波区域，空间角谱范围与周期的对应关系可用最大横向波矢表示为 $\pm k_{x\,\max}/k_0 = \pm \lambda/(2p_x)$，在垂直入射条件下，当 $p_x < \lambda/2$，$k_{x\,\max} > k_0$，即最大空间角谱涵盖倏逝波区域。因此，只需合理设计字符对应的角谱位置，在离轴照明的情况下，将需要的字符偏移到设计的传输角谱中心附近，而将不需要的背景杂散字符偏移至倏逝波区域，如图 14.5-25 所示。这样传输波区域就不会存在杂散光斑，从而可有效消除背景干扰。这一性质对于像素尺寸为 10 倍波长以上的空间光调制器来说是无法实现的。这是由于像素尺寸越大，对应的最大空间成像角谱就越小；对于空间光调制器，其最大成像角通常只有几度，无法达到倏逝波区。

采用以上设计原理，利用三基色叠加合成的方法，理论设计和实验得到彩色花

瓣的全息图像，如图 14.5-26(a) 和 (b) 所示。此外，利用该矩孔超表面结构的宽带
消色差特性，还可以实现基于更多基色的彩色全息成像，图 14.5-6(c) 和 (d) 分别
为理论计算和实验测试得到的基于红、橙、黄、绿、青、蓝、紫七基色的彩色太阳
神鸟全息成像图。相比于三基色成像，七基色成像的色域提高到三基色的 1.39 倍
[53]。

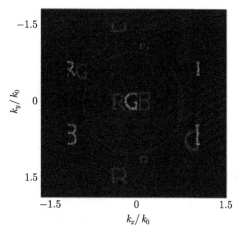

图 14.5-25　利用频谱操纵消除杂散光[53]

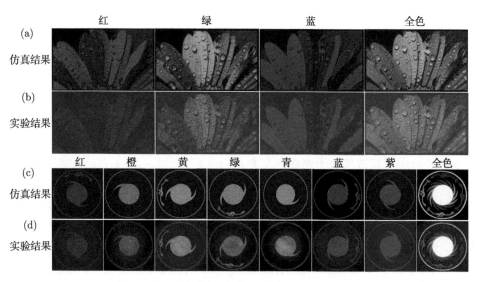

图 14.5-26　基于三基色和七基色的彩色成像[53]

(a) 和 (b) 分别为基于三基色的彩色全息成像计算结果和实验结果；(c) 和 (d) 分别为基于七基色的彩色
全息成像仿真结果和实验结果

上述方法同样可拓展到三维彩色全息成像。图 14.5-27 为设计和实验实现的彩色三维螺旋成像结果。值得指出的是，这种金属矩孔的互补结构 (矩形纳米粒子阵列) 也被广泛应用于全息成像[49−51]，如图 14.5-28。

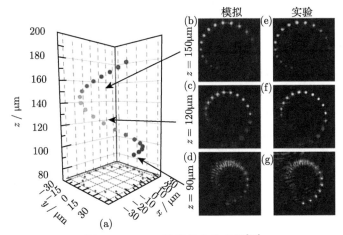

图 14.5-27 三维彩色全息成像[53]

(a) 三维全息成像示意图；(b)-(d) 不同 z 位置的模拟成像结果；(e)-(f) 不同 z 位置的光强测试图

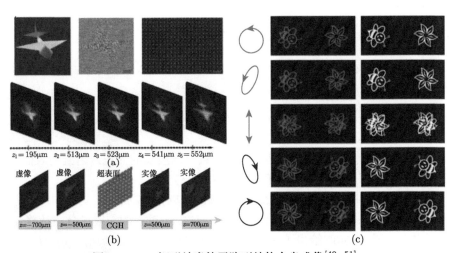

图 14.5-28 矩形纳米粒子阵列结构全息成像[49−51]

(a) 三维全息；(b) 多图像杂化全息；(c) 偏振依赖全息

8. 多波长平面透镜

利用超表面结构设计简单、灵活的特点，还可在单个平面器件中针对多个不同波长完成具有相同或者不同功能的结构设计，这在实际光学器件或系统中十分有用。以受激辐射损耗 (STED) 超分辨成像技术为例，其核心技术在于利用光学系统将两束不同波长的激发光和损耗光聚焦在同一焦平面，其中激发光聚焦为一个高斯型艾里光斑，而损耗光则聚焦为一个环形光斑。激发光可激发荧光辐射，而损耗光则抑制荧光辐射，将激发光与损耗光进行交叠，通过聚焦光斑尺寸、形状或者光强的控制可得到超越衍射极限的荧光激发光斑，实现超分辨成像。

目前实现该技术的常用手段是利用光学系统先将损耗光转化为涡旋光束或角向偏振光束，然后将其与激发激光合束，最后再将两束光通过物镜进行同时聚焦。采用基于几何相位的超表面结构，可在单个器件上实现 STED 光学系统的功能，从而极大地提高系统的集成度[54]。

上面已经提到，STED 系统需要两种形状的聚焦光斑，波长为 λ_1 的激光对应于实心聚焦光斑，波长为 λ_2 的激光对应于环形光斑。对于实心光斑，入射光复振幅可表示为

$$U_1(x, y, \lambda_1) = A_1 \exp\left(\mathrm{i}\phi(x, y, \lambda_1)\right) = A_1 \exp\left(-\mathrm{i}\frac{2\pi}{\lambda_1}\sqrt{x^2 + y^2 + f^2}\right) \qquad (14.5\text{-}3)$$

对于环形光斑，通常采用聚焦的涡旋光束来实现，其光束相位随方位角呈线性变化，数学形式为 $\exp(\mathrm{i}l\varphi)$，其中 φ 是柱坐标系中的方位角，l 是拓扑荷值。入射光场可表示为

$$U_2(x, y, \lambda_2) = A_2 \exp\left(\mathrm{i}\phi(x, y, \lambda_2)\right) = A_2 \exp\left(-\mathrm{i}\frac{2\pi}{\lambda_2}\sqrt{x^2 + y^2 + f^2} + \mathrm{i}l\varphi\right) \qquad (14.5\text{-}4)$$

假设 $A_1 = A_2 = A$，根据相位全息的设计原理，可得到多波长全息图的相位分布

$$\phi(x, y) = \arg\left(\exp\left(-\mathrm{i}\frac{2\pi}{\lambda_1}\sqrt{x^2 + y^2 + f^2}\right) + \exp\left(-\mathrm{i}\frac{2\pi}{\lambda_2}\sqrt{x^2 + y^2 + f^2} + \mathrm{i}l\varphi\right)\right)$$
$$(14.5\text{-}5)$$

图 14.5-29 为 STED 透镜原理图，当两束不同波长的光正入射到超表面时，在设计的焦面上，可分别得到实心聚焦光斑和空心光斑。

设定波长 $\lambda_1 = 405\mathrm{nm}$，$\lambda_2 = 532\mathrm{nm}$，涡旋光束拓扑荷 $l=1$，实心和环形光斑的焦平面均设计在 $z = 10\mu\mathrm{m}$ 平面上。根据式 (14.5-5) 对应的入射场分布计算光场在空间的传输，图 14.5-30 给出了 STED 透镜的聚焦效果，其中 (a)、(b) 为涡旋光束 ($\lambda_2 = 532\mathrm{nm}$) 在 $xz(y = 0)$ 和 $xy(z = 10\mu\mathrm{m})$ 平面内的电场分布图，为聚焦的环形光斑。图 14.5-30(c) 和 (d) 分别是 $\lambda_1 = 405\mathrm{nm}$ 的光在 $xz(y = 0)$ 和 $xy(z = 10\mu\mathrm{m})$ 平面内的电场分布，此时，在 $z = 10\mu\mathrm{m}$ 的位置得到一个实心聚焦光斑。为了便于比较环形光斑和实心光斑的尺寸，图 14.5-30(e) 截取了焦平面沿 x 方向的光场强度分布。

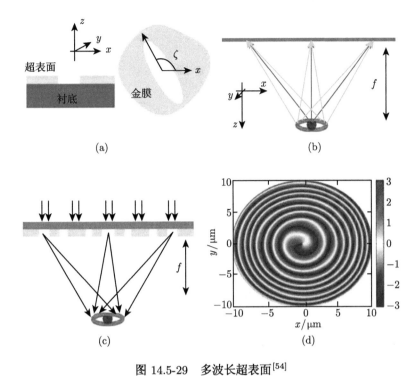

图 14.5-29 多波长超表面[54]

(a) 纳米孔单元结构, 孔主轴与 x 轴方向夹角为 ζ; (b) 相位分布的计算过程; (c) 实心和环形光斑

产生过程; (d) STED 透镜的相位分布 (焦距为 10μm)

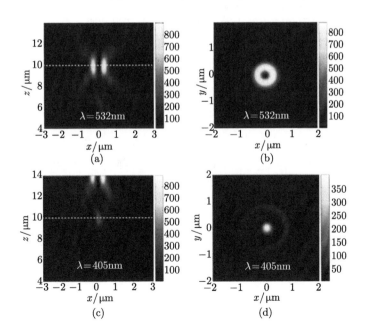

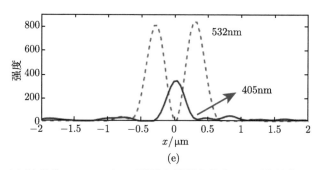

(e)

图 14.5-30　(a) 波长为 532nm 时 xz 平面光场强度分布；(b) 波长为 532nm 时，$z = $ 10μm 处 xy 平面光场强度分布；(c) 波长为 405nm 时 xz 平面的光场强度分布；(d) 波长为 405nm 时，$z = 10$μm 处 xy 平面光场强度分布；(e) 图 (a) 和 (c) 中白线处的强度分布[54]

下面采用金属椭圆孔结构来构建式 (14.5-5) 对应的相位分布。结构采用 FIB 直接刻蚀在金膜中，其长轴和短轴分别为 180nm 和 90nm，椭圆孔按照平面六方晶格排布以增加结构的对称性，相邻孔的中心间距为 250nm，如图 14.5-31(a) 所示。图 14.5-31(b) 为 $\lambda = 405$nm 左旋光入射条件下 xz 平面内的光场测试结果，插图是 $z = 10$μm 位置处 (图中虚线所指) xy 平面的光场分布图，为实心的聚焦光斑。类似地，将入射光波长变为 532nm 后，在 $z = 10$μm 处可得与理论设计相吻合的环形光斑。由于几何相位与偏振态相关，不同圆偏振光有着相反的相位分布，因此可通过偏振态来控制透镜的参数。在 $\lambda = 532$nm 线偏振光入射条件下的测试结果如图 14.5-31(d) 所示。由于线偏振光可视作强度相等的左旋圆偏振态光和右旋圆偏振态光的叠加，因此在 z 轴上可测量得到两个环形光斑，分别位于 $z = 10$μm 和 $z = -10$μm。

根据 STED 透镜的设计原理，同样可利用超表面结构将不同波长的光波聚焦在同一焦点处，从而实现基于超表面的多波长消色差平面器件[54]。假设要在焦平面 $z = f$ 处实现多个不同波长光波的聚焦，则可计算得到它们在对应入射面处的相位分布为

$$\phi(x,y) = \arg(\sum_1^N U_n) = \arg\left(\sum_1^N A\exp\left(-\mathrm{i}\frac{2\pi}{\lambda_n}\sqrt{x^2+y^2+f^2}\right)\right) \qquad (14.5\text{-}6)$$

根据式 (14.5-6) 对应的相位分布，可构建对应的超表面。图 14.5-32 为针对 532nm，632.8nm 和 785nm 三个波长设计的消色差透镜结构及其实验测试结果，可看到三个波长的光波在设计的 9μm 焦距处皆实现了聚焦。

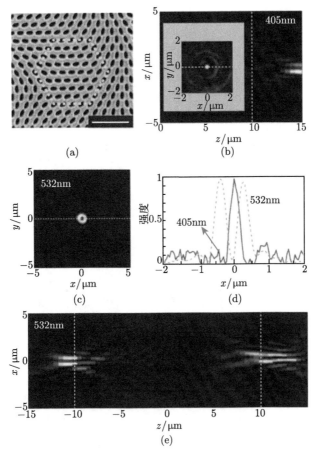

图 14.5-31 STED 透镜样品及测试结果[54]

(a)SEM 图，标尺：1μm；(b)405nm，xz 平面的光场分布，插图为 $z=10$μm 处的光场；

(c)532nm，$z=10$μm 处的光场分布；(d)532nm 和 405nm 的光强比较；

(e)532nm 线偏振光入射时 xz 平面的光场

前面提到的两种波长复用超表面器件是基于相同单元结构来实现的，因此其设计过程相对简单。但是这一方法会带来一定的背景噪声，因为该方法是将不同波长对应功能所需的相位分布在入射面处进行线性叠加，因此不同波长之间会存在一定干扰。利用矩孔结构在长度方向的振幅谐振特性可消除这种缺陷。采用金属矩形纳米孔结构，金属层材料为金，厚度为 50nm，矩孔沿 x,y 方向的周期都为 $p=400$nm，如图 14.5-33(a)。左旋圆偏振光入射时，不同长度 l 和宽度 w 情况下的正交偏振态，即右旋圆偏振态光波的透射光谱如图 14.5-33(b)。在波长 750~1000nm 范围内，正交偏振光的最大透过率和共振波长会随着 l 值的增加发生明显移动。这说明只要选取合适的长度 l 值，使得不同长度的矩形孔只对特定的波长起作用，而其他波长在该长度的矩孔中无法传输，即可有效消除其他波长的背景噪声。

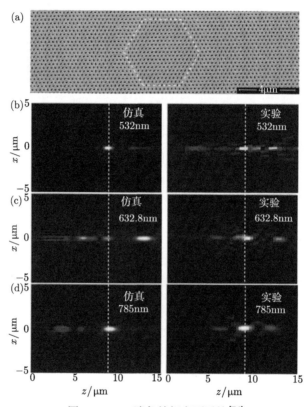

图 14.5-32　消色差超表面透镜[54]

(a) 样品的 SEM 图，标尺为 4μm；(b)~(d)532nm，632.8nm，785nm 处 xz 平面的光场强度分布

下面以双波长涡旋光束产生器为例，对该方法进行介绍，设计波长为 766nm 和 930nm，对应产生的涡旋光束拓扑荷数分别为 $l = 2$ 和 $l = 1$。根据图 14.5-33 的计算结果，选择两组单元结构，对应参数为 $w_1 = 40$nm，$l_1 = 200$nm 和 $w_2 = 80$nm，$l_2 = 140$nm。

从图 14.5-33(d) 可看到，在 766nm 和 930nm 波长处，两种不同尺寸纳米孔的正交偏振光透过率差值较大，能量透过率比值分别大于 36 和 100，可有效地消除串扰。在图 14.5-33(d) 中，绿色区域和黄色区域分别为针对 766nm 和 930nm 波长设计的结构。图 14.5-34 为利用干涉方法得到的涡旋光束拓扑荷的测试结果 ($z=20$μm)。从测试得到的干涉条纹可看到，在 930nm 和 766nm 波长下，其干涉螺旋条纹数分别为 1 和 2，对应于其拓扑荷数。

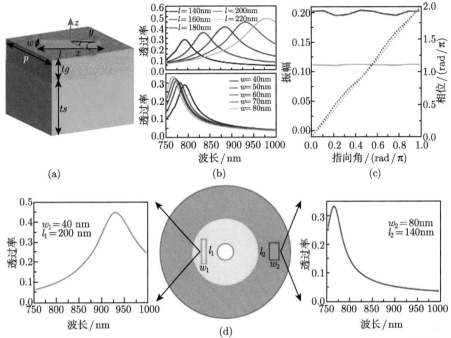

图 14.5-33 (a) 单元结构的示意图,矩形孔的宽度和长度分别为 w 和 l,单元结构主轴和 x 轴形成的夹角是 ζ; (b) 正交偏振光透过率随 l 和 w 变化的规律 (LCP 入射,w 和 l 分别为 40nm 和 140nm); (c) 不同指向角 ζ 对应的传输相位和幅度; (d) 双波长超表面的示意图

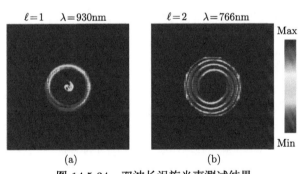

图 14.5-34 双波长涡旋光束测试结果

(a) 和 (b) 分别为 930nm 和 766nm 波长线偏振激光入射时的干涉条纹 ($z = 20\mu m$)

14.5.2 几何相位型超表面反射全息器件

除了 14.5.1 节曾提到的利用介质谐振和构建复杂的金属谐振结构来调节 t_u 和 t_v,以提高几何相位型超表面器件的能量利用率外,另一种方法是构建反射式的几何相位型超表面结构,利用反射面与结构之间的多重反射来实现两个垂直偏振态

反射系数 r_u 和 r_v 的调节，这种方法构建的超表面结构其偏振转化效率和能量利用效率可达到 80% 以上，在微波波段甚至可达到 90% 以上[48,55]。

采用一种金属矩形结构—介质层—反射层的三层反射式结构，利用层间的多重反射实现对 r_u 和 r_v 的调节，并通过旋转金属矩形结构的指向来调节几何相位，可实现高效的反射式几何相位型超表面器件[55]。图 14.5-35(a) 和 (b) 为 Au-MgF$_2$-Au 三层反射式结构的示意图，金矩形单元结构的周期 p_x 和 p_y 均为 300nm，长和宽分别为 200nm 和 80nm，厚度为 30nm，MgF$_2$ 介质层和反射金层的厚度 h_1 和 h_2 分别为 90nm 和 130nm。

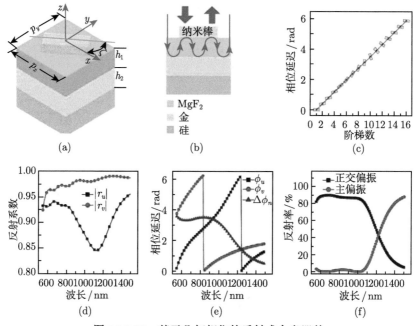

图 14.5-35   基于几何相位的反射式全息器件

(a) 和 (b) 为结构示意图；(c) 几何相位与指向角之间的关系；(d) 和 (e) 为两个正交线偏振态下的反射系数 r_u 和 r_v 的振幅和相位谱；(f) 正交偏振和主偏振态光波的反射率[55]

图 14.5-35(c) 计算了其几何相位与指向角之间的关系，该结果与透射式几何相位相同，相位与指向角关系同样满足 $2\sigma\zeta$。图 14.5-35(d) 和 (e) 分别为两个正交线偏振态下的反射系数 r_u 和 r_v 的振幅和相位谱。在 600~1100nm 这一可见—近红外波长范围内，r_u 和 r_v 的振幅接近，同时其相位差接近 π。因此，在该波段范围内入射偏振态的输出接近 0，大部分能量转化为正交偏振光，如图 14.5-35(f)。

不同指向的单元结构可看作离散的反射式半波片，圆偏振电磁波入射到空间变化的超表面时，产生 $2\sigma\zeta$ 的几何相位。对于全息成像，只需针对特定的全息图像, 采用相应的算法计算对应的相位全息图, 并采用反射式金属结构来构建全息器件。图 14.5-36 为采用 GS 算法计算得到的爱因斯坦头像的全息图。可见, 这种反射式的几何相位型全息器件可在宽波段内实现具有较高图像质量和信噪比的成像效果, 且其投影成像角达到 $60° \times 30°$。图 14.5-36(b) 为该器件在 $600 \sim 1100\text{nm}$ 波长内实验测试得到的能量利用率, 其值在 $630 \sim 1050\text{nm}$ 的宽波长内均超过 50%, 在 850nm 处接近 80%。

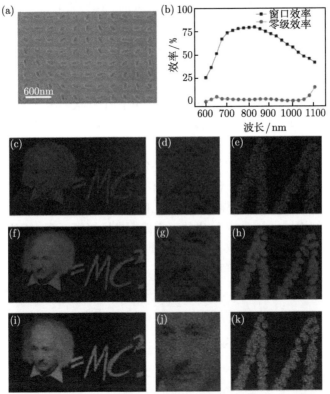

图 14.5-36 (a) 样品 SEM 图; (b) 实验测量的衍射效率; (c)~(e) 为仿真成像结果, 其中 (d), (e) 为 (c) 的局部放大; (f)~(h) 以及 (i)~(k) 分别为 632.8nm 波长和 780nm 波长的全息实验结果[55]

14.6 电路型 — 几何相位相结合的超表面器件

在分析透射式电路型相位超表面器件 (14.4.2 节) 时已经提到, 目前常用的结构形式为埋入式超表面结构和多层平面化超表面结构。埋入式超表面结构由于制备难度大, 在光波段极难实现。而多层平面化超表面结构在制备工艺上虽然可实现, 但多层加工以及套刻对准等复杂工艺极大地限制了其实际应用; 此外有限的能量利用率使其实用性也大打折扣。采用单层平面化阻抗表面构造的透射式超表面器件可有效降低加工难度。单层平面化电路型超表面的问题主要在于表面阻抗的调控能力有限，从而导致相位的调节范围很难涵盖 $0\sim2\pi$，进而限制了各类透射式电路型相位超表面器件的设计。而将电路型相位调节与几何相位结合可有效增加其相位调制范围，并且结构简单、易于加工。

本节重点讨论结合了电路型相位调制与几何相位调制的 V 形天线超表面结构[56,57]。下面将从 V 形天线对电磁波的振幅和相位调制的机理和规律进行分析，并对基于 V 形天线超表面结构的相关相位型电磁器件进行分类介绍。本节最后还将介绍一种与 V 形结构相似的 C 形结构超表面。

14.6.1　V 形光天线对电磁波的振幅和相位调制

图 14.6-1 为 V 形天线结构的示意图，其由两个柱状偶极子天线构成，两个柱状天线一端相连，其夹角为 Δ；天线臂长为 h，臂宽为 w；天线对称轴与坐标轴 (对应偏振方向) 之间的夹角为 ζ。与 14.4 节讨论的电路型相位调节原理相似，V 形天线结构可通过几何参数，如臂长、臂宽和夹角等的调节来实现相位调控。但对于这种单层结构，在保证振幅基本不变的前提下，难以实现相位 $0\sim2\pi$ 的大范围调节。然而，根据线偏振入射下各向异性结构的几何相位原理可得到，当各向异性结构或材料绕传输光轴旋转 $\pm\pi/2$，其输出的正交偏振电场振幅不变，相位改变 π。因此，综合这一额外的几何相位，电路型相位的调节只需达到 $0\sim\pi$ 即可让结构的相位调节范围达到 0 到 2π 的变化区间。

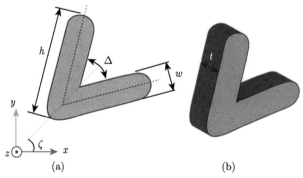

图 14.6-1　V 形天线几何模型

(a) 俯视图；(b) 三维视图

由于对称性要求，当方位角 $\zeta = 45°$，$135°$ 时，正交偏振光的转化率最高，因此，可将 ζ 固定为 $45°$ 或 $135°$。天线可调结构参数主要有臂长 h、臂宽 w、两臂间夹角 Δ 以及厚度 t。影响相位的主要参数为臂长 h 和夹角 Δ，选取优化的臂宽 $w = 40\text{nm}$ 和厚度 $t = 30\text{nm}$ (入射波长 $\lambda = 1.5\mu\text{m}$)，周期为 240nm。

首先讨论天线臂长对相位和振幅的影响。其他结构参数为：方位角 $\zeta = 45°$，臂宽 $w = 40\text{nm}$，壁厚 $t = 30\text{nm}$，两臂间夹角 $\Delta = 60°$。图 14.6-2 为正交偏振光的相位和振幅随臂长的变化曲线。从图中空心点线可看出，臂长 h 从 90nm 以 10nm 步长逐渐变大至 190nm 过程中，反射光振幅先随着臂长的增加而增大，当臂长增大到 120nm 以后，其值基本保持在 0.45 左右。在振幅变化的同时，相位由臂长为 120nm 时的 130.7° 变化为 190nm 时的 $-13.8°$，变化范围约为 144.5°；考虑几何相位后，其最大变化范围可达到 289°。

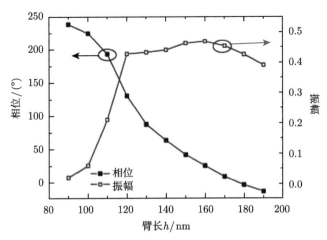

图 14.6-2　正交偏振散射光的相位和振幅随臂长 h 的变化 (Δ 固定为 60°)

以下讨论天线两臂夹角对相位和振幅的影响。天线的其他结构尺寸与前面一致，天线臂长 h 固定为 150nm，两臂间夹角 Δ 以 10° 为步长，由 40° 递增至 180°。如图 14.6-3 所示，当 Δ 增大时，正交偏振的散射光相位由 0° 变化为 112°(实心点

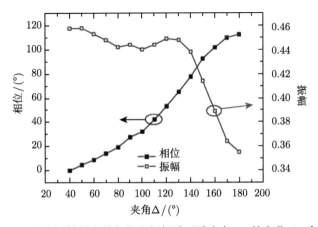

图 14.6-3　正交偏振散射光的相位和振幅随两臂夹角 Δ 的变化 (h 为 150nm)

线)。然而其振幅仅在 $\Delta = 40° \sim 130°$ 内保持在 0.45 左右，当 Δ 大于这个范围时，其振幅值呈线性递减。

从前面的分析可知，单独调节天线臂长 h 和两臂夹角 Δ 都不能满足振幅基本不变，相位在 $0\sim2\pi$ 可调的要求。在实际器件的设计中，需要同时改变 h 和 Δ。

14.6.2　V 形结构光束偏折器

利用 V 形金属结构的相位调控能力可实现异常的电磁偏折[56-58]。图 14.6-4(a) 为针对 1550nm 波长设计的 V 形天线单元结构图。天线的臂宽及壁厚为 $w = 40\text{nm}$，$t = 30\text{nm}$，周期 P 为 240nm；前 4 个天线的方位角 $\zeta = 45°$，臂长分别为 $l = 158\text{nm}$，145nm，110nm，93nm。两臂间夹角分别为 $\Delta = 60°$，$90°$，$120°$，$180°$。后四个天线为前 4 个天线的镜像对称结构，即 $\zeta = -45°$。从图 14.6-4(c) 中的仿真结果可看到器件实现了平面波垂直入射时 (入射角为 $0°$)，偏折角为 $51.4°$ 的波束偏折效果。

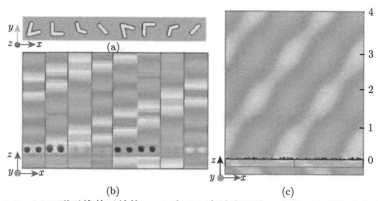

图 14.6-4　(a)V 形天线单元结构；(b) 为 (a) 中纳米天线对应的正交偏振电场分布；
(c) 全模仿真结果

14.6.3　V 形结构聚焦透镜

通过选择适当结构参数的 V 形光天线单元结构，同样可实现平面聚焦透镜的设计[58-63]。以 $f = 1\mu\text{m}$，$\lambda = 1.5\mu\text{m}$ 的透镜为例，设计中将相位离散为 13 组，每组对应的臂长 h 和臂间夹角 Δ 如表 14.6-1 所示，其他参数固定为 $w = 40\text{nm}$，$t = 30\text{nm}$，$P = 240\text{nm}$。

表 14.6-1　焦距为 1μm 的天线对应的尺寸参数

	x	$\Delta/(°)$	h/nm	$\zeta/(°)$
0	0	60	158	0
1	240	60	154	-7.85

续表

	x	$\Delta/(°)$	h/nm	$\zeta/(°)$
2	480	60	144	−26.48
3	720	90	139	−54.98
4	960	120	117	−92.07
5	1200	180	98	−133.51
6	1440	60	158	−180.63
7	1680	90	143	−228.77
8	1920	120	112	−280.1
9	2160	180	94	−331.69
10	2400	60	145	−24.26
11	2640	120	131	−77.13
12	2880	180	99	−131.36

　　图 14.6-5(a) 和 (b) 分别为对应的 13 组天线结构 (根据相位要求, 中心点两侧结构是相同的), 以及计算得到对应的正交偏振光电场分布。从图中可看出, 其波前呈抛物线形, 且每组天线的透过率振幅基本一致。

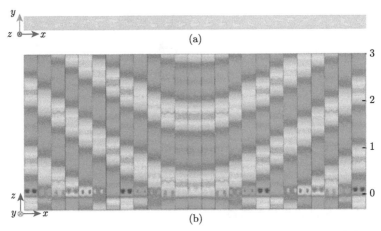

图 14.6-5　(a)V 形超构表面结构阵列; (b) 正交偏振电场分布[58]

　　设计中波长选为 1.5μm, 入射偏振态为 x 方向。图 14.6-6(a) 和 (b) 为计算得到的正交偏振光在 xz 平面上的光强 I 分布, 以及相应的焦斑中心在 x 横截面上的分布。可看到在距离出射面约 1μm 处得到一个聚焦光斑, 其半高全宽为 571nm, 小于半波长。

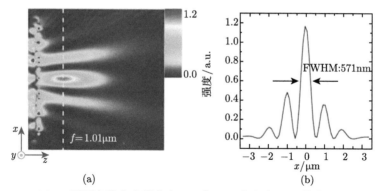

图 14.6-6　(a) xz 平面上稳态光强分布 $|E_y|^2$；(b) 焦斑中心 x 横截面上的光强分布

　　一维周期排列的 V 形结构超表面可将光聚焦为一条线，功能与柱面镜相同。如果将天线按中心对称排列，则可实现二维聚焦透镜的功能。图 14.6-7 为二维聚焦透镜及其聚焦结果，设计焦距同样为 1μm。

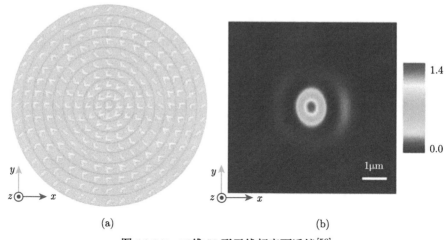

图 14.6-7　二维 V 形天线超表面透镜[58]

(a), (b) 分别为样品结构图和焦平面光强分布

14.6.4　V 形结构涡旋光束产生器

　　利用 V 形结构相位调节原理，可构建超薄的涡旋光束产生器[56,64]。图 14.6-8 是 V 形结构涡旋光束产生器的结构图及表征系统，器件工作波长为 7.7μm(采用量子级联激光器 QCL)。螺旋相位分布采用八台阶相位来离散化构建，器件沿角向均分为八个区域，相邻区域间相位差为 45°。虽然设计的是八台阶相位，但实际结构形式只需要设计四种，另外四个结构只需将设计好的四种结构旋转 90° 即可。

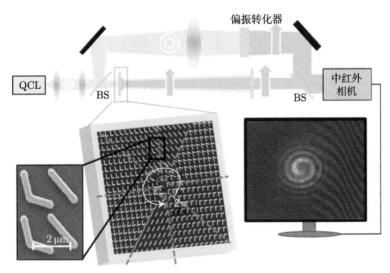

图 14.6-8 V 形天线涡旋光产生器[64]

14.6.5 V 形结构全息器件

基于相位型计算全息的方法, 利用 V 形结构, 包括 V 形金属粒子结构和 V 形金属孔结构 (巴比涅反转 V 形结构) 调控相位的原理, 可构建各种全息器件[65,66]。图 14.6-9 是采用 V 形金属孔结构构建的全息图。其工作波长为 676nm, 结构厚度仅 30nm, 约为波长的 1/23。该设计采用八台阶相位和两台阶振幅调控来实现。八台阶相位实现方法与上节相同, 二台阶振幅调控则通过将全息图的振幅分布设定强度阈值, 其中大于阈值设为 1, 对应的位置设置亚波长结构; 而小于阈值的设为 0, 其对应的位置则无亚波长结构。全息结构的像元尺寸仅为 150nm×150nm, 远小于空间光调制器、二元光学元件等传统全息元件。采用 Ar/Kr 激光激发, 可在距离出射面 10μm 处得到全息像。实验测得其信噪比 (定义为图像峰值强度与背景噪声标准差之间的比值) 为 24.4dB。

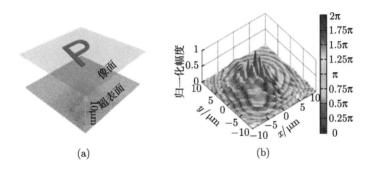

(a)   (b)

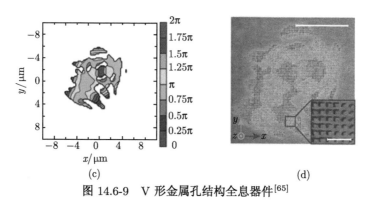

(c) (d)

图 14.6-9 V 形金属孔结构全息器件[65]

(a) 示意图；(b) 相位和振幅分布；(c) 二值振幅调制后的相位图；(d) 样品 SEM 图，主图标尺为 5μm，插图标尺为 500nm

14.6.6 C 形结构超构表面

　　C 形结构如图 14.6-10 所示，其调控相位的本质与 V 形结构是一致的，都是同时利用电路型相位和几何相位来实现 0~2π 的操控。与 V 形结构不同的是，C 形结构通过改变半径 r 和开口角 α 来实现 0~π 相位值的调节。两种结构都可通过改变指向角 ζ 的值，使其增加或减小 π/2 来实现额外 π 的几何相位[67-69]。

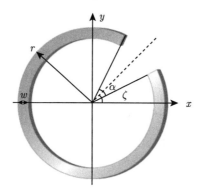

图 14.6-10 C 形结构示意图[67]

　　从前面几节的介绍可看到，不管是 V 形结构还是 C 形结构，其设计的结构对应的角度 ζ 都设定为 ±45°。然而根据几何相位理论，对于各向异性结构或材料，只需要旋转 90° 就可得到 180° 的相位改变，并不需要对 ζ 的值进行严格限定。ζ 设定为 45° 的作用在于提高正交偏振的能量转化率，实际上可通过 ζ 值的调节来实现振幅的独立调控，从而提高器件的设计自由度。图 14.6-11 是 C 形结构在其他几何参数固定情况下仅改变指向角得到的振幅和相位变化图。从图中可看到指向角从 −90° 到 90° 变化过程中，其振幅以正弦形式变化，而相位在 0° 角处发生阶跃型反相。利用这一振幅连续调控特点，再通过结构几何参数对电路型相位的调控，就可实现振幅和相位两个维度的任意操控。图 14.6-12 为采用 C 形结构构建的几种不同的衍射光栅器件。

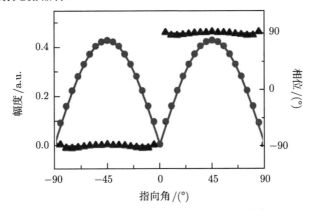

图 14.6-11　C 形结构振幅和相位调控[68]

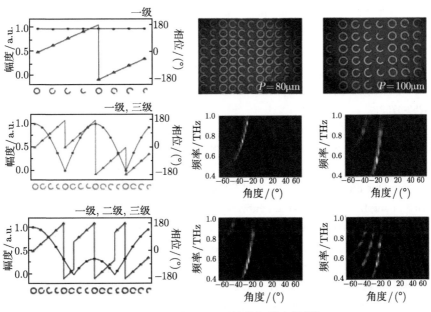

图 14.6-12　基于 C 形结构衍射光栅[68]

参 考 文 献

[1] Luo X. Principles of electromagnetic waves in metasurfaces. Sci China-Phys Mech Astron, 2015, 58: 594201.

[2] Luo X, Pu M, Ma X, et al. Taming the electromagnetic boundaries via metasurfaces: from theory and fabrication to functional devices. Int J Antennas Propag, 2015, 2015: 204127.

[3] Francia G T D. Super-gain antennas and optical resolving power. Il Nuovo Cimento, 1952, 9: 4268.

[4] Rogers E T F, Lindberg J, Roy T, et al. A super-oscillatory lens optical microscope for subwavelength imaging. Nat Mater, 2012, 11: 432-435.

[5] Allen L, Beijersbergen M W, Spreeuw R J C, et al. Orbital angular momentum of light and the transformation of Laguerre-Gaussian laser modes. Phys Rev A, 1992, 45: 8185-8189.

[6] Durnin J. Exact solutions for nondiffracting beams. I. The scalar theory. J Opt Soc Am A, 1987, 4: 651-654.

[7] Gabor D. A new microscopic principle. Nature, 1948, 161: 777.

[8] Gerchberg R W, Saxton W O. A praetical algorithm for the determination of phase from image and diffraetion phase pictures. Optik, 1972, 35: 237-246.

[9] Li Y, Li X, Pu M, et al. Achromatic flat optical components via compensation between structure and material dispersions. Sci Rep, 2016, 6: 19885.

[10] Chen Y Z, Zhou C X, Luo X G, et al. Structured lens formed by a 2D square hole array in a metallic film. Opt Lett, 2008, 33: 753-755.

[11] Xu T, Wang C T, Du C L, et al. Plasmonic beam deflector. Opt Express, 2008, 16: 4753-4759.

[12] Shi H F, Wang C T, Du C L, et al. Beam manipulating by metallic nano-slits with variant widths. Opt Express, 2005, 13: 6815-6820.

[13] Shi H F, Luo X G, Du C L. Young's interference of double metallic nanoslit with different widths. Opt Express, 2007, 15: 11321-11327.

[14] Xu T, Fang L, Zeng B B, et al. Subwavelength nanolithography based on unidirectional excitation of surface plasmons. J Opt A: Pure Appl Opt, 2009, 11: 085003.

[15] Xu T, Du C L, Wang C T, et al. Subwavelength imaging by metallic slab lens with nanoslits. Appl Phys Lett, 2007, 91: 201501.

[16] Monticone F, Estakhri N M, Alù A. Full control of nanoscale optical transmission with a composite metascreen. Phys Rev Lett, 2013, 110: 203903.

[17] Aieta F, Kats M A, Genevet P, et al. Multiwavelength achromatic metasurfaces by dispersive phase compensation. Science, 2015, 347: 1342-1345.

[18] Sun J, Wang X, Xu T, et al. Spinning light on the nanoscale. Nano Lett, 2014, 14: 2726-2729.

[19] West P R, Stewart J L, Kildishev A V, et al. All-dielectric subwavelength metasurface focusing lens. Opt Express, 2014, 22: 26212-26221.

[20] Pu M, Chen P, Wang C, et al. Broadband anomalous reflection based on gradient low-Q meta-surface. AIP Advances, 2013, 3: 052136.

[21] Pu M, Chen P, Wang Y, et al. Anisotropic meta-mirror for achromatic electromagnetic polarization manipulation. Appl Phys Lett, 2013, 102: 131906.

[22] Sun S, Yang K Y, Wang C M, et al. High-efficiency broadband anomalous reflection by gradient meta-surfaces. Nano Lett, 2012, 12: 6223-6229.

[23] Pors A, Albrektsen O, Radko I P, et al. Gap plasmon-based metasurfaces for total control of reflected light. Sci Rep, 2013, 3: 2155.

[24] Pors A, Bozhevolnyi S I. Plasmonic metasurfaces for efficient phase control in reflection. Opt Express, 2013, 21: 27438-27451.

[25] Sun S, He Q, Xiao S, et al. Gradient-index meta-surfaces as a bridge linking propagating waves and surface waves. Nat Mater, 2012, 11: 426-431.

[26] Pors A, Nielsen M G, Eriksen R L, et al. Broadband focusing flat mirrors based on plasmonic gradient metasurfaces. Nano Lett, 2013, 13: 829-834.

[27] Li X, Xiao S, Cai B, et al. Flat metasurfaces to focus electromagnetic waves in reflection geometry. Opt Lett, 2012, 37: 4940-4942.

[28] Chen W T, Yang K Y, Wang C M, et al. High-efficiency broadband meta-hologram with polarization-controlled dual images. Nano Lett, 2013, 14: 225-230.

[29] Yifat Y, Eitan M, Iluz Z, et al. Highly efficient and broadband wide-angle holography using patch-dipole nanoantenna reflectarrays. Nano Lett, 2014, 14: 2485-2490.

[30] Pfeiffer C, Grbic A. Metamaterial Huygens' surfaces: tailoring wave fronts with reflectionless sheets. Phys Rev Lett, 2013, 110: 197401.

[31] Pfeiffer C, Grbic A. Millimeter-wave transmitarrays for wavefront and polarization control. IEEE Trans Microwave Theory Tech, 2013, 61: 4407-4417.

[32] Pfeiffer C, Emani N K, Shaltout A M, et al. Efficient light bending with isotropic metamaterial Huygens' surfaces. Nano Lett, 2014, 14: 2491-2497.

[33] Huang L, Chen X, Mühlenbernd H, et al. Dispersionless phase discontinuities for controlling light propagation. Nano Lett, 2012, 12: 5750-5755.

[34] Kang M, Feng T, Wang H T, et al. Wave front engineering from an array of thin aperture antennas. Opt Express, 2012, 20: 15882-15890.

[35] Hasman E, Kleiner V, Biener G, et al. Polarization dependent focusing lens by use of quantized Pancharatnam–Berry phase diffractive optics. Appl Phys Lett, 2003, 82: 328-330.

[36] Lin D, Fan P, Hasman E, et al. Dielectric gradient metasurface optical elements. Science, 2014, 345: 298-302.

[37] Lin J, Mueller J P B, Wang Q, et al. Polarization-controlled tunable directional coupling of surface plasmon polaritons. Science, 2013, 340: 331-334.

[38] Huang L, Chen X, Bai B, et al. Helicity dependent directional surface plasmon polariton excitation using a metasurface with interfacial phase discontinuity. Light Sci Appl, 2013, 2: e70.

[39] Chen X, Huang L, Mühlenbernd H, et al. Dual-polarity plasmonic metalens for visible light. Nat Commun, 2012, 3: 1198.

[40] Chen X, Huang L, Muehlenbernd H, et al. Reversible three-dimensional focusing of visible light with ultrathin plasmonic flat lens. Adv Opt Mater, 2013, 1: 517-521.

[41] Chen X, Chen M, Mehmood M Q, et al. Longitudinal multifoci metalens for circularly polarized light. Adv Opt Mater, 2015, 3: 1201-1206.

[42] Ding X, Monticone F, Zhang K, et al. Ultrathin Pancharatnam–Berry metasurface with maximal cross-polarization efficiency. Adv Mater, 2015, 27: 1195-1200.

[43] Tang D, Wang C, Zhao Z, et al. Ultrabroadband superoscillatory lens composed by plasmonic metasurfaces for subdiffraction light focusing. Laser Photonics Rev, 2015, 9: 713-719.

[44] Jin J, Luo J, Zhang X, et al. Generation and detection of orbital angular momentum via metasurface. Sci Rep, 2016, 6: 24286.

[45] Ma X, Pu M, Li X, et al. A planar chiral meta-surface for optical vortex generation and focusing. Sci Rep, 2015, 5: 10365.

[46] Niv A, Biener G, Kleiner V, et al. Propagation-invariant vectorial Bessel beams obtained by use of quantized Pancharatnam–Berry phase optical elements. Opt Lett, 2004, 29: 238-240.

[47] Li X, Pu M, Zhao Z, et al. Catenary nanostructures as compact Bessel beam generators. Sci Rep, 2016, 6: 20524.

[48] Pu M, Zhao Z, Wang Y, et al. Spatially and spectrally engineered spin-orbit interaction for achromatic virtual shaping. Sci Rep, 2015, 5: 9822.

[49] Wen D, Yue F, Li G, et al. Helicity multiplexed broadband metasurface holograms. Nat Commun, 2015, 6: 8241.

[50] Huang L, Chen X, Mühlenbernd H, et al. Three-dimensional optical holography using a plasmonic metasurface. Nat Commun, 2013, 4: 2808.

[51] Huang L, Mühlenbernd H, Li X, et al. Broadband hybrid holographic multiplexing with geometric metasurfaces. Adv Mater, 2015, 27: 6444-6449.

[52] Zhang X, Jin J, Wang Y, et al. Metasurface-based broadband hologram with high tolerance to fabrication errors. Sci Rep, 2016, 6: 19856.

[53] Li X, Chen L, Li Y, et al. Multicolor 3D meta-holography by broadband plasmonic modulation. Sci Adv, 2016, 2: e1601102.

[54] Zhao Z, Pu M, Gao H, et al. Multispectral optical metasurfaces enabled by achromatic phase transition. Sci Rep, 2015, 5: 15781.

[55] Zheng G, Mühlenbernd H, Kenney M, et al. Metasurface holograms reaching 80% efficiency. Nat Nanotechnol, 2015, 10: 308-312.

[56] Yu N, Genevet P, Kats M A, et al. Light propagation with phase discontinuities: generalized laws of reflection and refraction. Science, 2011, 334: 333-337.

[57] Ni X, Emani N K, Kildishev A V, et al. Broadband light bending with plasmonic nanoantennas. Science, 2011, 335: 427.

[58] Lin J, Wu S, Li X, et al. Design and numerical analyses of ultrathin plasmonic lens for subwavelength focusing by phase discontinuities of nanoantenna arrays. Appl Phys Express, 2013, 6: 022004.

[59] Aieta F, Genevet P, Kats M A, et al. Aberration-free ultrathin flat lenses and axicons at telecom wavelengths based on plasmonic metasurfaces. Nano Lett, 2012, 12: 4932-4936.

[60] Hu D, Wang X, Feng S, et al. Ultrathin terahertz planar elements. Adv Opt Mater, 2013, 1: 186-191.

[61] Ni X, Ishii S, Kildishev A V, et al. Ultra-thin, planar, Babinet-inverted plasmonic metalenses. Light Sci Appl, 2013, 2: e72.

[62] Jiao J, Zhao Q, Li X, et al. Enhancement of focusing energy of ultra-thin planar lens through plasmonic resonance and coupling. Opt Express, 2014, 22: 26277-26284.

[63] Jiao J, Li X, Huang X, et al. Improvement of focusing efficiency of plasmonic planar lens by oil immersion. Plasmonics, 2015, 10: 539-545.

[64] Genevet P, Yu N, Aieta F, et al. Ultra-thin plasmonic optical vortex plate based on phase discontinuities. Appl Phys Lett, 2012, 100: 013101-3.

[65] Ni X, Kildishev A V, Shalaev V M. Metasurface holograms for visible light. Nat Commun, 2013, 4: 2807.

[66] Zhou F, Liu Y, Cai W. Plasmonic holographic imaging with V-shaped nanoantenna array. Opt Express, 2013, 21: 4348-4354.

[67] Wang Q, Zhang X, Xu Y, et al. A broadband metasurface-based terahertz flat-lens array. Adv Opt Mater, 2015, 3: 779-785.

[68] Liu L, Zhang X, Kenney M, et al. Broadband metasurfaces with simultaneous control of phase and amplitude. Adv Mater, 2014, 26: 5031-5036.

[69] Zhang X, Tian Z, Yue W, et al. Broadband terahertz wave deflection based on C-shape complex metamaterials with phase discontinuities. Adv Mater, 2013, 25: 4567-4572.

第 15 章　悬链线光学

在电磁功能器件，如球面透镜、非球面透镜、抛物线天线、螺旋天线中，存在着多种多样的曲面和曲线，它们决定了这些器件的电磁性能。亚波长电磁学最大的特点是在亚波长尺度内构建不同几何特征的结构，以实现对结构电磁性能的调控。亚波长结构的形式可按照电磁调控的需求自由设计，可以是简单的圆形、方形，也可以是更为复杂的曲线形式。本章主要对光学中的曲线和曲面问题进行介绍，重点阐述悬链线结构 (一种建筑学中广泛采用的特殊曲线形式)，及其在亚波长电磁学和光学超表面中的应用。

15.1　光学中的曲面和曲线

15.1.1　折反射光学中的曲面问题

传统光学元件，无论是折射型，还是反射型光学元件的外轮廓大多由不同形状的曲面构成。其中绝大多数曲面为轴对称回转曲面，其普遍的数学表达式为[1]

$$z(x) = \frac{cx^2}{1 + \sqrt{1 - (1+k)c^2 x^2}} + a_3 \, |x|^3 + \cdots + a_n \, |x|^n \tag{15.1-1}$$

其中直角坐标系的原点与曲面的顶点重合，而且对称轴与系统的光轴重合。c 为顶点处曲率，$c = 1/R_0$，R_0 为顶点处的曲率半径；a_n 为多项式系数；x 为离曲面面轴的径向距离；z 为相应的垂直距离；k 为常数。

由于设计和加工工艺等的限制，光学元件中广泛采用的曲面结构多为二次曲面。根据等式 (15.1-1)，可得到回转二次曲面的子午截面方程

$$z = \frac{cx^2}{1 + \sqrt{1 - (1+k)c^2 x^2}} \tag{15.1-2}$$

通过对等式 (15.1-2) 变换得到

$$cx^2 = 2z - (1+k)z^2 c \tag{15.1-3}$$

设 $k = -e^2, c = 1/R_0$，可以得到

$$x^2 = 2R_0 z - (1 - e^2)z^2 \tag{15.1-4}$$

其中, e 为偏心率; R_0 为曲面顶点的曲率半径。法线与光轴的夹角 φ 可用下式计算

$$\frac{\mathrm{d}x}{\mathrm{d}z} = \tan\varphi = \frac{\sqrt{2R_0 z + (e^2 - 1)z^2}}{R_0 + (e^2 - 1)z} \tag{15.1-5}$$

纵向法线球差 δ (非球面的制造和检测中一个很重要的几何参数) 为

$$\delta = z + x\cot\varphi - R_0 = e^2 z \tag{15.1-6}$$

根据偏心率 e 和纵向法线球差 δ 值的不同, 对应的曲面形式也不同, 具体分类如下:

(1) 当 $e^2 = 0$ 时, $\delta = 0$, 回转二次曲面为球面;

(2) 当 $e^2 = 1$ 时, $\delta = z$, 回转二次曲面为抛物面;

(3) 当 $0 < e^2 < 1$ 时, $0 < \delta < z$, 回转二次曲面为椭球面;

(4) 当 $e^2 > 1$ 时, $\delta > z$, 回转二次曲面为双曲面。

这几类回转二次曲面在典型的光学系统中都很常见, 接下来, 对这几类光学曲面分别进行简单介绍。

1. 球面镜

球面镜可以分为凸面镜和凹面镜两类, 如图 15.1-1。凹面镜的光学特点包括: ①平行于主轴的光线经凹面镜反射后, 反射光线会聚于焦点处; ②凹面镜的焦点是实际光线的会聚点, 因此是实焦点; ③凹面镜对光线起会聚作用, 焦距越小, 会

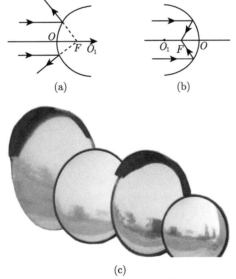

(a)   (b)

(c)

图 15.1-1　球面镜示意及其应用

(a) 凸球面; (b) 凹球面; (c) 广角反光镜

聚能力越大；④存在四条特殊光线，平行于主轴的光线经凹面镜反射后，会聚于焦点；过焦点的入射光线经反射后平行于主轴；过球面中心的入射光线沿原路返回；从顶点入射的光线与其反射光线关于主轴对称。

凸面镜的光学特点包括：①凸面镜的焦点是虚焦点；②凸面镜对光线起发散作用，焦距越小，发散能力越大；③同样存在四条与凹面镜类似的特殊光线。

最简单的聚焦反射镜是单个球面反射镜。其像质接近单透镜，但没有色差。严格地说，同心光束经球面镜反射后的反射光并不交于同一点，因而球面镜不能理想成像，存在较大的球差。

2. 非球面镜

从广义上来讲，除了球面和平面以外的其他表面都可以称为非球面。相对于球面镜来说，非球面镜可接收的成像光线范围更大，可减小像差，并使透镜曲率更小。从而获得成像质量更高、厚度更薄、重量更轻的优质镜片。

(1) 抛物面镜

抛物面镜能把平行光会聚到一点 (焦点)，反之，从焦点发出的光经过抛物面镜的反射后都能平行出射，如图 15.1-2。对于球面镜，只有靠近光轴的一部分平行光 (近轴光线) 反射后才能会聚到焦点；而抛物面镜可在焦点处完美聚焦，没有像差，因此抛物面镜广泛用于探照灯、望远系统和雷达天线等。

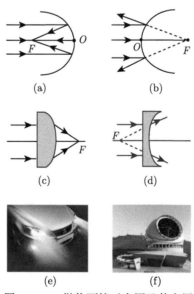

图 15.1-2   抛物面镜示意图及其应用

(a) 凹抛物面反射；(b) 凸抛物面反射；(c) 凸抛物透镜；(d) 凹抛物透镜；(e) 车灯；(f) 大型望远镜

(2) 椭球面镜

椭球面具有两个焦点，从一个焦点发射的光线经椭球面反射后均可会聚于另一个焦点，因此，采用反射型椭球面成像没有像差，如图 15.1-3。实际光学系统中，椭球面反射镜很少单独使用，通常在与其他反射镜组合的双反射镜系统中使用。

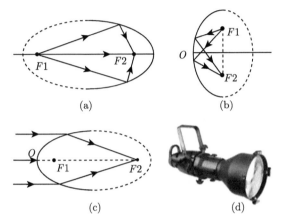

图 15.1-3 椭球面示意图及其应用

(a) 椭球面反射；(b) 扁椭球面反射；(c) 椭球面折射；(d) 椭球面聚光灯

(3) 双曲面镜

对于双曲面镜，由一个 (几何) 焦点发出的光线，将严格地会聚于另一个焦点，且没有像差，如图 15.1-4。双曲面镜在望远反射系统中具有比较广泛的应用，如卡塞格林系统中的反射镜 (图 15.1-4(c)) 由两个双曲面镜组合而成，即使在加工和安装的失调量较大时，仍能保证较高的光学成像质量。

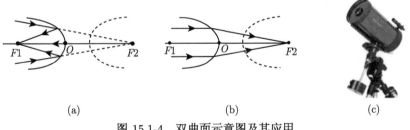

图 15.1-4 双曲面示意图及其应用

(a) 双曲面反射；(b) 双曲面折射；(c) 施密特卡塞格林望远镜

15.1.2 光学测地线中的曲面问题

测地线 (Geodesic) 电磁学是研究电磁波沿连续曲面表面传播问题的一门学科，早在 20 世纪 40 年代便被用于分析微波在曲面上的传播问题，并在 70 年代被拓展到波导光学中[2]。

　　为了更好地理解测地线结构的发展及应用，先回顾一下几种传统的透镜系统。第一种是麦克斯韦在 1854 年描述的一个具有球对称性的非均匀介质系统，其折射率分布满足如下公式

$$n(r) = \frac{n_0}{1+r^2} \tag{15.1-7}$$

其中，r 为归一化半径；n_0 为常数。麦克斯韦利用这种折射率分布的介质构造出一种鱼眼透镜 (Maxwell's Fish-eye)，可实现三维空间域内的理想成像，即一个点源发出的所有光线经该成像系统将会聚到同一像点。

　　1944 年，Luneburg 在解决有限尺寸球形媒质的反向散射问题时，提出了另外一个著名的球对称性系统，被称为 Luneburg 透镜[3]，其折射率分布满足

$$n = (2-r^2)^{1/2} \tag{15.1-8}$$

其中，r 为归一化半径。在该系统中，无穷远处的任一点都能在透镜上完美成像。

　　Eaton 于 1952 年提出了具有类似球形结构的全方向反射透镜，被称为 Eaton 透镜[4]，其折射率分布为

$$n = \sqrt{\frac{2}{r} - 1} \tag{15.1-9}$$

以上三种透镜中所对应的光线传播轨迹可由图 15.1-5 直观地表示[5]。

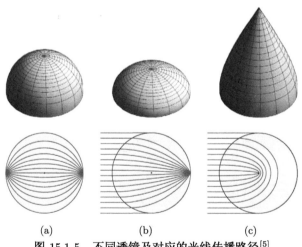

(a)　　　　　　　　　(b)　　　　　　　　　(c)

图 15.1-5　不同透镜及对应的光线传播路径[5]

(a) 鱼眼透镜；(b)Luneburg 透镜；(c)Eaton 透镜

　　上述三种特殊的透镜形式由于其空间对称性，能够实现三维空间内全方位角的波束操控，因而在无线通信、雷达等众多领域中获得广泛应用。然而，上述透镜也存在一些问题。

(1) 折射率非均匀分布, 在实际应用中很难找到满足上述非均匀折射率分布的材料。

(2) 现有的实现方法通常是利用多层具有不同折射率的同心核壳结构堆叠而成, 存在以下缺点: 第一, 这种多层薄膜沉积的加工工艺比较复杂; 第二, 不同层之间的折射率突变导致阻抗不匹配从而降低器件性能; 第三, 加工工艺对所用的基底材料有严格的要求, 因此可用的场合比较受限。

为了解决上述问题, 1948 年, Rinehart 提出了利用具有旋转对称性的二维曲面代替具有非均匀折射率分布的结构, 并在曲面上实现全向完美聚焦, 如图 15.1-6 所示[6,7]。依据费马原理, 光线在曲面上遵循最小传播时间的原则向前传播, 即沿曲面的测地线传播, 因此该透镜被称为测地线透镜。

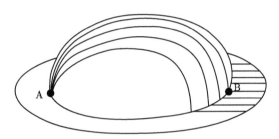

图 15.1-6 测地线透镜实现等效 Luneburg 透镜的功能[6]

测地线透镜的工作原理很简单, 根据费马原理, 光在任意介质中从一点传播到另一点时, 沿所需时间最短的路径传播, 又称最小时间原理或极短光程原理。当光波在 A 和 B 两点之间传播时, 它的传播方向沿着光程取极小值的方向。对于光波来说, 光程的变化体现在相位的变化中, 因此一般情况下, 可以将费马原理等价为传播光波的相位变化为极值, 也就是说光波的相位变化函数的变分为 0。由此可以看出, 给定折射率分布的物理系统中光线传播路径对应于费马空间中的测地线。

相对于非均匀折射率分布的球形光学系统, 测地线光学系统的优势在于其工作原理是利用折射率均匀的表面薄膜波导来传输光, 不像传统 Luneburg 透镜和 Eaton 透镜等需要非均匀的折射率分布。事实上, 由于聚焦效应的获得仅与曲面的测地线相关, 因此测地线透镜能够应用在任何基底材料中。此外, 波导的均匀性会相应地减小系统的插入损耗。然而, 最初的测地线透镜都有比较陡峭的边缘, 会产生一定的散射损耗, 且在实际实现过程中很难保证输入波导、输出波导与测地线透镜在同一个平面内。为此, 人们对图 15.1-6 中测地线透镜的边缘进行了改进使其变得平滑, 如图 15.1-7 所示[6]。

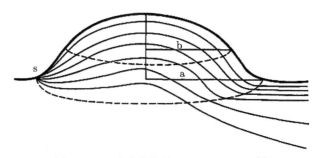

图 15.1-7　改进的等效 Luneburg 透镜[6]

　　测地线透镜最初被用在微波天线系统中以实现快速的波束扫描,如图 15.1-8 所示[8,9]。由于各个测地线的传播路径相等,点源所发出的柱面波前经透镜天线后转换为具有高方向性的平面波前。由于结构的对称性,沿柱形曲面移动馈源的位置可以实现波束扫描。

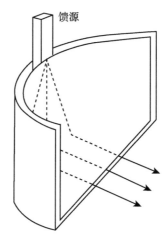

图 15.1-8　基于测地线透镜的扫描天线

　　随后测地线透镜也被运用到波导光学和薄膜光学中[10],作为一种构建集成光学回路元件的有效方法。如图 15.1-9 所示,测地线波导通常由沉积在曲面基底上的薄膜组成,基底的形状可以是凸起也可以是凹陷。

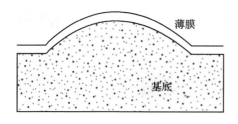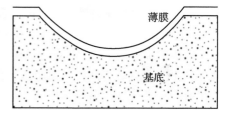

图 15.1-9　基于凸起和凹陷基底的测地线透镜

通过改变测地线透镜的曲面形状可以实现不同的功能。图 15.1-10 中图 (a) 所示为基于圆柱形凹陷结构的光束移动器。圆柱形结构与平面结构的重合处为直线，因此不会导致光束的发散。两个圆柱形凹陷结构相结合可以形成一个简单的功率分束器，如图 15.1-10(b) 所示[11]。

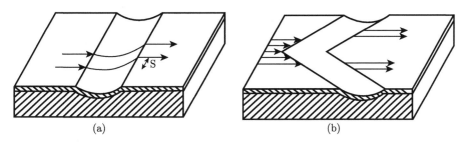

(a)   (b)

图 15.1-10 (a) 圆柱形凹陷实现波束移动；(b) 两个圆柱形凹陷形成的分束器[11]

如果将圆柱形凹陷结构改为锥形凹陷，则会形成一个光束偏折器，如图 15.1-11。偏折角度 θ 依赖于锥形结构的顶角 2φ[12]，它们之间的数值关系为

$$\theta = 2\left(\frac{\pi}{2}\sin\varphi - \varphi\right) \tag{15.1-10}$$

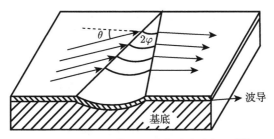

图 15.1-11 基于锥形凹陷的波束偏折器[12]

这种结构类似于传统的棱镜，但不会引入色散。上述偏折结构已经在具有弹性的橡胶波导中实现，通过改变波导结构所受的压力可实现偏折角的连续变化。

15.1.3 平面光学中的曲线问题

平面光学器件由于其剖面低、重量轻、易集成等特点成为近几年来光学发展的一个重要分支。利用二维平面内曲线结构对电磁波的调控特性，可以设计一系列不同的曲线形式，以实现不同的器件功能。以经典的曲折线结构为例，1973 年，平面曲折线结构被首次用于电磁波的偏振转化[13]，如图 15.1-12，在 X 波段频率范围内，转化后的电磁波轴比可达 1.5dB。

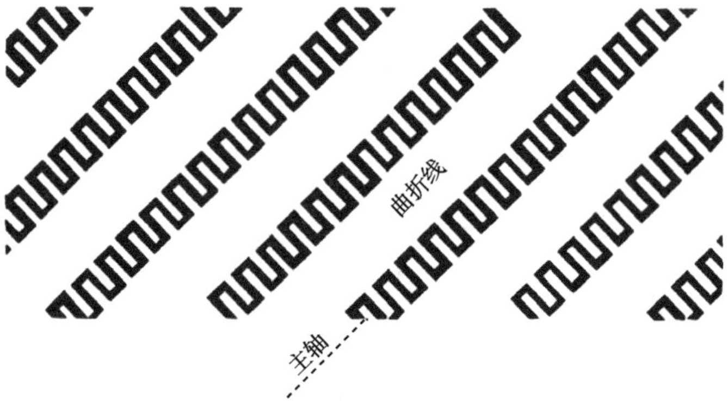

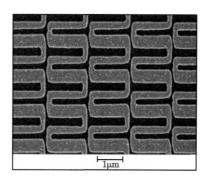

图 15.1-12　基于曲折线的平面偏振转化器[13]

近年来，这种平面曲折线结构还被用于实现红外波段反射式的四分之一波片功能[14]，如图 15.1-13。

图 15.1-13　基于曲折线结构的红外波片[14]

此外，各种平面金属曲线结构，如方环结构、圆环结构、新月形结构等，由于其特殊的谐振特性，可用于设计具有不同电磁功能的器件。

15.2　光学悬链线

15.2.1　悬链线方程

悬链线是自然界中普遍存在的一种曲线形式，是一条两端固定的柔性链条在自身重力作用下呈现的弧线形式。在 17 世纪 70 年代，Robert Hooke 称其为建筑学中 "真正的数学和机械形式"(True Mathematical and Mechanical Form)[15]。图 15.2-1 为 19 世纪初英国著名桥梁学家托马斯·泰尔福德 (Thomas Telford) 设计建造连接威尔士和英格兰大陆的麦奈海峡吊桥，是当时世界上跨度最大的悬桥，其悬桥构架即为典型的悬链线。

图 15.2-1　麦奈海峡吊桥 (建于 1826 年)

1. 悬链线的历史

1675 年，Hooke 在设计拱形屋顶的过程中，得到一个至关重要的结论。他指出，将自由悬挂的柔性链反转过来，可得到一个刚性的拱形结构，并且该结构对于建筑学来说是一种完美的拱形，其各点处具有相同的负载[16]。这一理论后来成为石拱和圆屋顶等的设计基础。同 Wren 一起，Hooke 利用该方法在伦敦设计了伟大的 St Paul 圆顶大教堂，它是唯一一座没有裂痕的石质圆顶房屋。当时 Hooke 虽然知道悬链线的数学形式并非简单的二次抛物线 $(y=ax^2)$，但是他并没能推导出悬链线真正的数学方程形式。

1690 年，Bernoulli 在当时著名的期刊 *Acta Eruditorum* 中提出一个竞赛，希望能找出悬链线真正的数学形式。1691 年 6 月，同样在这个杂志中，Bernoulli, Lerbniz 和 Huygens 分别提出了三种不同的解决方案，其中只有 Lerbniz 给出了一个与现有悬链线方程等效的形式，但他没有给出证明过程。

在 1821 年和 1826 年，Gilbert 在 *Philosophical Transactions of the Royal Society of London* 中发表了两篇文章[17,18]，除了详细推导了普通悬链线的方程形式外，还首次提出和推导了等强度悬链线的方程形式。

2. 普通悬链线方程

如图 15.2-2 所示，红色弧线为悬挂的链条。对链条作静力平衡理论分析，根据力的三角关系，最低点处的水平张力 a，垂直重力 z 与应力 b 平衡，张力斜率为 dy/dx，可获得以下方程

$$\frac{\mathrm{d}y}{\mathrm{d}x} = \frac{z}{a} \tag{15.2-1}$$

而

$$(\mathrm{d}x)^2 + (\mathrm{d}y)^2 = (\mathrm{d}z)^2 \tag{15.2-2}$$

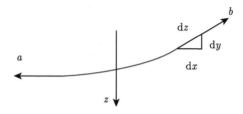

图 15.2-2   悬链线方程推导

由勾股定理，用 $\mathrm{d}y/\mathrm{d}z$ 消除 $\mathrm{d}x$ 而得到 z 的函数。结合 y 与 z 在起点处为零这一边界条件可得

$$y = (a^2 + z^2)^{1/2} - a \tag{15.2-3}$$

再由三角理论得到

$$b = (a^2 + z^2)^{1/2} \tag{15.2-4}$$

由此可得

$$b = y + a \tag{15.2-5}$$

由此可知链中张力随 y 值的增加而增加，且其最小值为 a。联合方程 (15.2-1) 和方程 (15.2-3)，得到

$$\frac{\mathrm{d}x}{a} = \frac{\mathrm{d}y}{(2ax + y^2)^{1/2}} \tag{15.2-6}$$

通过积分，并利用边界条件整理可得

$$\frac{x}{a} = \ln\left(\frac{a + y + (2ay + y^2)^{1/2}}{a}\right) \tag{15.2-7}$$

其中 $\ln$ 为自然对数。

化简方程 (15.2-7) 可得到 y/a 与 x/a 的函数关系

$$\frac{y}{a} = \cosh\left(\frac{x}{a}\right) - 1 \tag{15.2-8}$$

3. 等强度悬链线方程

Gilbert 在其 1826 年的文章中首次提出了等强度悬链线理论，这是悬链线研究的一个里程碑[18,19]。一般悬链线中的张力 T 随着高度 y 的增加而增加。Gilbert 考虑到了链的强度与张力一致的观点，对悬链线方程进行推导。

引入一个新的变量 ξ 来表示链条的质量。通过平衡假设, 式 (15.2-1) 可由下式代替

$$\frac{\mathrm{d}y}{\mathrm{d}x} = \frac{\xi}{a} \tag{15.2-9}$$

联合式 (15.2-9) 与式 (15.2-2), 可得

$$\frac{\mathrm{d}y}{\xi} = \frac{\mathrm{d}z}{(a^2 + \xi^2)^{1/2}} \tag{15.2-10}$$

同样, 通过三角关系也可以得到 T 的关系式

$$T = (a^2 + \xi^2)^{1/2} \tag{15.2-11}$$

Gilbert 提出的等强度原理可用方程简洁地描述, 即

$$\frac{\mathrm{d}\xi}{\mathrm{d}z} = \frac{(a^2 + \xi^2)^{1/2}}{a} \tag{15.2-12}$$

其中 $\mathrm{d}\xi/\mathrm{d}z$ 是链条单位长度的重量, 对于给定的材料, 该值正比于链条的横截面积。对于张力均匀的情况, 则该值也正比于局部的张力。

对式 (15.2-12) 进行积分处理, 可得

$$\frac{z}{a} = \ln\left(\frac{(a^2 + \xi^2)^{1/2} + \xi}{a}\right) \tag{15.2-13}$$

联立式 (15.2-10) 和式 (15.2-12), 得到

$$\frac{\mathrm{d}y}{a} = \frac{\xi \mathrm{d}\xi}{a^2 + \xi^2} \tag{15.2-14}$$

对式 (15.2-14) 进行积分, 并利用 y 和 ξ 在原点处皆为 0 这一条件, 可得

$$\frac{y}{a} = \frac{1}{2}\ln\left(\frac{a^2 + \xi^2}{a^2}\right) \tag{15.2-15}$$

联立式 (15.2-9) 和式 (15.2-14) 得到

$$\frac{\mathrm{d}x}{a} = \frac{a\mathrm{d}\xi}{a^2 + \xi^2} \tag{15.2-16}$$

对式 (15.2-16) 进行积分, 并利用 x 和 ξ 在原点处皆为 0 这一条件, 可得

$$\frac{x}{a} = \arctan\left(\frac{\xi}{a}\right) \tag{15.2-17}$$

根据方程 (15.2-17) 易得 x/a 不可能大于 $\pi/2$。

此后, Routh 等人将张力 T 及切线切向斜率作为变量, 推导得到了联系 y 和 x 之间更为简洁的关系式[20], 即

$$\frac{y}{a} = \ln\sec\left(\frac{x}{a}\right) \tag{15.2-18}$$

15.2.2　折反射光学中的悬链线

悬链线方程作为一个数学形式在建筑学上具有特殊的物理特性，并表现出其独有的优势。那么它在光学中又有什么应用呢？

人眼的调焦功能是利用晶状体的调节来实现的。晶状体薄膜具有一定的弹性，其杨氏模量约为 $4 \times 10^6 \mathrm{N/m^2}$。晶状体后表面的曲率半径在适应的过程中不会显著改变，而前表面的半径在中心 2cm 范围内变化很快。研究发现晶状体前表面曲率的变化过程可以用悬链线模型来描述[21]，如图 15.2-3 所示。

架长 12.5cm　　　　　　　　　　　　架长 12cm

图 15.2-3　人眼的悬链线调焦模型[21]，两支架距离分别为 12.5cm 和 12cm

悬链线表面还可用于反射式的太阳能收集器以提高在斜入射条件下的太阳能收集效率[22]。图 15.2-4 和图 15.2-5 分别为抛物线形太阳能收集器和悬链线形太阳能收集器，太阳光入射角分别为 0° 和 30° 时的光线图。两种曲线的凹面深度相

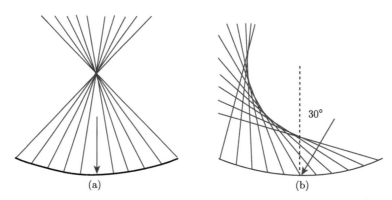

(a)　　　　　　　　　　　　　　　(b)

图 15.2-4　凹面深度为 2m 的抛物面，入射角分别为 0° 和 30°[22]

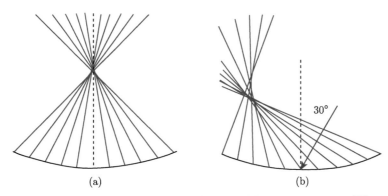

图 15.2-5 凹面深度为 2m 的悬链线，入射角分别为 0° 和 30°[22]

同，都为 2m。从图中可以很明显看到，在正入射情况下 (入射角等于 0°)，悬链线形收集器与抛物面形收集器的太阳能收集效果都是接近理想的。然而在入射角偏离正入射的情况下，抛物线形收集器的焦点迅速弥散，收集能力急剧恶化；而悬链线形收集器在 30° 甚至 60° 仍具有相对较高的聚焦能力，从而具有较高的太阳能收集能力。

15.2.3 光学测地线中的悬链线

悬链线方程及其对应的曲面在测地线天线系统中具有独特的应用优势，其基本工作原理如图 15.2-6 所示。该天线由两个相交的金属平行板波导 (Parallel Plate Waveguide，PPWG) 组成，其中一个为高度为 h 的柱状波导，另一个为平板状波导。当一点源从圆柱形顶部中心位置将能量耦合进入该测地线天线时，能量沿着 PPWG 之间的空气间隙传播。根据波导模式理论，如果 PPWG 之间的空气间隙小于最高频率所对应波长的一半时，电磁波以 TEM 模式传输，因而具有低传播损耗和低群速度色散等优点。

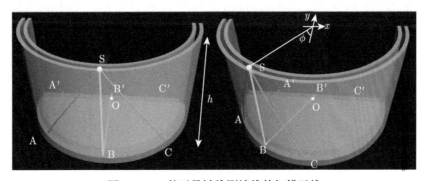

图 15.2-6 基于悬链线测地线的扫描天线

假设 A′，B′，C′ 为等相位面上的三个点，图中 S—A—A′、S—B—B′、S—C—C′

代表三种不同的传播路径示意图，其中 S—B—B′ 为经过天线轴线的路径，S—A—A′ 和 S—C—C′ 为非轴线路径。依据费马原理这些光线均沿平行板波导之间的测地线传播。为了推导基于柱状 PPWG 实现波束扫描的条件，将柱状 PPWG 结构及沿测地线传播的光线在平面内展开，如图 15.2-7 所示。

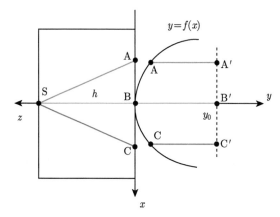

图 15.2-7　基于悬链线测地线的几何光学分析

经过天线轴线的路径 S—B—B′ 的传播距离可以表示为

$$l_0 = h + y_0 \qquad\qquad (15.2\text{-}19)$$

非轴线路径 S—A—A′ 和 S—C—C′ 的传播距离可以表示为

$$l_1 = \sqrt{s^2 + h^2} + (y_0 - y) \qquad\qquad (15.2\text{-}20)$$

其中，$s = \int_0^x \sqrt{1 + (\mathrm{d}y/\mathrm{d}x)^2}\,\mathrm{d}x$，为了使所有的出射光线最后沿 $+y$ 方向相干增强，非轴线路径应和沿轴线路径的传播距离应该相同，即要求 $l_0 = l_1$，由此可推出

$$s = \sqrt{(h+y)^2 - h^2} \qquad\qquad (15.2\text{-}21)$$

对上式求导得

$$\frac{\mathrm{d}s}{\mathrm{d}x} = \frac{(h+y)\mathrm{d}y/\mathrm{d}x}{\sqrt{(h+y)^2 - h^2}} \qquad\qquad (15.2\text{-}22)$$

又因为

$$\frac{\mathrm{d}s}{\mathrm{d}x} = \sqrt{1 + \left(\frac{\mathrm{d}y}{\mathrm{d}x}\right)^2} \qquad\qquad (15.2\text{-}23)$$

因此有

$$\frac{(h+y)\mathrm{d}y/\mathrm{d}x}{\sqrt{(h+y)^2 - h^2}} = \sqrt{1 + (\mathrm{d}y/\mathrm{d}x)^2} \qquad\qquad (15.2\text{-}24)$$

整理变换得

$$\frac{\mathrm{d}y}{\mathrm{d}x} = \sqrt{\frac{2hy + y^2}{h^2}}$$

(15.2-25)

对上式进行积分得

$$\frac{y}{h} = \cosh\left(\frac{x}{h}\right) - 1$$

(15.2-26)

可以看出柱状 PPWG 需要满足的函数即为悬链线方程。

　　依据上述原理, 在微波段 8~12GHz 内对该悬链线测地线天线进行计算, 空气间隙设为 5mm, 圆柱形的高度 h 为 150mm, 约为中心波长 (10GHz) 的 5 倍, 从而保证悬链线测地线天线有足够的增益。图 15.2-8 为天线的近场特性仿真结果。从该结果可以看出, 当馈源位于悬链线几何中心的时候, 馈源所发出的球面波前能够很好地转化为沿 $+y$ 方向的平面波前, 仿真结果和理论分析一致。当馈源偏移悬链线几何中心一定位置的时候, 平面波前的方向也随之改变, 偏移 $+y$ 方向一定的角度, 场图中的波动由天线边缘处的衍射效应和与空气界面的反射效应引起。然而, 随着馈源偏移角度的增大, 平面波前会恶化。这是由于悬链线结构并不是旋转对称性结构, 因此当馈源移动到非几何中心位置时, 上面推导出的测地线路径不再相等, 这在一定程度上限制了其扫描角度。

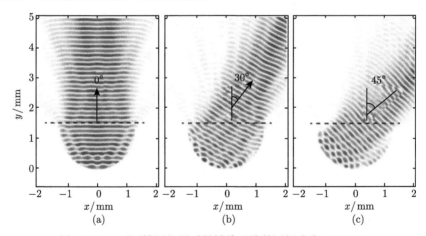

图 15.2-8　不同馈源位置时悬链线天线的近场分布 (10GHz)

　　图 15.2-9 为不同馈源位置下悬链线测地线天线的远场辐射特性。从图中可以看出, 主瓣方向分别指向 0°、15°、30°、45°、60°, 证明了悬链线天线的大角度扫描能力。然而, 随着偏移角度的增大, 天线的辐射功率逐渐下降且 3dB 波束宽度逐渐增大。

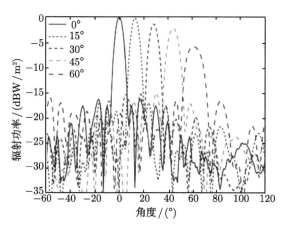

图 15.2-9　不同馈源位置下悬链线天线的远场分布 (10GHz)

　　图 15.2-10 为该悬链线测地线天线在 8GHz 和 12GHz 频率下移动馈源位置得到的波束扫描远场分布图，从而验证了其宽带工作特性。从图中可以看出在上述频率下该天线均能实现大角度的波束扫描，证明了该天线在 10GHz 附近的相对带

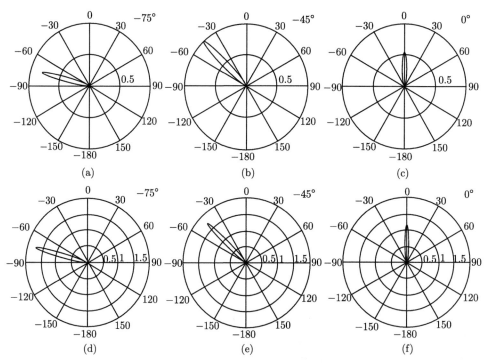

图 15.2-10　不同馈源位置下悬链线天线的远场分布

(a)~(c) 8GHz；(d)~(f) 为 12GHz

宽超过 40%，远远高于大部分电扫描天线。尽管这种扫描方式依赖于馈源的移动，但这种机械扫描可以通过固定在不同位置的多个馈源取代，只不过这种开关扫描方式只能实现离散角度的扫描，不能实现连续角度的扫描。

值得一提的是，悬链线测地线天线的宽带大角度波束扫描性能可避免机械式电磁波束扫描系统存在的扫描速度慢、系统笨重、占用空间大等缺点，以及相控阵天线馈电网络复杂、馈电损耗大、造价昂贵等缺陷，为现代雷达和无线通信技术的发展提供了一条全新的技术途径。

15.2.4 平面光学中的悬链线

等强度悬链线方程的一个重要的特点在于沿着 x 轴方向各点切线与 x 轴的夹角线性变化，这里通过逆向推导对这一特性进行验证。

1. 笛卡儿坐标下的光学悬链线方程

根据电磁波的几何相位理论 (见 5.2 节)，电磁波入射到曲线上任意一点，所激发的几何相位值为 $\phi = 2\sigma\zeta(x)$，$\zeta(x)$ 为曲线上任一点的切线方向与 x 轴的夹角，如图 15.2-11 所示。

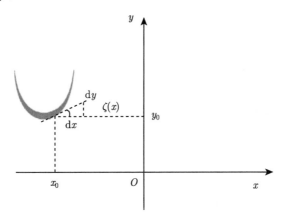

图 15.2-11 笛卡儿坐标下的光学悬链线方程推导

假定 $\zeta(x)$ 在曲线上每一点的值沿 x 方向呈线性变化，则有

$$\zeta(x) = \arctan\left(\frac{\mathrm{d}y}{\mathrm{d}x}\right) = kx, \quad x \in \left[-\frac{\pi}{k}, \frac{\pi}{k}\right] \tag{15.2-27}$$

其中 k 为常数。对方程 (15.2-27) 进行积分，可得

$$y = k\ln\left(\sec\left(\frac{1}{k}x\right)\right), \quad x \in \left[-\frac{\pi}{k}, \frac{\pi}{k}\right] \tag{15.2-28}$$

该方程与等强度悬链线方程一致。

2. 极坐标下的光学悬链线方程

在极坐标情况下，与上节相似，可假定曲线上任一点的切线方向与 x 轴的夹角 $\zeta(x)$ 沿方位角 φ 方向呈线性变化，且几何相位 $\phi(r,\varphi) = l\varphi$，如图 15.2-12。

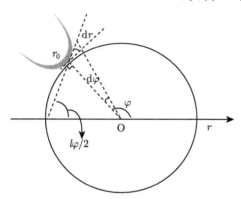

图 15.2-12　极坐标下的光学悬链线方程推导

此时可得极坐标下光学悬链线的表达形式

$$\frac{\mathrm{d}r}{r\mathrm{d}\varphi} = \tan\zeta = \tan\left[\frac{(l-2)\varphi}{2}\right] \tag{15.2-29}$$

通过一系列等价的数学处理，并沿径向引入平移参量 Δ，得到极坐标下封闭悬链线结构的方程形式

$$r = (r_0 + n\Delta)\exp\left\{\frac{2}{l-2}\ln\left(\left|\sec\left[\frac{(l-2)\varphi}{2}\right]\right|\right)\right\}$$

$$= (r_0 + n\Delta)\left(\left|\sec\left[\frac{(l-2)\varphi}{2}\right]\right|\right)^{\frac{2}{l-2}}, \quad n = 0, 1, 2, 3, \cdots \tag{15.2-30}$$

其中，n 对应于沿着径向第 $n+1$ 条曲线；r_0 为沿径向第一条曲线的顶点半径；$r_0 + n\Delta$ 表示第 $n+1$ 条曲线的顶点半径；Δ 为两条曲线顶点之间的距离。图 15.2-13 为 $l = 12$ 时极坐标下的封闭悬链线结构图。

3. 平面光学悬链线的特性

从以上平面光学悬链线结构的推导过程可知，悬链线光学结构由于其结构的连续性，以及设计的解析性，相比于同样基于几何相位设计的离散散射天线或孔径结构具有其独特的光学性能[23]。

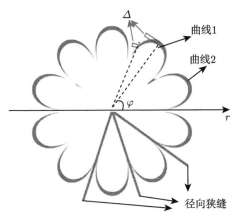

图 15.2-13　极坐标下的封闭悬链线结构图

(1) 相位连续线性变化

图 15.2-14(a) 为缝隙型悬链线结构示意图。图 15.2-14(b) 为电磁波激发悬链线结构、抛物线、新月形、以及离散散射结构所得到的在一个 0~2π 相位周期内的几何相位分布图。从图中可以明显看到，抛物线和新月形结构所产生的几何相位连续分布，但不满足线性变化；而离散散射结构所产生的几何相位虽然满足线性关系，但是相位沿 x 轴是离散的。只有悬链线结构激发的几何相位同时满足连续和线性分布，如图 (b) 所示。

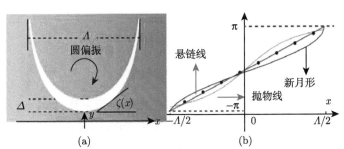

图 15.2-14　悬链线结构及其与其他结构的几何相位特性对比[23]

(a) 结构示意图；(b) 相位对比

(2) 超宽工作频段

悬链线结构的另一个优点是相对于常用的离散型超表面结构，具有更大的工作带宽。图 15.2-15 为悬链线结构以及不同几何尺寸离散型散射结构的电磁能量转化效率，其定义为电磁波经结构透射后的异常散射光束 (携带几何相位光束) 与总透过光束能量的比值。可以明显看到连续型悬链线结构的转化效率更高，尤其在 400THz 以下的低频段，悬链线结构的转化效率始终保持在 50% 左右，而离散散射

结构的转化效率向低频方向迅速下降，因此悬链线结构的有效工作带宽要远大于
离散型散射结构。

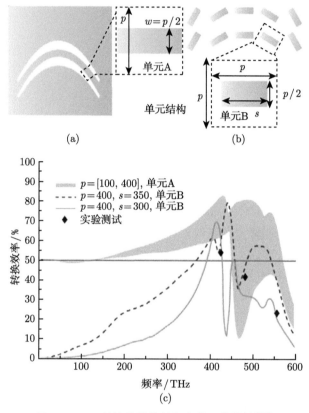

图 15.2-15 悬链线结构的超宽带工作特性[23]

悬链线结构的消色差特性可以通过 LC 电路模型解释，当电磁波入射到悬链
线结构时，会在悬链线结构内激发沿主轴方向的两种正交模式，二者在超宽带范围
内分别表现为电容性和电感性。因此，根据几何相位型超表面理论可知悬链线的转
化效率几乎不随频率变化 (详见第 5 章)。

15.3   平面光学悬链线的应用

15.3.1   异常偏折及自旋霍尔效应

根据几何相位理论和笛卡儿坐标下的光学悬链线方程可知，悬链线结构与入
射圆偏振电磁波相互作用过程中，会产生正交偏振的电磁分量，并使得该分量产生
连续的线性相位分布，从而使出射波偏离原传播方向。并且这一过程在入射圆偏振

电磁波旋向反向的时候同样有效,此时,其偏折方向与原偏折方向关于入射方向轴对称。这就是悬链线结构典型的自旋霍尔效应。而这一效应的本质是光子自旋 — 轨道相互作用的结果。将悬链线方程沿纵向 (图 15.3-1 的 y 方向) 平移 Δ,并将两条悬链线的端点连接,得到相应的悬链线结构。

$$\begin{cases} y_1 = \dfrac{\Lambda}{\pi} \ln(|\sec(\pi x/\Lambda)|) \\ y_2 = \dfrac{\Lambda}{\pi} \ln(|\sec(\pi x/\Lambda)|) + \Delta \end{cases} \tag{15.3-1}$$

Λ 为悬链线在 x 方向的宽度。需要说明的是,由于两条悬链线的实际交点在 $x = \Lambda/2$,$y = \infty$ 处,从实际加工考虑,将悬链线方程在 $x = \pm\Lambda/2$,偏离 δ_x 处对其进行截断,并将截断端点连接从而得到如图 15.3-1(a) 所示的悬链线结构。需要注意的是,为了避免悬链线结构中高阶模式的激发,从而影响其电磁性能,Δ 的值通常需要远小于其工作波长。图 15.3-1(b) 为实际加工的金属悬链线孔径的电镜图 ($\Lambda = 2\mu m$,$\Delta = 200nm$,$\delta_x = 50nm$)。

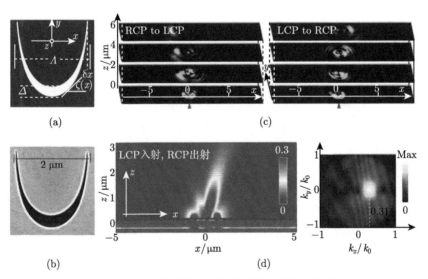

图 15.3-1 悬链线结构异常偏折及自旋霍尔效应

图 15.3-1(c) 和 (d) 为不同圆偏振电磁波入射到单个悬链线结构表面时的自旋霍尔效应。当圆偏振电磁波入射到结构表面,由于自旋—轨道相互作用,不同旋向圆偏振态会在空间发生明显偏离。

悬链线结构的一个重要特点在于其单个连续结构即可构成 0~2π 的相位分布,从而形成功能器件。而将悬链线结构排列成阵列,可有效提高其能量利用效率。图 15.3-2 为工作于 10~20GHz 波段悬链线阵列偏折器,在 12GHz,15GHz 和 18GHz

不同旋向圆偏振电磁波激发下的异常偏折结果[24]。

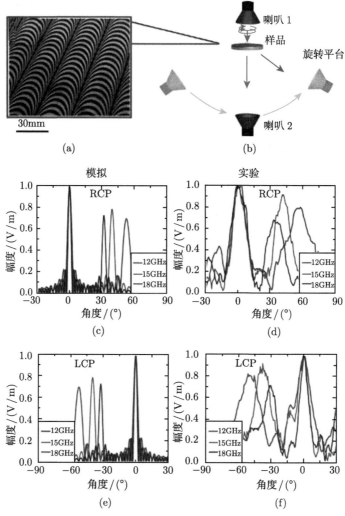

图 15.3-2   微波段悬链线阵列偏折器[24]

15.3.2   贝塞尔光束产生

1. 一维贝塞尔光束产生

悬链线结构产生的异常电磁偏折源于其激发的线性相位分布，类似于传统光学的棱镜结构。如果将棱镜结构做成棱锥，电磁波在锥角两边偏折的电磁场在远场叠加可形成无衍射贝塞尔光束。对于单个悬链线结构，将其半边沿 x 轴镜像，得到如图 15.3-3(a) 和 (c) 所示的结构。此时，悬链线的左右两边对圆偏振电磁波激发的线性相位刚好相反，因而当相应旋向的圆偏振电磁波入射该结构时，可产生一维的贝塞尔光束。此时悬链线结构产生的异常电磁相位可表示为

$$\phi(x) = \begin{cases} -\sigma\pi x/\Lambda, & x \in (-0.47\Lambda, 0] \\ \sigma\pi x/\Lambda, & x \in (0, 0.47\Lambda) \end{cases} \tag{15.3-2}$$

$$\phi(y) = \begin{cases} 2\sigma \arccos\left(e^{y\pi/\Lambda}\right), & y \leqslant 0 \\ 2\sigma \arccos\left(e^{-y\pi/\Lambda}\right), & y > 0 \end{cases} \tag{15.3-3}$$

图 15.3-3(d)-(g) 为不同旋向圆偏振光激发该悬链线结构，其正交圆偏振电磁场分布的理论和实验结果。

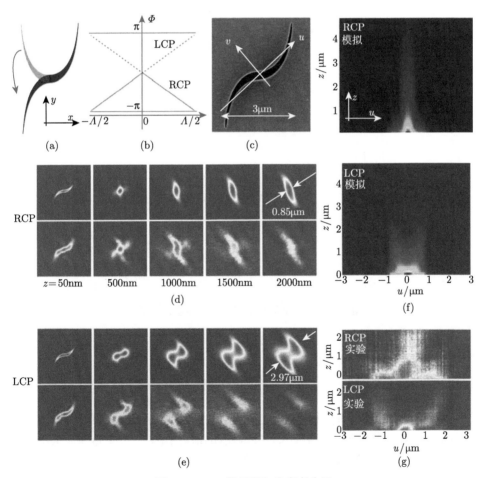

图 15.3-3　一维贝塞尔光束产生器

2. 二维贝塞尔光束产生

对于理想的二维贝塞尔光束，沿其传播方向的电场分布表达式为

$$E(r,\varphi) = J_l \exp(\mathrm{i}k_r r + \mathrm{i}l\varphi + \mathrm{i}k_z z) \tag{15.3-4}$$

其中，J_l 为 l 阶贝塞尔函数；k_r 为径向波矢；φ 为方位角；l 为涡旋光束的拓扑荷。贝塞尔光束的复振幅可以通过全息的方式来记录，而记录的全息图即为贝塞尔光束的产生器[25]。图 15.3-4(a) 为 $k_r = 0.15k_0(k_0 = 2\pi/\lambda)$，$l = 1$ 的一阶贝塞尔光束在 $z = 0$ 平面内的相位分布图。该相位可以分解为径向和角向相位的叠加。这两个相位可以通过悬链线结构和螺旋线 (或圆环) 结构的组合来实现，如图 15.3-4(c) 和 (d) 所示。

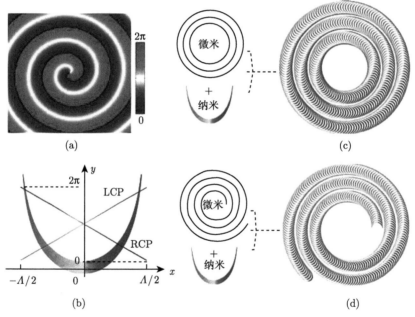

图 15.3-4   二维贝塞尔光束产生器设计原理[25]

根据几何相位理论，螺旋光栅 (或同心圆环) 可以实现涡旋光束波带片的功能[25]，对应的螺旋线方程为

$$r = \frac{(l-2)\varphi + (2m+1)\pi}{k_r} \tag{15.3-5}$$

其中，m 为整数。将螺旋光栅 (或同心圆环) 与沿径向排列的悬链线阵列结合，如图 15.3-4(c) 和 (d) 所示，电磁波入射并与其相互作用后，在产生角向波矢的同时，同样会产生一个径向波矢，从而形成携带轨道角动量的贝塞尔光束，即高阶贝塞尔光束。

图 15.3-5(a)，(b) 和 (c) 分别为 $l = 0$ (零阶贝塞尔光束)，2 和 4 的贝塞尔光束产生器的电镜图。图形结构采用 FIB 工艺刻蚀在 120nm 厚的金膜上，基底为 1mm 厚的石英，在金膜和石英之间为 3nm 厚的铬作为附着层。图 15.3-5(d)~(f) 为利用中间场显微测试系统测试的贝塞尔光束在 xz 截面的光场分布，图 (g)-(i) 为对应的计算结果，图 (j)-(l) 为图 (d)-(f) 中虚线处的 xy 切面光场分布。对于零阶贝塞尔光束，其对应光斑为实心光斑，而高阶贝塞尔光束所对应光斑为空心，这是由涡旋光束自身的光场特点所决定的。

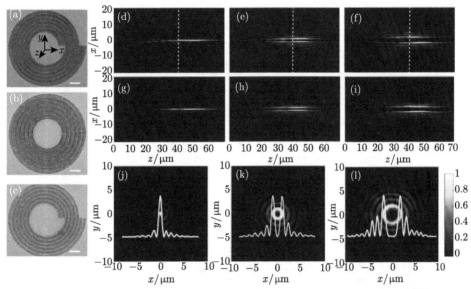

图 15.3-5 基于悬链线结构产生的具有不同拓扑荷数的二维贝塞尔光束[25]

图 15.3-6 为基于干涉的方法得到的涡旋光束拓扑荷表征结果。图 15.3-6(a) 为表征系统光路示意图，线偏振光束经样品，可产生两束分别携带 $\pm l$ 的涡旋光束，利用透镜系统将该两束光在远场进行干涉，得到干涉螺旋条纹，条纹的数量为拓扑荷的两倍，图 (b)-(g) 为 $l = 2, 3, 4$ 情况下干涉得到的光场分布，其中 (b)-(d) 为实验测试结果，(e)-(g) 为计算结果。

由于悬链线结构器件基于几何相位的设计原理，其本质上具有极宽的工作频段，尤其在长波长波段，工作波长可无限拓展；而在短波长波段，由于要满足悬链线狭缝宽度远小于波长的理论要求，其工作波长会受到加工技术的限制。图 15.3-7 为悬链线结构贝塞尔光束产生器件在 808nm，780nm 和 532nm 波长激发下得到的光场截面分布图 ($l = 3$)，其中 (a)-(c) 为实验测试结果，(d)-(f) 为计算结果。在上述三个波长入射下，均形成了高阶贝塞尔型光场分布，其光斑尺寸 (R_0) 随波长的增大而增大，如图 15.3-7(g)。

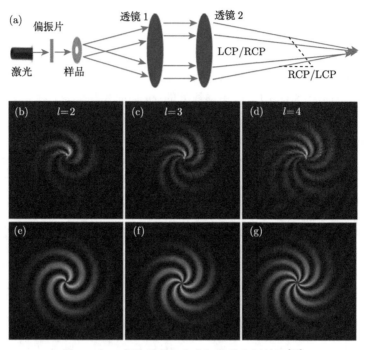

图 15.3-6   高阶贝塞尔光束拓扑荷表征结果[25]

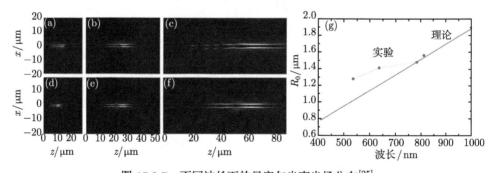

图 15.3-7   不同波长下的贝塞尔光束光场分布[25]

15.3.3   完美涡旋光束产生

根据几何相位理论和极坐标下悬链线方程式的推导过程可知，当圆偏振电磁波与满足公式 (15.2-30) 的悬链线结构相互作用，其激发的正交圆偏振电磁波沿角向会产生连续的线性相位分布，且沿角向对应的相位周期个数为 l，这对应于拓扑荷为 l 的涡旋光束。因此，极坐标下悬链线方程对应的结构即为一个理想的平面涡旋光束产生器，根据所需的 l 值，代入式 (15.2-30)，即可实现涡旋光束产生器的设计[23]。图 15.3-8 为设计得到的 l 值分别为 -3，-6 和 12 的涡旋光束产生器的电镜图及实验表征结果。从图中可以看到，基于悬链线结构的平面涡旋光束产生器可以在宽波段范围内产生对应 l 值的涡旋光束。

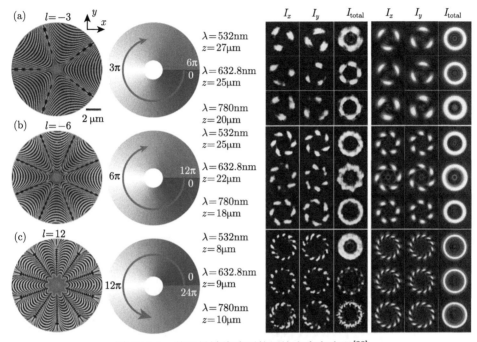

图 15.3-8　基于悬链线阵列的涡旋光束产生器[23]

(a)，(b)，(c) 分别对应于拓扑荷 l 值为 −3，−6 和 12 的结果。第一列为加工样品的扫描电镜图，第二列为螺旋相位分布图。最后两列分别对应 532nm，632.8nm 及 780nm 波长下涡旋光束干涉的实验和计算结果

　　对于产生相同 l 值的悬链线涡旋光束产生器，其能量转化效率 (定义为携带轨道角动量的涡旋光束与总的透过能量之间的比值) 会随着波长的增加而增加。这主要由两个因素引起：首先，随着波长的增加，金属结构更趋近于理想导体，从而提高结构对正交偏振和主偏振的透过比；其次，增大波长使得悬链线狭缝宽度与波长的比值变小，从而抑制悬链线狭缝对高阶模式的传输。图 15.3-9 为 l 值分别为 −3，−6 和 12 的悬链线涡旋光束产生器在不同波长下的转化效率图。

　　理想的悬链线结构是一种完美的相位调控元件，然而由于结构在不同位置线宽的微小变化，同时也会带来振幅的调制，包括对正交偏振电磁波的调制及主偏振电磁波的调制，从而在一定程度上影响器件的性能。图 15.3-10 为拓扑荷 l 为 1 的涡旋光束产生器在出射后，不同偏振分量的场分布。对于无振幅调制的相位型悬链线涡旋光束产生器，其主偏振分量应为均匀衍射光束，而正交偏振分量则为均匀的环形光斑。从图 15.3-10(d) 可以看到，由于振幅调制的存在，使得主偏振光的辐射光场不再均匀 (为三个分离的光斑)，而正交偏振光形成的环形光斑相对要均匀得

多。这说明振幅对正交偏振光的调制相对较小，因而对器件的性能影响也较小。

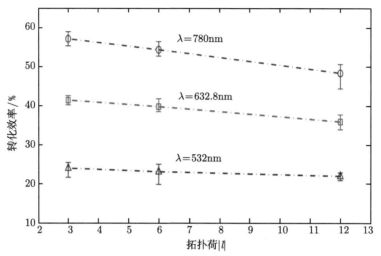

图 15.3-9　基于悬链线阵列的涡旋光束产生器的转化效率[23]

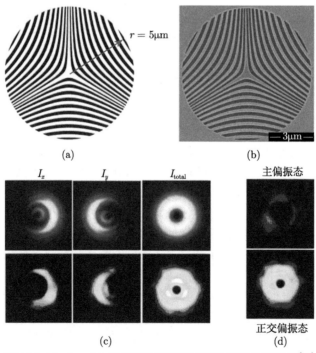

图 15.3-10　$l = \pm 1$ 的悬链线涡旋光束产生器及性能表征[23]

(a) 和 (b) 为器件的结构示意图和 SEM 图；(c) 光束不同光场分量和总场分布，上排为仿真结果，下排为

实验结果；(d) 主偏振态和正交偏振态的光场分布

15.3.4　平面光学悬链线的变形及应用

无论是笛卡儿坐标, 还是极坐标下的悬链线结构, 其共有的特点就是相位连续且线性变化, 而对于某些器件, 其要求的相位分布往往是非线性的。以凸透镜或凹透镜为例, 其相位需满足二次分布。此时只需按照相位分布的要求, 根据几何相位理论, 对悬链线方程进行适当的变形便可实现。

1. 平面波聚焦器件

考虑一维透镜, 即柱面镜情况, 当平面波入射到柱面透镜时, 相位分布表示为

$$\phi(x) = k(f - \sqrt{f^2 + x^2}) \tag{15.3-6}$$

其中 k 为自由传播空间的波数, f 为焦距。在傍轴近似下, 上式可简化为

$$\phi(x) = k\frac{x^2}{2f} = \frac{\pi x^2}{\lambda f} \tag{15.3-7}$$

为了实现式 (15.3-7) 对应相位的分布, 根据几何相位理论, 采用积分计算的方法可得如下曲线方程

$$y = \int_{x_n + \delta_x}^{x_{n+1} - \delta_x} \tan\left(\frac{kx^2}{4f}\right) \mathrm{d}x \tag{15.3-8}$$

其中,

$$x_n = \sqrt{\frac{2f(2n+1)\pi}{k}} \tag{15.3-9}$$

x_n 和 x_{n+1} 表示单个变形的悬链线结构的积分起点和终点, n 为整数, δ_x 的意义在前面已经描述, 是为了避免方程中 y 值无穷大而进行的人为截断。

图 15.3-11 为变形悬链线透镜的平面波聚焦效果图。透镜尺寸为 20μm×20μm, 在 632.8nm 波长下, 理论设计的焦距 f 为 15μm, 得到的一维聚焦焦斑半高全宽值为 460nm。

2. 突破衍射极限的大视场平面透镜

采用如下相位分布还可实现大视场成像

$$\phi(x) = k\frac{x^2}{2f} = \frac{\pi x^2}{\lambda f} \tag{15.3-10}$$

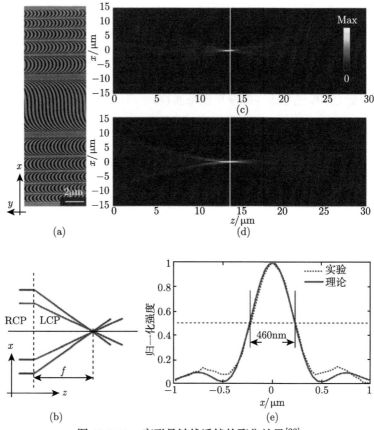

图 15.3-11   变形悬链线透镜的聚焦效果[23]

(a) 样品 SEM 照片；(b) 透镜聚焦原理示意图；(c) 和 (d) 分别为实验测试和仿真计算得到的 xz 平面上的场分布；(e) 为沿图 (c) 和 (d) 中白线位置的场强分布

图 15.3-12 为采用准连续悬链线结构的验证结果。该透镜的直径为 20μm，焦距为 7.5μm ($\lambda = 632.8$nm)。在入射角高达 80° 时，样品的聚焦特性仍能较好地保持，只是焦斑与正入射情况相比有一定平移。这种透镜突破了传统平面透镜的视场极限 (属于广义衍射极限之一)[26]，为集成成像光学器件的发展开辟了新的手段。

3. 涡旋聚焦光束产生

对于涡旋聚焦光束产生器件，除了对入射光束沿径向附加一个聚焦的二次相位外，沿角向也需同时叠加线性的 $l\varphi$ 相位 (l 同样为涡旋光束携带的轨道角动量拓扑荷数，φ 为方位角)。当平面波入射到涡旋聚焦光束产生器，其产生的相位分布表示为

$$\phi(x) = -k\sqrt{r^2 + f^2} + l\varphi \tag{15.3-11}$$

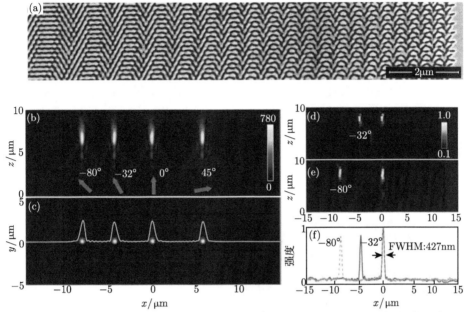

图 15.3-12　(a) 样品 SEM 图；(b) 不同角度入射仿真的强度分布；(c) 焦平面处的仿真光强分布；(d) $-32°$ 和 $0°$ 光波同时入射情况下的实验测试结果；(e) $-80°$ 和 $0°$ 光波同时入射情况下的实验测试结果；(f) 实测焦平面沿 x 方向的强度分布

为了实现式 (15.3-11) 对应相位的分布，根据几何相位理论，采用积分计算的方法可得如下曲线方程

$$y = \int \tan\left(\frac{-k\sqrt{r^2+f^2}+l\varphi}{2}\right)\mathrm{d}x \tag{15.3-12}$$

图 15.3-13 为携带轨道角动量数 l 为 2 的涡旋聚焦光束产生器件及其性能测试结果。涡旋光束聚焦光斑为环形，对于 632.8nm 波长的入射激光，器件的内半径和外半径 r_1 和 r_2 分别为 10.6μm 和 20.8μm，焦距为 40μm。其测试得到的环形光斑直径为 1.895μm。

15.3.5　相干技术提高光学悬链线结构器件效率

相比于谐振型的介质型超表面结构器件，完全基于几何相位的金属型超表面结构虽然在工作带宽上具有较大优势，但是其能量利用率却从原理上受到限制。理论分析表明，对于仅依赖于几何相位调控的透射型超薄金属平面器件，其有效能量利用率的理论极限为 25%[27]。这一理论极限在很大程度上限制了该类器件的广泛应用。然而研究表明，上述理论极限仅对普通照明模式有效，如果将相干照明模式引入该类器件，其能量利用率可以大幅提高[28]。

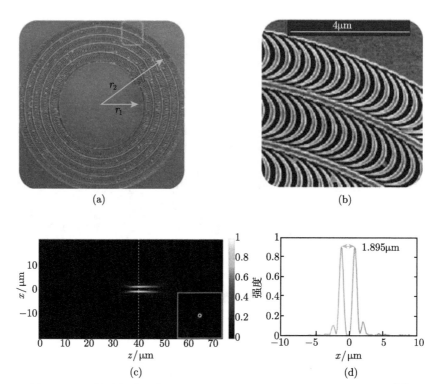

图 15.3-13　轨道角动量数 l 为 2 的涡旋聚焦光束产生器件和聚焦效果[23]

(a) 器件 SEM 照片；(b) 器件局部放大 SEM 图；(c) 沿 xz 平面聚焦光场分布，插图为虚线对应 xy 面场

分布；(d) 为图 (c) 中虚线处光场强度曲线

对于主轴方向为 u 和 v 的光栅，其中 u 与 x 轴的夹角为 ζ，如图 15.3-14。圆偏振电磁波 (矩阵表示为 $[1,\,\mathrm{i}\sigma]^{\mathrm{T}}$) 的透射和反射电场可表示为

$$
\begin{bmatrix} E_{tx} \\ E_{ty} \end{bmatrix} = \frac{1}{2\sqrt{2}}\left((t_u + t_v)\begin{bmatrix} 1 \\ \mathrm{i}\sigma \end{bmatrix} + (t_u - t_v)\,\mathrm{e}^{2\mathrm{i}\sigma\zeta}\begin{bmatrix} 1 \\ -\mathrm{i}\sigma \end{bmatrix} \right)
$$

$$
\begin{bmatrix} E_{rx} \\ E_{ry} \end{bmatrix} = \frac{1}{2\sqrt{2}}\left((r_u + r_v)\begin{bmatrix} 1 \\ \mathrm{i}\sigma \end{bmatrix} + (r_u - r_v)\,\mathrm{e}^{2\mathrm{i}\sigma\zeta}\begin{bmatrix} 1 \\ -\mathrm{i}\sigma \end{bmatrix} \right)
$$

(15.3-13)

其中，$\sigma = \pm 1$ 对应于圆偏振电磁波的右旋和左旋。从式 (15.3-13) 也可以看到正交圆偏振电磁波的相位差 ϕ 正比于光栅的指向角 ζ，即 $\phi = 2\sigma\zeta$。

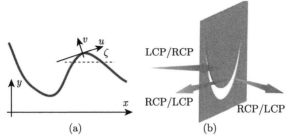

图 15.3-14 悬链线结构示意图

前面 15.2.4 节和 15.3.1 节内容已经证明, 悬链线狭缝光栅是一种光束异常偏折器。图 15.3-15 为悬链线金属异常偏折器件及其在普通激光照射下的异常偏折特性测试结果。图 15.3-15(a) 为悬链线金属异常偏折器件的结构电镜图。左/右旋的圆偏振电磁波入射至其结构表面, 除了正常的零级透射光束, 其激发的正交偏振电磁波会发生异常的偏折。偏折角由悬链线周期和入射光波长决定, 且满足光栅方程 $\theta = \sigma \sin^{-1}(\lambda/\Lambda)$。图 15.3-15(c)~(e) 及 (f)~(h) 分别为 632.8nm 波长和 914nm 波长入射时, 左旋圆偏振、线偏振及右旋圆偏振三种不同偏振态下的异常偏折测试结果图。

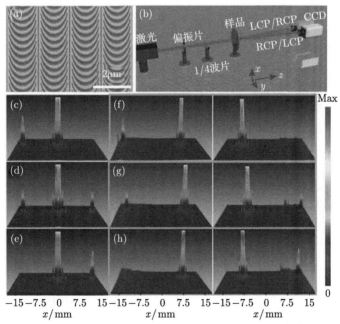

图 15.3-15 悬链线结构光束偏折器及性能测试[28]

(a) 器件 SEM 图; (b) 实验测试光路示意图; (c)-(e) 分别为左旋圆偏振、线偏振及右旋圆偏振下的异常偏折测试结果 (入射波长 632.8nm); (f)-(h) 分别为左旋圆偏振、线偏振及右旋圆偏振下的异常偏折测试结果

(入射波长 914nm)

　　图 15.3-16 为该悬链线阵列结构在不同波长下的理论及实验测试效率。从图中可以看到，该结构在 600~800nm 波长范围内，其理论透射效率约为 21%，而由于加工误差等的影响，实验测试值会略低。

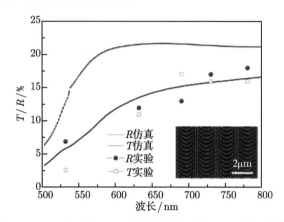

图 15.3-16　不同波长下正交偏振电磁波的透、反射系数[28]

　　对于相干照明，两束相干光 (分别定义为信号光和控制光) 沿相反的方向同时照明器件，如图 15.3-17。假定信号光和控制光的电场复振幅分别为 1 和 s，此时信号光透射方向和反射方向的电场可以表示为

$$
\begin{aligned}
\begin{bmatrix} E_x \\ E_y \end{bmatrix} &= \begin{bmatrix} E_{tx} \\ E_{ty} \end{bmatrix} + s \begin{bmatrix} E_{rx} \\ E_{ry} \end{bmatrix} \\
&= \left\{ (t_u + t_v) \begin{bmatrix} 1 \\ \mathrm{i}\sigma \end{bmatrix} + (t_u - t_v)\, \mathrm{e}^{2\mathrm{i}\sigma\zeta} \begin{bmatrix} 1 \\ -\mathrm{i}\sigma \end{bmatrix} \right\} \\
&\quad + s \left\{ (t_u + t_v) \begin{bmatrix} 1 \\ \mathrm{i}\sigma \end{bmatrix} + (t_u - t_v)\, \mathrm{e}^{2\mathrm{i}\sigma\zeta} \begin{bmatrix} 1 \\ -\mathrm{i}\sigma \end{bmatrix} \right\} \\
&= \left\{ (t_u + t_v) + s\,(r_u + r_v) \right\} \begin{bmatrix} 1 \\ \mathrm{i}\sigma \end{bmatrix} \\
&\quad + \left\{ (t_u - t_v) + s\,(r_u - r_v) \right\} \mathrm{e}^{2\mathrm{i}\sigma\zeta} \begin{bmatrix} 1 \\ -\mathrm{i}\sigma \end{bmatrix}
\end{aligned}
\tag{15.3-14}
$$

因此，正交圆偏振分量的光强为

$$
I_{\mathrm{cross}} = \left| (t_u - t_v) + s\,(r_u - r_v) \right|^2
\tag{15.3-15}
$$

图 15.3-17   相干照明示意图

从式 (15.3-15) 可以得到，I_{cross} 的值依赖于变量 s。值得注意的是，由于 s 表示控制光束的复振幅，它除了包含振幅信息，还包含相位信息。因此，正交圆偏振分量的光强 I_{cross} 可以通过 s 的振幅和相位调控来有效调制。定义最大输出光强和最小输出光强的比值为调制深度，则调制深度的值可以表示为

$$M = \frac{\max\left(\left|(t_u - t_v) + s\left(r_u - r_v\right)\right|^2\right)}{\min\left(\left|(t_u - t_v) + s\left(r_u - r_v\right)\right|^2\right)} \tag{15.3-16}$$

对于理想的各向异性狭缝，透射和反射系数近似为 $t_u = 0$, $t_v = 1$, $r_u = -1$, 和 $r_v = 0$。此时，当 $s = -1$，即控制光束与信号光束强度相等，相位相反时，I_{cross} 的值趋于 0，对应的调制深度趋于无穷大。

采用前述的悬链线金属异常偏折器件作为测试样品，利用相干照明激励，光路如图 15.3-18，通过高精度压电陶瓷平台控制信号光束和控制光束之间的相位差。实验过程中，在信号光束的的透射方向和反射方向同时采用功率计来探测异常偏折光束的强度值。测试得到透射强度和反射强度的值随压电陶瓷的移动而发生周期性的变化，且其变化周期与照明波长值相当。图 15.3-19(a) 和 (b) 分别为采用波长为 532nm 和 632.8nm 的激光相干照明器件后得到的透/反射光强随压电陶瓷移动的测试结果。图中 T 和 R 定义为相干照明下信号光异常透射光束和异常反射光束的输出强度值，而 T_{total} 和 R_{total} 定义为左右两束光单独照明时信号光异常透射光束和控制光异常反射光束的输出强度值之和，以及左右两束光单独照明时信号光异常反射光束和控制光异常透射光束的输出强度值之和。从图中可以看到，在相干照明下，信号光的透/反射输出强度接近于非相干照明情况的两倍，从而极大地提高了器件的实际能量利用率。并且该方法对其他基于几何相位的金属型超表面结构同样有效。

值得指出的是，相干照明不仅可以提高基于几何相位的金属型超表面结构的能量利用率，还可以用来实现器件的动态调控，在 532nm 和 632.8nm 波长下，实验测试得到的调制深度值分别达到 8:1 和 5.8:1。

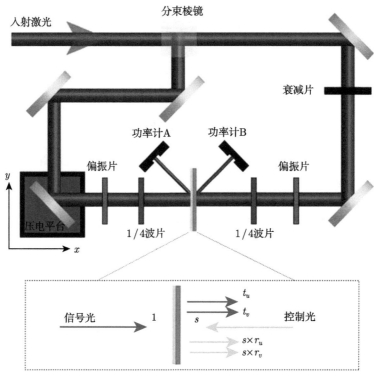

图 15.3-18   相干照明实验系统和原理示意图[28]

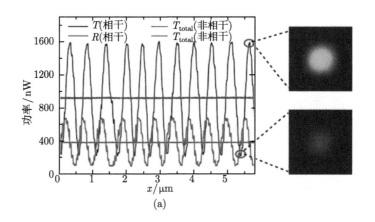

(a)

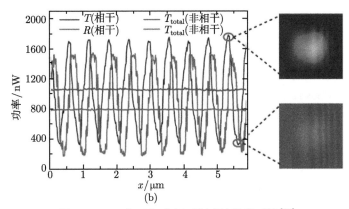

图 15.3-19　相干与非相干照明情况的对比[28]

(a) $\lambda = 532\text{nm}$；(b) $\lambda = 632.8\text{nm}$

参 考 文 献

[1] 辛企明. 光学塑料非球面制造技术. 北京: 国防工业出版社, 2006.

[2] Ostrowsky D B, Spitz E. New directions in guided waveand coherent optics. Cargese, Italy: Springer, 1984.

[3] Luneburg R K. Mathematical theory of optics. Berkeley: University of California Press, 1964.

[4] Eaton J. On spherically symmetric lenses. Transactions of the IRE Professional Group on Antennas and Propagation, 1952, PGAP-4: 66-71.

[5] Martin S, Tomas T. Spherical media and geodesic lenses in geometrical optics. J Opt, 2012, 14: 075705.

[6] Righini G C, Russo V, Sottini S, et al. Geodesic lenses for guided optical waves. App Opt, 1973, 12: 1477.

[7] Rinehart R F. A solution of the problem of rapid scanning for radar antennae. J Appl Phys, 1948, 19: 860.

[8] Mcfarland J L. Catenary geodesic lens antenna. U.S. Patent, 1968, 3,383,691: 1968-5-14

[9] Peeler G, Archer D H. A two-dimensional microwave Luneberglens. Transactions of the IRE Professional Group on Antennas and Propagation, 1953, 1: 12-23.

[10] Righini G C, Russo V, Sattini S, et al. Thin film geodesic lens. Appl Opt, 1972, 11: 1442-1443.

[11] Chang W L, Voges E. Geodesic components for guided waveoptics. AEO, 1980, 34: 385.

[12] Johnson M. Elastic rubber-waveguide geodesic optical deflector. Appl Phys Lett, 1980, 37: 123.

[13] Young L, Robinson L A, Hacking C A. Meander-line polarlzer. IEEE Trans Antennas Propag, 1973, 376-378.

[14] Wadsworth S L, Boreman G D. Broadband infrared meanderline reflective quarter-wave plate. Opt Express, 2011, 19: 10604-10612.

[15] Heyman J. Hooke's cubico-parabolical conoid. Notes Rec R Soc Lond, 1998, 52: 39–50.

[16] Truesdell C. The rational mechanics of flexible or elastic bodies 1638–1788. Zurich, Switzerland: Füssli, 1960.

[17] Gilbert D. On some properties of the Catenarian curve with reference to bridges of suspension. Q J Sci Lit, 1821, Arts X: 147–149.

[18] Gilbert D. On the mathematical theory of suspension bridges, with tables for facilitating their construction. Philosophical Transactions of the Royal Society of London, 1826, 116: 202-218.

[19] Calladine C R. An amateur's contribution to the design of Telford's Menai Suspension Bridge: a commentary on Gilbert (1826) 'On the mathematical theory of suspension bridges'. Phil Trans R Soc A, 2015, 373: 2014034.

[20] Routh E J. A treatise on analytical states. Cambridge, UK: Cambridge University Press, 1896.

[21] Coleman D J. On the hydraulic suspension theory of accommodation. Tr Am Ophth Soc, 1986, 84: 846-868.

[22] Rottigni G A. Concentration of the sun's rays using catenary curves. Appl Opt, 1978, 17: 969-974.

[23] Pu M, Zhao Z, Wang Y, et al. Spatially and spectrally engineered spin-orbit interaction for achromatic virtual shaping. Sci Rep, 2015, 5: 9822.

[24] Wang Y, Pu M, Zhang Z, et al. Quasi-continuous metasurface for ultra-broadband and polarization-controlled electromagnetic beam deflection. Sci Rep, 2015, 5: 17733.

[25] Li X, Pu M, Zhao Z, et al. Catenary nanostructures as compact Bessel beam generators. Sci Rep, 2016, 6: 20524.

[26] Aieta F, Genevet P, Kats M, et al. Aberrations of flat lenses and aplanatic metasurfaces. Opt Express, 2013, 21: 31530–31539.

[27] Monticone F, Estakhri N M, Alù A. Full control of nanoscale optical transmission with a composite metascreen. Phys Rev Lett, 2013, 110: 203903.

[28] Li X, Pu M, Wang Y, et al. Dynamic control of the extraordinary optical scattering in semicontinuous 2D metamaterials. Adv Opt Mater, 2016, 4: 659-663.

第16章 亚波长电磁吸收技术

吸收是电磁波操控过程的重要组成部分,在新能源、辐射探测、雷达隐身、电磁兼容和屏蔽等方面中发挥了关键作用。传统电磁吸收的原理是利用吸波材料将电磁能量通过介质弛豫、电子欧姆损耗、能级跃迁等方式转化为其他形式的能量(如热能、电能等)[1]。在这些能量转换中,效率往往不高,且材料固有的吸收频带一般与实际需求不能匹配。

亚波长结构可显著增强电磁波的吸收效率和带宽,并且响应频谱范围可通过结构进行设计,突破了传统吸收技术的限制,为下一代 "(厚度) 薄、(质量) 轻、(频带) 宽、(吸波能力) 强" 的吸波材料提供了可行方案[2-4]。本章介绍基于亚波长结构的电磁吸收技术,包括基本原理、带宽拓展方法、设计实例等。

16.1 经典吸波材料及理论

如图 16.1-1 所示,经典吸波材料理论包括两类: 阻抗匹配理论和多次反射的干涉叠加理论[5]。阻抗匹配是微波技术中常用的理论,可根据传输矩阵法直接推导,其核心在于通过各种损耗性介质和磁性材料,将入射电磁波的阻抗 (377Ω) 变换为金属面的阻抗 (0Ω)。干涉叠加理论是经典光学中常用的理论,相比于阻抗匹配,

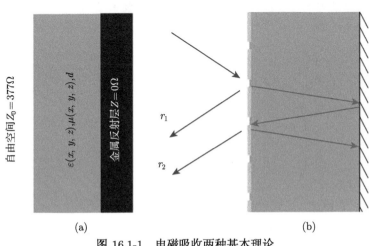

图 16.1-1 电磁吸收两种基本理论

(a) 阻抗匹配; (b) 多次反射叠加, r_1 和 r_2 分别为第一次和第二次的反射系数

多次干涉叠加更为直观，缺点在于计算较为复杂，且难于处理复杂多层结构，一般只用来研究简单膜层的电磁响应。

下面以传统 Salisbury 吸波材料和 Jaumann 吸波材料为例，采用阻抗匹配理论和多次反射的干涉叠加理论分析其吸收机理。

16.1.1　Salisbury 吸收屏

Salisbury 屏是一种经典的电磁吸波体[6]，由金属基底、厚度为 d 的介质层、方阻为 $Z_s = 377\Omega$ 的电阻层构成，其吸收峰值位于波长 $\lambda = 4d$ 处。以下分别通过阻抗匹配理论和多层反射叠加原理分析 Salisbury 屏的电磁吸收过程。为了简化计算，介质层选为空气。

在阻抗匹配理论中，可将电阻层与后端介质视为并联，输入阻抗为

$$Z_{\text{in}} = 1/\left(\frac{1}{Z_s} + \frac{1}{Z_m(d)} \right) \tag{16.1-1}$$

其中，Z_s 为膜层阻抗；Z_m 为波阻抗。金属表面的波阻抗为

$$Z_m(d) = Z_0 \frac{\text{e}^{-\text{i}kd} - \text{e}^{\text{i}kd}}{\text{e}^{-\text{i}kd} + \text{e}^{\text{i}kd}} \tag{16.1-2}$$

其中，k 为波矢量；d 为观测点到金属底面的距离。对于 $\lambda = 4d$，$Z_m = \infty$，$Z_{\text{in}} = Z_s = Z_0$，输入阻抗与自由空间阻抗相等，从而实现完美电磁吸收。

在多次反射干涉叠加理论中，根据超表面的阻抗理论可得膜层上的单次反射和透射系数分别为 $r = -1/3$，$t = 2/3$。相邻反射波束之间经过金属基底反射的相位延迟为 $\Delta\Phi = 2kd + \pi$。对于 $\lambda = 4d$，$\Delta\Phi = 2\pi$，总反射系数可表示为

$$r = -\frac{1}{3} + \frac{4}{9}\left[1 - \frac{1}{3} + \left(-\frac{1}{3}\right)^2 + \left(-\frac{1}{3}\right)^3 + \left(-\frac{1}{3}\right)^4 + \cdots + \left(-\frac{1}{3}\right)^N \right]$$

$$= -\frac{1}{3} + \frac{4}{9}\left(\frac{1 - \left(-\frac{1}{3}\right)^N}{1 + \frac{1}{3}} \right) \tag{16.1-3}$$

当反射次数 N 增加，上式趋近于 0，即实现完全吸收。

上述多次叠加原理可通过矢量叠加描述，如图 16.1-2 所示，每增加一次反射，中心频率处反射率的取值在原点左右来回振荡，并逐渐衰减，最终变为 0。

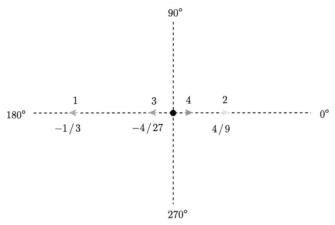

图 16.1-2 Salisbury 吸波材料多次反射矢量叠加[7]

从上述分析过程可知，Salisbury 具有窄带吸收的特点，只有在中心工作频率 f_0 处反射率达到最小，因而在实际应用中很少采用。值得注意的是，结合手性材料和 Salisbury 吸波体，材料的厚度可显著降低[8]，但由于一般手性材料均不具有宽带响应，该方案的带宽仍然受限。

16.1.2 Jaumann 吸波体

Jaumann 吸波材料可认为是 Salisbury 吸收屏的扩展，其原理与 Salisbury 吸收屏类似，通过增加电阻层的数量，其工作带宽可显著拓展[9]。Jaumann 吸波体的结构如图 16.1-3 所示，由接地板和多层电阻构成，电阻层之间以及底层电阻层和接地板之间均由介质材料隔开。

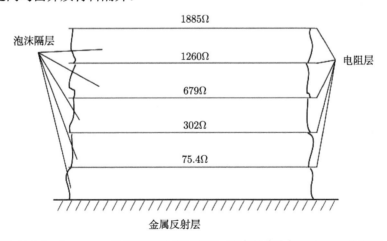

图 16.1-3 Jaumann 吸波体的结构示意图，其中数值为每层电阻层的方阻

多层结构吸波体可利用传输矩阵方法分析。如图 16.1-4 所示,假设入射波从左到右正入射到多层材料中 (从右至左分别为第 1 层至第 N 层),第 m 层的介电常数为 ε_m,磁导率为 μ_m,导纳为 $Y_m = \sqrt{\varepsilon_m/\mu_m}$,层与层之间的电阻层的阻抗为 $1/Y_{s,n}$。利用平面波展开,每一层中的电磁场可写为

$$E = Ae^{ikx} + Be^{-ikx}$$

$$H = Y_m \left(Ae^{ikx} - Be^{-ikx} \right)$$

$$(16.1\text{-}4)$$

其中 A, B 表示前行波和后行波的幅度,Y 表示每一层的本征阻抗。在边界处电磁场满足以下连续性条件

$$Y_s E^+ = Y_s E^- = J$$

$$H^+ - H^- = J$$

$$(16.1\text{-}5)$$

其中正负号表示交界面两端的场,J 表示界面上的表面电流。联立式 (16.1-4) 及式 (16.1-5) 可得到

$$A_m e^{ik_m x_n} + B_m e^{-ik_m x_n} = A_n e^{ik_n x_n} + B_n e^{-ik_n x_n}$$

$$Y_m \left(A_m e^{ik_m x_n} - B_m e^{-ik_m x_n} \right) = (Y_s + Y_n) A_n e^{ik_n x_n} + (Y_s - Y_n) B_n e^{-ik_n x_n}$$

$$(16.1\text{-}6)$$

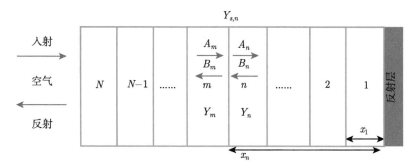

图 16.1-4   Jaumann 吸波体的传输矩阵

进一步可写出相邻层间系数的递推关系

$$A_m = \frac{e^{-ik_m x_n}}{2Y_m} \left[A_n (Y_m + Y_n + Y_s) e^{ik_n x_n} + B_n (Y_m - Y_n + Y_s) e^{-ik_n x_n} \right]$$

$$B_m = \frac{e^{ik_m x_n}}{2Y_m} \left[A_n (Y_m - Y_n - Y_s) e^{ik_n x_n} + B_n (Y_m + Y_n - Y_s) e^{-ik_n x_n} \right]$$

$$(16.1\text{-}7)$$

可见,只需要得到第一层的 A_1, B_1 就可得到每一层的 A_n, B_n,进而得到多层结构的反射和透射系数。如果最右侧存在金属反射板,则在 $x = 0$ 处,$B_1 = -A_1$,

可设为 $A_1 = 1$，$B_1 = -1$。多层结构的反射系数和吸收率可表示为

$$r = \frac{B_{N+1}}{A_{N+1}}$$

$$A = 1 - |r|^2 \tag{16.1-8}$$

16.1.3 Planck-Rozanov 带宽 – 厚度极限

吸波材料的主要设计目标是在一定厚度条件下实现一定频率范围内的低反射特性。考虑金属平板上的分层吸波材料，若所有介质均为无源、线性，且具有时间不变性，其复数介电常数和磁导率遵守 K-K(Kramers-Kronig) 关系，电磁波的反射系数 r 将在复 ω 下半平面是解析的[10]。正入射条件下，反射系数自然对数的无限积分具有极限值

$$\left| \int_0^\infty \ln |r(\lambda)| \, \mathrm{d}\lambda \right| \leqslant 2\pi^2 \sum_i \mu_{s,i} d_i \tag{16.1-9}$$

其中，λ 是真空中的波长；d_i，$\mu_{s,i}$ 是第 i 层介质的厚度及静态磁导率。对于非磁性材料，上述条件可进一步简化为

$$d \geqslant \frac{\left| \int_0^\infty \ln |r(\lambda)| \, \mathrm{d}\lambda \right|}{2\pi^2} \tag{16.1-10}$$

其中，d 为材料整体厚度。

对于宽带吸波材料，进一步假设某频段内反射系数模值小于 r_0，可得

$$d > \frac{(\lambda_{\max} - \lambda_{\min}) \ln |r_0|}{2\pi^2} \tag{16.1-11}$$

其中，$\lambda_{\max}$，$\lambda_{\min}$ 分别为该频段的最大波长和最小波长，令 $\Gamma_0 = 20\lg|r_0|$，有

$$d > \frac{(\lambda_{\max} - \lambda_{\min}) \Gamma_0}{172} \tag{16.1-12}$$

当 $\lambda_{\max} \gg \lambda_{\min}$，可得

$$d > \frac{\lambda_{\max} \Gamma_0}{172} \tag{16.1-13}$$

因此，对于一定带宽的电磁波以及一定的反射系数，材料厚度有一最小值。

尽管式 (16.1-13) 是由 Rozanov 在 2000 年推导给出[10]，但关于该极限的讨论早在 20 世纪初期便已开始。普朗克 (Planck) 指出，理想电磁吸收黑体必需具有足够的厚度，因此基尔霍夫的黑体概念需要考虑厚度的影响[11]。基于上述原因，吸波材料的厚度—带宽极限也被称为 Planck-Rozanov 极限。

16.2   亚波长电磁吸收材料的设计思路

亚波长电磁吸波材料可通过对材料结构和参数的人为调制,实现对电磁吸收的操控,下面对现有主要设计思路逐一介绍。

16.2.1   传播波 — 束缚波转换

传统吸波材料大多是通过传播方向上的损耗实现吸收,因而材料的厚度受到波长的限制,一般为吸收波长的四分之一。借鉴声波吸波材料中利用纵波和横波之间的转换实现增强吸收的方法,   可获得类似的电磁吸波材料。   如图 16.2-1 所示,当电磁波入射到具有亚波长结构的表面上时,一部分被转换为束缚在界面上的表面电磁波,并通过介质损耗被吸收或重新辐射出来[12]。在本书中,上述这种传播波和束缚波之间的转换过程被称为 "两波转换"。

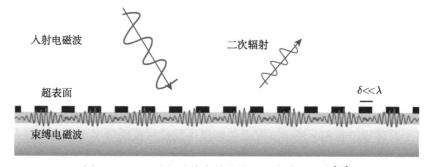

图 16.2-1   亚波长结构中的传输波—束缚波转换[12]

对于金属—介质表面,沿表面传输的电磁波可视为一种电子—光子的集体振荡 (即表面等离子体激元, SPP),其传播波矢 k_{sp} 可表示为

$$k_{\mathrm{sp}} = k_0 \sqrt{\frac{\varepsilon_{\mathrm{m}} \varepsilon_{\mathrm{d}}}{\varepsilon_{\mathrm{m}} + \varepsilon_{\mathrm{d}}}} \tag{16.2-1}$$

其中, k_0 为真空波矢; ε_{d} 和 ε_{m} 分别为介质和金属的介电常数。

SPP 具有纵波特性,即在传播方向也存在很强的电场分量。在满足 SPP 的耦合条件时 (如通过图 16.2-2 所示的金属光栅进行激发),入射电磁波可被转化为 SPP,并被金属以及相邻的介质耗散,从而实现电磁吸收[13]。对于不同入射角 θ, SP 的波矢匹配条件可写为

$$k_0 \sin\theta + m\frac{2\pi}{\varLambda} = k_0 \sqrt{\frac{\varepsilon_{\mathrm{m}} \varepsilon_{\mathrm{d}}}{\varepsilon_{\mathrm{m}} + \varepsilon_{\mathrm{d}}}} \tag{16.2-2}$$

其中, m 为整数, Λ 为表面结构的周期。显然, 该类吸波材料的最大吸收波长主要取决于表面结构的周期, 吸收峰值波长可随入射角度变化, 并且吸收带宽较窄, 可选择吸收某一特定波长的电磁波。

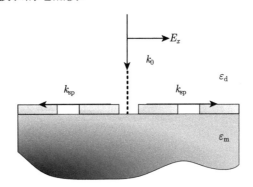

图 16.2-2　引入周期结构的表面等离子耦合 (正入射)

16.2.2　基于电磁谐振的局域电磁吸收

通过亚波长结构可实现电磁场的局域, 构建介电常数和磁导率相等的等效高折射率材料。由于阻抗与自由空间匹配, 可实现近完美吸收。同时, 高折射率可极大降低材料厚度, 构造超薄电磁吸收器。

如图 16.2-3 所示, 对于高折射率材料, 入射电磁波进入材料后近似垂直于表面进行传播。设入射面的第一次和第二次反射分别为 A 和 B。根据多次反射叠加理论, 在理想吸收条件下, A 和 B 的相位差应为 π, 由斯涅耳定律可得

$$nkd\sqrt{1-\frac{\sin^2\theta}{n^2}}=\pi/2 \tag{16.2-3}$$

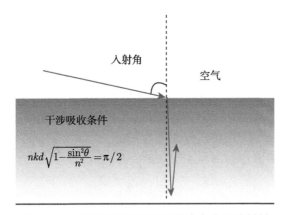

图 16.2-3　基于高折射率的超薄大角度吸波材料

当折射率远大于 1，上式可简化为

$$nkd = \pi/2 \tag{16.2-4}$$

可见高折射率条件下，相位匹配条件与入射角度几乎无关，从而可实现大角度电磁吸收[14]。显然，这一吸收特性与上一节中的表面波吸波材料完全不同。

上述大角度吸波材料的关键在于对等效介电常数和等效磁导率的调控，一般而言，它们可通过两种典型结构实现：电谐振环结构 (包括其变体及简化体，图 16.2-4) 和磁谐振环结构 (包括其变体及简化体，图 16.2-5)。

图 16.2-4   电谐振环结构的变体和简化体

图 16.2-5   磁谐振环结构及其变体和简化体

将上述两种结构复合可构造出超薄亚波长吸波材料[15]。如图 16.2-6 所示，该材料整体厚度仅为 0.2mm，工作频率在 11.5GHz(波长为 26.03mm)。通过适当调整结构参数，将结构中的电磁谐振调整到同一个频点，实现阻抗匹配，从而达到近完美吸收。如图 16.2-7 所示，这种吸波材料还可用更简单的方式实现：在一层覆有介质层金属平板上制备正方形金属贴片，通过金属贴片产生电响应，而金属贴片和底面金属板产生磁响应。该材料厚度仅为 0.2mm，吸收效率在 ±65° 范围内均大于 99%，从而保证了材料在弯曲状态下的吸波性能[7]。

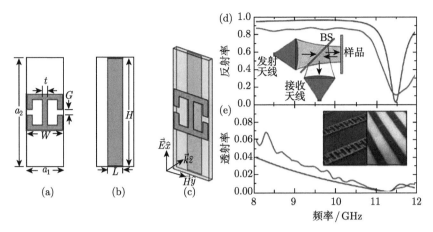

图 16.2-6　基于电磁谐振的亚波长结构吸波材料[15]

(a)，(b)，(c) 双层亚波长结构示意图；(d) 反射率；(e) 透射率

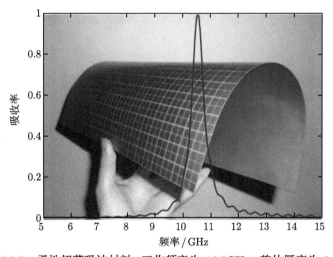

图 16.2-7　柔性超薄吸波材料，工作频率为 16.5GHz，整体厚度为 0.2mm

　　进一步，将多层具有不同尺寸或折射率的正方形金属—介质膜层按 $M \times N$ 的方式级联，可以实现吸收带宽的拓展[16]。如图 16.2-8(a) 所示的金字塔形单元结构 (Super-Unit)，由 M 个具有不同尺寸的吸收单元 (Sub-Unit) 组成，每个吸收单元又由 N 个具有不同折射率的金属—介质膜层对组成。如图 16.2-8(b) 所示，4×4 级联时，吸收器在 3~12THz 内吸收率在 0.9 以上，相对带宽高达 120%。

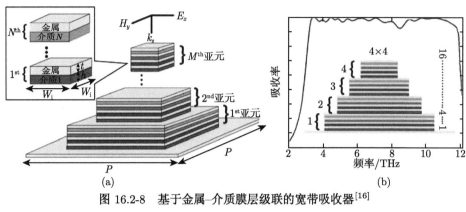

图 16.2-8　基于金属–介质膜层级联的宽带吸收器[16]

(a) 结构示意图；(b) 吸收谱

　　利用亚波长结构吸收的局域特性，还可实现不同位置的吸收调制[17]。如图 16.2-9 所示，通过在平面内不同区域选择性设计结构单元，吸收率将随位置而变化。由于最大吸收仅发生在 6μm 波长，显示出的图像也只在该波长才能观测到。此外，该类吸波材料在很大角度内均可高效吸收，因而效果不会受光波入射角度的影响，具有较强的环境适应性。

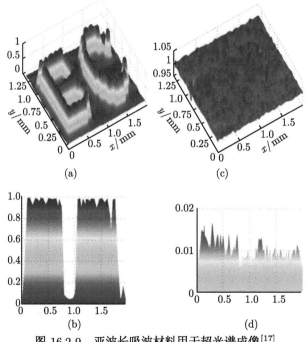

图 16.2-9　亚波长吸波材料用于超光谱成像[17]

(a) 6μm 波长吸收率空间分布；(b) xz 平面剖面图；(c) 10μm 波长反射率空间分布；(d) xz 平面剖面图

16.2.3　超表面理想电磁吸收模型

迄今为止，大部分亚波长结构吸波材料都可分解为多层等效介质。以下给出多层亚波长结构中的电磁吸收数理模型。

考虑最简单的情况，将吸波结构等效为三层均匀材料[2,18]。如图 16.2-10，由于超表面中亚波长结构的周期远小于波长，可将其等效为一层等效阻抗层，其电磁性质通过表面阻抗 Z_s 或导纳 Y_s 表征，在其两侧的电磁场边界条件为

$$a + ar = \exp(-\mathrm{i}kd) + r_{\mathrm{m}}\exp(\mathrm{i}kd)$$

$$Y_0(a - ar) = Y_1(\exp(-\mathrm{i}kd) - r_{\mathrm{m}}\exp(\mathrm{i}kd)) + J \qquad (16.2\text{-}5)$$

$$J = Y_{\mathrm{s}}E = Y_{\mathrm{s}}(a + ar)$$

其中，Y_0，$Y_1 = \sqrt{\varepsilon_1}Y_0$ 和 $Y_{\mathrm{m}} = \sqrt{\varepsilon_m}Y_0$ 分别为真空导纳、介质导纳以及金属的导纳；ε_1 和 ε_m 分别是介质和金属的介电常数；k_0 和 $k = \sqrt{\varepsilon_1}k_0$ 为真空和介质中的波矢；$r_{\mathrm{m}} = (Y_1 - Y_{\mathrm{m}})/(Y_1 + Y_{\mathrm{m}})$ 是金属底层的反射率；J 是结构层的电流密度；a 是入射电场的幅度，消去 a 可得

$$Y_{\mathrm{eff}} = 1/Z_{\mathrm{eff}} = Y_0\frac{1 - r}{1 + r} - Y_1\frac{\exp(-\mathrm{i}kd) - r_{\mathrm{m}}\exp(\mathrm{i}kd)}{\exp(-\mathrm{i}kd) + r_{\mathrm{m}}\exp(\mathrm{i}kd)} \qquad (16.2\text{-}6)$$

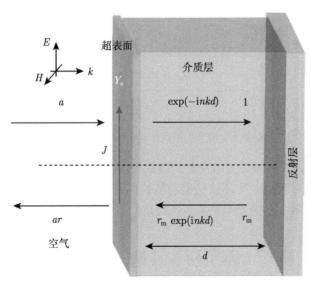

图 16.2-10　超表面电磁吸收数理模型[18]

　　公式 (16.2-6) 是单层高效吸波材料的数学基础。在已知反射系数 r 时，可利用该式反演结构层的等效电导纳 (阻抗)。根据等效阻抗，可进一步得到膜层的等效介电常数

$$\varepsilon_{\mathrm{eff}} = 1 + \frac{\mathrm{i}\sigma_{\mathrm{eff}}}{\varepsilon_0 \omega} = 1 + \frac{\mathrm{i}}{\varepsilon_0 \omega t Z_{\mathrm{eff}}} \tag{16.2-7}$$

其中，$\sigma_{\mathrm{eff}} = 1/(t Z_{\mathrm{eff}})$ 为等效电导率；t 为膜层厚度。

　　另一方面，令公式 (16.2-6) 中反射系数 r 为 0，可得实现完美电磁吸收所需的理想导纳为

$$Y_{\mathrm{s}} = 1/Z_{\mathrm{s}} = Y_0 - Y_1 \frac{\exp(-\mathrm{i}kd) - r_{\mathrm{m}}\exp(\mathrm{i}kd)}{\exp(-\mathrm{i}kd) + r_{\mathrm{m}}\exp(\mathrm{i}kd)} \tag{16.2-8}$$

具有上述理想阻抗特性的超表面即为 "理想吸收超表面"。如图 16.2-11 所示，理想阻抗的实部 (电阻) 和虚部 (电抗) 都是频率的函数。其中，理想电阻在中心波长 (4 倍介质层厚度) 处最大，在两侧逐渐减小；理想电抗在中心频率左侧为负，对应于容抗，在中心频率右侧为正，对应于感抗。

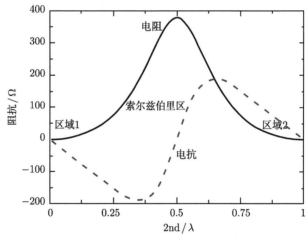

图 16.2-11　电磁吸收的理想阻抗，中心波长为 4 倍介质层厚度[2,18]

　　显然，只要设计亚波长结构使得其等效阻抗与理想阻抗一致，即可实现完美吸收。若要实现宽带吸收，亚波长结构的阻抗色散也应按照要求进行调控[2]。此外，采用与上述分析类似的方法，也可以构建出实现宽带偏振转换的数理模型[19,20]。

16.3　基于两波转换的电磁吸收器

　　如 16.2 节所述，两波转换为实现超薄吸收器提供了可行途径。以下以传播波—SPP 的相互转换为例，介绍该类吸波材料的物理原理、设计方法和主要特征。

16.3.1 金属孔阵列中的完美电磁吸收

周期性金属光栅是用于激发 SPP 的常用结构[21]。设光栅周期为 P_x, 可通过倒格矢 $k_g = 2\pi/P_x$ 实现入射光和 SPP 的动量匹配。亚波长金属孔阵列是一种特殊的二维光栅, 可以实现电磁能量的异常透射[22]。传统的孔阵列虽然可实现传播波到 SPP 的转换, 但转换效率不高, 因而不能用于实现电磁吸收。

结合孔阵列和金属反射层 (图 16.3-1), 可将入射电磁波完全转化为表面等离子体, 实现可见光波段的近完美吸收[13]。如图 16.3-2 所示, 该结构在 480nm 和 640nm 两个波长均具有强烈的吸收效果, 二者分别来源于其中的一阶和二阶 SPP 模式 (图 16.3-2)。

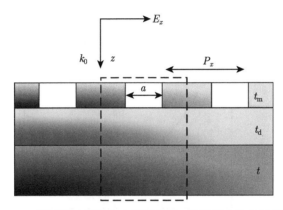

图 16.3-1　基于两波转换的电磁吸收器, 虚线框内为单元结构[13]

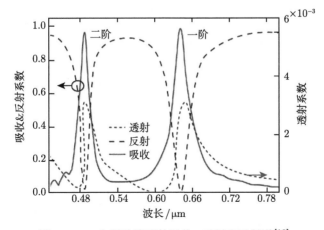

图 16.3-2　金属孔阵列的吸收、反射和透射谱[13]

16.3.2   结构参数对吸收特性的影响

以下通过分析亚波长孔阵列中各个结构参数的影响，对其吸收原理作进一步的解释。这些参数包括介质层的厚度 t_d、孔阵列的周期 p_x、金属孔的深度 t_m。

1. 孔阵列周期及介质层厚度

介质层的厚度和孔阵列的周期是影响电磁吸收的两个主要因素。如图 16.3-3 所示，当方孔阵列的周期增大时 (240nm~280nm)，材料的吸收峰位置发生整体红移，这与 SPP 的波矢匹配条件一致。在固定周期、变化介质层厚度时，随着介质层厚度的增大，吸收峰值波长逐渐减小，这一反常现象反映了该结构中电磁耦合的复杂性：仅仅利用波矢匹配不足以实现完美吸收，必需借助矢量电磁分析软件对材料参数进行优化设计。

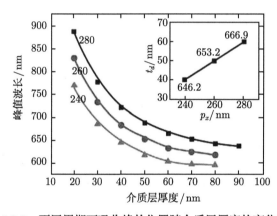

图 16.3-3   不同周期下吸收峰的位置随介质层厚度的变化趋势

此外，对于不同的周期，实现最佳吸收的介质层厚度也有所变化，如插图所示，当 $p_x = 240$nm 时，最大吸收发生在 $t_d = 40$nm 处，吸收波长为 646nm；而当 $p_x = 280$nm 时，最大吸收发生在 $t_d = 60$nm 处，吸收波长为 667nm。

2. 金属孔的深度

金属孔的深度也是影响电磁吸收效率的重要因素。如图 16.3-4(a) 和 (b)，当上层金属层的厚度从 20nm 变化到 80nm 时，反射率逐渐增加，中心波长略有降低。该现象可用图 16.3-4(c) 中的示意图解释：当金属孔的深度较小，入射到孔阵列的电磁波可穿透上层金属，并与下层金属耦合。当金属孔的深度逐渐增加，一部分能量被反射，最终降低该波段的吸收率。

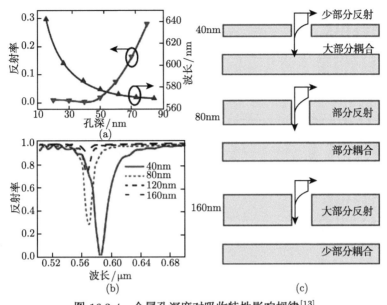

图 16.3-4 金属孔深度对吸收特性影响规律[13]

(a) 反射率峰值与孔深的关系；(b) 不同孔深的反射谱；(c) 不同孔深电磁波耦合示意图

16.3.3 孔阵列吸波材料的带宽拓展方法

上述孔阵列吸波材料带宽较窄，利用混合尺寸的结构可实现多频点的 SPP 耦合，从而拓展吸收带宽[23]。

图 16.3-5 为单一尺寸 SPP 耦合以及混合尺寸 SPP 耦合的示意图。从图 16.3-5(a) 所示的结构上看，所有亚波长孔的尺寸一致，这种结构只对应一个表面等离子体耦合波长；而混合尺寸的 SPP 耦合则是指多个波长均能与结构耦合产生 SPP，其对应的亚波长孔结构必然比单一尺寸的亚波长结构更为复杂。如图 16.3-5(b) 所示，将该混合尺寸的亚波长孔阵列分为两部分，一部分为蓝色虚框所包围的部分 (strip-1)，另一部分为红色虚框所包围的部分 (strip-2)。对于左边虚框所包围的亚波长孔结构而言，孔在 y 方向的宽度为 a，在 x 方向的宽度为 b，而对于右边的亚波长孔结构来说，孔在 y 方向的宽度为 b，在 x 方向的宽度为 a。通过这样的混合尺寸设计，能够实现每一列亚波长孔对应不同的耦合波长，从而实现多频点的表面等离子体耦合。

这种混合亚波长孔阵列的吸收特性如图 16.3-6 所示，对应的参数为 $a = 100\text{nm}$，$b = 110\text{nm}$，$P = 240\text{nm}$，孔深度 $t_\text{s} = 20\text{nm}$，介质层厚度 $t_\text{d} = 70\text{nm}$，背面金属层的厚度 $t_\text{m} = 60\text{nm}$。该结构的透射率同均匀尺寸的孔阵列类似，然而反射谱有一定的区别：均匀尺寸的孔阵列只在一个频点处反射为零，而混合尺寸的孔阵列在从

591.72nm 到 608.84nm 的波长范围内都具有近零的反射率，表明在这个区域内该结构都可实现高效吸收，两个最大吸收点之间的间距大约为 17nm。

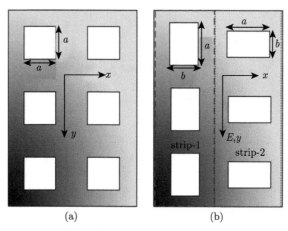

图 16.3-5　(a) 普通亚波长孔阵列；(b) 混合尺寸的亚波长孔阵列

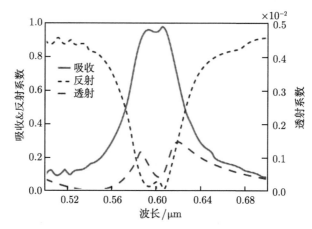

图 16.3-6　混合尺寸亚波长电磁吸波材料的反射、透射和吸收谱

　　对于单一表面等离子体耦合模式的亚波长孔阵列来说，在耦合位置处孔阵列表面上的场分布是一致的，每个亚波长孔均参与到耦合中。而对于混合尺寸的孔阵列来说，情况有所不同。如图 16.3-7 所示，在最大吸收频带的边缘，即 591.72nm 和 608.84nm 处，混合尺寸亚波长孔阵列中的场分布明显不同，如当波长在 591.72nm 时，strip-2 所示的亚波长孔阵列的场较 strip-1 显著增强，表明此时结构中的表面等离子体耦合主要发生在 strip-2 上；波长在 608.84nm 时情况正好相反，strip-1 所示的亚波长孔阵列的场较 strip-2 更强，表明此时的表面等离子体耦合主要发生在 strip-1 上。

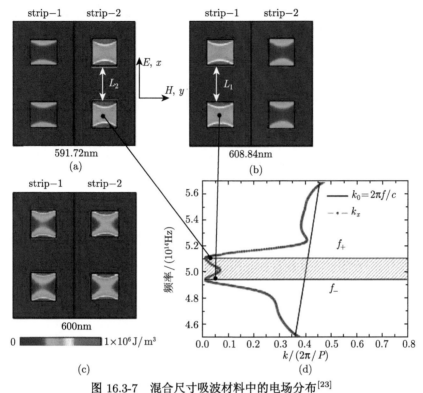

图 16.3-7 混合尺寸吸波材料中的电场分布[23]

(a) 波长 591.72nm; (b) 波长 608.84nm; (c) 波长 600nm; (d) 色散曲线

在这种混合尺寸的亚波长孔阵列中, 宽带吸收来自于不同的亚波长孔阵列, 但不能认为孔之间的尺寸相差越多频带越宽。图 16.3-8 为孔的宽度 a 改变时其吸收特性的变化。当 a 为 108nm 时, 混合尺寸的亚波长孔阵列的吸收在整个吸收带都维持在很高的水平, 而当孔增大时, 吸收峰之间区域的吸收率快速下降。

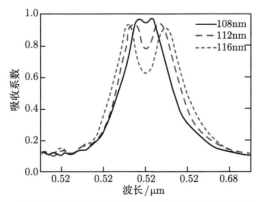

图 16.3-8 混合尺寸亚波长孔阵列的吸收特性随孔尺寸变化的趋势

上述带宽拓展方法是通过引入两种结构参数稍有差别的单元结构，在两个邻近的频点之间实现电磁耦合。该方法的带宽拓展范围有限，在后面将会介绍其他带宽更宽的电磁吸收技术。

16.4　大角度电磁吸收超材料

由 16.2.2 节的分析可知，具有局域谐振以及等效高折射率的亚波长结构可在大角度范围内实现近完美吸收。以下给出两个具体设计实例。

16.4.1　基于金属线对的大角度吸收器

如图 16.4-1 所示，结合横向和纵向的金属线对，可实现对介电常数和磁导率的分别调制，实现具有高折射率的大角度电磁吸收材料[24]。在该复合结构中，第一层金属线对的距离 s 为 1mm，上下两层结构之间的间距 d 为 0.6mm。

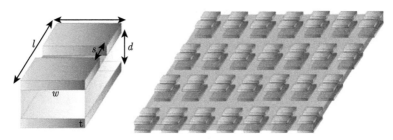

图 16.4-1　开口金属线对复合结构及阵列分布[24]

如图 16.4-2 所示，复合金属线对的透射谱与普通纵向金属线对类似，在 5~8GHz 频段内透射很小。与透射谱不同，两种结构的反射谱相差较大，特别是在 4.9GHz，复合金属线对结构的反射谱出现一个尖锐的低谷，对应的吸收率达到 99% 以上。

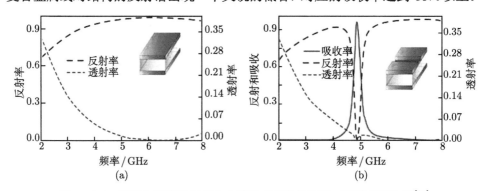

图 16.4-2　普通金属线对与复合金属线对结构的反射、透射和吸收谱[24]

　　亚波长吸波材料由金属和介质的复合结构组成,因而其对电磁波能量的吸收主要有两种途径:金属的欧姆损耗和介质的损耗。由于微波段大部分金属的吸收较小,以下分析介质介电常数对吸收率的影响。如图 16.4-3 所示,当 $\mathrm{Im}(\varepsilon_\mathrm{d})$ 从 0 变化到 0.03 时,复合金属线对的吸收迅速从 0.21 左右增强到 0.98;当 $\mathrm{Im}(\varepsilon_\mathrm{d})$ 从 0.03 继续增加时,复合金属线对的吸收反而出现下降,从最高的 0.98 降低到 0.3 左右。这一现象不难解释:电磁吸收需要阻抗匹配,而匹配意味着介质的损耗能力与结构的谐振强度 (Q 值) 也必需匹配。

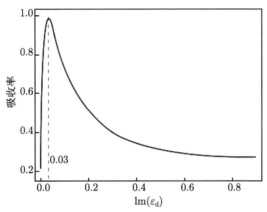

图 16.4-3　介质介电常数虚部对吸收率的影响

　　图 16.4-4 为复合金属线对的反射谱在不同入射角的变化情况。在 0°,20°,40° 时,反射率虽然有所增大,但是变化并不明显;而当角度从 40° 变化到 60° 以及 80° 时,反射率提高的趋势明显增大 (如角度为 40° 时,反射率约为 0.02;角度为 60° 时,反射率约为 0.13;角度为 80° 时,反射率约为 0.52)。

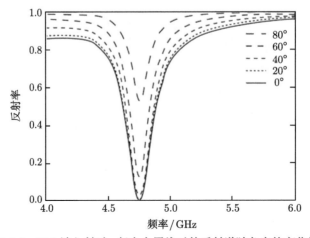

图 16.4-4　TM 波入射时,复合金属线对的反射谱随角度的变化趋势

16.4.2　六方晶格排布的全向电磁吸收器

16.4.1 节描述的大角度吸波材料只针对某一种特殊偏振态和入射方向。为了实现全方位大角度电磁吸收，以下给出另外一种改进的设计[18]。图 16.4-5 为六方晶格排布的金属点阵结构，金属为 Au，基底选择为 Al_2O_3。设计频段为红外波段 ($f = 100THz$, $\lambda = 3\mu m$)，几何参数优化为 $r = 277nm$, $a = 693nm$, $t = 32nm$, $d = 30nm$。由于介质层厚度远小于波长，金属片与金属反射面之间存在强烈的磁性耦合。

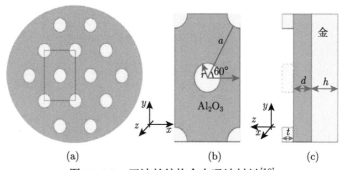

图 16.4-5　亚波长结构全向吸波材料[18]

(a) 整体结构正面视图；(b) 单元结构正面视图；(c) 单元结构侧面视图

如图 16.4-6 所示，在 100THz，对于不同入射角度的电磁波，该结构均有较高的吸收率，对于 TE 和 TM 两种偏振，实现 90% 吸收率对应的角度由 0° 分别扩展至 63° 和 75°。在 285THz，该结构也有强烈的吸收，但其角度稳定性较 100THz 略有下降。此外，随着频率增加，在高频段出现表面等离子体 (SP) 引起的吸收。若要消除 SP 的影响，结构的周期需要进一步减小。

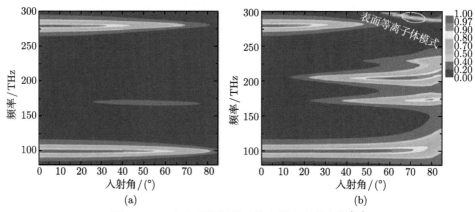

图 16.4-6　全向吸波材料吸收率随角度的变化[18]

(a) TE 偏振；(b) TM 偏振

图 16.4-7 为 100THz 和 285THz 这两个频率的电磁场分布，分别对应于不同的谐振模式。两个模式中，上下金属结构均存在反向电流，它们与 z 方向电场一起形成回路，对应的等效电路如图 16.4-7(a) 和 (c) 所示，相应的等效阻抗可表示为

$$Z_{\text{seff}}(\omega) = \frac{1}{1/(R + i\omega L) + i\omega C} + \frac{1}{i\omega C_0}, \quad f < f_c$$

$$Z_{\text{seff}}(\omega) = \frac{1}{1/(R_1 + i\omega L_1) + i\omega C_1}$$
$$+ \frac{1}{1/(R_2 + i\omega L_2) + i\omega C_2} + \frac{1}{i\omega C_3}, \quad f > f_c \qquad (16.4\text{-}1)$$

其中，$f_c = 200\text{THz}$ 为基模和高阶模式的分界点。利用 S 参数拟合可得 $R = 1.7\Omega$，$L = 20\text{fH}$，$C = 20\text{aF}$，$C_0 = 27\text{aF}$，$R_1 = 4.1\Omega$，$L_1 = 75\text{fH}$，$C_1 = 5.7\text{aF}$，$R_2 = 4\Omega$，$L_2 = 80\text{fH}$，$C_2 = 2.3\text{aF}$，$C_3 = 12\text{aF}$。其对应的理想阻抗和反演阻抗如图 16.4-8 所示。显然，上述两个吸收点正是理想阻抗 (复数) 与实际阻抗 (复数) 的交叉点。

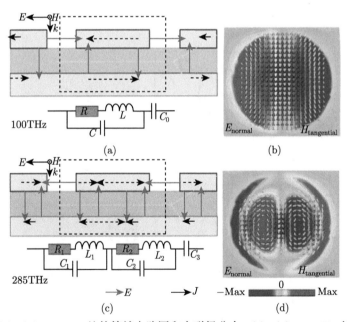

图 16.4-7　(a)，(b) 100THz 处的等效电路图和电磁场分布；(c)，(d) 285THz 处的等效电路图和电磁场分布

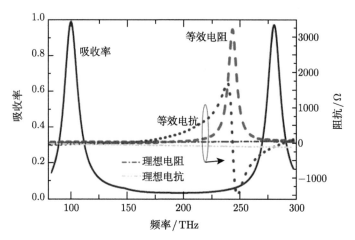

图 16.4-8   吸收率、等效阻抗与理想阻抗的对比

上述六方晶格排布的金属圆片可通过自组装小球和胶体掩模工艺制备[25]。如图 16.4-9 所示,利用该方法制备了三种不同特征尺寸的吸波材料,样品的面积可达数厘米以上,所得样品的实测反射率与模拟结果基本一致,特别是样品 III 也具有两个不同波长 (4μm 和 8.7μm) 的吸收峰。

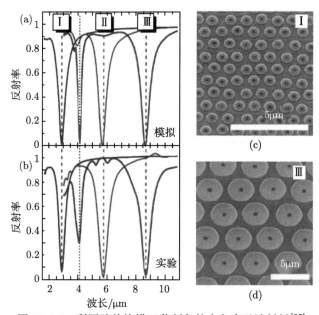

图 16.4-9   利用胶体掩模工艺制备的大角度吸波材料[25]

(a) 三种不同尺寸 (I, II, III) 的模拟反射率;(b) 实测反射率;(c), (d) 样品 I 和 III 的 SEM 图

16.5 基于理想吸收超表面的宽带电磁吸收材料

根据 16.2.3 节中的理想吸收超表面理论, 可利用亚波长结构调控超表面阻抗的色散特性, 通过逼近理想阻抗, 实现宽带电磁吸收。一般而言, Lorentz 色散模型是实现宽带吸收的有效方法, 可通过串联电阻–电感–电容 (RLC) 电路实现[2]。

如图 16.5-1(a) 所示, 以红外波段 (中心波长 10μm) 的宽带吸波材料为例进行设计。单元结构包括: 金属基底、介质层 (介电常数为 ε, 厚度为 d) 以及十字形金属亚波长结构 (厚度为 t)。介质基底介电常数选为 2.25, 金属材料为镍镉合金 (具有较大欧姆损耗, 介电常数由 Drude 模型描述), 厚度为 15nm。如图 16.5-1(b) 所示, 该结构的吸收带宽相比相同厚度的 Salisbury 吸波材料提高了一倍以上, 且在 19~45THz 内整体吸收效率均大于 95%。

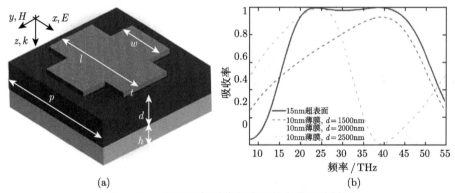

图 16.5-1 基于理想吸收超表面的宽带吸波材料

(a) 结构示意图; (b) 不同条件下的吸收率

图 16.5-2 为十字形超表面的等效阻抗与理想阻抗的对比, 在 25THz 和 40THz 处, 等效阻抗与理想阻抗的实部与虚部均重合, 实现了近完美电磁吸收 (吸收率大于 99%)。在两个频点之间, 理想电抗与实际电抗接近, 但理想电阻大于实际电阻, 吸收效率略差 (大于 95%)。在两个频点所包围的区间之外, 实际阻抗与理想阻抗的差距变大, 吸收率快速降低。

从亚波长结构中的电磁场分布 (图 16.5-2) 可见, 该结构主要对电场分量响应, 对磁场分量的响应非常微弱, 可忽略不计。电场响应分为两部分: 第一部分为金属结构上的表面电流, 第二部分为金属结构之间的电场。根据等效电路理论, 电流和电场对阻抗的贡献可通过电感和电容分别描述, 电子阻尼的贡献则通过电阻表征。此时, 等效阻抗可表示为 $Z_{\text{eff}}(\omega) = R - i\omega L + i/(\omega C)$。通过数值拟合, 得到上述等效电路参数分别为: $R \approx 285\Omega$, $L = 1.45\text{pH}$, $C = 0.017\text{pF}$。

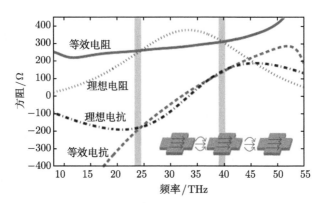

图 16.5-2　理想吸收阻抗与超表面的等效阻抗对比，插图为电场和电流分布

一般而言，由亚波长结构材料构成的超表面可通过两种等效的理论进行分析：等效阻抗以及等效介电常数/磁导率。由于超表面的等效阻抗为 $Z_{\text{eff}}(\omega) = R - \mathrm{i}\omega L + \mathrm{i}/(\omega C)$，相应的介电常数为 Lorentz 模型

$$\varepsilon_{\text{eff}}(\omega) = 1 + \frac{\omega_1^2}{\omega_0^2 - \omega^2 - \mathrm{i}\omega\gamma_D} \tag{16.5-1}$$

其中，$\omega_0 = 2\pi f_0 = (LC)^{-1/2}$ 表示结构中电子的固有振荡频率，$\omega_1 = 2\pi f_1 = (\varepsilon_0 Lt)^{-1/2}$ 和 $\gamma_{\mathrm{D}} = R/L$ 表征电子密度及其碰撞频率。Lorentz 模型的一个特点在于：在谐振频率左侧，介电常数实部为正，材料表现为损耗性介质；在谐振频率右侧，介电常数实部为负，材料表现为损耗性金属特性，这一趋势与 Drude 模型相反，如图 16.5-3 所示。显然，此处宽带吸收的实现正是通过由 Drude 模型向 Lorentz 模型转变实现的。

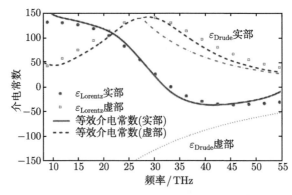

图 16.5-3　等效介电常数以及 Lorentz 和 Drude 模型之间的对比

在上述红外宽带吸波材料中，采用厚度小于趋肤深度的金属层引入欧姆损耗，从而提高材料的电磁吸收效率。该方法同样可以拓展到微波波段。如图 16.5-4，通

过在 SiC 陶瓷基底上制备镍铬合金薄膜，并用光刻的方法制备出十字形图形，可在宽带吸收的基础上，进一步提高材料耐高温等极端环境的能力[12]。

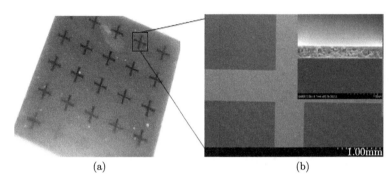

图 16.5-4 陶瓷基耐高温宽带微波吸收材料，(a)，(b) 分别为照片和电镜图[12]

除了镍铬合金，TiN 也可用于极端环境下实现电磁吸收[26]。如图 16.5-5 所示，与 Au 相比，TiN 吸波材料经 800 ℃退火之后仍能保持高效吸收能力。

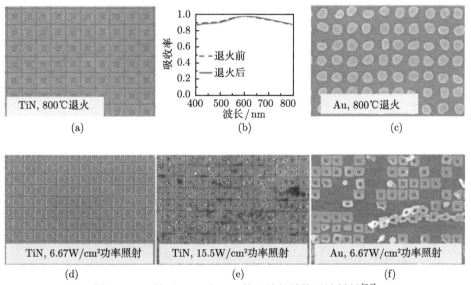

图 16.5-5 基于 TiN 和 Au 的亚波长结构吸波材料[26]

(a) TiN，800℃退火后的照片；(b) 退火前和退火后 TiN 材料的吸收率；(c) Au，800℃退火后的照片；(d) TiN，6.67W/cm² 激光照射后的照片；(e) TiN，15.5W/cm² 激光照射后的照片；(f) Au，6.67W/cm² 激光照射后的照片

16.6　基于金属球腔的光波段宽带电磁吸收材料

一般而言，微波段的宽带吸波材料很难直接用于光波段吸收材料的设计，这主要有两个原因：一、微波段金属和光波段金属的电磁参数差别很大；二、微波段的复杂结构缩放到光波段之后难以大面积加工。

实现光波段大面积结构化的一种典型方法是基于小球的自组装[27]，如图 16.6-1 所示。下面介绍这种基于微球的宽带吸收材料的设计和制备方法。图 16.6-2 为一种具有宽带响应特性的金属球腔结构电磁吸收器[28]，其由一层钨金属基底和六边形紧密排列的金属钨纳米球腔构成。其中基底厚度为 s，球腔高度为 t，半径为 r，相邻球腔间隔为 d。三维单元结构如图 16.6-2(b) 中红色虚线框图所示，其中红色平面代表电磁波入射面，n 为法线方向，k 为入射波矢，θ 为入射角和法线的夹角，φ 为 x 轴和入射面的夹角。吸收器的结构参数分别为 $r = 200\text{nm}$，$t = 314\text{nm}$，$d = 4\text{nm}$。

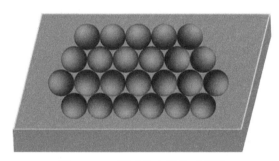

图 16.6-1　微球的自组装示意图

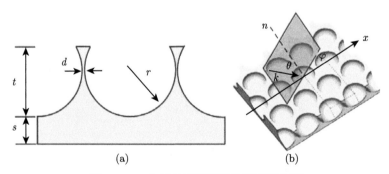

图 16.6-2　金属纳米球腔吸收器的剖面图

当基底厚度大于钨在可见光波段的趋肤深度时 (趋肤深度 $\delta_{\max} \approx 35\text{nm}$)，电磁波不会穿过钨金属基底，吸收器的透过率为 0，因此其吸收率可表示为 $A = 1 - R$，其中 R 表示吸收器的反射率。图 16.6-3 为球腔内分别填充空气和介电常数为 4

的介质时的吸收率。当球腔内填充空气时，吸收器在 $250 \sim 800\mathrm{THz}$ 频率内吸收率大于 80%。但在 $210\mathrm{THz}$ 频率以下，吸收率急剧下降，到 $100\mathrm{THz}$ 时，吸收率只有 10%。当在球腔内填充介电常数为 4 的介质后，虽然吸收器在 $250 \sim 800\mathrm{THz}$ 内吸收率有所下降 (相比填充空气时，平均下降约 10%)，但在低频，尤其是 $100\sim210\mathrm{THz}$ 内，电磁波的吸收率得到了较大提高。

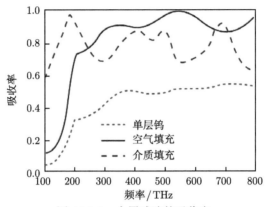

图 16.6-3　金属球腔的吸收率

红色虚线为 200nm 钨层的吸收率；黑色实线为空气填充；蓝色断线为介质填充

可通过两种方法解释纳米金属球腔的吸收行为。图 16.6-4 为几何光学解释，不同入射角时，光线在纳米球腔结构中将经历多次反射，当光线经过二次反射后，反射波的能量已经相当小，大部分能量透射到钨层中被吸收。此外，还有一部分光线由于空腔间厚度小于趋肤深度而穿过金属壁并到达相邻空腔中进行传播。伴随着电磁波在球腔内的多次反射和透射，其能量逐渐被金属吸收。

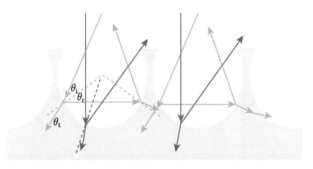

图 16.6-4　电磁波在金属球腔中的运动，红色和绿色线条分别表示一次和二次反射

如图 16.6-5(a)~(c) 所示，797THz，550THz 和 345THz 处的 x 方向电场分量的分布差别很大。对于高频电磁波，由于电磁波的波长小于或者接近于表面孔的尺寸，电磁波会进入纳米球腔内部发生多次反射，最终被金属以热能的形式耗散

掉。随着入射波频率降低，对应波长大于表面孔的尺寸，电场在球腔内的强度会变弱。图 16.6-5(a) 和 (b) 分别对应于二阶和一阶 FP 腔谐振。频率继续降低，波长将远远大于表面孔的尺寸，FP 腔谐振模式几乎完全消失 (图 16.6-5(c))。此时，可将金属纳米球腔看作一种由钨和填充物 (空气或介质) 组成的等效各向同性介质层。

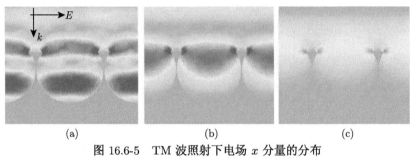

图 16.6-5　TM 波照射下电场 x 分量的分布

(a) 797THz；(b) 550THz；(c) 345THz

根据多层等效介质理论，整个纳米球腔结构可分成 N 个厚度为 Δt 的薄层。每个薄层的等效介电常数可利用 Maxwell-Garnett 理论计算

$$\varepsilon_{\text{eff}} = \varepsilon_{\text{tungsten}} \frac{\varepsilon_{\text{air}}(1+2f) + 2\varepsilon_{\text{tungsten}}(1-f)}{\varepsilon_{\text{air}}(1-f) + \varepsilon_{\text{tungsten}}(2+f)} \tag{16.6-1}$$

其中，$f = V_{\text{air}}/V_0$ 是空气填充因子。根据该理论模型计算多层等效介质膜在低频的吸收率，并将计算结果与仿真结果作对比。如图 16.6-6 所示，计算结果在 $150\sim$ 400THz 内和仿真结果十分吻合，在高频部分 (大于 400THz) 出现偏差，这是由于入射波长逐渐接近球腔表面孔的尺寸，导致多层等效介质理论不再适用。

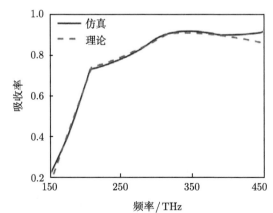

图 16.6-6　基于多层等效介质膜理论计算得到的吸收率曲线 (红色虚线) 和仿真结果
(黑色实线) 的比较

16.7 可见光透明宽带电磁吸收材料

根据 16.5 节中的理论，引入亚波长结构并对其色散进行人为调制，可在不增加厚度的条件下大大拓宽吸波带宽。显然，采用色散调制技术可进一步拓展传统 Jaumman 吸波材料的带宽。以下介绍一种基于多层亚波长结构的宽带电磁吸收材料。为了实现可见光波段透明的功能，采用透明导电膜作为电阻性材料，可见光透过率可大于 80%。

如图 16.7-1 所示，多层亚波长结构中可变参量极多 (包括层间距、亚波长结构尺寸、方阻，介质介电常数等)。由于结构形式主要表现为电容性，以下称之为"电容性结构"。设定结构的周期为 15mm，总厚度为 28mm，介质选为多孔泡沫，介电常数为 1.02。优化后的具体参数包括：介质层厚度分别为 $d_1 = 8.1$mm，$d_2 = 6.5$mm，$d_3 = 6.8$mm，$d_4 = 6.6$mm，结构宽度为 $l_1 = 15$mm，$l_2 = 14.2$mm，$l_3 = 13.1$mm，以及 $l_4 = 9$mm，方阻分别为 $R_{s1} = 200\Omega$，$R_{s2} = 340\Omega$，$R_{s3} = 460\Omega$，$R_{s4} = 440\Omega$。

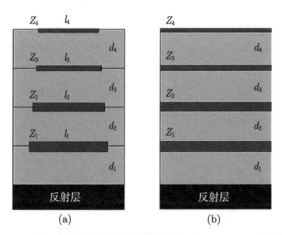

图 16.7-1　(a) 多层亚波长结构吸波材料；(b)Jaumann 吸波材料

将具有相同厚度和层数的 Jaumann 吸波材料的反射率与该多层亚波长吸波结构相比较。Jaumann 材料的单层厚度均为 7mm，各层方阻分别为 $R_{s1} = 100\Omega$，$R_{s2} = 377\Omega$，$R_{s3} = 900\Omega$ 以及 $R_{s4} = 1600\Omega$。如图 16.7-2，电容性结构的带宽大于传统 Jaumann 材料，特别是低频段的吸收能力得到大大增强。以 -20dB 反射率为界限，多层亚波长结构可将最低频率降低近一半 (从 4.5GHz 压缩到 2.2GHz)。此外，在高频段，亚波长结构的吸波性能也有一定提升。

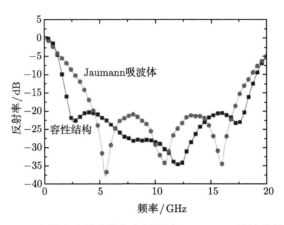

图 16.7-2　多层电容性结构与相同厚度 Jaumann 吸波体的对比

　　由 S 参数反演所得等效阻抗可见，从下而上结构层的等效电阻分别为 200Ω，400Ω，680Ω，1270Ω，上面三层亚波长结构的等效电容分别为 0.16pF，0.1pF，0.04pF。多层亚波长结构高频性能相比 Jaumann 吸波材料具有一定提升，这与其高频电感有关。如图 16.7-3 所示，最外层结构的电抗在 17.5GHz 以上为电感性，在一定程度上改善了该区域的吸波性能。

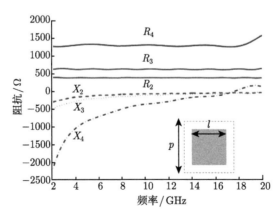

图 16.7-3　各层结构的等效电阻 (R) 和电抗 (X)，插图为单元结构俯视图

　　图 16.7-4 为通过光刻工艺制备的可见光透明宽带微波吸收材料，导电膜层为 ITO，通过调节厚度可改变其方阻。材料的反射率特性见图 16.7-5，在 $3\sim16\text{GHz}$ 频段内均低于 -10dB。可见光透过率采用椭偏仪测试 (图 16.7-6)，结果显示该亚波长结构吸波材料在可见光波段内透过率大于 80%(图 16.7-7)。

图 16.7-4 可见光透明吸波材料实物照片

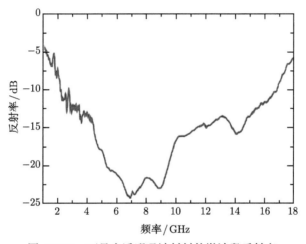

图 16.7-5 可见光透明吸波材料的微波段反射率

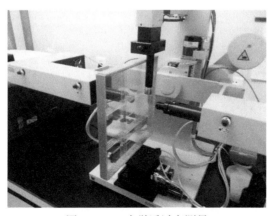

图 16.7-6 光学透过率测量

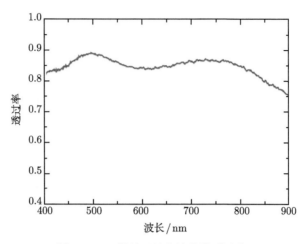

图 16.7-7　样品可见光波段的透过率

16.8　相干完美吸收

传统 Salisbury 吸波材料的核心在于金属底板的反射与电阻层反射波之间的干涉。与之类似，通过人为引入相干波束，可实现对吸收率的更有效调制，相应的技术被称为 "相干完美吸收"(Coherent Perfect Absorber, CPA)[29]。CPA 系统与激光器和天线辐射系统存在时间反演关系，因此又被称为 "反激光"[30,31]。

如图 16.8-1 所示，两束相干电磁波从左右两方向照射到一个厚度为 d 的平板材料，其复折射率为 n。采用传输矩阵法求解麦克斯韦方程组，可直接得到散射矩阵。输出电磁波 (C 和 D) 与输入电磁波 (A 和 B) 通过传输矩阵相联系。

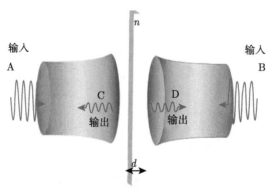

图 16.8-1　相干吸收示意图

对于对称结构，左右两侧的透射和反射系数均相等，散射矩阵可写为

$$\begin{bmatrix} C \\ D \end{bmatrix} = S \begin{bmatrix} A \\ B \end{bmatrix} = \begin{bmatrix} t & r \\ r & t \end{bmatrix} \begin{bmatrix} A \\ B \end{bmatrix} \tag{16.8-1}$$

其中，r 和 t 为单束光的反射和透射系数

$$r = \frac{(n^2-1)(-1+e^{i2nkd})}{(n+1)^2-(n-1)^2 e^{i2nkd}} \tag{16.8-2}$$

$$t = \frac{4ne^{inkd}}{(n+1)^2-(n-1)^2 e^{i2nkd}} \tag{16.8-3}$$

其中，n, k, d 分别为材料折射率，真空波矢量和厚度，此处材料的磁导率设为 1。

相干完美吸收对应于散射矩阵的 0 值 ($C=D=0$)。由于系统的镜像对称性，完美吸收条件只能在对称性输入 ($A=B$, $r+t=0$) 或反对称性输入 ($A=-B$, $r-t=0$) 条件下才能满足，该条件称为 CPA 条件。在两种条件下，反射和透射系数的幅度均需相等。正入射条件下的完全吸收条件可写为

$$\exp(inkd) = \pm\frac{n-1}{n+1} \tag{16.8-4}$$

其中正负号分别对应于对称性和反对称性输入，此时单束光的反射系数和透射系数可写作

$$r = -\frac{1}{2}\left(\frac{n^2-1}{n^2+1}\right) \tag{16.8-5}$$

$$t = \pm\frac{1}{2}\left(\frac{n^2-1}{n^2+1}\right) \tag{16.8-6}$$

当满足 CPA 条件时，一束光的透射系数将与另一束光的反射系数相互抵消，从而整体输出为 0，能量被全部吸收。

16.8.1   基于导电薄膜的超宽带相干吸收

对于 $nkd \gg 1$，式 (16.8-4) 不存在显式解。其带宽由其最大吸收与相邻最小吸收间距决定，可写作 $\Delta f/f \approx \pi/(nkd)$。由于此时 $\Delta f/f \ll 1$，相干吸收被当作是激光的逆过程[31]。

然而，当厚度 d 非常小 ($d \ll \lambda$, $|nkd| \ll 1$)，并且材料的频率色散满足一定关系，相干吸收率近似与频率无关，其带宽可接近无限大。此时，公式 (16.8-4) 的左侧化简为 $1+inkd$，而右侧近似为 $\pm(1-2/n)$。由于 $|nkd|$ 非常小，右边只能取正号，对应于对称性输入。折射率的实部和虚部则需近似相等并满足

$$n' \approx n'' \approx \frac{1}{\sqrt{kd}} = \sqrt{\frac{c}{\omega d}} \tag{16.8-7}$$

　　与公式 (16.8-4) 所示的传统 CPA 不同，亚波长结构的 CPA 条件是显式的，且满足该 CPA 条件的折射率随频率变化。

　　上述条件可通过金属或掺杂半导体实现，以下以掺杂硅为例进行分析。在微波到中红外波段，掺杂硅中的电磁波吸收取决于自由载流子的损耗，因而其复折射率可由 Drude 模型描述

$$n^2 = \varepsilon_1 + \mathrm{i}\varepsilon_2 = \varepsilon_\infty - \frac{\omega_{\mathrm{p}}^2}{\omega(\omega + \mathrm{i}\Gamma_D)} \tag{16.8-8}$$

$$\varepsilon_1 = \varepsilon_\infty - \frac{\omega_{\mathrm{p}}^2\tau^2}{1 + \omega^2\tau^2}$$
$$\varepsilon_2 = \frac{\omega_{\mathrm{p}}^2\tau}{\omega(1 + \omega^2\tau^2)} \tag{16.8-9}$$

其中，$\varepsilon_\infty = 11.7$ 为束缚电子的贡献；$\Gamma_D = 1/\tau$ 是自由载流子的碰撞频率；ω_{p} 是等离子频率且有 $\omega_{\mathrm{p}}^2 = N_c e^2/(\varepsilon_0 m^*)$；$N_c$ 为载流子密度；e 为元电荷；ε_0 为真空介电常数；$m^* = 0.26m_0$ 为有效载流子质量；m_0 为自由电子质量。电子迁移率 ν 和 τ 通过 $\nu = e\tau/m^*$ 相联系，ν 与掺杂材料以及掺杂率的关系由经验公式决定

$$\nu = \nu_{\min} + \frac{\nu_{\max} - \nu_{\min}}{1 + \left(\dfrac{N_c}{N_r}\right)^\alpha} \tag{16.8-10}$$

室温下，硼掺杂硅的参数为 $\nu_{\min} = 44.9\mathrm{cm}^2/\mathrm{V\cdot s}$，$\nu_{\min} = 470.5\mathrm{cm}^2/\mathrm{V\cdot s}$，$N_r = 2.23 \times 10^{17}\mathrm{cm}^{-3}$，$\alpha = 0.719$。此外，电子迁移率与温度相关，$\nu(T) = v\,(T_0/T)^\eta$，其中 η 约为 2.2。

　　在低频区域 ($\omega \ll \tau^{-1}$，$\varepsilon_2 \gg \varepsilon_1$)，公式 (16.8-8) 可简化为 $n'^2 - n''^2 + 2\mathrm{i}n'n'' = \mathrm{i}\varepsilon_2$，相应的折射率为

$$n' \approx n'' \approx \sqrt{\frac{\varepsilon_2}{2}} = \sqrt{\frac{\tau\omega_{\mathrm{p}}^2}{2\omega}} \tag{16.8-11}$$

将式 (16.8-11) 代入公式 (16.8-7)，可得 CPA 厚度

$$d_w \approx \frac{2c}{\omega_{\mathrm{p}}^2\tau} \tag{16.8-12}$$

其中 c 为光速。该特征尺寸即所谓 Woltersdorff 厚度[32]，表征了单层金属膜最大吸收值 (50%) 对应的厚度。当 $d = d_w$，最大吸收率为 0.5，反射和透射率均为 0.25。对于 $d < d_w$，大部分能量被透射；对于 $d > d_w$，大部分能量被反射。由于 Woltersdorff 厚度与频率无关，CPA 吸收也具有宽带特性，可覆盖从射频、微波到太赫兹的电磁波段。

当工作频率接近等离子频率，Woltersdorff 厚度对应的吸收逐渐减弱，此时通过改变厚度仍可获得高效 CPA 吸收。在公式 (16.8-9) 中令 ε_1 为 0，可获得第二个特征厚度 —— 等离子体厚度。此时，公式 (16.8-8) 变为

$$n' = n'' = \sqrt{\frac{\varepsilon_2}{2}} = \sqrt{\frac{\varepsilon_\infty}{2\omega\tau}} \qquad (16.8\text{-}13)$$

相应地，可得到如下等离子体厚度：

$$d_{\mathrm{p}} \approx \frac{2c\tau}{\varepsilon_\infty} \qquad (16.8\text{-}14)$$

与低频相干吸收不同，等离子体频率附近的相干吸收带宽较窄。当 $\omega_{\mathrm{p}}^2\tau^2 = \varepsilon_\infty$，等离子厚度与 Woltersdorff 厚度相等，两种吸收耦合在一起不能分辨。

以掺杂硅为例，设掺杂率为 $4\times10^{19}\mathrm{cm}^{-3}$，对应的等离子频率和碰撞时间分别为 $7.0\times10^{14}\mathrm{rad/s}$ 和 8.1fs。此时，Woltersdorff 厚度和等离子厚度分别为 151nm 和 416nm。图 16.8-2 为不同厚度膜层的吸收率，Woltersdorff 和等离子厚度分别为 150nm 和 450nm，与理论计算值吻合。

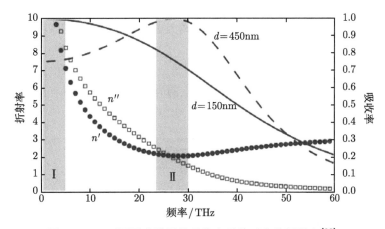

图 16.8-2　不同厚度膜层的吸收率及其对应的折射率[29]

相对于低频相干吸收，等离子频率附近的相干吸收带宽较窄，但其优势在于等离子体厚度与等离子频率无关。对于同一厚度的薄膜，通过外界激励改变掺杂率时，吸收率可动态调节。图 16.8-3 为不同掺杂率的条件下，厚度为 450nm 薄膜的相干吸收率。在实际应用中，可应用光电导效应获得所需的等效掺杂率，并进行动态调节。

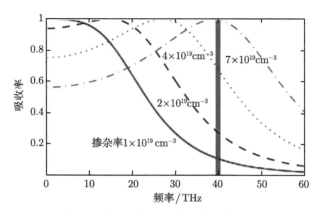

图 16.8-3　相干吸收率与掺杂率的关系，膜层厚度为 450nm

在上述超宽带相干吸收中，两束传播方向相反的输入光具有相同的相位。通过改变二者之间的相位差，吸收率也可动态调节。设输入的两束光分别为 $\sqrt{I_0}\exp(\mathrm{i}\phi)$ 和 $\sqrt{I_0}\exp(\mathrm{i}(\phi+\Delta\phi))$，输出光强为

$$I = I_0\sin^2\left(\frac{\Delta\phi}{2}\right) \tag{16.8-15}$$

其中，$I_0 = \left|(n^2-1)/(n^2+1)\right|^2$ 为最大输出光强。显然，输出和吸收均可通过相位进行动态调节。

相位的调节可通过马赫—曾德干涉仪的原理来实现，干涉仪两臂的相位差可写为 $\Delta\phi = k\Delta l$，其中 k 为波矢，Δl 为相应的光程差。如图 16.8-4 所示，以 2.5THz 为例，当 Δl 从 0 变为 60μm，吸收率从 100% 降为 0。

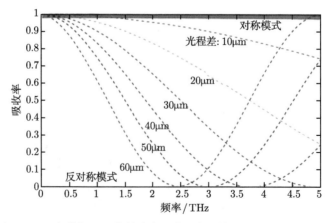

图 16.8-4　宽带相干吸收的动态调节，光程差由 0 逐渐变为 60μm

当频率高于 150THz，由于声子参与吸收，掺杂硅的介电常数不能再用 Drude 模型描述。此时，可采用其他金属实现宽带 CPA。图 16.8-5 为 17nm 厚金属钨的相干吸收率，其电导率为 $1.79 \times 10^7 \mathrm{S/m}$，对应的 Woltersdorff 厚度为 0.3nm，因此此处吸收为等离子体吸收。由于带间跃迁吸收的影响，其带宽较前面 Drude 模型对应的等离子吸收更宽。值得注意的是，该吸收曲线与金属钨球腔结构的吸收率近乎一致[28]，这证明了材料本身特性在吸收中的重要作用，同时也证明了相干吸收的强大损耗增强能力。

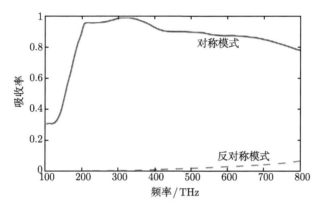

图 16.8-5　金属钨的相干吸收率，实线和虚线分别对应于对称和反对称吸收模式

在微波段，可通过图 16.8-6(a) 所示的方法对上述相干吸收机理进行验证。将矢量网络分析仪的输出电磁信号通过功分器连接到两个相对的喇叭，可对透明导电膜 (方阻为 180Ω，厚度为 202.6μm) 的吸收率进行测试[33]。图 16.8-6(b) 为测试

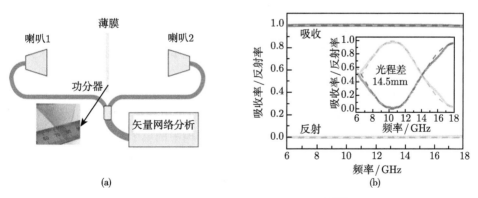

图 16.8-6　基于导电膜的微波相干吸收[33]

(a) 测试方案及样品照片；(b) 测试结果

结果，当两喇叭相位相同时，在 6~18GHz 内吸收率均接近 100%；当两端口光程差为 14.5mm 时，10GHz 处的吸收率降低至 0。

除了透明导电膜，其他电阻性材料也能用于相干吸收。图 16.8-7 为基于单层石墨烯（厚度仅为 0.34nm）的相干吸收实验结果，在 7~13GHz 内吸收率均大于 92%[34]。需要指出的是，根据电磁场和声波的类比关系，利用微穿孔板的声波阻抗特性[35]，可实现声波的超宽带相干吸收，从而突破低频声波吸收的技术瓶颈[36]。

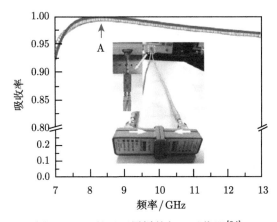

图 16.8-7　基于石墨烯的相干吸收器[34]

16.8.2　基于镜像原理的大角度相干吸收器

基于导电膜层的相干吸收具备超宽带特性，但设计自由度不高。以下介绍一种基于镜像原理的大角度相干吸收方法。与 16.8.1 节的超宽带相干吸收不同，本节的相干吸收具有非常强的频率选择性[37]。

如图 16.8-8 所示，该相干吸收器由介质隔离的两层金属圆片构成。该类金属—介质—金属结构被广泛用于磁性亚波长结构材料和负折射率材料，其中磁响应对应于两层金属中的反向电流[38]。由于磁谐振的带宽窄，材料损耗对其影响很大。如图 16.8-9 所示，由于等离子体模式的耦合作用[39]，等效电磁能级发生分裂，表现为具有同向电流分布的对称模式 ($|\omega_+\rangle$) 和反向电流分布的反对称模式 ($|\omega_-\rangle$)。

在对称模式和反对称模式下整体结构可近似为电导体（电阻）和人工磁导体（磁阻）。对于电导/阻体，结构两侧同向电场令结构中的电子与外加电场同步振荡。当辐射损耗率与材料损耗率相同，入射能量将完全被转化为材料损耗。对于磁导/阻体，两侧磁场方向平行时可令等效"磁子"谐振，并将能量完全转换为热能。

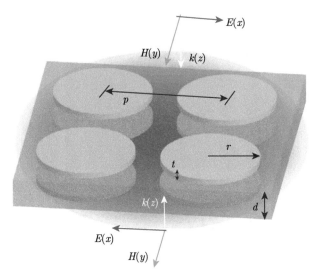

图 16.8-8 基于镜像原理的大角度相干吸收结构

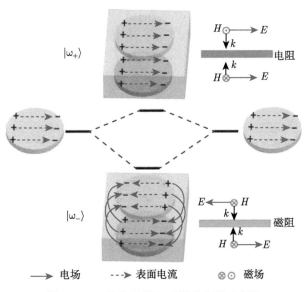

图 16.8-9 等离子耦合及模式分裂示意图

在微波波段，选择金属为铜，厚度为 $17\mu m$，介质基底为 FR4(介电常数为 4.4，损耗正切为 0.025)。针对 10GHz 的吸收进行设计，吸收器的结构参数为 $p = 10mm$，$r = 4.08mm$，$d = 0.25mm$。如图 16.8-10 所示，对于 TE 和 TM 两种偏振，吸收率在 0~80° 角度内均接近 90%。因此，该结构可用作非平行发散光束的相干吸收。

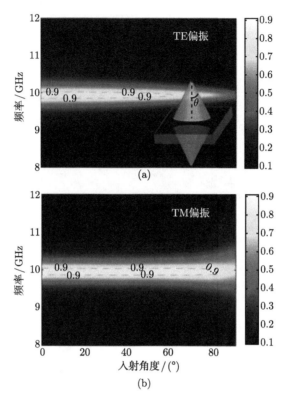

图 16.8-10　不同偏振和入射角度对应的吸收率

(a) TE 偏振；(b) TM 偏振

　　如前所述，相干吸收的一大优势在于吸收率可通过相位进行调制。图 16.8-11 为不同相位差对应的吸收率，当相位差为 π 时，10GHz 处的吸收率接近 100%；

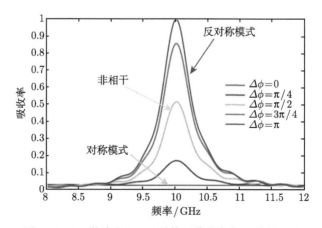

图 16.8-11　微波段 MIM 结构吸收率与相位差的关系

当相位差为 0° 时，在整个频段吸收率均降为 0。这一趋势与上节超宽带相干吸收完全相反。显然，该现象是由电响应和磁响应的不同相位关系决定的。

在红外及可见光波段，出现了另一种相干吸收模式 —— 对称模式。采用金作为损耗介质，介质为在该频段损耗极小的 Al_2O_3。

针对频率为 200THz ($\lambda = 1.5\mu m$) 的相干吸收，优化的结构参数为 $p = 600nm$, $r = 150nm$, $d = 60nm$, 及 $t = 20nm$。如图 16.8-12 所示，对于反对称和对称性输入，200THz 处的吸收率分别为 0.998 和 0.06。与微波段的相干吸收只有一个峰值不同，在 300THz 频率处又出现另一个对称性吸收模式。一般而言，同一结构中对称模式的响应频率高于反对称模式。

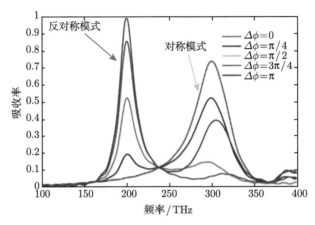

图 16.8-12   光波段 MIM 结构吸收率与相位差的关系

上述结构可被等效为均匀材料，具有等效介电常数 ε_{eff} 和等效磁导率 μ_{eff}，如图 16.8-13 所示。显然，上述反对称和对称模式分别对应于磁谐振和电谐振，在电谐振频点 (280THz)，磁导率具有微弱的反谐振；而在磁谐振频点处 (220THz)，介电常数具有类似现象。

对于既具有电响应又有磁响应的平板而言，相干吸收条件应修正为

$$\exp(inkd) = \pm\frac{1-z}{1+z} \tag{16.8-16}$$

其中，k 为自由空间波矢；d 等效为平板的总厚度，$\pm$ 号则对应于对称和反对称模式。显然，相干吸收条件不一定与电磁谐振的频点完全对应，电响应和磁响应必须匹配才能实现完美吸收。

16.8.3   基于相干吸收的光逻辑运算

相干吸收可用于实现信号的逻辑运算，为实现光子计算提供了新的思路[40]。如图16.8-14所示，通过在传统相干吸收光路两侧加入不同掩模图像，利用相位差可实现两

种图形的逻辑运算 (与、或、非)。在该系统中采用了一种不对称的超表面以实现吸收调控，左右掩模图形均通过 50 倍物镜成像于超表面两侧。

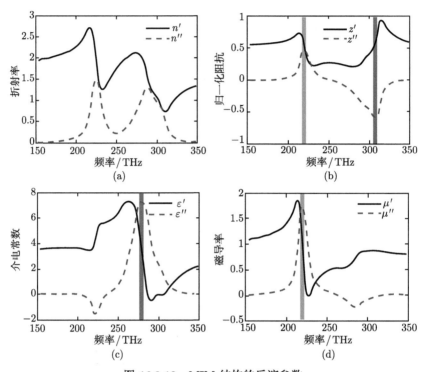

图 16.8-13　MIM 结构的反演参数

(a) 等效折射率；(b) 归一化等效阻抗；(c) 等效介电常数；(d) 等效磁导率

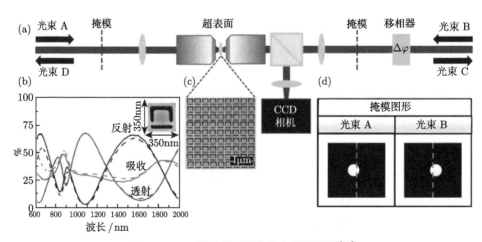

图 16.8-14　基于相干吸收的光逻辑运算[40]

(a) 实验光路图；(b) 超表面的光谱；(c) 超表面电镜图；(d) 掩模图形

图 16.8-15 为光逻辑运算实验结果,其中 (a) 和 (b) 为掩模图形的像,(c),(d),(e) 分别对应于 "与""异或""或" 等逻辑功能。显然,采用 16.8.1 节中的宽带相干吸收器可大幅拓展光计算的带宽容量,为光学信息处理提供更优的解决方案。

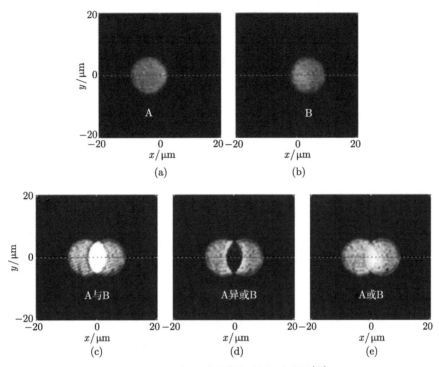

图 16.8-15　相干光逻辑运算实验结果[40]

16.9　其他亚波长电磁吸收器

16.9.1　基于衍射调控的宽带太赫兹电磁吸收材料

以下介绍一种基于衍射调控的宽带太赫兹电磁吸收材料[41]。如图 16.9-1 所示,该结构由掺杂硅及其表面的二维光栅构成,具有两种吸收机制:①在长波长处,光栅作为一种等效介质,为入射电磁波提供阻抗匹配;②在较短波长处,光栅作为波导,基底中存在高阶衍射级次,通过将能量耦合到高阶衍射级次中,实现电磁吸收。

该吸波材料的吸收率如图 16.9-2 中的实线所示,对应的结构参数为 $p = 63\mu m$, $w = 25\mu m$, $t = 30\mu m$。为了验证高阶衍射对吸收的影响,图中也给出了另一个样品 (样品 2: $p = 30\mu m$, $w = 8\mu m$, $t = 26\mu m$) 的吸收率。显然,由于样品 2 的周期减小,其高阶衍射效应明显减弱,在 2.5THz 以下可通过等效折射率近似。样品 1 由于周期较大, 正好将 1.5THz 处的零阶衍射与 2.4THz 处的一阶衍射连接在一起, 形成宽带吸收。

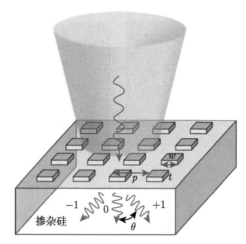

图 16.9-1　基于衍射调控的宽带太赫兹电磁吸收材料[41]

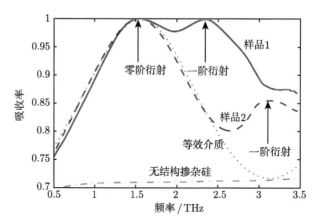

图 16.9-2　不同周期样品的吸收特性

图 16.9-3 给出了不同频率处一维光栅中的电场分布, 显然在 1～1.6THz 内, 该结构中的场分布较为均匀, 因而可通过等效折射率表征。而在 2.25THz, 结构中的电场主要局域在空气中传播, 为电磁吸收提供了一个新的机制。

上述样品可通过光刻的方法大面积制备。如图 16.9-4 所示, 测试结果与理论分析几乎完全一致[42]。由于二维光栅易于加工, 吸收频带宽, 是太赫兹波段宽带电磁吸收的可行方案[43]。

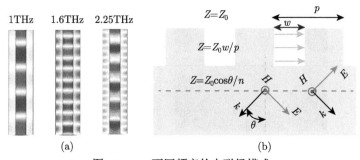

图 16.9-3　不同频率的电磁场模式

(a) 电场分布；(b) 等效阻抗

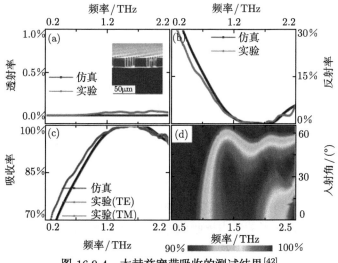

图 16.9-4　太赫兹宽带吸收的测试结果[42]

(a) 透射率；(b) 反射率；(c) 吸收率；(d) 不同入射角的吸收率

16.9.2　可调谐吸波材料

　　传统吸波材料的吸收率在制备完成后不能动态调节。本节主要阐述如何通过外加激励 (包括物理作用力、恒流偏置电压、偏置磁场、光泵浦、加热等) 实现亚波长结构材料等效电磁参数和吸收率的动态调节。

　　最简单的可调谐吸波材料可通过改进 Salisbury 屏实现，通过机械改变电阻与金属底板之间的距离，可改变吸收频点，实现电磁频谱调控甚至是彩色显示[44]。除了机械改变厚度外，也可用液晶等材料作为介质层，通过偏压改变介电常数，实现吸收频谱的调控。如图 16.9-5 所示，将液晶引入亚波长结构吸波材料中，可在保持器件厚度远小于波长的条件下，灵活操控亚波长结构的电磁吸收特性[45]。

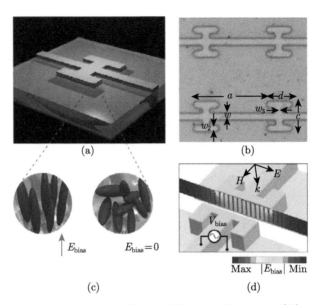

图 16.9-5 基于液晶的太赫兹频段可调谐吸波材料[45]

(a) 结构示意图；(b) 样品显微图片；(c) 液晶分子在外置电场偏压下的变化；(d) 偏置电压示意图

近年来，微波波段一些电控元件，例如电阻器、电容器和电感器等，已被广泛地应用于亚波长结构的设计中。可通过外加偏置电压，实时地控制 PIN 二极管、变容二极管等有源器件的电阻和电容参数。根据等效电路理论可知，这些可控电路元件的引入将使结构材料的电磁响应随之变化[46−48]。

以下通过一种偏振无关的电磁吸收器来说明表面结构层阻抗对反射率的影响规律。如图 16.9-6 所示，该结构由内部金属贴片以及四周的金属线构成，金属线

图 16.9-6 基于可变电阻的动态吸收器

之间由可变电阻相连。单元结构的几何尺寸如下：周期 $P = 50\text{mm}$，$L_1 = 40\text{mm}$，$w = 2.5\text{mm}$，$L_2 = 33\text{mm}$，$g = 1\text{mm}$。基底介质为 FR4，厚度为 $t = 2.9\text{mm}$。令电阻在 $100 \sim 400\Omega$ 内变化，吸收峰值频率可从 1.86GHz 调节至 1.91GHz，反射率可达到 -40dB。

上述设计可利用 PIN 二极管实现。由于金属馈电线的引入破坏了结构的对称性，所以存在两种不同的入射条件：①电场方向沿 y 轴，垂直于金属馈线；②电场方向沿 x 方向，平行于金属馈线。以下分别对这两种情况进行分析。

对于第一种条件，电磁波沿 z 轴正向入射，电场平行于 y 轴，对应磁场平行于 x 轴，相应的吸收率如图 16.9-7(a) 所示。

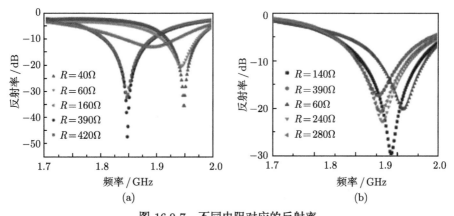

图 16.9-7 不同电阻对应的反射率

(a) 电场垂直金属馈线；(b) 电场平行于金属馈线

对于第二种入射情况，即电磁波沿 z 轴正向入射，电场平行于 x 轴，对应磁场平行于 y 轴，相应的吸收率如图 16.9-7(b) 所示。此时，电磁吸收主要发生在 1.95GHz 附近，反射率可以达到 -30dB。

动态电磁吸收器的测试结果如图 16.9-8 所示。当电场方向垂直于金属馈线时，吸收器的工作频率可动态调节，调控范围覆盖 $1.95 \sim 2.2\text{GHz}$，且具有较低的反射回波；当电场方向平行于金属馈线时，吸收器具有反射回波强度可调的特性，回波大小调节范围覆盖 -40dB 到 -3dB。

图 16.9-9 为 $45°$ 角入射、电场方向垂直于金属馈线时，可调谐吸收器的反射率测试结果。该结果证明了样品在大角度条件下仍能保持较高的吸收性能。

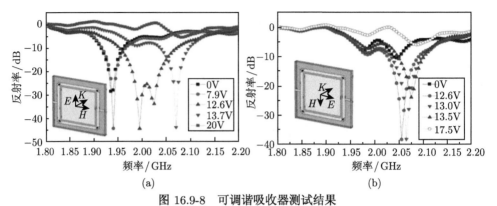

图 16.9-8　可调谐吸收器测试结果

(a) 电场垂直于金属馈线；(b) 电场平行于金属馈线

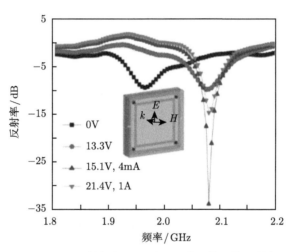

图 16.9-9　入射角为 45° 时可调谐吸收器的反射率

16.9.3　基于电磁吸收材料的热辐射调控

根据基尔霍夫定律，在热平衡状态下材料的电磁波吸收系数与其热辐射系数相等。在金属—介质复合亚波长结构中，电磁吸收的物理过程是电磁波能量向热能的转化。当赋予其足够热能，能量可通过热辐射转化为电磁波。

热辐射通常被认为是非相干光。然而，对于非理想黑体，热辐射具有许多奇异的特征。早在 1824 年，Arago 即发现钨丝的热辐射具有偏振特性[49]。2002 年，法国国家科学研究中心的 Greffet 进一步证明金属光栅的热辐射具有大尺度相干特性(图 16.9-10)，导致不同频率的辐射具有不同的辐射方向角[50]。这些研究为通过亚波长结构调节黑体辐射奠定了基础。

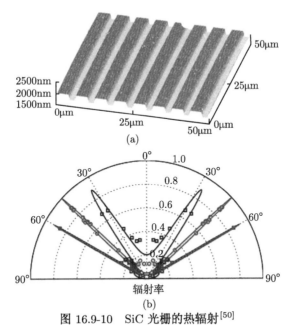

图 16.9-10　SiC 光栅的热辐射[50]

(a) 结构图；(b)TM 偏振不同波长的辐射特性，蓝色曲线为 $\lambda = 11.04\mu m$，绿色曲线为 $\lambda = 11.36\mu m$，

红色曲线为 $\lambda = 11.86\mu m$

与理想黑体辐射不同，由于亚波长结构的谐振吸收特性，其黑体辐射率同样具有频率选择性。根据辐射带宽的不同，热辐射材料的应用也不尽相同：红外宽带热辐射材料一般用于卫星辐射降温，窄带热辐射材料则可用于热光伏 (Thermophotovotaic, TPV) 电池中匹配太阳能电池的转换能级，提高转换效率。同时 TPV 还可用于工业废热发电等领域。

红外波段的亚波长结构吸收器可直接用于实现对热辐射的调控。如图 16.9-11 所示，热辐射率正比于材料吸收率与黑体辐射谱的乘积[51]。由于该类亚波长结构的大角度吸收特性，其辐射效率也在很大角度范围内保持恒定。

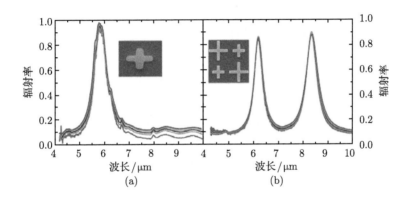

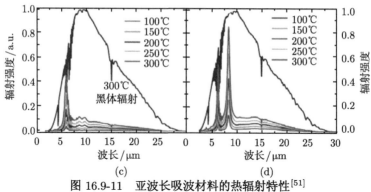

图 16.9-11　亚波长吸波材料的热辐射特性[51]

(a), (b) 单波长和双波长结构的辐射特性; (c), (d) 为对应的归一化辐射强度

以下以基于石墨烯的结构材料为例, 分析亚波长结构对热辐射率的影响规律。石墨烯是一种新型二维材料, 具有优异的电学和光学特性[52]。由于其高温稳定性, 适合用作特定角度的高效热辐射器件[5]。在近红外和可见光频段, 中性石墨烯的电导率为与温度无关的常数 $e^2/4\hbar$, 对应方阻为 $16.4\mathrm{k}\Omega$。如图 16.9-12 所示, 石墨烯

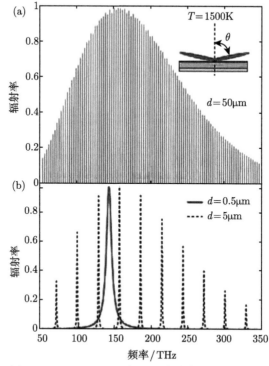

图 16.9-12　1500K 温度下石墨烯结构的热辐射率

介质基底厚度分别为 (a) $d = 50\mu\mathrm{m}$; (b) $d = 0.5\mu\mathrm{m}$ 和 $5\mu\mathrm{m}$

通过介质层与金属反射层隔开。随着介质层厚度的增加，辐射谱成为光梳，其相邻频率间隔为

$$\Delta f = \frac{c}{2d\sqrt{\varepsilon - \sin^2\theta}} \tag{16.9-1}$$

其中，ε 为介质的介电常数；d 为介质层厚度；θ 为辐射角度，此处为 $88.5°$。

石墨烯的辐射可通过化学势 (又称费米能级) 进行调节，如图 16.9-13 所示，由于电导率的突变，辐射谱同样出现急剧变化，但化学势为 $2\mu_c/h$ 以上时辐射率几乎不变。上述讨论仅适用于单层石墨烯，对于多层石墨烯，其光波段电导率随层数增加而增加，辐射谱随之相应改变。一般而言，层数越多，辐射角谱宽度越宽。如图 16.9-14 所示，分别计算单层、五层和十层石墨烯在不同方向的辐射谱。显然，辐射峰值对应的角度随层数增加而逐渐减小。

16.9.4 基于垂直生长碳纳米管的宽带光波吸收器

在可见光及红外频段，材料厚度并不是限制吸波特性的关键，即使远大于波长，材料的几何厚度仍仅为微米量级。此时，构造宽带吸波材料的难点主要在于如何保证复杂精细结构的加工精度。2009 年，Mizuno 等发现如图 16.9-15 所示的垂直生长碳纳米管具有宽带吸收特性。该材料采用气相化学沉积 (CVD) 法制备，整体厚度为 $600\mu m$。如图 16.9-16 所示，在 $0.2\sim200\mu m$ 波长范围内，总反射率均低于 1%[53]。

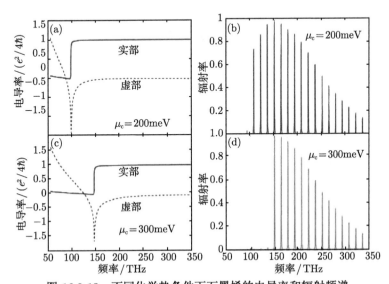

图 16.9-13 不同化学势条件下石墨烯的电导率和辐射频谱

(a), (b) $\mu_c = 200\mathrm{meV}$, $d = 10\mu m$; (c), (d) $\mu_c = 300\mathrm{meV}$, $d = 10\mu m$

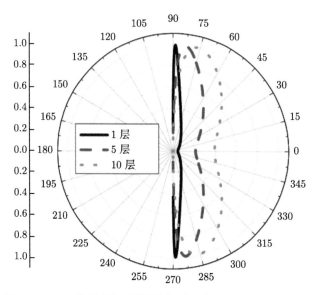

图 16.9-14　不同层数石墨烯的辐射方向图，频率为 150THz

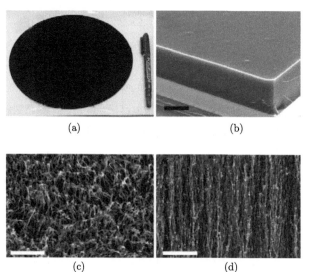

图 16.9-15　垂直生长碳纳米管宽带吸波材料[53]

(a) 8 英寸硅片上生长的碳纳米管；(b) SEM 图，标尺为 0.5mm；(c) SEM 正面视图，

标尺为 0.5μm；(d) SEM 侧面视图，标尺为 5μm

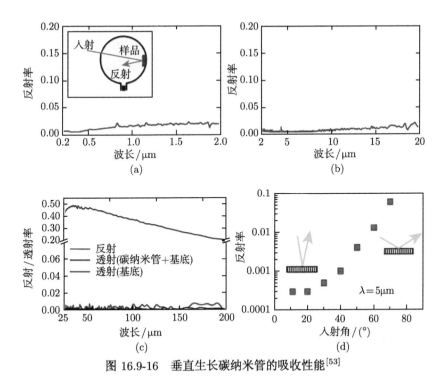

图 16.9-16　垂直生长碳纳米管的吸收性能[53]

(a) 紫外—近红外反射率, 插图为积分球测试方案; (b) 近红外—中红外反射率; (c) 远红外反射率, 此时
透射率稍有增加, 但不超过 0.5%; (d) 波长 $\lambda = 5\mu m$ 时, 反射率与入射角度的关系

　　碳纳米管也可用于实现微波吸收, 通常需要添加磁性粒子增强吸收能力[54]。
当然, 利用碳纳米管的电阻特性也可实现微波吸收[55], 但这与传统金属吸波材料
的差别不大, 因而不具备明显的优势。

参 考 文 献

[1] Vora A, Gwamuri J, Pala N, et al. Exchanging ohmic losses in metamaterial absorbers with useful optical absorption for photovoltaics. Sci Rep, 2014, 4: 4901.

[2] Feng Q, Pu M, Hu C, et al. Engineering the dispersion of metamaterial surface for broadband infrared absorption. Opt Lett, 2012, 37: 2133–2135.

[3] Watts C M, Liu X, Padilla W J. Metamaterial electromagnetic wave absorbers. Adv Mater, 2012, 24: OP98–OP120.

[4] Luo X, Pu M, Ma X, et al. Taming the electromagnetic boundaries via metasurfaces: from theory and fabrication to functional devices. Int J Antennas Propag, 2015, 2015: 204127.

[5] Pu M, Chen P, Wang Y, et al. Strong enhancement of light absorption and highly

directive thermal emission in graphene. Opt Express, 2013, 21: 11618–11627.

[6] Salisbury W W. Absorbent body for electromagnetic waves. US Patent, 2599944, 1952.

[7] 蒲明博. 亚波长结构材料的宽带频率响应特性研究. 博士论文, 北京: 中科院大学, 2013.

[8] Jaggard D L, Engheta N, Liu J. Chiroshield: a Salisbury/Dallenbach shield alternative. Electron Lett, 1990, 26: 1332–1334.

[9] Knott E F, Shaeffer J F, Tuley M T. Radar Cross Section. 2nd ed. Raleigh: SciTech Publishing, 2004.

[10] Rozanov K N. Ultimate thickness to bandwidth ratio of radar absorbers. IEEE Trans Antennas Propag, 2000, 48: 1230–1234.

[11] Planck M. The Theory of Heat Radiation. Philadelphia: P. Blakiston's Son & Co., 1914.

[12] Luo X. Principles of electromagnetic waves in metasurfaces. Sci China-Phys Mech Astron, 2015, 58: 594201.

[13] Hu C, Zhao Z, Chen X, et al. Realizing near-perfect absorption at visible frequencies. Opt Express, 2009, 17: 11039–11044.

[14] Luo X. Subwavelength electromagnetics. Front Optoelectron, 2016, 9: 138–150.

[15] Landy N I, Sajuyigbe S, Mock J J, et al. Perfect metamaterial absorber. Phys Rev Lett, 2008, 100: 207402.

[16] Guo Y, Yan L, Pan W, et al. Ultra-Broadband terahertz absorbers based on 4×4 cascaded metal-dielectric pairs. Plasmonics, 2014, 9: 951–957.

[17] Liu X, Starr T, Starr A F, et al. Infrared spatial and frequency selective metamaterial with near-unity absorbance. Phys Rev Lett, 2010, 104: 207403.

[18] Pu M, Hu C, Wang M, et al. Design principles for infrared wide-angle perfect absorber based on plasmonic structure. Opt Express, 2011, 19: 17413–17420.

[19] Pu M, Chen P, Wang Y, et al. Anisotropic meta-mirror for achromatic electromagnetic polarization manipulation. Appl Phys Lett, 2013, 102: 131906.

[20] Guo Y, Wang Y, Pu M, et al. Dispersion management of anisotropic metamirror for super-octave bandwidth polarization conversion. Sci Rep, 2015, 5: 8434.

[21] Maier S A. Plasmonics: fundamentals and applications. New York: Springer, 2007.

[22] Ebbesen T W, Lezec H J, Ghaemi H F, et al. Extraordinary optical transmission through sub-wavelength hole arrays. Nature, 1998, 391: 667–669.

[23] Hu C, Liu L, Zhao Z, et al. Mixed plasmons coupling for expanding the bandwidth of near-perfect absorption at visible frequencies. Opt Express, 2009, 17: 16745–16749.

[24] Hu C, Li X, Feng Q, et al. Investigation on the role of the dielectric loss in metamaterial absorber. Opt Express, 2010, 18: 6598–6603.

[25] Dao T D, Chen K, Ishii S, et al. Infrared perfect absorbers fabricated by colloidal mask etching of Al–Al2O3–Al trilayers. ACS Photonics, 2015, 2: 964–970.

[26] Li W, Guler U, Kinsey N, et al. Refractory plasmonics with titanium nitride: broadband metamaterial absorber. Adv Mater, 2014, 26: 7959–7965.

[27] Teperik T V, García de Abajo F J. Omnidirectional absorption in nanostructured metal surfaces. Nat Photonics, 2008, 2: 299–301.

[28] Wang M, Hu C, Pu M, et al. Truncated spherical voids for nearly omnidirectional optical absorption. Opt Express, 2011, 19: 20642–20649.

[29] Pu M, Feng Q, Wang M, et al. Ultrathin broadband nearly perfect absorber with symmetrical coherent illumination. Opt Express, 2012, 20: 2246–2254.

[30] Chong Y D, Ge L, Cao H, et al. Coherent perfect absorbers: time-reversed lasers. Phys Rev Lett, 2010, 105: 053901.

[31] Wan W, Chong Y, Ge L, et al. Time-reversed lasing and interferometric control of absorption. Science, 2011, 331: 889–892.

[32] Woltersdorff W. Über die optischen Konstanten dünner Metallschichten im langwelligen Ultrarot. Z Für Phys Hadrons Nucl, 1934, 91: 230–252.

[33] Li S, Luo J, Anwar S, et al. Broadband perfect absorption of ultrathin conductive films with coherent illumination: Superabsorption of microwave radiation. Phys Rev B, 2015, 91: 220301(R).

[34] Li S, Duan Q, Li S, et al. Perfect electromagnetic absorption at one-atom-thick scale. Appl Phys Lett, 2015, 107: 181112.

[35] Maa D-Y. Potential of microperforated panel absorber. J Acoust Soc Am, 1998, 104: 2861–2866.

[36] Ma G, Yang M, Xiao S, et al. Acoustic metasurface with hybrid resonances. Nat Mater, 2014, 13: 873–878.

[37] Pu M, Feng Q, Hu C, et al. Perfect absorption of light by coherently induced plasmon hybridization in ultrathin metamaterial film. Plasmonics, 2012, 7: 733–738.

[38] Dolling G, Enrich C, Wegener M, et al. Cut-wire pairs and plate pairs as magnetic atoms for optical metamaterials. Opt Lett, 2005, 30: 3198–3200.

[39] Liu N, Guo H, Fu L, et al. Plasmon hybridization in stacked cut-wire metamaterials. Adv Mater, 2007, 19: 3628–3632.

[40] Papaioannou M, Plum E, Valente J, et al. Two-dimensional control of light with light on metasurfaces. Light Sci Appl, 2016, 5: e16070.

[41] Pu M, Wang M, Hu C, et al. Engineering heavily doped silicon for broadband absorber in the terahertz regime. Opt Express, 2012, 20: 25513–25519.

[42] Shi C, Zang X, Wang Y, et al. A polarization-independent broadband terahertz absorber. Appl Phys Lett, 2014, 105: 031104.

[43] Zang X, Shi C, Chen L, et al. Ultra-broadband terahertz absorption by exciting the orthogonal diffraction in dumbbell-shaped gratings. Sci Rep, 2015, 5: 8091.

[44] Hong J, Chan E, Chang T, et al. Continuous color reflective displays using interferometric absorption. Optica, 2015, 2: 589–597.

[45] Shrekenhamer D, Chen W-C, Padilla W J. Liquid crystal tunable metamaterial absorber. Phys Rev Lett, 2013, 110: 177403.

[46] Chambers B, Ford K. Topology for tunable radar absorbers. Electron Lett, 2000, 36: 1304–1306.

[47] Tennant A, Chambers B. A single-layer tuneable microwave absorber using an active FSS. IEEE Microw Wirel Compon Lett, 2004, 14: 46–47.

[48] Boardman A D, Grimalsky V V, Kivshar Y S, et al. Active and tunable metamaterials. Laser Photonics Rev, 2011, 5: 287–307.

[49] Sandus O. A review of emission polarization. Appl Opt, 1965, 4: 1634–1642.

[50] Greffet J-J, Carminati R, Joulain K, et al. Coherent emission of light by thermal sources. Nature, 2002, 416: 61–64.

[51] Liu X, Tyler T, Starr T, et al. Taming the blackbody with infrared metamaterials as selective thermal emitters. Phys Rev Lett, 2011, 107: 045901.

[52] Tassin P, Koschny T, Soukoulis C M. Graphene for terahertz applications. Science, 2013, 341: 620–621.

[53] Mizuno K, Ishii J, Kishida H, et al. A black body absorber from vertically aligned single-walled carbon nanotubes. Proc Natl Acad Sci USA, 2009, 106: 6044–6047.

[54] Che R, Peng L-M, Duan X, et al. Microwave absorption enhancement and complex permittivity and permeability of Fe encapsulated within carbon nanotubes. Adv Mater, 2004, 16: 401–405.

[55] Micheli D, Pastore R, Apollo C, et al. Broadband electromagnetic absorbers using carbon nanostructure-based composites. IEEE Trans Microw Theory Tech, 2011, 59: 2633–2646.

第17章　亚波长偏振调制技术

偏振态是电磁波的基本属性之一，表征了电场矢量的振动方向。1808 年，马吕斯在实验中发现了光的偏振现象，并且在进一步的研究中证明光在折射时会产生部分偏振，为光波的横波特性提供了有力证据。

尽管光具有不同的偏振态，但人的眼睛仅能分辨出光的强度，无法对偏振态做出响应，这也是光的偏振在最初提出之时没有被立即接受的原因。与人类不同，许多动物可识别光的偏振，例如蜜蜂、螳螂、沙蚁等昆虫可通过对偏振光的识别进行导航。其中蜜蜂有三只单眼和两只复眼，每只复眼包含数千个小眼，这些小眼能根据太阳光的偏振态来确定太阳的位置，并以此判断方向。

根据电磁学基本理论，利用偏振器件可将光的偏振态信息转换为强度信息。例如利用光栅结构可过滤电场方向平行于光栅的偏振光；在摄像过程中，利用偏振镜头，可有效滤除杂散的偏振光，使目标物体的像更加突出。在通信技术中，利用特定偏振态的电磁波作为信号载体，可有效降低环境噪声对通信信号的影响，特别是圆偏振电磁波具有抗雨雾干扰、抗多径效应等优势，因此在卫星通信、电子对抗、卫星导航等领域得到了广泛的使用。此外，在红外偏振探测技术中，通过偏振信息可识别具有特定偏振态的微弱目标。

传统技术手段中，通常利用各向异性结构或材料来调节电磁波的偏振态。例如金属光栅、波片等。当入射电磁波透过如图 17.1 所示的金属线栅时，金属线中的电

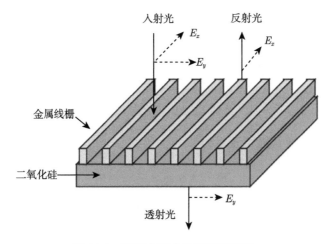

图 17.1　基于金属线栅的偏振滤波

子受到电磁场的驱动而做相应的振动,其振动的方向被限制在沿着金属线的方向。因此与金属线平行的电场分量将被反射,与金属线垂直的电场分量可从线栅透过。

近几十年来,随着亚波长电磁学研究的进展,人们逐渐认识到亚波长结构可实现对电磁波偏振态的有效调控,同时还具有体积小、易集成的优点,因此特别适合构造偏振调制器件。相比于传统的偏振调制器件,亚波长结构具有超薄、宽带和动态调控的优势。本章主要介绍基于亚波长结构的偏振调制技术,包括不同类型的偏振调制机理、相应的设计和应用等。

17.1 电磁波的偏振特性

17.1.1 电磁波偏振基本理论

平面电磁波在传播过程中,电场和磁场的振荡方向相互垂直,并且均垂直于传播方向。传统光学中,按照偏振度可将光波分为三类:自然光、部分偏振光和偏振光。在自然光中,电磁场的振动方向是随机的,因此自然光为非偏振光;如果电场的振动只沿着特定的方向,则认为该光波是偏振光,根据电场的振动方向,偏振光又可分为线偏振光、椭圆偏振光和圆偏振光。这种光学偏振概念可推广到电磁学领域。

假设平面电磁波的传输方向为 z,那么平面电磁波的电场只有 x, y 方向的分量,如图 17.1-1 所示。

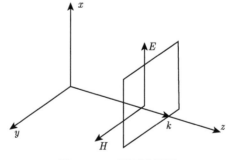

图 17.1-1 平面波图示

一般情况下,平面波可表示为

$$\boldsymbol{E} = \boldsymbol{A}\cos(\omega t - kz + \theta) \tag{17.1-1}$$

其中,A 为电场的振幅,电场在 x, y 方向上的分量可写成

$$E_x = A_x \cos(\omega t - kz + \theta_x)$$

$$E_y = A_y \cos(\omega t - kz + \theta_y) \qquad (17.1\text{-}2)$$

消去上式中的 $\omega t - kz$ 项, 可知电场矢量端点所描绘的曲线为椭圆方程

$$\left(\frac{1}{A_x}\right)^2 E_x^2 + \left(\frac{1}{A_y}\right)^2 E_y^2 - 2\frac{E_x}{A_x}\frac{E_y}{A_y}\cos(\theta_y - \theta_x) = \sin^2(\theta_y - \theta_x) \qquad (17.1\text{-}3)$$

光波偏振态可根据电场矢量端点的运动轨迹定义, 若 $\theta_y - \theta_x = m\pi/2(m$ 为奇数) 且 $A_x = A_y$ 时, 端点的运动轨迹为一个圆, 称为圆偏振, 如图 17.1-2 所示。如果迎着波矢方向看, 电场矢量端点沿逆时针方向旋转, 则定义为左旋圆偏振 (Left-Handed Circular Polarization, LCP); 反之则定义为右旋圆偏振 (Right-Handed Circular Polarization, RCP)。值得注意的是在一些电磁学的书籍中, 圆偏振的旋向是顺着波矢方向定义的, 因此 LCP 和 RCP 需要互换。

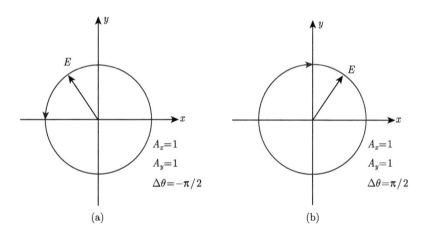

图 17.1-2　圆偏振态示意图, 传播方向为 z

(a)LCP; (b)RCP

当 $\theta_y - \theta_x = m\pi(m$ 为整数) 时, 电场矢量端点的运动轨迹为一条直线, 称为线偏振。如图 17.1-3 所示, 其中箭头所指方向表示电场的振荡方向。图 (a) 中偏振方向沿着 y 轴方向, 图 (b) 中偏振方向与 x 轴成 $45°$ 夹角。

在其他条件下, 电磁波为椭圆偏振态, 如图 17.1-4 所示, 图 (a) 为电场的 x 和 y 分量的振幅比为 1:2, 相位相差 $\pi/4$ 时的椭圆偏振, 其长轴与 x 轴和 y 轴成 $45°$ 夹角。图 (b) 为同样的振幅比, 而 x 和 y 分量的相位差值为 $\pi/2$ 时的椭圆偏振示意图, 其长轴和短轴分别沿着 y 轴和 x 轴方向。

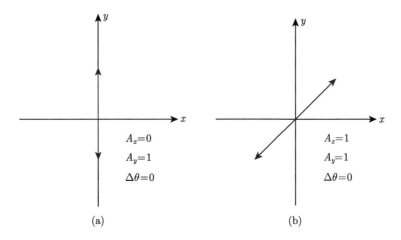

图 17.1-3   线偏振态示意图

(a)y 偏振；(b) 与 x 轴成 45° 夹角的线偏振

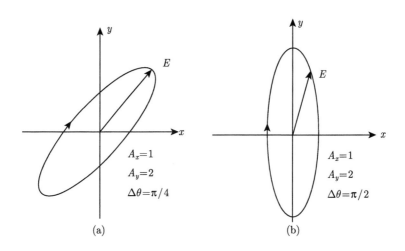

图 17.1-4   椭圆偏振态示意图

(a) 电场正交分量振幅比为 1:2，相位相差 $\pi/4$ 的椭圆偏振；(b) 电场正交分量振幅比为 1:2，相位相差 $\pi/2$ 的椭圆偏振

17.1.2   电磁波偏振的表示方法

从上述分析可知，电磁波的偏振特性取决于电场矢量在两个正交方向上分量的振幅比和相位差。一般而言，电磁波的偏振态可用矩阵表示，常用的矩阵表示方法包括琼斯矩阵和斯托克斯矩阵。此外，斯托克斯矩阵可在庞加莱球上表示。

1. 琼斯矩阵方法

琼斯矩阵方法是由琼斯 (Jones) 于 1941 年提出的[1], 用一个列矩阵来表示电场矢量在两个正交轴 (如 x 轴和 y 轴) 上的分量, 即

$$E=\left[\begin{array}{c} E_x \\ E_y \end{array}\right]=\mathrm{e}^{-\mathrm{i}\omega t+\mathrm{i}kz}\left[\begin{array}{c} A_x\mathrm{e}^{\mathrm{i}\phi_x} \\ A_y\mathrm{e}^{\mathrm{i}\phi_y} \end{array}\right]=\mathrm{e}^{-\mathrm{i}\omega t+\mathrm{i}kz+\mathrm{i}\phi_x}\left[\begin{array}{c} A_x \\ A_y\mathrm{e}^{\mathrm{i}\delta} \end{array}\right]=\mathrm{e}^{-\mathrm{i}\omega t+\mathrm{i}kz+\mathrm{i}\phi_x}\left[\begin{array}{c} a_x \\ a_y \end{array}\right] \tag{17.1-4}$$

其中, $\delta=\phi_y-\phi_x$ 为 x 分量和 y 分量之间的相位差。a_x 和 a_y 为 x 和 y 分量的复振幅。忽略两正交分量中的时谐因子, 该矩阵可写为

$$E=\left[\begin{array}{c} a_x \\ a_y \end{array}\right]=\left[\begin{array}{c} A_x \\ A_y\mathrm{e}^{\mathrm{i}\delta} \end{array}\right] \tag{17.1-5}$$

线偏振和圆偏振电磁波的琼斯矩阵分别表示为: $\left[\begin{array}{cc} 1 & 0 \end{array}\right]^T$ 和 $\dfrac{1}{\sqrt{2}}\left[\begin{array}{cc} 1 & \pm\mathrm{i} \end{array}\right]^T$, 其中正号对应 RCP, 负号对应 LCP。

2. 斯托克斯矩阵方法

1852 年, 斯托克斯 (Stokes) 提出利用一维四元矢量来表示光的偏振特性[2], 其表达式为

$$S=\left[\begin{array}{c} S_0 \\ S_1 \\ S_2 \\ S_3 \end{array}\right]=\left[\begin{array}{c} A_x^2+A_y^2 \\ A_x^2-A_y^2 \\ 2A_xA_y\cos(\delta) \\ 2A_xA_y\sin(\delta) \end{array}\right] \tag{17.1-6}$$

其中, S_0 表示总的光场强度; S_1 表示 x 线偏振光的强度; S_2 表示 $45°$ 线偏振光的强度; S_3 表示 RCP 光的强度。与上述几种偏振态正交的偏振态, 可用各自的负值来表示, 即 y 偏振、$-45°$ 偏振和 LCP 分别为 $-S_1$, $-S_2$ 和 $-S_3$。

根据上述琼斯矩阵和斯托克斯矩阵的定义, 一般的偏振态在这两种矩阵方法中的形式见表 17.1-1。通常用偏振度来表征电磁波的偏振特性, 可由斯托克斯矢量的定义给出偏振度 P 的表达式

$$P=\frac{\sqrt{S_1^2+S_2^2+S_3^2}}{S_0} \tag{17.1-7}$$

其中, 偏振度 P 的取值范围为 $[0, 1]$, $P=0$ 表示自然光, $P=1$ 表示偏振光, 对于部分偏振光, $0<P<1$。

表 17.1-1　常见偏振态的琼斯矩阵和斯托克斯矩阵矢量表达式

偏振态	琼斯矢量表达式	图形表示 (在 xoy 坐标系)	斯托克斯矢量 $\{S_0, S_1, S_2, S_3\}$
自然光	无		$\{1, 0, 0, 0\}$
水平方向偏振光	$\begin{pmatrix} 1 \\ 0 \end{pmatrix}$		$\{1, 1, 0, 0\}$
垂直方向偏振光	$\begin{pmatrix} 0 \\ 1 \end{pmatrix}$		$\{1, -1, 0, 0\}$
$\pm 45°$ 的线偏振光	$\dfrac{1}{\sqrt{2}}\begin{pmatrix} 1 \\ \pm 1 \end{pmatrix}$		$\{1, 0, \pm 1, 0\}$
左右旋圆偏振光	$\dfrac{1}{\sqrt{2}}\begin{pmatrix} 1 \\ \pm i \end{pmatrix}$		$\{1, 0, 0, \pm 1\}$

此外，斯托克斯矩阵还可用几种场强的关系来表示

$$S = \begin{bmatrix} S_0 \\ S_1 \\ S_2 \\ S_3 \end{bmatrix} = \begin{bmatrix} I_x + I_y \\ I_x - I_y \\ I_{45°} - I_{-45°} \\ I_R - I_L \end{bmatrix} \tag{17.1-8}$$

其中 I_L 和 I_R 分别代表 LCP 和 RCP 分量的强度。根据上式，可通过对入射电磁场中的各个偏振态的强度进行测试，得到斯托克斯矩阵。

3. 庞加莱球方法

1892 年，庞加莱 (Poincaré) 在斯托克斯矩阵分析方法的基础上，提出了庞加莱球作图法 (图 17.1-5)，来表征电磁波的偏振态 [3]。将斯托克斯空间表示为三个正交的坐标轴分别为 S_1, S_2 和 S_3 的直角坐标系，并在坐标系中引入归一化的球，其半径为 $S_0 = \sqrt{S_1^2 + S_2^2 + S_3^2} = 1$。

在庞加莱球的球面上，任意一点都表示一种偏振态。如果将庞加莱球与地球类比，则在赤道上的点表示方向不同的线偏振态，$\psi = 0°$ 表示 p 偏振，$\psi = 90°$ 表示 s 偏振。而南极点和北极点分别代表 LCP 和 RCP。除此之外的球面位置均表示椭圆偏振。越接近赤道，椭圆偏振的椭偏率越大；而越接近极点位置，椭偏率越小。南半球上的点代表左旋椭圆偏振，北半球的点代表右旋椭圆偏振。经过原点的任意一条直线在球面上的两点代表的偏振态为正交偏振。

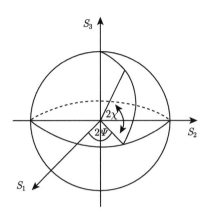

图 17.1-5　庞加莱球方法表示电磁偏振态

在上述的三种偏振态的表征方法中，琼斯矩阵和庞加莱方法都只能应用于偏振场，而斯托克斯参量法则适用于任意电磁场。

17.2　传统偏振调制技术和偏振检测技术

17.2.1　传统偏振器件

很多晶体对偏振光具有一定的选择特性，包括电气石晶体、冰洲石晶体等，它们是最早被使用的偏振调制光学材料。在这些光学材料中，具有特定偏振方向的光才能通过，因此被称为二向色性材料，可滤除自然光中的某一特定偏振态。"二向色性"最早的意思是晶体在不同的角度呈现不同的颜色。后来该词有了更加广泛的含义，如对不同偏振光的吸收率不同。在手性材料中，又衍生出了圆二向色性 (Circular Dichroism) 的概念，即材料对 LCP 和 RCP 的吸收率不同。

1852 年，Herapeth 发现碘化硫酸奎宁的针状结晶具有二向色性，并证明厚度为 0.1mm 的针状晶体即可实现对寻常光 (o 光) 的完全吸收[4]。然而这种晶粒的尺寸太小，在当时的技术条件下无法大面积制作。直到 1934 年，Land 成功地制作出大面积含碘的偏振膜片[5]，并将其用于光学系统中作为起偏器和检偏器。

有些晶体 (如石英) 中，两个正交方向上的折射率不同，两束偏振方向正交的光通过该晶体后会产生相位差。这类晶体制作成的光学器件被称为波片，如 1/4 波片、半波片、全波片等，两个等相位的正交偏振的光经过这些器件后，两分量之间将分别产生 $\pi/2$，π 和 2π 的相位差。由于自然界中的各向异性晶体在两个正交方向的折射率的差异较小，需要远大于波长的光程才能得到所需的相位差值。

根据菲涅耳公式可知，光在两种媒质界面处的反射和折射行为，不仅与入射角的大小、媒质的折射率等有关还取决于入射波的偏振态。

17.2.2　偏振技术的应用

　　电磁波的偏振态在通信领域具有重要的应用。在早期的电磁波通信系统中，人们通过调制电磁波的频率和振幅来实现传播信息的加载，即调频模式和调幅模式。Niblack 和 Wolf 在 1964 年提出，可利用电磁波的偏振态进行编码调制，以载波的偏振态为参量加载信息[6] 如图 17.2-1 所示。这种基于偏振态的信息传递技术被称为偏振位移键控技术，可有效降低通信中电磁波的非线性效应对通信质量的影响，并消除通信系统种各种噪声，尤其是相位噪声带来的负面影响。

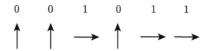

图 17.2-1　偏振位移键控技术中脉冲序列和对应的偏振态

　　偏振位移键控技术可采用不同的偏振态来表示不同的电平，一次可同时传输多位信息，实现信息传输容量的大幅度提升。对应于斯托克斯参量方法，可利用 LCP/RCP、±45° 线偏振态以及水平和垂直偏振态等来表示不同的电平值。

　　此外，偏振技术也被广泛应用于现代卫星通信中，大多数的卫星通信上行链路和下行链路分别采用垂直偏振和水平偏振的微波作为载波，如图 17.2-2 所示。另外有一些通信卫星采用不同旋向的圆偏振电磁波作为通信载波，例如中星九号等。

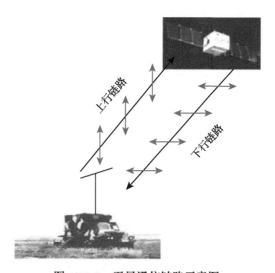

图 17.2-2　卫星通信链路示意图

　　偏振技术也被应用于立体成像技术中。例如立体电影是用左右两个镜头模仿双目视觉，放映时在放映机两个镜头前分别加上偏振方向相互垂直的偏振片。观众观看电影时，需戴上一副偏光眼镜，使每只眼睛只能看到对应镜头拍摄到的画面，而后两者在大脑中汇合，从而产生立体感。此外，在偏振片发明之后，Land 提出可应用偏振光技术消除夜间行车时汽车头灯的耀眼灯光对迎面汽车司机的影响[7]。

偏振调制技术还在液晶显示中具有重要应用。液晶显示系统中，在两块偏振方向相互垂直的偏振片中插入一个液晶盒，盒内液晶层的上下是透明的电极板。外界的非偏振光通过第一块偏振片后，成为偏振光。当液晶盒的电极不加电时，偏振光通过液晶层后偏振态会旋转 90°，因此可穿过另一块偏振片。而当液晶盒加上超过阈值的偏置电压后，液晶分子沿电场方向排列，其旋光特性消失，入射到液晶上的偏振光无法通过第二块偏振片，呈现暗影区域。

偏振技术的另一个重要应用是用于偏振探测。由菲涅耳公式可知，当自然光在界面发生反射时，会产生部分偏振光。地球表面和大气中的任何目标，在反射和发射电磁辐射的过程中都会产生由它们自身性质和光学基本定律决定的偏振特性。因此可通过偏振探测从复杂的背景信号中检测出有用的目标信号。

Ben-Dor 等以 8~12μm 的红外光为光源，对地面物体反射光的偏振度进行了研究[8]，指出草、树等植物的背景偏振度小于 0.5%；岩石、沙石、裸土等背景偏振度介于 0.5%~1.5%；水面、水泥路面、房顶等背景偏振度大于 1.5%。而金属材料的偏振度达到 2%~7%。因此通过偏振成像技术，可有效地将具有金属材质的军事目标从环境背景中检测出来。图 17.2-3 是偏振成像技术的应用实例[9]，(a) 图为利用可见光的强度来观测，无法观测到树木阴影中的军事车辆，普通的红外探测技术 ((b) 图) 也难以观测到目标，而通过红外偏振成像技术，可将车辆明显分辨出来 ((c) 图)。

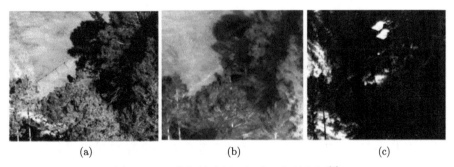

(a)   (b)   (c)

图 17.2-3 偏振技术用于军事目标的探测[9]

17.3　基于各向异性亚波长结构的偏振调制器件

17.3.1　各向异性亚波长结构的分析方法

　　传统的各向异性材料中，两个正交方向上的电磁参数之间的差异较小，为了使正交方向的电磁波产生明显的相位差，材料的厚度需远大于波长。此外，对于一定厚度的各向异性材料而言，随着电磁波波长的增加，两个正交方向波矢的差别逐渐减小，因而一般波片的工作带宽均较窄。亚波长结构材料的出现，为偏振调制提供了一条全新的技术途径。通过人为地设计各向异性亚波长结构材料的单元结构，可使两个正交方向上的电磁参数表现出显著的差异。此外，通过调节结构的色散，可显著提高器件的带宽。

　　微波波段典型的各向异性亚波长结构有金属断线结构、金属曲折线结构等。下面以金属断线结构为例，具体分析各向异性亚波长结构的工作原理和设计方法。

　　图 17.3-1 为具有金属断线结构的各向异性亚波长结构，其由周期性的金属断线组成，金属线宽度为 w，长度为 l，金属线之间的间隔为 d，金属线与 x 轴和 y 轴的夹角为 45°。当 x 偏振电磁波入射到该材料表面时，电场可分解为平行于金属线的分量 $E_\parallel$ 和垂直于金属线的分量 $E_\perp$，由于电场矢量与金属线之间的夹角为 45°，平行电场分量 $E_\parallel$ 和垂直电场分量 $E_\perp$ 相互正交，且具有相同的振幅和相位。

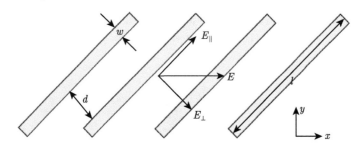

图 17.3-1　基于金属断线结构的各向异性亚波长结构

　　为了更直观地理解各向异性亚波长结构对电磁波相位的调制机理，可利用等效电路理论对其进行分析。图 17.3-2 为各向异性亚波长结构的单元结构等效电路图，单元结构在这两个正交方向均可等效为电感 L 和电容 C 的串联电路。其中电感 L 主要来自金属线部分，电容 C 由金属线之间形成的间隙决定。

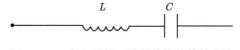

图 17.3-2　各向异性亚波长结构的等效电路

金属线的电感值可由经验公式计算

$$L = 2l\left\{\ln\left[l/(w+t)\right] + 0.5 + (w+t)/3l\right\} \quad (17.3\text{-}1)$$

其中，l，w，t 分别为直金属线的长度、宽度和厚度 (单位为 mm)，该经验公式计算的电感单位为纳亨 (nH)。相邻金属线之间的电容计算公式如下

$$C = \frac{\varepsilon l t}{4\pi k d} \quad (17.3\text{-}2)$$

其中，d 为相邻金属线之间的距离，k 为自由空间的波矢。值得注意的是，两个正交方向的电感和电容对应结构的长度、宽度等的定义不同。

根据 LC 等效电路可分析电磁波通过该材料的透射系数表达式为

$$S_{21} = \frac{2Z}{2Z + Z_0} \quad (17.3\text{-}3)$$

其中，Z_0 为自由空间波阻抗；$Z = -\mathrm{i}\omega L - 1/(\mathrm{i}\omega C)$ 为材料的特征阻抗；ω 为角频率。从式 (17.3-3) 中可知，传输相位表达式为

$$\delta = \arg\left(\frac{1}{2 + 2Z_0/(\mathrm{i}\omega L + 1/\mathrm{i}\omega C)}\right) \quad (17.3\text{-}4)$$

从而可知传输相位与电容 C 和电感 L 密切相关。

17.3.2 各向异性亚波长结构偏振调制研究进展

典型的各向异性亚波长结构有曲折线结构[10-12]、金属断线对结构[13-15] 等。1998 年，Zürcher 提出一种可覆盖整个 E 波段 (60~90GHz) 的曲折线型亚波长结构材料[10]。将四层曲折线材料相互叠加，通过调节每一层材料中曲折线单元的结构参数，以及每两层材料之间的间隔，可实现宽带的偏振调制。该偏振转换器件在整个 E 波段范围内，出射场均为圆偏振。Dietlein 等提出一种由多层周期性金属线结构制作的各向异性亚波长结构，在 95GHz 附近 5% 的相对带宽内将线偏振电磁波转换为圆偏振[12]。Chen 等构造了一种反射式的宽带偏振调制材料[13]，在 0.8~1.8THz 内，将入射的线偏振转换为正交线偏振。

17.3.3 超薄各向异性圆偏振器

图 17.3-3 显示的是一种超薄亚波长结构偏振调制器件[16]，由介质基板上的金属圆环和内部的矩形金属线组成，矩形金属线的中心与圆心重合，金属线轴向与 x 轴成 135° 角。介质基板的相对介电常数为 2.5，厚度为 0.508mm。该亚波长结构材料的结构参数包括单元周期 p，金属圆环外径 r_1，内径 r_2，矩形金属线的长度 L，矩形金属线宽 W。优化的结构参数为 p=9.6mm，r_1=4.5mm，r_2=4.0mm，L=7mm，W=0.4mm。

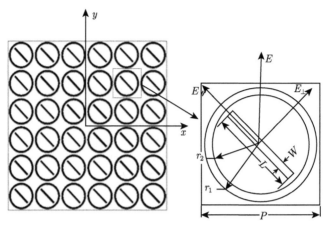

图 17.3-3   圆偏振器及单元结构俯视图[16]

圆偏振器位于 xy 平面中，当偏振方向平行于 x 轴的线偏振电磁波沿 z 轴方向垂直入射到圆偏振器，电场可分解为垂直于金属线的垂直分量 $E_\perp$ 和平行于金属线的平行分量 $E_\parallel$，这两个分量同相等幅，其中平行分量主要受到中间金属线的电感效应调制，使得平行电场分量的相位值超前；而垂直分量主要受到金属线和金属圆环之间的电容效应调制，使垂直分量的相位值滞后，当两个分量之间产生 90°的相位差时，即满足圆偏振出射条件。

通常用轴比 (Axial Rario，AR) 来表征椭圆偏振的圆偏振程度，其定义为偏振椭圆长轴和短轴之间比值的对数，其单位一般为 dB。AR 的值越接近 0dB，则说明圆偏振的程度越高，通常把 AR≤3dB 的电磁波认定为圆偏振。可利用两个正交方向的电场振幅和相位信息计算出出射场的轴比值，计算的公式为

$$\mathrm{AR} = 10\lg \frac{\left(E_1 \cos\tau + E_2 \cos\phi \sin\tau\right)^2 + E_2^2 \sin^2\phi \sin^2\tau}{\left(E_1 \sin\tau + E_2 \cos\phi \cos\tau\right)^2 - E_2^2 \sin^2\phi \cos^2\tau} \tag{17.3-5}$$

其中，

$$\tau = \frac{1}{2}\arctan\left(\frac{2E_1 E_2 \cos\phi}{E_1^2 - E_2^2}\right) \tag{17.3-6}$$

E_1 和 E_2 分别为电场平行分量和垂直分量的透射率；而 ϕ 为二者之间的相位差值。

该圆偏振转换结构的平行分量和垂直分量的透射振幅和传输相位差值如图 17.3-4(a) 所示。在 14.4GHz 处，透射电场的平行分量和垂直分量的振幅相同，且二者之间的相位差为 −90°，说明出射场为圆偏振场。图 17.3-4(b) 为该亚波长结构的出射场轴比曲线图，可看出材料的出射场轴比最小值接近 0dB，说明该亚波长结构的出射场在该频点处为纯净的圆偏振场，亚波长结构的 3dB 轴比带宽为 13.4~15.35GHz，相对轴比带宽为 13.6%。

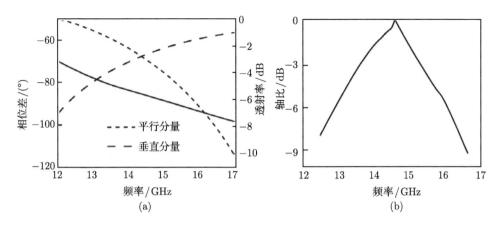

图 17.3-4 超薄圆偏振器偏振转换效果[16]

(a) 平行分量和垂直分量的透射率和相位差值；(b) 轴比

根据 14.4GHz 处单元结构表面电流的分布情况，可验证该亚波长结构的圆偏振出射效果。如图 17.3-5 所示，在入射电场的相位从 0° 到 135° 变化的过程中，亚波长结构的表面电流沿逆时针旋转。

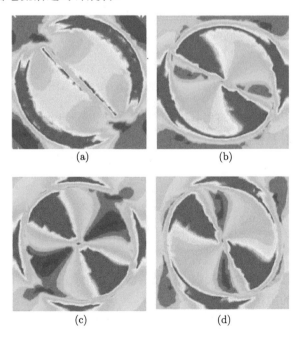

图 17.3-5 14.4GHz 处单元结构表面电流随入射电磁波相位 δ 变化情况[16]

(a) $\delta=0°$；(b) $\delta=45°$；(c) $\delta=90°$；(d) $\delta=135°$

17.3.4　偏振转换的色散调制数理模型

从上述实例中可看出，亚波长结构能实现对电磁波的偏振调控。然而，亚波长结构内在的强色散特性导致其工作带宽局限在结构的共振频率附近，大多难以实现宽带的应用要求。通过对亚波长结构的色散特性进行调制，可有效拓展偏振转换的工作带宽。

一般而言，实现偏振转换的亚波长结构可分为透射式和反射式。与透射式相比，反射式偏振转换具有结构简单 (不需要设计复杂的抗反射结构) 且便于控制的特点。如图 17.3-6 所示的反射式偏振转换结构，由超表面、金属反射层和中间介质层组成。为了更具一般性，可忽略超表面的具体结构形式，而将其视为一个均匀的阻抗薄片。

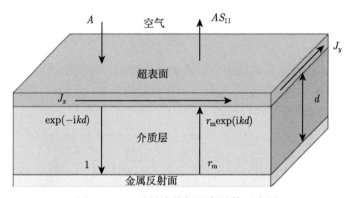

图 17.3-6　反射式偏振调制结构示意图

为了简化分析，以下忽略材料中的损耗。根据能量守恒的原则，不同偏振态的正入射电磁波反射系数满足 $|S_{xx}(\omega)| = |S_{yy}(\omega)| = 1$。因此，色散调制的重心在于对相位差 $\Delta\phi(\omega) = |\phi_{xx}(\omega) - \phi_{yy}(\omega)|$ 的控制。通过传输矩阵法可得到不同偏振态下的反射相位

$$\phi_i = \arg\left(\frac{-Z_0\left(1 - \exp(2\mathrm{i}kd)\right) - 2Z_i\exp(2\mathrm{i}kd)}{Z_0\left(1 - \exp(2\mathrm{i}kd)\right) + 2Z_i} \right) \tag{17.3-7}$$

其中，$i = x, y$ 代表不同偏振方向；$Z_0 = \sqrt{\mu_0/\varepsilon_0} = 377\Omega$ 为真空中的阻抗；$k = \sqrt{\varepsilon_d}k_0$ 和 ε_d 分别为中间介质层中电磁波的波矢及介质的介电常数；d 为介质层厚度；Z_i 为超表面的阻抗。

从式 (17.3-7) 可看出，反射相位与介质层厚度 d、介电常数 ε_d 以及超表面的阻抗 Z_i 相关。色散调控的目标是通过调制上述各个参数，在两个正交的主轴上构造具有相同斜率的色散曲线，且任一频点处二者相位差为常数。介质层厚度 d 决定了反射式亚波长结构的相位变化机理。当介质厚度位于深亚波长尺度 ($d \ll \lambda$)，亚

波长电磁表面与底层金属反射面之间会形成反向表面电流,导致强烈的磁共振。这种高品质因数的磁共振使得反射相位在共振频率附近产生强烈的色散。一方面这种强色散能在亚波长尺度内产生较大相位差;但另一方面强的共振特性极大地限制了亚波长结构材料的工作带宽。为了克服这种强的磁性耦合,可将介质层厚度设为工作波长的四分之一。此时,磁耦合效应非常微弱,取而代之的是类似于 F-P 腔的共振效应,由此产生的多次反射在相位调制中起主导作用。这种去耦合措施一方面能拓展亚波长结构材料的工作带宽,另一方面不再需要上下层结构之间严格对齐,因此被广泛用于偏振调制、完美吸收体、光束异常偏折及全息成像等领域。从本质上看,这种带宽拓宽是由剧烈的非线性色散向平缓的线性色散的转换引起的。为了进一步使工作频段内的色散斜率趋于平缓,采用具有低介电常数 ($\varepsilon = 1.1$) 的介质作为中间层,使色散在较宽的频率范围内趋于线性。理论研究表明任何满足因果性的色散都可通过多个洛伦兹色散叠加得到,因此需要在超表面上构造多个具有洛伦兹色散的 LC 共振。

如图 17.3-7 所示,当两个方向反射相位差分别为 $\pi/2$, π 和 $3\pi/2$ 时,入射线偏振电磁波 (偏振方向与主轴成 45° 夹角) 将被转化为 LCP、正交线偏振 (偏振方向与主轴成 −45° 夹角) 以及 RCP[17]。

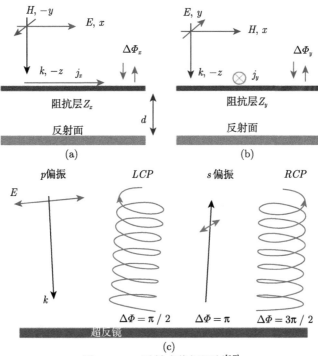

图 17.3-7 反射式偏振调制[17]

(a)p 偏振; (b)s 偏振; (c) 偏振转换效果

一般而言，各向异性材料在两个主轴方向的阻抗均随频率变化，导致设计较为复杂。为了简化分析，令 Z_x 为常数 ($Z_x = \infty$)，Z_y 具有强色散特性。设介质隔离层为空气 ($n=1$)，两个方向的反射相位分别为

$$\Phi_x = \pi + 2kd$$

$$\Phi_y = \arg\left(\frac{-Z_0 - (2Z_y - Z_0)\exp(\mathrm{i}2kd)}{2Z_y + Z_0 - Z_0\exp(\mathrm{i}2kd)}\right)$$

(17.3-8)

对于特定的相位差 $\Delta\Phi$，Z_y 应满足下式

$$\frac{Z_y}{Z_0} = -\frac{1}{2}\frac{A - AB + 1 - B}{A + B}$$

(17.3-9)

其中，$A = \exp(\mathrm{i}(\Delta\Phi + 2kd + \pi))$，$B = \exp(\mathrm{i}2kd)$。根据公式 (17.3-9)，可获得偏振调制所需的理想阻抗。

如图 17.3-8 所示为 $\Delta\Phi = \pi/2$，π，$3\pi/2$ 三种情况下的理想阻抗，三者均随频率明显变化。特别地，对于 $\Delta\Phi = \pi/2$ 的理想阻抗在整个区间内大部分是电容性，对于 $\Delta\Phi = \pi$，曲线在中心频率 ($f = c/4d$，其中 c 为光速) 两侧分别为电容性和电感性。对于 $\Delta\Phi = 3\pi/2$，理想阻抗在整个区间主要表现为电感性。

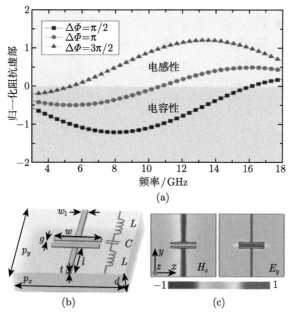

图 17.3-8　三种相位差对应的等效阻抗及对应的亚波长结构[17]

(a) 理想阻抗分布；(b) 结构示意图；(c) 电场和磁场分布

得到最优阻抗后，可通过亚波长结构的色散调制逼近该曲线，实现宽带的偏振转换。如图 17.3-8(b) 所示，单元结构为 "工" 字型金属结构。当入射电场沿着 y 方向时，该结构可视为串联的等效电感 L 以及等效电容 C，其对应的表面阻抗可表示为 $Z_y = -\mathrm{i}\omega L - 1/\mathrm{i}\omega C$。如图 17.3-8(c)，由电磁场分布可看出电感来自于平行于电场的金属线，而电容来自于两个水平金属线之间的间隙。当电场沿着 x 方向，由于没有激发表面电流，该结构可使入射电磁波全部透过，等效阻抗为无穷大。

针对 $\Delta\Phi = \pi$(设计 A) 和 $\Delta\Phi = 3\pi/2$(设计 B) 需要分别优化结构参数 $(p_x, p_y, l, w, w_1, g$ 和 $t)$。在优化过程中，通过金属线的长度和宽度调节等效电感，通过贴片的间距以及宽度调节等效电容。最后，可利用 S 参数反演法获得等效阻抗。

金属厚度为 $t=0.035\mathrm{mm}$，介质基底厚度为 $0.5\mathrm{mm}$，介电常数为 2.5。介质基底与金属底板间距为 $5\mathrm{mm}$，材料为泡沫 (介电常数为 1.03)。对于设计 A，几何参数优化为 $p_x=5.2\mathrm{mm}$，$p_y=7.4\mathrm{mm}$，$l=3.35\mathrm{mm}$，$w=2\mathrm{mm}$，$w_1=0.1\mathrm{mm}$，$g=0.3\mathrm{mm}$。对于设计 B，对应的几何参数分别为 $p_x=11\mathrm{mm}$，$p_y=16\mathrm{mm}$，$l=7.35\mathrm{mm}$，$w=3.6\mathrm{mm}$，$w_l=0.2\mathrm{mm}$，$g=0.7\mathrm{mm}$。

如图 17.3-9(a) 所示，在 5.1~16.8GHz 的频率内 $\Delta\Phi_\mathrm{A}$ 取值在 $(0.9\pi, 1.1\pi)$ 之

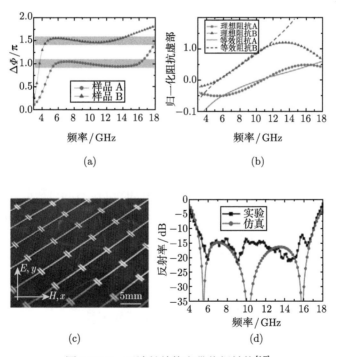

(a)　　　　　　　　　　　　(b)

(c)　　　　　　　　　　　　(d)

图 17.3-9　亚波长结构宽带偏振转换[17]

(a) 两种设计的相位差；(b) 等效阻抗及理想阻抗；(c) 样品照片；(d) 实验测试和仿真的主偏振反射率

间；在 4.1~14.5GHz 频率内，$\Delta\Phi_B$ 取值介于 $(1.4\pi, 1.6\pi)$ 之间。比较等效阻抗与理想阻抗可发现，上述两种设计均可在宽频段内模拟理想阻抗的变化趋势，因而可实现宽带的偏振调制。如图 17.3-9(b)，等效阻抗与理想阻抗在频带范围内有三个交叉点，在这些位置，偏振转换效率接近 100%。图 17.3-9(d) 中的测试结果显示，该亚波长结构在 5.5~16.5GHz 内主偏的反射率均小于 -15dB。

通过拟合反演所得阻抗，可得上述结构对应的等效电感和电容参数：$L_1 = 3.67$nH，$C_1 = 0.078$pF，$L_2 = 8$nH，及 $C_2 = 0.13$pF。由于 L_2 远大于 L_1，其周期也相应更大。尽管如此，该周期仍小于最高频率对应的工作波长 ($f = 18$GHz，$\lambda = 16.7$mm)，因而等效理论仍然适用。实际上，基于介电常数和阻抗的等效性，该结构可表示为无损耗的 Lorentz 模型

$$\varepsilon_{\mathrm{eff}} = 1 + \frac{\omega_1^2}{\omega_0^2 - \omega^2} \tag{17.3-10}$$

其中，$\omega_0 = 1/\sqrt{LC}$ 表示结构中电子的谐振频率，$\omega_1 = 1/\sqrt{\varepsilon_0 Lt}$ 表征电子密度，并与结构厚度相关。

17.3.5　基于二维色散调制的宽带偏振转换器件

17.3.4 节中给出了一维色散调制的宽带偏振调制亚波长结构的设计过程。为了进一步拓展亚波长结构的工作带宽，可从两个维度同时进行色散调制。利用如图 17.3-10(a) 所示的周期性开口谐振环结构，可调制两正交方向的相位值，其单元结构如图 17.3-10(b) 所示[18]。显然，这是一种各向异性结构。这种结构由两个背靠背的开口谐振环构成，其优点在于：一方面，其电响应和磁响应可独立调节；另一方面，相对于之前提出的 I 字形、工字形结构，这种结构具有更高的设计自由度 (参数包括 P_x，P_y，a，b，w，g)，能同时调控两个维度上的色散，因而具有更强的色散调控能力。不同偏振态时该超表面的等效电路如图 17.3-10(c) 和 (d) 所示。

整个亚波长结构材料结构如图 17.3-11 所示，周期性金属开口谐振环结构的厚度 $t_1 = 0.035$mm，材料为铜，其衬底厚度 $t_2 = 0.508$mm，衬底材料的介电常数为 2.2，中间介质层材料为泡沫，介电常数为 1.03。当 $\Delta\phi(\omega) = \pi$，最终优化的结构参数为 $P_x = 13.6$mm，$P_y = 15$mm，$a = 17.4$mm，$b = 10.7$mm，$w = 0.2$mm，$g = 0.7$mm。

该结构的偏振调制结果如图 17.3-12(a) 所示，可看出偏振转换比 (PCR) 在 3.17~16.9GHz 内均大于 88%，带宽超过 5:1。其中，在频率 3.3GHz，4.2GHz，7.3GHz，13.2GHz 和 16.3GHz 处，偏振转换效率接近 100%。值得注意的是，该偏振转换器件有接近理想矩形的通带，因此具有良好的频带选择性。

为了进一步阐明色散调控内在的物理机制，可从宏观 (等效介质理论) 和微观 (等效电路理论) 两方面同时对超表面进行分析。值得注意的是，这里仅将薄的超表面视为均匀性材料，因此等效理论模型更为严格。通过 S 参数反演，可得到超表

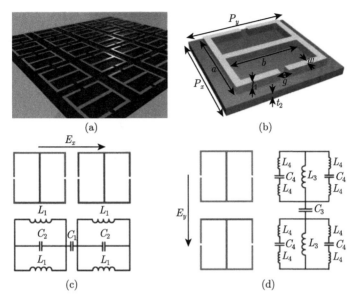

图 17.3-10 (a), (b) 二维偏振调制亚波长结构及单元示意图;
(c)x 偏振及 (d)y 偏振态亚波长结构的等效电路[18]

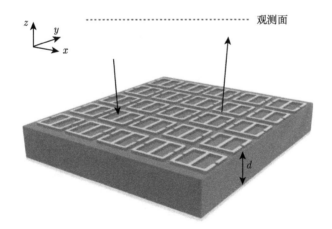

图 17.3-11 亚波长结构材料实现超宽带偏振转换[18]

面的等效阻抗, 如图 17.3-13(a) 和 (b) 所示。显然, 在不考虑材料损耗的情况下等
效阻抗为纯虚数, 虚部大于 0 的区域内等效阻抗呈现电感性; 反之, 呈现电容性。
依据 LC 电路的零点分布规律可知, 等效阻抗虚部为 0 的地方表明在此频率附近
单元结构可等效为串联 LC 电路, 等效阻抗虚部为 $\pm\infty$ 的地方单元结构则等效为
LC 并联电路。在固定阻抗 Z_x 的情况下, 推导出最优的 Z_y, 其与等效阻抗在频带

范围内有五个交点，分别对应五个偏振转换峰。在频带范围的边缘处 (亮绿色阴影部分)，等效阻抗与最优阻抗的相对差别较大，因此在这些频段内偏振转换曲线出现比较陡峭的变化，如图 17.3-12(a) 所示。

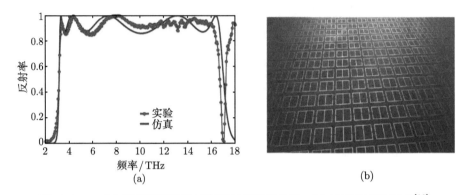

图 17.3-12　(a) 仿真和实验的正交偏振反射率曲线；(b) 亚波长结构样品[18]

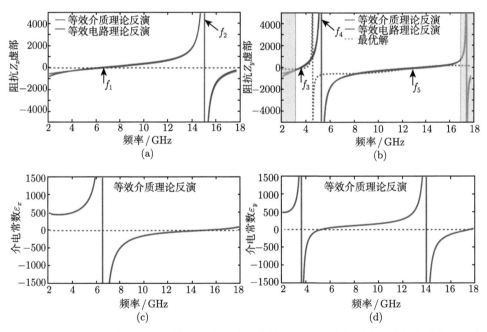

图 17.3-13　(a) 等效介质理论与等效电路理论计算的 Z_x；(b) 等效介质理论与等效电路理论计算的 Z_y 以及理论上的最优阻抗；(c) 和 (d) 分别为等效介质理论计算的 ε_x 和 $\varepsilon_y^{[18]}$

　　同时，基于导电率模型和等效阻抗之间的联系，超表面可通过相对介电常数来描述

$$\varepsilon_{\mathrm{eff},j} = 1 + \frac{\mathrm{i}\sigma_{\mathrm{eff},j}}{\varepsilon_0 \omega} = 1 + \frac{\mathrm{i}}{\varepsilon_0 \omega t Z_j} \tag{17.3-11}$$

其中, $\sigma_{\mathrm{eff},j} = 1/tZ_j$ 为有效复导电率; t 为超表面的厚度; $j = x, y$。计算得到的 $\sigma_{\mathrm{eff},x}$ 和 $\sigma_{\mathrm{eff},y}$ 呈现出洛伦兹函数的特征, 如图 17.3-13(c) 和 (d) 所示。

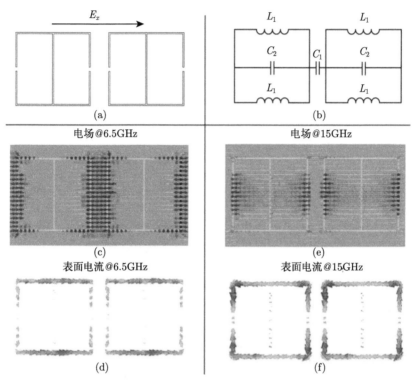

图 17.3-14 入射电磁波偏振沿 x 方向时的等效电路与电磁场分布[18]

(a) 沿 x 方向相邻的两个单元结构示意图; (b) 等效电路示意图; (c) 和 (d) 分别为 6.5GHz 处两单元结构的电场分布与电流密度分布; (e) 和 (f) 分别为 15GHz 处两单元结构的电场分布与电流密度分布

接下来用等效电路理论对超表面进行分析。当入射电磁波偏振方向为沿 x 方向时, 需要考虑横向相邻的两个单元, 如图 17.3-14(a) 所示, 其等效电路如图 17.3-14(b) 所示, 由一个串联 LC 电路和一个并联 LC 电路组成。根据经典电路理论, 等效电路的阻抗可表示为

$$Z_x(\omega) = -\frac{1}{2/\mathrm{i}\omega L_1 + \mathrm{i}\omega C_2} - \frac{1}{\mathrm{i}\omega C_1} \tag{17.3-12}$$

阻抗零点 f_1 和 f_2 处的电场分布和电流密度分布如图 17.3-14(c)~(f) 所示。不难看出, 频率 f_1 处呈现串联 LC 电路的特征, 此时 $Z_x(f_1) \approx -\mathrm{i}\omega L_1/2 - 1/\mathrm{i}\omega C_1$; 频率 f_2 处呈现并联电路的特征, 此时 $Z_x(f_2) \approx -1/(2/\mathrm{i}\omega L_1 + \mathrm{i}\omega C_2)$。

　　当入射电磁波偏振沿 y 方向时，需要考虑纵向相邻的两个单元之间的电磁耦合，如图 17.3-15 所示。其等效电路由两个串联 LC 电路和一个并联 LC 电路组成。根据电路理论，等效电路的阻抗可表示为

$$Z_y(\omega) = -\cfrac{1}{\cfrac{1}{\mathrm{i}\omega L_3} + \cfrac{1}{\mathrm{i}\omega L_4 + \cfrac{1}{2\mathrm{i}\omega C_4}}} - \frac{1}{\mathrm{i}\omega C_3} \tag{17.3-13}$$

阻抗零点 f_3，f_4，f_5 处的电场分布和电流密度如图 17.3-15(c)~(f) 所示，分别表现出串联、并联和串联 LC 电路的特征。

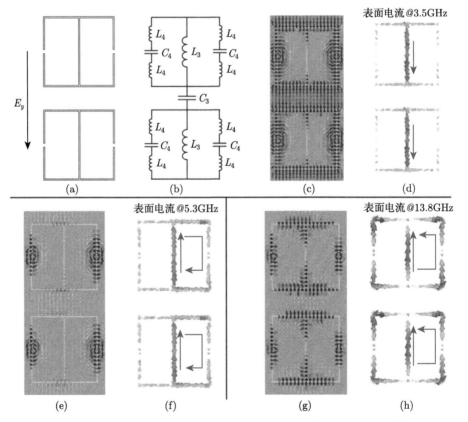

图 17.3-15　入射电磁波偏振沿 y 方向时的等效电路与电磁场分布[18]

(a) 沿 y 方向相邻的两个单元结构示意图；(b) 等效电路示意图；(c) 和 (d) 分别为 3.5GHz 处两单元结构的电场分布与电流密度分布；(e) 和 (f) 分别为 5.3GHz 处两单元结构的电场分布与电流密度分布；(g) 和 (h) 为 13.8GHz 处两单元结构的电场分布与电流密度分布

为了验证等效介质理论和等效电路理论的统一性，可将两种方法得到的阻抗进行拟合。计算证实，当 $(L_1, C_1, C_2) = (5\text{nH}, 200\text{fF}, 45\text{fF})$，$(L_3, C_3, L_4, C_4) = (11\text{nH}, 100\text{fF}, 0.1\text{nH}, 41\text{fF})$ 时，两种理论得到的结果吻合良好，如图 17.3-13(a) 和 (b) 所示，证明了通过色散调制实现宽带偏振转换理论的正确性。

17.4 基于手性亚波长结构的偏振调制器

除了各向异性亚波长结构之外，手性亚波长结构是实现偏振调制的另一种重要手段。手性结构是指结构中不存在对称面，其结构与其镜像之间无法通过旋转、平移等操作相互重合。自然界中存在着大量的手性结构，包括部分大分子结构、DNA、蛋白质等。手性结构材料由于不具有对称面，当电磁波穿过材料时，存在电场和磁场之间的交叉耦合，产生旋光性和圆二向色性等奇异的电磁现象。

圆二向色性是指不同旋向的圆偏振电磁波在通过手性材料时，透射率或吸收率存在差异。旋光性是指出射电磁波的偏振面与入射电磁波的偏振面相比旋转了一定的角度，通常利用旋转角这个物理量来表征旋光性的强弱。旋光性最早由 Arago 通过实验观测到[19]，当在两个偏振方向垂直的偏振片中间放入石英晶体，可在第二个偏振片的出射端观测到一定的光强分布。这说明第一个偏振片出射的偏振光在通过石英晶体的时候，偏振面发生了一定角度的旋转。旋光性来源于晶体结构的低对称性，并且旋光性的强弱与入射波的波长密切相关。

17.4.1 手性材料的分析方法

1. 手性材料的本构关系

手性材料中电场和磁场之间的耦合可通过手性材料的本构关系来表征。1962 年，Post 给出了手性材料的本构关系[20]

$$\begin{cases} \boldsymbol{D} = \varepsilon \boldsymbol{E} + \mathrm{i}\xi \boldsymbol{H} \\ \boldsymbol{H} = \dfrac{1}{\mu} \boldsymbol{B} + \mathrm{i}\xi \boldsymbol{E} \end{cases} \tag{17.4-1}$$

从本构关系可看出，在手性材料内，电位移矢量 $\boldsymbol{D}$ 不仅与电场 $\boldsymbol{E}$ 有关，还与磁场 $\boldsymbol{B}$ 有关。同时磁感应强度 $\boldsymbol{H}$ 同样也是既和电场强度有关也和磁场强度有关。在本构关系式中，参数 ξ 表征手性材料中电场和磁场之间交叉耦合的强度，被称为手性因子，当其值为 0 时，材料的本构关系与普通各向同性的材料的本构关系相同。

利用式 (17.4-1) 中的本构关系，结合无源麦克斯韦方程组，可得到手性材料中电场和磁场的波动方程

$$\nabla \times \boldsymbol{E} = \mathrm{i}\omega \boldsymbol{B} = \omega \left(\boldsymbol{D} - \varepsilon \boldsymbol{E} \right)/\xi = \mathrm{i}\nabla \times \boldsymbol{H}/\xi - \omega\varepsilon\boldsymbol{E}/\xi$$

$$=\mathrm{i}\nabla \times (B/\mu + \mathrm{i}\xi E)/\xi - \omega\varepsilon E/\xi = -\nabla \times E + \frac{1}{\mathrm{i}\omega\mu}\nabla \times \nabla \times E - \omega\varepsilon E/\xi \quad (17.4\text{-}2)$$

将上式整理后可得

$$\nabla \times \nabla \times E - 2\omega\mu\xi\nabla \times E - \omega^2\mu\varepsilon E = 0 \qquad (17.4\text{-}3)$$

根据矢量计算公式

$$\nabla \times \nabla \times E = \nabla(\nabla \cdot E) - \nabla^2 E = -\nabla^2 E \qquad (17.4\text{-}4)$$

可得到手性材料中电场矢量 E 的波动方程为

$$\nabla^2 E + 2\omega\mu\xi\nabla \times E + \omega^2\mu\varepsilon E = 0 \qquad (17.4\text{-}5)$$

同样可得到手性材料中磁场矢量的波动方程具有相似的形式，如式 (17.4-6) 所示

$$\nabla^2 H + 2\omega\mu\xi\nabla \times H + \omega^2\mu\varepsilon H = 0 \qquad (17.4\text{-}6)$$

定义平面电磁波在手性材料中的传播波矢量为 k，则式 (17.4-3) 的波动方程可表示为

$$-k \times k \times E - \mathrm{i}2\omega\mu\xi k \times E - \omega^2\mu\varepsilon E = 0 \qquad (17.4\text{-}7)$$

根据上式可得到电场的波矢量满足方程

$$k^2 = \left(\frac{\omega^2\mu\varepsilon - k^2}{2\omega\mu\xi}\right) \qquad (17.4\text{-}8)$$

通过求解方程 (17.4-8) 可得，方程的两个本征解均为圆偏振，一个为 LCP(k_L)，另一个为 RCP(k_R)，各自对应的传播常数为

$$k_R = \omega\mu\xi + \omega\sqrt{\mu\varepsilon + \mu^2\xi^2} \qquad (17.4\text{-}9)$$

$$k_L = -\omega\mu\xi + \omega\sqrt{\mu\varepsilon + \mu^2\xi^2} \qquad (17.4\text{-}10)$$

上述结果说明，平面线偏振电磁波入射到手性材料后分解为 LCP 和 RCP，而在传播过程中，这两个圆偏振的传播常数不同，因此在出射场中两种圆偏振的传输相位和透射率不同。

由于手性材料中存在电场和磁场之间的交叉耦合，可用手性因子 ξ 表征电场和磁场之间交叉耦合作用的强弱程度。一般而言 ξ 远小于 ε，手性材料的折射率可近似为 $n_\pm = \sqrt{\varepsilon\mu} \pm \xi$，其中 "+" 代表 RCP，"–" 代表 LCP。值得注意的是，当手性因子足够强，折射率的值可能会为负值，这为负折射材料的实现提供了一种新的途径。

通常用偏振旋转角来表征手性材料的旋光特性,其定义为 $\gamma=(n_+-n_-)\pi d/\lambda_0$,其中 λ_0 为自由空间波长,d 为手性材料的厚度。为了使偏振旋转角度的计算更加简便,还可用两种圆偏振光的传输相位来计算该角度的大小,即 $\gamma=[\arg(T_+)-\arg(T_-)]/2$,其中 T_+ 和 T_- 分别为 RCP 光和 LCP 光的透射率。

2. 亚波长结构实现人工手性的基本思路

自然界的手性材料包括葡萄糖溶液、蛋白质分子和 DNA 分子等,然而这些自然存在的手性材料中电场和磁场之间的耦合非常弱。为了设计出能满足实际使用要求的手性材料,人们提出了利用亚波长结构构造手性材料的新思路。

构造手性亚波长结构较为直接的方法是在具有单一对称面的双层或多层结构中,将每一层结构绕其法线方向分别旋转不同的角度,使结构原本具有的对称性被破坏。图 17.4-1 是常见的通过多层旋转得到的手性亚波长单元结构,以及多种典型的具有三维周期性的手性亚波长结构[21]。图 17.4-1(a) 为两层十字形的亚波长结构,通过一层厚度为 S 的介质隔开,两层结构的中心相互重合,下层结构与上层结构之间存在一个绕法线方向的旋转角度,该角度介于 0° 和 90° 之间。这种旋转操作使得整体结构不再具有对称性[22-26]。图 17.4-1(b) 为三维 U 型结构组成的手性亚波长结构,在六面体的亚波长周期中,六面体的每个面具有一个开口方向不相同的 U 型金属结构。除此之外,平面放置的多层 U 型结构也可构成手性结构,如图 17.4-1(c) 所示,该结构每一层的每个周期包含四个依次旋转 90° 的 U 型结构。另一种亚波长手性结构为螺旋线,如图 17.4-1(d) 所示,该结构在自然界中也极为常见,如 DNA 双链结构、弹簧等。

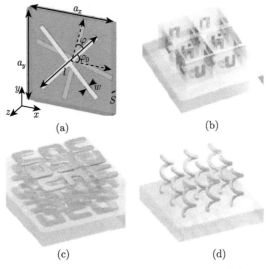

(a) (b)

(c) (d)

图 17.4-1 几种手性亚波长结构示意图[21]

3. 手性亚波长结构的参数反演

由式 (17.4-9) 和式 (17.4-10) 可知，手性材料中 LCP 分量和 RCP 分量的传播常数不同，通过两种圆偏振电磁波的透射率和反射率，可反演计算出两种圆偏振分量的折射率[27-30]。

图 17.4-2 是电磁波正入射到手性材料上的透射和反射示意图。手性材料的两侧为各向同性介质，例如空气等。手性材料的厚度为 d，手性材料中 RCP 和 LCP 的折射率分别为 n_+ 和 n_-，手性材料的阻抗为 Z，自由空间的阻抗为 Z_0。可定义手性材料的归一化阻抗为 $Z_n = Z/Z_0$。圆偏振的透射率和反射率分别为 $T_\pm$ 和 $R_\pm$。

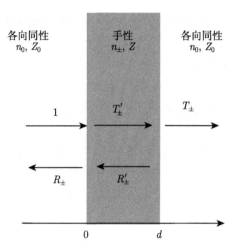

图 17.4-2　正入射到手性材料上的电磁波透射和反射

根据边界条件可得到在 $x=0$ 和 $x=d$ 两个表面上的电磁场连续关系为

$$1 + R_\pm = T'_\pm + R'_\pm \tag{17.4-11}$$

$$1 - R_\pm = \frac{T'_\pm - R'_\pm}{Z_n} \tag{17.4-12}$$

$$T'_\pm \mathrm{e}^{\mathrm{i}k_\pm d} + R'_\pm \mathrm{e}^{-\mathrm{i}k_\pm d} = T_\pm \tag{17.4-13}$$

$$\frac{T'_\pm \mathrm{e}^{\mathrm{i}k_\pm d} - R'_\pm \mathrm{e}^{-\mathrm{i}k_\pm d}}{Z_n} = T_\pm \tag{17.4-14}$$

根据上述关系式，并定义 $k_+ + k_- = 2nk_0$，则可将式 (17.4-11) 和式 (17.4-12) 代入式 (17.4-13) 和式 (17.4-14) 中，得到透射率和反射率的表达式

$$T_\pm = \frac{4\eta \mathrm{e}^{\mathrm{i}k_\pm d}}{(1+Z_n)^2 - (1-Z_n)^2 \, \mathrm{e}^{2\mathrm{i}nk_0 d}} \tag{17.4-15}$$

$$R_{\pm} = \frac{\left(1 - Z_n^2\right)\left(e^{2ink_0d} - 1\right)}{\left(1 + Z_n\right)^2 - \left(1 - Z_n\right)^2 e^{2ink_0d}} \qquad (17.4\text{-}16)$$

从式 (17.4-16) 中可看出 $R_+ = R_- = R$，因此可计算出手性材料的等效阻抗为

$$Z_n = \pm\sqrt{\frac{\left(1 + R\right)^2 - T_+ T_-}{\left(1 - R\right)^2 - T_+ T_-}} \qquad (17.4\text{-}17)$$

其中，"$\pm$" 是为了保证等效阻抗的实部大于 0。

此外，可计算出手性材料中两种圆偏振分量的折射率为

$$n_{\pm} = \frac{i}{k_0 d}\left\{ \lg\left[\frac{1}{T_{\pm}}\left(1 - \frac{Z_n - 1}{Z_n + 1}R\right)\right] \pm 2m\pi \right\} \qquad (17.4\text{-}18)$$

其中，m 为正数，其取值的意义在于保证折射率的虚部大于 0。从 LCP 和 RCP 的折射率可计算出手性材料的手性因子为 $\xi = (n_+ - n_-)/2$。

17.4.2 手性亚波长结构偏振调制研究进展

一种典型的手性亚波长结构如图 17.4-3 所示[31]，包含多层万字形结构，每层结构依次绕其法线方向逆时针旋转 15°。该结构没有任何对称轴，满足手性材料的基本特征。

图 17.4-4(a) 是这种万字形结构材料的圆偏振透射率曲线，可看出在四个谐振点处 LCP 和 RCP 的透射率存在明显差异。但该材料的损耗均较大，达到 7dB，说明出射的电场能量仅为入射电场能量的 15% 左右。

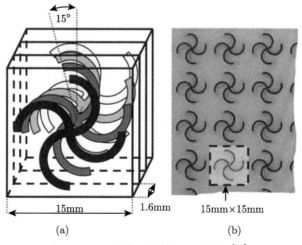

图 17.4-3 万字形手性亚波长结构[31]

(a) 单元结构；(b) 样品照片

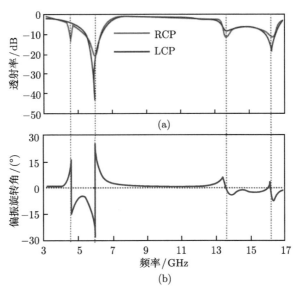

图 17.4-4　(a) 圆偏振透射率；(b) 偏振旋转角[31]

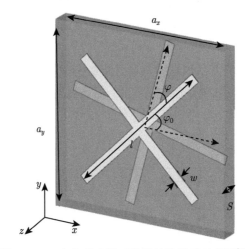

图 17.4-5　十字形手性亚波长结构单元示意图[32]

　　图 17.4-5 为另一种手性亚波长结构[32]，两层十字形金属结构分别放置在介质材料的上下两面，它们之间的夹角为 φ。与图 17.4-3 中的结构类似，这个双层十字形结构同样不具有对称面。该手性亚波长结构材料可在 6.5GHz 和 7.5GHz 处具有明显的圆二向色性：在 6.5GHz 处 LCP 的透射率大于 RCP 的透射率，而在 7.5GHz 情况恰好相反。在这两个谐振点处，两种圆偏振透过率之间的差值接近 10dB。

　　弹簧、DNA 分子等结构中存在的螺旋线结构作为自然界中常见的手性结构，其电磁特性也受到广泛的研究[33,34]。图 17.4-6 所示为微米尺度的三维螺旋线结构，可在倍频程的带宽范围内将线偏振电磁波转换为圆偏振，表现出极大的圆二向色性。而且圆偏振的透过率接近 0.8。

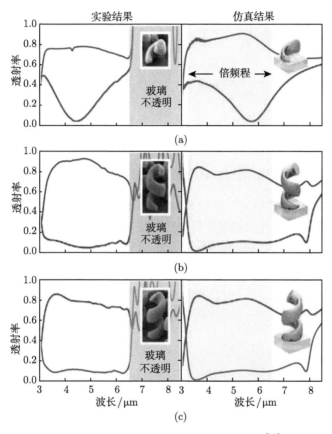

图 17.4-6　金属螺旋线形手性亚波长结构[33]

利用两层具有四重对称性 (C4) 的结构也可构造手性亚波长结构，所谓四重对称性是指结构绕其中心轴旋转 90° 即可与自身重合的结构，相应的还有三重、六重对称结构等。图 17.4-7 为两层依次旋转 90° 的 U 形开口谐振环结构，其上下两层之间同样存在 90° 的旋转，因此其结构也不存在对称性[35]。

该 U 形手性亚波长结构材料在 5GHz 和 6.5GHz 两个谐振频率处 LCP 和 RCP 的透射率存在明显差异，差值接近 10dB。但该手性亚波长结构材料同样面临损耗较大的问题，在第一个谐振点处 LCP 的透射率仅为 −10dB，第二个谐振点处 RCP 的透射率也只有 −6.5dB。

上述的手性亚波长结构材料的偏振调制性能都是固定的，在谐振频点处只能将入射的线偏振电磁波转换为某一种特定的圆偏振电磁波，而不能实现对电磁波偏振特性的动态调制。

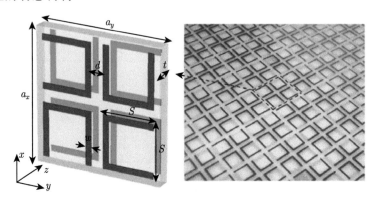

图 17.4-7　U 形手性亚波长结构材料[35]

2012 年，Zhang 等构造了一种具有偏振动态调制性能的手性亚波长结构[36]，如图 17.4-8 所示。该手性材料在外界光照强度变化的情况下可改变其等效的形式，从而表现出不同的手性特征。利用这种方法，可将入射的线偏振电磁波在太赫兹波段转换为左旋或右旋圆偏振。

图 17.4-8　偏振动态调制型亚波长结构材料[36]

标尺为 10μm

17.4.3　多频多偏振态平面手性圆偏振器

上述手性亚波长结构偏振器件大多存在偏振转换状态单一或者损耗较大的缺点，在一定程度上限制了其实际应用。

图 17.4-9 为基于平面螺旋线的亚波长手性圆偏振器，其单元结构包含两条位于介质板两侧的弧形金属线结构[37]。该圆偏振器单元的具体参数包含单元周期 p，

圆弧外径 R，圆弧宽度 w，每一条金属线的圆心角 θ，以及俯视图中两条弧形金属线之间的夹角 Φ_1。结构参数的具体值为 $p=17.5\text{mm}$，$R=4.75\text{mm}$，$w=0.85\text{mm}$，$h=3\text{mm}$，$\theta=80°$，$\Phi_1=40°$。

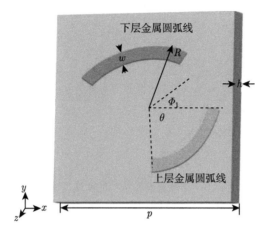

图 17.4-9 具有两个谐振频点的手性亚波长结构单元示意图[37]

y 偏振电磁波入射时，出射场的电场表达式可表示为

$$\boldsymbol{E} = (T_{xy}\boldsymbol{x} \pm T_{yy}\boldsymbol{y})E_0 \qquad (17.4\text{-}19)$$

其中，T_{xy} 和 T_{yy} 分别为出射场中 x 分量和 y 分量的透射复振幅。由圆偏振电磁波的定义可知，如果 T_{xy} 和 T_{yy} 的振幅相等，并且相位相差 $90°(-90°)$，则出射的电场为 RCP(LCP)。

x 分量和 y 分量的透射振幅和传输相位曲线分别如图 17.4-10(a) 和 (b) 所示。在 14.25GHz 和 16.35GHz 这两个谐振点处，出射场的 x 分量和 y 分量透射的振幅几乎相同，在 14.25GHz 处 x 分量和 y 分量透射率幅度比值 $|T_{xy}|/|T_{yy}|$ 等于 0.93，在 16.35GHz 处比值为 1.02。但是在 14.25GHz 处 x 分量与 y 分量的相位差值 $\Phi(T_{xy}) - \Phi(T_{yy})$ 等于 $-91.5°$，而在 16.35GHz 处 x 分量的相位值与 y 分量的传输相位之间的差值为 $90.4°$。从圆偏振的定义可直接得到在这两个谐振点处的辐射场分别为 LCP 和 RCP。

LCP 和 RCP 的透射复振幅可根据下式计算

$$T_{\text{RCP}} = T_{xy} + \text{i}T_{yy} \qquad (17.4\text{-}20)$$

$$T_{\text{LCP}} = T_{xy} - \text{i}T_{yy} \qquad (17.4\text{-}21)$$

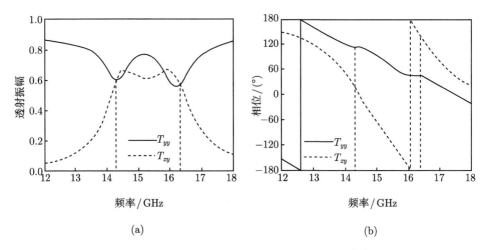

(a)						(b)

图 17.4-10　手性亚波长结构的线偏振透射谱[37]

(a)x 偏振和 y 偏振透射振幅；(b)x 偏振和 y 偏振传输相位

图 17.4-11 为计算得到的圆偏振透射率曲线。在 14.25GHz 处 LCP 的透射率为 −2.5dB，RCP 的透射率仅为 −31.5dB，LCP 的透射率比 RCP 的透射率高 29dB，说明在这个谐振频率处出射场主要为 LCP。而在 16.35GHz 处两者的透射率变化情况相反，RCP 的透射率比 LCP 高近 36dB。

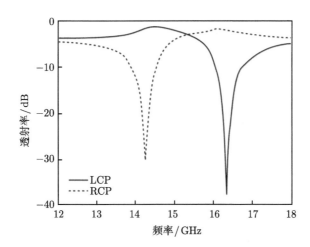

图 17.4-11　LCP 和 RCP 的透射率[37]

在上述两个谐振频点处，结构上的表面电流分布如图 17.4-12 所示，其中金属线上的箭头表示表面电流的方向 (y 偏振入射)。

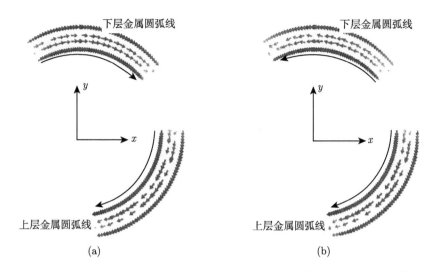

图 17.4-12 (a)14.25GHz 和 (b)16.35GHz 处亚波长结构的表面电流分布[37]

一般而言,增加金属圆弧线的条数可扩展上述器件的工作频段。图 17.4-13 所示的手性结构包含三条位于不同平面的圆弧线,从俯视图上看这三条金属线均匀分布,具有相同的圆心角,并且每两条金属线之间的夹角均为 120°。三条金属线分别处在两层介质基板的三个面上,介质基板的相对介电常数为 2.55。单元结构的参数包括:周期 P,金属圆弧外径 R,金属圆弧宽度 w,金属圆弧对应圆心角 θ,每两条金属线之间的间隙对应的圆心角 Φ_2,右侧金属线上端与 x 轴的夹角 Φ_1,每层介质基板的厚度 h。优化后的参数值为:$P = 7.5$mm,$R = 4.75$mm,$h = 1.5$mm,$w = 0.85$mm,$\theta = 80°$,$\Phi_1 = 22.5°$,$\Phi_2 = 40°$。

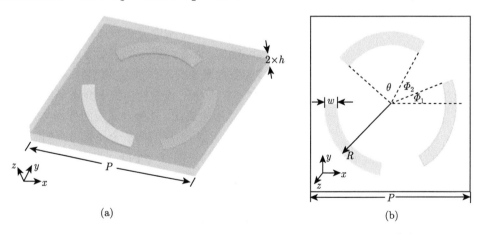

图 17.4-13 具有三个谐振频点的手性亚波长圆偏振器单元结构[37]

(a) 透视图;(b) 俯视图

y 偏振电磁波入射时，该圆偏振器在 Ku 波段共有三个谐振频点，分别为 13.33GHz、15.56GHz 和 16.75GHz。如图 17.4-14(a) 所示，在这三个谐振频点处，RCP 的透射率分别为 −2.1dB、−23.7dB 和 −6.5dB，LCP 的透射率分比为 −24dB、−5.7dB 和 −32.5dB。LCP 和 RCP 之间的正交偏振比分别为 21.9dB、−18dB 和 26dB。

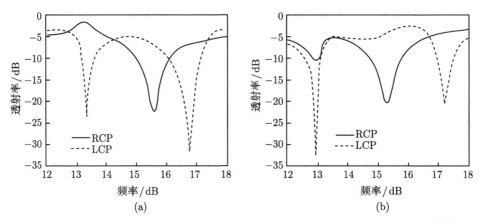

图 17.4-14　(a)y 偏振和 (b)x 偏振电磁波入射时 LCP 和 RCP 的透射率曲线[37]

由于上述手性亚波长结构不具有四重对称性，不同偏振的线偏振电磁波入射时偏振转换效果是不同的。x 偏振入射时圆偏振透射率如图 17.4-14(b) 所示，与 y 偏振入射情况截然不同，其中第一个和第二个谐振点向低频移动，而第三个谐振点向高频移动。

17.4.4　四频点低损耗手性圆偏振器

按照上节的设计方法，为了实现多频点工作，结构中需要增加螺旋线的条数和层数，但这不可避免地将导致材料的损耗增大。以下介绍一种在不增加螺旋线层数的前提下，通过改变每一层金属螺旋线的条数来改变工作频点的数目，同时提高手性亚波长结构透射率的方法[38]。如图 17.4-15 所示，该结构由位于介质基板两侧的四条金属弧形结构组成，每一侧包括两条弧形金属线，外侧金属线的外径为 r_1，宽度为 w_1，内侧的金属线外径为 r_2，宽度为 w_2，且每一层的两条金属线对应的圆心角 θ 相等，下表面的金属结构与上表面的金属结构之间有一个绕 z 轴旋转的角度 φ。单元结构的周期为 p，选用的介质基板的相对介电常数为 2.5，正切损耗角为 0.0035，介质基板的厚度为 t。从图中可看出，该结构不具有对称面，因此具有手性材料的基本特征，同时该材料没有 C4 对称性，所以对 x 偏振和 y 偏振的响应是不同的。单元结构的结构参数如下：p=17.5mm，r_1=5mm，w_1=0.85mm，r_2=3.85mm，w_2=0.5mm，t=3mm，θ=100°，φ=120°。

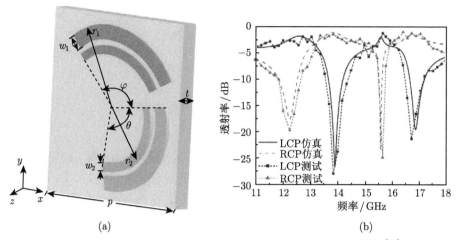

图 17.4-15 四频点手性亚波长单元结构以及圆偏振透射率曲线[38]

在 y 偏振电磁波入射的情况下，圆偏振透射率如图 17.4-15(b) 所示，其圆偏振透射率曲线具有四个很明显的谷值。在 12.25GHz 和 15.57GHz 处，RCP 的透射率分别为 -17.52dB 和 -23.4dB，对应的 LCP 透射率分别为 -2.4dB 和 -1.9dB。在 13.9GHz 和 16.86GHz 处，LCP 的透射率分别为 -26.56dB 和 -19.46dB，对应的 RCP 透射率分别为 -1.2dB 和 -1.7dB。

图 17.4-16 所示为正交偏振和主偏振之间的振幅比值 $|T_{xy}|/|T_{yy}|$ 和相位差 $\Phi(T_{xy}) - \Phi(T_{yy})$。在 12.25GHz (f_1)，13.9GHz (f_2)，15.57GHz (f_3) 和 16.86GHz (f_4) 处，正交偏振透射率和主偏振透射率的振幅比值分别为 1.2，0.96，1.01 和 1.1，而在这四个频点处对应的正交偏振和主偏振透射率之间的相位差分别为 $-77.6°$，$94°$，$-92.7°$ 和 $75°$，这表明在 f_1 和 f_3 这两个谐振点处的出射波为 LCP，而在 f_2 和 f_4 处的出射波为 RCP。

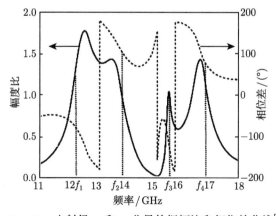

图 17.4-16 出射场 x 和 y 分量的振幅比和相位差曲线[38]

前面已经提到，通常用偏振旋转方位角 γ 和出射波的椭偏率 η 来表征手性材料对入射电磁波的偏振态的调制，计算公式分别为

$$\gamma = \frac{1}{2}\left[\arg\left(T_{+}\right) - \arg\left(T_{-}\right)\right] \tag{17.4-22}$$

$$\eta = \frac{1}{2}\arcsin\left(\frac{|T_{+}|^2 - |T_{-}|^2}{|T_{+}|^2 + |T_{-}|^2}\right) \tag{17.4-23}$$

偏振旋转方位角 γ 指出射场偏振面相对于入射场的旋转角度，而椭偏率 η 代表出射场的圆偏振程度，如果椭偏率为 45°，说明出射场为圆偏振，如果椭偏率值为 0°，则说明出射场为线偏振。如图 17.4-17 所示，在四个谐振点处，椭偏率分别为 −35°，42°，−41° 和 37°，说明在这四个谐振点处，出射波均为椭圆偏振，在中间的两个谐振点处出射的电场比其他两个谐振点处的出射电场更接近纯净的圆偏振。而在谐振点之间的位置，如 13.15GHz 和 15.95GHz 处椭偏率为 0°，而在这些位置处，偏振旋转方位角分别为 −54.9° 和 −31.3°，表现出了很强的旋光性。

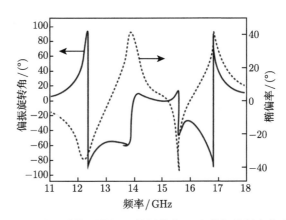

图 17.4-17　人工结构圆偏振器的椭偏率 η 和偏振旋转方位角 γ[38]

这四个谐振点处金属结构上的表面电流分布，按照从低频到高频的顺序依次如图 17.4-18(a)~(d) 所示。在图 (a) 中，可看出四条金属线上均有表面电流分布。这些表面电流会产生新的电场分布，并在 x 方向产生电场分量。两条金属线上的感应电流产生的感应磁场在 xy 平面在 y 轴方向的分量沿着 $-y$ 方向，与入射电场方向相同，导致电场与磁场之间存在耦合，也证明了手性因子 ξ 的存在。

由图 17.4-18(c) 和 (d) 中可看出，在 f_3 和 f_4 这两个谐振点处的表面电流分布主要是在内侧半径较小的金属线上，外侧的金属线上的电流强度几乎为零，说明在这两个谐振点处偏振转换效果是通过内侧的金属线来实现的。

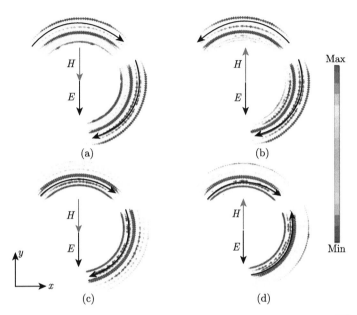

图 17.4-18　人工结构材料在四个谐振频点处的表面电流分布图[38]

(a)12.25GHz；(b)13.9GHz；(c)15.57GHz；(d)16.86GHz

17.4.5　双频手性线偏振转换器件

图 17.4-19 所示为一种基于开口谐振环的手性亚波长结构，包括两层位于介质基板两侧的开口谐振环，上层开口谐振环与下层开口谐振环相比旋转了 90°[39]。介质基板的相对介电常数为 2.5，厚度为 $t=1$mm。金属厚度为 0.35mm。结构周期为 $p=6.5$mm，开口谐振环的边长为 $l=6$mm，宽度为 $w=1$mm，开口的大小为 $g=0.4$mm。

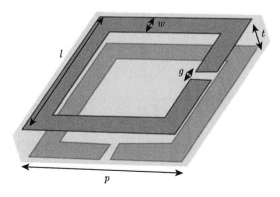

图 17.4-19　90° 线偏振调制人工结构材料单元结构示意图[39]

　　图 17.4-20 为 x 线偏振通过该材料时主偏振和正交偏振的透射率曲线。在 13~14GHz 频段内，主偏振透射率低于 −20dB；而正交偏振的透射率达到 −0.25dB，这说明 x 偏振被转换为 y 偏振，而且转换效率超过 97%。

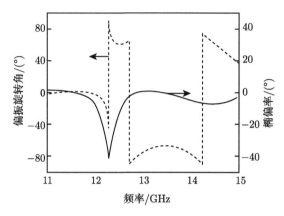

图 17.4-20　基于开口谐振环的手性亚波长结构中主偏振和正交线偏振的透射率[39]

　　图 17.4-21 为亚波长结构旋转方位角 γ 随频率变化的曲线。在高频谐振频率处，出射场的椭偏率 η 的值在 13~14GHz 内处于 0° 到 −2° 之间，说明在该频段内出射场与入射场的偏振特性一样，仍为线偏振，但是在 13~13.6GHz 内，旋转角 γ 的值为 90°，而在 13.6~14GHz 内，旋转方位角 γ 的值为 −90°，表明了出射波的偏振面被旋转了 90°，即出射波为 y 偏振。

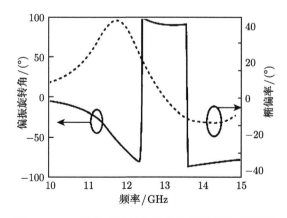

图 17.4-21　手性亚波长结构的偏振旋转角曲线[39]

　　另外，通过将不同结构参数的单元结构周期性排布，可得到具有双频特性的偏振旋转器。如图 17.4-22(a) 所示，结构单元包括四对开口谐振环，处在对角的两组

谐振环 (分别标识为 1 和 2) 的结构尺寸相同, 其中 1 的结构尺寸与图 17.4-19 所示的单元结构尺寸相同, 而 2 的尺寸是 1 的 0.9 倍。

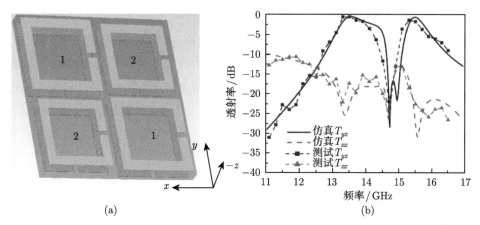

(a)　　　　　　　　　　　(b)

图 17.4-22　基于开口谐振环的双频手性亚波长结构 (a) 和线偏振透射率 (b)[39]

如图 17.4-22(b) 所示, x 线偏振入射时正交偏振透射率有两个明显的峰值, 这两个峰值出现的位置分别在 13.54GHz 和 15.48GHz, 正交偏振透射率分别为 -0.43dB 和 -0.57dB, 而主偏振透射率小于 -35dB, 说明几乎全部的电场能量都被转换为正交偏振电场。

仅包含开口谐振环 1 或 2 的手性亚波长结构的性能如图 17.4-23 所示。二者分别在 13.3GHz 和 15.5GHz 处有两个相对较宽的偏振转换频带。显然, 图 17.4-22 所示结构的两个谐振频率分别是由尺寸比较大的谐振环 1 和尺寸较小的谐振环 2 决定的。

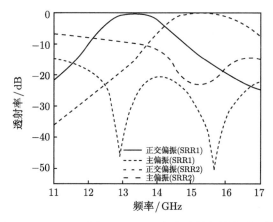

图 17.4-23　开口谐振环 1 和 2 各自的偏振转换结果[39]

17.4.6　同时具备圆二色性和旋光性的偏振转换器

上述几种手性亚波长结构的主要特性为圆二向色性或者旋光性，下面介绍一种同时具备圆二色性和旋光性的偏振转换器[40]。

图 17.4-24 所示为一种基于双层 Y 形人工结构材料的偏振转换器，包含两层结构参数相同、但存在旋转角 φ 的 Y 形结构。单元结构的周期为 p，Y 形结构三条均匀分支的长度和宽度分别为 l 和 w。单元结构参数为 $p=9.25$mm，$l=4.3$mm，$w=1$mm，$t=1$mm，$\varphi =25°$。

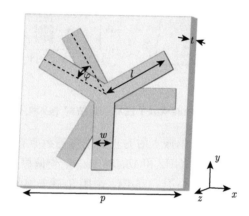

图 17.4-24　Y 形手性人工结构偏振转换器单元结构[40]

图 17.4-25(a) 为该亚波长结构的线偏振透射率曲线 (入射偏振方向沿 y 轴)，其中实线为正交偏振透射率，虚线为主偏振透射率。在 12.7GHz 处正交偏振透射

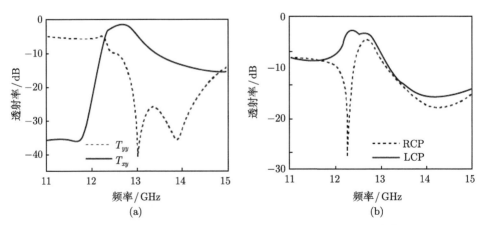

图 17.4-25　Y 形手性人工结构偏振转换器的透射率曲线[40]

(a) 线偏振透射率；(b) 圆偏振透射率

率为 −1.15dB，主偏振透射率为 −12dB，此时入射的 y 偏振电磁波大部分被转换成 x 偏振。此外，由图 (b) 中的圆偏振透射率曲线可得，在 12.28GHz 处 LCP 的透射率值明显高于 RCP 的透射率，RCP 的透射率仅为 −27dB，此时该手性材料表现出极强的圆二向色性。

该 Y 形亚波长结构的椭偏率 η 和偏振旋转方位角 γ 如图 17.4-26 所示。在 12.28GHz 处，η 的值接近 45°，意味着在此处出射场为圆偏振场；而在 12.7~14.25GHz 内，偏振偏转角 γ 的值在 90° 附近，椭偏率 η 的值却接近于 0°，说明在该频段内，出射线偏振的偏振面与入射场相比旋转了 90°。

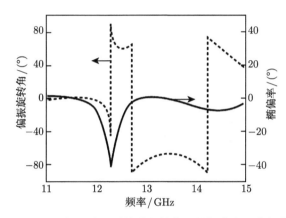

图 17.4-26 Y 形手性亚波长结构偏振转换器的椭偏率和偏振旋转角[40]

17.4.7 非本征的亚波长手性结构

上述的手性亚波长结构中，结构本身具有不对称性，即不存在任何对称轴或对称面。最新研究显示，当电磁波斜入射到具有对称轴的亚波长结构时，也会表现出三维手性结构的电磁特性，这种手性被称为"非本征手性"[41]。

如图 17.4-27 所示的二维亚波长结构，由两条长度不等、半径相同的金属圆弧线组成，圆弧对应的圆心角分别为 140° 和 160°，这两条圆弧关于 x 轴对称。当电磁波正入射到该亚波长结构表面时，如图 17.4-27 中图 (c) 所示，亚波长结构所在平面的法线方向和电磁波波矢方向平行，该亚波长结构关于波矢和 x 轴组成的平面对称，因此不具有手性特征。

但是在斜入射情况下，如图 (a) 和 (b) 所示，入射电磁波的波矢与亚波长结构所在平面的法向存在一个夹角 α(I 中 α 为 30°，II 中 α 为 −30°)。沿着波矢方向看，亚波长结构具有三维特征，且关于波矢和 x 轴组成的平面不再具有对称性，因此在斜入射条件下，该亚波长结构具有手性特征。

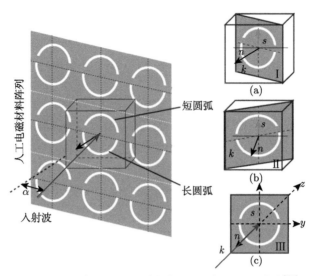

图 17.4-27   金属圆弧线型非本征的手性亚波长结构[41]

定义圆二向色性 $\Delta = |t_{\text{RCP}}|^2 - |t_{\text{LCP}}|^2$，从图 17.4-28 中可看出，对于 $\alpha = 30°$ 的情况，圆二向色性曲线在两个谐振频点处的值明显偏离 0dB，且在第一个谐振点处的值大于 10dB，在第二个谐振点处的值小于 −10dB；而情况 II 的曲线与情况 I 的曲线正好相反。在这两种情况下，亚波长结构表现出相反的非本征手性，即一个为右手手性特征，另一个为左手手性特征。对于第三种情况，在正入射时，圆二向色性基本为 0dB，即这种情况下亚波长结构不具有手性特征。

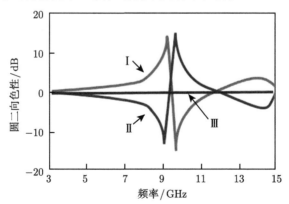

图 17.4-28   三种情况下亚波长结构圆二向色性的测试曲线[41]

17.4.8   光学手性近场增强效应

具有相同的结构形式但手性特征相反的两种结构，称为对映结构体。一般而言，对映结构体的物理性质基本一致，例如密度、质量和本征振荡频率等。对映结构体仅在与手性物质相互作用时才表现出强烈的差异性，例如在圆偏振光照射时，对映结构体会具有明显相反的圆二向色性和旋光性。通常情况下，由于生物分子本身具有的手性特征较低，因此光学耦合效果较弱，尤其是在生物分子浓度较低的情况下，这为生物分子的高精度探测带来了一定的挑战。

近几年，人们相继提出了基于表面等离子体的手性亚波长结构，基于表面等离子体的场增强效应，可将光波与手性材料的耦合强度提高几个数量级，从而提高生物分子探测的准确性。这种增强的手性局域场又被称为超手性场，可用于生物单分子的手性特征探测。

利用光学手性参数 C 来表征在超手性局域场中光与物质相互作用的场增强效果，C 是一个时间平均的参量，其表达式为

$$C(r,t) = \frac{1}{2}\left[\varepsilon_0 \boldsymbol{E}(r,t) \cdot \nabla \times \boldsymbol{E}(r,t) + \frac{1}{\mu_0}\boldsymbol{B}(r,t) \cdot \nabla \times \boldsymbol{B}(r,t)\right] \tag{17.4-24}$$

其中，$\boldsymbol{E}$ 和 $\boldsymbol{B}$ 为时间相关的电场和磁场。对于简谐场，C 的表达式可简化为

$$C(r) = -\frac{\omega\varepsilon_0}{2}\text{Im}\left[\boldsymbol{E}^*(r) \cdot \boldsymbol{B}(r)\right] \tag{17.4-25}$$

自由空间中 LCP 光和 RCP 光的光学手性参量的最大值可表示为

$$C_0^{\pm} = \pm\frac{\omega\varepsilon_0}{2c}\left|\bar{E}\right|^2 \tag{17.4-26}$$

其中，ω 为角频率；c 为光速，式中的正号和负号分别对应 RCP 和 LCP。

光波段的亚波长结构可激发出极强的手性局域场[42]。如图 17.4-29 所示，典型结构包括螺旋线、万字形结构等。当具有手性结构的分子，例如色氨酸和 β 条状蛋白质等被吸附到万字形亚波长结构表面时，会使光谱产生一定的漂移，从而可实现对这些分子的传感检测。

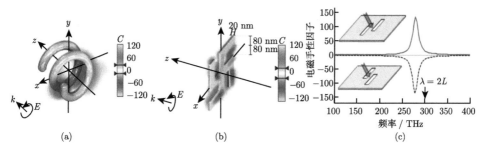

图 17.4-29 产生光学手性的几种亚波长结构[42]

17.4.9　亚波长手性结构的其他特性

手性亚波长结构除了具有上述偏振调制性能以外，还在非线性光学以及光与物质相互作用方面有特殊用途。

1. 手性亚波长结构中的非线性

通常情况下，光波段手性亚波长结构中的二次谐波产生的强度比线性作用强几个数量级。二次谐波的产生过程中，两个具有相同频率的光子湮灭，产生一个频率为两倍的单光子。这种响应过程可用电偶极子近似表达为 $P_i^{NL}(2\omega) = \chi_{ijk}^{(2)} E_j(\omega) \cdot E_k(\omega)$，其中 ω 为角频率，$\chi_{ijk}^{(2)}$ 为二阶极化率张量，下标 i, j, k 分别为笛卡儿坐标系的坐标轴。对该表达式做对称变换，可看出二次谐波的产生只存在于不具有中心对称或缺少反转对称的材料或结构中。因此，手性亚波长结构在二次谐波产生方面具有内在的优势。

通过分析经典的万字形结构中的手性场分布，有助于理解亚波长手性结构中的非线性过程。如图 17.4-30(a) 所示，当万字形结构相邻周期间的距离缩小到 64nm 时，手性局域场得到明显的增强，从而激发出二次谐波信号。根据空间和时间反演的守恒特性可知手性材料中的非线性效应是不可互易的。该现象的发现为实验测试超手性局域场提供了可行的路径。

这种手性亚波长结构中的非线性效应可在前文介绍的双层旋转的圆弧结构中观测到。如图 17.4-30(b) 所示，利用两层依次旋转一定角度的亚波长圆弧结构组成的手性材料拼接成字母 "GT"，而在字母之外的区域由其对映结构体组成。

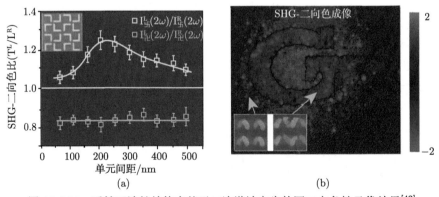

图 17.4-30　手性亚波长结构中基于二次谐波产生的圆二向色性及像结果[42]

2. 动态手性亚波长结构

手性亚波长结构的动态调制可通过在亚波长结构中引入电磁特性可变的材料或结构来实现，包括半导体材料、MEMS 以及相变材料等。半导体材料在外界光照或者温度升高的情况下, 载流子浓度增加, 从而使材料的电导率明显增强。例如在功率为 500mW, 波长为 800nm 的激光照射下, 硅材料的光电导率可达到 50000S/m。通过合理设计, 电导率的改变可显著改变结构的手性特性[36]。

图 17.4-31(a) 为利用 MEMS 结构实现动态手性亚波长结构的实例。一个平面螺旋线结构, 通过控制外加的压力方向, 可使其变为向上或向下的螺旋, 从而使其手性特征产生动态变化。

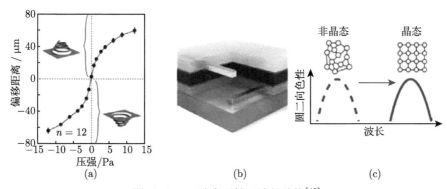

图 17.4-31 动态手性亚波长结构[42]

(a) 螺旋线型手性亚波长结构; (b) 基于相变材料的动态手性亚波长结构单元; (c) 基于相变材料的手性亚波长结构圆二向色性变化效果

相变材料也是实现动态手性的重要途径。以 $Ge_3Sb_2Te_6$ 为例, 当温度升高到其相变温度 160° 时, 其材料由非晶态向晶态转变。如图 17.4-31(c) 所示, 在相变前后, 圆二向色性曲线产生 18% 的频谱移动。

17.5 亚波长结构相干偏振转换

在亚波长电磁吸收技术一章中, 介绍了基于相干技术实现的完美电磁吸收。相干偏振转换 (Coherent Perfect Rotation, CPR) 的方法[43] 是在相干吸收概念的基础上类比提出的 (图 17.5-1)。起初, 研究人员认为相干偏振转换只能通过法拉第旋光效应实现。

本节主要阐述利用各向异性亚波长结构超表面实现超宽带相干偏振转换的机理和方法。

17.5.1 理论模型

如图 17.5-2 所示, 平面各向异性或手性超表面的散射系数可表示为 r_1, t_1, r_2 和 t_2, 其中 r 和 t 分别为反射和透射, 下标 "1" 和 "2" 代表主偏振和正交偏振。假设两侧入射的电磁波分别为 1 和 s, 整体散射系数则为 $a = r_1 + s \cdot t_1$, $b = t_1 + s \cdot r_1$, $c =$

$r_2 + s \cdot t_2$ 和 $d = t_2 + s \cdot r_2$。其中 a 和 b 为主偏振的散射系数，c 和 d 为正交偏振的散射系数。假设 s 振幅为 1，所有的散射可通过 s 的相位进行控制。

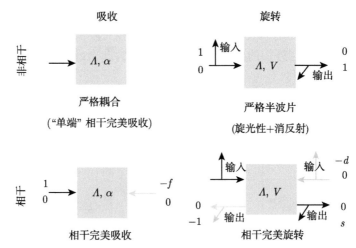

图 17.5-1　相干偏振转换 (CPR) 与相干完美吸收 (CPA) 的对比

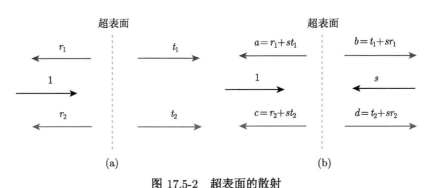

图 17.5-2　超表面的散射

(a) 非相干；(b) 相干 (振幅分别为 1 和 s)

在讨论如何构建 CPR 之前，首先考虑自由空间中各向异性亚波长结构表面的散射特性。由于能量守恒，对于单束电磁波，有

$$|r_1|^2 + |t_1|^2 + |r_2|^2 + |t_2|^2 \leqslant 1 \tag{17.5-1}$$

对于反对称输入 $(s = -1)$，同理可得

$$|r_1 - t_1|^2 + |r_2 - t_2|^2 \leqslant 1 \tag{17.5-2}$$

其中等号对应于无损耗媒质。

由于电场切向分量的连续性, 对于非磁性亚波长结构, 根据边界条件可得以下关系

$$r_2 = t_2 \tag{17.5-3}$$

代入上述公式可得 $|c| = |d|$, 即左右两侧偏振转换系数相等。结合上述公式可得

$$|r_2|^2 = |t_2|^2 \leqslant |r_1 t_1| \tag{17.5-4}$$

其中等号当且仅当 $r_1 = -t_1$ 时成立, 对应于 $|a| = |b|$。将公式 (17.5-4) 代入公式 (17.5-1), 可知最大偏振转换系数 r_2 和 t_2 均不大于 0.5。当转换系数最大, 散射系数的解为 $r_1 = -t_1 = -0.5$, $r_2 = t_2 = \pm 0.5$。对于对称性输入 $(s = 1)$ 和反对称性输入 $(s = -1)$, 总散射场可分别表示为

$$
\begin{aligned}
I_{\text{co}} &= A = B = 0 \\
I_{\text{cross}} &= C = D = 1
\end{aligned}
\tag{17.5-5}
$$

以及

$$
\begin{aligned}
I_{\text{co}} &= A = B = 1 \\
I_{\text{cross}} &= C = D = 0
\end{aligned}
\tag{17.5-6}
$$

其中, $A = |a|^2$, $B = |b|^2$, $C = |c|^2$, $D = |d|^2$。 I_{co} 和 I_{cross} 代表主偏振和正交偏振的相对强度。根据公式 (17.5-5) 和式 (17.5-6) 可知, 当 $s = 1$ 时所有入射能量均转化为其正交偏振, 当 $s = -1$ 时, 偏振方向不发生改变。

17.5.2 金属网格实现超宽带相干偏振转换

以各向异性金属线栅为例, 构建上述理想 CPR, 并讨论其相干偏振转换特性[44]。如图 17.5-3 所示, 该栅格周期为 5μm, 金属宽度为 2μm。为了便于讨论, 此处采用两套坐标系 (xyz 和 uvw)。该结构的等效阻抗沿 u 和 v 两个方向分别为 $Z_u = 0$ 及 $Z_v = \infty$。对于 x 方向偏振的入射电磁波, 反射波的偏振方向为 u, 透射偏振方向为 v。通过坐标变换, 可得 xyz 坐标系下的散射系数为: $r_1 = -t_1 = -0.5$ 及 $r_2 = t_2 = -0.5$。

单元结构在接近正入射条件下的散射系数 ($\theta = 10°$) 如图 17.5-3 所示。入射电场位于 xz 平面, 在偏振转换之后, 磁场旋转至 xz 平面内。尽管 $|r_2| = |t_2| \approx 0.5$, 由于入射角度的影响, $|r_1|$ 略大于 $|t_1|$。根据上述分析, 可知金属线栅结构为 CPR 的理想载体。如图 17.5-4 所示, 对称性输入 $(s = 1)$ 条件下, 输出电磁波中主偏振和正交偏振分量的相对强度分别为 0 和 1, 插图所示为 CPR 的工作原理。

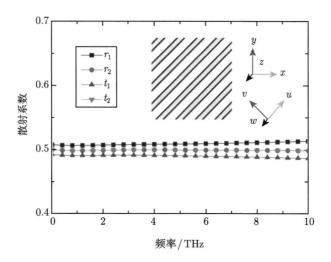

图 17.5-3　斜入射 ($\theta = 10°$) 时金属线栅的散射系数[44]

入射波电场偏振沿 x 方向，插图为金属线栅及其相应的坐标系

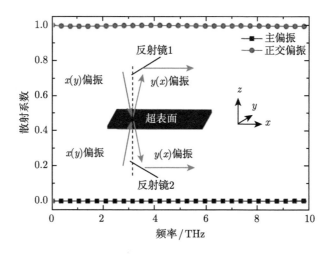

图 17.5-4　对称性输入条件下主偏振和正交偏振的相对强度[44]

　　尽管上述 CPR 在原理上是与频率无关的，但在红外甚至可见光波段，由于其亚波长尺寸，加工难度相对较大。此外，由于结构基底对散射特性具有明显影响，因而在光波段要求整体厚度小于 100nm。

　　相对于传统偏振转换材料及结构，相干偏振转换器具有另一重要优势，即输出电磁波的偏振态可通过相位动态调节。以具有一定光程差 L 的两臂为例，输出场中的主偏振和正交偏振分量可表示为

$$I_{\text{co}} = \frac{1}{4} \left| 1 - \exp(\mathrm{i}kL) \right|^2$$

$$I_{\text{cross}} = \frac{1}{4} \left| 1 + \exp(\mathrm{i}kL) \right|^2 \qquad (17.5\text{-}7)$$

其中 k 为自由空间波矢。对于 $kL=2m\pi$ (m $=0$, 1, 2, $\cdots$), I_{co} 为零, 所有能量均转化到正交偏振。对于 $kL=(2m+1)\pi$ (m $= 0$, 1, 2, $\cdots$), 输出电磁场与输入场偏振态相同。一般情况下, 输出场为主偏振分量和正交偏振分量的叠加。如图 17.5-5所示为 $L = 100\mu m$ 时不同频率正交偏振和主偏振的强度。

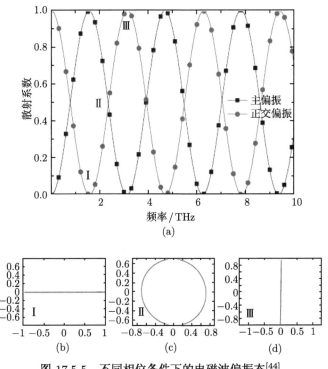

图 17.5-5 不同相位条件下的电磁波偏振态[44]

(a) 光程差 $L=100\mu m$ 时的主偏振和正交偏振的相对强度; (b), (c), (d) 分别为

$f =1.56\text{THz}$, 2.35THz 和 3.15THz 对应的偏振态示意图

如图 17.5-5(b)~(d) 所示, 在 $f=1.56\text{THz}$, 2.35THz 及 3.15THz 处, 出射电磁波的偏振状态分别为 x 线偏振、圆偏振和 y 线偏振。对于 $f=2.35\text{THz}$, 有 $s = \mathrm{i} = \sqrt{-1}$, $r_{11} = -0.5(1-\mathrm{i})$, $r_{22} = -0.5(1+\mathrm{i})$, $t_{11} = 0.5(1-\mathrm{i})$, $t_{22} = -0.5(1+\mathrm{i})$。由于交叉线偏振和主偏振强度相等, 相位分别相差 $\pi/2$ 和 $-\pi/2$, 两边出射的圆偏振态分别为 LCP 和 RCP。

一般而言，输出电磁波的偏振态为椭圆偏振，其轴比可通过下式计算

$$AR = -20 \left| \lg \left(\left| \frac{1 - \cos kL}{\sin kL} \right| \right) \right| \qquad (17.5\text{-}8)$$

当轴比为无穷大时，出射电磁波为线偏振，轴比为 0 时，出射为圆偏振。如图 17.5-6 所示，不同的相位差对应的轴比近似周期变化。

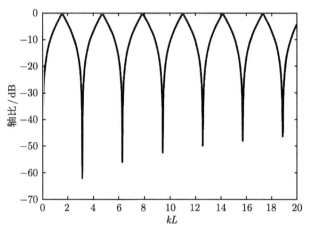

图 17.5-6   轴比随 kL 的变化关系[44]

17.5.3   手性亚波长结构中的相干偏振转换

上述相干偏振转换的理论同样适用于如图 17.5-7 所示的手性亚波长结构 [45]。如图 17.5-8 所示，在信号入射的相对方向加入一束控制波，控制波与信号波的传播方向关于手性结构所在平面对称，且控制波的偏振状态与入射的信号波相同，通过调节控制波与入射信号波的相位差，可实现对出射波偏振状态的动态调控。

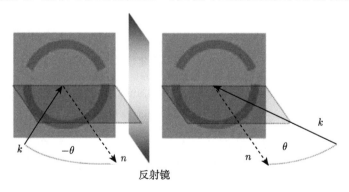

图 17.5-7   非本征手性亚波长结构单元示意图[45]

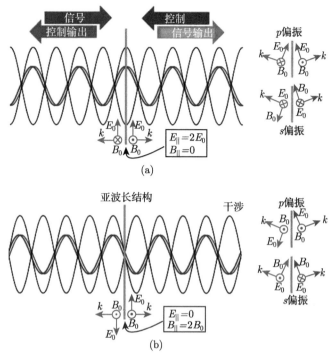

图 17.5-8 非本征手性亚波长结构中相干偏振调制原理示意图[45]

(a) 相长干涉；(b) 相消干涉

如图 17.5-9 所示，入射信号的电场方向沿着 y 轴，入射波波矢与亚波长结构平面成 13° 夹角。图 17.5-9(a) 为亚波长结构示意图，由金属膜层上的两条圆心角不相等的弧形缝隙组成，圆心角分别为 140° 和 160°。图 17.5-9(b) 为没有相干调制光的情况下，入射光为 y 偏振光，入射角为 13° 时，主偏振和正交偏振出射电磁场的频谱。图 17.5-9(c) 为加入偏振态相同、相位相差为 α 的相干控制光后，上述参量随 α 变化的二维分布图。图 17.5-9(d) 为 9.1GHz 处，主偏振和正交偏振出射强度随 α 变化的曲线。

在没有控制波时，信号波透过手性亚波长结构后，在 9.27GHz 处 y 偏振转换为 x 偏振的能量达到最大，约为入射电磁波能量的 10%。而加入控制波后，通过调节 α 值的大小，在 9.27GHz 处 y 偏振到 x 偏振的转换效率正比于 $\cos^2(\alpha/2)$。当 α 为 0° 时，相干场中 y 偏振到 x 偏振的转换效率最大，达到 100%；而当 α 为 180° 时，正交偏振转换效率达到最小值，为 0。

上述通过相干控制实现电磁波偏振调制的方法，无需对亚波长结构进行电控或者机械控制，也无需改变信号波的入射状态，因而在电磁偏振调制中具有极广的潜在应用。

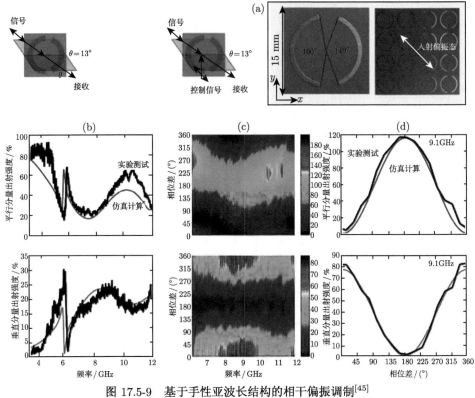

图 17.5-9 基于手性亚波长结构的相干偏振调制[45]

参 考 文 献

[1] Born M, Wolf E. Principles of Optics. London: Cambridge University Press, 1999.

[2] Stokes G G. On the composition and resolution of streams of polarizedlight from different sources. Trans Cambridge Philos Soc, 1852, 9: 339-416.

[3] Collett E. Polarized light: fundamentals and applications. New York: Marcel Dekker, 1993.

[4] 母国光. 光学. 北京: 高等教育出版社, 1985.

[5] Land E H. Some aspects of the development of sheet polarizers. J Opt Soc Am, 1951, 41(12): 957-963.

[6] Benedetto S, Poggiolini P. Theory of polarization shift keying modulation. IEEE Trans Commun, 1992, 40: 708-721.

[7] Land E H, Chubb J R L W. Polarized light for auto headlights. Traffic Eng, 1950, 20: 399.

[8] Ben-Dor B, Oppenheim U P, Balfour L S. Polarization properties of targets and backgrounds in the infrared, In: 8th Meeting in Israel on Optical Engineering. International

Society for Optics and Photonics, 1993, 68-77.

[9] Tyo J S, Goldstein D L, Chenault D B, et al. Review of passive imaging polarimetry for remotesensing applications. Appl Opt, 2006, 45: 5453-5469.

[10] Zürcher J F. A meander-line polarizer covering the full E-band (60-90GHz). Microw Opt Techn Lett, 1998, 18: 320-323.

[11] Schau P, Fu L, Frenner K, et al. Polarization scramblers with plasmonic meander-type metamaterials, Opt Express, 2012, 20: 22700-22717.

[12] Dietlein C, Luukanen A, Popović Z, et al. A W-band polarization converter and isolator. IEEE Trans Antenna and Propag, 2007, 55: 1804-1809.

[13] Grady N K, Heyes J E, Chowdhury D R, et al. Terahertz metamaterials for linear polarization conversion and anomalous refraction. Science, 2013, 340: 1304-1307.

[14] Zhou L, Liu W. Broadband polarizing beam splitter with an embedded metal-wire nanograting. Opt Lett, 2005, 30: 1434-1436.

[15] Ekinci Y, Solak H H, David C, et al. Bilayer Al wire-grids as broadband and high-performance polarizers. Opt Express, 2006, 14: 2323-2334.

[16] Ma X L, Huang C, Pu M, et al. Single layer circular polarizer using metamaterial and its application in antenna, Microw Opt Techn Lett, 2012, 54: 1770.

[17] Pu M, Chen P, Wang Y, et al. Anisotropic meta-mirror for achromatic electromagnetic polarization manipulation. Appl Phys Lett, 2013, 102: 131906.

[18] Guo Y H, Wang Y Q, Pu M B, et al. Dispersion management of anisotropic metamirror for super-octave bandwidth plarization conversion. Sci Rep, 2015, 5: 8434.

[19] Barron L D. Molecular Light Scattering and Optical Activity. New York: Cambridge University Press, 2004.

[20] Post E J. Fundamental. Structure of electromagnetics. Amsterdam: North-Holland, 1962.

[21] Soukoulis C M, Wegener M. Past achievements and future challenges in the development of three-dimensional photonic metamaterials. Nat Photonics, 2011, 5: 523-530.

[22] Zhang S, Park Y S, Li J, et al. Negative refractive index in chiral metamaterials. Phys Rev Lett, 2009, 102: 023901.

[23] Zhang C, Cui T J. Negative reflections of electromagnetic waves in a strong chiral medium. Appl Phys Lett, 2007, 91: 194101.

[24] Zhao R, Zhang L, Zhou J, et al. Conjugated gammadion chiral metamaterial with uniaxial optical activity and negative refractive index. Phys Rev B, 2011, 83: 035105.

[25] Li Z, Alici K B, Caglayan H, et al. Composite chiral metamaterials with negative refractive index and high values of the figure of merit. Opt Express, 2012, 20: 6146-6156.

[26] Rogacheva A V, Fedotov V A, Schwanecke A S, et al. Giant gyrotropy due to electromagnetic-field coupling in a bilayered chiral structure. Phys Rev Lett, 2006, 97: 177401.

[27]　Menzel C H, Rockstuhl C, Paul T, et al. Retrieving effective parameters for quasiplanar chiral metamaterials. Appl Phys Lett, 2008, 93: 233106.

[28]　Zhao R, Koschny T, Soukoulis C M. Chiral metamaterials: retrieval of the effective parameters with and without substrate. Opt Express, 2010, 18: 14553-14567.

[29]　Kwon D, Werner D H, Kildishev A V, et al. Material parameter retrieval procedure for general bi-isotropic metamaterials and its application to optical chiral negative-index metamaterial design. Opt Express, 2008, 16: 11822-11829.

[30]　Pendry J B. A chiral route to negative refraction. Science, 2004, 306: 13531355.

[31]　Plum E, Zhou J, Dong J, et al. Metamaterial with negative index due to chirality. Phys Rev B, 2009, 79: 035407.

[32]　Zhou J, Dong J, Wang B, et al. Negative refractive index due to chirality. Phys Rev B, 2009, 79: 121104.

[33]　Gansel J K, Thiel M, Rill M S, et al. Gold helix photonic metamaterial as broadband circular polarizer. Science, 2009, 325: 1513-1515.

[34]　Gansel J K, Wegener M, Burger S, et al. Gold helix photonic metamaterials: A numerical parameter study. Opt Express, 2010, 18: 1059.

[35]　Li Z, Zhao R, Koschny T, et al. Chiral metamaterials with negative refractive index based on four 'U' split ring resonators. Appl Phys Lett, 2010, 97: 081901.

[36]　Zhang S, Zhou J, Park Y S, et al. Photoinduced handedness switching in terahertz chiral metamolecules. Nat Commun, 2012, 3: 942948.

[37]　Ma X L, Huang C, Pu M, et al. Multi-band circular polarizer using planar spiral metamaterial structure. Opt Express, 2012, 20: 16050.

[38]　Ma X L, Huang C, Pu M B, et al. Dual-band asymmetry chiral metamaterial based on planar spiral structure. Appl Phys Lett, 2012, 101: 161901.

[39]　Huang C, Ma X L, Pu M B, et al. Dual-band 90 degree polarization rotator using twisted split ring resonators array. Opt Commun, 2013, 291: 345-348.

[40]　Ma X L, Huang C, Pu M B, et al. Circular dichroism and optical rotation in twisted Y-shaped chiral metamaterial. Appl Phys Express, 2013, 6: 022001.

[41]　Plum E, Liu X X, Fedotov V A, et al. Metamaterials: optical activity without chirality. PhysRev Lett, 2009, 102: 113902.

[42]　Wang Z J, Cheng F, Winsor T, et al. Optical chiral metamaterials: a review of the fundamentals, fabrications and applications. Nanotechnology, 2016, 27: 27606801.

[43]　Crescimanno M, Dawson N J, Andrews J H. Coherent perfect rotation. Phys Rev A, 2012, 86: 031807.

[44]　Wang Y Q, Pu M B, Hu C G, et al. Dynamic manipulation of polarization states using anisotropic meta-surface. Opt Commun, 2014, 319: 1416.

[45]　Mousavi S A, Plum E, Shi J H, et al. Coherent control of optical polarization effects in metamaterials. Sci Rep, 2015, 5: 8977.

第18章　亚波长天线和辐射技术

1886 年，德国卡尔斯鲁厄大学的赫兹建立了世界上第一个天线系统，使信息传递技术进入无线电通信时代。经过百余年的发展，天线已经深入人们的日常生活，成为现代信息社会的重要组成要素，各种无线器材都需要借助天线实现信息的交换。

随着雷达和相关电子系统集成度的增加，现代通信系统对辐射器件的要求不断提高，包括高方向性、低副瓣特性、波束扫描特性、偏振调制特性以及小型化等。传统的电磁辐射技术难以满足上述需求。

亚波长结构的出现给天线设计带来了新的思路。亚波长结构材料具有极大的设计灵活性，可实现对电磁波的有效操控，将其引入传统天线的设计中，可大幅度提高天线的接收、辐射性能。并且亚波长结构在天线设计的过程中不会过多地增加天线口径，符合未来辐射器件高性能、集成化和轻量化的发展需求。

近年来，天线的概念逐渐由微波波段拓展到太赫兹波段甚至光波段，出现了光天线的概念。与微波天线对电磁波的辐射类似，光天线可以实现对光波辐射特性的调控。

本章介绍基于亚波长结构的天线和辐射技术，首先在传统天线的基础上，阐述引入亚波长结构对微波天线性能的影响，包括对天线的工作带宽、偏振态、增益、副瓣水平等性能指标的改善；随后，介绍光天线的结构特征以及对应的电磁特性，并将亚波长电磁辐射的概念拓展到纳米激光器领域。

18.1　天线的基本参数

天线的主要技术参数包括辐射方向图、天线方向性系数、增益、输入阻抗、偏振态及驻波特性等[1]。下面将对这些参数进行简要介绍。

18.1.1　辐射方向图

天线的辐射方向图表征天线辐射的电磁波在空间各个方向上的辐射场强度分布。辐射方向图是辐射能量的二维或三维空间分布，通常是球坐标 θ 和 φ 的函数，表示天线的电场强度或者功率密度的分布情况。如果把天线在各方向辐射的强度用从原点出发的矢量长短来表示，则连接所有矢量端点所形成的包络面，就是天线的方向图。工程上一般采用两个相互正交的主平面上的方向图来表示天线的方向性，这两个主平面被称为天线的 E 面和 H 面。

通常用归一化场强表示方向性函数，即

$$f(\theta,\varphi) = \frac{|E(\theta,\varphi)|}{|E_{\max}|} \qquad (18.1\text{-}1)$$

直角坐标系下的典型辐射方向图如图 18.1-1 所示，其中包含辐射功率密度最大值的波瓣为主瓣或主波束，而主瓣以外那些具有较低电平的波瓣称为旁瓣或副瓣，主瓣正后方的波瓣称为后瓣或背瓣。

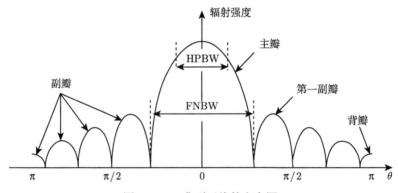

图 18.1-1　典型天线的方向图

天线的主瓣宽度定义为功率电平从最大值下降到 3dB 处的主波束角宽度。主瓣宽度越窄，说明天线辐射的能量越集中，方向性越高。主瓣两侧第一个零点之间的夹角称为第一零点波束宽度 (Beamwidth Between First Nulls，FNBW)。

天线的副瓣通常是不需要的辐射，常用副瓣电平来衡量其大小。它定义为副瓣与主瓣的最大辐射强度之比，常用分贝数 (dB) 表示。一般来说，离主瓣近的副瓣电平要比远的高，所以副瓣电平通常是指第一副瓣电平。

18.1.2　方向性系数

设一全向天线在远场区某一球面上的辐射功率和辐射功率密度分别为 P_{r0} 和 S_0；而任意天线对应的量为 P_r 和 $S(\theta,\varphi)$，则该天线的在某一方向上的方向性系数 $D(\theta,\varphi)$ 可以表示为

$$D(\theta,\varphi) = \left. \frac{S(\theta,\varphi)}{S_0} \right|_{P_r=P_{r0}} \qquad (18.1\text{-}2)$$

一般来说，天线的方向性系数通常指最大辐射方向上的方向性系数，是大于等于 1 的无量纲比值。实际测量过程中，通常通过测量天线 E 面和 H 面的半功率波束宽度，据此得到天线方向性系数为

$$D = \frac{4\pi}{\Delta\theta_H \cdot \Delta\theta_E} \qquad (18.1\text{-}3)$$

$\Delta\theta_E$ 为 E 面的半功率波束宽度；$\Delta\theta_H$ 为 H 面的半功率波束宽度，单位为弧度。由此可知天线的主波束越窄，方向性越高。但是，需要指出的是天线的主瓣宽度和方向性之间不是完全的对等关系。天线的方向性不仅仅依赖于主波束的宽度，还与天线的副瓣以及后瓣相关。因此即使两副天线的辐射方向图具有同样的主瓣宽度，由于旁瓣的差别，或存在多个主波束，它们的方向性也不同。式 (18.1-3) 通常适用于具有单一主波束的天线。

18.1.3 天线的辐射效率和增益

天线的辐射效率定义为辐射功率对输入功率的比值

$$\eta_{\mathrm{rad}} = \frac{P_{\mathrm{rad}}}{P_{\mathrm{in}}} = \frac{P_{\mathrm{in}} - P_{\mathrm{loss}}}{P_{\mathrm{in}}} = 1 - \frac{P_{\mathrm{loss}}}{P_{\mathrm{in}}} \tag{18.1-4}$$

其中，P_{rad} 是天线的辐射功率；P_{in} 是输入功率；P_{loss} 是天线损耗功率。天线的损耗分为自身损耗和外部损耗。自身损耗是指由于天线内部的金属损耗和介质损耗引起的能量耗散，而诸如天线输入端的阻抗失配，或者与接收天线的偏振失配等都属于天线的外部损耗。

增益是描述天线定向辐射能力的另一个重要特性参数，它和天线的方向性系数与辐射效率有着密切的关系。天线的增益定义为方向性系数与辐射效率的乘积，即

$$G = \eta_{\mathrm{rad}} D \tag{18.1-5}$$

18.1.4 输入阻抗及驻波比

天线的输入阻抗是天线输入端信号电压与信号电流的比值。它表征了天线与发射机或接收机的匹配状况，表示导行波与辐射波之间能量的转换效率，是天线的一个重要电路参数。输入阻抗具有电阻分量 R 和电抗分量 X，即 $Z = R + \mathrm{i} \cdot X$。电抗分量的存在会降低馈线与天线之间的能量传输效率，因此天线与馈线连接时，应尽可能使电抗分量为零，此时天线输入阻抗是纯电阻且等于馈线的特性阻抗，馈线终端没有功率反射。

人们通常用反射系数 S_{11}、驻波比 (Voltage Standing Wave Ratio, VSWR) 和回波损耗 (Return Loss) 来表征天线与馈线的匹配情况。事实上，这三个参数之间可以相互转换。回波损耗是反射系数 $\Gamma(S_{11})$ 绝对值的倒数，以分贝值 (dB) 表示。回波损耗的值在 0dB 到无穷大之间，回波损耗越小表示匹配越差。0dB 表示全反射，无穷大表示完全匹配。天线的反射系数与输入阻抗 (Z_i) 和输入端的 VSWR 的关系分别是

$$Z_i = Z_c \frac{1 + \Gamma}{1 - \Gamma} \tag{18.1-6}$$

$$\mathrm{VSWR} = \frac{1 + |\Gamma|}{1 - |\Gamma|} = \frac{1 + |S_{11}|}{1 - |S_{11}|} \tag{18.1-7}$$

式中，Z_c 是馈线的特性阻抗，一般是 50Ω。

由式 (18.1-7) 可知，VSWR 的值在 1 到无穷大之间。驻波比为 1，表示完全匹配；VSWR 为无穷大表示完全失配。在天线工程中，通常要求 VSWR 小于 2，但在一些特殊领域，如移动通信系统中，一般要求 VSWR 小于 1.5，在某些雷达系统中，则要求 VSWR 应小于 1.2。因为过大的 VSWR 会造成系统内的反射功率增大，当其返回到发射机功放部分，容易烧坏功放管，影响系统正常工作。

18.1.5　天线的偏振态

天线辐射电磁波的偏振态定义为天线的偏振态。根据第 17 章内容可知，电磁波的偏振态主要分为线偏振和圆偏振。对应地，天线主要分为线偏振天线和圆偏振天线。

通常采用轴比 (Axial Ratio，AR) 来描述天线偏振态，其定义为垂直于传播方向的平面内，偏振椭圆的长轴和短轴的比值，即

$$\mathrm{AR} = \frac{OA}{OB} \tag{18.1-8}$$

其中，

$$OA = \left[E_{xo}^2 \cos^2 \tau + E_{xo}^2 \sin^2 \tau + E_{xo}E_{yo} \sin(2\tau) \cos(\Delta\phi) \right]^{1/2} \tag{18.1-9}$$

$$OB = \left[E_{xo}^2 \cos^2 \tau + E_{xo}^2 \sin^2 \tau - E_{xo}E_{yo} \sin(2\tau) \cos(\Delta\phi) \right]^{1/2} \tag{18.1-10}$$

式中，$\Delta\phi$ 表示辐射电场 x 与 y 分量的相位差，τ 为椭圆倾角。当 AR=1 时，电磁波为圆偏振波，实际中这种理想的圆偏振态很难达到，通常认为当 $1 \leqslant \mathrm{AR} < 2$ 时，天线辐射的电磁波即为圆偏振波。对于理想的线偏振天线，其轴比 AR 为无穷大。

圆偏振电磁波相比于线偏振表现出对环境更强的适应能力。它可以减小信号的漏失，消除电离层法拉第旋转效应引起的偏振畸变等，因而圆偏振天线具有更广阔的应用前景。

18.1.6　天线的带宽

天线的工作带宽定义为天线性能符合特定要求的频率范围，根据性能要求不同，天线的带宽包括阻抗带宽、增益带宽以及轴比带宽等。对于宽带天线，带宽通常用上限频率与下限频率之比 (如 10:1) 表示；对于窄带天线，带宽用频率差 (上限频率减下限频率) 除以带宽中心频率的百分数 (如 5%) 表示。一般来说，当要求天线的 S_{11} 小于 $-10\mathrm{dB}$ 时，在中心频率附近 S_{11} 小于 $-10\mathrm{dB}$ 的频段范围为阻抗带宽；定义比最大增益值小 3dB 的频段范围为增益带宽；对于圆偏振天线，一般要求轴比小于 3dB，那么轴比在 3dB 以内的频段范围为轴比带宽。

18.2 常用的微波天线种类

传统的天线主要包括以下几种类型：环形、偶极子和缝隙天线，同轴线、双线和波导天线，反射面天线，贴片天线，喇叭天线等。上述各种天线的辐射特性和频谱响应宽度各不相同，需根据实际应用场合选择合适的天线。下面主要介绍应用范围较广的贴片天线、喇叭天线和偶极子天线的电磁特性。

18.2.1 贴片天线

贴片天线，又称微带天线，是应用范围非常广泛的一种平板天线。其结构如图 18.2-1 所示，由分别处于介质基板背面的接地面和正面的矩形或圆形的辐射贴片组成。在馈电线接入激励信号后，辐射贴片和接地面之间形成谐振场，并通过贴片与接地板之间的缝隙向外界辐射电磁波。典型的贴片天线中，贴片的长 L 和宽 W 分别为 λ 和 $\lambda/2$，λ 为电磁波在介质中的波长，因此贴片天线可以看作是平行板微带传输线的谐振结构。

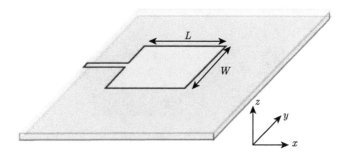

图 18.2-1　贴片天线结构示意图

贴片天线的辐射波瓣图较宽，其典型的波束范围为半空间，即 $\Omega_A = \pi$，因此贴片天线的方向性系数近似为

$$D = \frac{4\pi}{\Omega_A} = \frac{4\pi}{\pi} = 4 = 6\text{dB} \tag{18.2-1}$$

贴片天线的阻抗频带通常较窄，且与介质基片的厚度成正比，其相对工作带宽的典型值仅为百分之几。微带天线频带宽度与结构参数关系的经验公式如下

$$\text{Bandwidth} = 3.77 \left((\varepsilon - 1)/\varepsilon^2 \right) (W/L) (t/\lambda_0) \tag{18.2-2}$$

其中，ε 为介质的介电常数；t 为介质基板的厚度；λ_0 为自由空间波长。

总的来说，贴片天线具有低剖面、低增益、窄频带的特点，但是由于其具有尺寸小，易于共形设计等优势，在现代通信系统中获得了广泛的应用。此外贴片天线

可以利用光刻工艺制造，便于大批量生产，成本较低。但贴片天线的窄频带和低增
益特性在一定程度上限制了其应用范围。

18.2.2　喇叭天线

喇叭天线可以看作是张开的波导，如图 18.2-2 所示，其功能是在比波导口径
更大的辐射面上产生均匀的相位波前，从而获得较高的方向性。根据口径形状，
可以将喇叭天线分为矩形和圆形喇叭天线。为了使导行波的反射达到最小，喇叭
天线中介于波导的喉部与口径面之间的的转换区域需要按照指数规律逐渐锥削。
但是实际应用中，考虑加工的难度，喇叭天线的转换区域基本都是制作成线性张
开的。

图 18.2-2　喇叭天线

理论设计中，喇叭天线的辐射端口出射的电磁波应该为平面波，但是实际上辐
射场难以达到理想的平面波，因此需要通过额外的方法来消除口径面上辐射场相
位的差异。这些方法包括控制天线的张角大小、增加转换区的长度以及在辐射端口
加载介质等。

贴片天线和喇叭天线在结构形式和辐射特性上是两种极端的天线类型，贴片
天线剖面低，辐射方向性较差；喇叭天线的辐射方向性较高，但是剖面高度较大。

18.2.3　偶极子天线

偶极子天线是较早得到研究和应用的天线。其基本结构如图 18.2-3 所示，由
中心馈电的两根金属线组成。常用的偶极子天线主要为半波偶极子天线和短偶极
子天线，这两种偶极子天线的长度分别为 $l = \lambda/2$ 和 $l \ll \lambda$。偶极子天线通过电荷
沿直导线上做往返简谐加速运动而形成辐射。

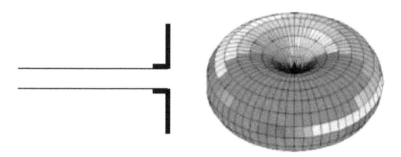

图 18.2-3 半波偶极子天线结构和辐射场分布示意图

半波偶极子的辐射电场和磁场表达式如下

$$
\begin{aligned}
E_\theta &= \frac{\mathrm{i}60I_0\mathrm{e}^{-\mathrm{i}kr}}{r}\left[\frac{\cos\left[(\pi/2)\cos\theta\right]}{\sin\theta}\right]\\
H_\varphi &= \frac{\mathrm{i}I_0\mathrm{e}^{-\mathrm{i}kr}}{2\pi r}\left[\frac{\cos\left[(\pi/2)\cos\theta\right]}{\sin\theta}\right]
\end{aligned}
\tag{18.2-3}
$$

根据半波偶极子天线的电场和磁场表达式,可计算出辐射场分布如图 18.2-3 所示,其形状如同面包圈。其 E 面场图为分布在天线两侧、形状相同的两个波瓣。而 H 面场图形状为一个圆形,说明偶极子在该面上的辐射是全向的。半波长偶极子天线的方向性系数为 1.67。

18.3 基于亚波长结构的微波天线技术

一般而言,亚波长结构在天线中的应用主要是利用亚波长结构对电磁场的调制作用,实现对天线某一个或者多个特性的改善,例如提高天线的方向性、调节天线的偏振态、实现天线波束扫描、减小天线尺寸以及拓展天线的工作带宽等。

亚波长结构在天线中的加载方式可以分为两种:一是覆层型亚波长结构天线,即把设计好的亚波长结构加载到天线的上方,作为天线的覆层,对天线辐射的电磁波进行调制。这种方式不需要对天线结构本身进行改动,设计实现较为容易。第二种方式是在天线结构中加载亚波长结构,这种方式是在天线结构中引入亚波长结构,对天线的结构形式进行改造或重新设计,实现对天线的方向性、偏振态、响应频谱等特性的调控。

18.3.1 亚波长结构高方向性天线

利用亚波长结构提高天线的方向性主要包括两种方式:一种方式是利用亚波长结构对电磁波传播方向的引导特性,具有这种引导特性的亚波长结构包括光子晶体和近零折射率材料等；另一种方式是利用亚波长结构的部分反射特性，使亚波长结构与天线的接地板之间形成 F-P 腔，从而提高天线的方向性。

1. 基于光子晶体缺陷效应的定向辐射天线

根据光子晶体的特性可知，破坏光子晶体的周期性可以产生光子晶体缺陷，落在缺陷态中的电磁波只能沿着特定方向传播。基于光子晶体缺陷效应的定向天线通常在辐射源上方覆盖光子晶体结构，该光子晶体由法线方向上周期性排布的介质板/柱组成。天线接地板和第一层介质板/柱之间的空气带隙作为光子晶体 (由接地板上方的介质板与关于接地板镜像对称的介质板组成) 的缺陷，它引导电磁波在法线方向上传播。因此只要将该光子晶体缺陷频带设计为覆盖辐射源的工作频带，那么其辐射出的能量在这个频带中通过光子晶体覆层时，只能沿着法线方向传播，从而改善天线的辐射性能。

Thèvenot 等提出将一维缺陷型光子晶体作为天线覆层，加载到传统贴片天线上方，实现对天线方向性的提升[2]。图 18.3-1 为加载和未加载光子晶体覆层的天线辐射方向图。可以看出，加载光子晶体覆层结构后，贴片天线的 E 面和 H 面的辐射波束都变得很尖锐。在 5.04GHz 处，天线的增益由原来的 8dB 提高到 20dB。

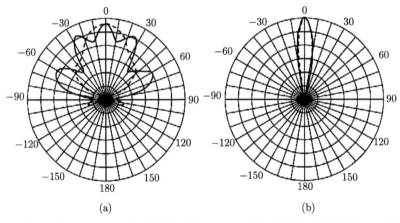

(a)　　　　　(b)

图 18.3-1　普通天线 (a) 和光子晶体结构天线 (b) 方向图 (实线和虚线分别是 E 面和 H 面) 的比较[2]

缺陷型光子晶体覆层结构的形式多种多样，可以是一维光子晶体结构，也可以是二维或三维光子晶体结构[3]。馈源的形式可以为贴片天线、缝隙天线或偶极子天线等。光子晶体覆层天线通常存在着阻抗带宽窄、增益低的问题，但可以采用阵列馈源[4]，引入多个光子晶体谐振腔[5]，或降低缺陷型光子晶体覆层的 Q 值[6] 等方法来解决。

此外还可将天线辐射源嵌入到光子晶体内[7,8]，实现能量的定向辐射。图 18.3-2

为由周期性排布的介质棒组成的三维光子晶体, 每四层作为一个层叠周期单元, 共 11 个单元 (44 层)。将单极子天线嵌入该三维光子晶体内, 在低频禁带边沿处, 天线的方向图如图 18.3-3 所示。天线的 E 面和 H 面的半功率波束宽度都为 $13°$, 计算得到天线的方向性达到 23.9dB。

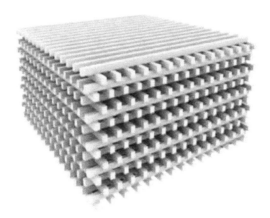

图 18.3-2 三维光子晶体结构示意图[7]

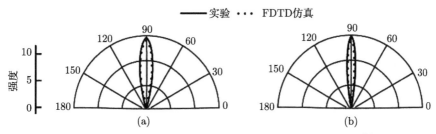

图 18.3-3 嵌在三维光子晶体中单极子天线的辐射方向图[7]

(a)E 面; (b)H 面

2. 基于近零折射率材料的定向辐射天线

在超材料基本理论章节中, 介绍了基于亚波长结构构造的负折射率、零折射率和高折射率的人工复合材料。对于近零折射率材料, 根据斯涅耳折射定律: $n_1 \sin \theta_1 = n_2 \sin \theta_2$, 如果 $n_1 \approx 0$, 不管入射角 θ_1 多大, 出射角 θ_2 都将接近于零, 因此辐射出的能量以近乎垂直于界面的方向出射, 如图 18.3-4 所示。因此, 这种具有近零折射率的材料可用于构造高方向性的辐射器件。

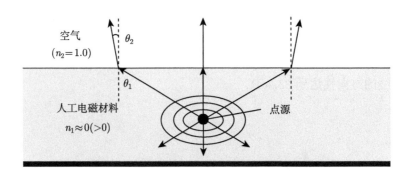

图 18.3-4　近零折射率材料实现定向辐射的原理示意图

　　如图 18.3-5 所示，利用六层周期性的金属网格构造出近零折射率人工电磁材料，将全向辐射的单极子天线放置在第三层和第四层网格之间[9]。该天线辐射的电磁波在结构材料的调制下，辐射方向集中在金属网格平面的法线方向附近。天线在 14.65GHz 处 E 面和 H 面的半功率波束宽度分别为 8.9° 和 18.3°，方向性系数由原来单极子天线的 1.64dB 增加到 25.7dB。

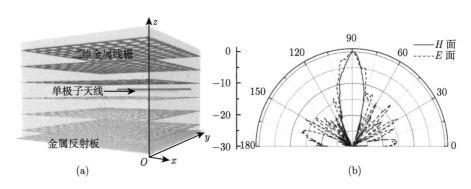

图 18.3-5　(a) 基于金属网格结构材料的单极子天线；(b) 天线在 14.65GHz 处的远场方向图[9]

　　零折射率材料也可以用作天线的覆层，提高传统天线的方向性。例如将亚波长零折射率材料加载在喇叭天线[10] 或者贴片天线[11,12] 上，提高原天线的方向性和增益水平。例如在喇叭天线的口径面内加载金属网格结构近零折射率材料，如图 18.3-6(a) 所示。该金属网格结构的近零折射率材料在 15.8~17.5GHz 折射率从 0.14 缓慢变化到 0.31，如图 18.3-6(b) 所示。从天线的远场方向图可以看出，在 16.4GHz 处，加载了近零折射率亚波长结构的喇叭天线增益明显提高，天线的方向性显著增强。

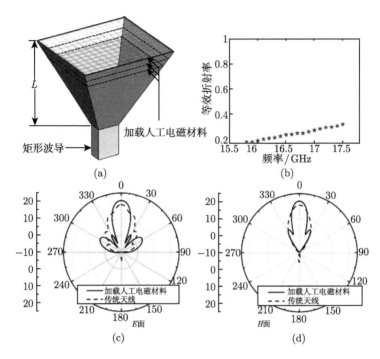

图 18.3-6 (a) 加载了金属网格结构材料的喇叭天线模型示意图；(b) 金属网格结构材料的等效折射率；(c) 和 (d) 分别为喇叭天线的 E 面和 H 面辐射方向图[10]

图 18.3-7 为基于矩形金属网格结构覆层材料的双频双偏振态高增益贴片天线示意图[13]。人工结构材料由两层矩形金属网格构成，中间矩形孔的尺寸在 x 方向上为 $b_1=4.6$mm，在 y 方向上为 $b=4.9$mm。该金属网格在 x 方向上的在周期为 $a_1=7$mm，在 y 方向上的周期为 $a=5.7$mm。金属网格都制备在介电常数为 3.5、厚度为 1.5mm 的单面覆铜介质板上。两层介质板之间的间距为 $d=2.8$mm，整个金属网格人工结构材料放置在距离接地板 $h=5.8$mm 的位置处。

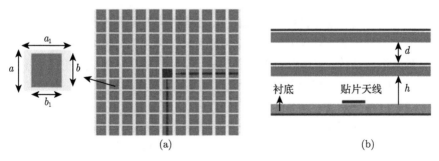

图 18.3-7 基于矩形网格亚波长结构的双频双偏振态贴片天线

(a) 俯视图；(b) 侧视图[13]

可以用镜像原理分析上述双层亚波长结构的电磁响应过程。根据电磁学的镜像理论, 将接地面上方的电磁材料单元关于接地面作镜像并移除金属接地板[14]。图 18.3-8(b) 给出了该矩形金属网格结构材料的传输特征曲线。可以看到, 对于 x 和 y 偏振, 该人工结构材料分别存在三个和两个透射峰。通过该材料单元结构在相应偏振方向上的每个透射峰值频率处的切向电场分布, 判断对应的峰值频率是否具有实际物理意义。从图 18.3-8(c) 中可以发现只有 x 偏振的透射峰频率 $f_1=13.9\text{GHz}$ 和 y 偏振的透射峰频率 $f_2=15.15\text{GHz}$ 的谐振模式使得原来金属接地面处的切向电场分布为零, 这意味着当接地板重新放置在原处时, 这两个频率处的谐振模式依然存在。而其他透射峰值频率上的金属接地面的切向电场分布都不为零, 不能用于设计覆层结构的贴片天线。

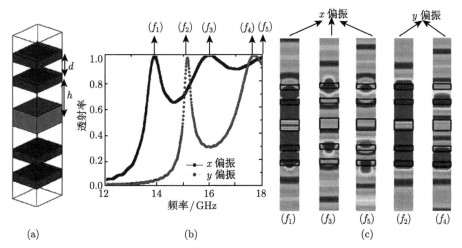

图 18.3-8　(a) 矩形金属网格亚波长结构示意图; (b) 亚波长结构在 x 和 y 偏振方向上的透射率曲线; (c) 亚波长结构在两个偏振方向上的透射峰值频率处的切向电场分布[13]

将由 11×11 个金属网格结构构成的人工材料用于所设计的双频双偏振定向辐射天线中, 如图 18.3-7(a) 所示。矩形微带贴片作为辐射源, 而正交的微带线结构则被用来激励微带贴片, 实现双偏振工作模式。贴片天线所用衬底的介电常数为 2.2, 厚度为 $t_1=1.575\text{mm}$。贴片天线在 x 和 y 方向上的尺寸分别为 5.7mm 和 5.15mm, 对应的谐振频率分别为 f_1 和 f_2。

图 18.3-9 为天线两个谐振频率处不同偏振态的远场方向图。与传统贴片天线辐射方向图作对比, 在两个偏振方向上, 传统贴片天线的增益都仅为 6dB, 且最大增益指向在 E 面都偏离天线的法线。但是亚波长结构的引入使得传统贴片天线在 x 偏振方向产生了很窄的能量波束, 其 E 面和 H 面半功率波束宽度分别为 24.3°

和 31.9°。此时其最大增益值在 E 面沿着天线的法线。在 y 偏振方向上沿着天线法线的定向辐射波束则出现在 15.6GHz，其 E 面和 H 面半功率波束宽度分别为 17.2° 和 20.8°。

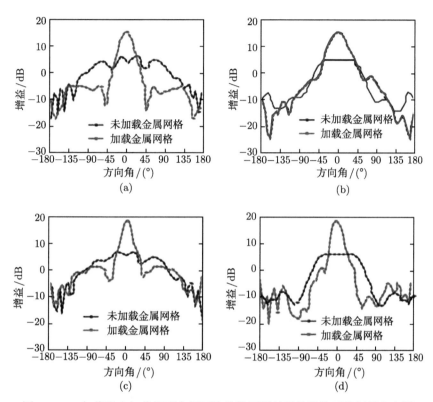

图 18.3-9　加载和未加载矩形金属网格结构覆层材料的贴片天线辐射方向图

(a)x 偏振，E 面；(b)x 偏振，H 面；(c) y 偏振，E 面和 (d)y 偏振，H 面[13]

3. 基于谐振腔结构的定向辐射天线

基于 F-P 谐振腔的的定向天线利用光学中 F-P 谐振腔的原理实现定向辐射，也就是说：天线馈源辐射出的能量在腔中多次反射，偏离法线的能量因为入射波和反射波的干涉而相互抵消，只有当腔长满足一定条件时，电磁波经 F-P 腔多次反射后，向空间辐射出高方向性的波束。传统实现高方向性辐射的 F-P 腔的腔长一般为半波长的整数倍，而零反射相位人工电磁媒质的出现，使得实现超薄的 F-P 谐振腔天线成为可能。图 18.3-10 为基于亚波长结构的 F-P 谐振天线[15]，采用人工磁导体 (Artificial Magnetic Conductor，AMC) 结构作为接地板反射面，它与上层的部分反射表面 (Partially Reflective Surface，PRS) 覆层构成谐振腔。由于人工磁导体具有零相位反射的特性，此时 F-P 腔的高度 h 不需要满足半波长整数倍的条件。根据公式 $\phi_1 + \phi_2 - 4\pi h/\lambda = 2n\pi$，当 AMC 和 PRS 的反射相位 ϕ_1 和 ϕ_2 分别为 $0°$ 和 $180°$ 时，谐振器的高度可从原来的 $\lambda/2$ 降低至 $\lambda/4$，如图 18.3-10 所示。

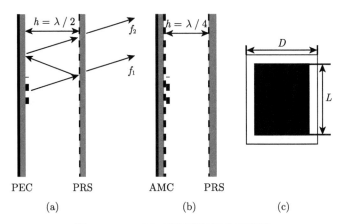

图 18.3-10　F-P 谐振腔天线的示意图

(a) 由 PEC 和 PRS 构成的谐振腔; (b) 由 AMC 和 PRS 构成的谐振腔; (c)AMC 单元结构俯视图[15]

　　这种基于 F-P 谐振腔的天线可进一步改进。例如，通过改变金属线条间距来调控定向辐射波束的方向[16]。如图 18.3-11(b) 所示，天线的 PRS 由介质上层与电场方向平行的金属连续线和介质下层与电场垂直的金属连续线构成，其中上层金属结构可等效为电感型金属线栅结构，下层金属结构可看作电容型金属线栅。通过调节下层金属连续线之间的距离可以改变金属连续线间的电容值，实现对反射相位和天线主瓣波束方向的调节。从图 18.3-11(c) 中可以看到该天线的主瓣波束随着线条间距的变化在法线两旁 $\pm20°$ 的范围内可调。

　　为了实现天线波束或谐振频率的主动可调，可在人工结构材料中引入有源器件，如变容二极管等[17]，通过改变电压，来改变覆层材料反射面的电容，从而实现反射相位的调控。根据 F-P 腔的工作原理，该覆层材料可以在不同频率下，实现电磁波能量的定向辐射，如图 18.3-12 所示。

　　在微波波段，较低的 RCS 可以保证天线系统的隐蔽性。传统的技术手段一般通过在天线周围加载吸波材料的方法降低天线的 RCS。但是这种方法一方面增加天线系统的冗繁度，另一方面会降低天线的增益水平。在天线中引入亚波长结构可解决上述问题。例如在平板天线中引入吸收型的亚波长结构来降低天线的 RCS 水平[18]，或者利用反射式亚波长结构降低天线在谐振频段之外的 RCS[19]。然而由于上述方法的内在缺陷，它们均无法解决天线工作频段范围内的 RCS 缩减难题。

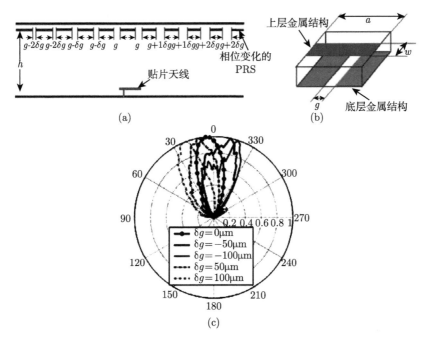

图 18.3-11 (a) 基于 F-P 腔的定向辐射天线，其中构成 PRS 的金属线条间距可调；
(b)PRS 单元结构示意图；(c) 不同金属线条间距下的天线方向图[16]

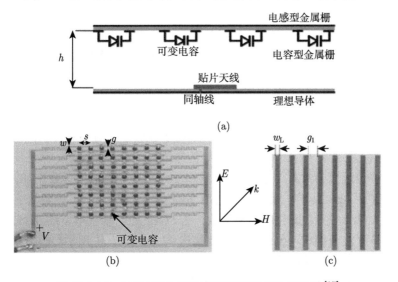

图 18.3-12 可调 PRS 和金属接地面构成的 F-P 腔[17]
(a) 侧面视图; (b) 电容型金属栅; (c) 电感型金属栅

针对降低天线 RCS 与提高天线增益之间的矛盾，可在传统天线中引入具有部分反射功能的多层亚波长结构，构造同时具有低 RCS 和高增益特性的新型天线[20]。该亚波长结构天线的工作原理如图 18.3-13 所示，外界入射的电磁波首先入射到亚波长结构材料上，亚波长结构的电磁吸收特性使入射波大部分被吸收，从而大幅度降低天线的 RCS；与此同时，亚波长结构与天线接地板之间形成 F-P 腔，使天线在谐振频点的辐射特性得到增强。

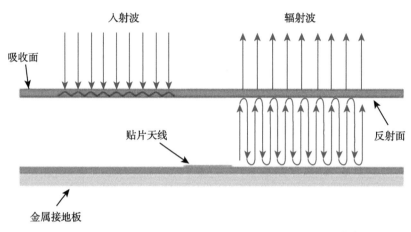

图 18.3-13　基于电磁吸收型亚波长结构的低 RCS 天线[20]

　　该亚波长结构示意图如图 18.3-14 所示，包含两层金属结构，分别为底层的部分反射表面和顶层的电磁吸收表面。其中部分反射表面的结构为包含三条平行缝隙的金属面，而电磁吸收表面为加载电阻 R 的金属环形结构。材料的结构参数如下：b=7mm，d=4mm，g=1mm，l=8mm，p=12mm，w_1=0.5mm，w_2=0.15mm，R=110Ω。

　　图 18.3-15(a) 为从端口 1 入射的 x 偏振电磁波的透过率和反射率曲线，从图中可以看出，在 6～12GHz 范围内，入射的电磁波大部分被反射，并且反射相位在该频率范围内近似为常数。图 (b) 为从端口 2 入射的电磁波的透过率和反射率，可以看出，在 6～12GHz 内，反射率和透射率的值均小于 −5dB，说明从端口 2 入射的电磁波大部分被亚波长结构材料吸收。在 8GHz 处，吸收率超过 87%。

　　将这种亚波长结构与传统平板天线集成，如图 18.3-16 所示。利用亚波长结构的部分反射特性，与天线的接地板构成 FP 腔结构，可提高天线的整体增益水平；同时，亚波长结构的吸收表面可将外界入射到天线上的电磁波有效地吸收，从而降低天线的 RCS。

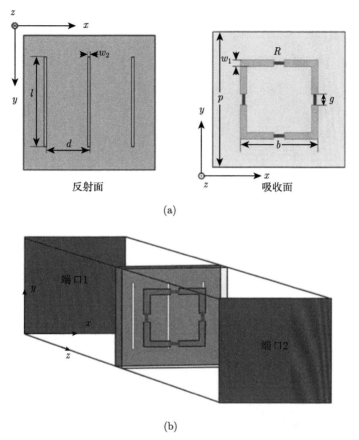

(a)

图 18.3-14 (a)PRS 亚波长单元结构示意图[20]；(b) 仿真过程设置示意图

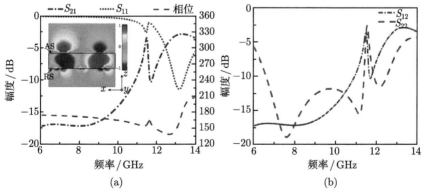

图 18.3-15 部分反射表面两个方向的透过率和反射率[20]

(a) 从背面入射；(b) 从正面入射

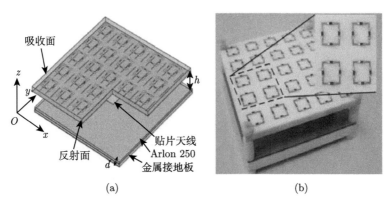

图 18.3-16　基于亚波长结构吸波材料的新型低 RCS 天线示意图 (a) 和照片 (b)[20]

　　天线的增益和 RCS 测试结果如图 18.3-17 所示。从结果中可以看出，加载亚波长结构材料之后，天线的增益水平在 11.2~11.8GHz 内得到明显提升，在 11.4GHz 处由原来的 7dB 增加到 13dB。而天线的 RCS 水平在 6~14GHz 内至少降低了 4dB，大幅提升了天线的辐射性能和隐身能力。

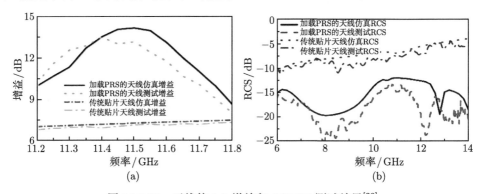

图 18.3-17　天线的 (a) 增益和 (b)RCS 测试结果[20]

　　这种基于亚波长结构实现传统天线性能提升的方法，是亚波长结构在微波领域应用的重要体现，表明了亚波长结构在电磁波辐射行为调制中的明显优势。

4. 基于频率选择表面的定向辐射天线

　　频率选择表面是指反射或传输特性与频率密切相关的亚波长结构。它通常由特定形状的金属线阵列 (或缝隙阵列) 构成，如图 18.3-18(a) 所示。当金属线阵列构成的 FSS 和金属缝隙阵列构成的 FSS 为互补结构时，这两种 FSS 具有相反的频率响应特性。从等效电路的角度来看，缝隙阵列型 FSS 可以表示为电容电感并联的等效电路。当入射电磁波频率为谐振频率时，缝隙阵列型 FSS 对电磁波是 "透明" 的。而金属线阵列的 FSS 恰好相反，它可以表示为电容电感串联的等效电路，在谐振频率处的透射系数为零，表现为带阻特性[21]。在亚波长结构天线中，通常采用线阵列型 FSS 作为天线覆层，它可与天线的金属反射面构成 F-P 腔，提高天线辐射的方向性[22]。已经提出的 FSS 中，大多对线偏振波响应[23-25]，但是通过合理设计单元结构形式，也可构造出圆偏振滤波的 FSS 结构[26]。

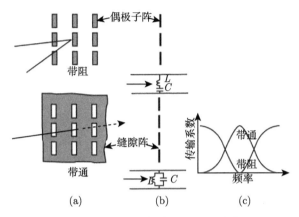

图 18.3-18 基本频率选择表面结构

(a) 基于金属断线结构和缝隙结构的 FSS；(b) 两种 FSS 的等效电路模型；(c) 两种 FSS 的传输系数

FSS 对电磁波的选择透过性可以用于构造高方向性天线。韩国学者 Lee 等人[27] 采用两层周期性金属断线构成的 FSS 屏作为贴片天线的覆层，在两个频率点处天线的方向性得到明显提高，不过该覆层结构的厚度接近一个波长。随后，他们又提出了一种由两层不同周期金属结构组成的超薄 FSS 屏，将该 FSS 作为微带天线的覆层，同样实现在两个频点处天线方向性的提高[28]，如图 18.3-19 所示。

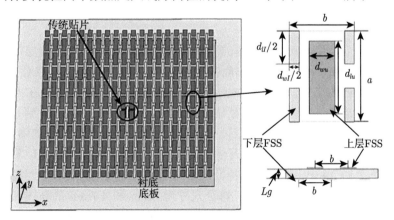

图 18.3-19 基于双频 FSS 结构构造的高方向性天线[28]

　　图 18.3-20 为一种由双层金属断线对构成的 FSS 结构。该 FSS 的单元结构包含两层具有不同尺寸的金属断线对结构[29]。将其作为覆层加载到传统的微带天线上，可提高天线的增益水平。微带天线的尺寸为 5.3mm×6mm，所用的介质基板介电常数为 2.2，厚度为 t_1=1.575mm。FSS 的上下两层周期性金属断线对的长度分别为 l_1=6mm 和 l_2=4.7mm，宽度为 W_c=1mm，该材料的谐振单元周期为 $P_x \times P_y$=7mm×3.5mm。FSS 覆层与天线接地板之间的间距设计为 h=11mm。

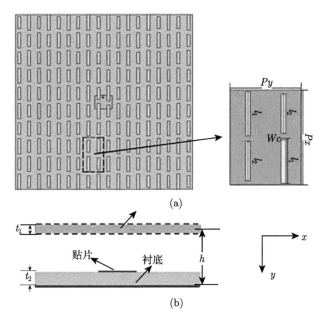

(a)

(b)

图 18.3-20　基于双层金属断线对结构的双频定向辐射天线的模型示意图

(a) 俯视图；(b) 侧视图[29]

　　图 18.3-21 为天线增益随频率的变化曲线，将其与未加 FSS 覆层的普通贴片天线，以及仅加载一种长度的金属断线对的天线作对比，从该图可以看到，普通贴片天线的增益约为 7dB，而加载 6mm 长金属断线对的天线，其增益在 14.8GHz 达到 18.4dB；而加载 4.7mm 长金属断线对的天线，增益在 15.7GHz 达到 17.2dB。值得指出的是天线增益最大处的谐振频率会随着所设计的断线对长度的增加而降低。当 FSS 屏中加载了两种不同特征尺寸的断线对后，该天线在 14.5GHz 和 15.4GHz 的增益提高至约 16dB。相比单个特征尺寸的金属断线对结构材料，天线增益有所下降，这是由于在双频 FSS 屏中，特征尺寸为 6mm 和 4.7mm 的断线对相比各自单频 FSS 屏中的数量有所下降，从而降低了向自由空间辐射的能量。

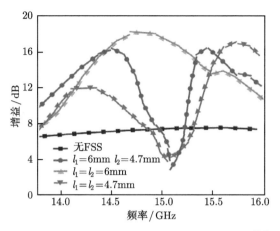

图 18.3-21 四副不同结构微带天线的增益曲线[29]

天线增益随 FSS 与接地板之间的距离 h 的响应特性如图 18.3-22 所示。当 h 增大时，低频 f_1 处的天线增益提高，并且中心频率向低频偏移；而高频 f_2 处的增益明显减小，同样其中心频率也向低频移动。该结果可用 F-P 谐振理论解释。当天线谐振波长为 λ 时，覆层与接地板之间的距离 h 一般为 $\lambda/2$。因此对于双频定向辐射天线的谐振腔长需要满足低频处：$h_1 = \lambda_1/2$；高频处：$h_2 = \lambda_2/2$。为了同时满足以上条件，则要使 h 的值落在 $[h_2, h_1]$ 范围中。如果 h 的值接近于 h_1，天线在 f_1 处的增益将会大于 f_2 处的增益。当 h 的值减小时，f_1 处的天线增益将会减小，而 f_2 处的增益将会增大。基于上面的分析，设计时需权衡考虑该天线在两个频率处的增益强度。

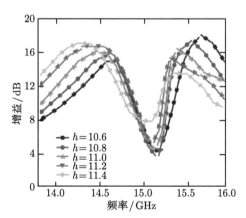

图 18.3-22 天线的增益随 FSS 屏与接地板之间的距离 h 变化的响应曲线[29]

图 18.3-23(b) 为该天线的反射系数。可以看到在 14～16GHz 范围内出现了两个明显的谐振频带。反射系数小于 -10dB 的阻抗带宽分别为 700MHz(14.4～15.1GHz)

和 200MHz(15.2~15.4GHz)。

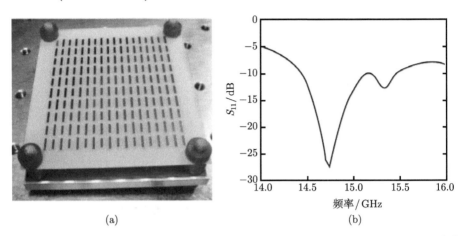

(a)   (b)

图 18.3-23 基于金属断线对结构的双频定向辐射贴片天线 (a) 和 S_{11} 测试曲线 (b)[29]

图 18.3-24 给出了该天线在两个最大增益频点处的 E 面方向图。实验结果显示,低频谐振点处的增益达到 15.73dB,高频谐振点处天线的增益从 6.8dB 增加到 14.5dB。此外,所设计天线在两个频率处的半功率波束都被压缩到大约 20°,具有良好的定向辐射效果。

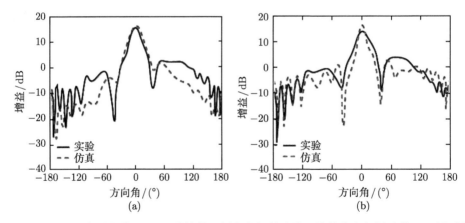

(a)   (b)

图 18.3-24 基于金属断线对 FSS 结构的双频定向辐射贴片天线的仿真与测试的 E 面方向图
对比[29]

(a)14.7GHz;(b)15.3GHz

图 18.3-25(a) 为加载覆层 FSS 的圆偏振定向辐射天线[30]。覆层型 FSS 由环形贴片阵列构成,可对圆偏振波响应。在由 FSS 屏和金属接地面构成的 F-P 腔作用下,天线的增益得到显著提高。图 18.3-25(b) 给出天线性能的测试结果,可以看到

在 10.2～10.3GHz，天线的方向性达到 18.93dB，并且 S_{11} 和轴比分别小于 -10dB 和 3dB。

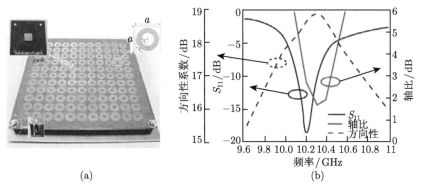

图 18.3-25 (a) 对圆偏振波响应的覆层型 FSS 定向辐射天线；(b) 天线方向性系数、S_{11} 和轴比的测试结果[30]

图 18.3-26 为一种小型化的 FSS[31]，该 FSS 由两层金属贴片阵列和金属线阵列组成，两层结构的周期相同，并远小于谐振波长。根据等效电路理论，可以将金属贴片阵列和金属连续线阵列分别等效为电容性和电感性表面，在入射波方向上构成由电容和电感并联排布的谐振结构，达到空间滤波的目的。将这种小型化 FSS 采用级联的方式排布，可以有效地实现双频或多频空间滤波。

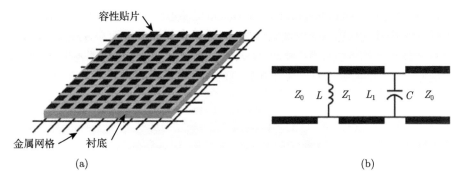

图 18.3-26 由周期性排布的金属贴片和金属线阵列构成的 FSS

(a) 三维视图；(b) 等效电路模型[31]

亚波长结构除了可提高天线的方向性之外，还可提升天线的其他性能，如用于阵列天线中实现低互耦，采用高阻抗表面的人工磁导体加载在贴片天线之间抑制阵元之间能量的相互串扰[32-37] 等。采用磁导率远大于 1 的人工磁介质作为基底取代磁导率为 1 的传统介质基底，可有效减小天线的尺寸[34]。

图 18.3-27 是一种实现磁导率调制的亚波长结构，由周期性的金属螺旋线组成，

其衬底材料的介电常数为 9.8。在 250MHz 处，该结构的等效磁导率为 3.1。将这种亚波长结构材料作为微带天线的衬底，可以有效降低天线的尺寸。贴片天线的尺寸为 9.3cm×9.3cm，其工作频段在 250~252MHz。天线尺寸比没有加载亚波长结构时减少约 50%，而且天线的辐射性能保持不变。

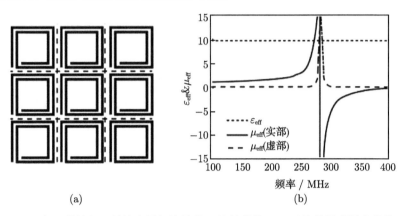

$$(a) \qquad\qquad\qquad (b)$$

图 18.3-27　实现磁导率调制的金属螺旋线状亚波长结构 (a) 及其等效磁导率曲线 (b)[34]

18.3.2　亚波长结构偏振调制天线

1. 各向异性亚波长偏振调制器件在天线中的应用

在第 17 章中，我们介绍了亚波长结构对电磁波偏振特性的调制能力，并介绍了多种具有偏振调制功能的亚波长结构，包括各向异性结构和手性结构。本节将重点介绍亚波长结构的偏振调制特性在天线中的应用。例如将超薄各向异性亚波长结构按照图 18.3-28 所示的方式加载到线偏振微带天线上[38]。

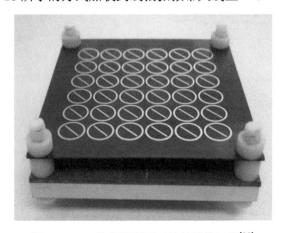

图 18.3-28　偏振调制型亚波长结构天线[38]

如图 18.3-29(a) 所示，加载亚波长结构后，天线 S_{11} 小于 $-10\mathrm{dB}$ 的频段范围为 13.3~14.23GHz。天线的轴比值与频率之间的关系曲线如图 18.3-29(b) 所示。从图中可以看出天线轴比在 13.8GHz 处为 $-0.46\mathrm{dB}$，说明在该频率点处天线的辐射场非常接近理想的圆偏振。

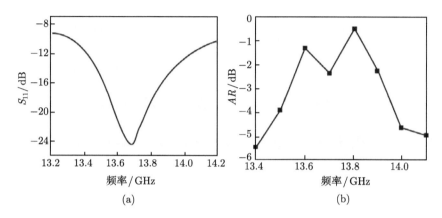

(a)   (b)

图 18.3-29   亚波长结构圆偏振天线性能

(a)S_{11}；(b) 轴比曲线[38]

图 18.3-30 为由周期性排列的金属断线对组成的各向异性亚波长结构。将该结构加载到传统喇叭天线上，可实现对喇叭天线辐射偏振态的调制[39]。该亚波长结构材料的单元结构由沿着两个正交方向排列的金属线组成，两个方向上的金属线之间的间隔不同，从而在两个正交方向上实现 90° 的传播相位差。将这种偏振调制型亚波长结构材料加载到传统的喇叭天线上，喇叭天线作为电磁波辐射源，辐射的线偏振电磁波经过亚波长结构材料的调制后，转换为圆偏振电磁波，在中心频率 30GHz 处实现圆偏振辐射，如图 18.3-31 所示。

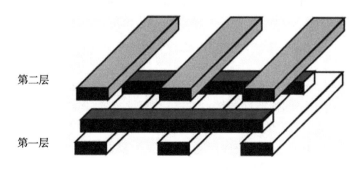

第二层

第一层

图 18.3-30   偏振调制型亚波长结构[39]

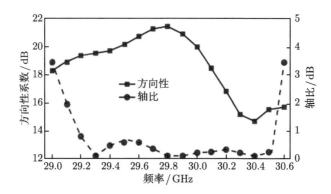

图 18.3-31   加载亚波长结构材料后天线的方向性系数和轴比特性曲线[39]

作为一种经典的各向异性偏振调制亚波长结构，曲折线结构在 1973 年就被用于调节电磁波的偏振态[40]。这种结构也可用于如图 18.3-32 所示的圆偏振天线中[41]。该天线的轴比曲线和增益曲线如图 18.3-33 所示，从图中可以看出，在 29.5~30GHz 带宽内天线的轴比小于 1dB，方向性系数达到 24dB。

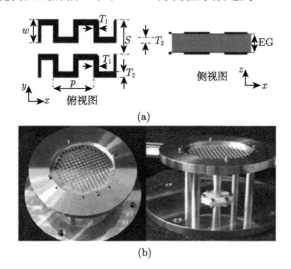

图 18.3-32   (a) 曲折线型亚波长结构示意图；(b) 集成亚波长结构的喇叭天线[41]

上述加载到天线上的亚波长结构偏振调制材料均为透射型，即电磁波透过该材料后实现对电磁波偏振特性的转换。透射型亚波长结构材料与天线集成匹配相对简单，不会阻挡电磁波的辐射，然而这种透射型的偏振调制亚波长结构材料往往具有较大的反射损耗。为了解决该问题，可用采用反射式的偏振调制亚波长结构材料与天线结合，电磁波照射到这种材料上后，被全部反射，因此能量利用率较高。

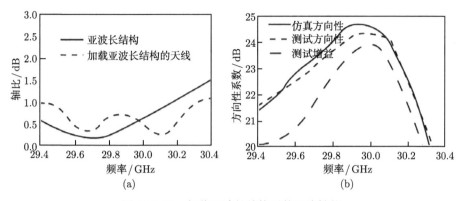

图 18.3-33　加载亚波长结构后的天线性能

(a) 轴比曲线；(b) 方向性系数曲线[41]

如图 18.3-34 所示的反射式亚波长结构，由两层结构尺寸不同的 T 形金属结构组成，这两层结构制作在背面有金属接地面的介质基板上[42]。线偏振电磁波从正面入射到材料上，经过各向异性 T 形金属结构的调制后被背面的金属接地面反射，电磁波经过两次金属结构调制，在两个正交方向上实现 90° 的相位差。该材料的设计利用了参数渐变的结构，使得该亚波长结构材料的工作带宽得到拓展，测试结果显示该亚波长结构材料的偏振转换带宽为 30%。

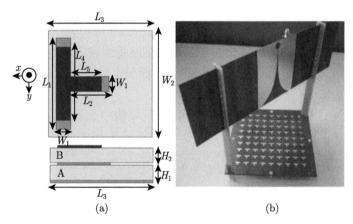

图 18.3-34　反射型偏振调制亚波长结构材料单元结构示意图 (a) 和照片 (b)[42]

将这种反射式的偏振调制材料与传统的线偏振 Vivaldi 天线相结合，线偏振天线辐射的电磁波经过亚波长结构材料的反射后转换为圆偏振电磁波，同时由于亚波长结构材料对电磁波能量几乎全部反射，使得天线的增益大幅度地提高。如图 18.3-35 所示，天线的最大增益为 19.5dB，1dB 增益带宽为 20%，3dB 轴比带宽为 28%。

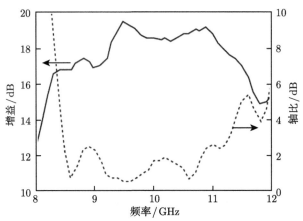

图 18.3-35　加载亚波长结构材料的 Vivaldi 天线的增益和轴比曲线[42]

这种反射式偏振调制材料可以提高传统微带天线的能量利用率，提高天线的辐射性能。并且由于反射式亚波长结构通常具有宽带阻抗匹配特性，可用于宽带圆偏振天线的设计。然而由于材料采用反射式结构，馈源天线会对反射的电磁波产生一定的阻挡，影响天线的辐射性能。

上述的各向异性亚波长结构，可以实现宽带、高效的偏振调制功能，并适合与传统的线偏振天线结合，以构造新型的圆偏振天线，增加天线设计的灵活性。

2. 手性亚波长结构材料在天线中的应用

由于手性亚波长结构具有调制圆偏振电磁波折射率的特性，因此可以应用于圆偏振天线中，利用其在谐振频点附近的近零折射率特性，提高传统圆偏振天线的方向性[43-45]。

如图 18.3-36 所示的手性亚波长结构，单元结构中上下两层十字形金属线之间

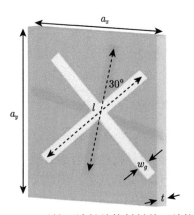

图 18.3-36　手性亚波长结构材料单元结构[43]

存在 30° 的旋转 [43]，构成不具有对称面的手性结构。将该手性亚波长结构材料加载到传统的双阿基米德螺旋线天线中，可使天线的右旋圆偏振态增益提高 5dB。而且天线的轴比在 5.9~6.5GHz 均小于 3dB，说明天线的圆偏振辐射特性得到改善。

对于第 17 章中介绍的双频低损耗手性亚波长结构，由于其具有双频双圆偏振转换特性，可用于构造新型圆偏振天线[46]，在两个谐振频点处实现不同旋向的圆偏振辐射，如图 18.3-37 所示。

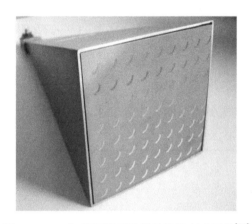

图 18.3-37　加载手性亚波长结构的喇叭天线[46]

双频双圆偏振的偏振转换器单元结构示意图如图 18.3-38(a) 所示，由两层分别处在介质基板两侧的圆弧形金属线组成，单元结构参数为 p=13mm，R=5.6mm，w=1.2mm，θ_1=78°，θ_2=82°，θ_3=5°。在线偏振波入射情况下，左旋圆偏振波和右旋圆偏振波的透过率如图 18.3-38(b) 所示。从图中可以看出，在 12.25GHz 处左旋圆偏振波的透过率为 −0.5dB，而在该谐振点处右旋圆偏振波的透过率为 −33dB，

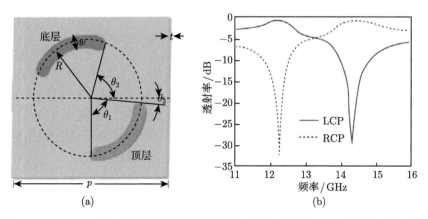

图 18.3-38　(a) 双频双圆偏振偏振转换器的单元结构示意图；(b) 圆偏振透射率[46]

说明在该谐振点处线偏振电磁波转换为了左旋圆偏振波；与此相反，在高频谐振点，即 14.28GHz 处，右旋圆偏振波的透过率为 −0.6dB，明显高于左旋圆偏振波的透过率 −31dB。说明在该谐振点处，线偏振电磁波通过该手性材料后的出射波为右旋圆偏振。

加载人工结构材料后天线由原来辐射线偏振波转换为辐射圆偏振波。图 18.3-39 为加载人工结构材料后天线的轴比曲线和增益曲线。可以明显看出，天线的轴比在 12.1GHz 和 14.25GHz 处分别为 0.5dB 和 1.1dB，说明天线在这两个频点处辐射圆偏振波。两个频点附近的 3dB 轴比带宽分别为 11.9~12.23GHz 和 14.15~14.5GHz。天线的增益曲线显示，随着频率的增加，天线的增益值也相应地增加，在 11~15GHz 频率内，天线在轴向上的增益值均大于 20dB。与不加载圆偏振器的天线相比，加载了圆偏振器的天线在 12.15GHz 和 14.25GHz 处的增益略有降低，但降低的值仅在 0.5dB 左右，与传统圆偏振器的 3dB 损耗相比，能量利用率有明显的改善。

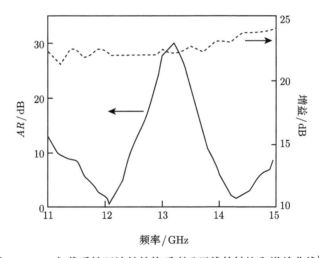

图 18.3-39   加载手性亚波长结构后喇叭天线的轴比和增益曲线[46]

12.15GHz 和 14.25GHz 处的圆偏振方向图如图 18.3-40(a) 和 (b) 所示。从图 (a) 中可以看出，左旋圆偏振波的增益为 22dB，而右旋圆偏振波的增益为 0.5dB，两者的差值达到 21.5dB，说明出射场表现为较为纯净的左旋圆偏振；而在 14.25GHz 处的情况正好相反，右旋圆偏振波的增益为 22.5dB，而左旋圆偏振波的增益值为 2dB，两者的差值达到 20.5dB，辐射场表现为右旋圆偏振。

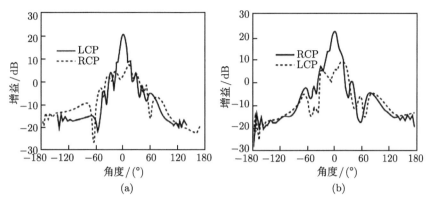

图 18.3-40　(a)12.15GHz 处圆偏振方向图；(b)14.25GHz 处圆偏振
方向图[46]

18.3.3　亚波长结构辐射方向调控天线

亚波长结构在天线中的另一个重要用途是动态调控天线的辐射方向。在雷达系统中，为了实现对大视场范围内目标的探测和追踪，要求辐射天线具有波束扫描功能。而传统技术手段中大多依靠机械的转动实现天线波束扫描，这种机械扫描系统庞大，扫描速度慢，维护成本高。近些年出现的相控阵技术在阵列天线后端加载 T/R 组件，通过动态调节每个天线单元的出射振幅和相位，实现对天线阵列波束方向的扫描。相控阵天线具有响应速度快、波束形状任意可控等特性。但是由于 T/R 组件的成本较高，相控阵天线的普及具有一定的难度。

亚波长结构对电磁波的高效操控能力使其在波束扫描天线中具有一定的优势。下面介绍两种基于亚波长结构的波束扫描天线，分别是基于变换光学的波束扫描天线和基于动态振幅/相位调制的波束扫描天线。

1. 基于变换光学理论的波束扫描天线

变换光学理论最早是为了解决电磁隐身问题而提出的[47−50]，但其在天线技术中也有较高的应用价值[51−53]。2010 年，美国 Duke 大学 Smith 等利用复合材料构造了二维平板 Luneburg 透镜[54]，引起了研究者们的广泛兴趣。其基本思路是利用变换光学原理得到材料的折射率和空间位置的分布关系，如图 18.3-41(a) 所示，再设计具有相应等效折射率的亚波长结构实现这种折射率分布 (图 18.3-41(b) 和 (c))。通过调控馈源天线与透镜的相对位置，可以实现天线辐射波束方向的动态调控。实验结果表明，在移动馈源天线的过程中，该平板透镜在 7∼15GHz 的宽频带内实现了 0∼70° 的大角度波束偏折，如图 18.3-42 所示。

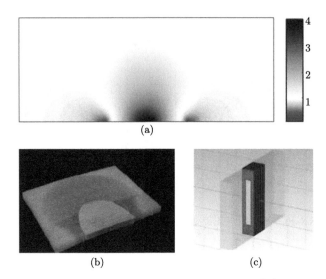

图 18.3-41　平板 Luneburg 透镜的设计[54]

(a) 折射率分布；(b) 整体模型；(c) 单元结构

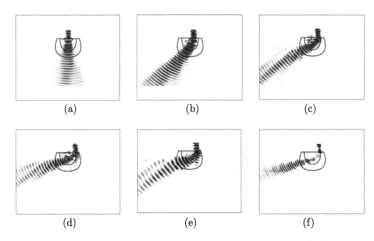

图 18.3-42　平板 Luneburg 透镜的波束偏折效果[54]

(a)~(d)10GHz，波束指向分别为 0°，35°，50° 和 70° 的偏折结果；(e) 和 (f) 分别为 7GHz 和 15GHz
时，波束指向 70° 的偏折结果

　　同年，东南大学崔铁军教授团队制备了三维 Luneburg 透镜[55]。利用电驱方式
移动馈源相对 Luneburg 透镜的照射位置，可以在微波频段实现三维电磁波束动态
调控。而且，这种基于介质打孔实现的三维 Luneburg 透镜对电磁波偏振响应不敏
感，能够对 x 偏振和 y 偏振分别实现宽频带、大角度扫描，如图 18.3-43 所示。

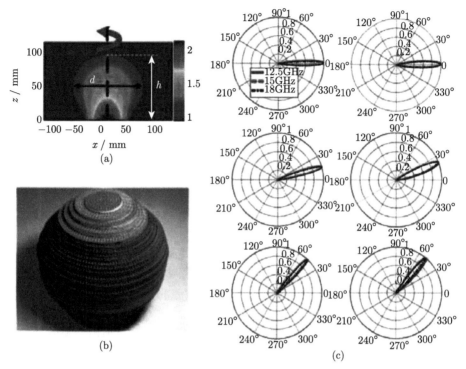

图 18.3-43 (a)Luneburg 透镜折射率在 xz 平面的空间分布图；(b) 使用介质打孔方式加工的三维 Luneburg 透镜；(c)x 偏振和 y 偏振在不同扫描角度的远场方向图[55]

下面以一种电控 Luneburg 透镜天线为例，介绍这种基于变换光学原理实现波束扫描的具体设计原理和方法。

(1) 设计原则

图 18.3-44 为可实现波束动态扫描的 Luneburg 透镜天线的基本原理[56]。虚线范围内为透镜天线主体，其折射率分布按照 $n = \sqrt{2 - (r/R)^2}$ 的形式从透镜中心向外递减，其中 R 为透镜半径，r 为透镜中任意一点到透镜中心的距离，n 为其对应的折射率。红色区域外单元结构的折射率为 1。至此，透镜天线所有单元结构的折射率大小均已确定。放置在中心 0 点的线源辐射出的柱面波经过 Luneburg 透镜后，在另一侧以平面波的形式出射。调节单元结构等效折射率，使得透镜主体区域以 0 点为中心，R 为半径的圆 (图中实线轨迹) 移动时，出射电磁波将会实现 360° 的平面波束扫描。该设计中对单元结构有两个要求：①单元结构具有较高的透过率；②每个单元结构的折射率变化范围为 1~1.414。

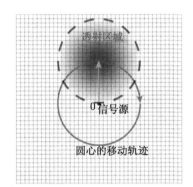

图 18.3-44 电控 360° 波束扫描 Luneburg 透镜天线工作示意图[56]

(2) 单元结构设计及仿真

图 18.3-45(a) 为组成 Luneburg 透镜的单元结构, 由埋置于介质材料中的金属断线组成, 并在缝隙处焊接变容二极管以调制电磁波的相位。金属断线的长度为 7.5mm, 宽度为 1mm, 缝隙宽度为 1mm, 介质基底的介电常数为 4.5, 单元结构周期 $p = 12$mm。通过调节外加偏置电压可以改变二极管电容值的大小, 改变单元结构对电磁波的传输特性, 并通过 S 参数反演法求得对应的等效电磁参数。

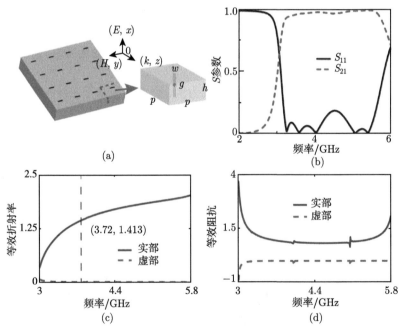

图 18.3-45 (a) 具有 4×4 周期阵列的 Luneburg 透镜结构示意图；(b)Luneburg 透镜单元结构在电容值 2.7pF 下的传输特性曲线[56]；(c) 和 (d) 分别为利用 S 参数反演得到的等效折射率和阻抗

图 18.3-45(b) 显示了结构阵列的透过率和反射率曲线，在 3.2~5.7GHz 频率，透过率大于 90%。结合透射和反射相位，利用 S 参数反演法，计算结构阵列的等效电磁参数。图 18.3-45(c) 为等效折射率和频率的对应关系。从图中可以看到当频率从 3GHz 增加到 5.8GHz 过程中，等效折射率的实部在 0.4~1.9 变化。特别地，在频率 3.72GHz 处，等效折射率为 1.413。等效折射率的虚部在整个频段内都接近于零，这说明单元结构本身的损耗很小。图 18.3-45(d) 为不同频率下结构阵列的等效阻抗。从图中可以看出，在 3.3~5.6GHz，结构阵列的等效阻抗在 1 附近微小变化，保证了材料阻抗和空间阻抗的良好匹配。

调节电容值在 0.3~2.7pF 变化，其传输特性曲线如图 18.3-46(a) 所示。以 0.9pF，1.8pF，2.7pF 为例，结构阵列在频率 3.7~5.7GHz 具有很高的透过率。但是，当变容二极管电容值为 0.3pF 时，大部分的电磁波透过率较低，能量被反射。图 18.3-46(b) 为 3.72GHz 处单元结构的等效折射率与电容值的对应关系。当变容二极管的电容值在 0.9~2.7pF 调节时，结构阵列的等效折射率从 0.9 变化到 1.414。至此，获得了在 3.72GHz 处具有高透过率且满足 Luneburg 透镜天线折射率变化要求的单元结构。

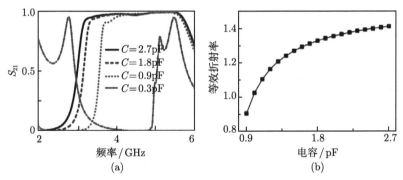

图 18.3-46 (a) 不同电容值下结构阵列的传输特性曲线；(b) 频率 3.72GHz 处等效折射率和电容值的函数关系[56]

构建具有 20×20 个周期的整体透镜模型，如图 18.3-47(a) 所示。其中圆圈内为 Luneburg 透镜主体，半径为 $10p$。将标准 Luneburg 透镜离散为 10 层，每一层内的单元结构具有相等的折射率，如图 18.3-47(b) 所示。将圆形区域外所有单元结构折射率设为 1，则可以得到整体天线模型所有单元结构的折射率分布。根据图 18.3-46(b) 所得的二极管电容值和等效折射率的对应关系，可获得透镜不同位置处二极管电容值的大小。表 18.3-1 为二极管电容值和单元等效折射率的对应关系。

(3) 天线结构及性能

构造形如 18.3-47(c) 所示的二维 Luneburg 透镜天线，天线尺寸为 240mm×

240mm×7.5mm。在 3.7~5.7GHz，电磁波的反射率均低于 −10dB，这说明透镜天线整体阻抗和自由空间阻抗匹配良好。图 18.3-47(d) 为 3.72GHz 处 yz 面的电场分布图。从电场分布来看，透镜天线内部没有发生共振吸收现象，点源辐射的电磁波经过透镜天线后被调制成平面波出射。

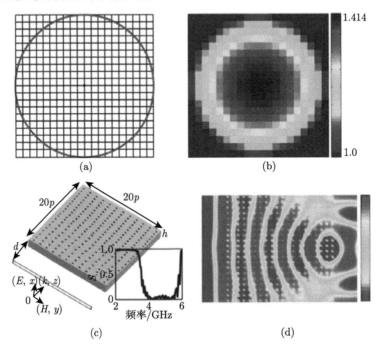

(a)   (b)

(c)   (d)

图 18.3-47   (a) 矩形栅格表示单元结构排布，其中圆圈区域内为 Luneburg 透镜天线主体；
(b) 标准 Luneburg 透镜离散折射率分布；(c) 透镜天线结构示意图，插图为反射率曲线；
(d) 频率 3.72GHz 处，yz 面的电场分布[56]

表 18.3-1   单元结构等效折射率和二极管电容值的对应关系

等效折射率	1.412	1.405	1.391	1.383	1.369	1.361	1.347
电容值/pF	2.7	2.6	2.4	2.3	2.1	2.05	1.9
等效折射率	1.339	1.332	1.324	1.317	1.301	1.294	1.278
电容值/pF	1.85	1.8	1.75	1.7	1.65	1.6	1.5
等效折射率	1.262	1.254	1.246	1.222	1.206	1.189	1.172
电容值/pF	1.47	1.45	1.4	1.35	1.3	1.25	1.22
等效折射率	1.146	1.129	1.12	1.065	1		
电容值/pF	1.18	1.15	1.22	1.11	1		

图 18.3-48(a) 和 (b) 为两种辐射角度下加载偶极子馈源的 Luneburg 透镜天线结构示意图。为了方便放置偶极子馈源天线，Luneburg 透镜共包含 21×21 个单元

结构，透镜主体最外层折射率大小为 1。偶极子固定在整体天线的中心 0 点。图中透镜天线后方的灰色栅格的单元结构通过调节二极管反向偏压，使其具有高反射率的特性，可以等效为金属反射板。其他区域单元结构中二极管的电容值设为 1pF，对应等效折射率为 1，可以看作"自由空间"。蓝线为透镜圆形区域的移动轨迹。

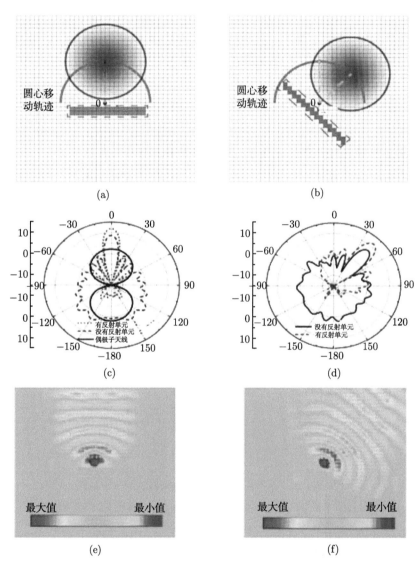

图 18.3-48　(a) 透镜天线初始位置, 其中灰色栅格为等效为反射板的单元结构; (b) 透镜主体沿运动轨迹旋转 45°; (c) 和 (d) 分别为 (a) 和 (b) 的两种辐射情形的 E 面远场方向图; (e) 和 (f) 为 3.9GHz 处在 yz 面的电场分布图[56]

对于图 18.3-48(a) 所对应的情况，偶极子的增益约为 1.9dB，辐射图为圆形。当引入透镜后，电磁波辐射方向角被明显压缩，如图 18.3-48(c) 所示。但是，从方向图可以看出电磁波的后向反射比较严重。为了抑制后向辐射，可将天线背面的部分单元结构二极管的电容值设为 0.3pF，组成反射板结构。仿真结果表明，天线的辐射增益从 8.5dB 增加到 18.7dB，同时后瓣强度降低约 10dB。图 18.3-48(e) 为 yz 面的电场分布。从图中可以看出加载反射板后，天线的后向辐射得到明显抑制。

调节各个单元结构折射率，在保证圆形区域内折射率分布不变的情况下，将圆形区域沿蓝色运动轨迹旋转 45°。同时，将人造反射板作相应旋转。如图 18.3-48(d) 所示，辐射电磁波旋转角大约为 43°，增益大小为 18.7dB，相比没有反射板时的天线提高大约 9.7dB。按照相同的操作步骤，可以实现波束辐射方向在 0°~360° 动态调制。

2. 基于振幅和相位调制型亚波长结构的辐射方向调制天线

利用具有振幅和相位调制能力的亚波长结构作为天线的覆层，是实现天线波束方向调制的另一种有效方式。

如图 18.3-49 所示的相位调制型亚波长结构，单元结构由长方形金属片上的一个圆形缝隙环构成，圆形缝隙环的内环半径为 R_1，外环半径 R_2。周期单元结构尺寸大小为 14mm×12mm，介质基板的介电常数 2.5，厚度为 2mm，沿电场方向相邻单元之间用厚度为 2mm 的金属挡板隔开，用于减小相邻两个单元间的串扰。

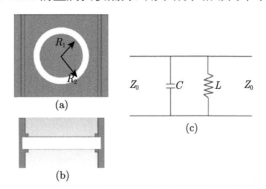

图 18.3-49　基于环形缝隙的相位调制型亚波长结构

(a) 单元结构的俯视图；(b) 单元结构的侧视图；(c) 单元结构的等效电路图

该亚波长结构的等效电路如图 18.3-49(c) 所示，由并联的电感 L 和电容 C 构成，电容 C 为缝隙环的等效电容，电感 L 为沿电场方向的金属的等效电感。当内环半径 R_1 变大时，缝隙宽度变小，电容 C 变大，单元结构的谐振频率降低。当缝隙宽度 $d=1$mm 保持不变，而内环半径 R_1 在 3.2~4mm 内变化，结构单元的谐振频率将随着内环半径 R_1 的增大向低频移动，电磁波透射相位也将相应地随着内环

半径 R_1 的增大而减小。

图 18.3-50 为亚波长结构的反射率、透射率和传输相位曲线，由图可以看出，当内环半径 R_1 从 3.2mm 变化到 4mm 时，其谐振频率从 11.3GHz 降低到 8.6GHz，而在 10.3GHz 的传输相位从 $-253°(R_1=3.2\text{mm})$ 增加到 $-199°(R_1=4\text{mm})$，变化了 54°。为了实现天线波束的偏转，电磁波的透射相位变化范围应大于 360°，而单层结构相位变化只有 54°，需要通过增加单元结构层数来增大相位变化范围。

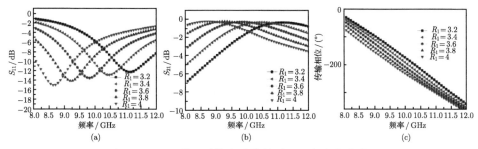

图 18.3-50 单元结构电磁特性随 R_1 的变化曲线

(a) 反射率；(b) 透过率；(c) 传输相位

图 18.3-51 为六层单元结构电磁特性图，由图中可以看出，在 10.3GHz 时，其反射损耗 S_{11} 均小于 -10dB，而透过率 S_{21} 均大于 -2dB，当圆环内半径 (R_1) 从 3.2mm 变化到 4mm 时，其透过相位变化范围大于 360°。表 18.3-2 为不同圆环内半径对应出射电磁波的相位值。

表 18.3-2 圆环内半径值对应的出射相位

圆环内半径/mm	3.2	3.3	3.4	3.5	3.6	3.7	3.8	3.9	4.0
相位/(°)	217	156	104	57	10	327	290	255	211

利用矩形喇叭天线作为亚波长结构材料的馈源，喇叭天线的口径为 100mm×80mm，长度为 250mm，图 18.3-52(a) 为 10.3GHz 时天线 E 面的电场分布图，从图中可以看出喇叭出射电磁场接近平面波，图 18.3-52(b) 为 10.3GHz 时喇叭天线的 E 面远场辐射方向图及其正交偏振方向图，在 10.3GHz 时，喇叭天线的增益为 19.2dB，副瓣电平为 -10.8dB，3dB 波束宽度为 15.7°，其正交偏振隔离度为 32.9dB。

当等间距天线阵馈源激励幅度相等，激励相位均匀递变，即相邻阵元激励相位存在相位差 α，天线的远场方向图主瓣最大方向 β 将随着 α 的变化而变化，并有

$$\beta = \arcsin(-\alpha/kd) \tag{18.3-1}$$

其中，d 为阵元间距；k 为波矢，如图 18.3-53 所示。

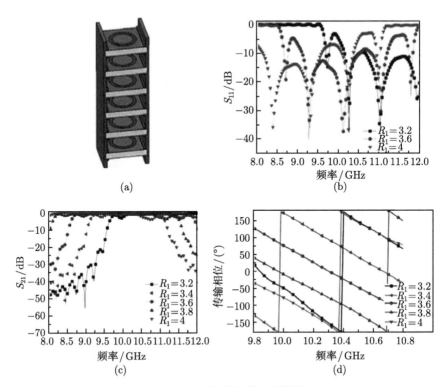

图 18.3-51 六层结构的电磁特性

(a) 六层结构示意图；(b) 反射率随半径变化关系；(c) 透射率随半径变化关系；

(d) 传输相位随半径变化关系

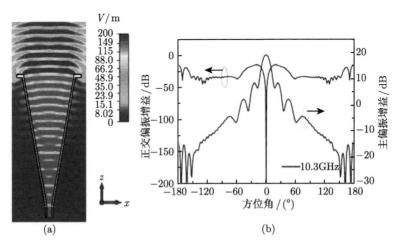

图 18.3-52 (a) 馈源喇叭天线 E 面电场分布图；(b) E 面远场辐射主偏振方向图及

正交偏振方向图

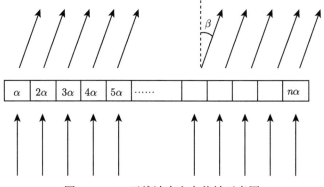

图 18.3-53　天线波束方向偏转示意图

　　构造如图 18.3-54 所示的 9×9 阵列结构，采用前面设计的矩形喇叭天线作为馈源，改变每一列内环的半径 $R_n(n=1, 2, \cdots, 9)$，使亚波长周期结构相邻两列的出射电磁波的相位存在相位差 α。根据公式 (18.3-1)，推导出天线主瓣波束方向偏转 30° 时所需的相位差为 87°，每一列的内环半径值见表 18.3-3。图 18.3-55 为该天线仿真得到的在 10.3GHz 的电场分布图和远场方向图，由图可以看出，天线的增益为 18.5dB，主波束方向为 30°，但是由于不同列单元之间串扰严重，导致出射的电场相位杂乱，在波束偏转方向的相对方向产生一个明显的副瓣，副瓣电平为 −10dB。

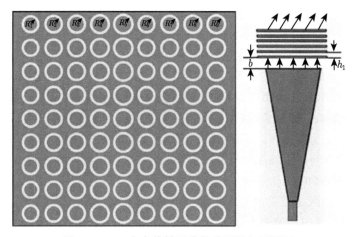

图 18.3-54　定向偏转天线的俯视图与侧视图

表 18.3-3　偏转 30° 时每一列亚波长结构环内半径值　　　　　　　　(单位: mm)

	R_1	R_2	R_3	R_4	R_5	R_6	R_7	R_8	R_9
偏转 30°	3.2	3.32	3.47	3.62	3.81	3.92	3.34	3.50	3.67

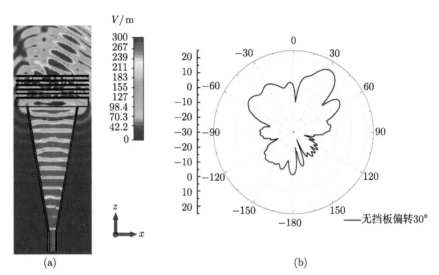

(a)　　　　　　　　　　　　　　　　　　(b)

图 18.3-55　10.3GHz 时偏转 30° 时 (a) 天线的电场分布图; (b) 远场方向图

　　为了消除相邻单元之间的耦合和串扰问题,可在电场方向上相邻单元之间添加金属挡板,降低天线的副瓣电平。如图 18.3-49(b) 所示,金属挡板的厚度为 2mm。根据公式 (18.3-1) 求出当天线远场方向图主瓣方向分别偏转 10°、20°、30° 时,相邻每一列所需的相位差分别为 30°、59° 以及 87°。通过单元仿真,得到了偏转 10°、20°、30° 时对应的各列单元的圆环内半径值。图 18.3-56 为天线的俯视图和侧视图,材料距离喇叭天线的距离为 18.5mm,材料总体大小为 136mm×108mm×41mm。图 18.3-57 为喇叭馈源加载材料 (波束方向不发生偏转) 后天线的 E 面远场主偏振辐射方向图和正交偏振方向图,从图中可以看出,加载材料后天线的增益为 20dB,这是由于加载材料后天线的辐射面积变大,导致增益比喇叭天线增大 0.8dB,其正交偏振隔离度为 29dB。

　　表 18.3-4 为天线波束偏转角度为 10°、20° 和 30° 时每一列对应的圆形缝隙环的内半径。根据表中的参数设计的亚波长结构天线的实际波束方向分别为 10°、23° 和 30°,增益分别为 19.6dB、19.4dB 和 18.8dB,副瓣电平为 −15.4dB、−13.9dB 和 −18.8dB。

表 18.3-4　偏转 10°、20°、30° 时对应每一列单元圆环内半径值　（单位：mm）

	R_1	R_2	R_3	R_4	R_5	R_6	R_7	R_8	R_9
偏转 10°	3.2	3.25	3.3	3.36	3.42	3.48	3.54	3.61	3.68
偏转 20°	3.2	3.3	3.41	3.53	3.67	3.83	3.97	3.29	3.4
偏转 30°	3.2	3.35	3.53	3.73	3.96	3.33	3.5	3.7	3.93

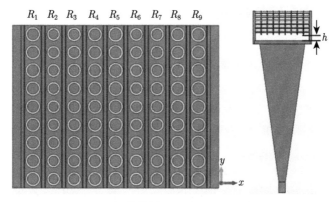

图 18.3-56　加载挡板后天线的俯视图与侧视图

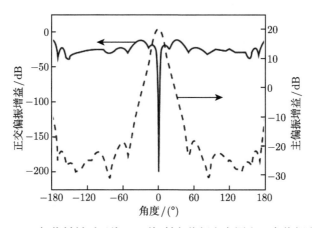

图 18.3-57　加载材料后天线 E 面辐射主偏振方向图和正交偏振方向图

　　上述器件通过排布结构参数不同的相位调制型亚波长结构，在天线的出射面上产生一定的相位梯度，从而实现天线辐射波束方向的调制。但是这种方法得到的天线波束无法实现动态扫描。在后面章节中将介绍基于动态相位调制亚波长结构的波束扫描天线的基本原理和设计方法。

18.3.4 基于亚波长结构的天线宽带化设计

工作带宽是天线的重要技术指标之一,决定了天线的应用场合。传统的宽带天线包括喇叭天线、螺旋线天线、Vivaldi 天线等,而偶极子天线、微带天线等是较为常见的窄带天线。通常宽带天线的剖面较高,体积较大,而窄带天线则具有小型化的优势。为了拓展这些小型化天线的应用范围,研究者一直在寻求这些窄带天线的带宽拓展方法,已经提出的方法中包括加载寄生辐射结构、引入亚波长结构软表面以及利用左右手传输线构造宽带功分馈电网络等。下面将对这几种方法进行介绍。

1. 基于亚波长结构的宽带低副瓣喇叭天线

根据第 17 章内容,亚波长结构的色散调制特性是实现宽带电磁响应的重要手段,该方法同样可应用于天线系统中,实现在宽带范围内天线辐射性能的提高。由于喇叭天线具有结构简单、方向性高、带宽较宽 (通常超过一个倍频程) 等优势,在多种通信系统,尤其是卫星通信系统中获得了广泛的应用。通信系统通常要求喇叭天线具有低副瓣特性。对于辐射场与偏振无关的角锥喇叭天线来说,传统的降副瓣的手段包括在喇叭天线内部加入介质芯[57],或者在喇叭天线的金属壁上制作褶皱结构[58]。然而加入介质芯会明显加重天线的整体重量,同时会引入额外的介质损耗,使天线的辐射效率降低;在内壁作皱纹的方法会使天线的加工成本大大提高,且会降低天线的工作带宽。而对传统的矩形喇叭天线,要求 E 面的副瓣尽可能低,通常通过在垂直于电场方向的金属内壁加入随机排布的金属材料或者介质隔膜来实现[59]。这些方法虽然能够降低天线的 E 面副瓣水平,但是其副瓣水平往往还是无法满足通信系统的要求,并且会伴随较高的后向辐射。有理论指出,通过在喇叭天线内壁加入特殊的低折射率的介质衬垫,可以有效地降低喇叭天线的副瓣水平[60]。

电磁波在喇叭天线内壁附近的传播特性可以近似用图 18.3-58 所示的金属板掠

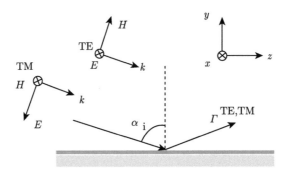

图 18.3-58   喇叭天线辐射端口附近的内壁电磁传播模式的近似[60]

入射进行描述。电磁波传播方向为 $+z$, 金属板的法线方向为 y 轴方向, 金属板放置在 $y=0$ 平面内。这种情况下, 横电波 (TE 波) 和横磁波 (TM 波) 的等效阻抗分别可表示为

$$Z^{\text{TE}} = E_x/H_z, \quad Z^{\text{TM}} = -E_z/H_x \tag{18.3-2}$$

如果圆锥喇叭天线中横电波和横磁波与自由空间阻抗 Z_0 之间满足

$$Z^{\text{TE}}Z^{\text{TM}} = Z_0^2 \tag{18.3-3}$$

则该喇叭天线支持平衡的混合模式传输, 进而可以产生单一偏振的、对称的辐射方向图。

在斜入射情况下, 横电波和横磁波的阻抗可以分别用各自的反射系数来表征, 即

$$Z^{\text{TE}} = \eta^{\text{TE}}\frac{1 + R^{\text{TE}}}{1 - R^{\text{TE}}}, \quad Z^{\text{TM}} = \eta^{\text{TM}}\frac{1 + R^{\text{TM}}}{1 - R^{\text{TM}}} \tag{18.3-4}$$

其中, η 是斜入射情况下横波的空间波阻抗, 其值与入射角度相关。利用亚波长结构实现式 (18.3-3) 和式 (18.3-4) 的阻抗关系, 需要构造出可同时对 TE 波和 TM 波响应的亚波长结构, 将其加入天线内壁, 实现对天线副瓣电平的调制。

如图 18.3-59(a) 所示的亚波长结构, 根据其反射率得到 TE 波和 TM 波的等效阻抗如图 18.3-59(b) 所示, 从图中可以看出 TE 波和 TM 波的阻抗均是色散的, 但是两者的乘积在 11~18GHz 与自由空间波阻抗基本相同, 从而使其辐射特性大为改善。在 10~20GHz, 亚波长结构等效折射率的虚部为 10^{-3} 量级, 因此其损耗可以忽略不计, 这也保证亚波长结构在调制角锥喇叭天线辐射端口的色散特性的过程中, 不会引入额外的损耗。

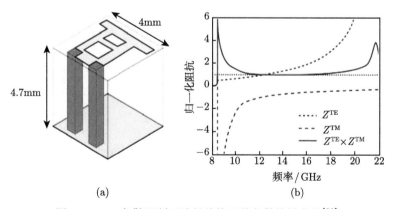

(a) (b)

图 18.3-59 色散调制亚波长结构及其色散特性曲线[60]

对于矩形喇叭天线来说, 其辐射场仅包含单一偏振态, 因此仅需对垂直于电场方向的两个内壁引入色散调制型低折射率的亚波长结构, 即可使横向电场分量强制

地减弱为零，则天线中只能激发出 TM 波。这种亚波长结构可以等效地看作一种电磁软表面，即在这种表面上，电磁场在传播方向的能量为 0。这就要求其阻抗特性满足

$$Z^{\text{TM}} = -\infty, \quad Z^{\text{TE}} = 0 \tag{18.3-5}$$

但是实际上很难做到 TM 波的等效阻抗为无穷大，因此在实际操作过程中，仅将 TE 波的等效阻抗设计为无限小即可认为达到了电磁软表面的要求。

图 18.3-60(a) 为亚波长结构的单元示意图，其由垂直于金属内壁的金属柱和金属柱上面的平行于金属内壁的金属线结构组成；而金属线结构包括平行于电磁波传播方向的金属断线和垂直于传播方向的长连续线。其中断线可以实现对 TM 波阻抗的调节，而长连续线的作用是调节 TE 波的阻抗，并通过色散调制使这种对 TE 波和 TM 波的阻抗调节具有宽带特性。单元结构的周期为 12mm×12mm，金属柱的高度为 17mm，断线的长度为 11mm。如图 18.3-60(b) 所示，亚波长结构的 TE 波的阻抗在 3~7GHz 频段均接近于 0。且在超过一个倍频程的范围内满足 $|Z^{\text{TM}}| \gg |Z^{\text{TE}}|$。

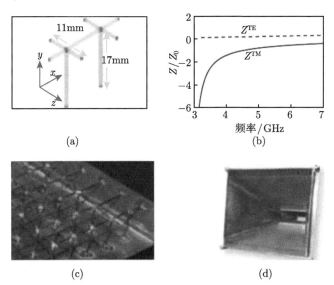

(a)　　　　　　　　　　　　　　(b)

(c)　　　　　　　　　　　　　　(d)

图 18.3-60　喇叭天线内表面加载的亚波长结构单元示意图及其实物照片和阻抗曲线[60]

在锥形喇叭天线的内壁引入亚波长结构的软电磁表面后，天线的辐射方向图和辐射端口处的锥形场分布如图 18.3-61 所示。图中的实线是实测的和仿真得到的主偏振的辐射方向图，虚线是正交偏振的辐射方向图，可以看出在超过一个倍频程的工作带宽内，主偏振和正交偏振之间的差值大于 30dB，证明了天线辐射场的单一偏振特性。此外，从其辐射场的锥形分布图中也可以看出加入软表面衬底后，天

线的副瓣水平得到了明显的改善，如图 18.3-62 所示。这种方法得到的辐射场明显比传统的矩形喇叭天线以及三叉矩形喇叭天线具有更优越的辐射特性。

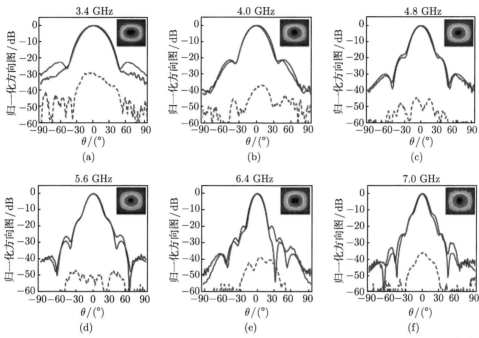

图 18.3-61 加入亚波长结构软表面后矩形天线的辐射方向图和辐射端口处的电场分布[60]

(a)-(f) 频率分别为 3.4GHz、4.0GHz、4.8GHz、5.6GHz、6.4GHz 以及 7.0GHz

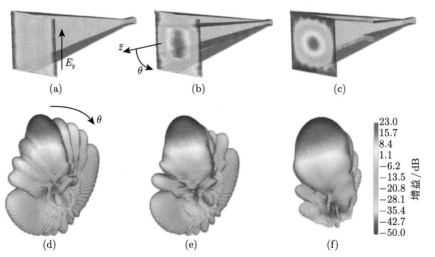

图 18.3-62 普通喇叭天线 (a)、(d)，三叉喇叭天线 (b)、(e) 以及加入亚波长结构软表面的喇叭天线 (c)、(f) 的辐射场对比图[60]

2. 亚波长结构宽带贴片天线

前面已经提到，微带贴片天线具有体积小、重量轻、剖面低、可共形设计等优势，但存在工作带宽窄的缺点。传统的技术手段中，贴片天线的工作带宽拓展方法主要是在贴片天线中加载寄生辐射单元，包括引入寄生贴片，或者在贴片上制作沟槽等方法。

引入寄生贴片的方法，通常是在辐射贴片上方加载一个尺寸与辐射贴片相近的寄生贴片，利用辐射贴片激励寄生贴片，使寄生贴片产生低频的寄生辐射。寄生贴片与辐射贴片的两个谐振频点相距不远，使这两个谐振点之间的频段都可以产生辐射，从而拓展贴片天线的工作带宽。另外，通过在贴片天线上开出具有特定形状的亚波长尺寸的沟槽，也可以使天线产生寄生辐射，同样可以达到拓展其工作带宽的目的。

图 18.3-63 为一种宽带贴片天线结构示意图，它同时采用了上述两种带宽拓展方法[61]。其阻抗带宽达到 25.8%，3dB 轴比带宽达到 13.5%，远远超过传统的圆偏振贴片天线 1% 的工作带宽。

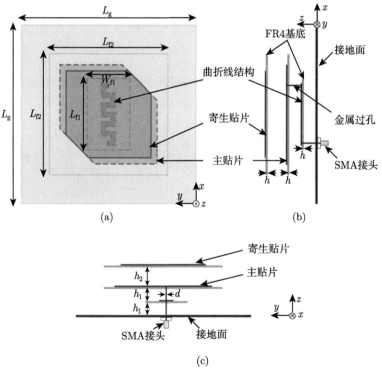

图 18.3-63　传统的宽带贴片天线示意图[61]

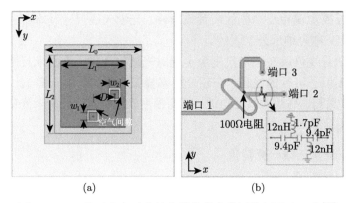

图 18.3-64　基于左右手传输线结构的宽带圆偏振贴片天线[62]

另外，对于具有微带馈电形式的贴片天线来说，利用亚波长结构设计宽带的馈电网络，同样可以拓展贴片天线的工作带宽。图 18.3-64 为基于左右手复合传输线的宽带贴片天线结构示意图[62]。左图为辐射贴片结构，右图为贴片天线的馈电功分器。在功分器的端口 2 对应的支节中引入有源器件，构造出左右手复合传输线结构。如图 18.3-65(a) 所示，该功分器在接近一个倍频程的带宽范围内，两个输出端口的输出功率相等，输出相位相差 90°。利用该功分器作为馈电结构，天线在 1.36~2.18GHz 频带内辐射圆偏振场，其 3dB 轴比带宽达到 46.3%。

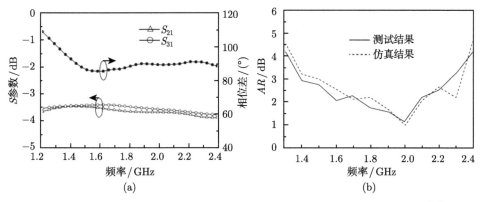

图 18.3-65　(a) 功分器输出端口的能量和相位差曲线；(b) 天线的轴比曲线[62]

18.4　纳米光学天线技术

随着加工工艺的进步，微细加工技术的精度已经达到纳米量级，一些传统微波波段的电磁功能器件正在向光学领域拓展。光学天线就是在这种背景下产生的，与微波天线的功能类似，光学天线定义为能够将自由空间辐射能量高效耦合到限定的亚波长区域或实现相反功能的装置或器件。光学天线尺寸基本都在纳米到百纳米量级，因此又称为纳米光学天线。

纳米光学天线可以在纳米尺度上实现对光波的调控，为纳米尺度内光信息的处理和传播提供了可行的途径，在超分辨率显微成像、高效光谱 (比如拉曼散射、自发荧光等) 探测、高效太阳能电池、超高密度光数据存储、纳米光刻等领域展现出诱人的应用前景。

18.4.1 纳米光学天线研究背景

与传统微波天线相比，光天线存在以下两个显著特点。

首先，理论方面。微波天线和光天线中都包含金属结构。在微波频段金属可等效为理想电导体 (PEC) 材料。然而，在光波段金属的特性要复杂得多。在光波段金属中的电子会以表面等离子体或局域表面等离子体的形式与光波耦合。进而产生许多新颖的电磁性质。金属表面等离子体学作为一门近年来发展起来的新兴学科，为金属纳米光学天线的研究提供了理论基础。

其次，加工和表征方面。传统的微波天线，如偶极子天线、微带天线等的结构尺寸通常在厘米量级。在光波段，考虑到金属表面等离子体的作用后，实际天线的尺寸通常为谐振波长的几分之一，加工精度要求通常达到纳米量级，传统的加工技术难以实现。近年来，微细加工技术尤其是纳米制作技术的发展，如电子束曝光光刻、聚焦离子束刻蚀等，为纳米光学天线的加工提供了有力的技术基础。同时，各种高精度、高灵敏度的表征技术，如原子力显微镜、近场扫描光学显微镜、高分辨扫描电镜和高精度光谱仪等精密仪器的出现，为纳米光学天线的形貌和光学性能表征提供了基本保证。

18.4.2 纳米光学天线概念的提出

光天线是在显微技术发展的基础上出现的。1928 年 Synge 在写给爱因斯坦的信中，描述了一种利用金属微粒的散射场作为光源的显微技术[63]。粒子将自由传播的光辐射转化成样品表面的局域场。从天线的角度来看，这种金属微粒可以实现自由空间的传播波与局域场之间的转换，因此可以被看作光天线。

在不了解 Synge 理论的情况下，Wessel 于 1985 年在其论文中指出 "粒子可表现得像一个天线一样接收入射电磁波"[64]，使他成为明确地将局域微粒定义为光学天线的第一人[65]。

在 1989 年，Fee 等人提出将天线结构耦合到同轴电缆中，作为近场光学探针[66]。1997 年，Grober 等人率先采用铝制 Bowtie 天线结构，用微波 (2.2GHz) 波导对其进行激励，使用偶极子探针探测 Bowtie 间隙处 (间隙 $d \ll \lambda$) 的电磁场分布，观测发现该 Bowtie 结构能使电磁场有效地局域在亚波长尺寸的一点上，即所谓的"热点"(Hot Spot),如图 18.4-1,其电场偏振方向和磁场偏振方向的半高全宽 (FWHM) 分别为 $\lambda/10$ 和 $\lambda/6$[67]。文中预言这种天线结构可以拓展至光波段,用作近场扫描显微镜的探针。

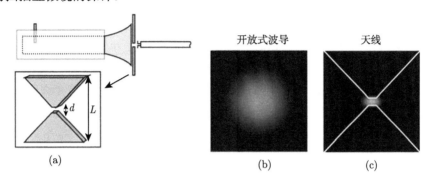

图 18.4-1　(a) 铝制 Bowtie 天线结构及波导激励示意图;(b) 开放式波导的近场分布;
(c) 微波波导激励情况下,天线的近场分布[67]

此后,针对纳米光学天线理论及其应用的研究得到不断发展。1999 年,在第二届亚太近场光学讨论会上,Pohl 教授做了"把近场光学看作是天线问题"的报告[68],报告中比较了电参量和光学参量的差别,开拓性地把微波天线的一些概念应用到近场光学分析中,如图 18.4-2,并预言可把纳米光学天线结构用于近场光学,可同时实现捕获光和区分临近偶极子辐射的功能;他还提出可以将单个荧光分子与天线结构耦合实现更好的阻抗匹配,从而增强荧光激发。这种与荧光分子结合的光天线可以同时实现荧光的激发和辐射。

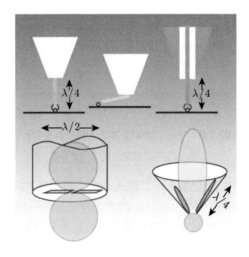

图 18.4-2　各种纳米光学天线结构及其应用

　　Pohl 教授的报告勾勒了纳米光学天线可能的发展方向和应用前景。随后几年，纳米光学天线蓬勃兴起。如今，光天线的研究范围也早已超出了 Pohl 教授的预言，并且仍有继续拓展之势。

18.4.3　纳米光学天线的研究进展与应用

　　由于纳米光学天线的结构和应用领域复杂多样，并且仍在不断发展，因此要对其研究进展进行明确的分类存在着很大的困难。为了更清晰地展现其研究背景和现状，此处以应用为引导，对纳米光学天线当前的研究进展进行简要介绍。

　　远场辐射方向性是天线的固有特性，也是天线最重要的性能参数之一。在无线电和微波波段，根据应用的不同，天线既可以设计成全向天线，即各立体角方向均匀辐射，如电偶极子天线，也可以设计成强方向性辐射天线，即在某一方向定向辐射，如螺旋天线和八木—宇田天线。如何把无线电天线调节远场辐射方向性的功能应用于纳米光学天线是一个新颖而又很具实际意义的课题[69]。2005 年，Greffet 教授发表了题名为*Nanoantennas for Light Emission* 的文章，提出可以采用纳米光学天线结构来引导荧光分子的定向性辐射，提高荧光分子的辐射和接收效率[70]，图 18.4-3 为其提出的利用光天线控制荧光辐射的示意图。

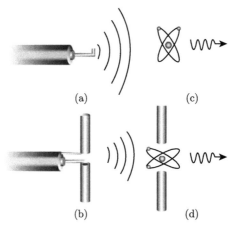

图 18.4-3　纳米光学天线控制荧光辐射示意图[70]

(a) 同轴线的辐射；(b) 加载偶极子的同轴线天线辐射，实现对辐射效率和辐射方向的调控；(c) 分子的光辐射；(d) 加载光学天线的分子辐射

　　近年来，人们对多种光天线进行了深入研究，包括单纳米粒子和耦合纳米粒子天线[71]、光学偶极子天线[72-74]、Bowtie 纳米光学天线[75]、光学贴片天线[76] 等。并将等离子体纳米光学天线结构与微辐射源，如单荧光分子或单量子点等相耦合，验证纳米光学天线结构引导光源定向辐射的可行性[77,78]，如图 18.4-4。研究表明在天线与单分子辐射源的耦合作用中，最终的辐射方向图主要由天线的辐射特性决定。

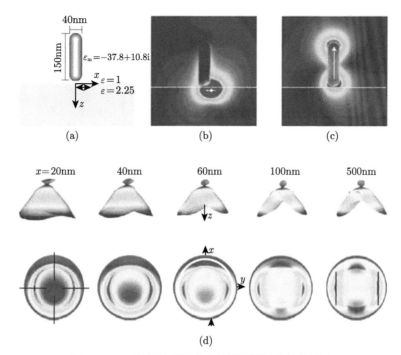

图 18.4-4 纳米光学天线对偶极子辐射特性的影响

(a) 结构示意图；(b)、(c) 相位分别为 0° 和 90° 时的瞬态场幅度分布图；(d) 为不同 x 处对应的

远场辐射方向图[78]

　　为了实现更好的方向性辐射，类比微波天线的阵列化设计思路和原理，在加工工艺允许的前提下，可将光天线阵列排布或在天线中引入周期结构，以提高天线的辐射性能。已经被广泛研究和应用的光天线阵列包括金属纳米粒子阵列天线[79,80]、纳米环阵列天线[81]、等离子体八木—宇田天线[82-88]、周期沟槽阵列天线[89-99] 等，它们在调节光波的定向辐射方面都表现出了良好的性能。

　　周期沟槽阵列天线一经提出后就受到研究人员的广泛关注和研究。这种天线可以通过调制周期沟槽的相位来实现定向辐射，还可以利用表面等离子体效应来增强亚波长孔径的辐射效率，其结构图如图 18.4-5(a) 所示。另外，八木—宇田天线具有增益高、方向性强、结构简单等优点，常被应用于无线电测向和长距离无线电通信领域。有研究者把八木—宇田天线的设计思想引入到纳米光学天线的设计中，将金属纳米粒子等效为天线的阵元，在光波段同样实现了高方向性的远场辐射，如图 18.4-5(c) 和 (d) 所示。此外，光天线还可与量子点辐射源进行近场耦合，获得强偏振、高方向性的量子点辐射源。

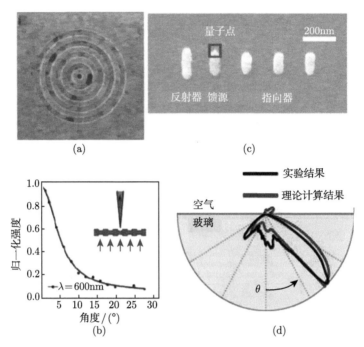

图 18.4-5　(a) 聚焦离子束刻蚀制作的周期沟槽阵列天线[89]；(b) 周期沟槽阵列天线
辐射角谱；(c) 光学八木—宇田天线[87]；(d) 光学八木—宇田天线辐射方向图

响应波长在红外波段的光天线可以作为热辐射器件。与传统的热辐射器件不同，基于光天线的热辐射器件可以通过调控天线的形状和尺寸实现对辐射波长、辐射方向和偏振态等特性的控制，这都是传统热辐射器件所无法实现的。如图 18.4-6 中插图所示的 SiC 光天线，其直径为 1μm，长度为 50μm，在红外光源正入射条件下，其消光谱如图 18.4-6(a) 所示[100]。根据基尔霍夫热辐射定律，物体的吸收特性与其辐射特性相同。也就是说，该光天线在消光谱中的峰值波长处，可以辐射出对应偏振态的红外光谱。

纳米光学天线的局域场增强特性在突破传统光学系统的衍射极限方面具较高的应用价值。利用纳米光学天线的场局域特性，当天线发生局域表面等离子体谐振时，在其馈点或终端会形成一个远小于波长的超衍射局域光斑。可以把这一光斑用于光学光刻、光存储、高分辨光学扫描探针以及高分辨显微成像等领域，以克服衍射极限的限制。另一方面，分子荧光辐射效率低和材料的拉曼散射强度弱是限制荧光成像和拉曼传感的关键瓶颈，研究表明不论是荧光辐射还是拉曼散射很大程度上依赖于激励场的强度[101,102]，利用纳米光学天线巨大的局域场增强特性来实现表面增强荧光辐射和表面增强拉曼散射也已经成为近几年来的研究热点。

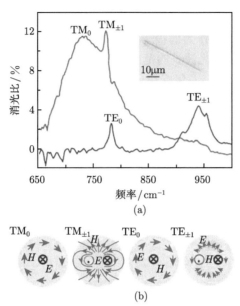

(a)

(b)

图 18.4-6   基于 SiC 光天线的消光特性 (a) 和对应的天线共振模式 (b)[100]

当前用于局域场增强的纳米光学天线结构主要有平面粒子天线和平面孔径天线两大类。实际上这两类天线为互补结构，在不考虑等离子体效应等因素的情况下，其辐射特性遵循巴比涅原理 (Babinet Principle)。此外，制作在锥形光纤上的单极子纳米光学天线结构在局域场增强方面也同样表现出了良好的性能。

(1) 平面粒子纳米光学天线

平面粒子天线的研究主要以偶极子天线和蝶形 (Bowtie) 天线为代表，如图 18.4-7。

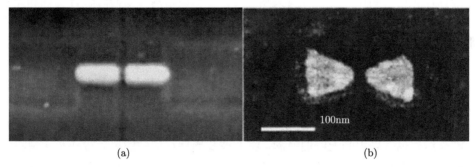

(a)   (b)

图 18.4-7   (a) 平面偶极子纳米光学天线 SEM 图；(b) 平面 Bowtie 纳米光学天线 SEM 图[103]

图 18.4-7(a) 为双纳米线耦合结构，即耦合的偶极子天线结构，该结构首次验证了在耦合馈点处具有强烈的非线性局域场增强效应[103]。这一工作进一步推动了

对偶极子纳米光学天线的研究。

而蝶形纳米光学天线作为偶极子天线的衍生物，两个相对的尖角可以把电磁场更有效地局域在远小于光波长的范围内，如图 18.4-7(b)[104]。其优越的局域场增强效应受到研究者的青睐，在包括单分子荧光辐射增强、单量子点辐射增强、表面增强拉曼散射、增强自发辐射、激发高阶谐振，以及近场光学扫描探针等领域得到应用，并取得明显的器件性能提升效果。

(2) 平面孔径纳米光学天线

前面提到，制作小孔结构来实现超衍射极限高空间分辨率的想法早在 1928 年就已经被提出[105]，并且在微波[106] 和光频段[107,108] 得以证明。但是小孔的应用面临着传输功率低的问题。在小孔结构中，孔径越小其对应的输出光斑越小，经典电磁理论可以证明当孔径尺寸远小于入射光波长时，孔径的输出功率则会急剧减小。以半径为 r 的圆形孔径为例，当 r 小于入射波长的 1% 时，其对应输出功率与 r 的四次方成正比例关系[109]，这一现象对其实际应用产生了极大的挑战。然而，研究表明采用特殊形状天线结构，利用金属孔径天线的表面等离子体谐振效应，以及波导模式传输、F-P 谐振等效应，可以使得微小孔径的输出功率和输出光斑的峰值强度都得到明显增强[110-114]。以 C 形金属孔径天线为例，功率输出和输出光斑的峰值强度都可以达到同尺寸正方形孔径的 1000 倍[110,111]。

为了进一步提高孔径天线的输出功率以及使光场更好地集中，研究者们设计了各种形状的孔径天线，除 C 形孔径天线结构外，Bowtie 形孔径天线[112]、I 形孔径天线[113]、F 形孔径天线[114] 等各种形状的天线结构同样得到了关注和研究，如图 18.4-8 所示。

(3) 单极子纳米光学天线

21 世纪初，Frey 等人提出了一种 "tip-on-aperture" 的探针结构，即在传统的光纤探针孔径上制作一个小金属尖端，实验证明该结构可以同时融合孔径和无孔径近场扫描探针的优点，从而使近场扫描光学显微镜的光场分辨率和图形分辨率都得到进一步提高[115,116]。

图 18.4-9 为在锥形光纤顶端通过热牵引方法制作的金属针尖结构，该结构可以看作光波段的单极子天线[117]。利用该单极子纳米光学天线的局域场增强效应，可直接对单个荧光分子进行成像，实现 25nm 的成像分辨率。

光天线在超衍射辐射、超分辨探测等领域有重要作用。近年来出现的光波段的亚波长结构也多采用光天线的概念，将亚波长周期结构中的单元看作是实现特定辐射性能的光天线。Yu 等提出基于光天线概念的亚波长超表面结构以实现光的异常偏折[118]，如图 18.4-10，这在超表面结构一章中已作具体描述。

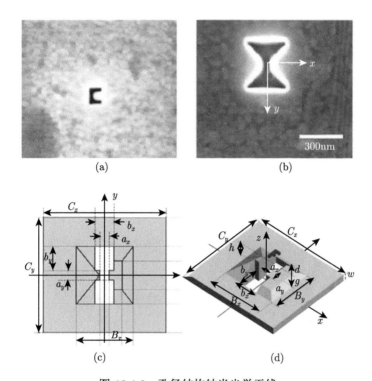

图 18.4-8 孔径结构纳米光学天线

(a)C 形孔径[111]；(b)Bowtie 形孔径[112]；(c)I 形孔径[113]；(d)F 形孔径[114]

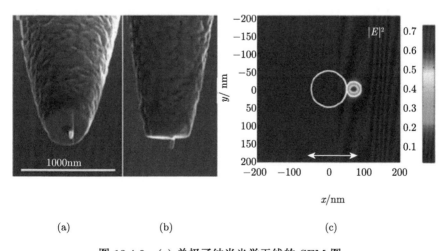

图 18.4-9 (a) 单极子纳米光学天线的 SEM 图；

(b) 侧面 SEM 图；(c) 514nm 波长激励时的近场分布图[117]

图 18.4-10　Yu 等提出的实现波束异常偏折的光天线阵列[118]

18.5　金属沟槽阵列光学天线

18.5.1　亚波长沟槽结构的电磁调制理论

自从 2002 年，Ebessen 等人报道基于表面沟槽结构的定向辐射 (Beaming) 效应后，该结构引起了学术界的广泛兴趣。结合亚波长沟槽的孔径结构可以看作为一种光学天线，本节将对这种光天线的远场辐射特性进行分析[94,95]。

在一块薄金属板中心刻蚀一条亚波长尺寸的狭缝，在狭缝出射面的两侧周期性地排列若干沟槽，且沟槽在缝隙两边呈对称分布。沟槽和狭缝的宽度都为 a，周期为 d，槽深为 h，总槽数为 $2N$(沟槽的两边各为 N)。磁场强度为 H_y 的 TM 波从左侧垂直入射到结构上，坐标如图 18.5-1 所示[98]。

图 18.5-1　沟槽阵列光学天线示意图[94]

该结构和传统光栅在外形上具有一定类似，但在二次辐射源激励的方式上存在明显区别。由于该结构是在金属上刻蚀沟槽，沟槽作为二次辐射源并不是由自由空间的入射波直接激发的，而是通过入射电磁波透过狭缝先激发高频表面波，高频表面波在沿表面传输过程中再激发沟槽的二次辐射。因此必须在传统的光栅方程中加入表面波波矢项，得到

$$k_{\mathrm{sp}} \pm m\frac{2\pi}{d} = k_0 \sin\theta \qquad (18.5\text{-}1)$$

其中，k_{sp} 表示表面等离子体的波矢；k_0 为自由空间波矢；d 为沟槽周期。当 $\theta = 0$ 时，方程 (18.5-1) 可以简化为

$$k_{\mathrm{sp}} = \pm m\frac{2\pi}{d} \qquad (18.5\text{-}2)$$

根据沟槽阵列结构的光栅方程 (18.5-1) 和式 (18.5-2)，可对该结构的辐射级次进行求解。然而上述方程仅适用于无限周期或周期数较多的情况，对于实际有限周期情况的求解势必会带来一定误差，而且这种情况下对 k_{sp} 的确定也相当困难。该结构更精确的求解可以采用基于基尔霍夫标量衍射理论的准理想导体近似模型 (QPCM) 和理想导体近似模型 (PCM)。

18.5.2 单方向定向辐射金属沟槽阵列天线

通过结构参数来调节光栅方程的衍射级次，Beaming 效应可以在任意角度出现。在 0° 附近辐射时，结构对能量的利用率更高。这是因为结构具有对称性，利用高阶级次必然会使辐射形成两个对称的分支，不利于能量的集中。本节将以远场 0° 处的 Beaming 效应为对象，基于 PCM 理论模型，详细介绍这种基于亚波长沟槽结构的光天线设计原理和优化方法。由于模型中各几何尺寸满足比例关系，在分析过程中以周期长度 d 为单位。分析中，先设定槽宽 a(以 $a=0.1d$ 为例)，然后依次对波长 λ、槽深 h、槽数 N 等参数对单向辐射的影响进行研究，最后再对不同槽宽的情况进行对比。定义中心处 9° 范围内 ($\theta = \pm 4.5°$ 范围) 电磁辐射能量与总辐射 ($\theta = \pm 90°$ 范围内) 能量的比值为衍射效率。分析过程中，主要以光通过结构后的远场归一化角谱 (沟槽阵列天线角谱与单缝无沟槽衍射时角谱比值) 形状和衍射效率作为参考依据。

1. 入射波长 λ 对定向辐射的影响

取槽宽 $a=0.1d$(即占空比 $a/d=0.1$)，每边槽数 N 取 8，槽深 h 设定一个初值 (以 $0.15d$ 为例)，通过对 λ/d 的值进行扫描得到不同 λ/d 时沟槽阵列天线的远场辐射角谱图，λ/d 的扫描范围设定为 0.2 到 1.5 之间。计算结果如图 18.5-2 所示。

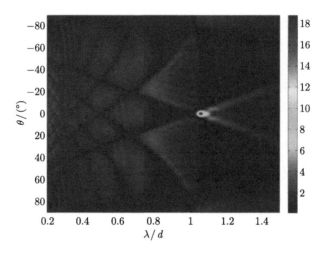

图 18.5-2　不同 λ/d 时远场角谱图[97]

从图 18.5-2 中可以看到，当 λ/d =1.06 时，远场 0° 附近出现很强的 Beaming 效应，中心处能量约为单缝无沟槽衍射时平均能量的 18 倍以上。这是由于中间缝隙与周围沟槽激励的电磁场在远场 0° 处叠加时相位匹配较好，从而相干增强形成的。在分析中还发现，在槽宽、槽数相同，槽深不同的情况下对 λ/d 进行扫描，最优 Beaming 效应对应的 λ/d 值是略有差异的。因此，要通过综合分析不同 λ/d 对应的衍射角谱和最大衍射效率来确定优化的 λ/d 值。不同波长入射到金属结构表面时，对应的衍射效率曲线如图 18.5-3 所示。

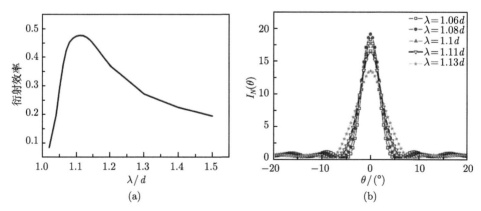

图 18.5-3　(a) 衍射效率随入射波长变化曲线；(b)λ 分别取 $1.06d$, $1.08d$, $1.1d$, $1.11d$, $1.13d$ 所对应的远场角谱图[97]

从图 18.5-3(a) 可以看出，衍射效率最大值出现在 λ/d=1.11 处，而且从图 18.5-3(a) 可以直观地看到，在波长较小时 (小于 $1.11d$)，衍射效率随波长的变化非常迅速，λ/d 从 1.03 增加到 1.06 的过程中，衍射效率增加了约 25%，但是当波长大于 1.11d 时，其衍射效率随波长的变化相对比较缓慢，这从图 18.5-2 中也可以分析得到，在中心亮点左侧，波长减小，中心亮点突然变暗，而在亮点右侧，随着波长的增大，零度角的亮点缓慢地向更大角度扩展。进一步观察 λ/d =1.11 附近不同波长对应的角谱图，如图 18.5-3(b)，可以看到，衍射中心强度最大曲线所对应的 λ 值 (1.08d) 与衍射效率最高曲线所对应的 λ 值 (1.11d) 之间存在一个小的差异，这主要与定义衍射效率时取的角度范围 (取 $\pm 4.5°$ 以内) 有关。因此，在实际应用中应按照实际要求来确定具体参数。

2. 沟槽深度 h 对定向辐射的影响

不同的波长 λ，其对应的 h 值也是不一样的，因此对 h 的优化是针对特定波长进行的。同样取 a 为 0.1d，N 为 8，λ 取其优化值 1.11d，对 h 进行分析，设定 h 的计算范围为从 0 到 0.5d。

对不同 h 的远场角谱计算结果如图 18.5-4 所示，当 h 等于 0.18d 左右时，在远场出现明显的 Beaming 效应，并且能量主要集中在中心 0° 角附近。为了进一步确定波长为 1.11d 情况下槽深的最优值，对 h=0.18d 周围不同 h 对应的衍射效率进行计算，得到衍射效率随 h 的变化曲线，如图 18.5-5。

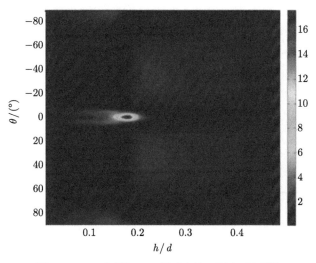

图 18.5-4　不同槽深 h 所对应的远场角谱图[97]

从图 18.5-5(a) 中可以看到，在槽宽 a 为 0.1d，波长取 1.11d，槽数为 8 时，槽深取 0.179d，衍射效率达到最大，约为 48%。并且在槽宽、波长确定的情况下，槽深 h 对结构 Beaming 效应的影响比较灵敏，h 从 0.18d 增加到 0.19d 的过程中，衍射效率约下降了 14%。进一步观察 h=0.179d 附近不同槽深的衍射角谱，如图

18.5-5(b)，可发现衍射中心强度最大时对应的 h 值即为衍射效率最高所对应的 h 值，为 $0.179d$。

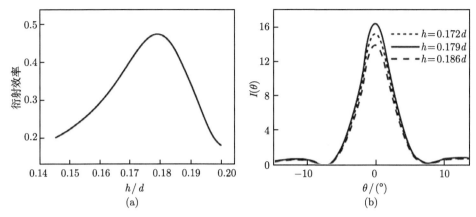

图 18.5-5　(a)$a=0.1d$，$\lambda/d=1.11$，$N=8$ 时，衍射效率随槽深 h 的变化曲线；

(b)h 分别为 $0.172d$，$0.179d$，$0.186d$ 所对应的远场角谱图[97]

3. 沟槽数量 N 对定向辐射的影响

当确定波长取 $1.11d$，槽深为 $0.179d$ 后，分析沟槽数量对衍射效率以及衍射角谱的影响。改变沟槽数 N，计算不同 N 时远场衍射效率的变化曲线，如图 18.5-6。

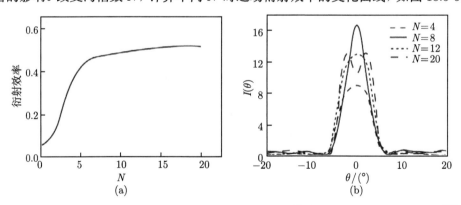

图 18.5-6　(a) 效率随沟槽数目 N 的变化曲线；(b) 不同槽数 N 所对应的远场角谱图[97]

当槽数 N 较少的时候，衍射效率随槽数增加而快速增大，这是由于槽数越多，结构对光的调制作用越强，中心角 $0°$ 处衍射效率也越高。然而，当槽数达到一定数目，继续增加 N 值，其效率几乎不变，如图 18.5-6(a) 所示，这主要是由于槽数达到一定数量时，继续增加的沟槽距离中心缝隙太远，表面波在内部沟槽传输过程中经多次散射和反射，已被损耗殆尽，因此在增加的沟槽处激励的电磁辐射几乎可以忽略, 使得它对结构衍射效率的贡献不明显。槽数 N 分别取 0, 4, 8, 12 和 20 时的远场衍射角谱图 (其他结构参数与上面所取相同) 如图 18.5-6(b) 所示, 当槽数 N 较少时, 衍射效率和远场场强最大值都随 N 增加而增大, 但当 N 值较大时, 虽然效率仍随 N 增加而略有增大, 但场强最大值反而有所减小, 甚至出现分叉 (如图中 $N=20$ 情况), 即场强最大值不是出现在 0° 处, 而是对称地分布在 0° 附近, 这在实际设计过程中需要特别注意。

4. 槽和缝隙宽度 a 对定向辐射的影响

槽和缝隙宽度 a 决定了占空比的大小, 分析占空比对 Beaming 效应的影响对于实际的结构设计具有很大的指导意义。分别取占空比 a/d 为 0.1, 0.2, 0.3 和 0.4, 并在不同的占空比情况下优化得到相应的其他各参数, 从而分别得到对应于不同占空比的最佳 Beaming 效果。将各最佳衍射角谱图与其相对应槽宽的单缝无槽结构衍射平均强度进行归一化, 得到不同占空比下的远场角谱, 如图 18.5-7。

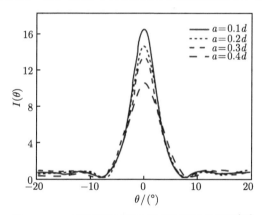

图 18.5-7 不同槽宽情况下远场衍射角谱图[97]

从图 18.5-7 中可以看出, 当占空比增大时, 其 Beaming 效应会有一定程度的下降。从辐射效果出发, 槽和缝隙宽度 a 应该尽可能的小。但是, 实际加工工艺和透射能量也是需要考虑的问题, 对于光波段的沟槽阵列结构设计, 以 He-Ne 激光器为例, 其输出波长为 632.8nm, 如取 $a=0.1d$, $d=\lambda/1.11$, 得到 a 近似为 57nm, 这一尺寸对光刻技术的要求较高, 占空比进一步减小势必就会造成结构的能量透射率降低。因此在实际应用中要对衍射效率、加工工艺以及结构透射能量进行综合考虑。

5. 沟槽阵列光学天线结构设计方法

根据前几节结构参数对沟槽阵列光学天线远场辐射特性影响的分析, 可以总结出该类单向辐射结构的设计方法如下。

(1) 首先根据所用的激光波长确定周期，通常可采用 $d=\lambda/1.11$ 来近似求得，需要注意的是，由于定义衍射效率时所取的角度范围可能不同，衍射中心强度最大时所对应的 λ 值与衍射效率最高所对应的 λ 值之间可能会存在一个小的差异，这需要根据实际需求进行取舍。

(2) 沟槽周期 d 确定之后，通过统筹考虑需要的衍射效率，以及预期的结构透射率，选定沟槽宽度 a。

(3) 然后优化槽深 h 的值，根据槽宽 a 的不同，其取值范围通常在 $0.13d$ 至 $0.18d$ 之间。

(4) 最后选定单边沟槽数 N 的值，通常 N 为大于 5 的值，且 N 越大，对应的衍射效率越高，但是同时也需考虑过多的沟槽数目可能会对远场辐射的方向图产生一定影响。

18.5.3　多方向定向辐射金属沟槽阵列天线

亚波长金属沟槽阵列天线除了可以实现单方向定向辐射外，还可以实现多个方向的定向辐射[99]。下面从光栅理论和准表面等离子体 (Spoof SPPs) 理论出发对这种多方向定向辐射现象进行分析。

1. 多方向定向辐射产生的条件

亚波长金属沟槽阵列结构的远场角谱随 λ/d 的变化关系如图 18.5-8 所示，其他结构参数为 $a=0.11\lambda$, $h=0.145\lambda$, $N=10$。可以在远场角谱图中看到许多条交迭的亮线，这些亮线分别代表中心狭缝两侧周期沟槽中表面波的各个衍射级次，其中最右边的亮线对应 1 级衍射，从右到左依次对应逐渐增加的衍射级次。在一些特定的波长上，不同的衍射级次会两两相交形成亮点，此时这些来自狭缝两侧周期沟槽的衍射级次的辐射角度相同。在亮点处由于两个低阶衍射级次的能量发生叠加，其具有较大的场强和较小的半宽角。在 $\lambda/d=1$ 附近亮点即为上节分析的辐射角在 $0°$ 附近的单方向定向辐射，它是由中心狭缝两侧的 $+1$ 级和 -1 级叠加形成的。可以在图 18.5-8 中观察到多个由于衍射级次叠加形成的亮点，这说明在多个方向上可同时存在定向辐射现象。

多方向定向辐射的分光数由 λ 和 d 决定，1~6 个方向定向辐射对应的 λ/d 值见表 18.5-1。定向辐射的分光数目随着 d 的增加而增加。亚波长沟槽阵列结构取表 18.5-1 中的各组参数时，对应出射面后方空间的 $|H_y|^2$ 分布如图 18.5-9 所示。在图中，可以明显地看到出现了多方向定向辐射现象。远场角谱中另一个有意思的现象是无论分成多少束光，每束定向辐射光的最大强度和半宽都几乎相等，这非常有利于对多方向定向辐射光束的应用。

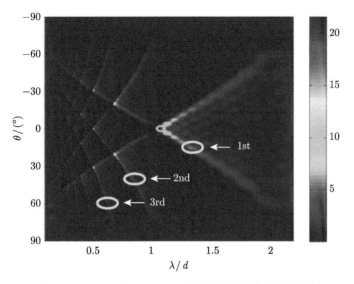

图 18.5-8 λ/d 取 0.1~2.2 时远场角谱的变化规律[99]

表 18.5-1 对应图 18.5-8 中高亮点的 λ/d 值

顺序	1	2	3	4	5	6
λ/d	1.08	0.695	0.515	0.409	0.340	0.290

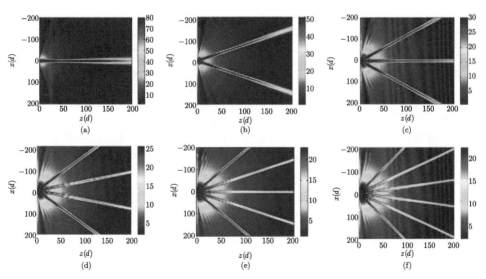

图 18.5-9 当亚波长金属沟槽阵列结构取表 18.5-1 中 1 束到 6 束分光参数时,计算得到的出射面后方 $|H_y|^2$ 的分布[99]

2. 多方向定向辐射的物理原理

入射的电磁波在结构的出射面被亚波长周期沟槽转化为准表面等离子体，准表面等离子体可以分解为一系列傅立叶平面波分量，其横向波矢可以表示为 $k_{xn} = k_{sp} \pm 2n\pi/d(n$ 为整数)。为了简化计算，可假设 $k_{sp} \approx k_0$，从而可得，当 $\lambda/d > 2$ 时，$|k_{xn}| > |k_0|$，电磁模式在垂直于金属光栅的方向上为倏逝波，能量局域在光栅的表面，此时不会出现辐射现象；反之，当 $\lambda/d < 2$ 时，一部分表面波分量转化为辐射波，根据光栅方程 $k_0 \sin\theta = k_{sp} - 2n\pi/d$ 可确定辐射光的方向。若 $1 < \lambda/d < 2$，只有一个位于 $[-k_0, k_0]$ 之间的波矢 k_{xn} 满足动量匹配，但是由于中心狭缝两侧的周期沟槽都有衍射作用，可以观察到光沿着两个对称的方向辐射；若 $\lambda/d < 1$，则不止一个 k_{xn} 可以转化为传播波，意味着表面等离子体可以在多个方向上转化为传播波。

根据光栅方程，由于表面波在狭缝两侧的沟槽中波矢大小相等方向相反，中心狭缝两侧周期沟槽的衍射可以表示为

$$
\begin{cases}
k_0 \sin\theta = k_{sp} - n\dfrac{2\pi}{d} \\
k_0 \sin\theta = -k_{sp} - m\dfrac{2\pi}{d}
\end{cases}
\tag{18.5-3}
$$

其中，n 和 m 分别为中心狭缝左右两侧周期沟槽的衍射级次。由上式可知，当满足下式时

$$
d = \frac{(n-m)}{2}\lambda_{sp}(n, m = \cdots, -1, 0, 1, \cdots)
\tag{18.5-4}
$$

来自狭缝两侧周期沟槽的衍射级次方向重合，会发生定向辐射现象。考虑到 $k_{sp} \approx k_0$，在 $\lambda/d = 2/3, 2/4, 2/5, 2/6, 2/7, \cdots$ 时会发生多方向定向辐射现象。同时可以根据光栅方程得到定向辐射光束的辐射角度，和对应的衍射级次。根据上述方法，可分别得到 1~6 个方向定向辐射效应发生时的结构参数，各个光束的辐射角度 θ，及其对应的衍射级次 (n, m)，如图 18.5-10 所示。

利用模式展开法可分别得到 1~6 个方向定向辐射中每束光对应的半高全宽，如表 18.5-2 所示。从表中可以看出，对于任意一种多方向定向辐射的情况，辐射角度较大的光束半宽总是大于辐射角度较小的光束半宽。以四束定向辐射为例，辐射角为 $\pm 37.8°$ 的光束半宽为 $1.84°$，辐射角为 $\pm 11.8°$ 的光束半宽仅为 $1.45°$。这点不难理解，对光栅方程两边取差分可推导出光束的半宽 $\Delta\theta = \lambda/4\pi N d \cos\theta$，可以看出在其他结构参数固定时，光束的 FWHM 随 θ 和 λ/d 的增加而增加。但是由方程所得到的四束辐射光的半高全宽分别为 $1.46°$ 和 $1.20°$，略小于模式展开法的计算结果。产生这个误差的原因是方程没有考虑准表面等离子体的传播损耗，由于沟槽的散射能量随着与中心狭缝距离的增加而减小，因此方程中有效的 N 小于实际的 N，所以方程计算的半高全宽要小于实际情况。可以通过增加沟槽数目 N 实现

更小的发散角。从表 18.5-2 中还可以看出随着分光数目的增加，每束光的半宽逐渐减小，而它们的半高全宽之和却逐渐增加。图 18.5-11 给出了所有光束半高全宽之和与分光数目的关系，光束的半宽之和随着辐射方向的增加，增幅越来越小。

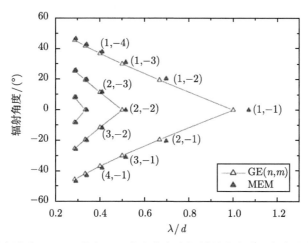

图 18.5-10　用光栅方程 (GE) 预测 1~6 个方向定向辐射效应发生时的各个辐射角度 θ 和对应的衍射级次 (n, m)，以及基于模式展开法 (MEM) 得到的优化结构参数[99]

表 18.5-2　满足 1~6 束定向辐射条件时每束光的辐射角和半高全宽　　　　　　单位: (°)

方向	θ(FWHM)	θ(FWHM)	θ(FWHM)	θ(FWHM)	θ(FWHM)	θ(FWHM)
1	0(3.82)					
2	20.3(2.55)	−20.3(2.55)				
3	31.0(2.11)	0(1.78)	−31.0(2.11)			
4	37.8(1.84)	11.8(1.45)	−11.8(1.45)	−37.8(1.84)		
5	42.8(1.76)	19.9(1.31)	0(1.22)	−19.9(1.31)	−42.8(1.76)	
6	46.4(1.55)	25.8(1.16)	8.3(1.04)	−8.3(1.04)	−25.8(1.16)	−46.4(1.55)

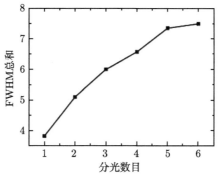

图 18.5-11　所有光束的半高全宽之和随分光数目的变化

　　亚波长沟槽结构的多方向定向辐射现象的本质是结构出射面中心狭缝两侧周期沟槽二次辐射的相干叠加。利用光栅方程可以预测产生多方向定向辐射现象时的结构参数和辐射角度，由于在出射面激发的表面模式为准表面等离子体，光栅方程预测的精度随沟槽周期的增大而提高。通过该方法实现的多方向定向辐射效应具有对比度高、每束光的辐射强度几乎相同等优点。

18.5.4　角宽可控均匀辐射金属沟槽阵列天线

　　除了上述定向和多方向辐射之外，通过调节沟槽结构的辐射相位，还可以实现角宽可控的均匀辐射[119]。这种独特的辐射特性在光束整形以及在特定角度范围内要求均匀发射或接收的系统中具有很大的应用前景。

1. 基本物理思想

　　对于无线电、微波波段的相位阵列天线，理论上可以通过增加相位延迟线的方法，随意调节各个辐射单元的相位，从而获得各种辐射方向图。对于传统的光栅，当波长确定之后，相邻两个狭缝到远场某个角度的相位差是相等且恒定的，因此其辐射方向图的可调节性就会受到极大地限制。而对于沟槽阵列结构，其与传统光栅的区别主要有两点，其一是单缝激发，使得狭缝每一边从内向外各个沟槽的激发状态是不一样的；其二是沟槽深度 h 可调，h 的调节会影响表面波的传输特性，从而影响结构的辐射特性。本节主要介绍通过调节槽深的方法来改变各沟槽处的相位，使得相邻沟槽间的相位差自外向内呈非线性的渐变分布，从而实现远场宽角度均匀辐射。

2. 宽角度均匀辐射的实现

　　由于槽深 h 决定了表面波的传输特性以及表面波在沟槽处的散射特性，因而其对狭缝和周围各个沟槽中的相位分布起了决定性作用，是实现远场异常均匀辐射的关键结构参数。图 18.5-12 为不同槽深 h 时对应的衍射角谱图，h 的计算范围从 0 到 0.5λ，其他参数取 $\lambda = 1.5d$，$a=0.11\lambda$，$N = 20$。图中主要呈现三种衍射模式，对应于划分的三个区域。当 h 较小位于区域 I 时，在远场角谱中出现两个衍射峰，它们分别对应于周期沟槽的 ±1 级衍射。h 较大时，即区域 III 的情况，与区域 I 相比，其辐射角谱不存在衍射极强点，而是在远场角谱中出现两个负峰值，即衍射谷，且其角度位置和区域 I 中 ±1 级衍射位置完全相同。

　　区域 II 作为区域 I 和区域 III 的过渡区域，有两个明显的特性。第一个特性是区域 I 中对应于 ±1 级衍射的衍射峰位置转变成了衍射谷。为了分析这一现象，图 18.5-13 中给出了不同槽深情况下狭缝和各沟槽中的激励电场 E_α 的相位分布。当 h 约为 0.25λ 时，狭缝两边的周期性的沟槽阵列可以看作一个高阻抗表面。因此狭缝处的出射相位与原相位约相差 π，使得中心狭缝辐射与周围沟槽的二次辐射在远场相干相消, 从而导致区域 II 中衍射谷的产生。

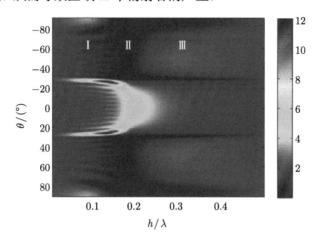

图 18.5-12   不同 h/λ 值时的远场辐射角谱

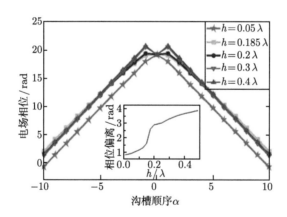

图 18.5-13   在不同槽深情况下, 狭缝和邻近的各 10 个沟槽中激励的电场 E_α 的相位分布,
插图为狭缝中相位与周围沟槽的相位的线性偏离

区域 II 中另一个特性为中心角度附近处有一个均匀的亮区, 而两边 (大角度区) 为暗区。这意味着中心能量均匀分布而大角度辐射被抑制。这一特性也可以由狭缝和沟槽中的异常相位分布分析得到。从图 18.5-13 可以看到在槽深较浅 (区域 I) 或槽深较深 (区域 III) 的情况下, 狭缝两边沟槽的电场 E_α 的相位都呈现近似线性的分布。然而, 当 h 处于区域 II 中时, E_α 的相位逐渐背离线性分布。在狭缝的同一边, 邻近两个沟槽相位差, 即斜率随沟槽变化的曲线如图 18.5-14 所示。

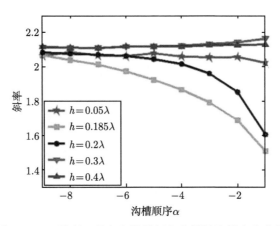

图 18.5-14　狭缝一边相邻沟槽间相位差随沟槽变化曲线

当 h 处于区域 I(h=0.05λ) 或区域 III(h=0.3λ 和 h=0.4λ) 中时，邻近两个沟槽相位差几乎保持为常数，但是当 h 处于区域 II 中 (h=0.185λ 和 h=0.2λ) 时，邻近两个沟槽相位差沿着接近狭缝的方向缓慢地变小。当 h 为 0.185λ 时，其变化曲线较为光滑，这就意味着衍射角逐渐背离传统的光栅方程，而不断趋向于一个更小的值。因此，能量不再集中于一个窄的衍射方向，而是均匀地分布于正负一级衍射所夹的中间区域。h 为 0.185λ 时远场角谱如图 18.5-15 所示，从图中可以看到远场角谱在 $\pm 20°$ 内，实现了近似均匀的场分布。

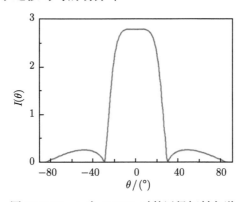

图 18.5-15　h 为 0.185λ 时的远场辐射角谱

3. 辐射角宽的控制

根据光栅方程式可知，由于表面等离子体波矢大于自由空间波矢，即 $k_{sp} > k_0$，当 $\lambda > d$，且 $\lambda/d > k_{sp}/k_0$ 时，± 1 级衍射之间夹角的近似表达式为

$$\theta_{\pm 1} = 2\arcsin\left(\frac{\lambda}{d} - \frac{k_{sp}}{k_0}\right) \tag{18.5-5}$$

从上式可以推断只需调节 λ/d 的值就可以得到不同的辐射角宽。此处定义辐射角宽为两个第一级衍射谷间的角度值。对于 $\lambda/d=1.2$ 和 $\lambda/d=1.3$ 这两种情况下近场 $|H_y|^2$ 的分布和远场辐射角谱如图 18.5-16 所示。

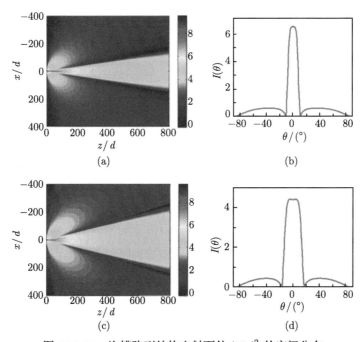

图 18.5-16 沟槽阵列结构出射面外 $|H_y|^2$ 的空间分布

(a)λ/d=1.2, (c)λ/d=1.3，参数 a=0.11λ, N=20, h 分别为 0.169λ(a) 和 0.177λ(c)；图 (b) 和 (d) 分别为 (a) 和 (c) 对应的远场辐射角谱

从图 18.5-16 中 (a) 和 (c) 的光强分布可以清晰地看到，结构出射面产生了宽角均匀的辐射光束，且其辐射角宽与 λ/d 的值有关。其远场角谱如图 (b) 和 (d)，得到各自对应的辐射角宽为 22.5° 和 34.2°。

λ 从 1.2d 到 1.8d 变化过程中角谱的演变过程如图 18.5-17(a) 所示。图 18.5-17(b) 为不同 λ/d 对应的辐射角宽变化情况以及衍射效率曲线。定义衍射效率为辐射角宽范围内的辐射能量与总辐射能量的比值。

图 18.5-17(a) 表明，不同 λ/d 值的情况下通过设计沟槽深度调节各沟槽的相位分布，可以得到其对应的 ±1 级范围内近似均匀的远场辐射。从图 18.5-17(b) 可以看出，辐射角宽随着 λ/d 值的增大从 22.5° 增加到 106°，而且这种增加是连续的。并且 λ/d 的值从 1.2 增加到 1.8 的过程中，辐射效率从 0.62 增大至 0.97，这意味着更多的能量被集中于扩展的辐射光束中。

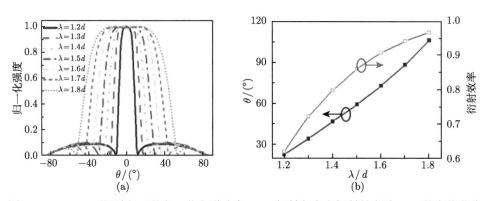

图 18.5-17　(a) 不同波长下的归一化角谱分布；(b) 辐射角宽和辐射效率随 λ/d 的变化曲线

4. 角宽可调多方向均匀辐射

多方向均匀辐射的原因在于，在 $\lambda/d < k_{\rm sp}/k_0$ 的区域 (即区域 II，区域 III，$\cdots$) 中除了 ±1 级衍射外，还存在着高级次的衍射。因此，能量不再集中于单个衍射方向。比如，在区域 II 中存在两个亮斑，即对应于两个辐射光束。研究发现，对于单方向辐射的均匀辐射和角宽可调特性，在双方向辐射中仍然存在。如图 18.5-18 所

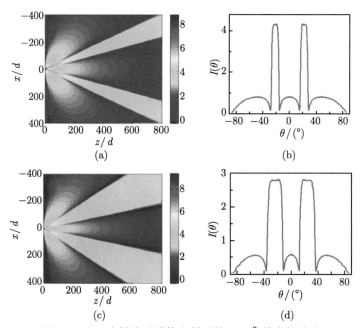

图 18.5-18　沟槽阵列结构出射面外 $|H_y|^2$ 的空间分布

(a)λ/d=0.74，(c)λ/d=0.8，参数 a=0.11λ，N=20，h 分别为 0.17λ(a) 和 0.179λ(c)；图 (b) 和 (d) 分别

对应于 (a) 和 (c) 情况下的远场辐射角谱，单光束辐射角宽分别为 14° 和 26°

示，在 $\lambda/d=0.74$ 和 $\lambda/d=0.8$ 这两种情况下的近场 $|H_y|^2$ 分布和远场辐射角谱验证了上述理论。此外，当 λ/d 的值进一步减小至区域 III 乃至区域 $n(n>\text{III})$ 时，通过参数设计，同样可以实现多光束的均匀辐射。

18.6 基于沟槽阵列结构的金属微结构天线

18.5 节中描述的基于亚波长周期性沟槽结构的光天线，可以在可见光波段调节远场辐射特性。通过结构尺寸的放大，该类天线工作波长可以拓展到太赫兹波段和微波波段，这也是亚波长结构器件的设计优势之一。

18.6.1 基于亚波长周期沟槽结构的高方向性缝隙天线

2004 年，英国学者 Lockyear 等分析了毫米波波段小孔周围加载环形周期沟槽结构，也称作牛眼 (Bull's Eye) 结构，的传输特性和远场辐射特性[120]。图 18.6-1(a) 为加载环形周期沟槽结构的小孔示意图以及加载沟槽结构后小孔的透射增强因子。在入射面加载沟槽结构可以将小孔的透过率在 60GHz 附近增强约 17 倍。图 18.6-1(b) 为小孔周围加载四种不同表面沟槽结构后的远场角谱分布。可以看到入射面加载沟槽结构可以大幅提高能量的透射率，而出射面加载沟槽结构可以产生相对较窄的波束。

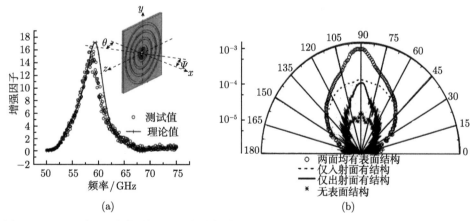

图 18.6-1 (a) 小孔周围加载环形周期沟槽结构的示意图以及入射面加载沟槽后的小孔透射增强因子；(b) 小孔周围加载四种不同表面沟槽结构的远场角谱分布测试结果[120]

2005 年，西班牙学者 Beruete 等人首次将环形周期沟槽结构应用到波导缝隙天线中，如图 18.6-2 所示[121]。该天线以矩形缝隙为辐射源，利用标准矩形波导激励代替平面波激励。从天线的辐射方向图可以看到，沟槽结构的加载使得天线的增益相比普通平板波导缝隙天线得到了显著的提高，达到 21dB。此外 E 面的波束被大幅度的压缩,半功率波束角仅为 6°。

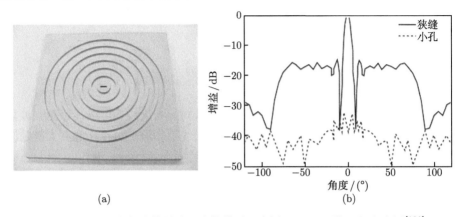

(a) (b)

图 18.6-2 (a) 牛眼沟槽缝隙天线的模型示意图;(b)E 面的远场方向图[121]

图 18.6-3 为一维沟槽结构加载的波导缝隙天线,同样可以抑制出射场的波束宽度[122−126]。由于表面电磁波受到周围沟槽的调制,天线的 E 面半功率波束角被压缩到 12°,天线的增益从 6.1dB 增加到 15.4dB。

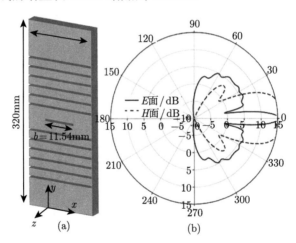

(a) (b)

图 18.6-3 一维周期沟槽缝隙天线的模型示意图及其远场辐射方向图[122]

图 18.6-4 为集成周期沟槽加载型矩形宽边波导缝隙平板阵列天线[125]。采用包含 16 个辐射单元的缝隙阵列作为辐射源,波导的尺寸为 14.95mm×7.475mm,波导壁厚 1mm,缝隙长度为 10.3mm,宽度为 1mm。该天线工作频率设计在 f=13.9GHz,缝隙中心距短路边的距离为 7.975mm,缝隙单元的纵向间距为 15.95mm。缝隙单元中心偏离波导中心位置为 1.35mm。在缝隙阵列单元两端对称地加载亚波长周期沟槽结构,沟槽的几何参数为:沟槽周期为 18.65mm,深度为 3.35mm,宽度为

2.65mm 和沟槽数目 $N=4$。亚波长周期沟槽外围，也就是接地板边沿加载人工电磁软表面沟槽结构，通常被称为扼流槽。其几何参数为：沟槽周期为 0.1λ，宽度为 0.05λ，深度为 0.28λ 和沟槽数目 $N=5$。这里沟槽的深度并没有采用通常的 $\lambda/4$，而是大于 $\lambda/4$。这是因为缝隙阵元耦合出的 TM 型表面波阻抗为感性，而当沟槽深度大于 $\lambda/4$ 时，沟槽端口处的表面阻抗为容性，可以抑制表面波的传播，减小电磁波的边沿绕射。

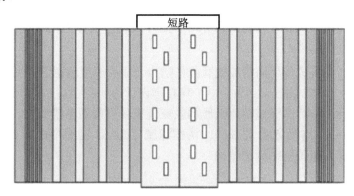

图 18.6-4 集成周期沟槽加载型矩形宽边波导缝隙阵列天线的模型示意图[125]

该天线的辐射性能如图 18.6-5 所示，将其与未加载和仅加载一维亚波长沟槽结构的波导宽边缝隙平板天线进行比较。加载了一维亚波长周期沟槽结构后，矩形波导宽边缝隙平板阵列天线的方向图得到了明显的改善，天线的远场增益从 18.6dB 增加到 25.9dB。在一维亚波长周期沟槽外圈加载传统扼流槽结构后，天线的后向辐射显著削弱，减小了约 10dB。

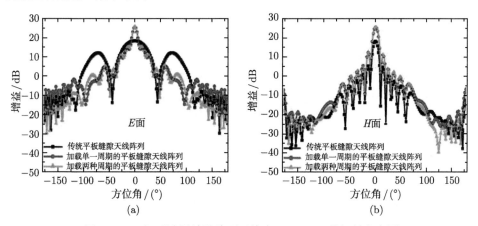

图 18.6-5 矩形波导缝隙阵列天线在 13.9GHz 的辐射方向图

(a) E 面；(b) H 面[125]

18.6.2　集成周期沟槽加载型微带贴片天线

微带贴片天线由于具有重量轻、剖面低、成本低等特点，在军用和民用领域都有很大的发展前景。但是这类天线也存在一些缺点，如由于表面波的损耗，天线的辐射效率很低，并且带宽极窄。从前面对周期沟槽结构调控远场辐射的分析中可以看到，沟槽结构并不是抑制表面波的传播，而是激发更多的表面波，并调制其传播模式，使表面电磁能量向自由空间二次辐射，增加天线的增益。鉴于周期性沟槽的表面波调制性质，其同样可用于贴片天线的设计中，提高贴片天线的方向性。

图 18.6-6 为集成周期沟槽加载型微带贴片天线的模型示意图[126]。该贴片天线的大小为 $L \times L$=6.72mm×6.72mm，工作频率设计为 18.8GHz。整个金属接地板的边长为 W=180mm。围绕该贴片天线加载亚波长环形周期沟槽结构，沟槽参数为：沟槽周期 21mm，沟槽宽度 15.5mm，沟槽深度 4.6mm，沟槽个数 N=3。在该沟槽结构外圈集成五圈传统扼流槽结构。

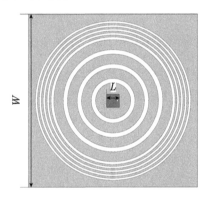

图 18.6-6　集成周期沟槽加载型微带贴片天线的模型示意图[126]

加载 3 个周期的环形沟槽结构后，与平面金属板结构相比，天线增益从 7.16dB 提高到 18.84dB，提高了约 11.7dB，并且 E 面和 H 面的半功率波束角得到了显著压缩，分别为 6.7° 和 13.4°。该天线的缺点在于其后向辐射较强。在保证天线口径大致相同的条件下，在 3 个周期的环形沟槽外圈引入传统扼流槽结构后，天线的增益达到 19.45dB，后瓣电平相比传统的普通贴片天线降低了约 −10dB，达到 −25dB，天线的辐射场前后比达到了约 45dB。此外该天线的 E 面仍然呈现很强的 Beaming 效应，半功率波束宽度为 7.9°，H 面半功率波束宽度为 15°，相比相同口径下仅加载环形周期沟槽结构的天线略微增大。这是因为亚波长环形周期沟槽结构对电磁波有汇聚作用，能够在远场获得很窄的天线波束宽度；而传统扼流槽结构只是通过对表面波的抑制间接地压缩天线的波束宽度。

这种集成周期沟槽加载型微带贴片天线,仅在接地板上加载周期沟槽结构就能实现传统人工电磁材料覆层天线才能实现的高增益特性,且具有明显的低剖面特征,加载的沟槽结构对天线的阻抗匹配影响不大。传统的阵列天线要达到类似的增益水平,至少需要 32 个贴片阵元,并且微带馈电网络和功分器的设计较为复杂,在天线中也会带入损耗,产生的寄生辐射还会引起天线方向图的畸变。因此这种基于亚波长结构的新型贴片天线具有明显的优势。

18.7 纳米激光器

激光被美国军方视为 "自从原子弹出现以来,兵器领域的最大突破"。20 世纪 90 年代起,纳米技术迅速发展,对军事、信息、材料等领域产生了深远的影响。而把纳米技术与激光充分结合起来,可制备纳米尺度的激光器,即纳米激光器。

从结构特征上来说,纳米激光器一般是指尺寸等于或小于响应波长的微型激光器,通过单电子振荡辐射相干光束。从工作原理上分类,纳米激光器主要包括介质纳米线激光器和表面等离子体激光器。

2001 年,美国加州大学伯克利分校的杨培东教授利用氧化锌纳米线制造出可以在室温下运行的纳米激光器[127],如图 18.7-1(a) 所示。选择 ⟨0001⟩ 取向的氧化锌纳米线阵列作为纳米激光器的增益介质。纳米线的直径为 150nm、截面为六边形。这种阵列结构采用化学气相沉积法 (CVD) 制备,纳米线两个端面之间形成了天然的谐振腔,如图 18.7-1(b) 所示。在室温下,纳米线经光泵浦后观察到波长为 385nm 的紫外激光出射,激光脉宽小于 0.3nm。

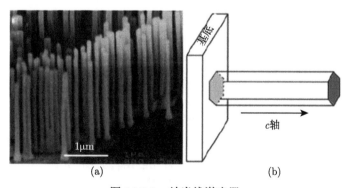

(a)   (b)

图 18.7-1 纳米线激光器

(a) 氧化锌纳米线阵列;(b) 纳米线谐振腔原理图[127]

纳米等离子体激光器利用亚波长纳米结构增益介质与谐振腔集成,通过电、光泵浦实现激光发射并通过表面等离子体实现光场调控。在等离子体纳米激光器中,光致或电致光子在金属—介质表面激发的表面等离子体能够进一步调控压缩谐振腔内模场分布，使得光场能量集中在纳米线中心区域，可突破光学衍射极限，实现激光模式调控。因此纳米等离子体激光器体积小，易于集成，并具有单色性、方向性好、工作效率高、能量阈值低和响应快等优点。在激光陀螺惯性导航、皮纳卫星等离子体推进、光子芯片片内互联、激光制导跟踪、激光引信、激光通信和激光测距等领域具有较大的应用前景。

下面介绍几种典型的表面等离子体纳米激光器。

(1) 纳米粒子表面等离子体激光器

2003 年，美国佐治亚州立大学的 Stockman 在理论上提出了表面等离子体激元受激辐射放大机制 (Surface Plasmon Amplification by Stimulated Emission of Radiation，SPASER)[128]，建立了表面等离子体纳米激光器的基本理论。2009 年，诺福克州立大学 Noginov 等成功地构造出基于纳米粒子的表面等离子体激光器[129]，其纳米粒子结构如图 18.7-2(a) 和 (b) 所示。该纳米激光器的核心为直径 14nm 的金纳米球，其外包裹掺杂了染料分子的 SiO₂ 壳，整个纳米球尺寸为 44nm。图 18.7-2(c)给出了在不同泵浦能量下纳米粒子表面等离子体激光器的受激辐射光谱，辐射中心波长为 531nm。

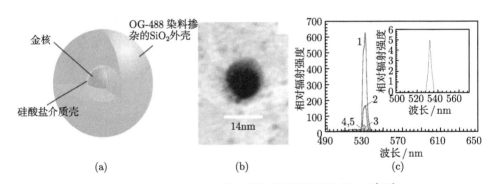

图 18.7-2 基于金属纳米粒子的表面等离子体激光器[129]

(2) 纳米线表面等离子体激元激光器

2009 年加州大学伯克利分校的研究人员展示了第一台半导体表面等离子体纳米激光器[130]。整个表面等离子体半导体激光器结构如图 18.7-3 所示，一根直径约为 100nm 的硫化镉纳米线和银基底被一层厚度约为 5nm 的氟化镁隔开。该结构支持一种新的混合表面等离子体模式，其模式面积小于衍射极限的百分之一。当用405nm 波长的入射光泵浦硫化镉纳米线之后，硫化镉产生波长约为 489nm 的局域光场，并在氟化镁层之间传播。由于产生的激光能量主要以混合表面等离子体模式在氟化镁这一低损耗介质层之中传播，相比于一般纳米线激光器其传播损耗更小，因而实用性大大增加。

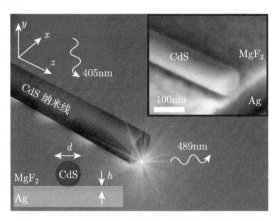

图 18.7-3　纳米线表面等离子体激元激光器[130]

(3) 基于亚波长周期结构的纳米激光器

2008 年，Capasso 等将亚波长周期金属沟槽结构集成到量子级联激光器端面，其结构如图 18.7-4(a) 所示[98]。量子级联激光器产生波长为 9.9μm 的激光，在激光器输出端面处激发沿周期金属沟槽传播的表面等离子体，通过二次辐射源在远场空间的相干叠加，使得激光器输出波束宽度由不加结构时的 63° 压缩至 2.4°。

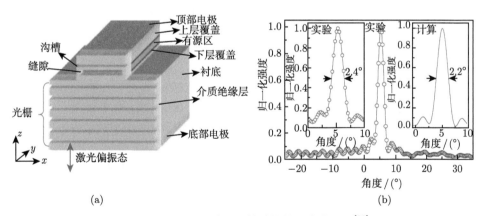

图 18.7-4　基于亚波长沟槽结构的纳米激光器[98]

18.8　小　　结

目前亚波长结构材料已经发展成为一个非常重要的研究领域，其对电磁波优异的调制能力使其在天线等领域具有较大的应用价值。亚波长结构在微波、太赫兹以及可见光等波段，均表现出了对电磁波辐射特性极强的调控能力，使电磁辐射器件摆脱传统材料和设计方法的限制，具有更大的设计灵活性和更好的辐射性能。亚波长结构的引入，为未来的辐射器件向小型化、多功能化和动态化发展提供了有力支撑。

<h1 style="text-align:center">参 考 文 献</h1>

[1] Pozar D M. Microwave engineering (3rd ed). 张肇仪等译, 北京: 电子工业出版社, 2006.

[2] Thevenot M, Cheype C, Reineix A, et al. Directive photonic-bandgap antennas. IEEE T Microw Theory, 1999, 47: 2115-2122.

[3] Weily A R, Horvath L, Esselle K P, et al. A planar resonator antenna based on a woodpile EBG material. IEEE Trans Antenna Propag, 2005, 53: 216-223.

[4] Leger L, Monediere T, Jecko B. Enancement of gain and radiations bandwidth for a planar 1-D EBG antenna. IEEE Microw Wirel Compon Lett, 2005, 15: 573-576.

[5] Weily A R, Esselle K P, Bird T S, et al. Dual resonator 1-D EBG antenna with slot array feed for improved radiation bandwidth. IET Microw Antenna P, 2007, 1: 198-203.

[6] Alkhatib R, Drissi M. Improvement of bandwidth and efficiency for directive superstrate EBG antenna. Electron Lett, 2007, 43: 702-703.

[7] Caglayan H, Bulu I, Ozbay E. Highly directional enhanced radiation from sources embedded inside three-dimensional photonic crystals. Opt Express, 2005, 13: 7645-7652.

[8] Bulu I, Caglayan H, Ozbay E. Highly directive radiation from sources embedded inside photonic crystals. Appl Phys Lett, 2003, 83: 3263-3265.

[9] Enoch S, Tayeb G, Sabouroux P, et al. A metamaterial for directive emission. Phys Rev Lett, 2002, 89: 213902.

[10] Wu Q, Pan P, Meng F Y, et al. A Novel flat lens horn antenna designed based on zero refraction principle of metamaterials. Appl Phys A, 2007, 87: 151-156.

[11] Hu J, Yan C S, Lin Q C. A new patch antenna with matamaterial cover. J Zhejiang Univ Sci, 2006, 7: 89-94.

[12] Li D, Szabo Z, Qing X, et al. A high gain antenna with an optimized metamaterial inspired superstrate.IEEE Trans Antenna Propag, 2012, 60: 6018-6023.

[13] Huang C, Zhao Z, Wang W, et al. Dual band dual polarization directive patch antenna using rectangular metallic grids. J Infrared Milli Terahz Waves, 2009, 30: 700-708.

[14] Lee Y, Yeo J, Mittra R, et al. Application of electromagnetic bandgap (EBG) superstrates with controllable defects for a class of patch antennas as spatial angular filters. IEEE Trans Antenna Propag, 2005, 53: 224-235.

[15] Feresidis A P, Goussetis G, Wang S, et al. Artificial magnetic conductor surfaces and their application to low-profile high-gain planar antennas. IEEE Trans Antennas

Propag, 2005, 53: 209-215.

[16] Ourir A, Burokur S N,De Lustrac A. Phase-varying metamaterial for compact steerable directive antennas. Electron Lett, 2007, 43: 493-494.

[17] Ourir A, Burokur S N, De Lustrac A. Electronically reconfigurable metamaterial for compact directive cavity antennas. Electron Lett, 2007, 43: 698-699.

[18] Miao Z, Huang C, Ma X L, et al. Design of a patch antenna with dual-band radar corss-section reduction. Microw Opt Techn Lett, 2012, 54: 2516-2020.

[19] Genovesi S, Costa F, Monorchio A. Low-profile array with reduced radar cross section by using hybrid frequency selective surfaces. IEEE Trans Antenna Propag, 2012, 60, 2327-2335.

[20] Pan W B, Huang C, Chen P, et al. A low-RCS and high-gain partially reflecting surface antenna. IEEE Trans Antenna and Propag, 2014, 62: 945-949.

[21] Kraus J D, Marhefka R J. Antennas: for all applications (3rd ed). 章文勋译, 北京：电子工业出版社, 2006.

[22] Ge Z C, Zhang W X, Liu Z G, et al. Broadband and high-gain printed antennas constructed from Fabry-Perot resonator structure using EBG or FSS cover. Micro Opt Tech Lett, 2006, 48: 1272-1274.

[23] Romeu J, Rahmat-Samii Y. Fractal FSS: a novel dual-band frequency selective surface, IEEE Trans Antenna and Propag, 2000, 48: 1097-1105.

[24] Pirhadi A, Hakkak M, Keshmiri F, et al. Analysis and design of dual band high directive EBG resonator antenna using square loop FSS as superstrate layer. Prog Electromagn Res, 2007, 70: 1-20.

[25] Ranga Y, Matekovits L, Esselle K P, et al. Multioctave frequency selective surface reflector for ultrawideband antennas. IEEE Antenn Wirel PR, 2011, 10:219-222.

[26] Li L, Chen Q, Yuan Q W, et al. Frequency selective reflectarray using crossed-dipole elements with square loops for wireless communication applications. IEEE Trans Antenna Propag, 2011, 59: 89-99.

[27] Lee Y J, Yeo J, Mittra R, et al. Design of a frequency selective surface (FSS) type superstrate for dual-band directivity enhancement of microstrip patch antenna. IEEE Antennas Propag Soc Int Symp, 2005, 43: 462-467.

[28] Lee D H, Lee Y J, Yeo J, et al. Design of novel thin frequency selective surface superstrates for dual-band directivity enhancement. IET Microw Antenna Propag, 2007, 1: 248-254.

[29] Huang C, Zhao Z, Luo X. Dual band directive patch antenna based on the cut wire pairs structure. Microw Opt Techn Lett, 2010, 52: 160-163.

[30] Lee D, Lee Y, Yeo J, et al. Directivity enhancement of circular polarized patch antenna using ring-shaped frequency selective surface superstrate. Microw Opt Techn Lett, 2007, 49: 199-201.

[31] Sarabandi K, Behdad N. A frequency selective surface with miniaturized elements. IEEE Trans Antenna Propag, 2007, 55: 1239-1245.

[32] Yang F, Rahmat-Samii Y. Microstrip antennas integrated with electromagnetic band-gap (EBG) structures: a low mutual coupling design for array application. IEEE Trans Antennas Propag, 2003, 51: 2936-2946.

[33] Iluz Z, Shavit R, Bauer R. Microstrip antenna phased array with electromagnetic bandgap substrate. IEEE Trans Antennas Propag, 2004, 52: 1446-1453.

[34] Buell K, Mosallaei H, Sarabandi K. A substrate for small patch antennas providing tunable miniaturization factors. IEEE Trans Antennas Propag, 2006, 54: 135-146.

[35] Lim S J, Caloz C, Itoh T. Metamaterial-based electronically controlled transmission-line structure as a novel leaky-wave antenna with tunable radiation angle and beamwidth. IEEE Trans Microwave Theory Tech, 2005, 53: 161-173.

[36] Chen H, Wu B I, Ran L,et al. Controllable left-handed metamaterial and its application to a steerable antenna. Appl Phys Lett, 2006, 89: 053509.

[37] Zervos T, Lazarakis F, Alexandridis A, et al. Novel metamaterials for patch antenna applications.Springer Berlin Heidelberg, 2009, 13: 411-419.

[38] Ma X, Huang C, Pu M, et al. Single layer circular polarizer using metamaterial and its application in antenn. Micro Opt Tech Lett, 2012, 54: 1770.

[39] Arnaud E, Chantalat R, Koubeissi M, et al. Improved self-polarizing metallic EBG antenna, In Proc EuCAP, 2009. 3813-3817.

[40] Blackney T L, Burnett J R, Cohn S B. A design method for meander-line circular polarizers. In: 22nd Ann Antenna Symp, 1972. 1-5.

[41] Arnaud E, Chantalat R, Koubeissi M, et al. Global design of an ebg antenna and meander-line polarizer for circular polarization. IEEE Antenn Wirel PR, 2010, 9: 215-218.

[42] Ren L S, Jiao Y C, Li F, et al. A dual-layer T-shaped element for broadband circularly polarized reflectarray with linearly polarized feed. IEEE Antenn Wirel PR, 2011, 10: 407-410.

[43] Zarifi D, Oraizi H, Soleimani M. Improved performance of circularly polarized antenna using semi-planar chiral meta-material covers. Prog Electromagn Res, 2012, 123: 337-354.

[44] Chaimool S, Chung K L, Akkaraekthalin P. Simultaneous gain and bandwidths enhancement of a single-feed circularly polarized microstrip patch antenna using a metamaterial reflective surface. Prog Electromagn Res B, 2010, 22: 23-37.

[45] Hosseininnejad S E, Komjani N, Zarifi D, et al. Directivity enhancement of circularly polarized microstrip antennas of chiral metamaterial covers. IEICE Electron Express, 2012, 9: 117-121.

[46] Ma X L, Huang C, Pan W, et al. A dual circularly polarized horn antenna in Ku-band based on chiral metamaterial. IEEE Trans Antenna Propag, 2014, 62: 2307-2318.

[47] Pendry J B, Schurig D, Smith D R. Controlling electromagnetic fields. Science, 2006, 312: 1780-1782.

[48] Leonhardt U, Optical conformal mapping. Science, 2006, 312: 1777-1780.

[49] Li J, Pendry J B.Hiding under the carpet: a new strategy for cloaking. Phys Rev Lett, 2008, 101: 203901.

[50] Smith D R, Mock J J, Starr A F, et al. Gradient index metamaterials. Phys Rev E, 2005, 71: 036609.

[51] Popa B I, Allen J, Cummer S A. Conformal array design with transformation electro-magnetic. Appl Phys Lett, 2009, 94: 244102.

[52] Kong F, Wu B I, Kong J A, et al. Planar focusing antenna design by using coordinate transformation technology. Appl Phys Lett, 2007, 91: 253509.

[53] Wen T,Christos A, Hao Y. Discrete coordinate transformation for designing all-dielectric flat antennas. IEEE Trans Antennas and Propag, 2010, 58: 3795-3804.

[54] Nathan K, Smith D R. Extreme-angle broadband metamaterial lens. Nat Mater, 2010, 9: 129-132.

[55] Ma H, Cui T. Three-dimensional broadband and broad-angle transformation-optics lens. Nat Commun, 2010, 1: 124.

[56] Wang M, Huang C, Pu M, et al. Electric-controlled scanning Luneburg lens based on metamaterials, Appl Phys A, 2013, 111: 445-450.

[57] Lier E A.Dielectric hybrid mode antenna feed: A simple alternative to the corrugated horn. IEEE Trans Antennas Propag, 1986, 34: 21-29.

[58] Clarricoats P J B, Oliver A D. Corrugated horns for microwave antennas, Peter Pere-grinus Ltd, 1984.

[59] Peace G M, Swartz E E. Amplitude compensated horn antenna. Microwave J, 1964, 7: 66-68.

[60] Lier E, Werner D H, Scarborough C P, et al. An octave-bandwidth negligible-loss radiofrequency metamaterial. Nature Mater, 2011, 10: 216-222.

[61] Wang Z B, Fang S J, Fu S Q, et al. Single-fed broadband circularly polarized stacked-patch antenna with horizontally meandered strip for universal UHF RFID applications, IEEE Trans Micro Theo Tech, 2011, 59: 1066-1073.

[62] Zhao G, Jiao Y C, Yang X, et al. Wideband circularly plarized microstrip antenna using broadband quadrature power splitter based on metamaterial transmission line. Micro Opt Tech Lett, 2009, 51: 1790-1793.

[63] Synge E H. A suggested method for extending microscopic resolution into the ultrami-croscopic region. Philos Mag J Sci, 1928, 6: 356.

[64] Wessel J. Surface-enhanced optical microscopy. J Opt Soc Am B, 1985, 2: 1538-1540.

[65] Anger P, Bharadwaj P, Novotny L. Enhancement and quenching of single molecule fluorescence. Phys Rev Lett, 2006, 96: 113002.

[66] Fee M, Chu S, Hänsch T W. Scanning electromagnetic transmission line microscope with sub-wavelength resolution. Opt Commun, 1989, 69: 219-224.

[67] Grober R D, Schoelkopf R J, Prober D E. Optical antenna: Towards a unity efficiency near-field optical probe. Appl Phys Lett, 1997, 70: 1354-1356.

[68] Pohl D W.Near Field Optics Seen as an Antenna Problem. Singapore: World Scientific, 2000.

[69] Novotny L, Van Hulst N. Antennas for light. Nat Photonics, 2011, 5: 83-90.

[70] Greffet J J. Nanoantennas for light emission. Science, 2005, 308: 1561-1562.

[71] Huang C, Bouhelier A, Des Francs G C, et al. Gain, detuning, and radiation patterns of nanoparticle optical antennas. Phys Rev B, 2008, 78: 155407.

[72] Encina E R, Coronado E A. Plasmonic nanoantennas: angular scattering properties of multipole resonances in noble metal nanorods. J Phys Chem C, 2008, 112: 9586-9594.

[73] Pakizeh T, Kall M. Unidirectional ultracompact optical nanoantennas. Nano Lett, 2009, 9: 2343-2349.

[74] Dorfmuller J, Vogelgesang R, et al. Plasmonic nanowire antennas: experiment, simulation, and theory. Nano Lett, 2010, 10: 3596-3603.

[75] Ding W, Bachelot R, de Lamaestre R E, et al. Understanding near/far-field engineering of optical dimer antennas through geometry modification. Opt Express 2009, 17: 21228-21239.

[76] Esteban R, Teperik T V, Greffet J J. Optical patch antennas for single photon emission using surface plasmon resonances. Phys Rev Lett, 2010, 104: 026802.

[77] Taminiau T H, Stefani F D, Van Hulst N. F. Single emitters coupled to plasmonic nanoantennas: angular emission and collection efficiency. New J Phys, 2008, 10: 105005.

[78] Taminiau T H, Stefani F D, Segerink F B, et al. Optical antennas direct single-molecule emission. Nat Photonics, 2008, 2: 234-237.

[79] Liu X X, Alu A. Subwavelength leaky-wave optical nanoantennas: Directive radiation from linear arrays of plasmonic nanoparticles. Phys Rev B, 2010, 82: 144305.

[80] Pellegrini G, Mattei G, Mazzoldi P. Tunable, directional and wavelength selective plasmonic nanoantenna arrays. Nanotechnology, 2009, 20: 65201.

[81] Ahmadi A, Mosallaei H. Plasmonic nanoloop array antenna. Opt Lett, 2010, 35: 3706-3708.

[82] Li J J, Salandrino A, Engheta N. Shaping light beams in the nanometer scale: A Yagi-Uda nanoantenna in the optical domain. Phys Rev B, 2007, 76: 245403.

[83] Taminiau T H, Stefani F D, Van Hulst N F. Enhanced directional excitation and emission of single emitters by a nano-optical Yagi-Uda antenna. Opt Express, 2008, 16: 10858-10866.

[84] Li J J, Salandrino A, Engheta N. Optical spectrometer at the nanoscale using optical Yagi-Uda nanoantennas. Phys Rev B, 2009, 79: 195104.

[85] Curto A G, Volpe G, Taminiau T H, et al. Unidirectional emission of a quantum dot coupled to a nanoantenna. Science, 2010, 329: 930-933.

[86] Kadoya Y. Nano-optical antenna is based on radio-frequency design principles. Laser Focus World, 2010, 46: 10.

[87] Kosako T, Kadoya Y, Hofmann H F. Directional control of light by a nano-optical Yagi-Uda antenna. Nat Photonics, 2010, 4: 312-315.

[88] Lerosey G. Nano-optics: Yagi-Uda antenna shines bright. Nat Photonics, 2010, 4: 267-268.

[89] Lezec H J, Degiron A, Devaux E, et al. Beaming light from a subwavelength aperture. Science, 2002, 297: 820-822.

[90] Garcia-Vidal F J, Martin-Moreno L, Lezec H J, et al. Focusing light with a single subwavelength aperture flanked by surface corrugations. Appl Phys Lett, 2003, 83: 4500-4502.

[91] Martin-Moreno L, Garcia-Vidal F J, Lezec H J, et al. Theory of highly directional emission from a single subwavelength aperture surrounded by surface corrugations. Phys Rev Lett, 2003, 90: 167401.

[92] Yu L B, Lin D Z, Chen Y C, et al. Physical origin of directional beaming emitted from a subwavelength slit. Phys. Rev. B, 2005, 71: 041405.

[93] Caglayan H, Bulu I, Ozbay E. Beaming of electromagnetic waves emitted through a subwavelength annular aperture. J Opt Soc Am B, 2006, 23: 419-422.

[94] Wang C T, Du C L, Luo X G. Refining the model of light diffraction from a subwavelength slit surrounded by grooves on a metallic film. Phys Rev B, 2006, 74: 245403.

[95] Wang C T, Du C L, Lv Y G, et al. Surface electromagnetic wave excitation and diffraction by subwavelength slit with periodically patterned metallic grooves. Opt Express, 2006, 14: 5671-5681.

[96] Shi H, Du C L, Luo X G. Focal length modulation based on a metallic slit surrounded with grooves in curved depths. Appl Phys Lett, 2007, 91: 093118.

[97] Li X, Du C L, Wang C T, et al. Optimization for beaming effect from a subwavelength slit with periodically patterned metallic grooves. Appl Phys B, 2008, 91: 605-610.

[98] Yu N F, Fan J, Wang Q J, et al. Small-divergence semiconductor lasers by plasmonic collimation. Nat Photonics, 2008, 2: 564-570.

[99] Li X, Zhao Z, Feng Q, et al. Abnormal nearly homogeneous radiation by slit-grooves structure. Appl Phys B, 2011, 102: 851-855.

[100] Schuller J A, Taubner T, Brongersma M L. Optical antenna thermal emitters. Nat Photonics, 2009, 3: 658-661.

[101] Hill W, Wehling B. Potential- and pH-dependent surface-enhanced Raman scattering of p-mercapto aniline on silver and gold substrates. J Phys Chem, 1993, 97: 9451-9455.

[102] Osawa M, Matsuda N, Yoshii K, et al. Charge transfer resonance Raman process in surface-enhanced Raman scattering from p-aminothiophenol adsorbed on silver: Herzberg-Teller contribution. J Phys Chem, 1994, 98: 12702-12707.

[103] Muhlschlegel P, Eisler H J, Martin O J F, et al. Resonant optical antennas. Science, 2005, 308: 1607-1609.

[104] Fromm D P, Sundaramurthy A, Schuck P J, et al. Gap-dependent optical coupling of single "Bowtie" nanoantennas resonant in the visible. Nano Lett, 2004, 4: 957-961.

[105] Novotny L. The history of near-field optics. Progress in Optics. Elsevier, 2007, 50: 137-184.

[106] Ash E A, Nicholls G. Super-resolution aperture scanning microscope. Nature, 1972, 237: 510-518.

[107] Pohl D W, Denk W, Lanz M. Optical stethoscopy: Image recording with resolution $\lambda/20$. Appl Phys Lett, 1984, 44: 651-653.

[108] A Lewis, Isaacson M, Harootunian A, et al. Development of a 500 Å spatial resolution light microscope: I. light is efficiently transmitted through $\lambda/16$ diameter apertures. Ultramicroscopy, 1984, 13: 227-231.

[109] Bethe H A. Theory of diffraction by small holes. Phys Rev, 1944, 66: 163-182.

[110] Shi X, Hesselink L. Mechanisms for enhancing power throughput from planar nano-apertures for near-field optical data storage. Jpn J Appl Phys, 2002, 41: 1632.

[111] Tang L, Miller D A, Okyay A K, et al. C-shaped nanoaperture-enhanced germanium photodetector. Opt Lett, 2006, 31: 1519-1521.

[112] Guo R, Kinzel E C, Li Y, et al. Three-dimensional mapping of optical near field of a nanoscale bowtie antenna. Opt Express, 2010, 18: 4961-4971.

[113] Tanaka K, Tanaka M, Sugiyama T. Creation of strongly localized and strongly enhanced optical near-field on metallic probe-tip with surface plasmon polaritons. Opt Express, 2006, 14: 832-846.

[114] Tanaka K, Tanaka M, Katayama K. Simulation of near-field scanning optical microscopy using a plasmonic gap probe. Opt Express 2006, 14: 10603-10613.

[115] Frey H. Enhancing the resolution of scanning near-field optical microscopy by a metal tip grown on an aperture probe. Appl Phys Lett, 2002, 81: 5030.

[116] Frey H G, Witt S, Felderer K, et al. High-resolution imaging of single fluorescent molecules with the optical near-field of a metal tip. Phys Rev Lett, 2004, 93: 200801.

[117] Taminiau T H, Moerland R J, Segerink F B, et al. Lambda/4 resonance of an optical monopole antenna probed by single molecule fluorescence. Nano Lett, 2007, 7: 28-33.

[118] Yu N, Genevet P, Kats M A, et al. Light propagation with phase discontinuities: Generalized laws of reflection and refraction. Science, 2011, 334: 333-337.

[119] Liu Y G, Shi H F, Wang C T, et al, Multiple directional beaming effect of metallic subwavelength slit surrounded by periodically corrugated grooves. Opt Express, 2008, 16: 4487-4493.

[120] Lockyear M J, Hibbins A P, Sambles J R, et al.Surface-topography-induced enhanced transmission and directivity of microwave radiation through a subwavelength circular metal aperture. Appl Phys Lett, 2004, 84: 2040-2042.

[121] Beruete M, Campillo I, Dolado J S, et al. Very low-profile "bull's eye" feeder antenna. IEEE Antenna Wirel Propag Lett, 2005, 4: 365-368.

[122] Beruete M, Campillo I, Dolado J S, et al. Dual-band low-profile corrugated feeder antenna. IEEE Trans Antenna Propag, 2006, 54: 340-350.

[123] Beruete M, Campillo I, Dolado J S, et al. Very low profile and dielectric loaded feeder antenna. IEEE Antenn Wirel PR, 2007, 6: 544-548.

[124] Huang C, Du C, Luo X. A waveguide slit array antenna fabricated with subwavelength periodic grooves. Appl Phys Lett, 2007, 91: 143518.

[125] Huang C, Zhao Z, Luo X. The rectangular waveguide board wall slot array antenna integrated with one dimensional subwavelength periodic corrugated grooves and artificially soft surface structure. J Infrared Milli Terahz Waves, 2009, 30: 357-366.

[126] Huang C, Zhao Z, Luo X. Application of "bull's eye" corrugated grooves integrated with artificially soft surfaces structure in the patch antenna to improve radiation performance. Microw Opt Techn Lett, 2009, 51: 1676-1679.

[127] Huang M H, Mao S, Feick H, et al. Room-temperature ultraviolet nanowire nanolasers, Science, 2001, 292: 1897-1899.

[128] Bergman D J, Stockman M I. Surface plasmon amplification by stimulated emission of radiation: quantum generation of coherent surface plasmons in nanosystems. Phys Rev Lett, 2003, 90: 027402.

[129] Noginov M A, Zhu G, Belgrave A M, et al. Demonstration of a spaser-based nanolaser. Nature, 2009, 460: 1110-1113.

[130] Oulton R F, Sorger V J, Zentgraf T, et al. Plasmon lasers at deep subwavelength scale. Nature, 2009, 461: 629-632.

第19章 表面等离子体传感技术

前面章节已经介绍，金属亚波长结构在电磁波激发下存在着表面等离子激元 (SPP) 这种特殊的电磁模式。利用 SPP 的环境敏感性和局域场增强特性可构造高灵敏、小型化的生化传感器。从原理上讲，基于表面等离子体的传感技术大致可分为两类：第一类是基于传播表面等离子体，如表面等离子体共振 (SPR) 传感技术；第二类是基于局域表面等离子体，如局域表面等离子体共振传感技术 (LSPR)、表面增强拉曼散射 (SERS) 技术等。

19.1 表面等离子体共振传感技术

19.1.1 表面等离子体共振传感的基本原理及结构

表面等离子体共振 (SPR) 是发生在金属与电介质分界面上的一种电磁现象，其共振条件与金属和介质的介电常数密切相关。一般而言，SPR 传感的测量方式包括共振波长和共振角度的测量。如果传感介质的性质发生变化 (例如发生了化学反应、分子结合等)，则会使折射率 n 发生相应改变，从而引起 SPR 光谱的变化。通过检测共振波长 λ_{SPR}，可得到共振波长随折射率变化的关系曲线，这种传感器称为光谱型 SPR(Spectral SPR) 传感器。如果固定入射光波长 λ，则共振角 θ 与 n 有关，可得到共振角度随折射率变化的关系曲线，这种传感器称为角度型 SPR(Angular SPR) 传感器。此外，在固定波长和固定角度条件下，出射光强也可被用来表征样品的折射率[1]。

SPR 传感的关键是实现 SP 的激发与检测，典型的激发方法包括棱镜、光栅和波导耦合。其中棱镜耦合可分为 Otto 和 Kretschmann 两种耦合方式。Otto 结构是将被测样品置于棱镜和金属薄膜之间的间隙中，通过调整空隙的厚度来实现 SP 的激发。但是在该结构中间隙通常小于入射波长，控制难度较大，主要用于表面需要保护的样品。Kretschmann 结构中，金属薄膜直接镀制在棱镜上表面，结构简单、重复性高，因而大多数商业化的 SPR 传感器中均采用 Kretschmann 棱镜耦合结构。如图 19.1-1 所示，在生物样品的传感实验中，通常先在金属薄膜上制备抗体，进一步使抗体与被测物结合，进而可通过反射光的信息探测被测物浓度。

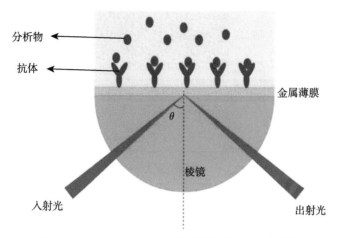

分析物

抗体

金属薄膜

θ

棱镜

入射光

出射光

图 19.1-1 Kretschmann 棱镜耦合式 SPR 传感器

光栅形式的 SPR 传感器是由金属和介质周期性交替变化的光栅构成，如图 19.1-2 所示，样品置于光栅的上方。入射光波由上至下经样品照射到光栅结构上，若入射光的横向波矢叠加光栅倒格子矢量之后与 SP 波矢匹配，就会激发 SP 波。与经典的棱镜耦合结构相比，光栅型 SPR 传感器降低了金属膜的厚度对传感器设计的限制。但光栅式 SPR 传感器灵敏度相对较低，测量池和被测样品需透明，不适合于不透明样品溶液的测量，因而适用性有限。

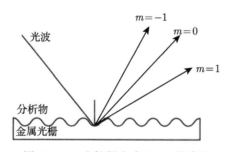

$m=-1$

$m=0$

光波

$m=1$

分析物

金属光栅

图 19.1-2 光栅耦合式 SPR 传感器

波导式 SPR 传感器结构如图 19.1-3 所示，光波在波导层中传播，若金属层表面的 SP 波波矢与波导模式的波矢匹配，则导波在经过金属层区域时将穿透金属膜耦合为传输 SP 波，并产生 SPR 共振，且能够在波导出口处检测到其 SPR 共振谱。

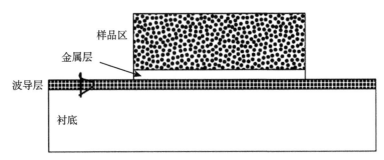

样品区

金属层

波导层

衬底

图 19.1-3　波导耦合式 SPR 传感器

19.1.2　SPR 传感器的灵敏度

SPR 传感器最重要的一个评价指标是灵敏度。对于共振角度测量型 SPR 传感器而言，如果待测样品的折射率改变了 δn_s，相应的共振角改变量为 $\delta\theta_{SPR}$，则灵敏度 S_n 可被定义为

$$S_n = \frac{\delta\theta_{SPR}}{\delta n_s} \tag{19.1-1}$$

传感器的准确度定义为

$$Q_n = \frac{\theta_{SPR}}{\Delta\theta} \tag{19.1-2}$$

其中，$\Delta\theta$ 为 SPR 共振峰的半高宽；θ_{SPR} 为 SPR 共振角。灵敏度 S_n 和准确度 Q_n 值越大，则 SPR 传感器的性能越好。

对于共振波长式 SPR 传感器而言，折射率灵敏度 (Refractive Index Sensitivity, RIS) 定义为

$$RIS = \frac{d\lambda^*}{dn} \tag{19.1-3}$$

其中 λ^* 为峰值波长。另外还可定义品质因数 (Figure of Merit，FOM)

$$FOM = RIS/FWHM \tag{19.1-4}$$

其中 FWHM 为共振峰的半高全宽。

19.1.3　表面等离子体共振成像

随着基因组学、蛋白组学、药物基因组学等生物研究的发展，对传感器的检测通量提出了更高的要求。为此，人们提出了表面等离子体共振成像 (Surface Plasmon Resonance imaging, SPRi) 技术[2]，如图 19.1-4 所示。

与 SPR 传感不同，SPRi 的金属薄膜表面为阵列化结构，因此共振吸收现象与样品阵列点有关，不同的阵列结构将导致反射光强度的差异性变化。通过电荷耦合探测器 (CCD) 对反射光进行成像，即可反映出样品阵列点的相关信息。除了检测通量的区别以外，SPRi 传感与 SPR 传感无显著差异。

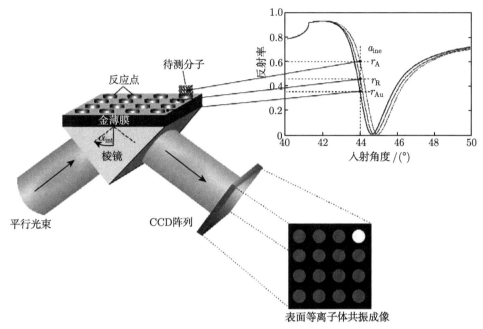

图 19.1-4 SPRi 的典型结构[2]

19.1.4 SPR 传感器的特点

早在 1983 年, SPR 传感技术就被应用于气体检测[3]。目前已发展出多种 SPR 传感器, 在物理检测、化学检测、生物检测等领域发挥着重要的作用。

与其他分析技术相比, SPR 检测技术具有如下优点:

(1) 灵敏度高。对于检测精度要求较高的领域例如食品安全、环境监测、生命科学等具有十分重要的意义。而且该技术还可将背景因素的干扰降至最低, 因为在 SPP 发生共振时, 倏逝波进入介质的深度是有限的, 因此倏逝波所携带的信息只反映金属与介质界面处的变化情况而不受背景因素干扰。

(2) 免标记。免标记是 SPR 技术的一个突出特点, 这使生物分子在样品检测过程中能够保持原有的结构状态与其他分子结合, 保证了所获取信息的精确度, 避免了酶、荧光、放射性同位素等标记方法在标记分子过程中对分子结构以及分子活性的破坏。

(3) 实时检测。这一特点有利于测试者实时跟踪分子间的相互作用, 可获取分子构型、动力学常数等有用信息。

(4) 样品用量少。由于 SPR 检测技术具有较高的灵敏度, 因此在测试过程中只需少量样品即可得到精确的测试结果。

19.2 局域表面等离子体共振传感技术

19.2.1 LSPR 传感技术的概念及特点

当金属纳米结构的尺寸远小于入射光波长时，入射光的电场分量使得金属纳米结构上的电荷发生极化，并随着入射电场的变化而发生集体振荡，即局域表面等离子体共振 (LSPR)，如图 19.2-1 所示。一般而言，LSPR 共振表现为金属纳米粒子对光强烈的散射和吸收，即消光特性 (消光 = 吸收 + 散射)。金属纳米结构的消光特性与外界环境的介电常数 ε_d 密切相关。如果将金属纳米结构放置于一种介质 (被测物质) 中时，其消光特性 (消光峰值波长和效率) 将会发生变化，这种变化反映了被测物质的特性。通过观察相应的消光光谱，便可反推出被测物质的类别及浓度等信息。

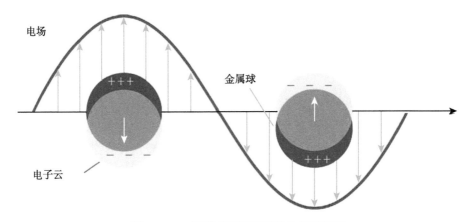

图 19.2-1 局域表面等离子体共振示意图

与 19.1 节介绍的 SPR 技术相似，LSPR 传感技术也是利用生物样品折射率 (对于非磁性材料，与介电常数对应) 的不同来检测吸附物，因而同样具有免标记、快速、实时、对样品无损伤等优点。

为了提高 LSPR 传感的品质因数 (FOM)，需要实现高折射率灵敏度 (RIS) 和窄消光谱半高全宽 (FWHM)。折射率灵敏度和光谱的半高全宽一般受以下因素影响：金属纳米结构的几何形状和尺寸、金属纳米结构阵列的排列方式等。对于单个金属纳米结构，其折射率灵敏度和谱线半高全宽主要取决于材料的介电常数、结构的形状及大小等。典型纳米结构的光学系数 (包括消光系数、吸收系数和散射系数) 如图 19.2-2 所示。

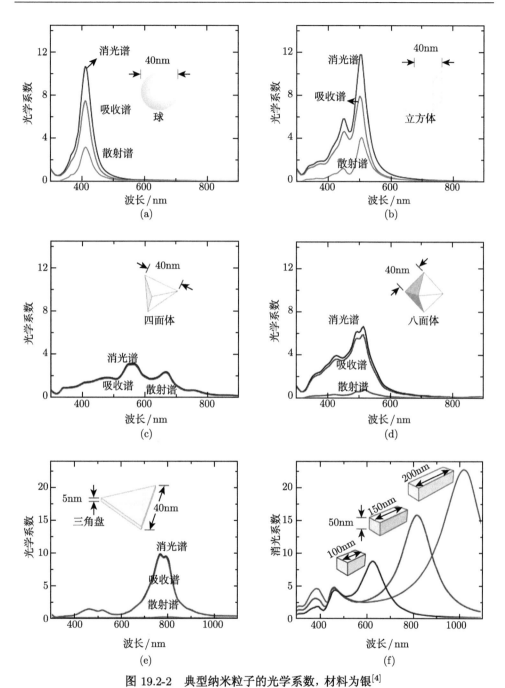

图 19.2-2　典型纳米粒子的光学系数，材料为银[4]

(a) 纳米球；(b) 纳米立方；(c) 纳米四面体；(d) 纳米八面体；(e) 三角形纳米盘；(f) 纳米棒

19.2.2 球形纳米粒子的 LSPR

以下以球形银纳米粒子为例,分析结构参数与光学特性的关系。如图 19.2-3 所示,设纳米球的半径为 R,入射光沿着 z 方向传播,电场偏振为 x 方向。当半径 R 在 10~50nm 时,消光谱有一个明显的单峰;当 R 大于 60nm 时,其消光谱出现高阶谐振引起的双峰或多峰。

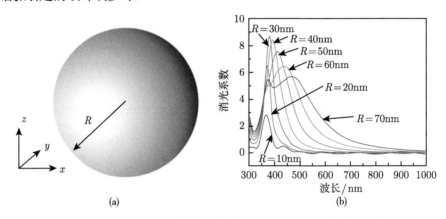

图 19.2-3 (a) 球体纳米粒子模型;(b) 不同半径对应的消光谱

如图 19.2-4 所示,随着半径 R 的增大,谐振波长逐渐红移,半径 R 从 10nm 增大到 50nm 时,谐振波长从 367.2nm 移动到 409.7nm。如图 19.2-3(b) 所示,当半径 $R=10$nm 时,峰值消光系数为 2.84,随着半径 R 的增大,峰值消光系数先增大,并在 $R=30$nm 时达到最大值 8.7。继续增大半径 R,峰值消光系数逐渐减小,当半径 R 增加到 50nm 时,峰值消光系数减小到 7.56。

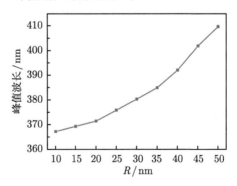

图 19.2-4 峰值波长随半径 R 的变化

可通过计算不同环境折射率下的消光谱分析球形粒子的传感特性。折射率 $n=1$,1.1,1.2,1.3,1.4 对应的消光谱线如图 19.2-5(a) 所示。当折射率为 1 时,峰值波长为 375.9nm；当折射率增加到 1.4 时，峰值波长增加到 440.8nm，并且峰值波长与折射率近似成线性关系。经线性拟合，可得其斜率为 163.3，相应的折射率灵敏度为 RIS =163.3nm/RIU(RIU 为单位折射率)。

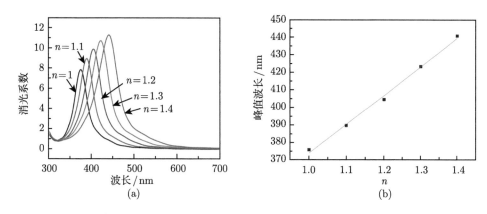

图 19.2-5 半径 25nm 时，不同介质折射率对应的 (a) 消光谱及 (b) 峰值波长

对于半径 R=10~50nm，其谱线的变化具有类似规律，如图 19.2-6。分别提取不同折射率 n 对应的峰值波长，经过线性拟合，可得到折射率灵敏度 RIS 随半径 R 的变化关系，如图 19.2-7 所示。从图可看出，当 R=5nm 时，RIS 为 134nm/RIU。当 R 增大到 10nm 时，RIS 减小到 121.5nm/RIU。此后，随着半径 R 的增大，折射率灵敏度 RIS 逐渐增大，当 R 取 60nm 时，RIS 增大到最大值 323.2nm/RIU。

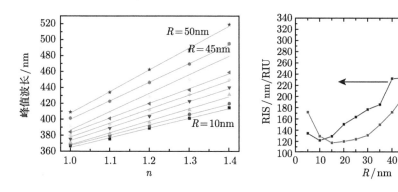

图 19.2-6　峰值波长随 n 的变化　　　图 19.2-7　RIS 和 FWHM 随 n 的变化

谱线宽度 FWHM 随半径 R 的变化关系如图 19.2-7 右侧所示。随着半径 R 的增大，谱线宽度 FWHM 先减小后增大。在 R=15nm 时，FWHM 取得最小值 32.4nm。从品质因数 FOM 曲线来看 (图 19.2-8)，随着半径 R 的增大，FOM 先增大

后减小，当 $R=25\text{nm}$ 时，FOM 取得最大值 4.41RIU^{-1}，此时获得最高的品质因数，消光谱对应的峰值在 375.9nm。对应的 RIS 为 136.3nm/RIU，FWHM 为 37nm。

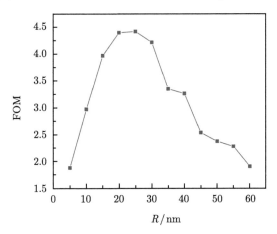

图 19.2-8　品质因数 FOM 随 R 的变化关系

19.2.3　典型纳米粒子的制备方法

1. 纳米球光刻

纳米结构的制备是 LSPR 传感器的关键。理想纳米加工技术应该具有如下特点：加工成本低，纳米粒子大小、形状和间距参数易于控制，而且在大规模制作时重复性高、均匀性好。

现有纳米加工技术主要有光学光刻 (Photolithography)、电子束直写 (EBL)、聚焦离子束直写 (FIB)。传统 i 线投影光刻的分辨力由于受衍射极限的制约只能达到期 300nm 左右；EBL 和 FIB 具有较高的加工分辨力，并且都可以制备任意形状的纳米粒子和纳米孔，但这两种方法的样品产出量小、成本高，目前主要用于制作小面积纳米结构。为寻找成本低、可大面积加工的纳米加工方法，1981 年 Fischer 和 Zingsheim 提出了基于聚苯乙烯纳米球自组装的 "自然光刻"[5]，也称为 "纳米球光刻"(Nanosphere Lithography, NSL)[6]，并在此基础上开展了多项 LSPR 生化传感实验。

NSL 技术适合制备尺寸在 20~1000nm 内的贵金属纳米粒子。常规的纳米球光刻过程如下：首先在基底上进行纳米球的自组装形成掩模，然后在被掩模覆盖的基底上沉积金属，最后通过超声法去除纳米球获得均匀排布的纳米粒子阵列。纳米球自组装最容易形成六角密堆排列 (单层)，最终成形的阵列均匀性在很大程度上取决于自组装过程所结晶的质量，纳米粒子的尺寸和纳米粒子之间的间距主要由纳米球直径的大小决定。如图 19.2-9 所示，图 (a) 中间橙色部分即为用 NSL 技术制得的纳米三角形粒子，纳米粒子之间的间距为 $d/\sqrt{3}$，其中 d 为纳米球直径。纳米球的材料一般采用聚苯乙烯或者硅，常用的基底材料有：玻璃、云母、硅、铜以及 ITO 等。将纳米球悬浮液涂覆在基底上的方法主要有旋转涂覆 (Spin Coating)、点滴覆盖 (Drop Coating) 和热电冷却覆盖 (Thermoelectrically Cooled Angle Coating) 三种，而金属沉积方法有热蒸镀 (Thermal Evaporation)、电子束沉积 (Electron Beam Deposition)、脉冲激光沉积 (Pulsed Laser Deposition) 等方法。

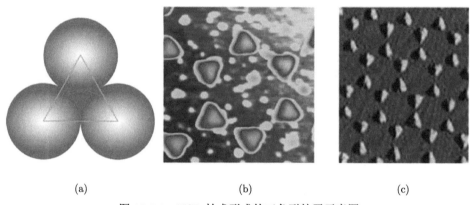

(a)   (b)   (c)

图 19.2-9 NSL 技术形成的三角形粒子示意图

(a) 三角形几何示意图; (b) 三角形纳米粒子 AFM 图; (c)SEM 图

迄今为止，NSL 技术或拓展的 NSL 技术已经能够制备三角形、菱形、六边形、新月形、纳米棒、纳米环、纳米孔等多种纳米粒子。

在实际加工过程中，由于一些不可控因素，导致金属纳米结构存在加工误差，进而影响传感灵敏度[7]。如 NSL 技术在加工三角形金属纳米结构时存在尖角钝化现象。如图 19.2-10 所示，定义钝化率为 t/a，图 (c) 为样品的 SEM 照片，其中 a=520nm，平均钝化率为 12.8%。

在室温 (20°C) 条件下，分别在纯净的空气 ($n \approx 1.0$) 以及高纯乙醇 ($n \approx 1.37$) 的环境中测量这种纳米结构的消光光谱。在空气中，消光光谱峰值的位置大约为 670nm，如图 19.2-11(a) 所示，这个数值与钝化率 σ 为 12.8% 的三角形结构的计算结果相近，而与所设计的完美三角形结构的共振波长相差近 71nm。进一步将在乙醇中测量结果与计算结果对比，可得到相似的结论。由于尖端钝化效应会降低传感灵敏度，需根据实际情况选择合适的结构以及合适的制作工艺，获得尽可能理想的纳米结构。

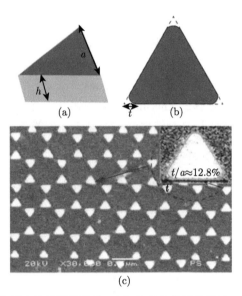

图 19.2-10　(a) 含有尖锐尖角的纳米结构；(b) 尖角钝化后的结构；(c) 三角形纳米结构的
SEM 照片[7]

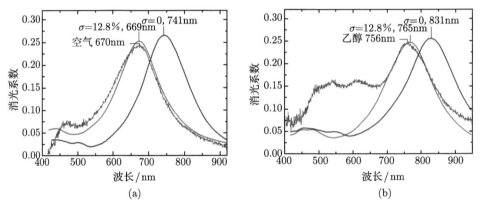

图 19.2-11　三角形银纳米结构消光光谱在不同介质中的仿真结果与实验测试结果对比
(a) 介质为空气；(b) 介质为乙醇

2. 化学合成

　　除了上述的物理制备方法外，纳米粒子还可通过化学合成的方法制备，典型的化学合成方法为氧化—还原法[4]。其具体制备流程为：在金属盐溶液中加入还原剂和保护剂。金属盐溶液中的金属离子首先被还原成金属单质，成为晶核。当晶核尺寸超过一定大小时，就变成了单晶、单孪晶、多孪晶、堆积层错的种子，不同的种子生长成不同形貌的纳米粒子。保护剂不但可抑制纳米粒子的团聚，还对金属纳米颗粒的晶面具有选择作用，从而可以控制颗粒的形貌。单晶种子在保护剂的作用下，控制沿{100}和{111}晶面方向的相对生长速率，可以生长成八面体、立方体、立方八面体等结构。在反应体系中加入氧化刻蚀剂激活一个指定晶面，立方体和立方八面体则会进一步各向异性地生长成一维的具有矩形横截面或者八角形横截面的纳米棒。单孪晶种子可以生长成正双棱锥或纳米柱，十面体形状的多孪晶种子可以直接生长成五角星截面的纳米棒或二十面体。堆积层错的种子可生长得到六边形或三角形纳米片。图 19.2-12 为通过化学合成方法制备的典型纳米结构。

图 19.2-12   典型纳米结构[4]

(a) 晶种 TEM 图；(b) 纳米片；(c) 纳米棒；(d) 纳米立方；(e) 纳米四面体；(f) 纳米米粒

除了上述单一组分的纳米粒子，还可利用不同材料制备成多组分的复合纳米粒子。例如典型的核壳复合纳米结构一般由中心颗粒与包覆层组成，按包覆形态的不同可以分为层包覆与粒子包覆两种。其制备工艺通常是通过两个反应来实现：先是用单组分的制备方法获得需要的中心颗粒，然后采用包覆技术制备纳米外壳。核壳结构的外形一般有球形、立方形和三角形等。

核壳复合纳米结构一般分为两种：一是介质材料作为核层，金属材料作为壳层；另一种是双金属核壳结构。国际上有多个研究小组利用不同方法制备出具有不同结构、组成成分以及形状的核壳复合纳米粒子，主要制备工艺包括化学沉积、自组装以及还原方法等。二氧化硅球核金壳复合结构是一种常见的以介质材料为核、金属材料为壳的核壳结构，它在催化、生化传感检测以及表面增强拉曼散射等方面有着较大的优势。这种结构可以通过将金溶胶直接沉积或者先吸附氯金酸，再通过还原氯金酸的方法在二氧化硅介质颗粒上制备出金纳米壳结构。图 19.2-13 为在二氧化硅粒子表面沉积金纳米溶胶的过程示意图，首先对二氧化硅颗粒进行表面功能化修饰使其具有功能基团，通过功能基团将金材料吸附在其表面，最终在 600nm 的二氧化硅颗粒表面直接沉积 10nm 左右的金纳米溶胶颗粒[8]。

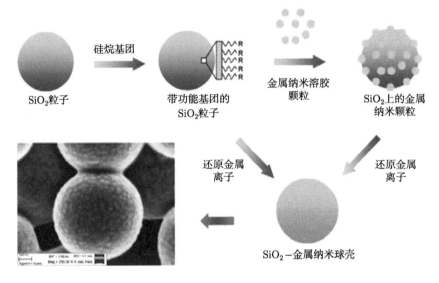

SiO$_2$粒子　　带功能基团的 SiO$_2$粒子　　SiO$_2$上的金属纳米颗粒

硅烷基团　　金属纳米溶胶颗粒　　还原金属离子

SiO$_2$−金属纳米球壳

图 19.2-13　在二氧化硅粒子表面沉积金纳米溶胶的过程示意图[8]

对于双金属核壳结构，其内核和外壳由两种金属材料组成，通常选取的金属材料为 Ag，Au，Pt 等，较常见的是金核银壳纳米结构。图 19.2-14 为金核银壳纳米立方体结构，它是以金纳米球作为晶种，采用抗坏血酸为还原剂还原硝酸银的方法制备外层银壳，通过控制硝酸银的量和金颗粒的比例可制备具有不同银壳厚度的核壳立方体结构，银壳厚度到一定程度后，银壳会将金核的等离子体吸收峰完全屏蔽[9]。

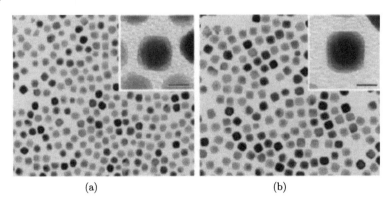

(a)　　　　(b)

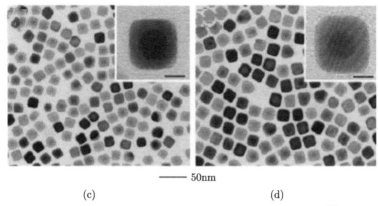

(c)   (d)

图 19.2-14   不同银壳厚度的金核银壳纳米立方体结构[9]

19.2.4   基于纳米球光刻的 LSPR 传感器

以下以三角形纳米粒子为例，介绍 LSPR 在气体和生物传感中的应用，具体包括乙醇气体传感、三氯甲烷传感、人附睾蛋白传感等三个方面。

1. 乙醇气体传感

挥发性有机气体，如醇类、苯类等物质以及爆炸性瓦斯气体广泛存在于人们生活中，严重影响了人类的生活环境以及人类健康。因此，如何探测这些有害气体成为目前亟待解决的问题。以下以乙醇气体传感为例介绍 LSPR 在气体探测中的应用[10]。

乙醇是实验中最常用的试剂之一，其分子量、饱和蒸汽压等参数见表 19.2-1。如图 19.2-15 所示，实验选用在 K9 玻璃基底上制作的三角形银纳米结构 (20mm×10mm×1.5mm) 作为传感芯片，可放入右图的气室进行测量。

表 19.2-1   乙醇的物质参数

分子量	饱和蒸汽压/Pa	饱和浓度/ppm, 19°C	液体密度/(g/ml)	沸点
46.07	5330	105	0.789	78.4°C

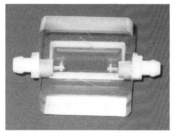

图 19.2-15   气体传感芯片及静态配气法的气室结构

金属纳米结构的制作采用纳米球光刻法。聚苯乙烯球粒径选为 399nm，制作得到的三角形银纳米结构的边长约为 107nm，如图 19.2-16 所示。

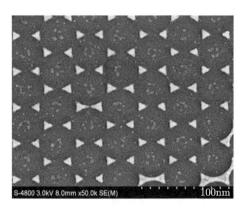

图 19.2-16   三角形纳米粒子的 SEM 图

如图 19.2-17 所示，随着乙醇气体浓度的增加，消光光谱逐渐发生红移。当乙醇浓度增加到饱和时 (105ppm)，消光光谱大约具有 10nm 的移动。显然，这个移动量要远远低于金属纳米结构浸没于乙醇液体中消光光谱的移动量 (图 19.2-18)，这是因为饱和乙醇气体的折射率要远远低于乙醇液体的折射率 (≈ 1.37)，这也是气体分子比较难以检测的原因之一。

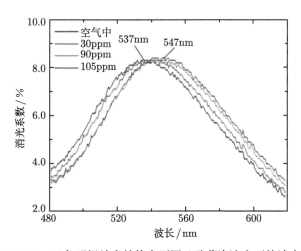

图 19.2-17   三角形银纳米结构在不同乙醇蒸汽浓度下的消光谱

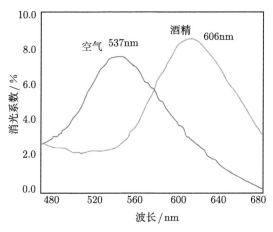

图 19.2-18 三角形银纳米结构在水和乙醇溶液中的消光谱

如果将图 19.2-17 所示的四种乙醇浓度下的消光光谱的峰值波长提取出来, 可得到乙醇气体浓度与消光峰值的关系, 如图 19.2-19 所示。显然, 芯片峰值波长的移动与乙醇的浓度成近似线性关系。

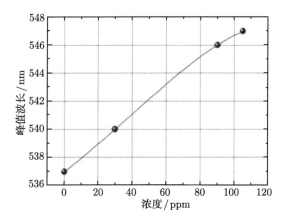

图 19.2-19 不同乙醇浓度的消光谱峰值波长

为了分析三角形银纳米结构传感的可靠性, 需要进行多次重复试验。实验过程如下: 往密闭的气室中注入与气室同等体积的饱和乙醇气体, 观察其消光光谱的变化, 并实时记录光谱信息。等光谱完全稳定后, 打开气室, 使其中的乙醇分子自由扩散到空气中, 继续观察光谱的变化, 待稳定后, 比较其与实验前光谱区别。重复上述过程共三次, 观察可重复性。

如图 19.2-20 为 LSPR 芯片对饱和乙醇气体的时间响应曲线。注入乙醇后, 消光光谱的峰值波长在很短的时间内 (约为 4s) 移动到了最大值, 约为 10nm。此时静置观察 10s，光谱没有发生任何移动，说明三角形银纳米结构对乙醇的响应时间约为 4s。此时打开气室，使饱和气体自由扩散到气室外的空气中，消光光谱也在逐渐蓝移，大约经过 96s，消光光谱完全恢复到到了初始位置。与注入时的响应相比，打开气室扩散响应较慢，这是由于注入乙醇是在瞬间完成的，而乙醇的逐渐挥发却是靠其自由扩散完成，因此，消光光谱的恢复时间也主要由乙醇的扩散过程决定。

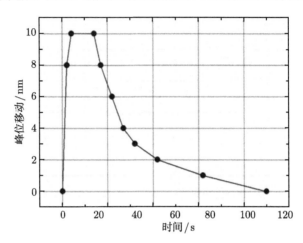

图 19.2-20　传感器对 105 ppm 乙醇气体的响应

　　图 19.2-21 为重复注入饱和乙醇气体三次的光谱峰值波长响应曲线。由图可见，每次注入乙醇气体，都会在较短的时间内 (5s 以内) 得到最大的响应，连续注入三

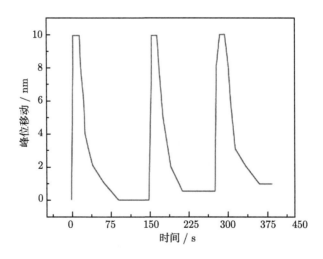

图 19.2-21　传感器的重复性实验

次，其最大响应均约为 10nm。可以看出，传感器的重复性良好。值得注意的是，第二次和第三次的重复实验扩散后并没有恢复到最初的位置，而是仍然具有约为 1nm 的移动。这是因为由于气室中连续注入三次乙醇饱和气体并使其扩散到气室周围的空气中，此时空气中已经含有一定浓度的乙醇。

2. 基于气敏膜的三氯甲烷传感

金、银等贵金属与其他材料相比，具有较好的吸附分析物的能力，但其选择性较差。因此，如果要利用金属纳米结构实现对任意气体的检测，必须在金属纳米结构上增加对应的敏感膜。以下以 PMMA 为例，介绍基于气敏膜的气体传感技术。

如图 19.2-22 所示，在三角形金属纳米结构上旋涂一层 PMMA 膜，金属纳米结构将完全 (膜厚度大于金属纳米结构的高度时) 或部分 (膜厚度小于金属纳米结构的高度时) 被覆盖。由图 (c) 可见，金属纳米结构的空隙部分也填满 PMMA。图 19.2-23 为利用 430nm 的 PS 球制作的三角形银纳米结构 (粒子边长约为 115nm，PMMA 厚度为 40nm)。

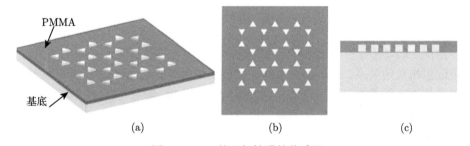

(a)　　　　　　　(b)　　　　　　　(c)

图 19.2-22　基于气敏膜的传感器

(a) 透视图；(b) 俯视图；(c) 截面图

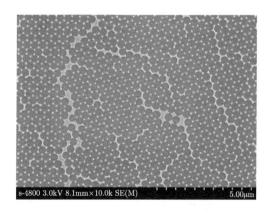

图 19.2-23　旋涂 40nm PMMA 后的结构 SEM 图

由于 PMMA 的折射率 (n=1.49) 不同于环境折射率 (空气，n=1.0)，旋涂气敏膜后，金属纳米结构的消光光谱将会发生一定的变化。图 19.2-24 为膜层厚度介于 0~103nm 时三角形银纳米阵列的消光光谱。显然，随着膜层厚度的增加，其消光光谱逐渐发生红移，同时峰值消光系数稍有降低。

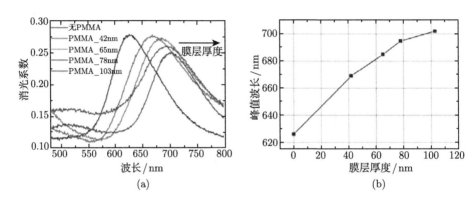

图 19.2-24　不同 PMMA 膜层厚度的消光特性

(a) 消光光谱；(b) 峰值波长与膜层厚度的关系

由图 19.2-24(b) 可看出，消光光谱的峰值波长与膜层厚度的关系并非线性，而是呈近似指数的关系。这是因为所制作的金属纳米结构的高度约为 50nm，表面等离子体倏逝波随着离开界面的距离呈指数衰减，因此，随着 PMMA 膜层厚度的增加，气敏膜对其消光光谱峰值的影响也逐渐减低。值得注意的是，添加 PMMA 膜后金属纳米结构的消光光谱除了在峰值消光系数上有所降低之外，并未产生其他的散射或吸收峰值。

一般而言，气体敏感膜越薄，响应越灵敏；同时，敏感膜越薄，活性点越多，响应信号越强。选用较高转速甩胶方法 (6000rpm) 获得约 42nm 厚的 PMMA 膜，对应的共振峰为 665nm，峰值位置的消光系数为 0.275，如图 19.2-25 所示。

对于不同浓度的三氯甲烷气体，样品的消光光谱如图 19.2-26 所示。随着三氯甲烷气体浓度的增加，消光光谱的峰值位置几乎没有任何变化，但是消光系数却逐渐降低。当三氯甲烷的浓度增加到饱和时 (约 680ppm)，峰值处的消光系数大约降低了 0.03。

如图 19.2-27 所示，三角形银纳米结构消光光谱的纵向移动与三氯甲烷的浓度呈近似线性的关系。随着三氯甲烷浓度的增加，消光系数逐渐降低，每增加 100ppm 时，大约有 0.476% 的变化。与观察峰值波长变化不同的是，实验中光谱仪对消光系数的分辨力较高，几乎只取决于采样的点数以及噪声的大小。

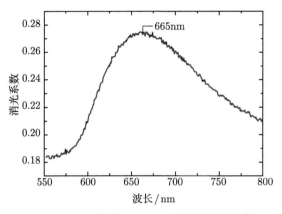

图 19.2-25 旋涂 PMMA 后芯片的消光谱

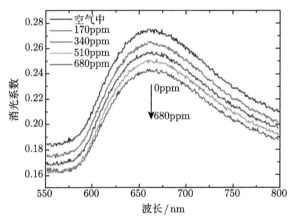

图 19.2-26 旋涂 PMMA 气敏膜后的消光光谱

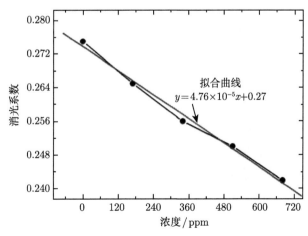

图 19.2-27 芯片峰值处消光系数与三氯甲烷浓度的关系

　　评价气敏膜最重要的指标是其选择性，即防止其他气体干扰的能力。一般而言，与三氯甲烷经常混和在一起的气体有苯、甲苯等芳香烃类气体，乙醇、正丙醇等醇类气体以及正己烷等烷烃类气体，下面分析 PMMA 对三氯甲烷的选择性。

　　往气室中相继注入三氯甲烷、苯、甲苯、乙醇、正丙醇以及正己烷等六种饱和气体。每注入和测试一种饱和气体的消光光谱之后，都打开气室，使其挥发，使光谱恢复到最初的位置，然后再进行下一组实验，从而避免各种气体间的相互影响。图 19.2-28 为传感芯片在空气中以及吸附以上六种气体后的光谱曲线。显然，三氯甲烷的响应最大，换言之，PMMA 对三氯甲烷具有较大的选择性。而乙醇、正丙醇以及正己烷等几乎没有任何响应。PMMA 对饱和气体的选择性直方图如图 19.2-29 所示，PMMA 对三氯甲烷的选择性最强，其次为苯、甲苯、乙醇、正丙

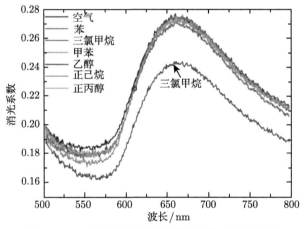

图 19.2-28　传感芯片对六种饱和气体的响应谱线

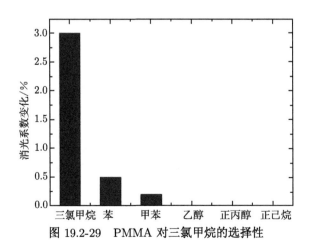

图 19.2-29　PMMA 对三氯甲烷的选择性

醇，而对正己烷几乎没有任何响应。

3. 生物传感

与化学气体传感不同，生物传感由生物敏感元件和信号转换器两个部分组成。生物传感的选择性主要取决于生物敏感材料，而灵敏度的高低则与信号转换的类型、生物材料的固定技术等有很大关系。因此，生物组分固定技术的发展是提高生物传感性能的关键因素之一。通常，生物组分固定技术应满足以下条件：固定后的生物组分仍能维持良好的生物活性；生物膜与转换器需要紧密接触，且能适应多种测试环境；固定层要有良好的稳定性和耐用性；减少生物膜中生物组分的相互作用以保持其原有的高度选择性。

目前各种不同生物功能物质的固定方法大致可分为五类：物理或化学吸附法、包埋法、共价键固定法、交联法和 LB 膜法。以金属银纳米粒子为例，在 LSPR 传感中常用共价连接法对金属银表面进行活化。活化方法是利用化学试剂使金属表面带上活性的羧基基团，羧基基团可与生物分子的活性成分发生反应，以固定生物分子，如图 19.2-30 所示。活化后的金属银表面即可实现与目标生物分子的结合。下面以卵巢癌标记物——人附睾蛋白 4(HE4) 为例，详细介绍 LSPR 传感应用于生物分子探测的方法[11]。

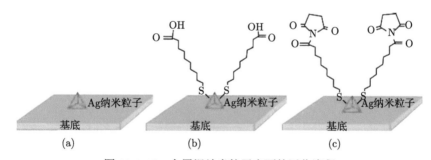

图 19.2-30　金属银纳米粒子表面的活化流程
(a) 制备 Ag 纳米粒子；(b) 结合十一醇酸 (11-mercaptoundecanoic acid，11-MUA)；(c) 结合
1-(3-二甲氨基丙基)-3-乙基碳化二亚胺盐酸盐 (1-ethyl-3-(3-dimethylaminopropyl carbodiimide
hydrochloride)，EDC) 和 N- 盐酸盐 (N-hydrochloride，NHS)

实验中所用传感芯片仍然采用三角形银纳米粒子 (PS 球粒径为 399nm，三角形纳米粒子边长为 107nm)。实验过程如下：首先将芯片在 1mM 浓度 11-MUA 的乙醇混合液室温浸泡 12h，之后用乙醇冲洗结构表面，并干燥。在 75mM/15mM 的 EDC /NHS 活化粒子的表面，常温下活化 2h，完成后取出，用超纯水清洗、干燥。然后取 50μL 浓度为 10μg/mL 的抗 HE4 抗体溶液滴加在粒子表面，4℃ 孵化约 12h。取出后在 1M 浓度的乙醇胺溶液 (pH 8.5) 中浸泡 30min，然后用磷酸盐缓冲

液 (pH 7.4) 冲洗、干燥。最后将不同浓度的 HE4 标准溶液和血清样品滴加在上述表面, 孵化 40min 后用含有 0.05％Tween-20 的磷酸盐缓冲液清洗, 分离掉非特异性结合。HE4 的结合过程如图 19.2-31 所示。

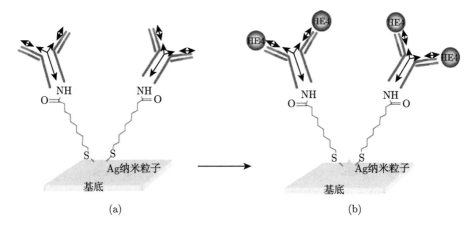

图 19.2-31　HE4 的结合过程

(a) 结合抗 HE4 抗体; (b) 结合 HE4

　　图 19.2-32 为三角形银纳米粒子各个结合步骤的 LSPR 光谱。三角形银纳米粒子原始的 LSPR 峰值 λ_{max} 为 592.58nm; 经过 11-MUA 处理后的 LSPR 峰值 λ_{max} 为 619.85nm, 峰值移动量 $\Delta\lambda_{max}$ 为 +27.27nm; 结合抗 HE4 抗体后的 LSPR 峰值 λ_{max} 移动到 630.97nm, 红移了 +11.12nm; 在 500pM 浓度的 HE4 溶液孵化后的 LSPR 峰值移动了 +14.48nm, 峰值 λ_{max} 为 645.45nm。

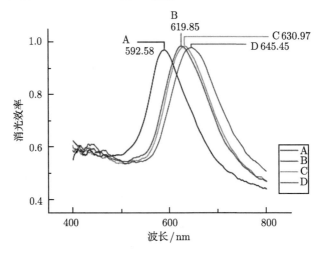

图 19.2-32　三角形银纳米粒子各个结合步骤的 LSPR 光谱

通过结合不同浓度 (浓度范围: 1pM 到 0.1μM) 的 HE4 标准溶液后, 测量 LSPR 的峰值移动量, 可得到如图 19.2-33 所示的标定曲线。LSPR 的峰值移动量随 HE4 浓度的增加而逐步变大。与多数免疫测定方法的结果类似, 该曲线形状近 "S" 形。但在 10～10000pM 浓度内, LSPR 峰值移动量与 HE4 浓度的对数呈现良好的线性关系。线性回归方程为 LSPR(nm)=3.72×lg[HE4](M)+47.37, 线性相关系数 (R) 为 0.997。该线性区域范围比商业的酶联免疫吸附法 (ELISA) 试剂 (15pM 到 900pM) 更宽。考虑光谱仪本身信噪比的影响, 大于 5nm 的峰值移动才具有实际意义, 因而 LSPR 方法对 HE4 的最低探测浓度为 4pM, 相比于 ELISA 方法的最低探测浓度 (15pM) 提高了约 4 倍。可见 LSPR 传感方法相比于 ELISA 方法具有更高的灵敏度, 且测试时间短、操作简便。LSPR 传感还可应用于头颈部鳞癌标记物 ——P53 蛋白、突变基因、宫颈癌标记物 —— 鳞状细胞癌抗原 (SCCa) 等生物分子的检测。

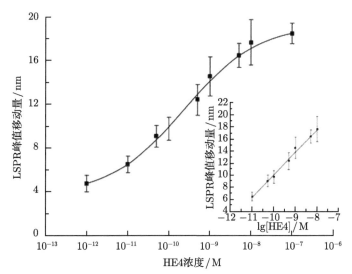

图 19.2-33 LSPR 峰值移动量随 HE4 浓度的变化曲线

插图为 10～10000pM 浓度内, LSPR 峰值移动量随 HE4 浓度的对数的变化关系

19.3 表面增强拉曼散射传感技术

19.3.1 SERS 概念

当光照射到物质上时会发生散射, 散射光中除了与激发光波长相同的弹性成分 (瑞利散射) 外, 还存在与激发光的波长不同的成分, 即斯托克斯线和反斯托克斯线, 这一现象被称为拉曼效应, 如图 19.3-1 所示。

由于拉曼效应是由分子的振动与转动引起的, 因而拉曼散射频率、强度及偏振

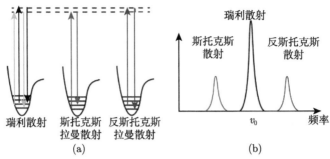

图 19.3-1　(a) 拉曼散射能级图；(b) 拉曼光谱示意图

等信息能反应物质的结构及组成成分等信息，因此拉曼光谱被誉为分子的指纹谱，具有高特异性、快速、可重复、无损伤的优点。然而由于拉曼散射是二次光子辐射过程，分子的微分拉曼散射截面通常仅为 (甚至低于)$10^{-29}\mathrm{cm}^{-2}\cdot\mathrm{sr}^{-1}$，因而检测灵敏度低，对样品量及采谱时间都有非常高的要求。

　　1974 年，英国南安普顿大学的 Fleischmann 等发现吸附在粗糙银电极上的吡啶分子能产生很强的拉曼散射[12]，1977 年，美国西北大学的 Van Duyne 等发现，吸附在粗糙银电极表面的每个吡啶分子的拉曼信号要比溶液中单个吡啶分子的拉曼信号大约强 10^6 倍[13,14]，并认为这种异常高的拉曼信号的增强不能简单地归因于银电极表面粗糙化后吸附的散射物质数量的增加，而必然存在某种新的物理效应，这种不同寻常的拉曼散射增强现象后来被称为表面增强拉曼散射 (SERS)。

　　1. SERS 与单分子检测

　　1997 年，Nie 等利用 SERS 检测到吸附在单个金属银纳米颗粒上的单分子，并观察到了单分子拉曼光谱的强烈偏振现象，从而将共振条件下的 SERS 探测推进到了单分子的水平[15]。同年，Kneipp 等人采用银溶胶实现了结晶紫的 SERS 单分子探测[16]，增强因子可达 10^{14}。

　　2. SERS 技术在生物医学领域的应用

　　在生物医学上，SERS 技术及纳米粒子的红外热效应可用于癌症的早期无创性诊断及治疗[17]，该项工作已通过了初步的动物实验。在药物分析方面，SERS 技术被用于唾液分析抗癌药物 5-Fluorouracil 在代谢过程中的剂量变化[18]；在疾病检测方面，SERS 在监视药物在活细胞内的分布情况、探测血液中葡萄糖浓度、对乙肝病毒的免疫检测等方面也取得较大的进展。

　　3. SERS 技术在危险品领域的应用

　　美国 EIC 实验室最早将 SERS 技术应用于痕量爆炸物的探测，利用表面粗糙金电极作为表面增强基底实现了对 TNT(2, 4, 6-trinitrotoluene)，2, 4-DNT(2,

4-dinitrotoluene) 等爆炸物质的蒸汽相探测，对 2, 4-DNT 的探测灵敏度达到 1ppb[19]。Zhou 等采用银纳米管阵列结构将 TNT 的 SERS 探测浓度降低到 1.5×10^{-17}M[20]。2014 年，Lee 等通过金纳米星结构与金属薄膜构成的共振结构实现了对 10^{-17}M 浓度 DNT 的探测[21]。

在炭疽探测方面，Van Duyne 等采用 AgFON 作 SERS 基底，通过对一种炭疽杆菌孢子生物标记物 CaDPA(Calcium Dipicolinate) 的探测实现了 2.6×10^3 个炭疽杆菌孢子的探测限 (Limit of Detection，LOD)，并在该探测限以 11min 的响应时间成功地实现了低于致病限 (10^4 个孢子) 的快速探测[22]。

19.3.2 SERS 机理

拉曼散射强度正比于分子感应偶极矩 μ 的平方，其中 $\mu = \alpha E$，α 为分子的极化率张量，E 为作用于分子上的入射电场。显然，通过增加作用于分子上的电场或者改变分子极化率可实现拉曼散射的增强，它们分别被称为物理 (电磁场) 增强机理和化学 (电荷转移) 增强机理。物理增强机理认为 SERS 源于金属表面局域电场的增强，而化学增强机理认为 SERS 源于分子的极化率变化，两者在总的 SERS 增强中均有贡献。一般认为，对金、银等贵金属，SERS 主要来源于表面等离子体共振引起的局域电磁场增强[23]。

1. 电磁场增强机理

电磁场增强机制的典型物理模型主要有表面等离子体共振、避雷针效应和镜像场作用三种。一般而言，起主要作用的是表面等离子体共振模型。表面等离子体共振模型如图 19.3-2 所示，当分子吸附在纳米尺度的金属附近时 (此处用金属小球表示)，其受到的场强 E_M 由两部分构成：一是入射光场 E_0，二是由金属小球感应偶极子产生的电场 E_{sp}。即 $E_M = E_0 + E_{sp}$，其中 E_{sp} 可表示为

$$E_{sp} = r^3 \frac{\varepsilon_m - \varepsilon}{\varepsilon_m + 2\varepsilon} E_0 \frac{1}{(r+d)^3} \tag{19.3-1}$$

其中，ε_m 和 ε 分别为金属和周围介质的介电常数；r 为金属球的半径；d 为金属球和分子之间的距离。因此在满足表面等离子体共振条件时 (即 $\mathrm{Re}(\varepsilon_m) = -2\varepsilon$，$\mathrm{Im}(\varepsilon_m)$ 较小)，E_{sp} 将会大大增强，其增强因子约为

$$|A_{(L)}|^2 = \left[\frac{\varepsilon_m - \varepsilon}{\varepsilon_m + 2\varepsilon}\right]_L^2 \left[\frac{r}{(r+d)}\right]^6 \tag{19.3-2}$$

其中下标 L 表示瑞利散射对应的频率分量 (即线性分量)。由于拉曼频移非常小，因此可近似地认为拉曼散射光的增强因子为

$$|A_{(R)}|^2 = \left[\frac{\varepsilon_m - \varepsilon}{\varepsilon_m + 2\varepsilon}\right]_R^2 \left[\frac{r}{(r+d)}\right]^6 \tag{19.3-3}$$

其中下标 R 表示拉曼散射对应的频率分量。得到表面增强拉曼散射信号的电磁场增强因子为

$$A(\text{SERS}) = \left|A_{(L)}\right|^2 \left|A_{(R)}\right|^2 = \left[\frac{\varepsilon_{\rm m} - \varepsilon}{\varepsilon_{\rm m} + 2\varepsilon}\right]_L^2 \times \left[\frac{\varepsilon_{\rm m} - \varepsilon}{\varepsilon_{\rm m} + 2\varepsilon}\right]_R^2 \left[\frac{r}{(r+d)}\right]^{12} \tag{19.3-4}$$

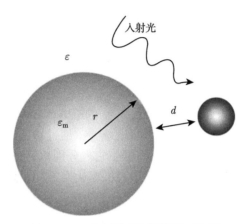

图 19.3-2　表面增强拉曼散射示意图

避雷针效应是指由于粗糙金属粒子曲率半径非常小，使得电荷局部高密度分布，从而形成很强的局域表面电磁场。镜像场模型则假定金属表面是一面理想的镜面，吸附分子为振动偶极子，它在金属内产生共轭的电偶极子，即在表面形成镜像光场，入射光与镜像光场都对吸附分子的表面拉曼信号起增强作用。

2. 电荷转移增强机制

当入射光子能量和电荷转移态的能量匹配时，分子的最高占据轨道 (Highest Occupied Molecular Orbital, HOMO) 上的电荷将受激跃迁到金属的费米能级上，通过再次受激跃迁到分子的最低非占据轨道 (Lowest un-Occupied Molecular Orbital, LUMO) 上。由于金属的引入，提供了从能带 HOMO 跃迁到能带 LUMO 的中间过渡能级 —— 费米能级，大大提高了电荷跃迁几率。电荷的转移导致类共振现象的激发，进而增大吸附分子的极化率。电荷转移增强机制建立在分子与金属表面之间存在化学作用的基础上，金属表面的粗糙度对电荷转移起着重要的作用，电荷转移过程仅能够在第一层吸附分子和金属表面之间产生。化学增强对 SERS 增强因子的贡献一般在 1~2 个数量级以内，特殊条件下可达 6~7 个数量级。

19.3.3　金属纳米结构的电磁场增强效应

由 SERS 的机理可知，传感信号的强弱决定于局域电场强度，而这又与基底材料和结构形式密切相关。目前已被广泛应用的结构包括纳米球、纳米棒、纳米立

方、纳米星、Bowtie(蝶形) 和新月形纳米粒子等。以下以 Bowtie 结构和新月形结构为例，介绍纳米粒子的局域电磁场增强效应。

1. Bowtie 结构

典型的 Bowtie 结构如图 19.3-3 所示，通过改变结构的间隙 GY 和 GZ，可使两个相邻尖角处的局域电场发生耦合，从而获得极大的电磁场增强[24]。

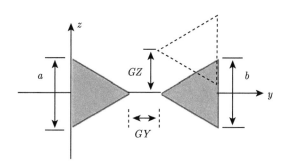

图 19.3-3 Bowtie 结构示意图

设定 Bowtie 的材料为银，周围介质为 $n=1.34$ 的水溶液，$a=b=60$nm。图 19.3-4 为 Bowtie 结构消光谱与结构参数的关系。对于组成 Bowtie 结构的单个三角形纳米粒子，在 y 和 z 偏振激励条件下的 LSPR 波长分别为 684nm 和 690nm，如图 19.3-4(a) 所示。而对于 Bowtie 结构，在 y 偏振光激励条件下，GY 从 2nm 增加到 6nm 过程中，其 LSPR 波长从 886nm 蓝移到 770nm，峰值消光系数略有增加，如图 19.3-4(b) 所示。当 GY 进一步增加导致两个结构的电磁耦合可以忽略时，峰值波长将减小到单个结构对应的 684nm。

图 19.3-4(c) 为 Bowtie 在 z 方向有一定位错时的消光谱，随着错位距离从 1nm 增加到 11nm，Bowtie 的 LSPR 波长从 810nm 蓝移到 756nm。如图 19.3-4(d) 所示，在 z 偏振光激励下，随着错位距离的增加，Bowtie 的 LSPR 波长保持在 688nm 不变，消光系数也几乎不受影响。

上述 LSPR 波长随间隙增加蓝移的现象可用偶极子耦合机制解释。如图 19.3-5 所示，在 y 偏振光激励下，Bowtie 左边三角形结构受激后在右端产生正电荷分布，右边三角形结构受激后在左端产生负电荷分布，正负电荷相互吸引，降低了等离子体激元的能量，从而使得 Bowtie 结构的 LSPR 波长相对于单个三棱柱的 LSPR 波长发生红移。同样地，当间隙增加时，这种相互间的吸引力减小，粒子表面的等离子体激元能量有所增加，从而使 Bowtie 结构的 LSPR 波长随间隙的增加而蓝移。

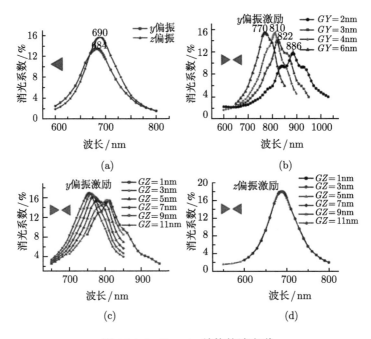

图 19.3-4　Bowtie 结构的消光谱

(a) 单个三角形粒子在 y 和 z 偏振激励下的消光谱；(b)y 偏振激励下不同 GY 的消光谱 (GZ=0)；(c)y 偏振激励下不同 GZ 对应的消光谱 (GY=4nm)；(d)z 偏振激励下不同 GZ 对应的消光谱 (GY=4nm)

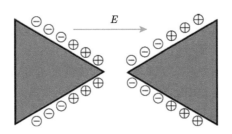

图 19.3-5　Bowtie 结构在 y 偏振激励下的电荷分布

　　Bowtie 结构的电场增强因子 (Enhancement Factor，EF) 与间隙的关系如图 19.3-6 所示。对于错位的 Bowtie 来说，保持 y 向间隙不变，随着 GZ 的增加，y 偏振激励电场的最大增强因子迅速衰减，当 GZ 从 1nm 增加到 11nm，EF 从 2.1×10^4 下降到 5.6×10^3，而对于 z 偏振激励，电场增强因子几乎保持不变。对于非错位的 Bowtie 来说，随着间隙的增加，y 偏振激励的电场最大增强因子迅速衰减，当 GY 从 2nm 增加到 6nm，EF 从 8.8×10^4 下降到 1.06×10^4。

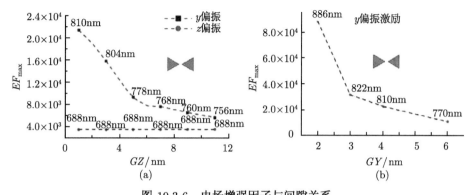

图 19.3-6　电场增强因子与间隙关系

(a) 与 GZ 的关系 ($GY=4$nm)；(b) 与 GY 的关系 ($GZ=0$)

2. 新月结构

新月形结构也是实现局域场增强的典型结构。一般而言，金属纳米新月结构包括回转新月结构 (又叫纳米碗) 和非回转新月结构 (又叫纳米新月柱)。新月形结构因其尖端巨大的电场增强能力，被应用于 SERS 和纳米光刻等领域。回转新月结构兼具纳米环和纳米尖端的优点，由纳米腔共振模式和针尖–针尖耦合模式形成杂化共振模式。Lee 等采用"旋转"角度沉积和纳米球光刻相结合的方法，制作出了尖端在 10nm 以下的金回转新月结构，如图 19.3-7。其在尖端处有超过 1000 的拉曼增强因子，并在此基础上实现了 R6G 的单分子探测[25]。

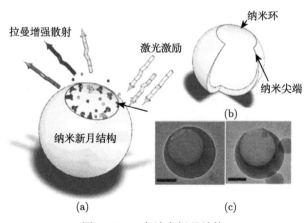

图 19.3-7　金纳米新月结构

(a) 纳米新月作为 SERS 基底的示意图；(b) 纳米新月的几何结构；(c) 纳米新月结构的 TEM 图[25]

回转新月结构的制作工艺决定了它的随机分布性，包括新月的方向和位置都是随机分布的，不能形成有序排列的阵列。为了满足实际应用需求，在该结构的基础上又发展了 Au/Ag/Fe/Au 的多层复合新月结构,这种结构由于有 Fe 在其中,可以通过磁铁控制其方向和位置,从而实现回转新月结构的有序有向排列[26]。

另外,纳米新月柱也可用于 SERS 技术中。如图 19.3-8 所示,采用两次倾斜角度沉积方法和纳米球光刻方法,可制作出张角可在 0~180° 任意变化的新月柱,通过张角等参数的控制可实现对新月结构 LSPR 波长的调节。这种结构具有制作方法简单、易大面积制备等优点,使其在近场增强相关应用方面具有明显的优势。

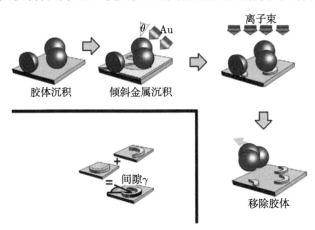

图 19.3-8　非回转纳米新月结构制作流程示意图[27]

金属纳米新月柱结构的 LSPR 波长受形状、材料、尺寸等多方面的影响。在对其描述之前,定义其坐标如图 19.3-9:两个尖端连线方向定义为 z 方向,垂直于两尖端连线方向定义为 y 方向,厚度方向为 x 方向。

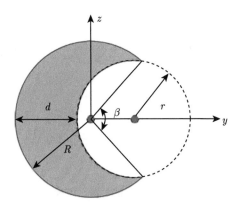

图 19.3-9　新月结构单体及坐标定义

新月单体结构的外圆柱半径固定为 R=50nm,内圆柱半径固定为 r=37.5nm,厚度固定为 h=20nm,改变内外圆柱圆心之间的距离,可达到改变宽度 d 的目的,张角也会相应地改变。如图 19.3-10 所示，在 y 和 z 偏振激励下，随着宽度 d 的增加，张角 β 逐渐减小，LSPR 波长发生蓝移。如在 y 偏振激励下，$d=0.2525\times 2R$ 时，LSPR 波长为 738nm，当 $d=0.6\times 2R$ 时，LSPR 波长蓝移到 504nm；在 z 偏振激励下，$d=0.3\times 2R$ 时，LSPR 波长为 900nm，而当 $d=0.6\times 2R$ 时，LSPR 波长蓝移到 648nm。y 偏振激励时，中间宽度新月结构 (如 $d/2R=0.38, 0.4, 0.45$) 的消光系数略低于更小和更大宽度新月结构的消光系数；而在 z 偏振激励下，随着宽度增加，消光系数逐渐增加。

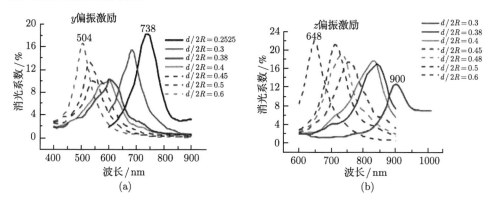

图 19.3-10　新月单体的消光谱与新月宽度的关系

(a)y 偏振；(b) z 偏振

在 $x=10$nm 平面最大电场增强因子与新月宽度 ($d/2R$) 的关系如图 19.3-11 所示。在 y 偏振激励条件下，最大 EF 发生在 $d/2R=0.4$ 附近，而在 z 偏振激励条件下，最大 EF 出现在 $d/2R=0.38$ 附近。

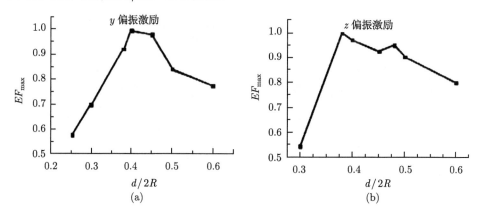

图 19.3-11　新月单体的最大电场增强因子与新月宽度的关系

(a)y 偏振激励；(b)z 偏振激励

图 19.3-12 为 $d/2R=0.4$ 的新月结构在 602nm 波长、y 方向偏振光波激励下的电场分布图，以及 $d/2R=0.38$ 的新月结构在 842nm 波长、z 方向偏振光波激励下的电场分布图，前者的 EF 约为 38561，而后者约为 24177 左右。显然，通过恰当设计纳米粒子的形状，结合尖端效应和 LSPR 特性，可显著增强近场电场强度，为 SERS 信号增强提供物理基础。

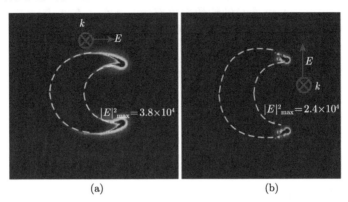

图 19.3-12　新月单体的电场分布

(a)$d/2R=0.4$ 在波长 602nm、y 偏振激励下的电场分布；(b)$d/2R=0.38$ 在波长 842nm、z 偏振激励下的电场分布

进一步考虑如图 19.3-13 所示的复合新月结构的光学特性[28]。对于 y 偏振，新月链在 1161.9nm 激励下，上表面电场分布如图 (a) 所示，"热点" 分布在新月的尖端和相邻新月之间的间隙处，而 "最热点" 分布在中间新月结构的尖端处，即 D、E 处，最大电场增强因子超过 1.71×10^5。而对应的中间新月结构单体在 y 偏振激励下的 LSPR 波长约为 700.7nm，最大电场增强因子约 7.59×10^4，远小于新月链的最大电场增强因子。值得注意的是，上述新月形结构与悬链线结构类似 (图 19.3-14)，因此可以预见悬链线结构中也具有显著的电场增强特性。

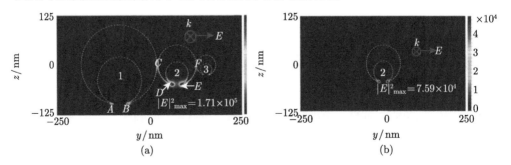

图 19.3-13　(a) 新月自相似链在波长 1161.9nm、y 偏振激励下的电场分布；(b) 新月单体在波长 700.7nm、y 偏振激励下的电场分布

图 19.3-14　悬链线阵列结构[29]

19.3.4　基于 AgFON 的葡萄糖探测

葡萄糖是动、植物体的重要组成部分,葡萄糖浓度连续测定在食品分析、生物化学和临床化学中都占有很重要的地位。在过去几十年内,已经发展了许多探测葡萄糖的方法,但往往很难兼顾血糖监测所要求的选择性、灵敏度和稳定性。下面介绍利用在纳米球上覆盖银膜 (Ag Film Over Nanosphere,AgFON) 的方法实现对葡萄糖溶液的 SERS 探测[30]。

如前所述,通过在纳米球上覆盖金属膜,可形成具有纳米级表面粗糙度的金属结构,即 MFON(Metal Film Over Nanosphere),其中 AgFON 为比较常用的结构。这种结构制作方法简单,纳米球的直径可控制在几十到几百纳米之间。如图 19.3-15 所示,将尺寸均匀分布 (具有单分散性) 的纳米球悬浮液滴覆在硅或玻璃衬底上,通过自组装和结晶形成六角密堆排列或方形排列,然后在上面垂直沉积数十或数百纳米厚的银膜即可。具体制作流程如下:将支撑玻璃基片放入体积比 3:1 的浓硫酸:30%H_2O_2 溶液中清洗 1h,温度保持在 80℃;然后在 5:1:1 的 H_2O:NH_4OH:30%H_2O_2 溶液中超声 1h;接着将大约 5μL 的聚苯乙烯 (Polystrene, PS) 纳米球悬浮液滴在玻片上,室温下干燥。最后在 2.25×10^{-7}torr 的气压下,真空气相沉积厚度为 200nm 的 Ag 膜。

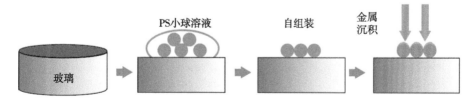

图 19.3-15　AgFON 结构制备过程

在葡萄糖溶液 SERS 探测实验中，作为 SERS 基底的 AgFON 结构存在表面易氧化和对葡萄糖分子亲和力小两个主要缺点。为了解决这两个问题，采用具有直长链结构、链头带有 -HS 基团、链尾带疏水基团的葵硫醇溶液在 AgFON 结构表面自组装，然后再自组装具有直短链结构、链头带有 -HS 基团、链尾带亲水基团的巯基正己醇溶液，从而修饰和活化该表面。修饰过程如图 19.3-16 所示。具体工艺流程为：将制作好的 AgFON 基片放入浓度 1mmol/L 的带 -HS 基团的葵硫醇 (1-DT) 乙醇溶液中，浸泡 45min；然后放入浓度 1mmol/L 的巯基正己醇 (MH) 乙醇溶液，浸泡 13h 形成自组装单层。图 19.3-17 给出了经过上述步骤修饰的 AgFON 基底的 AFM 图像。

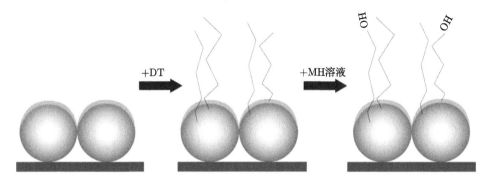

图 19.3-16　DT/MH 修饰的 AgFON 结构形成过程

由 DT/MH 修饰的 AgFON 基底的 AFM 图像见图 19.3-17，直径为 400nm 的 PS 球以六角密堆的方式排布。

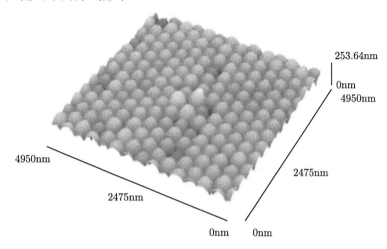

图 19.3-17　DT/MH 修饰的 AgFON 基底的 AFM 图像，图像面积 5μm×5μm

测试系统如图 19.3-18 所示，光源采用波长为 532nm 的固体激光器，通过 Almega XR 型激光显微拉曼光谱仪进行光谱测试。激光经过 50× 物镜垂直入射到样品上，散射光通过显微镜并经全息陷波滤波器滤除瑞利散射光后耦合到单色仪，单色仪分光光栅为 2400条/mm，谱分辨率为 2cm^{-1}，狭缝宽度为 25μm，经单色仪分光后进入 CCD。激光功率为 25mW，单次光照时间为 10s。基底在葡萄糖溶液中浸泡几分钟后取出直接放置在显微镜载物台上测量。

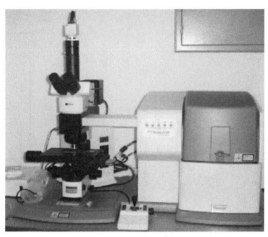

图 19.3-18 葡萄糖 SERS 实验所用激光共聚焦显微拉曼光谱平台

图 19.3-19 是不同条件下使用 532nm 激光激发时的 SERS 谱。通过曲线 (b) 与曲线 (a) 相减做差谱运算，获得曲线 (c) 所示的葡萄糖溶液的 SERS，该曲线与曲线 (d) 表示的葡萄糖溶液的普通拉曼散射 (Normal Raman Scattering，NRS) 谱存在一些差异，最大偏移发生在 NRS 中的 1124cm^{-1}，对应 SERS 的 1146cm^{-1}，偏移量为 22cm^{-1}。

针对 DT/MH 自组装单层的稳定性，还测量了常温环境下放置一周后 DT/MH AgFON 基底的 SERS 光谱，如图 19.3-20 所示。在 514nm 激发波长，3mW 激发功率下，仅在 10s 单次曝光时间内就获得了 DT/MH 的 5 个主要特征峰：703cm^{-1}，894cm^{-1}，1062cm^{-1}，1121cm^{-1}，1432cm^{-1}。可见，在经过一周的放置后，DT/MH 仍然保持着较好的光学特性。

综上所述，采用 Ag 膜覆盖自组装纳米 PS 球的方法，形成粗糙度在纳米量级、均匀分布的 SERS 活性表面，采用 DT/MH 自组装单层修饰该活性表面，能实现对葡萄糖的限域、提高基底抗氧化的能力。这种基底制作简单、性能稳定，能够在大气环境下在极短时间内获得较低浓度葡萄糖的各个特征峰。该结果同时还表明通过 NSL 技术，可以制作具有拉曼增强能力和普适性的 SERS 基底，通过对表面做特定的活化和修饰，可用于其他生物分子的探测。

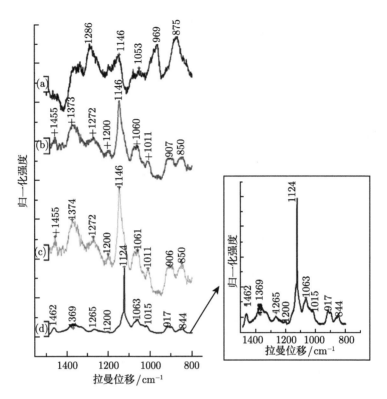

图 19.3-19　(a) AgFON 基底上 DT/MH 的 SERS；(b)AgFON 基底上 DT/MH 和
100mmol/L 葡萄糖的 SERS；(c) 差谱获得的 100mmol/L 葡萄糖的 SERS；(d)4mol/L 葡萄
糖的 NRS

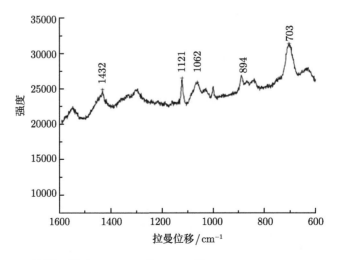

图 19.3-20　放置一周后 DT/MH 的 SERS 谱，$\lambda_{ex}=785$nm，$t=10$s，$P=8$mW

参 考 文 献

[1] Homola J, Yee S, Gauglitz G. Surface plasmon resonance sensors: review. Sensor Actuat B, 1999, 54: 3-15.

[2] Steiner G. Surface plasmon resonance imaging. Anal Bioanal Chem, 2004, 379: 328-331.

[3] Nylander C, Liedberg B, Lind T. Gas detection by means of surface plasmon resonance. Sensor Actuat, 1983, 3: 79-88.

[4] Lu X, Rycenga M, Skrabalak S E, et al. Chemical synthesis of novel plasmonic nanoparticles. Annu Rev Phys Chem, 2009, 60: 167-192.

[5] Fischer U C, Zingsheim H P. Submicroscopic pattern replication with visible light. J Vac Sci Technol, 1981, 19: 881.

[6] Haynes C L, Van Duyne R P. Nanosphere lithography: a versatile nanofabrication tool for studies of size-dependent nanoparticle optics. J Phys Chem B, 2001, 105: 5599-5611.

[7] Ma W Y, Yao J, Yang H, et al, Effects of vertex truncation of polyhedral nanostructures on localized surface plasmon resonance. Opt Express, 2009, 17: 14967-14976.

[8] Choma J, Dziura A, Jamiola D, et al. Preparation and properties of silica-gold core-shell particles. Collo Surf A, 2011, 373: 167-171.

[9] Rai A, Chaudhary M, Ahmad A, et al. Synthesis of triangular Au core-Ag shell nanoparticles. Mater Res Bull, 2007, 42: 1212-1220.

[10] Ma W, Yang H, Wang W, et al. Ethanol vapor sensing properties of triangular silver nanostructures based on localized surface plasmon resonance, Sensors, 2011, 11: 8643-8653.

[11] Zhou W, Ma Y Y, Yang H, et al. A label-free biosensor based on silver nanoparticles array for clinical detection of serum p53 in head and neck squamous cell carcinoma , Int J Nanomed, 2011, 6: 381-386.

[12] Fleischmann M, Hendra P J, Mcquillan A J. Raman spectra of pyridine adsorbed at a silver electrode. Chem Phys Lett, 1974, 26: 163.

[13] Jeanmaire D L, Van Duyne R P. Surface Raman spectroelectro-chemistry part I heterocyclic, aromatic, and Aliphatic amines adsorbed on the anodized silver electrode. J Electroanal Chem, 1977, 84: 1.

[14] Albrecht M G, Creighton J A. Anomalously intense Raman spectra of pyridine at a silver electrode. J Am Chem Soc, 1977, 99: 5212.

[15] Nie S M, Emory S R. Probing single molecules and single nanoparticles by surface-enhanced Raman Scattering. Science, 1997, 275: 1102.

[16] Kneipp K, Wang Y, Kneipp H, et al. Single molecile detection using surface-enhanced raman scattering. Phys Rev Lett, 1997, 78: 1667-1670.

[17] Hirsch L R, Stafford R J, Bankson J A, et al. Nanoshell-mediated near-infrared thermal therapy of tumors under magnetic resonance guidance. PNAS, 2003, 100: 13549.

[18] Farquharson S, Shende C, Inscore F E, et al. Analysis of 5-fluorouracil in saliva using surface-enhanced Raman spectroscopy. J Raman Spectrosc, 2005, 36: 208-212.

[19] Sylvia J M, Janni J A, Klein J D, et al. Surface-enhanced raman detection of 2,4-dinitrotoluene impurity vapor as a marker to locate landmines. Anal Chem, 2000, 72: 5834-5840.

[20] Zhou H B, Zhang Z P, Jiang C L, et al. Trinitrotoluene explosive lights up ultrahigh raman scattering of nonresonant molecule on a top-closed silver nanotube array. Anal Chem, 2011, 83: 6913-6917.

[21] Lee, J, Hua B, Park S, et al. Tailoring surface plasmons of high-density gold nanostar assemblies on metal films for surface-enhanced Raman spectroscopy. Nanoscale, 2014, 6: 616-623.

[22] Zhang X, Young M A, Lyandres O, et al. Rapid detection of an anthrax biomarker by surface-enhanced raman spectroscopy. J Am Chem Soc, 2005, 127: 4484-4489.

[23] Stiles P L, Dieringer J A, Shah N C, et al. Surface-enhanced raman spectroscopy. Annu Rev Anal Chem, 2008, 1: 601-626.

[24] Yang L Y, Du C L, Luo X G. Numerical study of optical properties of single silver nanobowtie with anisotropic topology. Appl Phys B, 2008, 192: 53.

[25] Lu Y, Liu G L, Kim J, et al. Nanophotonic crescent moon structures with sharp edge for ultrasensitive biomolecular detection by local electromagnetic field enhancement effect. Nano Lett, 2005, 5 :119 -124.

[26] Liu G L, Lu Y, Kim J, et al. Magnetic nanocrescents as controllable surface-enhanced raman scattering nanoprobes for biomolecular imaging. Adv Mater, 2005, 17: 2683-2688.

[27] Rochholz H, Bocchio N, Kreiter M. Tuning resonances on crescent-shaped noble-metal nanoparticles. N J Phys, 2007, 9: 53.

[28] Yang L, Luo X, Hong M. Self-similar chain of nanocrescents as a surface-enhanced Raman scattering substrate. J Comput Theoret Nanosci, 2010, 7: 1364-1367.

[29] Pu M, Li X, Ma X, et al. Catenary optics for achromatic generation of perfect optical angular momentum. Sci Adv, 2015, 1: e1500396.

[30] Yang L, Du C, Luo X G. Rapid gucose detecting by surface enhanced raman scattering spectroscopy. J Nanosci Nanotechnol, 2009, 9: 2660.

第20章　亚波长隐身和反隐身技术

隐身技术又称低可探测技术或目标特征控制技术，是改变武器装备、平台等目标的可探测信号特征，使敌方探测系统难以识别或识别距离缩短的综合技术。随着探测技术的发展，目前隐身技术已经从微波隐身拓展到红外、声波等其他领域。本章主要介绍隐身和反隐身技术的发展历史和现状，重点强调亚波长结构在隐身和反隐身技术中的应用。

20.1　隐身技术概述

20.1.1　隐身技术的概念

隐身技术是描述降低目标被探测几率的一个通俗概念，相关的术语还包括特征信号控制 (Signature Control or Suppression, SCS)、雷达散射截面缩减 (RCS Reduction, RCSR)、低可观测性 (Low Observability, LO) 等。目标特征信号是描述某种武器系统易被探测的特征，包括雷达波、红外辐射、可见光、声波、烟雾和尾迹等信号。降低目标特征信号，可显著提高武器系统的生存能力。

20.1.2　隐身技术发展历史

隐身技术和武器系统的发展可分为探索阶段、发展阶段、应用阶段。尽管目前隐身技术经历了几代的发展，但是最基本的隐身原理变化不大。

1. 前期探索阶段

早期的隐身技术起源于降低飞行器的可见光特征信号。雷达出现后，隐身技术更多地用于实现反雷达探测。在第二次世界大战中，德国、美国和英国都曾尝试降低飞机的雷达特征信号，但收效甚微。

20 世纪 60 年代中期以后，一体化防空系统效能得到很大提高，提高飞机生存能力的重要性和迫切性变得异常突出，西方国家研究出了一些战术和技术对抗措施，并研制出 U-2、SR-71(如图 20.1-1)、D-21 等具有一定隐身能力的飞机。但由于配套元器件、材料和加工工艺的缺乏，当时还没有出现真正的隐身武器系统。

图 20.1-1　SR-71"黑鸟"高空高速侦查机

2. 快速发展阶段

在电磁波理论、计算机、电子、材料技术进步的推进下，以减小雷达散射截面为主要目标的第一代隐身飞机——F-117A"夜鹰"于 1975 年问世 (图 20.1-2)。美国空军从 1981 年开始进一步发展第二代隐身飞机——B-2 隐身轰炸机。随着技术成熟度的不断提高，F-15、F/A-18E/F 等也采用了部分隐身技术。

图 20.1-2　F-117A"夜鹰"隐身战斗轰炸机及外场 RCS 测试

在隐身飞机取得成功之后，隐身技术还被推广到各种导弹、直升机、无人机、水面舰艇当中。图 20.1-3 为美国和俄罗斯研制的隐身巡航导弹。

图 20.1-3　美制 AGM-129 和俄制 Kh-101 隐身巡航导弹

如图 20.1-4，美国研制了隐身技术验证舰"海影号"，取得了多种舰艇隐身技术的突破，并在之后的滨海 (即近海) 战斗舰等舰艇中成功应用。

图 20.1-4 "海影号"隐身试验舰

对于在水下作战的潜艇，设计良好的潜望镜可解决雷达和可见光隐身问题，因此其主要威胁不是雷达、红外和可见光探测器，而是声呐探测器。经过多年来的努力，目前潜艇的噪声已经降低到接近甚至低于海洋环境噪声。如图 20.1-5，潜艇上一个重要的声波隐身方法即是敷设声波吸收材料：消声瓦。

图 20.1-5 俄罗斯"台风"级核潜艇，其上全面敷设消声瓦

3. 大规模应用阶段

美空军于 1993 年 12 月开始部署 B-2 隐身轰炸机 (如图 20.1-6)，这是集低可观测性、高空气动力效率和大载荷于一身的第二代隐身飞机。美空军于 20 世纪 80 年代开始设计 F-22"猛禽"战斗机，1993 年开始研制 "联合攻击战斗机"，它们都属

于第三代隐身飞机。

图 20.1-6　B-2 隐身轰炸机

　　隐身飞机开始大量参加战斗是这个时期的一大特点。1991 年海湾战争期间，美国在海湾部署的 43 架 F-117A 隐身飞机出动了 1271 架次，攻击了伊拉克 40% 的战略目标。1999 年 6 架 B-2 隐身轰炸机首次参加科索沃军事行动，共出动 40 架次，投下 500 枚 "联合直接攻击弹药"，总重 450 吨。

　　近年来，隐身飞机已经发展到第四代 (俄罗斯称为第五代)。新一代隐身战机 F-22(如图 20.1-7) 全面兼顾隐身性能与机动性能，在实现雷达、红外和射频隐身的同时，可超音速巡航。

图 20.1-7　F-22"猛禽" 隐身战斗机

20.1.3　雷达隐身技术

1. 雷达散射截面和雷达距离方程

　　雷达散射截面 (RCS) 是雷达隐身技术中的核心概念，定义为无限远处，观测方向上的散射功率与入射功率密度之比，量纲为 m^2。

$$\sigma = \lim_{R \to \infty} 4\pi R^2 \left| \frac{E_{\mathrm{s}}^2}{E_{\mathrm{i}}^2} \right| = \lim_{R \to \infty} 4\pi R^2 \left| \frac{H_{\mathrm{s}}^2}{H_{\mathrm{i}}^2} \right| \tag{20.1-1}$$

其中，R 为待探测目标与雷达之间的距离；E_{s} 和 H_{s} 为散射场的电场强度和磁场

强度；E_i 和 H_i 为入射场的电场强度和磁场强度。RCS 也可通过 dB/m^2 表示

$$\sigma \left(dB/m^2 \right) = 10lg\sigma \left(m^2 \right) \tag{20.1-2}$$

雷达散射截面直接决定了目标被探测的几率，通过雷达距离方程可确定目标的最大探测距离

$$R_{\max} = \sqrt[4]{\frac{P_t G^2 \lambda^2 \sigma}{(4\pi)^3 P_{\min}}} \tag{20.1-3}$$

式中，λ 为电磁波波长，$P_{\min}$ 为最小可探测信号；P_t 为发射机功率；G 为天线的增益。

由于雷达探测距离与 RCS 成 1/4 次方的关系，RCS 每减小 10dB，可使雷达作用距离减少约 44%，RCS 减小 40dB 可使雷达作用距离减少约 90%。

2. 目标雷达特征控制

目标的 RCS 缩减可通过以下几种方法实现：外形设计、吸波材料、散射源屏蔽、主动对消技术[1]。亚波长电磁学除了可改进传统吸波材料和屏蔽材料的性能之外，还可产生很多新的隐身技术，包括虚拟赋形技术[2]、对消相干吸收技术[3] 等。以下对几种方法做简单介绍。

(1) 外形设计

一般而言，外形设计对隐身飞行器隐身性能的贡献占 2/3，材料占 1/3。由于外形设计会影响飞行器的气动外形，需对隐身性能和气动性能进行折中。最具特点的隐身外形是：F-117 的 "多面体" 和 B-2 的 "飞翼布局"。隐身外形设计的重点部位是：发动机进气口、排气口、座舱、外挂架、垂尾等。隐身外形设计的具体措施是：① 采用多面体机身或飞翼外形，增加机翼前缘后掠角和前缘圆滑度，采用内倾式 V 型双垂尾；② 机 (弹) 翼与机 (弹) 身、机舱与机身相融合；③ 发动机采用半埋式或完全安装在机内或翼内，发动机的进气道采用 S 形，进气口采用齐平式；④ 尽量消除飞行器的外挂武器、吊舱、副油箱等一切外挂物，采用内嵌式机舱和共形天线；⑤ 将口盖的缝隙设计成锯齿形，以避免直线缝隙形成镜面反射；⑥ 采用导电材料弥合缝隙，或通过紧配合公差消除缝隙，以避免因行波而产生二次辐射；⑦ 采用矢量推力技术可减少或消除飞行器的垂直尾翼。

(2) 采用雷达吸波材料

雷达吸波材料可吸收入射的电磁波，并将电磁能转换成热能而耗散掉。按其用途可将其分为涂层吸波材料、结构型吸波材料和智能吸波材料。

1) 雷达吸波涂层。在胶粘剂中加入具有特定介质参数的吸收剂制成，是涂敷在武器表面的一类吸波材料，吸收剂的特性决定吸波涂层吸收雷达波的性能。传统吸收剂包括羟基铁粉吸收剂、铁氧体吸收剂、耐高温陶瓷、导电高聚合物材料、纳

米吸波涂层、多晶铁纤维吸收剂、视黄基席夫碱盐类等，这些材料均能在一定波段吸收电磁波，但普遍存在带宽较窄、密度高、环境耐受性差等缺点。

2) 结构型雷达吸波材料。这是以非金属为基体 (如环氧树脂、热塑料等) 填充吸波材料 (铁氧体、石墨等)、由低介电性能的特殊纤维 (如石英纤维、玻璃纤维等) 增强的复合材料，它既能减弱电磁波散射又能承受一定的载荷。与一般金属材料相比，这些材料重量轻、刚度强、强度高，但在实际应用中需要对目标的整体结构重新设计，增加了实施成本。

3) 智能吸波材料。这种材料能感知和分析不同方位到达的电磁波特性或光波特性，并作出最佳响应，以达到隐身的目的。从结构上看，智能吸波材料实际上是包含可调器件的电路结构，例如智能 Salisbury 吸收器、智能亚波长结构电磁吸收材料等，具体见本书第 22 章。由于高性能可调器件的缺乏，智能隐身材料目前还处于研究阶段。

(3) 采用有源对消技术降低雷达散射截面

采用相干手段使目标散射场和人为引入的辐射场在雷达探测方向相干对消，使敌方雷达接收机始终位于合成方向图的零点，从而抑制雷达对目标反射波的接收。据报道 B-2 隐身轰炸机所载的 ZSR-63 电子战设备就是一种有源对消系统，它通过主动发射电磁波来消除照射在其机体上的雷达波[4]。

(4) 等离子体隐身技术

等离子体隐身的基本原理是：利用等离子体发生器在武器表面形成一层等离子云，通过控制等离子体的参数，使照射到等离子云上的一部分雷达波被吸收，一部分改变传播方向，从而达到隐身的目的 (如图 20.1-8)。该技术的原理早在 20 世纪中期即被研究[5]，但进展一直较为缓慢。

等离子体隐身技术具有吸波频带宽、吸收率高、隐身效果好、使用简便、寿命长、低成本、无需改变飞机的气动外形设计、维护费用低等优点。但利用等离子体技术实现隐身还存在一些问题：安装等离子体发生器的部位无法隐身，且电源功率很高，设备体积大。

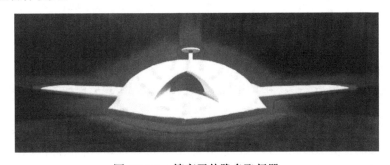

图 20.1-8　等离子体隐身飞行器

20.1.4　红外隐身技术

任何武器都在不断地辐射红外电磁波，就飞机、导弹而言，主要辐射源有：飞行器的发动机喷管，尾喷管排出的气体，机 (弹) 身蒙皮的气动加热和其它受热部件；机 (弹) 身对阳光、月光、人造光、大气辐射、地球辐射所产生的反射。国外自 20 世纪 60 年代中期开始研究飞机红外辐射抑制技术，特别是直升机的红外辐射问题。随着红外传感技术与计算机技术的发展，红外探测系统对各种目标的探测能力也大为提高，通过探测器的组网，不仅可探测目标的方位，也能对目标的距离等信息进行精确测量。因此，红外隐身技术在近年来受到了越来越多的关注。

物体的红外辐射与温度 T 有关，根据普朗克定律和斯特藩—玻尔兹曼定律，红外辐射强度 I 可写为

$$I = \varepsilon_{\rm t}\sigma_{\rm s}T^4 \tag{20.1-4}$$

其中，$\sigma_{\rm s}$ 为斯特藩—玻尔兹曼常数；$0 < \varepsilon_{\rm t} < 1$ 为物体的红外辐射率。显然，辐射源的总辐射能力与温度的 4 次方成正比。

由于红外探测器与目标的距离远大于目标的尺寸，因此一般目标均可作为点源处理，在均匀背景下探测器的作用距离 R 应为

$$R \propto \sqrt{I} \tag{20.1-5}$$

如果目标的红外辐射强度下降 10dB，探测器作用距离将降低 68%。

以下介绍几种常见的红外隐身措施。

1. 飞行器红外隐身

飞行器实现红外隐身的主要技术途径有：降低红外辐射强度、改变红外辐射波段、调节红外辐射的传输过程 (改变红外的辐射方向和特征) 等。具体措施有：① 采用散发热量最少的涡轮风扇发动机。② 飞行器表面涂敷树脂涂料、类金刚石碳膜、半导体薄膜和掺颜料的油漆等红外隐身涂料。这些材料在 $3{\sim}5\mu{\rm m}$、$8{\sim}14\mu{\rm m}$ 波段的辐射率应小于 0.3。③ 改进发动机喷管的设计。④ 强化热排气与冷气流的混合，可使热排气的红外辐射信号下降 90% 以上。采用新型燃料，加入添加剂或改变其成分，以降低或改变排气的红外辐射。⑤ 采用闭合回路冷却系统，将载荷产生的热传给燃油，以减少目标的热辐射。⑥ 采用红外干扰措施，发射红外干扰信号，投放红外诱饵、烟幕剂。

2. 坦克和装甲车的红外隐身

坦克和装甲车的红外辐射抑制措施主要有：① 采用陶瓷绝热发动机，以降低红外辐射强度；发动机排气和冷却空气出口指向后方。② 降低内部的热耗散，以减少红外辐射。③ 采用红外迷彩以及水幕遮挡。

3. 红外激光隐身

除了传统的红外探测技术，激光雷达在近年来也取得了飞速的进步。激光雷达的工作原理与微波雷达类似，主要隐身措施是采用激光隐身材料和外形隐身技术，以降低武器装备对激光信号的散射截面。激光隐身吸波材料应对常用的红外激光（$1.064\mu m$ 或 $10.6\mu m$）具有高的吸收率（大于 95%），同时其化学稳定性、热稳定性和力学性能也必须符合要求。显然，为了同时兼顾红外热辐射隐身和激光隐身，材料在 $10.6\mu m$ 处的吸收带宽应只覆盖 CO_2 激光器的波长，这种频率选择性的吸收正是亚波长结构吸波材料的一大优势[6]。图20.1-9为一种激光隐身吸波材料的结构示意图，通过上下两层多尺度的亚波长结构，可实现对多波段激光的同时吸收。同时，通过类似于声波亥姆霍兹共振器的设计，可大幅压缩非设计频段(如 $2\sim10\mu m$)的吸收和热辐射特性（图 20.1-10）。

图 20.1-9　双波长激光吸波材料（$1.064\mu m$ 和 $10.6\mu m$），上部分环状结构吸收 $1.064\mu m$ 的电磁波，下部分空心腔体吸收 $10.6\mu m$ 的电磁波

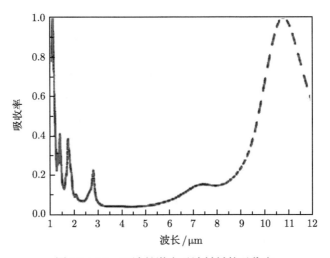

图 20.1-10　双波长激光吸波材料的吸收率

20.2 基于吸波材料的电磁隐身技术

如本书第 16 章所述，基于亚波长结构的吸波材料具有以下几个优势：

(1) 厚度远小于波长，从而突破传统吸波材料的厚度限制，提高相同条件下的有效载荷量；

(2) 带宽可调，利用亚波长结构的色散特性，可实现窄带、宽带、超宽带等各种形式的电磁吸收；

(3) 大角度吸收，可有效降低武器系统中多次反射引起的回波；

(4) 频带范围宽，通过多尺度亚波长结构的组合，可实现微波、太赫兹、红外和可见光吸收性能的调节，为多波段隐身技术提供材料基础。

以上内容详见第 16 章，此处不再赘述，以下主要讨论非吸收型的亚波长隐身技术。

20.3 基于虚拟赋形的电磁隐身技术

20.3.1 基于变换光学的隐身衣

2006 年出现了一种崭新的光学设计理论: 变换光学 (Transformation Optics)[7,8]。该方法的基本思想是: 根据麦克斯韦方程组在坐标变换下的形式不变性，空间变换与电磁参数变换具有等效性。

变换光学最引人注目的一个应用是电磁隐身衣 (Invisible Cloak)[9]，即一种令电磁波绕过障碍物而不对远场波前产生任何干扰的装置。如图 20.3-1 所示，通过将虚拟空间中的一个点变换为实空间的球形区域，电磁波将不会接触实空间中被

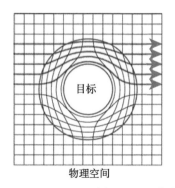
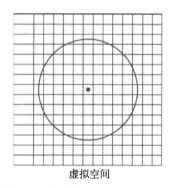

物理空间　　　　　　　　　　　虚拟空间

图 20.3-1　电磁隐身衣示意图[9]

隐藏的物体，从而可实现该目标的电磁隐形。显然，隐身衣的功能实际上属于一种

"虚拟赋形" 技术[2,10]，即外观为球形的物体，从电磁波的角度来看成为了一个点，因而理论上可实现无穷小的 RCS。与传统外形技术不同，虚拟赋形技术不会改变实空间的真实外形，因而不会对气动外形等其他因素产生影响。

1. 变换光学的基本理论

变换光学的数学基础是麦克斯韦方程组在坐标变换下的形式不变性。以常规笛卡儿坐标系 X 为例，假设背景材料为均匀各向同性介质，无源麦克斯韦方程组可以写为

$$\begin{aligned}
&\nabla \times \boldsymbol{E} = -\mu\mu_0 \frac{\partial H}{\partial t} \\
&\nabla \times \boldsymbol{H} = \varepsilon\varepsilon_0 \frac{\partial \boldsymbol{E}}{\partial t} \\
&\nabla \cdot (\varepsilon\varepsilon_0 \boldsymbol{E}) = 0 \\
&\nabla \cdot (\mu\mu_0 \boldsymbol{H}) = 0
\end{aligned} \tag{20.3-1}$$

对常规笛卡儿坐标系 X 做变换，$X \to X'$，变换后的坐标系与原坐标系之间的关系为 $J_{ij} = \dfrac{\partial x_i'}{\partial x_j}$。通过以下变换，麦克斯韦方程将会保持形式不变

$$\begin{aligned}
&\boldsymbol{E}' = \left(J^T\right)^{-1} \boldsymbol{E} \\
&\boldsymbol{H}' = \left(J^T\right)^{-1} \boldsymbol{H} \\
&\varepsilon' = \frac{J\varepsilon J^T}{\det J} \\
&\mu' = \frac{J\mu J^T}{\det J}
\end{aligned} \tag{20.3-2}$$

以柱坐标下的隐身衣为例[9]，通过坐标变换

$$\begin{aligned}
&r' = R_1 + r(R_2 - R_1)/R_2 \\
&\theta' = \theta \\
&z' = z
\end{aligned} \tag{20.3-3}$$

可得介电常数和磁导率为

$$\varepsilon_r = \mu_r = \frac{r - R_1}{r}, \quad \varepsilon_\theta = \mu_\theta = \frac{r}{r - R_1}, \quad \varepsilon_z = \mu_z = \left(\frac{R_2}{R_2 - R_1}\right)^2 \frac{r - R_1}{r} \tag{20.3-4}$$

目前，在微波波段和光波段，隐身衣及其多种变体已经获得实验验证。尽管如此，该技术的实用化还有很长的路要走。其最大的问题是响应频带太窄，而且所需隐身物体越大，器件带宽越窄[11]。

2008 年, Pendry 等提出利用准保角变换实现 "隐身地毯"。如图 20.3-2 所示, (a) 图为物理空间 (具有梯度折射率分布), (b) 图为虚拟空间 (折射率均匀分布)。实空间的梯度折射率可通过变换获得, 如图 20.3-3, 折射率变化在 0.8~1.9 范围内。如果将 1 以下的折射率近似为 1, 该器件可通过传统介质和 Maxwell-Garnett 等效介质理论实现[12], 因而可在一定程度上拓展带宽[13]。然而, 该技术仍需要引入 "反射镜" 的概念, 从原理上讲并不能称为 "完美隐身"。

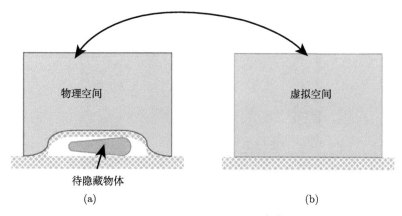

图 20.3-2 隐身地毯原理图[13]

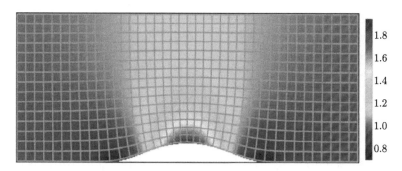

图 20.3-3 隐身地毯的折射率分布[13]

2. 微波隐身衣的实验验证

式 (20.3-4) 所示的隐身衣的等效电磁参数均为各向异性, 并在内边界处的角向分量无穷大, 在实际应用中难以实现。以下根据特定偏振对其进行简化, 对 TE(电场沿 z 方向) 波, 简化后的参数变为

$$\mu_r = \left(\frac{r - R_1}{r}\right)^2, \quad \mu_\theta = 1, \quad \varepsilon_z = \left(\frac{R_2}{R_2 - R_1}\right)^2 \tag{20.3-5}$$

上述参数可通过开口谐振环实现,构成的隐身衣的整体模型如图 20.3-4 所示。其包含 10 层环形结构,每一圈环形结构都由多个开口谐振环单元构成,通过调节谐振环的尺寸,可调节径向磁导率 μ_r 和 z 向的介电常数 ε_z。图 20.3-5 为该隐身衣的测试装置示意图和测试结果,显然,平面波经过该隐身衣后只产生微扰,基本恢复为原来的状态继续传播。

图 20.3-4　微波段 Cloak 照片[9]

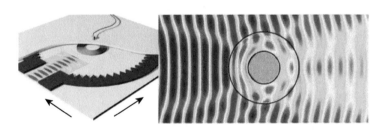

图 20.3-5　微波段二维隐身衣的测试装置及测试结果[9]

由于开口谐振环的谐振特性,上述隐身衣只工作在一个较窄的波长范围。当入射电磁波的波长稍稍偏离工作波长,隐身性能消失[11]。

3. 微波隐身地毯的实验验证

采用拟保角变换,隐身地毯不需要具有极端参数的折射率 (极大、极小、各向异性等),可获得更宽的工作带宽[13]。在微波波段,可利用结构尺寸渐变的亚波长结构构造这种器件。图 20.3-6 为一种微波波段的隐身地毯,其单元结构为 “工” 字形金属谐振器[14]。通过调节 “工” 字形结构的几何参数,可近似连续地调节其等效折射率,当 “工” 字形结构的高度 a 的值在 $0 \sim 1.7\text{mm}$ 内变化时,亚波长结构的等效折射率可在 $1 \sim 1.9$ 范围内调节。

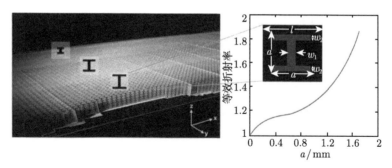

图 20.3-6 微波波段的隐身地毯及其等效折射率[14]

图 20.3-7 为电磁波从左侧入射时,该隐身地毯的测试结果。显然,在梯度折射率的影响下,电磁波可绕过障碍物,无扰动地向前传播。由于工字型材料的等效折射率色散较低,隐身地毯在 13~16GHz 内的隐身效果均较好[14]。

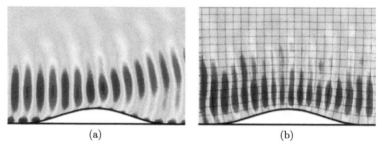

图 20.3-7 电磁波从左侧入射时结构中的场分布[14]

(a) 均匀折射率分布;(b) 梯度折射率分布

根据光波和声波波动方程的类似性,上述方法也可用于声波的隐身[15]。如图 20.3-8 所示,当声学结构材料的等效密度和等效模量满足一定规律,可使材料覆盖的目标物体规避声呐的探测。

图 20.3-8 声波隐身地毯示意图[15]

20.3.2　基于超表面的虚拟赋形

基于变换光学的隐身技术设计复杂, 隐身效果受限, 很难用于实际军用目标的隐身。为了突破变换光学面临的困境, 近年来出现了一种新的隐身方法——基于超表面的虚拟赋形技术。通过超表面的独特相位调控能力, 不仅能实现类似于隐身地毯的功能, 也能突破变换光学的带宽局限, 实现宽带隐身。

1. 基于超表面的隐身地毯

如图 20.3-9 所示, 在三维任意曲面上设计具有反射相位调制能力的超表面, 通过调节每个坐标点处光学天线的反射相位值, 对反射波的相位进行补偿, 补偿相位值为 $\Delta\phi = -2k_0 h\cos\theta + \pi$, 其中 h 为曲面距离参考反射面的高度, θ 为斜入射角度。通过相位补偿, 使反射波的波前等效为镜面反射的波前, 即把任意曲面等效为镜面, 从而实现任意曲面下物体的电磁隐身。

图 20.3-9　基于超表面的隐身地毯[16]

超表面单元结构如图 20.3-10 所示, 由金衬底、MgF_2、矩形金属结构组成。通过调节矩形的边长 l_x 和 l_y, 可在保证反射率一致的同时实现对反射相位的调控。在波长为 730nm 处, 反射率达到 84%, 反射相位可在 $0\sim5\pi/3$ 内变化。

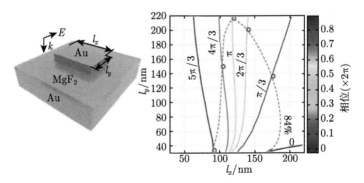

图 20.3-10　单元结构的相位变化与结构参数的关系[16]

图 20.3-11 为不同条件下反射场的对比。对于图 (a) 中的纯金属任意曲面，在正入射情况下，其反射电场分布较为复杂混乱。对于覆盖超表面的任意曲面，在正入射情况下，其反射场呈平面波分布，且波前垂直于入射波矢方向；在 15° 斜入射时，该器件仍能保持良好的隐身特性。与变换光学隐身地毯不同，该超表面的厚度仅为 30nm，远远小于入射波长，可作为一种覆层用于实现目标的隐身。上述实验是在可见光波段开展的，但从原理上而言，该技术也可工作于微波、红外等其他波段。

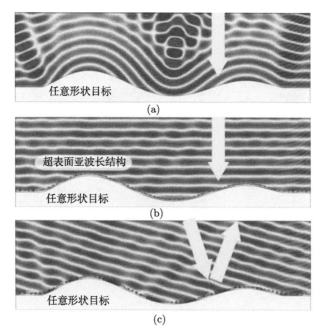

图 20.3-11　不同条件下的反射电场分布[16]

(a) 纯金属曲面, 正入射；(b) 超表面, 正入射；(c) 超表面, 15° 斜入射

2. 基于自旋—轨道相互作用的虚拟赋形技术

尽管超表面相对于传统电磁隐身器件具有厚度远小于波长、相位可任意调节等优势，但传统超表面结构的工作带宽仍然较窄[17]。随着自旋—轨道相互作用被引入到超表面的设计中[18]，超表面的工作带宽得以显著拓展[2,19]。下面以光波段的虚拟赋形器件为例进行介绍。

自旋—轨道相互作用指光子的自旋角动量和轨道角动量可以相互转化。在经典电磁场理论中，自旋对应于圆偏振，轨道角动量对应于角向相位梯度。当圆偏振光正入射到一个反射式的半波片后，其反射场的偏振态将转换为其正交偏振；当该半波片绕其主轴旋转时，反射正交偏振的相位也随之发生线性的变化，这种相位变化与波长无关，仅与波片旋转的角度有关，因此被称为几何相位[20]。几何相位的提出，为宽带相位调控提供了新的理论和技术途径。这种几何相位可用于构造虚拟赋形器件 (图 20.3-12(a))，通过径向梯度相位，可模拟图 20.3-12(b) 中所示的圆锥形反射面结构，使其反射场在波矢空间呈一个空心的环形分布，显著降低其后向的散射强度和 RCS 水平。

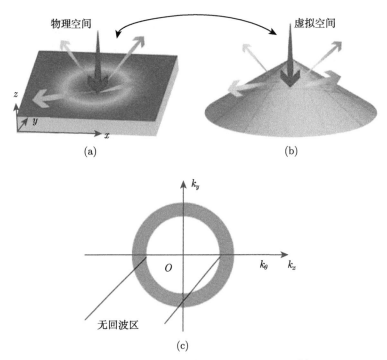

图 20.3-12　基于几何相位的虚拟赋形原理[2]

(a) 物理空间的电磁散射；(b) 虚拟空间的电磁散射；(c) 反射场的波矢空间分布

器件的单元结构如图 20.3-13(a) 所示。其结构参数如下：$p = 320\text{nm}$，$l_1 = 295\text{nm}$，$l_2 = 80\text{nm}$，$w_1 = 70\text{nm}$，$w_2 = 50\text{nm}$，$d_1 = d_2 = 120\text{nm}$，局部坐标系 u 与全局坐标系 x 的夹角为 ζ。其反射场中正交偏振和主偏振的振幅随波长的变化曲线如图 (b) 所示。从中可看出，反射场中主偏振分量在 600～3300nm 内的振幅均小于 0.1，正交偏振分量的平均振幅大于 0.8。

该双层亚波长结构超表面的等效阻抗示意图如图 20.3-13(c) 所示。由色散调制基本原理可知，通过人为设计其单元结构的色散曲线，则可实现宽带的消色差光学器件[21~23]。超表面在两正交方向的等效阻抗可分别表示为

$$Z_{u_1} = 1/\mathrm{i}\omega C_{u_1}$$

$$Z_{v_1} = 1/\mathrm{i}\omega C_{v_1}$$

$$Z_{u_2} = \mathrm{i}\omega L_{u_2} + 1/\mathrm{i}\omega C_{u_2} \qquad (20.3\text{-}6)$$

$$Z_{v_2} = \mathrm{i}\omega L_{v_2} + 1/\mathrm{i}\omega C_{v_2}$$

其中，u 和 v 为沿半波片法线的两个正交方向，L 和 C 分别为沿着 u 和 v 方向的电感和电容，1 和 2 表示亚波长结构所在的金属层。通过理论计算，亚波长结构的色散特性最优值对应的电容和电感的值如下：$C_{u_1} = 3 \times 10^{-19}\mathrm{F}$，$C_{v_1} = 5 \times 10^{-19}\mathrm{F}$，$L_{u_2} = 1 \times 10^{-15}\mathrm{H}$，$C_{u_2} = 1 \times 10^{-17}\mathrm{F}$，$L_{v_2} = 3.8 \times 10^{-13}\mathrm{H}$，$C_{v_2} = 1 \times 10^{-17}\mathrm{F}$。对应的圆偏振反射率曲线如图 (d) 所示，其中入射的圆偏振光几乎全部转换为正交圆偏振光，主偏振光分量接近于零。

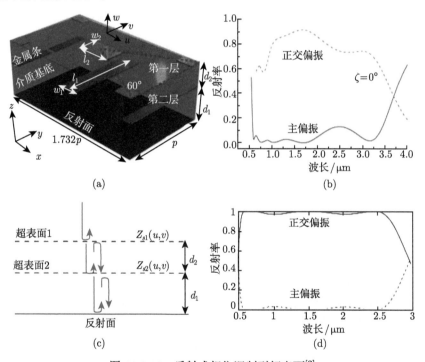

图 20.3-13　反射式相位调制型超表面[2]

(a) 单元结构示意图；(b) 正交偏振和主偏振反射率；(c) 传输线模型；(d) 模型计算的反射率

图 20.3-14(a) 为按照 $k_{\mathrm{r}} = 1.57 \times 10^{6}\mathrm{rad/m}$ 设计的超表面结构示意图，对于 TE 波和 TM 波入射情况，在 600～2800nm 波长内，其后向的 RCS 缩减水平达到 10dB 以上。其远场的能量分布呈现为空心圆环分布，而作为对比的金属板的反射场则为实心的圆形光斑。

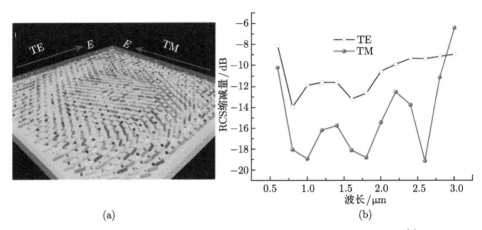

(a)　　　　　　　　　　　　　　　　　(b)

图 20.3-14　　按照特定相位排布的超表面结构示意图和远场的散射[2]

(a) 结构示意图；(b) RCS 缩减量

该超表面结构同样可用于微波波段，实现对反射电磁波电场分布的调制。从图 20.3-15 中的测试结果可看出，对于 TE 波和 TM 波，正方向反射场的强度在 8.5～16.5GHz 内均小于 0.1，极大地降低了器件的 RCS 水平。而距该材料表面 30mm 处的场分布也与预期高度吻合。

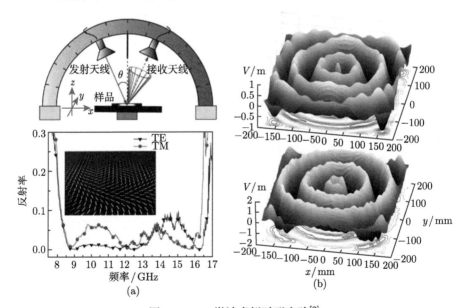

图 20.3-15　　微波虚拟赋形实验[2]

(a) 实验方案和结果；(b) 分别为 8.5GHz 和 16GHz 时距离样品表面 30mm 的电场分布

由于超表面结构厚度远小于波长，适合与非平面物体共形，以降低曲面目标的

RCS 水平。图 20.3-16 为共形在金属圆柱表面的超表面结构, 该结构同样使得金属柱的 RCS 水平降低了约 10dB。

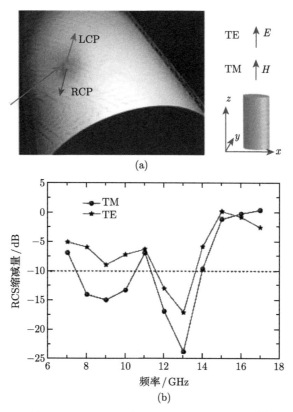

图 20.3-16　圆柱形超表面的 RCS 缩减效果[2]

(a) 示意图; (b) RCS 缩减值

20.3.3　基于零折射率材料的 RCS 缩减技术

本节阐述一种基于近零折射率亚波长结构的隐身技术。考虑自由空间中平面电磁波正入射到多层介质涂覆的金属圆柱的情况, 该体系的散射特性可通过 Bessel 函数求解[24]。通过在金属柱外涂覆特定介电常数和磁导率的材料, 减小结构的后向散射, 从而实现 RCS 缩减。其基本原理与变换光学以及虚拟赋形的电磁隐身技术类似。

以一个双层介质包裹的金属圆柱结构为例进行分析[25]。如图 20.3-17 所示, 通过优化包裹层介质材料的介电常数和磁导率, 可使其后向散射系数达到最小, 实现 RCS 缩减。优化后的多层圆柱结构参数为: $R = 25\text{mm}$, $d_1 = 5\text{mm}$, $d_2 = 1\text{mm}$, $\varepsilon_1 = 0.04$, $\mu_1 = 0.15$, $\varepsilon_2 = 4.8$, $\mu_2 = 1$。

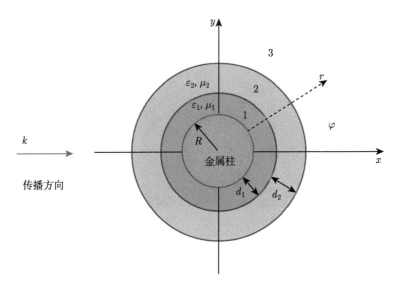

图 20.3-17　多层介质涂覆后金属圆柱的散射

利用上述参数分别计算 PEC 圆柱和外包介质层的 PEC 圆柱两种情况的远场 RCS。如图 20.3-18 所示，在后向 ($\theta = 0°$) 处，介质涂覆的 PEC 圆柱 RCS 的缩减量约为 21.42dB，且在 $-90° \sim 90°$ 范围内 RCS 都有明显缩减。

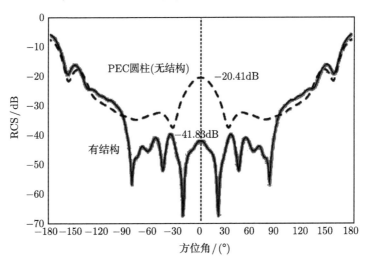

图 20.3-18　介质涂覆金属圆柱的 RCS 缩减[25]

由于 ε_1 和 μ_1 的值均远小于 1，可借助于亚波长结构近零折射率材料构造这种低 RCS 覆层材料[26]。此处选用金属断线对结构来构造该近零折射率材料，其单元结构如图 20.3-19 所示。单元结构由两层金属断线对组成，金属选用铜，厚度为

0.035mm，介质板的介电常数为 2.55，其他主要参数为：频率为 15GHz，x 方向周期为 $P_x=6$mm，y 方向周期 $P_y = 7.852$mm，两层之间的距离 $P_z = 2.5$mm，中间金属断线长为 $l = 6.5$mm，金属线结构宽度为 $w = 1$mm，介质板厚度 $t_d = 0.25$mm。

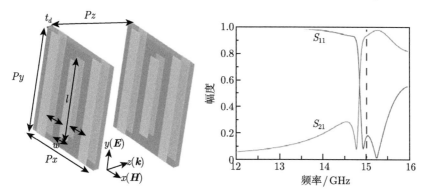

图 20.3-19 近零折射率亚波长结构单元示意图及其 S 参数曲线[25]

在 15GHz 处，所设计的单元结构的反射系数 $S_{11} = -15.1$dB，透射系数 $S_{21} = -0.57$dB，对应的吸收率仅为 8%。通过 S 参数反演法计算的材料等效介电常数和磁导率如图 20.3-20 所示[27]。在 15GHz 处，单元结构的等效介电常数为 $\varepsilon = 0.044$，等效磁导率为 $\mu = 0.283$，与设计值较为吻合。

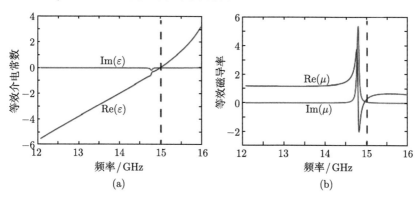

图 20.3-20 单元结构的 (a) 等效介电常数和 (b) 等效磁导率曲线[25]

该隐身结构的整体模型内外共有四层，第一层为 PEC 圆柱，其半径为 25mm，中间两层为由单元结构围成的圆环，其半径分别为 26.25mm 及 28.75mm，每一个圆环由 23 个单元结构组成，最外层为 G-10 材料 (介电常数为 4.8) 围成的圆环。这四层之间可用空气或者用泡沫填充。

该整体模型的 RCS 缩减效果如图 20.3-21 所示，覆盖近零折射率亚波长结构后，金属圆柱的后向 RCS 缩减了 20.66dB，而且在 $-90° \sim 90°$ 内，RCS 均小于

−31.89dB。

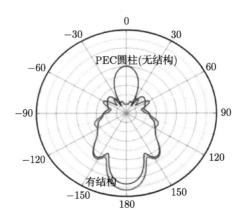

图 20.3-21　极坐标下 PEC 圆柱与所设计结构的 RCS 对比[25]

如图 20.3-22 所示，敷设多层结构材料后的 PEC 圆柱后向散射大幅减小 (电磁波从左侧入射)，而由于后向散射的转移，前向散射强度增大。因此，该技术与第 20.2 节所述的虚拟赋形技术一样，都是通过改变能量的散射方向来缩减目标的 RCS。

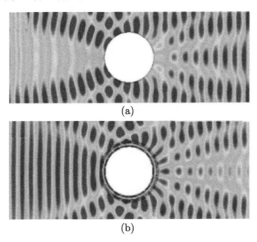

图 20.3-22　纯金属 (a) 和加载结构材料后 (b) 圆柱的散射电场[25]

20.4　反隐身技术概述

隐身技术改变了现代战争，特别是空战的方法，改变了攻防战略平衡。发展反隐身技术和武器系统已成为一项重要而紧迫的任务。反隐身研究也是验证己方隐身武器性能必不可少的手段。然而迄今为止，在隐身与反隐身的对抗和反对抗的动态发展中，隐身技术的发展处于主导方面，反隐身技术的发展滞后于隐身技术的发展。但随着诸如被动探测隐身目标等新技术的出现，这种情况正在逐渐改变。

20.4.1　传统隐身技术存在的问题

传统隐身技术并非完美无缺，它们自身存在的问题成为反隐身技术的突破口。下面将对这些问题逐一介绍。

1. 隐身特性与其他需求的矛盾

为了实现隐身功能，隐身平台需要在体积、重量、制造、维护等方面付出一定代价，从而产生一些突出矛盾：为了在平台内部携带弹药，平台体积会增大；使用隐身材料则增加了隐身平台的重量，降低了平台的弹药携带量和动力性能。例如头两代隐身飞机飞行速度低 (0.8 马赫)，机动性差，在大过载转弯时会失速；雷达波吸收材料维护困难，且需要诸多额外的保障措施。

2. 隐身技术的局限性

现有隐身武器的局限性主要集中在以下几点。

(1) 大多数隐身飞机都以单站雷达为对抗目标。F-117A 正前方迎头 ±30° 之内雷达散射截面平均值为 0.02m^2，但从前半球 45° 至侧向，其雷达散射截面会增加 25～100 倍；从上方侦察时，更容易被发现。

(2) 难以在整个微波及红外波段都保持相同的低可观测性。隐身武器目前只对厘米波雷达有效，某些米波防空雷达能引起飞机整体产生谐振，形成强烈的回波。一般而言，波长越长，隐身效果越差。

(3) 需要外部为其提供数据，因而有可能被截获。隐身武器总是尽可能地不发射雷达信号，需要外部为其发送数据。这就为截获这些数据，发现隐身武器提供了可能。

(4) 隐身飞机在投弹时打开弹舱，破坏了原有的隐身性能。隐身飞机的弹药采用内置方式，需要打开弹舱门投弹，使其雷达散射截面突然增大，容易暴露。另外，隐身飞机为了投掷激光制导炸弹，需要使用激光指示目标，也可能暴露自己。

20.4.2　反隐身的主要技术手段

隐身平台最主要的特点是难以被发现和跟踪，反隐身技术首先必须解决能够发现和跟踪隐身目标的问题。一般而言，反隐身探测技术主要在以下几个方面提升探测系统性能。

1. 提高雷达性能

提高和改进雷达性能是反隐身技术的重要措施，其主要技术途径是采用多种特殊功能的雷达系统，包括：超宽带雷达、超视距雷达、双基地或多基地雷达、双波段雷达和多种探测装置融合、机载和浮空器载雷达等。以下对其中几个作简单介绍。

(1) 超视距雷达

当前飞机等隐身武器系统主要对抗频率为 0.2～29GHz 的厘米波雷达，超视距雷达工作波长达 10～60m，靠谐振效应探测目标，几乎不受现有雷达波吸收材料的影响。目标的尺寸与电磁波的波长相当时，其反射最强，隐身飞机的尺寸接近超视距雷达的波长，因此很容易被这种雷达发现。同时，超视距雷达波是经过电离层反射后照射到飞行器上的，因此其探测能力更强，成为探测隐身武器的有力工具 (如图 20.4-1)。有实验表明，超视距雷达可发现 2800km 外、飞行高度 150～7500m、雷达散射截面为 0.1～0.3m² 的目标。采用了相控阵技术的超视距雷达，能在 1500 公里处探测到像 B-2 隐身轰炸机这样的目标 (如图 20.4-2)。超视距雷达的缺点是它提供的跟踪和位置数据不够精确，需与其他雷达联合使用。

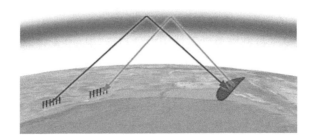

图 20.4-1　超视距雷达反隐身原理

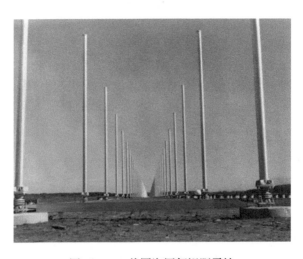

图 20.4-2　美国海军超视距雷达

(2) 双站和多站雷达

双 (多) 站雷达是将发射机和接收机分别部署在不同的地点,接收机无源工作。双战或多站雷达充分利用了现有隐身技术只减小后向 RCS 的弱点,一度被认为是最有前途的反隐身利器。但是,要想达到足够的预警时间和预警距离,发射天线 (主天线) 必需安置在国土边缘,而接收天线 (副天线) 必需位于外海。尽管可以在己方岛屿、舰船和钻井平台上部署副天线,但双站和多站雷达仍面临很多经济和技术问题,包括精确授时困难、战时易被干扰和攻击等。

(3) 机载和浮空器载雷达

隐身飞行器的隐身重点一般放在鼻锥方向 ±45° 角范围内,机载或浮空器载探测系统,通过俯视探测,容易探测隐身目标。美空军的 E-3A 预警机的 S 波段脉冲多普勒雷达在高空巡航时可发现 100km 距离以内、雷达散射截面为 0.1~0.3m² 的目标 (如图 20.4-3)。

图 20.4-3　美军 E-3A 预警机

(4) 利用天基雷达探测隐身目标

同步轨道 (地球上空 35786km) 卫星能够一直观测地球上的同一地区,但基于同步轨道卫星的雷达探测技术存在重大的难题。假设抛物面天线的直径为 20m,为了减少大气损失,选择频率为 1GHz 的微波,另假设飞机上表面的雷达散射截面为 100m²。根据计算,卫星需要 12kW 的功率,才能有 90% 的机会探测到目标,因此迫切需要解决雷达的供能问题。

若使用低轨卫星跟踪飞行目标,天线的发射功率与探测距离的四次方成正比,从而可大幅缩减雷达系统的功率。但低轨卫星不具有对目标区域连续覆盖的能力。假设轨道高度为 1000km,至少需要 32 颗卫星才能实现对探测区域的连续覆盖。如果低轨卫星的探测天线直径为 5m,为达到 90% 的探测概率,探测功率仅为 0.78kW。

对于伊拉克 441839km² 的国土面积，装载 5m 直径天线的卫星仅需 3 秒钟即可将该地区扫描一遍；而装载 8m 天线的卫星用时仅需 1.2 秒。

(5) 利用亚波长结构改进雷达性能

亚波长结构对电磁波的奇异调制特性，可用于反隐身雷达中，解决现有雷达存在的问题。亚波长结构对电磁波有下列调制特性：① 可有效调节天线的辐射波束方向，构造波束扫描天线，代替传统的机械扫描天线；② 亚波长结构可有效降低天线的副瓣水平；③ 亚波长结构可明显提升天线的辐射方向性，提高雷达天线的探测能力；④ 亚波长结构可调制天线的偏振态，甚至动态调节天线的偏振态，可构造多偏振雷达；⑤ 具有多频点响应特性的亚波长结构可用于构造多频段天线；⑥ 亚波长结构的色散特性可人为调制，因此可通过色散调制技术，构造超宽带亚波长结构以及超宽带天线。此外，基于亚波长结构的天线还具有小型化、平板化、多功能化的优势。这些特点使其在反隐身雷达系统中具有极大的潜在应用价值。上述功能已经在第 18 章中做了具体的介绍，此处不再赘述。

2. 无源微波探测系统

无源探测系统本身并不发射电磁波，而仅仅依靠被动地接收其他辐射源的电磁信号对隐身目标进行跟踪和定位。按照所依靠辐射源的不同，无源探测系统分为两类：一类通过接收被探测目标辐射的电磁信号对其跟踪和定位。隐身飞机在突防的过程中，为了搜索目标、指挥联络等，必然使用机载雷达等电子设备，电子设备发出的电磁波有可能被无源雷达发现。另一类利用电台、无线通信信号实现对目标的探测和识别，也具有相当大的优势。

3. 利用光学装置探测隐身目标

光学探测设备在导弹探测技术中具有重要地位。光学探测设备角分辨率高 (可达微弧量级)，体积小、重量轻、成本低，且无源工作，能准确探测逼近的导弹，辅助雷达告警设备发出导弹告警，并能准确引导干扰系统 (特别是激光武器) 实施干扰，是隐身导弹告警的重要技术手段，其同样可作为对隐身飞机探测的辅助手段。

光学反隐身系统包括红外探测系统、紫外探测系统和激光雷达系统。其中红外探测系统和紫外探测系统为被动式探测，而激光雷达系统为主动式探测方法。红外告警设备由于采用大型面阵列的区域凝视技术，目标的分辨率最高可达微弧量级，告警距离可达 10~20km。将红外探测系统作为反隐身手段，必须提高其作用距离以及在不良天气下的使用效能。紫外告警利用波长为 220~280nm 紫外波段的"太阳光谱盲区"来探测导弹的尾焰。

作为主动探测手段，激光雷达有更高的分辨率、更远的作用距离和良好的抗电磁干扰能力，是反辐射导弹告警的重要技术手段，也可用作反隐身技术的可行方案。

4. 红外偏振探测和偏振隐身技术

偏振成像是在实时获取目标偏振信息的基础上利用所得到的信息进行目标重构增强的过程,它能够提供更多维度的目标信息,从而具有提高探测目标精度、提高目标的识别概率和穿云透雾等能力。偏振成像技术适合应用于对隐身、伪装、虚假目标的探测识别,在雾霾、烟尘等恶劣环境下具有显著优势 (如图 20.4-4 和图 20.4-5)[28,29]。

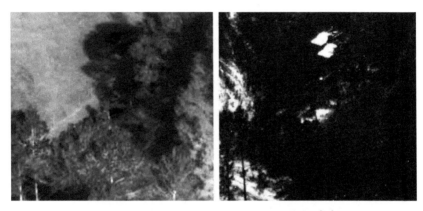

图 20.4-4　静止目标热红外与偏振成像对比[28]

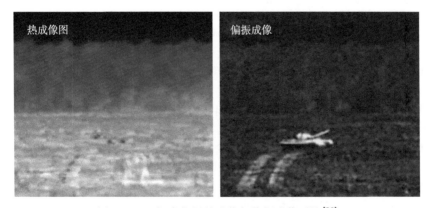

图 20.4-5　坦克热红外成像与偏振成像对比[29]

参 考 文 献

[1] Knott E F, Shaeffer J F, Tuley M T. Radar Cross Section. 2nd ed. Raleigh: SciTech Publishing, 2004.

[2]   Pu M, Zhao Z, Wang Y, et al. Spatially and spectrally engineered spin-orbit interaction for achromatic virtual shaping. Sci Rep, 2015, 5: 9822.

[3]   Pu M, Feng Q, Wang M, et al. Ultrathin broadband nearly perfect absorber with symmetrical coherent illumination. Opt Express, 2012, 20: 2246–2254.

[4]   隐身与反隐身技术和武器系统. 北京: 总装备部情报研究所, 2001.

[5]   Swarner W G, Peters Jr. L. Radar cross sections of dielectric or plasma coated conducting spheres and circular cylinders. IEEE Trans Antennas Propag, 1963, 11: 558–568.

[6]   Pu M, Hu C, Wang M, et al. Design principles for infrared wide-angle perfect absorber based on plasmonic structure. Opt Express, 2011, 19: 17413–17420.

[7]   Leonhardt U. Optical conformal mapping. Science, 2006, 312: 1777–1780.

[8]   Pendry J B, Schurig D, Smith D R. Controlling electromagnetic fields. Science, 2006, 312: 1780–1782.

[9]   Schurig D, Mock J J, Justice B J, et al. Metamaterial electromagnetic cloak at microwave frequencies. Science, 2006, 314: 977–980.

[10] Swandic J R. Bandwidth limits and other considerations for monostatic RCS reduction by virtual shaping. Bethesda MD: Naval Surface Warfare Center, Carderock Div., 2004.

[11] Hashemi H, Zhang B, Joannopoulos J D, et al. Delay-bandwidth and delay-loss limitations for cloaking of large objects. Phys Rev Lett, 2010, 104: 253903.

[12] Maxwell-Garnett J C. Colours in metal glasses, in metallic films, and in metallic solutions. II. Philos Trans R Soc Lond, 1906, 205: 237–288.

[13] Li J, Pendry J B. Hiding under the carpet: a new strategy for cloaking. Phys Rev Lett, 2008, 101: 203901.

[14] Liu R, Ji C, Mock J J, et al. Broadband ground-plane cloak. Science, 2009, 323: 366–369.

[15] Zigoneanu L, Popa B I, Cummer S A. Three-dimensional broadband omnidirectional acoustic ground cloak. Nat Mater, 2014, 13: 352–355.

[16] Ni X, Wong Z J, Mrejen M, et al. An ultrathin invisibility skin cloak for visible light. Science, 2015, 349: 1310–1314.

[17] Luo X, Pu M, Ma X, et al. Taming the electromagnetic boundaries via metasurfaces: from theory and fabrication to functional devices. Int J Antennas Propag, 2015, 2015: 204127.

[18] Marrucci L, Manzo C, Paparo D. Optical spin-to-orbital angular momentum conversion in inhomogeneous anisotropic media. Phys Rev Lett, 2006, 96: 163905.

[19] Pu M, Li X, Ma X, et al. Catenary optics for achromatic generation of perfect optical angular momentum. Sci Adv, 2015, 1: e1500396.

[20] Anandan J. The geometric phase. Nature, 1992, 360: 307–313.

[21] Feng Q, Pu M, Hu C, et al. Engineering the dispersion of metamaterial surface for broadband infrared absorption. Opt Lett, 2012, 37: 2133–2135.

[22] Pu M, Chen P, Wang Y, et al. Anisotropic meta-mirror for achromatic electromagnetic polarization manipulation. Appl Phys Lett, 2013, 102: 131906.

[23] Guo Y, Wang Y, Pu M, et al. Dispersion management of anisotropic metamirror for super-octave bandwidth polarization conversion. Sci Rep, 2015, 5: 8434.

[24] Bussey H E, Richmond J H. Scattering by a lossy dielectric circular cylindrical multilayer, numerical values. IEEE Trans Antennas Propag, 1975, 23: 723–725.

[25] Wu X, Hu C, Wang M, et al. Realization of low-scattering metamaterial shell based on cylindrical wave expanding theory. Opt Express, 2015, 23: 10396–10403.

[26] Dolling G, Enkrich C, Wegener M, et al. Cut-wire pairs and plate pairs as magnetic atoms for optical metamaterials. Opt Lett, 2005, 30: 3198–3200.

[27] Chen X, Grzegorczyk T, Wu B, et al. Robust method to retrieve the constitutive effective parameters of metamaterials. Phys Rev E, 2004, 70: 016608.

[28] Tyo J S, Goldstein D L, Chenault D B, et al. Review of passive imaging polarimetry for remote sensing applications. Appl Opt, 2006, 45: 5453–5469.

[29] Pezzaniti J L, Chenault D, Gurton K, et al. Detection of obscured targets with IR polarimetric imaging. In: Proceedings of SPIE. 2014. 90721D.

第21章　亚波长电磁仿生学

大自然是人类最好的老师，通过观察自然界中植物和动物的外观和行为，人类不断制造各种工具，增强了探索和改造自然的能力。从最原始的石器到现代的高科技技术，处处体现了仿生学的概念。从模仿草叶边缘发明锯子、模仿蜘蛛网发明渔网、模仿蝙蝠发明声呐到模仿鸟类发明飞机，人类对大自然的仿生一直在进行着。

随着技术手段不断进步，在显微镜、扫描隧道显微镜、电子显微镜等工具的辅助下，人类对自然界的认识逐渐由宏观向微观深入，在微观世界中发现了多种有别于传统认知的奇异电磁结构和现象，例如昆虫的复眼结构，昆虫体表和鸟类羽毛的结构色，鱼类皮肤的偏振隐身功能等。通过对上述新现象和新机理的实验验证，丰富和完善了电磁学的理论体系；在此基础上对生物系统的结构、性状、原理、行为的模拟，为科学技术创新提供了新原理和新方法。

21.1　自然界中的光学结构

光学是一门古老的学科，早在春秋时期，人们已经对光的传播现象进行了归纳和总结。随着近代高等数学的出现，光学得到了极大的发展，近代光学的基本理论已臻于完善。如今的许多光学从业者可能会认为，现在已经很难从自然界中再学习到新的光学知识了。但是，随着高分辨率观测仪器的不断涌现，人们可以更进一步观察自然中的微小结构，并探索这些肉眼无法观测到的微小结构所具有的特殊光学效应。下面对目前已知的生物微观结构和其光学功能进行介绍。

21.1.1　植物中的微纳光学结构

早期人们一直认为植物的色彩全部来源于植物叶片以及花瓣内的色素，例如叶绿素和花青素等。但是最近研究发现，一些植物的色彩并非仅仅来源于其内部包含的色素，植物表面的微纳结构同样可产生或者增强植物的颜色[1]。

图 21.1-1 为野生纯种的金鱼草和人工杂交的金鱼草的宏观和微观结构对比图。两种金鱼草的花瓣细胞中色素含量是相同的，但是野生的金鱼草在颜色上比杂交的金鱼草更鲜艳。造成这种差别的原因在于这两种花的花瓣表皮细胞的微观结构不同。从 SEM 照片中可以看出，野生金鱼草的花瓣表皮细胞呈圆锥形，细胞的周期大约为 10μm 量级，这种圆锥形结构可使入射光尽可能多地进入表皮细胞中，即

使在一个细胞界面上发生了反射,反射光也会进入相邻的细胞中。入射的光强足够大,可与花瓣细胞中的色素充分作用,因此使花瓣表现出更强的色彩度。而从 SEM 照片可以看出,杂交金鱼草的细胞较为平滑,在非垂直入射的情况下,外界光斜入射到花瓣表皮的平滑细胞后,会发生较强的反射,使入射光强相对减弱,如图 21.1-1(f) 所示。

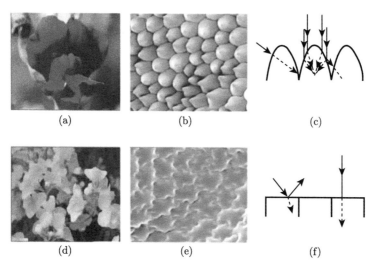

(a)   (b)   (c)

(d)   (e)   (f)

图 21.1-1   金鱼草花瓣的微观结构以及光学响应[1]

(a)~(c) 为野生纯种金鱼草;(d)~(f) 为杂交的金鱼草

从两种金鱼草的表面微纳结构可看出,植物表面的微观结构会对其光学特性产生明显的影响。除此之外,自然界中还存在多种植物,其颜色主要由植物表面的微观结构所决定,例如图 21.1-2(a) 中的香玲草的花朵,其花瓣靠近花蕊的部分具有虹彩效应,即随观察角度的变化,呈现的颜色不同。

50 μm

(a)   (b)

图 21.1-2   香玲草花朵和微观结构照片[1]

　　图 21.1-2(b) 为香玲草花瓣上接近花蕊部分的 SEM 图片，从图中可以看出，上下两部分花瓣细胞的表面明显不同，上半部分的表皮细胞表面光滑，该部分对应花瓣中颜色为白色的部分，而下半部分的花瓣细胞的表面具有周期性的规则条纹状结构，条纹的周期为微米量级，这种周期性的微纳结构在光照条件下呈现出红色。这种由于微细结构的存在，光波发生折射、衍射、反射、散射等物理过程，从而出现的颜色称为结构色，也称为物理色。

　　类似的结构色还可在迟花郁金香的花瓣表皮细胞中观察到。图 21.1-3 为迟花郁金香的结构色，从图 21.1-3(c)~(e) 中可看出，迟花郁金香的花朵细胞表皮存在周期约为 1.2μm 的光栅结构。该光栅的衍射图案如 21.1-3(b) 图所示。在入射角为 30° 的白光入射条件下，在不同的观测角度，测量得到反射谱线的峰值出现在不同的波长处，即在不同的观测角可看到不同的颜色。

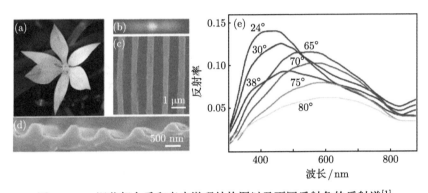

图 21.1-3　迟花郁金香和表皮微观结构图以及不同反射角的反射谱[1]

(a) 彩色照片；(b) 衍射图案；(c) SEM 俯视图；(d) SEM 侧视图；(e) 不同角度的反射谱 (30° 对应于镜面反射)

　　除了花朵之外，一些生长在低光环境中的植物叶片以及果实在白光入射条件下，会反射金属一般的蓝色光泽。如卷柏属中的藤卷柏和翠云草；位于马来西亚热带雨林中的绒毛双盖蕨、亮叶陵齿蕨、孔雀秋海棠和圆叶锦香草；以及生长于亚洲和澳大利亚的杜若属植物等。

　　蓝晕结构色在卷柏属植物中较为多见，但对这些植物叶片进行研究后发现，其叶片本身并不存在能够反射蓝光的色素，并且当叶片浸入水中后颜色即消失，由此可断定这种藤卷柏叶片上的蓝晕色的并非来源于植物组织内部色素的发光，而是一种发生在叶片表面的光学现象。例如藤卷柏和翠云草这两种植物中，蓝晕色多出现在下层阴暗叶片表面，而受光照更多的叶片呈现为绿色；将蓝晕色叶片长时间置于阳光直射下或当叶片逐渐衰老时，蓝晕色逐渐变为绿色。

　　从图 21.1-4 中藤卷柏叶片的微观照片可看出，蓝晕色叶片上层表皮的外侧细胞壁内存在两层薄膜结构, 而在底层表皮的外侧细胞壁和绿色叶片细胞壁内均不含此种薄膜结构。在外界白光入射条件下, 从这两层薄膜结构反射的光发生干涉, 从而形成蓝晕色。

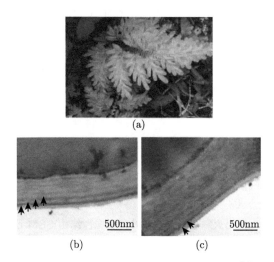

图 21.1-4 藤卷柏叶片的宏观和微观照片[1]

(a) 彩色照片; (b) 蓝色嫩叶片 SEM 图; (c) 绿色老叶片 SEM 图, 箭头所指为膜层结构

到目前为止, 人们还尚未弄清楚这种低光照环境中植物蓝晕色的意义。有观点认为, 这种蓝晕色可能是一种保护色, 可吓退食草动物, 防止食草动物吃掉它们的嫩叶。

除了花朵和叶片存在结构色之外, 一些植物的果实表面也具有结构色。杜若属植物康登萨塔 (Pollia Condensata) 的果实具有明亮的蓝晕色。而在蓝晕色果皮内未提取到相关色素, 因此可判定这种蓝晕色来源于果皮的内部组织结构。透射电子显微镜 (TEM) 观察结果显示 (图 21.1-5), 果皮表皮的细胞壁具有明显的薄膜结构, 正是这种致密的薄膜结构产生了蓝晕色。与叶片中蓝晕色的保护作用相反, 这种果实的结构色可让动物更容易发现它们, 并将种子带到更远的地方去, 从而促进种群的繁衍。

图 21.1-5 康登萨塔的果实和表面 TEM 照片[1]

　　生活在海拔为 3400 米高山上的火绒草, 其生活环境中紫外线强度非常强, 为了避免强紫外辐射对其细胞组织的伤害, 火绒草在花瓣周围进化出了对紫外线具有高反射率的小叶片, 如图 21.1-6 所示。在显微镜下观察, 这些叶片由微纳尺寸的植物纤维组成, 这些纤维的周期和直径均在百纳米量级。这种反射紫外线的方法可以应用于现代纺织技术中。

(a)　　　　　　　　　　　　　　(b)

图 21.1-6　高山火绒草 (a) 及其叶片表面微结构 SEM 照片 (b)[1]

21.1.2　动物中的微纳光学结构

　　与植物相比, 动物中存在更为多样化的微纳光学结构, 这些微纳结构的功能也多种多样, 包括体表的结构色、用于成像的复眼结构、增强热辐射的结构等。

1. 陆生动物的微观结构

　　陆地动物的微观光学结构较为引人注目的功能是产生结构色。这些色彩与传统基于色素产生的色彩最大的区别是, 在不同的观测角度和不同观测环境下, 表现出来的色彩不同。能够产生结构色的动物有孔雀、鸽子、鸭子、翠鸟以及蝴蝶和蜘蛛等。

　　早在 300 年前, 胡克和牛顿就对孔雀羽毛的绚丽色彩进行了观察和研究, 并指出孔雀尾羽中部分颜色来源于其微观结构[2,3]。利用扫描电镜可观测到孔雀羽毛从羽茎上伸出很多羽枝, 每个羽枝又有很多小羽枝[4]。小羽枝的典型尺寸约为 20~30μm, 表面光滑而弯曲, 如图 21.1-7(b) 所示。在高倍率显微镜下, 可看到小羽枝的横截面包含 8~12 层周期性排列的颗粒 (图 21.1-7(d)), 颗粒直径在 110~130nm。这些颗粒的层间距不尽相同, 相应地产生不同的结构色。在产生蓝色结构色的羽毛中, 颗粒层间距为 140~150nm; 产生绿色结构色的羽毛中的颗粒层间距约为 150nm; 而黄色结构色羽毛中颗粒层间距为 165~190nm[5]。从横截面图 21.1-7(c) 可看到, 在纵向方向上有长条状颗粒, 长度约 0.7μm, 分布是相对随机的。这些颗粒是黑色素, 导致羽毛看起来为黑褐色。图 21.1-7(e) 是根据电子显微镜观测结果给出的光子晶体结构[6]。其侧面的截面图与图 (d) 类似, 孔雀羽毛的皮质层中的角蛋白内包含沿着长度方向排列的长度为 1μm 的黑色素杆,并且这种黑色素杆排列成一个二维的准阵列结构。

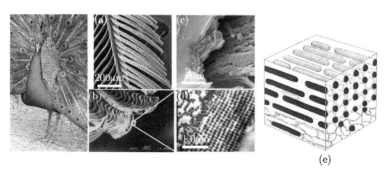

图 21.1-7 孔雀羽毛中小羽枝的微观结构[6]

(a) SEM 图; (b) 截面图; (c) 内部结构; (d) 截面的 TEM 图; (e) 孔雀小羽枝中的光子晶体结构

除了孔雀之外,其他一些鸟类和家禽的羽毛中也存在结构色,例如鸽子、翠鸟、鸭子等。如图 21.1-8 所示,鸽子脖子处的羽毛在阳光下具有显著的虹彩现象,并且其色彩与观测角度密切相关。当观测角度从 0° 到 120° 变化时,羽毛颜色从绿色向紫色渐变。从微观结构 (图 21.1-8(c)) 可看出,其羽毛内包含了许多紧密排列的微纳纤维,这些纤维组成二维光子晶体结构,可将不同波长的光反射到不同的角度。

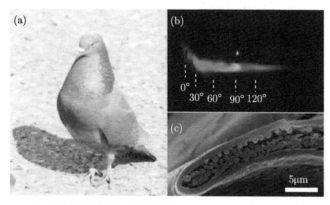

图 21.1-8 (a) 鸽子脖子处羽毛的结构色; (b) 羽毛色彩及对应的观测角度;
(c) 羽毛截面的 SEM 图[6]

变色龙可判别所处环境的颜色,并根据环境的颜色特征,调节自身颜色,使身体颜色与所处环境保持一致。传统观点认为,变色龙皮下有垂直排列的数层色素细胞,每层细胞控制着特定的颜色,通过色素细胞的舒张和收缩调和成不同的皮肤颜色,其原理类似于电视机的彩色显像管。

瑞士日内瓦大学的 Teyssier 指出：变色龙之所以能够迅速的改变体色，原因在于其真皮细胞的表面有一层虹细胞 (Iridophores)，通过改变这一细胞层内部的鸟嘌呤纳米晶体的排列结构，可实现颜色的变化[7]。图 21.1-9 为变色龙身体颜色的变化过程，图 (a) 是两只雄性变色龙在身体放松和刺激状态下的身体颜色。当变色龙处于平静状态下时，这些晶体排列紧密，蓝色的结构色与皮肤中的黄色素产生的颜色相结合，体色呈现为绿色。而当变色龙紧张时，它们会主动控制晶体的疏密程度，使其排列更加松散，这样的结构会反射波长更长的光。此外研究人员还发现，在变色龙表皮的 S 虹细胞之下，还有一层 D 虹细胞，如图 21.1-9(b) 所示，它们的尺寸相对较大，并不参与颜色变化。但是它们可以控制皮肤对红外光的反射，使变色龙可迅速改变对环境热量的吸收能力，进而调节其体温。

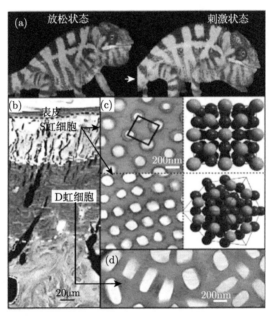

图 21.1-9 变色龙的结构色[7]

(a) 放松状态和刺激状态下变色龙的身体颜色；(b) 变色龙皮肤截面图；(c) 受激状态的 S 虹细胞 TEM 照片和对应的模型；(d) D虹细胞的 TEM 照片

2. 昆虫的微观结构

日本宝石甲虫 (Chrysochroa Fulgidissima) 的腹部和背部具有鲜艳的颜色 (图 21.1-10(a))[8]，其原理在于甲虫翅膀表皮中多层微纳结构的干涉效应。如图 21.1-10(d) 所示，多层结构的层数约为 20 层，每一层的折射率在 1.5 和 1.7 之间。在不同角度观察时，宝石甲虫的颜色也不相同 (图 21.1-10(a))。在 100μm 的比例尺下，在宝石甲虫的翅膀表皮上可看到明显的不规则凹槽 (图 21.1-10(b))。将比例尺减小到 10μm，可看到甲虫的翅膀表皮中存在六角排布的孔阵列 (图 21.1-10(c))。这种不规则的多层结构使入射光被强烈散射。

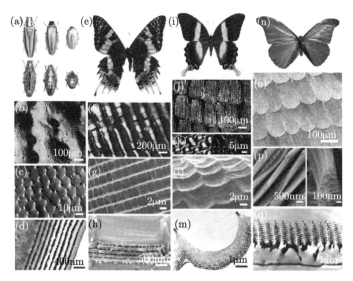

图 21.1-10　宝石甲虫和蝴蝶翅膀的结构色[8]

(a)～(d) 宝石甲虫照片和不同放大倍率下的微观结构；(e)～(h) 日落蛾的宏观和微观结构；(i)～(m) 蓝尾翠凤蝶和翅膀微观结构；(n)～(q) 大闪蝶照片和翅膀微观结构

　　蝴蝶翅膀上绚丽多彩的颜色很多年前就引起了科学家的关注。研究发现，蝴蝶翅膀表面布满了大量的鳞片，它们排列整齐有序，可产生色彩斑斓的图案。马达加斯加金燕蛾 (又称日落蛾) 的翅膀在阳光下呈现出从绿到红的明亮色彩，如图 21.1-10(e)，(f) 所示。显微镜下可观测到日落蛾翅膀鳞片上含有多层微纳结构 (图 21.1-10(g)，(h))。这种多层结构可看作由空气层和外皮组织交替排列而成的多层膜系，具有较大的折射率对比度，因此能够产生强烈的反射。如图 21.1-10(i) 所示，东南亚的蓝尾翠凤蝶的翅膀上具有明亮的绿色斑点，这源自于它们鳞翅上独特的凹状多层结构 (图 21.1-10(l)，(m))。这种多层凹面结构的边缘反射蓝光，而中心处反射黄光，两种颜色的光叠加后产生绿光。由于在凹面边缘和中心处入射角度随空间变化，因此在凹状多层结构的不同区域会产生不同的颜色。生长于美国南部和中部的大闪蝶，以其靓丽的表面颜色而闻名。在它们中间，最引人注目的是有着鲜艳蓝色结构色的尖翅蓝闪蝶，如图 21.1-10(n)，(o) 所示，其结构色来于其翅膀鳞片上脊状结构 (图 21.1-10(p)，(q)) 产生的膜层干涉作用。

　　在非洲沙漠中生活的一种银蚁，在阳光照射下，其表面呈现出银色的金属光泽，这也是其名字的由来，如图 21.1-11 所示[9]。研究发现，银蚁身体表面存在致密排列的微纳尺度的绒毛结构，这种微纳结构一方面对可见光和近红外波表现出较高的反射，另一方面在中红外波段具有很强的辐射能力，这两种光学功能可实现自发制冷效果，使银蚁身体的温度不至于过高，保证其在高温环境下的生存能力。

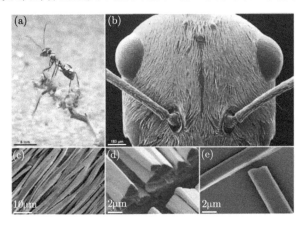

图 21.1-11   (a) 沙漠中的银蚁；(b) 银蚁头部显微照片；(c) 银蚁身体绒毛 SEM 照片；

(d) 绒毛截面 SEM 照片；(e) 绒毛的顶部和底部 SEM 照片[9]

视觉是生物光学的一个重要研究内容。自然界中大多数生物对光线有着比较敏感的反应和独特的响应机制。由于生存环境的区别，不同生物的视觉系统也存在一定的差异[10]。

苍蝇、蜻蜓等昆虫的眼睛为复眼结构，由很多结构和功能相同的小眼组成。图 21.1-12 为苍蝇的复眼，其小眼截面呈六边形，小眼的直径一般在 $10\sim140\mu m$。由于复眼是由很多小眼形成的 "簇"，因而能准确地测算出目标的运动速度、距离等。每只复眼的小眼数量越多，对物体的角分辨率就越高；复眼的曲面结构使其视野能够达到约 $180°$。不同生物复眼的小眼结构基本一致，一般包括角膜、晶锥、感杆束、色素细胞以及基膜等[10]。工蜂复眼中小眼的视场为 $3.4°$，垂直视场为 $224.5°$，水平视场为 $176°$，而两只眼的总水平视场达到 $350°$。工蜂复眼的大视场特性使其具有快速搜寻目标的功能[11]。如图 21.1-13 所示，复眼一般包括两种类型：并列式和重叠式，分别适应于不同物种和生活环境。

图 21.1-12   苍蝇复眼及其微观结构

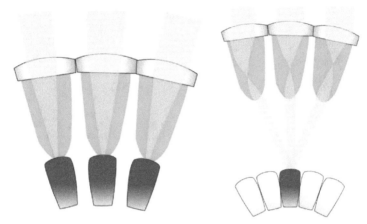

图 21.1-13　并列式和重叠式复眼[10]

　　昆虫复眼中的每个小眼接收两次光刺激的间隔很短，所以复眼具有很高的时间分辨率。人的眼睛要看清物体的大概的轮廓需要 0.05 秒左右的时间，但是苍蝇的复眼只需要 0.01 秒的时间就能很快地做出反应。

　　除了复眼透镜之外，学者们还发现部分昆虫的复眼结构具有天然的消反功能。研究发现，飞蛾的复眼外部有一层由致密的六边形亚波长结构组成的薄膜层 (图 21.1-14)，该结构能够有效减少入射光的反射，增加光利用率。另一方面，这种消反结构也是昆虫自我保护的一种方式，使昆虫被天敌发现的几率大大降低。

图 21.1-14　蛾眼的消反结构

3. 水生动物的微观结构

　　海鼠是一种生活在海底的生物，学名又叫鳞沙蚕。海鼠体表具有坚硬的刺，从背面看，其体表颜色为灰色。但是其身体腹部侧面具有一层刚毛结构，可反射出绚丽的彩色，如图 21.1-15 所示。这种彩虹色彩是由这些微纳尺度的刚毛按照一定的周期紧密排列得到的。由于这些刚毛本身无色透明，因此海鼠身体中的这种彩虹颜色并非来源于色素。

图 21.1-15   海鼠刚毛的结构色[6]

贝壳类生物，如母贝，在其贝壳的内表面可观察到类似的彩虹颜色。贝壳的材料主要是碳酸钙，其内表面有一层具有虹彩效应的珍珠层。从贝壳的断层照片中可看出 (图 21.1-16)，贝壳内壁的珍珠层由具有一定间隙的周期性层叠的碳酸钙以及填充在间隙间的蛋白质组成，这种微纳尺度的周期性层状结构，使其可表现出鲜艳的色泽。

图 21.1-16   母贝内壁和微观结构照片

前文讲述的陆地动物可利用微纳结构产生结构色进行信息传递，而一些水生生物可有效利用光的偏振态进行通信和自我保护。这些水生生物身体中的微观结构可实现偏振光的成像或者对特定偏振光的辐射。生活在泥沼中的寄居蟹可识别偏振光，并且其外壳可反射出具有特定偏振态的光[12]。另外，生活在海水中的螳螂虾，其头部、腿部和尾部结构可反射不同旋向的圆偏振光，而其眼睛能对圆偏振光进行成像，如图 21.1-17(a) 所示。利用这种圆偏振光通信能力，螳螂虾可判断洞穴是否被同类或者其他捕食者占据[13]。

在深海和远海中，由于所处的环境中缺少可遮挡或者隐蔽的物体，鱼类很难实现光学隐身。为了避免被捕食者发现，一些鱼类，如大眼鲷和月鲹等的皮肤具有偏振隐身功能 (图 21.1-17(b))。其皮肤表面反射光的偏振态与环境的偏振态保持一致，可与所处的环境融为一体[14]。

图 21.1-17   (a) 具有偏振成像功能的螳螂虾[13]；(b) 具有偏振隐身能力的月鲹[14]

一些生活在海洋或湖泊上层的鱼类身体结构中也存在微观光学结构，使其具有伪装效果。这些鱼类通常具有明亮的腹部和黑色的背部。从鱼的下方看，由于全反射，水面看起来类似一面反射镜，而这些鱼腹部与镜面反射的亮度几乎相同；从鱼所处位置的上方看，水体的颜色为黑色，而这些鱼的背部的颜色与这种环境背景也吻合。

另外，还有一些水生生物中存在着非常有趣的微观光学结构。例如生活在水深 200~1000m 的斧头鱼 (图 21.1-18)，在这个深度范围内，水中的光是蓝色的。在斧头鱼的身体内部存在一个管道系统，管状体的一端连接可产生蓝光的组织，并将其产生的蓝光引导至鱼腹部的出口。斧头鱼通过调整自身产生的光强，使其与外界环境的光强相匹配，在其下方游动的捕食者将无法发现斧头鱼，从而实现光学的隐身效果。这种伪装策略在二战期间被英国和美国运用于军事飞机上，在飞机的前端边缘处安装照明灯，通过灯光强度的调节使飞机实现隐身的效果，在迎着飞机飞来的方向，敌人无法看到飞机。但是不巧的是，这种飞机刚开始服役的时候，雷达就诞生了。

图 21.1-18   斧头鱼

除了上述基于生物微观结构的保护机制以外，一些水生生物体还具有令人惊奇的复杂的视觉系统。例如海蛇尾，其身体结构与海星类似，包括一个圆形的体盘和周围 4 到 6 条不等的细长腕, 如图 21.1-19(a) 所示[15]。在显微镜下可观察到, 在海蛇尾的每一条腕上的表层, 布满了周期性光学微透镜 (图 21.1-19(b))。这些透镜由各向异性的方解石晶体组成, 可将入射光聚焦在其下方 4~7μm 处的神经束上。这种周期性的光学透镜可有效降低透镜的球差和双折射效应, 提高海蛇尾对光强度的敏感度, 更早地发现掠食者。

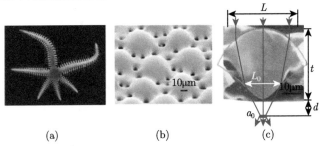

(a)　　　　　　　(b)　　　　　　　(c)

图 21.1-19　海蛇尾及其光学微纳结构

(a) 海蛇尾照片; (b) 海蛇尾腕上的微观结构; (c) 成像原理[15]

海洋中的石鳖, 其外壳的颜色与周围的礁石颜色相似, 具有天然的保护色。其坚硬的外壳不仅起到保护自身的作用, 同时还具有探测的功能。石鳖的外壳包含了约 1000 只微米尺寸的小眼 (图 21.1-20)[16]。这些小眼呈椭圆形, 最大直径约为 50μm, 分布在外壳中的固体凸起的底部。尽管石鳖的外壳是由不规则排列的晶体组成, 但是其眼睛的晶状体上的晶体则排列整齐, 可让光线相对无阻碍地进入眼睛的腔体中。每只眼睛的角分辨率约为 9°, 众多小眼睛使得石鳖的视野可覆盖上半空间, 并且可使 2m 范围内的目标在视网膜上成像, 从而有效地观测到捕食者。另外, 石鳖外壳上还有众多的感觉器官, 可感受到周围海水的振动和扰乱。一般而言眼睛等感觉器官通常是生物的弱点所在, 但是石鳖将感觉器官与坚硬的外壳有机结合, 能够有效地保护自身的安全。

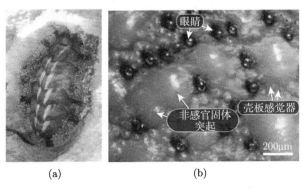

(a)　　　　　　　(b)

图 21.1-20　石鳖外壳上的感觉器官[16]

21.2 结构色的成色机理

21.1 节中介绍了自然界生物的微纳光学结构产生的光学效应, 包括结构色、复眼、光学隐身等。下面介绍产生结构色的基本原理。

著名的牛顿棱镜实验证明白光由多种不同颜色的光复合而成。颜色与可见光的波长相关, 按照波长由短到长的顺序, 光的颜色由紫色渐变到红色 (图 21.2-1)。自然界中的光一般都是复色光。一定成分的复色光, 有一种确定的颜色与之对应; 但是反过来, 一种颜色不只是对应一种光谱组合, 也就是说两种成分完全不同的复色光引起的颜色感觉可能完全一样, 这种现象与动物识别颜色的机制有关。

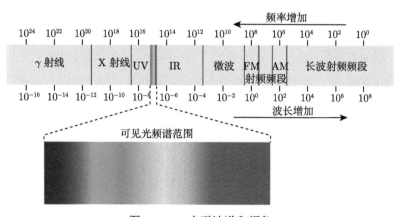

图 21.2-1 电磁波谱和颜色

按照颜色的产生机理, 可将物体颜色分为色素色和结构色两类。其中色素色主要是通过色素分子有选择性地吸收特定波长的光线, 而反射和透射其他波长的光。由于色素分子对光的吸收一般没有方向性, 所以从不同方向观察物体的颜色基本一致。

与色素色不同, 结构色来源于光与微观结构 (比如光栅、薄膜、纳米颗粒、光子晶体等) 的相互作用, 通过折射、反射、衍射、散射等光学效应产生颜色。一般而言, 产生结构色的微观结构特征尺寸均在亚波长量级。

结构色有以下几个特点。

(1) 结构色与物质微结构和物质材料性质有关。只要产生结构色的微结构及其材料不变就永不褪色。

(2) 结构色是物理色, 运用结构产生颜色比色素 (化学染料) 产生颜色更环保。

(3) 结构色通常具有虹彩效应, 也就是说观测到的色彩具有方向性, 所以在防伪和装饰领域具有广泛应用。

产生结构色的方式很多, 如图 21.2-2 所示, 包括反射、薄膜干涉、衍射、折射、散射、光子晶体的滤波、棱镜分光等。可按照物理效应大致分为三种，即膜层的干涉效应、光栅结构的衍射效应、纳米粒子的散射效应等。

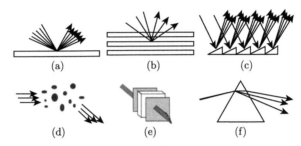

图 21.2-2　结构色的产生原理示意图

(a) 单层膜干涉；(b) 多层膜干涉；(c) 光栅衍射；(d) 散射；(e) 光子晶体的滤波；(f) 棱镜分光

21.2.1　膜层干涉效应

生物的结构色大多来源于光的干涉效应，干涉形式可分为单层薄膜干涉和多层薄膜干涉。

由多层透明薄膜叠层组成的周期性结构，其反射光的颜色、强度、纯度取决于多层膜材料中折射率对比度、每一层材料的厚度以及堆栈的层数。此外，反射光的颜色随着光入射角和观察方向会发生变化。以两种材料交替排列构成的多层膜为例，两种材料的折射率分别为 n_A 和 n_B，薄膜厚度为 d_A 和 d_B。在一定入射角 θ 下存在以下关系

$$m\lambda = 2\left(n_A d_A \cos\theta_A + n_B d_B \cos\theta_B\right) \tag{21.2-1}$$

其中，m 是正整数，θ_A 和 θ_B 由斯涅耳定律给出

$$n_{air}\sin\theta = n_A\sin\theta_A = n_B\sin\theta_B \tag{21.2-2}$$

在这种情况下，当波长满足式 (21.2-1) 时，交界面处的反射光相干相长。如果波长同样也满足下式

$$\left(m + \frac{1}{2}\right)\lambda = 2n_A d_A \cos\theta_A = 2n_B d_B \cos\theta_B \tag{21.2-3}$$

则这个多层堆栈可称为理想多层膜结构。在一个理想多层模型中从 $n_A - n_B$ 交界面反射的光束 (图 21.2-3(b) 中的实线箭头)与从 $n_B - n_A$ 交界面反射的光束 (图 21.2-3(b) 中的虚线箭头) 相干相长。对于具有相同材料、相同层数以及相同周期组成的多层膜结构，在反射峰值对应的波长处，非理想多层膜结构的反射率要低于理想多层膜结构。自然界中大部分多层膜均为非理想结构。

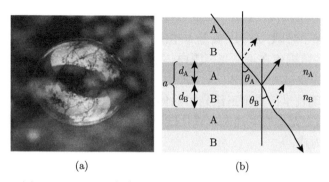

(a) (b)

图 21.2-3 (a) 肥皂泡干涉色彩；(b) 多层膜干涉示意图

21.2.2 衍射效应

除了干涉效应之外，衍射也是结构色产生的重要途径。例如常见的光栅结构和光盘上的亚波长结构，其原理如图 21.2-4 所示，在一个衍射光栅内，如果光栅周期为 d，波长为 λ 的光以角度 θ_i 入射，衍射级次为 m 的衍射角度 θ_m 满足光栅方程：$\sin \theta_m = \sin \theta_i + m\lambda/d$。

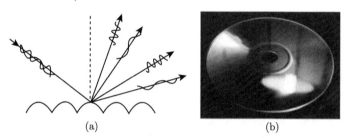

(a) (b)

图 21.2-4 (a) 光栅的衍射效果示意图；(b) 光盘的衍射结构色

生物体中存在的衍射结构可分成两种，第一种为表面规则结构。一些代表性结构为表皮上一系列规则间隔的平行或近似平行的沟槽或突起，其作用类似于光栅，可将白光衍射并产生虹彩。图 21.2-5 为是一种生活在深海的虾类，其须毛呈现明亮的色彩，从 SEM 照片可看到这些须毛由类光栅结构组成。

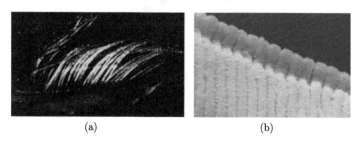

(a) (b)

图 21.2-5 深海虾的须毛和边缘的光栅结构[8]

　　另一种产生结构色的衍射结构在光学波段能产生布拉格衍射效应，这种结构通常被称为 "光子带隙" 材料。其基本电磁特性在光子晶体章节中已经有详细的介绍，即当带隙的范围落在可见光范围内，特定波长的可见光将不能透过该晶体。这些不能传播的光将被光子晶体反射，产生结构色。如图 21.2-6 所示，蛋白石 (Opal) 是自然界中发现较早的典型三维光子晶体结构，其颜色随观察角度的变化不断改变。蛋白石的成分是水合非晶态二氧化硅，其微观结构由单分散二氧化硅球按面心立方结构排列而成。

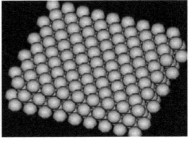

图 21.2-6　蛋白石及其微观结构示意图[17]

21.2.3　散射效应

　　散射是指由于媒质的不均匀性致使部分光波偏离原来的传播方向而向不同方向散开的现象。如图 21.2-7，其中向四面八方散开的光，就是散射光。介质的不均匀可能是介质内部结构疏松起伏，也可能是介质中存在杂质颗粒。光的散射通常可分为两大类：一类是散射后光的频率发生改变，即非弹性散射，如拉曼散射；另一类是散射后光的频率不变，即弹性散射，如瑞利散射和米氏散射。

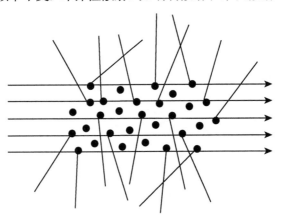

图 21.2-7　光的散射

与结构色相关的散射多为第二类散射，其中颗粒尺寸小于光波波长时产生的散射为瑞利散射。此时散射光强与波长的四次方成反比，因此短波长 (蓝色) 的光会被优先散射。晴朗天空出现的蔚蓝色即来源于空气中的颗粒和空气分子的瑞利散射。当散射颗粒尺寸接近或大于光波波长时发生的散射行为称为米氏散射。此时瑞利散射理论已不再适用，散射颜色以红色和绿色为主。当颗粒尺寸远大于可见光波长时，大部分的可见光被散射，散射光呈现白色，例如云和雾等。

一些鸟类和昆虫体表的蓝色来源于瑞利散射，比如翠鸟的羽毛 (图 21.2-8)，在扫描电镜下可看到不规则的小孔结构，小孔直径约为 100nm，小于可见光波长。这种亚波长小孔的散射作用使翠鸟的羽毛表现出明亮的蓝色。此外，蜻蜓的翅膀和身体表皮细胞内的无色颗粒也会产生瑞利散射，使其产生蓝色的散射光。除了瑞利散射外，一些生物的结构色是由多种光学效果同时作用产生的，例如凤蝶翅膀的蓝色由鳞片中的气泡产生的瑞利散射和鳞片上薄膜干涉两部分构成。

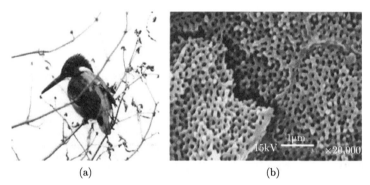

(a)　　　　　　　　　　(b)

图 21.2-8　翠鸟羽毛及其微观结构[6]

21.3　亚波长光学仿生器件

在对生物微观结构光学功能认识的基础上，将这些奇异的结构与现有光学技术有机结合，可构造具有更好性能的光学器件。以下介绍人工复眼、蛾眼消反层的仿生结构、偏振调制仿生结构等。

21.3.1　复眼结构的亚波长仿生技术

较早实现的平面并列型仿生复眼结构如图 21.3-1 所示[18]。该复眼透镜由微透镜阵列、金属小孔阵列、感光层组成。每个微透镜后面都有一个直径 1~6μm 的小孔。整个光学复眼系统厚度为 320μm，最大视场角为 21°。光聚合物层 (透镜层)、玻璃层和金属层的厚度分别为 20μm、300μm 和 200nm。光线在经过光聚合物层、玻璃层后，通过金属层上的小孔成像。如图 21.3-2 所示，该仿生复眼系统能够分辨出物体的轮廓，但清晰度不高。

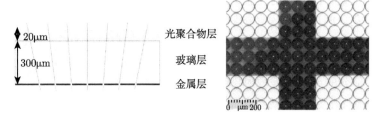

图 21.3-1　平面仿生复眼结构[18]

图 21.3-2　平面复眼结构的成像效果[18]

这种平面复眼结构各个部分的结构参数如图 21.3-3 所示。其中，$\Delta\phi$ 为物体到接收器的成像角，即相邻小孔之间的成像夹角；$\Delta\varphi$ 为小眼夹角，为每一个小孔的成像角；D 为微透镜直径；d 为小孔的直径；p_k 为小孔阵列的周期；p_L 为透镜阵列的周期。

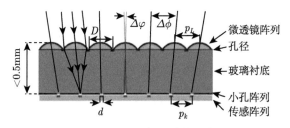

图 21.3-3　平面复眼结构示意图

这种仿生复眼结构具有质量轻、体积小、视场大的优点，但其空间分辨率很低。这一缺点可通过将成像的单孔改变成 $N \times N$ 阵列来弥补[19]。

除了平面的阵列式仿生复眼结构之外，人们还发展出了球面光学仿生复眼结构[20]，如图 21.3-4 所示。该仿生复眼结构由两部分组成，上面的部分为制作在凹透镜内表面的微透镜阵列；下面的部分是制备在凸透镜上的金属涂层结构，在金属涂层上制作小孔阵列作为微透镜的聚焦小孔。外部光信号首先经过凹透镜上的微透镜阵列聚焦，最后到达凸透镜表面金属涂层上的小孔内进行成像。图 21.3-5 为该曲面仿生微观结构。

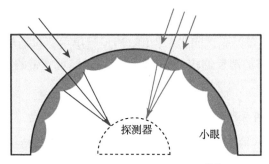

图 21.3-4 球面仿生复眼结构[20]

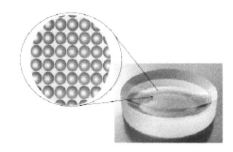

图 21.3-5 凹球面微透镜阵列及其微观结构[20]

图 21.3-6 是仿照蜜蜂设计的复眼结构[21]。该仿生复眼中小眼包含一个低菲涅耳数的六边形微透镜，一个试管状的聚合物锥体，以及一个聚合物波导。该波导由外部低介电常数的聚合物树脂和内部被包裹的高介电常数芯组成。微透镜收集到的入射光被聚合物锥形镜聚焦，进入聚合物波导中，并传导至另一端的光电子探测器阵列。实验测试该仿生小眼结构的成像角分辨率为 4.4°，接近蜜蜂小眼 1.6° ～ 4.7° 的实际角分辨率。

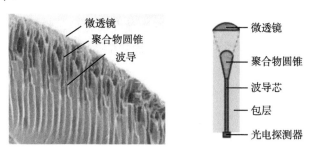

图 21.3-6 仿蜜蜂复眼的成像结构[21]

21.3.2　消反膜的仿生技术

1. 膜层结构消反射理论

消反膜是光学系统最常用的一种增加透过率、减少能量损失的结构,其原理是在光线入射到薄膜的时候,光线在膜层的两个界面上产生反射,通过调节薄膜材料的折射率和厚度,使反射光之间相干相消。消反膜层主要包括单层膜结构和多层膜结构。相比于单层膜的消反结构,多层膜结构可以实现宽带的消反射。具体的理论推导与式 (21.2-1)~式 (21.2-3) 类似,这里不再赘述。

2. 亚波长结构消反射理论

除了利用膜层结构实现消反之外,蛾眼表面的亚波长结构同样可实现很好的消反效果。以下分析椭球形亚波长结构的消反射原理,其结构如图 21.3-7 所示。每个椭球的底面半径为 a,周期为 b,高度为 h。这种椭球形结构具有较好的表面稳定性和较低的加工难度,可实现宽带减反射效果。

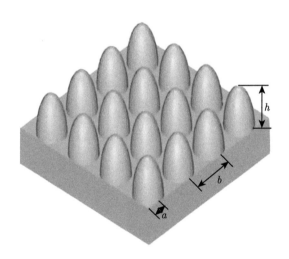

图 21.3-7　基于周期性椭球的减反结构

如图 21.3-8 所示,上述结构可通过等效介质理论,将每层等效为单层膜结构,最后利用多层膜减反射理论进行研究。椭球型结构的等效介电常数可利用下式计算

$$\varepsilon \approx \frac{[f\varepsilon_s + (1-f)\varepsilon_i][f\varepsilon_i + (1-f)\varepsilon_s] + \varepsilon_s\varepsilon_i}{2[f\varepsilon_i + (1-f)\varepsilon_s]} \tag{21.3-1}$$

其中, ε_s, ε_i 分别为基底和填充材料的介电常数; f 为基底材料的占空比,对于椭球形结构,其表达式如下

$$f(z) = \frac{\pi a^2}{b^2} \left(1 - \frac{z^2}{h^2} \right) \tag{21.3-2}$$

其中，h 是整个结构的高度；z 是膜层所在的高度。将占空比代入式 (21.3-1)，并利用 $n = \sqrt{\varepsilon}$ 即可计算出等效介质的折射率分布。

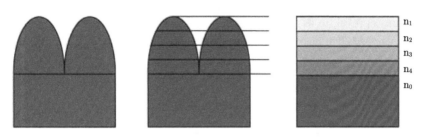

图 21.3-8 渐变型结构的等效介质理论分析

除椭球形外，典型的结构形式还包括高斯型、指数型尖峰等。一般而言，在消反结构的实际设计过程中需要综合考虑结构的消反效率与加工难度。在加工工艺允许的条件下，仿生结构一般具有更好的消反射特性。

3. 消反射仿生技术

通过在家蝇的复眼结构外表面沉积厚度约 100nm 的氧化铝薄膜，并利用高温氧化的方法去除家蝇复眼生物组织，可得到氧化铝膜的仿生复眼结构[22]。图 21.3-9

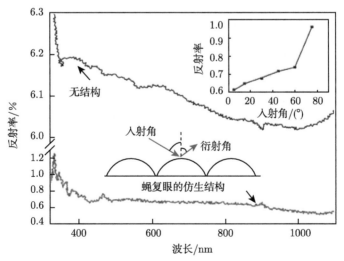

图 21.3-9 仿生复眼结构与平面氧化铝薄膜的反射特性[22]

插图为反射率随入射角度的变化 (波长 632nm)

所示为仿生复眼与沉积在平面硅片上的氧化铝薄膜的反射特性对比，仿生复眼结构的反射率明显低于没有亚波长结构的氧化铝薄膜。

图 21.3-10 为周期性硅纳米线组成的消反结构[23]。纳米线的直径为 300nm，周期为 720nm。每一列的四幅图分别代表纳米线高度为 1μm，6μm，9μm 和 30μm 对应的 SEM 图和反射率测试结果。从图 21.3-10(a) 中可看出，当纳米线阵列的高度分别为 1μm，6μm，9μm 时，阵列结构仍能保持相对完好，而当纳米线的高度增加到 30μm 时，从俯视图上可观测到纳米线阵列已经有部分形成了团簇。图 21.3-10(b) 为不同高度的纳米线阵列的反射率曲线，纳米线高度为 1μm，6μm，9μm 时，在 300~1200nm 波长内的反射率随着纳米线高度的增加而逐渐减小，当高度为 9μm 时，阵列的反射率达到最小，在 300~1200nm 波长内反射率小于 2.2%。

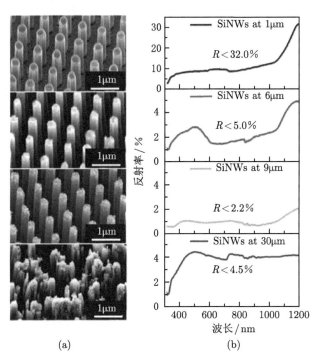

图 21.3-10   周期性硅纳米线组成的消反结构[23]

(a) SEM 图；(b) 反射率

这种长度远大于波长的垂直纳米线阵列可对入射光产生较强的捕获效应，使入射光被束缚在硅纳米线中，并被多次散射消耗。通过在硅纳米线表面加载金属纳米粒子，可在光波波段激发出表面等离子体，有助于对入射光的进一步捕获，提高消反层的消反能力。如图 21.3-11 所示，在硅纳米线阵列表面沉积金和银的纳米粒子后，消反层在 300~1200nm 波段内的反射率降低至 1% 以下。

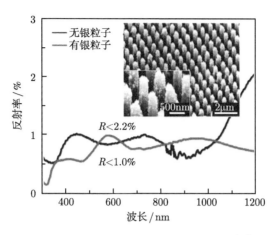

图 21.3-11 银纳米粒子对反射率的影响[23]

图 21.3-12 是一种紫外波段的亚波长纳米结构消反层[24]，利用纳米球光刻技术和反应离子刻蚀，在熔融石英基底上制作出锥形亚波长阵列结构。相邻纳米结构之间的间距为 $85 \pm 12nm$，锥形的顶部直径为 $43 \pm 4nm$，底部直径为 $66 \pm 7nm$，纳米结构的整体厚度为 $182 \pm 18nm$。从测试结果可看出，该消反层在 $200 \sim 750nm$ 波长内的反射率小于 2%，透过率大于 97%。在 325nm 波长处，反射率最小，而透过率峰值接近 99%。

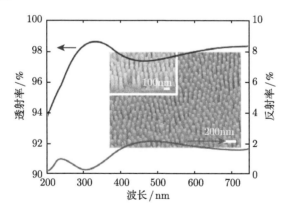

图 21.3-12 基于纳米阵列的消反增透层[24]

图 21.3-13 是利用反应离子刻蚀制备出的消反射表面[25]。如图所示，消反层为按照六边形排布的锥形阵列结构，锥体顶部光滑，底部直径约为 192nm。锥体阵列垂直于基板，阵列之间的间距为 210nm，锥体的高度为 236nm。该消反射表面的尺寸和蛾眼角膜凸起阵列类似，可大大抑制反射损耗和增加光透射。图 21.3-14 为双面消反射表面与单面消反射表面以及石英材料的反射率对比曲线。从图中可看出

双面消反表面在波长 300~800nm 内的反射率低于 2%，在 630~700nm 反射率小于 0.5%，而普通石英基底的镜面反射率在 8% 以上。该双面消反结构在 610~730nm 的透过率大于 99%，在 660.5nm 处透过率达到峰值，为 99.25%，而平面石英基底的透过率小于 90%。

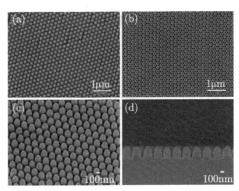

图 21.3-13　基于小球光刻制作的锥形亚波长结构消反增透膜[25]

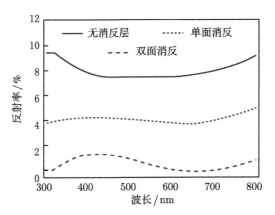

图 21.3-14　锥形消反表面的反射特性[25]

21.3.3　偏振调制亚波长仿生技术

太阳光或月光穿过大气层时，由于大气微粒的散射作用，会形成有一定偏振度的偏振光。偏振光在空中的分布模式主要与时间和空间有关，有相对稳定的规律可循。近来研究发现，一些动物可依靠日光或者月光的偏振态辨认方向，例如蜜蜂可通过偏振光来实现定位与导航，蜜蜂复眼中边缘区域的小眼能够对特殊的偏振光响应，其最敏感的偏振光波长为 345nm。撒哈拉沙漠中独有的沙蚁同样可利用日光的偏振态进行方向辨别；夜行性蜣螂可通过月光偏振进行导航。通过研究这些生物对日光或月光偏振态的响应机制，可开发出全天候的偏振导航器件。

　　此外，在自然界中，许多材料或者微观结构具有手性特征，例如蛋白质分子、DNA 分子，以及蔗糖溶液等。手性结构对圆偏振电磁波的透射或吸收具有选择性，在偏振复用通信系统、生化传感等领域有特定的用途。

　　一些蝴蝶翅膀表面具有手性微结构，可与太阳光中特定旋向的圆偏振光相互作用[26]。可根据这种微纳结构制作类似的手性仿生亚波长结构，实现圆二向色性，使左旋圆偏振光和右旋圆偏振光具有不同的透射率或吸收率。如图 21.3-15 所示，一种黄星绿小灰蝶 (Callophrys rubi) 的翅膀的微观结构呈螺旋线状分布，而这种螺旋线状结构中包含两种螺旋方向截然相反的结构，如图 21.3-15(c) 和 (d) 所示。这两种旋向相反的螺旋线结构分别对左旋和右旋圆偏振光响应。

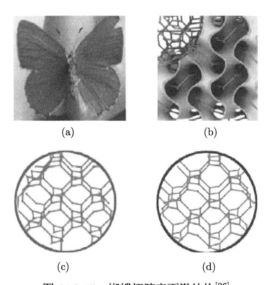

(a)　　　　　　　　　　　　(b)

(c)　　　　　　　　　　　　(d)

图 21.3-15　蝴蝶翅膀表面微结构[26]

(a) 蝴蝶照片；(b) 蝴蝶翅膀三维结构示意图；(c), (d) 左旋和右旋结构

　　图 21.3-16 为一种仿蝴蝶翅膀的亚波长结构，由顺时针方向旋转的螺旋线组成，单元结构的周期为 2.85μm。该结构在 3.25～3.45μm 波长内，左旋圆偏振光的透过率明显大于右旋圆偏振，表现出显著的圆二向色性。

　　在螳螂虾等甲壳类生物中，雄性和雌性可分别反射左旋和右旋圆偏振光。这些生物的眼睛结构中存在微纳尺度的波片，这些波片具有明显的各向异性，可分辨入射光中的圆偏振信号[27]。这种各向异性来源于两个方面：一方面组成这种微纳阵列的材料本身具有各向异性；另一方面该阵列排布为各向异性。这两种各向异性相结合，构成了这些甲壳类生物中与波长无关的波片。

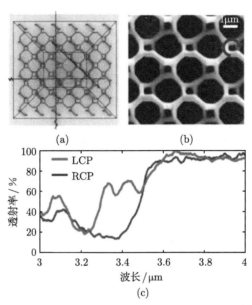

(c)

图 21.3-16　仿生手性螺旋线结构及其圆二色性[26]

通过对这种生物体波片的仿生，可构造出消色差的波片，用于三维显示、CD/DVD 的读取等。如图 21.3-17 所示，利用交错沉积方法制作出厚度为 174nm 的 Ta_2O_5 纳米棒阵列[28]，该纳米棒生长方向垂直于基底表面，薄膜在 x 方向和 y 方向的折射率 n_x 和 n_y 在整个可见光波段的值分别约为 1.45 和 1.55。

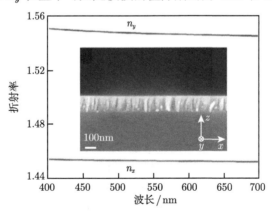

图 21.3-17　基于 Ta_2O_5 纳米结构的仿生波片，及其可见光波段的 n_x(红线)

和 n_y(蓝线) 曲线[28]

另外，通过斜向沉积法可制作出倾斜生长的 Ta_2O_5 纳米棒薄膜，并将上述两种薄膜按照 $(ABA)^n$ 的层叠方式组成多层膜系统。如图 21.3-18，通过 23 层包含 ABA 结构的周期性薄膜可组成人工消色差波片。

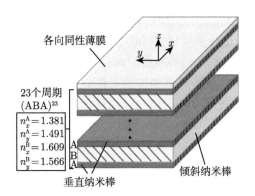

图 21.3-18　包含 23 层 Ta_2O_5 纳米棒的仿生消色差波片结构示意图[28]

　　该仿生波片的光学特性测试结果如图 21.3-19 所示，包括正交方向的折射率、相位差值、透射率以及斯托克斯参量等。从图中可看出，在整个可见光波段范围内，该波片在垂直于光传播方向的两个正交方向相位差约为 90°，其透过率接近 100%。即该波片可在整个可见光波段范围内将入射的线偏振光转换为圆偏振光。这种基于沉积方法制作出的仿生消色差波片，制作成本较低，具有广阔的应用前景。

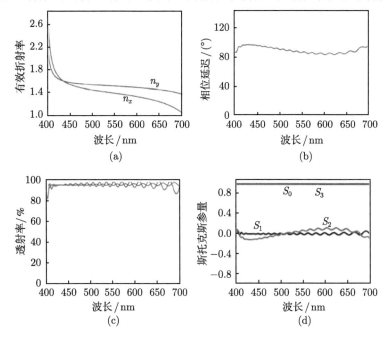

图 21.3-19　仿生消色差波片的光学特性[28]

(a) ABA 单元结构的 n_x(红线) 和 n_y(蓝线) 曲线；(b) 23 层 ABA 结构正交方向的相位差；(c) 透射率曲线；(d) 斯托克斯参量 S_0(红线)、S_1(黑线)、S_2(绿线) 和 S_3(蓝线)

　　根据菲涅耳公式, 光线以布儒斯特角入射到两种介质的分界面时, 入射光中的 p 偏振分量和 s 偏振分量会发生偏离。根据物体反射光的偏振态, 可将物体从背景光中分离出来, 这即为偏振探测的基本原理。

　　自然界中许多生物的皮肤或者鳞片具有消偏振功能。例如大西洋鲱鱼和欧洲沙丁鱼的皮肤中包含由鸟嘌呤和次黄嘌呤晶体组成的微结构。这两种嘌呤晶体均是各向异性的, 其折射率分别为 $(1.93, 1.91, 1.47)$ 和 $(1.85, 1.78, 1.42)$[29]。根据这两种嘌呤的不同混合比例, 可形成两种晶体类型 (类型 1 和类型 2)。

　　通过对大西洋鲱鱼和欧洲沙丁鱼的表皮进行实验测试发现, 其表皮反射光的偏振度 $d(\theta)$ 在宽波段范围内近似与入射角度无关。偏振度的定义为: $d(\lambda, \theta) = (R_\perp - R_\parallel)/(R_\perp + R_\parallel)$。其中, $R_\perp$ 和 $R_\parallel$ 分别为偏振态垂直和平行于入射面的反射率。如图 21.3-20 所示, 在不同入射角下, 大西洋鲱鱼表皮反射光的偏振度均较低。在 60° 入射情况下, 偏振度达到最大值, 约为 0.35, 远小于普通玻璃的偏振度 (图 (a) 中的黑色实线和黑色圆点组成的曲线)。另外从图 (b) 和 (c) 中偏振度随波长的变化曲线中可看出, 该鱼皮肤的低偏振度反射具有宽带特性。

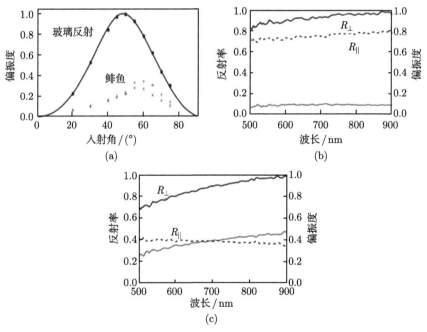

图 21.3-20　大西洋鲱鱼表皮的偏振度[29]

(a) $\lambda = 600\text{nm}$ 时偏振度与入射角的关系曲线; (b) 入射角 $\theta = 30°$ 时反射率和偏振度与波长的关系曲线;

(c) 入射角 $\theta = 60°$ 时反射率和偏振度与波长的关系曲线

　　分析发现, 该鱼皮中嘌呤结构的排列方式如图 21.3-21 所示, 其中第一层为鸟嘌呤与次黄嘌呤混合度为 f 的晶体,第二和第三层为混合度为 $1-f$ 的晶体。理论计算的偏振度与上述实验结果极为吻合。显然,这种多层结构可实现宽带的低偏振反射,适用于偏振隐身技术。

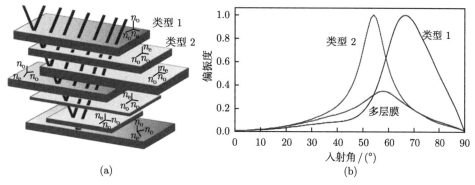

图 21.3-21　多层各向异性结构及其偏振度[29]

(a) 结构示意图;(b) 单层结构和多层膜结构的偏振度曲线 ($\lambda = 600$nm)

21.4　人工仿生结构色

结构色具有饱和度高、虹彩效应、永不褪色等诸多特点,其本质是微纳结构对特定波长光的一种选择特性,易通过亚波长结构实现。

实际上,在对结构材料电磁特性有所了解之前,人类已经在使用微观结构改变材料的颜色。在古罗马时代,人们已经使用金属粒子改变玻璃的颜色。典型实例即莱克格斯杯 (Lycurgus Cup),如图 21.4-1 所示,当光线从外照射,杯子呈现出绿色,而当光从杯子内部照射,则外观变为红色[30]。近年来研究发现该现象来源于光波与纳米金属粒子的相互作用,即局域表面等离子体共振 (LSPR)。与此类似,中世纪的彩色玻璃同样利用了该效应[31]。

图 21.4-1　金属纳米结构在古代彩色玻璃中的应用

(a),(b) 反射和透射条件下,莱克格斯杯表现出不同颜色[30];(c) 中世纪教堂的彩色玻璃[31]

21.4.1 具有光子晶体结构色的蚕丝织物

目前纺织品着色的主要途径是通过在纺织品上施加有色物质 (染料或颜料) 产生颜色, 制备过程中会产生大量废水及化学污染; 而结构色是物理色, 具有绿色环保的特点, 具有广泛的应用前景。

图 21.4-2(a) 是自组装聚苯乙烯纳米微球的 SEM 照片。图 21.4-2(b) 是光子晶体横截面的 SEM 照片, 从图中可看出该光子晶体由呈正六边形排列的微球阵列组成。图 21.4-3 为自组装聚苯乙烯纳米微球后蚕丝织物呈现的光子晶体结构色。随着观察角度从 0° 逐渐增大, 蚕丝织物的颜色表现出从红色到橙色, 再到黄色、青色的变化过程。

(a)   (b)

图 21.4-2 聚苯乙烯纳米球自组装后蚕丝织物上的光子晶体结构[32]

(a), (b) 分别为表面和截面的 SEM 照片

图 21.4-3 蚕丝织物上的光子晶体结构色随观察角度的变化[32]

21.4.2 基于纳米金属结构色的高分辨率彩色滤光片

近年来, 受到平板显示技术的推动, 液晶显示 (LCD) 技术得到了极大的发展, 各种高清的 LCD 显示设备进入了人们的日常生活。在组成 LCD 器件的各个部件之中, 彩色滤光片起到了关键作用, 它直接关系到显示色彩的鲜艳度, 单元像素点的尺寸以及最终显示的分辨率。传统的彩色滤光片一般是采用化学染料制成, 因而在高温或者长时间使用之后其会受到诸如褪色等不稳定化学性质的影响。此外, 在制造 LCD 器件时, 红绿蓝三种不同的滤色片由于材料性质不同需要分批次进行加

工，在无形中增加了 LCD 的制造成本。数据表明，彩色滤光片在整个 LCD 器件之中所占成本接近 20%。因而如何设计出高性能、低成本的彩色滤光片成为 LCD 器件研发中的重要一环。

利用亚波长结构产生颜色是替代传统彩色滤光片的有效方法。下面介绍几种基于亚波长结构的器件，典型结构包括小孔阵列、周期沟槽、一维和二维光栅等。

1. 基于亚波长小孔阵列的结构色设计

亚波长小孔阵列中存在异常透射现象，并且异常透射的波长与亚波长小孔阵列的周期有直接的关系。如图 21.4-4 所示，在金属膜上制备的亚波长小孔阵列结构，小孔周期为 p，小孔直径为 d，假设金属和小孔中填充介质的介电常数分别为 ε_{m} 和 ε_{d}。根据表面等离子体理论，该小孔阵列透射的峰值波长与结构参数之间的关系式为[33]

$$\lambda = \frac{p}{\sqrt{\frac{4}{3}\left(i^2 + ij + j^2\right)}} \sqrt{\frac{\varepsilon_{\mathrm{m}}\varepsilon_{\mathrm{d}}}{\varepsilon_{\mathrm{m}} + \varepsilon_{\mathrm{d}}}} \tag{21.4-1}$$

其中，i 和 j 分别为衍射级次。对于亚波长小孔阵列来说，有 $p < \lambda$，因此其衍射场中仅包含 0 级衍射。

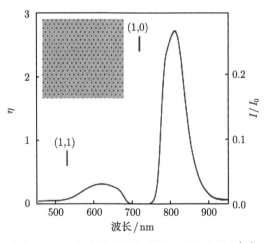

图 21.4-4　亚波长小孔阵列的选择透波效应[33]

图 21.4-4 中插图所示的小孔阵列周期为 520nm，直径为 170nm，该结构对 810nm 的光具有选择透过特性。从式 (21.4-1) 中可看出，调节亚波长结构的周期可实现对透射波长的选择，从而使其表现出结构色。将周期分别为 540nm 和 450nm 的小孔阵列按照如图 21.4-5 所示的方式排列，利用白光光源进行照明，则在透射方向可明显观测到红色的 "h" 和绿色的 "v" 图样。

图 21.4-5　利用亚波长小孔阵列结构构造的红光和绿光结构色[33]

同时调节亚波长小孔的直径和周期，可实现连续的结构色设计[34]。在 150nm 厚铝膜上制作出直径和周期分别在 80～280nm 和 220～500nm 内变化的亚波长小孔阵列，可实现从紫色到红色的连续变化，如图 21.4-6 所示。

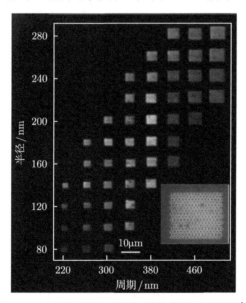

图 21.4-6　小孔半径和周期与结构色的对应关系[34]

2. 基于亚波长沟槽阵列的结构色设计

在小孔周围加载沟槽结构，形成所谓的"牛眼"结构，可有效压缩小孔衍射场的波束宽度[35,36]。并且，与单一小孔的透过率相比，在入射面加载牛眼结构可使透射率大大提高。

这种"牛眼"结构可用于构造小型化结构色器件[37]。如图 21.4-7 所示，三个"牛眼"结构相互交叠，每个牛眼结构可收集一定波长范围内的光，并能够将沟槽区域的光以表面等离子体形式定向传播到其圆心位置的小孔中，并由小孔向外辐射。中心小孔的直径为 170nm，周围沟槽的宽度均为 150nm，沟槽的深度从靠近中心小孔的 150nm 向外部依次递减至 10nm。通过调节每个小孔周围的沟槽周期，可实现对每个小孔透射光波长的调节。图中所示三个 "牛眼" 结构对应的沟槽周期均不相同，顶部的牛眼结构的沟槽周期为 730nm，共有 7 个沟槽，其透射峰对应的波长接近 800nm；左下角的牛眼结构的沟槽周期为 630nm，共 8 个沟槽，其透射峰对应的波长约为 670nm；右下角的牛眼结构包含 10 个沟槽，周期为 530nm，其透射峰对应的波长约为 570nm。显然，通过调节牛眼结构外部沟槽的周期，即可实现透射光波颜色的调节。图 (b) 中实线为三个单独阵列的透过率虚线、点虚线和点线代表三个牛眼结构交叠面积分别为 44%，77% 和 88% 时对应的透过强度。

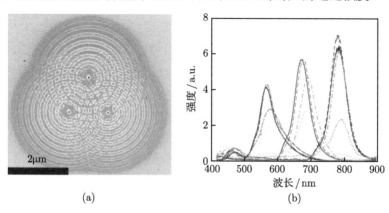

(a)　　　　　　　　　　　　　　　　(b)

图 21.4-7　　牛眼结构对光波的选择透射[37]

(a) SEM 图；(b) 透射光谱

　　这种环形沟槽结构的滤光效应可拓展到狭缝结构中，通过在狭缝结构两侧引入平行的沟槽结构，可构造出对波长和偏振态同时敏感的结构色光学器件。如图 21.4-8(a) 所示，狭缝的宽度为 170nm，长度为 15μm，周期为 600nm。如果沟槽的深度保持一致，均为 100nm，则其透射波的强度最大，如图 (a) 左上角插图中的结构对应的曲线；如果沟槽的深度从中间向两侧由 150nm 逐渐递减至 5nm，则狭缝的透射峰稍微红移，且透射峰的峰值有所下降。此外，当入射光的偏振态与狭缝垂直时，透射峰达到最大；而当入射光的偏振态与狭缝平行，则透射峰消失。将周期分别为 450nm、500nm 和 580nm 的狭缝重叠刻蚀在如图 (b) 所示的狭缝周围的三角形栅格中，在无偏振的白光入射下，具有不同沟槽周期的狭缝分别透射出紫色、绿色和红色的光。这种同时实现波长和偏振选择的结构色技术可应用于滤波器阵列、堆栈式光探测器、分束器、以及检测器阵列中。

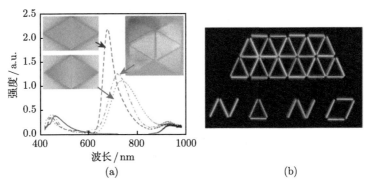

图 21.4-8　(a) 加载沟槽的狭缝及其波长选择特性；(b) 三种周期叠加的狭缝结构[37]

3. 基于导模共振的结构色滤光片

图 21.4-9 为基于导模共振的结构色滤光片[38]，其结构主要包括石英衬底和沉积在其上的介质缓冲层和波导层，以及顶部的银光栅。其中波导层材料为氮化硅，缓冲层为二氧化硅。

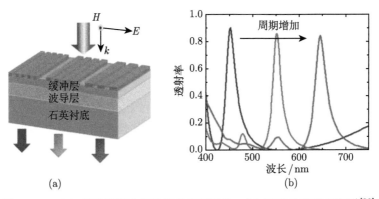

图 21.4-9　(a) 基于导模共振的结构色滤光片；(b) 滤光片的响应频谱[38]

这种亚波长结构中 TM 波的色散关系如下

$$\left(k_0^2\varepsilon_1-\beta^2\right)^{\frac{1}{2}}d=m\pi+\arctan\left(\frac{\varepsilon_1}{\varepsilon_2}\frac{\beta^2-k_0^2\varepsilon_2}{k_0^2\varepsilon_1-\beta^2}\right)^{\frac{1}{2}}+\arctan\left(\frac{\varepsilon_1}{\varepsilon_2}\frac{\beta^2-k_0^2\varepsilon_3}{k_0^2\varepsilon_1-\beta^2}\right)^{\frac{1}{2}} \tag{21.4-2}$$

其中，β 为传播常数；ε_1，ε_2 和 ε_3 分别为波导层、缓冲层和基底的介电常数；k_0 为自由空间的波矢；d 为波导层介质的厚度；m 为整数。传播常数表达式为 $\beta=\pm2\pi/p+k_0\sin\theta$($p$ 为光栅周期，θ 为入射角)，从而可计算出这种亚波长金属波导中 TM 波的色散特性在整个可见光波段近似为线性，如图 21.4-10 所示。通过调节顶层银光栅的周期，可实现对入射波长的选择性透射，其滤波效果如图 21.4-9(b) 所示。

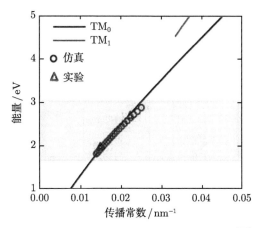

图 21.4-10 波导结构中 TM 波的色散曲线[38]

4. 反射式纳米金属结构色滤光片

Kumar 等提出一种基于周期性纳米柱的反射式结构色器件,其基本结构如图 21.4-11 所示[39]。该器件包含一层沉积在硅基底上的金属反射层,以及由介质纳米柱和金属纳米盘组成的波长选择结构。每四个纳米柱组成一个像素,纳米柱的结构参数包括直径 D 和相邻的两个纳米柱之间的间隙 g。通过改变这两个参数,可调节反射光的响应波长。结构参数与反射波长之间的关系如图 21.4-12 所示,在固定 $g = 120$nm 时,纳米柱的直径 D 的变化对反射波长和散射强度的影响效果分别如图 (c) 和 (d) 所示。从反射波的波谷位置的变化规律可看出,发生共振响应的波长随着 D 的增加而发生红移。而且随着曲线的红移,在短波长处逐渐出现反射曲线的波峰,其位置也随 D 的增加而红移。

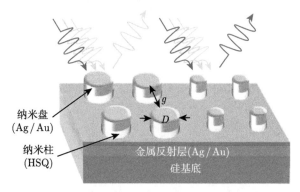

图 21.4-11 产生结构色的反射式亚波长金属柱阵列[39]

根据上述规律,可设计亚波长纳米柱的直径,使材料整体产生渐变的结构色。如图 21.4-12(a) 和 (b) 所示,将该亚波长结构整体划分为 10×10 的阵列结构,每个阵列的尺寸为 12μm×12μm，相邻阵列之间纳米柱的直径和间距从左下角向右上角发生渐变。在纵向上，纳米柱的直径 D 变化范围为 50~140nm，横向上纳米柱之间的间隙 g 的变化范围为 30~120nm。

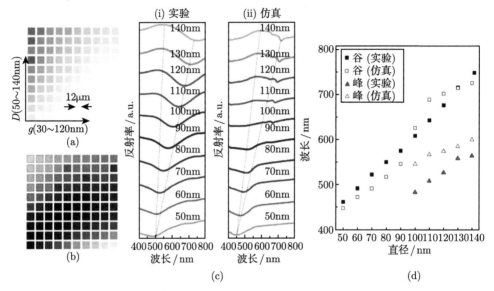

图 21.4-12　反射式结构色器件[39]

(a) 沉积金属之前，结构颜色为灰色；(b) 沉积金属后的颜色；(c) 不同结构参数的反射谱；(d) 反射峰谷与直径的关系

在沉积金属之前，纳米阵列仅表现出反射光强的不同。沉积金属之后，反射颜色发生明显变化。这种结构色最大的优势在于其像素尺寸为亚波长。如图 21.4-13 所示，利用不同参数纳米柱的排列组合，建立结构参数与结构色之间的对应关系，在不同的色彩部位构建具有不同结构色的亚波长结构，每个区域的亚波长结构的像素均为 250nm，每个像素包含 2×2 的纳米柱矩阵。沉积金属后，在照片上可明显看出鲜明的色彩分布。这种亚波长结构的间距仅为 125nm，已经超越传统衍射极限 (半波长)。

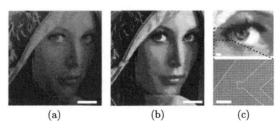

图 21.4-13　基于亚波长结构的彩色显示[39]

标尺：(a)，(b)10μm；(c) 1μm

5. 基于干涉吸收的结构色

除了上述几种结构色之外，还可利用干涉吸收的原理实现对反射光颜色的选择[40]。如图 21.4-14 所示，干涉吸收发生在由反射镜、吸收层以及空气间隙组成的光学系统中。这样的系统可称之为干涉调制器 (Interferometric Modulator, IMOD)。入射光透过吸收层，到达反射镜，反射镜反射的光再次通过吸收层，最后到达观测者。在此过程中，入射光和反射光会发生干涉，并且不同波长的光干涉后形成具有不同周期的驻波干涉图案。IMOD 本质上是一个可编程的反射滤波器，通过移动反射镜使吸收层与干涉图案的波节重合，以达到相应的颜色 (波长) 选择。

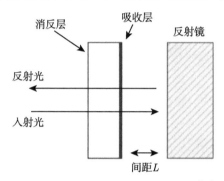

图 21.4-14　　反射调制器结构示意图[40]

如图 21.4-15(a) 所示，波长 λ 的入射光与镜面的反射光产生干涉，形成驻波，在距离镜面不同位置处驻波存在峰值和零值。第一个零值出现在距离反射镜 λ/2 处，随后每相隔 λ/2 处均会出现零值点。吸收层放置在零值点位置处，由于该点处对应该波长的电场强度为零，因此其吸收率极低，然而其他颜色的光在该点会产生相干吸收，进而使得反射场中仅包含波长为 λ 的光。图 21.4-15(b) 中，在红光位置的零点处放置吸收层，该点处红光的吸收率接近于零，而其他颜色的光被吸收体吸收，此时反射光的颜色为红色。将该吸收体移向反射镜，反射颜色变为绿色，然后为蓝色，而后为黑色。当吸收体紧贴到反射镜时，反射光的颜色为白色，说明此时可见光光谱内的任何入射光均不会被吸收。

基于干涉吸收的结构色系统如图 21.4-16 所示，左侧由金属材料组成的结构充当反射镜面，其上覆盖的介质膜层起到防止吸收层和反射镜面接触的作用。光线从右侧吸收层的背面入射到反射面上。当吸收层和反射层之间的间距从 10nm 逐渐变化至 640nm 时，反射光的颜色分布如图 21.4-17 所示，反射光的颜色按照白色、黑色、紫色、蓝色、绿色和红色的顺序依次变化。

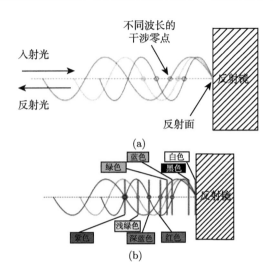

图 21.4-15　(a) 电场驻波；(b) 不同结构色示意图[40]

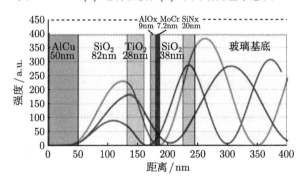

图 21.4-16　用于实现干涉吸收结构色的镜面 (左侧) 和吸收材料 (右侧) 结构[40]

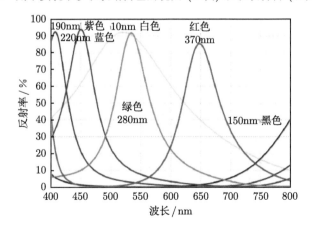

图 21.4-17　不同间距下的反射率曲线[40]

　　图 21.4-18 为利用这种相干吸收原理构造的显示器件, 合理排布间隙距离 L, 在显示屏上的不同位置产生具有不同颜色的图形分布。图 (a)∼(c) 分别为偏离显示屏法向 10°, 20° 和 40° 方向观测到的图案。显然, 随着观测角度的变化, 图形的颜色随之改变。

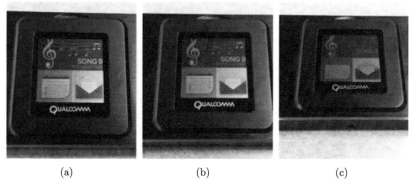

(a)　　　　　　　　(b)　　　　　　　　(c)

图 21.4-18　基于相干吸收的结构色器件[40]

观测角度分别偏离显示器法向 (a) 10°; (b) 20°; (c) 40°

6. 基于柔性基底的动态结构色器件

　　变色龙等生物可根据外界环境动态调节自身的结构色。根据其颜色变化机理, 可在 PDMS 等柔性可延展材料上制作产生结构色的微纳光学结构, 通过对基底材料的拉伸、扭曲等操作动态调节亚波长结构的反射光或透射光的颜色。

　　如图 21.4-19(a) 所示, 在 PDMS 基底上制作圆柱形金属铝纳米颗粒, 纳米圆柱的周期为 p, 半径为 r, 厚度为 h。由于金属纳米结构支持表面等离子体共振效应 (SPR), 其共振峰位可由以下公式确定

$$\lambda = p\sqrt{\frac{\varepsilon_{\mathrm{m}}\varepsilon_{\mathrm{d}}}{\varepsilon_{\mathrm{m}} + \varepsilon_{\mathrm{d}}}} \qquad (21.4\text{-}3)$$

其中, ε_{m} 和 ε_{d} 分别为金属与介质的介电常数; p 是金属纳米结构的周期。当半径 r 为 100nm, 厚度 h 为 100nm 时, 不同周期的反射光谱如图 21.4-19(b) 所示。随着周期变大共振峰位发生红移。当周期较小时, 表面等离子体共振效应占主导, 使得光谱的半高宽较大。当周期逐渐变大时, 局域表面等离子体共振效应慢慢变强, 两种等离子体效应产生耦合并形成法诺共振 (Fano Resonance), 使得谐振峰的半高宽变窄。并且由于周期变大, 结构占空比降低, 反射率随之下降。

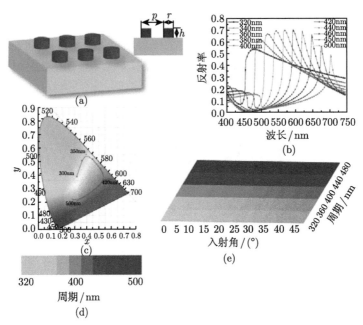

图 21.4-19   (a) 基于 PDMS 的结构色器件示意图；(b) 不同周期条件下的反射光谱；(c) 图
(b) 中反射光谱图所对应的 CIE1931 色度图；(d) 图 (b) 中反射光谱图在 D65 光源条件下所
呈现出的反射色彩；(e) 不同入射角度下和不同周期所对应的结构色

对得到的光谱进行色彩分析，将其与国际照明协会 (CIE) 所定义的人眼色彩
匹配函数进行积分计算。图 21.4-19(b) 中的反射光谱对应于图 21.4-19(c) 中的色
彩，图 21.4-19(d) 为入射光源为 D65 光源 (晴天下的日光) 时，计算得到的色彩变
化图，从图中可看出随着周期的变化，色彩出现了很明显的变化，当周期为 320nm
时结构呈现为淡绿色，周期变大到 400nm 时，反射光为橘黄色，当周期为 500nm
时结构为深紫色，色彩变化可很直观地反映出所设计的结构色对周期的敏感性。考
虑 D65 光源在不同入射角情况下，不同周期时的结构反射色彩，如图 21.4-19(e) 所
示。从图中可看出，结构周期较小时，由于表面等离子体共振效应对结构色彩的贡
献占主导地位，器件结构对角度出现了一定的敏感性，然而随着周期变大，局域表
面等离子体共振效应开始逐渐变强，角度的影响开始减弱，如当周期 p 为 480nm
时，结构的色彩基本不随角度发生变化。这种对角度不敏感的特性使结构色的产生
不再局限于正入射情况，应用范围更加广泛。

考虑到金属–介质–金属 (MIM) 结构能够提供更强的模式耦合效应，进一步将
上述金属铝纳米柱制替换为 MIM 形式的立方柱结构。如图 21.4-20(a) 所示，纳
米柱的边长为 w，金属材料 (银色) 为 Al，其厚度均为 h，介质材料 (绿色) 为
SiN，折射率为 2.0，厚度为 t。结构上层金属将入射光耦合到 MIM 波导所支持

的表面等离子体模式之中，底层金属将 MIM 波导所支持的表面等离子体模式耦合输出。当结构二维光栅宽度 w 为 250nm，金属铝厚度 h 为 50nm，介质层厚度 t 为 80nm 时，不同周期下的透射光谱图如图 21.4-20(b) 所示。当结构周期较小时，结构主要模式为 MIM 波导中的等离子体耦合模式，此时色彩纯度较高，如图 21.4-20(c) 右上角点所示。当周期变大后，二维光栅结构出现局域表面等离子体共振 (LSPR)，并与 MIM 波导中的等离子体耦合模式发生模式竞争，使得色彩纯度变低。例如，当周期 p 为 400nm 时，结构所呈现的色彩开始变白。图 21.4-20(d) 为 D65 光源入射时在不同周期下呈现的色彩。相较于前面的金属纳米颗粒而言，MIM 结构由于模式耦合的原因使得结构色彩变化的色域变小，但仍能获得较明显的色彩变化。

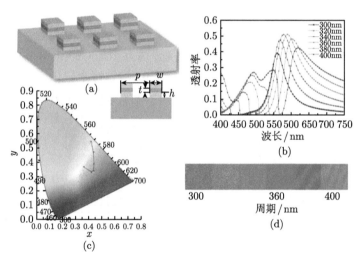

图 21.4-20　(a) 基于 MIM-PDMS 的动态结构色器件；(b) 不同周期的透射谱；(c) 图 (b) 中透射谱对应的 CIE1931 色度图；(d) 图 (b) 中透射谱在 D65 光源照射条件下所呈现出的反射色彩

21.5　仿生加工方法

在现代科学技术中，微/纳米科学与技术的发展对国防和民生众多方面具有深远的影响，其中微/纳米制造技术起到决定性作用。自然界的生物在进化过程中，产生了多种多样的结构，使得生物更加适应自然的选择。在遗传机制的操控下，生物体可制作高精度的微纳结构，有些结构利用现有加工技术仍旧无法实现。例如贝类的外壳极为坚硬，在显微镜下观察其截面，可看出贝类的外壳由厚度为纳米尺度的层状碳酸钙层叠而成，而在碳酸钙层之间通过贝类分泌的生物蛋白质作为粘合剂，这种层状结构的硬度远远超过相同厚度的碳酸钙晶体。

近年来，随着对加工制造技术的精度和效率的要求不断提高，人们开始把目光转向自然界的生物，期望通过模仿生物的微加工能力，提高制造技术水平。经过多年的发展，人们已经对部分生物加工方法有了一定的认识，并且形成了一系列相对成熟的仿生加工工艺，主要包括：生物去除成形方法、生物约束成形方法以及生物生长成形方法等。

生物去除成形方法利用可腐蚀或分解某些特定材料的菌种，使其对特定区域的材料进行去除，从而形成某些功能结构。例如利用氧化亚铁硫杆菌，可有效去除材料中的纯铜、铁以及铜镍合金等材料。这种细菌能将亚铁离子氧化成铁离子以及将其他低价无机硫化物氧化成硫酸和硫酸盐。在加工过程中，选择纯铁或者纯铜作为材料，利用掩模遮盖住需要去除部分之外的区域，将细菌培养液放置到材料上方，利用细菌对金属的腐蚀特性可将没有被掩模遮挡的部分去除，从而形成所需的微结构。这种细菌对纯铁和纯铜的刻蚀速度分别为 $10\mu m/h$ 和 $13.5\mu m/h$[41]。

生物约束成形方法是指对微纳尺度的生物结构进行金属化，得到具有特定功能的光学器件。目前发现的大部分细菌的直径均为 $1\mu m$ 左右，而最小的病毒和纳米微生物的直径可达到 50nm，并且这些菌体具有各种标准三维几何形状，包括球状、杆状、管状等，而现有的光学加工手段难以加工出这种尺寸的三维形状。通过对这些微纳生物直接金属化，可构造出微管道、微导线、微电极以及一些特定形状的功能结构和复合材料。德国的德累斯顿工业大学利用直径为 50nm 的人工蛋白质微丝作为模板，通过在其上镀镍，成功制备出纳米金属线结构。

已有研究学者提出利用 DNA 为模板制作纳米金属线的方法。其制备过程主要包括三个步骤：首先，将金属离子与 DNA 结合，带正电的金属离子在静电作用下与 DNA 上带负电的磷酸基团相互吸引，金属离子沿 DNA 骨架吸附在 DNA 上，实现了 DNA 的金属化，该过程又叫 DNA 的活化过程。DNA 的活化程度决定了 DNA 模板上的金属覆盖程度以及产生的纳米线的结构。其次为金属离子的还原，将 DNA 上的金属离子还原成原子，被还原的金属粒子作为晶种吸附在 DNA 骨架上。通常用的还原剂有二甲基硼烷、抗坏血酸、对苯二酚以及硼氢化钠等。此外，也可用光照法还原金属粒子。最后，还原剂和被还原的金属晶种在进一步还原过程中起到自动催化还原作用，被还原的金属粒子沿晶种生长并成膜覆盖在 DNA 周围。利用这种方法，可制作出直径为 50nm，长度达到 $6\mu m$ 的金属纳米线[42]。

在遗传基因的控制下，生物可构造出纳米尺度的精细结构，这是目前光学加工工艺难以实现的。生物生长成形方法利用生物的自身生长过程，在人为控制下，结合化学或者生物调控方法，可生长出特定的功能器件或者结构。

仿生的加工方法将为纳米技术提供全新的制造手段，基于生物体对微纳结构的超高加工精度，仿生加工方法在机器人、MEMS、生物分子拼接等机械、生物以及光学结构和器件方面具有极大的潜在应用价值。

参 考 文 献

[1] Karthaus O. Biomimetics in Photonics. Boca Raton: Taylor & Francis Group, 2013.

[2] Hooke R. Micrographia: on Some Physiological Descriptions of Minute Bodies Made by Magnifying Glasses with Observations and Inquiries thereupon. New York: Dover, 1961.

[3] Newton I. Opticks: Ora treatise of the reflections, refractions, inflections and colours of light. New York: Dover, 1952.

[4] Mason C W. Structural colors in feathers. J Phys Chem, 1923, 27: 201-251.

[5] Watanabe J, Takezoe H. Structural colors in biological systems-principles and applications. Osaka: Osaka University Press, 2005. 329-337.

[6] Kinoshita S, Yoshioka S, Miyazaki J. Physics of structural colors. Rep Prog Phys, 2008, 71: 076401

[7] Teyssier J, Saenko S V, Van der Marel D, et al. Photonic crystals cause active colour change in chameleons. Nat Commun, 2015, 6: 6368.

[8] Kolle M, Steiner U. Structural color in animals. Encyclopedia of Nanotechnology, 2012, 2514-2527.

[9] Shi N N, Tsai C C, Camino F, et al. Keeping cool: Enhanced optical reflection and heat dissipation in silver ants. Science, 2005, 349: 298-301.

[10] Lee L P, Szema R. Inspirations from biological optics for advanced photonic systems. Science, 2005, 310: 1148-1150.

[11] Seidl R, Kaiser W. Visual field size, binocular domain and the ommatidial array of the compound eyes in worker honey bees. J Comp Physiol, 1981, 143: 17-26.

[12] How M J, Christy J H, Temple S E, et al. Target detection is enhanced by polarization vision in a fiddler crab. Curr Biol, 2015, 25: 3069–3073.

[13] Gagnon Y L, Templin R M, How M J, et al. Circularly polarized light as a communication signal in mantis shrimps. Curr Biol, 2015, 25: 3074–3078.

[14] Brady P C, Gilerson A A, Kattawar G W. Open-ocean fish reveal an omnidirectional solution to camouflage in polarized environments. Science, 2015, 350: 965-969.

[15] Aizenberg J, Tkachenko A, Weiner S, et al. Calcitic microlenses as part of the photoreceptor system in brittlestars. Nature, 2001, 412: 819–822.

[16] Li L, Connors M J, Kolle M, et al. Multifunctionality of chiton biomineralized armor with an integrated visual system. Science, 2015, 350: 952-956.

[17] Parker A R, Welch V L, Driver D, et al, Structural colour: Opal analogue discovered in a weevil. Nature, 2003, 426: 786-787.

[18] Duparré J，Dannberg P. Micro-optically fabricated artificial apposition compound eye. Proc SPIE, 2004, 5301: 25-33.

[19] Brückner A, Duparré J. Advanced artificial compound-eye imaging systems. Proc SPIE, 2008, 6887: 1-11.

[20] Duparré J, Radtke D. Spherical artificial compound eye captures real images. Proc SPIE, 2007, 6466: 1-9.

[21] Jeong K H, Kim J, Lee L P. Biologically inspired artificial compound eyes. Science, 2006, 312: 557.

[22] Huang J Y, Wang X D, Wang Z L. Bio-inspired fabrication of antireflection nanostructures by replicating fly eyes. Nanotechnology, 2008, 19: 025602.

[23] Yang J, Luo F, Kao T S, et al. Design and fabrication of broadband ultralow reflectivity black Si surfaces by laser micro/nanoprocessing. Light Sci Appl, 2014, 3: e185.

[24] Morhard C, Pacholski C, et al. Tailored antireflective biomimetic nanostructures for UV applications. Nanotechnology, 2010, 21: 425301.

[25] Li Y F, Zhang J H, Zhu S J, et al. Biomimetic surfaces for high-performance optics. Adv Mater, 2009, 21: 4731-4734.

[26] Turner M D, Schröder-Turk G E, Gu M. Fabrication and characterization of three-dimensional biomimetic chiral composites. Opt Express, 2011, 19: 10001-10009.

[27] Chiou T H, Kleinlogel S, Cronin T, et al. Circular polarization vision in a stomatopod crustacean. Curr Biol, 2008, 18: 429-434.

[28] Jen Y J, Lakhtakia A, Yu C W, et al. Biologically inspired achromatic waveplates for visible light. Nat Commun, 2011, 2: 363.

[29] Jordan T M, Partridge J C, Roberts N W. Non-polarizing broadband multilayer reflectorsin fish. Nat Photon, 2012, 6: 759-763.

[30] Liz Marzán L M. Nanometals: Formation and color. Mater Today, 2004, 7: 26–31.

[31] Murphy C J. Nanocubes and Nanoboxes. Science, 2002, 298(5601): 2139-2141.

[32] 付国栋. 基于光子晶体构造的纺织品仿生结构生色. 浙江理工大学，硕士学位论文，2013.

[33] Genet C, Ebbesen T W. Light in tiny holes. Nature, 2007, 445: 39-46.

[34] Yokogawa S, Burgos S P, Atwater H A. Plasmonic color filters for CMOS image sensor applications. Nano Lett, 2012, 12: 4349-4354.

[35] Mahboub O, Palacios S C, Genet C, et al. Optimization of bull's eye structures for transmission enhancement. Opt. Express, 2010, 18: 11292-11299.

[36] Carretero Palacios S, Mahboub O, Garcia Vidal F J, et al. Mechanisms for extraordinary optical transmission through bull's eye structures. Opt Express, 2011, 19: 10429-10442.

[37] Laux E, Genet C, Skauli T, et al. Plasmonic photon sorters for spectral and polarimetric imaging, Nat Photon, 2008, 2: 161-164.

[38] Kaplan A F, Xu T, Guo L J. High efficiency resonance-based spectrum filters with tunable transmission bandwidth fabricated using nanoimprint lithography. Appl Phys

Lett, 2011, 99: 143111.

[39] Kumar K, Duan H G, Hegde R S, et al. Printing colour at the optical diffraction limit. Nat Nanotechnol, 2012, 7: 557-561.

[40] Hong J, Chan E, Chang T, et al. Continuous color reflective displays using interferometric absorption. Optica, 2015, 2: 589–597.

[41] Zhang D Y, Li Y Q, Wang C S. Fundamental study on biomachining. In: ICPCG'98, 1998. 303-307.

[42] Gu Q, Haynie D T. Palladium nanoparticle-controlled growth of magnetic cobalt nano wires on DNA templates. Mater Lett, 2008, 62: 3047-3050.

第22章　亚波长电磁动态和智能器件

前面各章所述亚波长结构对电磁波的调制大多是静态的，仅能实现固定的某一种电磁特性的调制，当外界环境发生变化时，器件性能有可能下降甚至不能使用。近年来出现的智能亚波长电磁器件则可根据需要调整自身参数，使器件满足不同场合的应用需求。亚波长智能器件的核心是构造可动态调控的电磁响应结构或元件，常用的技术手段是在亚波长结构中引入电磁参数可随外界激励而发生改变的器件或材料，例如二极管、液晶、石墨烯、掺杂半导体、记忆合金、相变材料、MEMS 等。

本章重点介绍基于上述可变材料的动态可调谐亚波长结构，以及基于这些亚波长结构的动态电磁器件，包括动态波束扫描天线、动态电磁吸收器件以及动态偏振调制器件等，这些是构成现代智能电磁系统的核心部件。

22.1　基于亚波长结构的波束扫描天线

随着现代雷达和无线通信技术的快速发展，通信系统对天线性能的要求不断提升，传统的定向辐射天线已经难以满足多目标探测和保密通信等需求，而波束方向和偏振状态可动态调控的亚波长结构天线受到了高度的关注。高增益扫描天线具有抗干扰性强、通信距离远、能够实时跟踪目标等优势，因此在雷达系统、卫星通信、点对点通信等领域得到了广泛的使用。传统高增益特性的定向辐射天线，如喇叭天线、大口径反射面天线和阵列天线，可通过机械转动实现电磁波束的动态扫描功能，但是存在扫描速度慢、机械系统笨重、占用空间尺寸大、机械故障频繁、需要经常维护等缺点。

为了解决传统机械扫描天线的缺陷，人们提出了相控阵方法实现对天线辐射波束方向的调制。相控阵天线中的各个单元天线是独立可控的，能够同时具备高方向性和波束扫描、波束赋形等功能[1,2]。如图 22.1-1 所示，在相控阵天线中，输入的导波信号首先通过馈电网络分配到各个单元，再由各个单元的移相器分别进行相位调控，最后通过各个单元天线将能量辐射到自由空间。由于各个单元的出射相位可独立控制，整个阵列天线的辐射方向图能够按需求调控。但是相控阵天线存在馈电网络复杂、馈电损耗大、造价昂贵和设计复杂等缺陷。

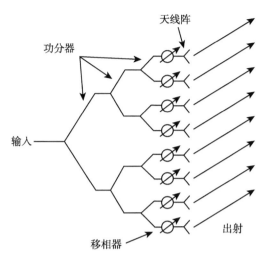

图 22.1-1　相控阵天线示意图

　　如图 22.1-2 所示,将相位调制型亚波长结构作为覆盖层加载到传统天线上,可构成空间馈电式动态波束扫描智能天线。相比于传统相控阵,不仅成本大大降低,天线的集成度、性能也可获得极大提升。

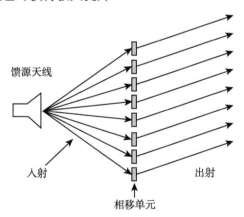

图 22.1-2　空间馈电扫描天线示意图

22.1.1　动态相位调制原理

　　由亚波长结构的基本理论可知,亚波长电磁结构材料的电磁特性主要由单元结构的电磁响应决定。在单元结构中加载可调的电子元器件或者介电材料,可实现对电磁响应的实时操控,进而动态调控材料的宏观电磁性能,如等效介电常数、等效磁导率以及等效阻抗等。本书第二篇已经详细介绍了亚波长结构的振幅、相位等调制理论,此处不再赘述。

22.1.2　相位调制材料对电磁波辐射方向的调控原理

如图 22.1-3 所示，相位调制亚波长结构由 $M \times N$ 个单元组成，单元间距为 d，其中 m 和 n 为沿 x 轴和 y 轴的单元编号，每个单元都是独立的。图 22.1-3(a) 中 F_{mn} 表示电磁波从馈源喇叭照射到单元结构 (m, n) 时所产生的相位延迟；如果期望电磁波透过材料后在 (θ_0, φ_0) 的方向上形成一束高指向性的电磁波束，则需保证出射电磁波的波阵面与电磁波束传输方向垂直。ζ_{mn} 为单元结构 (m, n) 相对于出射波阵面的相位差

$$\zeta_{mn} = k(md \sin \theta_0 \cos \varphi_0 + nd \sin \theta_0 \sin \varphi_0) \tag{22.1-1}$$

其中 k 为波矢。根据阵列理论可计算出电磁波经过相位调制材料中编号为 (m, n) 的单元所产生的传输相位 $\angle S_{21}^{mn}$ 需满足

$$\angle S_{21}^{mn} = -F_{mn} - \zeta_{mn} + 2q\pi \tag{22.1-2}$$

其中，q 为整数，S_{21}^{mn} 表示该单元对入射电磁波的复振幅透射率。假设相位调制材料单元之间没有相互耦合，通过阵列理论可计算出电磁波透过相位调制材料后的电磁波束远场方向图 (阵列因子) 为

$$f(\theta_0, \varphi_0) = \sum_{m=1}^{M} \sum_{n=1}^{N} P_{mn} |S_{21}^{mn}| \exp\left[ik(md \sin \theta_0 \cos \varphi_0 + nd \sin \theta_0 \sin \varphi_0)\right] \tag{22.1-3}$$

其中，P_{mn} 表示从馈源天线照射到相位调制材料中编号为 (m, n) 的单元的电磁能量。

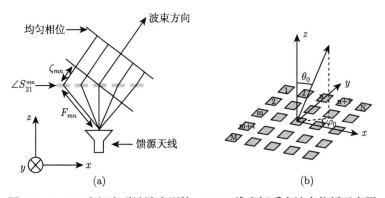

图 22.1-3　(a) 空间电磁波波束调控；(b) 三维坐标系中波束偏折示意图

由式 (22.1-1) 和式 (22.1-2) 可知，当相位调制材料各个位置的电磁波相位分布和出射电磁波束方向确定后，即可计算出相位调制材料各个单元所对应的传输相位值。当馈源天线相对相位调制材料的位置固定，入射电磁波在材料各个位置的相位分布也随之确定。因此，通过实时调控相位调制材料上各个单元的传输相位，即可实现波束方向的动态调控。

22.1.3　基于频率选择表面的扫描天线

频率选择表面 (FSS) 对空间电磁波具有特定的频率响应特性，即在不同频段表现出不同的电磁特性[5−9]。随着对 FSS 研究的不断深入，除频率调谐之外的新功能被不断挖掘。

近年来，电磁特性可控的 FSS 成为了研究的热点。其中，加载射频电控元件的 FSS 称为加载型 FSS，具体包括加载变容二极管、PIN 二极管开关，以及 RF-MEMS 开关等。另一类可调 FSS 通过加载介电材料，如液晶材料、铁电材料等实现对电磁波的动态调整。

1. 加载变容二极管的相位动态调制型 FSS

变容二极管作为一种成熟的射频元器件，被广泛使用于微波电路领域。变容二极管的电容值可随着偏置电压连续变化，因此加载变容二极管的相位调制结构可实现全相位周期的连续调控，基于该元件设计的扫描天线能够实现波束的连续扫描[10]。

如图 22.1-4 所示，8 层 FSS 材料沿着微带阵列贴片天线传输方向按一定间距叠放[10]。通过分别调控各个区域变容二极管直流偏置电压状态可动态调控各区域

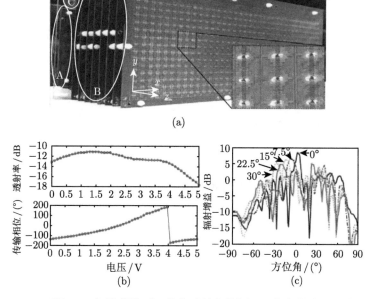

图 22.1-4　(a) 可调 FSS 与微带阵列天线集成的实物图 (A 为微带阵列天线，B 为多层 FSS，C 是控制电路)；(b) 透射率和相位测试值；(c) 远场方向图[10]

电磁波的传输相位，能够在电场面对微带阵列贴片天线的出射波束进行动态调控。集成的电控扫描天线在电场面能实现 ±30° 的波束动态调控，但该材料的插入损耗超过 10dB，意味着绝大多数能量不能透过材料，导致天线辐射效率低、旁瓣较大。

图 22.1-5 为类工字型金属结构中加载铁氧体变容二极管的相位动态调制型 FSS[11]。该材料采用外加直流电压的方法来调控铁电材料和金属复合结构的等效电容值，进而调控材料的谐振频率和传输相位。单层材料可实现 130° 左右的相位调控，三层材料按一定间距叠放可实现超过 360° 的相位调控，如图 22.1-5(b) 所示。单层材料的实验测试结果表明该该材料在 12GHz 处可实现 ±10° 的波束扫描。

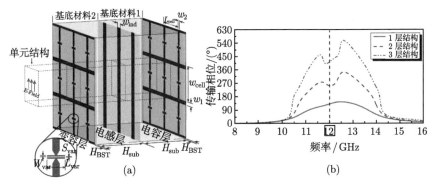

图 22.1-5　(a) 可调 FSS 材料的结构示意图；(b) 传输相位[11]

图 22.1-6(a) 是另一种加载变容二极管的可调多层 FSS 单元结构[12]，在单元结

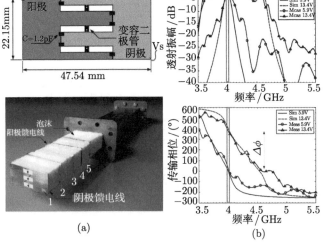

图 22.1-6　(a) 可调 FSS 示意图和实物图；(b) 透射率和相位测试值[12]

构的矩形缝隙中间加载变容二极管实现对传输相位的动态调节。五层结构可实现传输相位 360° 的动态连续调控，插入损耗在 3dB 以内。

下面通过具体实例分析这种基于变容二极管的 FSS 的动态相位调制特性。

(1) 单元结构设计与仿真

如图 22.1-7(a) 所示，亚波长结构由周期性矩形金属环和金属环内部的矩形金属贴片组成，矩形金属贴片的中心与矩形金属环中心重合，两只变容二极管加载在矩形金属环和矩形金属贴片之间；矩形金属贴片通过金属化过孔与背面的馈电线连接并通过外加直流电压控制二极管的电容值。介质基底的相对介电常数为

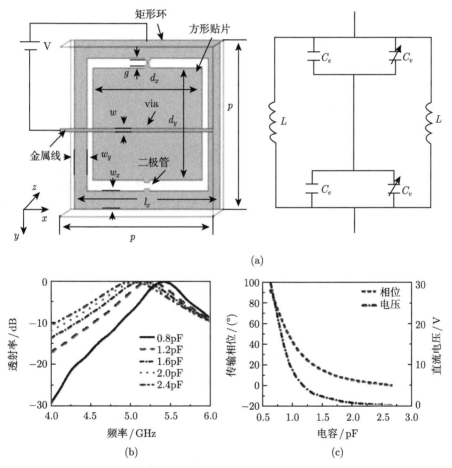

(a)

(b)　　　　　　(c)

图 22.1-7　(a) 相位调制单元结构及等效电路；(b) 单层结构的透射率；(c) 传输相位与变容二极管电容值，以及变容二极管电容值与反向偏置电压关系[13]

2.55, 厚度为 1.524mm; 金属层厚度为 0.018mm。变容二极管的电容值可调范围为 0.63 ~ 2.6pF, 工作频率范围为 0 ~ 6GHz。该单元结构材料的参数包括: 单元周期 p, 矩形金属贴片的长 d_x 和宽 d_y, 馈电线的宽度 w 等。优化后的单元结构参数为 $g = 0.8\text{mm}$, $d_x = 24.5\text{mm}$, $d_y = 23.5\text{mm}$, $l_x = 32.6\text{mm}$, $p = 33\text{mm}$, $w = 0.2\text{mm}$, $w_x = 3.25\text{mm}$ 和 $w_y = 3.05\text{mm}$。

入射平面电磁波的电场方向平行于 y 轴, 传播方向沿 $+z$ 时, 单元结构的等效电路如图 22.1-7(a) 所示, 矩形金属环和矩形金属贴片之间的电谐振产生等效电容 C_e。位于矩形金属环和矩形金属贴片之间的变容二极管的电容值由反向偏置电压调控, 其电容值为 C_v, 与金属结构的等效电容 C_e 并联。结合矩形金属环沿 y 轴方向 (电场方向) 的等效电感 L, 可得到材料的等效阻抗为

$$Z_{\text{FSS}} = \left(\frac{\text{i}\omega\left(C_e + C_v\right)}{2} + \frac{2}{\text{i}\omega L} \right)^{-1} = \frac{2\text{i}\omega L}{4 - \omega^2 L\left(C_e + C_v\right)} \tag{22.1-4}$$

相应的谐振频率为

$$\omega_0 = \frac{2}{\sqrt{L\left(C_e + C_v\right)}} \tag{22.1-5}$$

根据公式 (22.1-5), 亚波长结构的谐振频率可通过调节反向偏置电压, 进而改变变容二极管的等效电容 C_e 来调控。当材料的谐振频率发生变化时, 相应的传输相位也发生改变, 在谐振频率附近的相位变化较为剧烈。单元结构的透射率随变容二极管电容值的变化关系如图 22.1-7(b) 所示, 当变容二极管电容值从 0.8pF 变化到 2.4pF 时, 透射峰谐振频点从 5.5GHz 变为 5GHz。图 22.1-7(c) 为传输相位 $\angle S_{21}$ 和电容值的关系以及加载电压与电容值的关系, 通过电压调控变容二极管的电容值, 单层亚波长结构的传输相位调控范围约为 80°。

(2) 多层结构的全相调控性能

为了实现超过 360° 的全相位调控, 在传播方向至少需五层相位调制结构。如图 22.1-8 所示, 五层结构材料沿电磁波的传播方向叠放, 相邻层之间的空气厚度为 5mm。图 22.1-9(a) 为五层相位调制结构单元中的变容二极管电容值与透射系数的对应关系。随着电容值的增加, 谐振频率向低频移动, 透射频段从 5.2 ~ 5.7GHz 移动到了 4.8 ~ 5.4GHz。在 5.2 ~ 5.4GHz 内, 该亚波长结构在不同的电容值下均有很高的透射率。图 22.1-9(b) 为 5.3GHz 时的传输相位与变容二极管电容值的关系, 变容二极管电容值在 0.63 ~ 2.6pF 变化时, 传输相位在 400° 的范围内可任意调控。

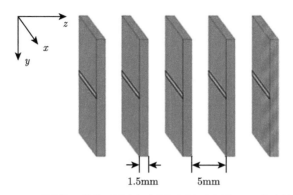

图 22.1-8 五层单元结构示意图, 图中未显示金属环及贴片结构[13]

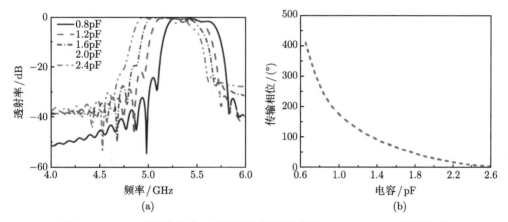

图 22.1-9 (a) 不同电容值下五层结构的透射系数; (b) 5.3GHz 时传输相位
与电容值的关系[13]

(3) 电控扫描天线设计

图22.1-10为加载相位调制亚波长结构的喇叭天线, 喇叭天线剖面高度为430mm, 辐射口径尺寸为 183mm×206mm, 喇叭口与亚波长结构材料的距离为 18.5mm。多层相位调制结构沿着 E 面和 H 面均有六个周期。喇叭天线的辐射波束垂直入射到多层相位调制结构上时可近似为平面波。假设材料上六个区域的编号为 $n(n = 1, 2, \cdots, N)$, 每个区域的传输相位为 $\angle S_{21}^n$。相邻区域之间的间距为 d, 相邻区域的相位差为 α。馈源天线入射电磁波经过多层相位调制结构后的偏折角度为 θ。根据公式 (22.1-1)~式 (22.1-3) 得到

$$\angle S_{21}^n = nkd \sin \theta + 2q\pi \qquad (22.1\text{-}6)$$

其中 q 为整数。因此, 当出射电磁波偏转角度为 θ 时, 相邻区域的相位差为

$$\alpha = \angle S_{21}^n - \angle S_{21}^{n-1} = kd\sin\theta + 2q\pi \qquad (22.1\text{-}7)$$

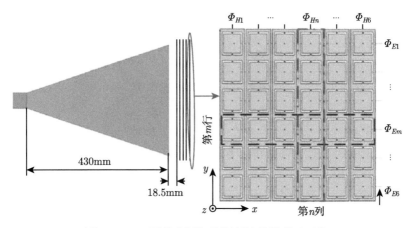

图 22.1-10　覆盖多层相位调制结构的喇叭天线

下面详细介绍利用多层相位调制结构实现波束调控的具体步骤。如图 22.1-10 所示，当 $\Phi_{H_n}(n = 1, 2, \cdots, 6)$ 接入恒定电压 Φ_{H_0} 时，即 $\Phi_{H_1} = \cdots = \Phi_{H_n} = \cdots = \Phi_{H_6} = \Phi_{H_0}$，$\Phi_{E_m}(m = 1, 2, \cdots, 6)$ 分别由六组独立的电压控制；所以该材料在电场方向可分成六个独立控制的区域，同一区域的变容二极管具有相同的电压。通过控制各个区域的电容值，可分别调控出射电磁波的相位，实现波束在 E 面的扫描。同理，当 Φ_{E_m} 接入恒定电压 Φ_{E_0} 时，Φ_{H_n} 分别由六组独立的电压控制，区域 n 中的电容值由电压 Φ_{H_n} 调控；材料在磁场方向可分成六个区域，通过控制各个区域的电容值，可实现波束在 H 面的扫描。四种不同偏转角度对应的传输相位和电容值分布见表 22.1-1。

表 22.1-1　四种偏转状态下各个区域的电容值及对应的传输相位

区域		1	2	3	4	5	6
$\theta = 0°$	C_v/pF	1	1	1	1	1	1
$\alpha = 0°$	$\phi/(°)$	172	172	172	172	172	172
$\theta = 10°$	C_v/pF	0.85	0.93	1.05	1.2	1.4	1.7
$\alpha = 36°$	$\phi/(°)$	236	200	164	128	92	56
$\theta = 20°$	C_v/pF	0.7	0.78	0.89	1.1	1.5	2.45
$\alpha = 70°$	$\phi/(°)$	356	286	216	146	76	6
$\theta = 30°$	C_v/pF	0.73	0.88	1.22	2.16	0.8	1
$\alpha = 103°$	$\phi/(°)$	326	223	121	18	275	172

首先，将六个区域的所有电容设置为相同 (均为 1pF)，各个区域的传输相位相等，可实现天线波束在正方向的辐射。当相邻区域的相位差为 36° 时，可实现天线

波束 10° 的偏转; 当相邻区域相位按照 70° 递增时, 能实现 20° 的波束偏转角; 当相邻区域相位差增加到 103° 时, 可实现 30° 的波束偏转。从图 22.1-11 中的天线 E 面远场方向图可看出, 随着扫描角度的增加, 扫描天线的增益有所下降, 副瓣不断提高。增益下降主要是因为偏转角度增大, 相对辐射口径减小, 而副瓣增高则是由于单元之间的耦合和各个区域的相位误差随着偏转角度增加而变大。

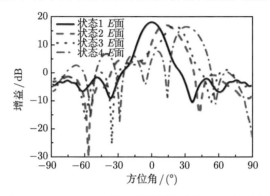

图 22.1-11　5.3GHz 处四种偏置状态的 E 面方向图

图 22.1-12 为天线 H 面远场方向图, 在四种偏置状态下天线辐射方向分别为 0°, 10°, 20° 和 30°。其增益最大值的变化趋势类似于 E 面, 随着偏置角度增加, 扫描天线的辐射增益下降, 副瓣提高。但由于喇叭天线本身的 H 面副瓣比 E 面低, 集成后的阵列扫描天线在 H 面扫描时具有相对更低的副瓣电平。

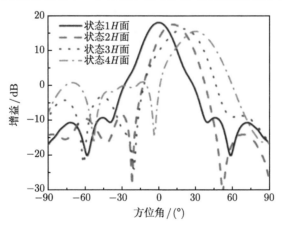

图 22.1-12　5.3GHz 处四种偏置状态的 H 面方向图

2. 加载 PIN 二极管的相位动态调制型 FSS

除了变容二极管外, 在 FSS 的单元结构中加载 PIN 二极管也可实现对传输相

位的动态调制,相位虽然不能在 $0 \sim 360°$ 内连续调节,但这种基于 PIN 二极管的
亚波长结构能够承载较大的入射功率,同时插入损耗较低。

图 22.1-13 所示为一种加载 PIN 二极管的 FSS 单元结构,包含印有工字型金属
结构的介质基板以及在介质基板两侧的两块金属板。金属板起到防止相邻周期之
间的电场发生串扰的作用。工字形金属结构中每条金属线的宽度均为 w,其中间为
一条宽度为 g 的缝隙,用于加载 PIN 二极管。介质基板的介电常数为 2.55,厚度为
1.524mm。其他结构参数的值为 $w = 2.4$mm,$P_x = 13$mm,$P_y = 15$mm,$d = 6.2$mm,
$g = 0.2$mm,$l = 14$mm。

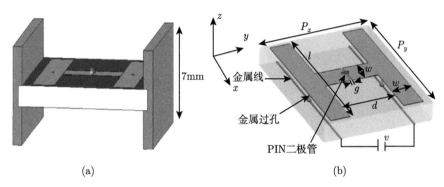

(a)   (b)

图 22.1-13   加载 PIN 二极管的工字型 FSS

PIN 管存在正向导通和反向断开两种状态,通常可用图 22.1-14 所示的简化
等效电路模型来分析。在该结构单元中,采用的二极管导通状态的电参数为电感
$L_1 = 0.05$nH,电阻 $R_1 = 2.7\Omega$;反向断开状态的电参数为:$L_2 = 0.05$nH,电阻
$R_2 = 2.7\Omega$,电容 $C_2 = 0.1$pF。

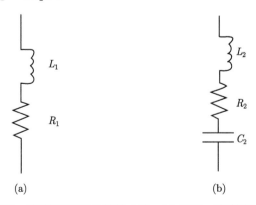

(a)   (b)

图 22.1-14   (a) PIN 二极管导通时的等效电路;(b) PIN 二极管断开状态的等效电路

图 22.1-15 为单层亚波长结构的透射率和相位随频率的变化曲线。图中绿色曲

线代表 PIN 二极管处于断开状态，红色曲线代表导通状态。二极管断开时，透射率曲线在 8.4GHz 处达到谷值，该频率即为单元结构等效 LC 电路的谐振频率。为了使 FSS 加载到天线之后仍能保持良好的增益值，要求单元结构在实现相位调制的同时，其插入损耗尽量小。因此可选取远离谐振中心的频点，从而既保证较高的透射率又能实现所需的相位差。设定 FSS 工作在 10.3GHz，此时二极管导通和断开状态的透射率均大于 −0.8dB，但是导通状态的相位值仅比断开状态小 22.5°。

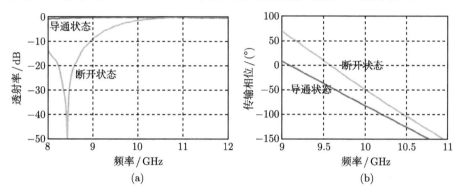

图 22.1-15　单元结构仿真结果

(a) 透射率曲线；(b) 相位值曲线

为了实现更大角度的波束偏转，要求单元结构的相位变化值覆盖 0° ～ 360°。如图 22.1-16 所示，通过 15 层结构在电磁波传输方向叠放可实现该目的。在该结构中，每层的结构参数相同，两层之间间隔为 5.5mm。

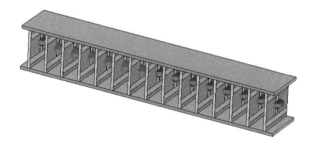

图 22.1-16　15 层相位调制结构示意图

　　PIN 二极管导通的层数从 0 层到 15 层的变化过程中，在 10.3GHz 处，所有状态下的透射率均大于 −1.5dB，透射率的变化幅度小于 1dB。如图 21.1-17 所示，传输相位随着 PIN 二极管的导通层数增加而增大，并且相位变化值和二极管导通层数呈线性关系。

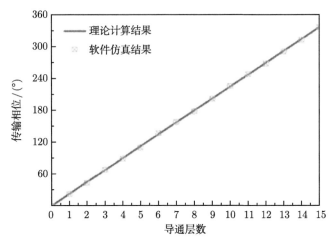

图 22.1-17　PIN 二极管导通层数和传输相位关系

表 22.1-2 给出了 15 层相位调制结构中 PIN 二极管导通层数对应的透射率、传输相位值以及理想传输相位值。导通层数每增加一层，对应的传输相位值增加 22.5° 左右，全波仿真结果与理想值之间的误差均在 2° 以内。值得指出的是，当 15 层 PIN 二极管全部断开后，相位值与全部导通的状态相差 337°，并没有达到 360°。但是由于相位的周期性，可利用 PIN 二极管全部导通的状态，即对应 0° 相位值的状态代替对应 360° 的状态，从而减少相位调制结构需要的层数。

表 22.1-2　导通结构层数对应的透射率和传输相位值

导通层数	透射率/dB	传输相位/(°)	理想相位/(°)	导通层数	透射率/dB	传输相位/(°)	理想相位/(°)
00	−0.8	0	0	08	−1.0	178	180
01	−1.0	22	22.5	09	−0.7	202	202.5
02	−0.9	43	45	10	−1.0	226	225
03	−1.2	68	67.5	11	−0.9	248	247.5
04	−0.8	89	90	12	−1.2	268	270
05	−1.0	110	112.5	13	−0.6	291	292.5
06	−1.1	137	135	14	−1.0	313	315
07	−0.9	158	157.5	15	−0.9	337	337.5

将上述基于 PIN 二极管的相位动态调制 FSS 加载到如图 22.1-18 所示的缝隙阵列天线上，可实现对天线辐射方向的动态调控。缝隙阵列天线具有馈电简单，质量轻，剖面低等优点；同时，又因为这种阵列天线不需要介质基板，不会因为介质基板引入额外损耗，因此有很高的辐射效率。该缝隙天线的工作频段为 10.2 ~ 10.4GHz，天线在 10.3GHz 处的增益为 25.6dB，半功率波束宽度为 6.6°。

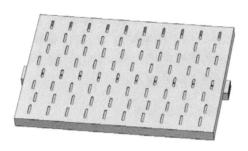

图 22.1-18 馈源缝隙天线

图 22.1-19 为加载 FSS 后的天线系统实物图。图中右侧部件为控制电源,能够输出 480 路单独控制电压,每一路电压包含两种状态:3V 的正向偏置电压和 −40V 的反向偏置电压,用以实现对相位调制结构中 PIN 二极管导通和断开状态的控制。

图 22.1-19 加载 PIN 二极管的波束扫描天线

图22.1-20(a)为对天线 E 面扫描的远场方向图,其扫描角度分别为0°,7.5°,15°,21.5°,30°,38.5°,49° 和 59.5°。图 22.1-20(b) 中的实线为各个偏转角度对应

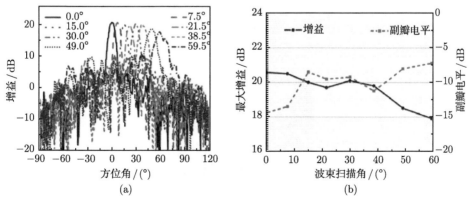

(a)　　　　　　　　　　　(b)

图 22.1-20 基于 PIN 二极管的波束扫描天线

(a) 远场方向图;(b) 增益和副瓣

的最大增益，虚线为各个偏转角度下天线的副瓣电平。从图中可看出，天线在正方向的增益为 20.6dB，59.5° 方向上的增益为 17.8dB；偏转角为 15°，21.5°，30°，49° 和 59.5° 情况下天线系统的副瓣电平大于 −10dB，这主要是由于相位调制过程中每个相位调制单元的透射率有所差别。

22.1.4　基于反射阵列的波束扫描天线

反射阵列天线和抛物面反射天线的设计原理类似，主要是通过独立调整阵列天线的相位延迟，使得反射后的电磁波具有特定的相位分布。

最早的反射阵列天线以开口短路波导作为阵列单元，通过控制每个开口短路波导的深度来调控反射阵列中各个单元的相位延迟[14]。此后，人们又设计了多种基于微带线结构的反射阵列，以降低反射相位调制结构的剖面高度，以及实现辐射天线的平板化。在基于微带线的反射式相位调制阵列结构中，通过改变阵列中各个微带天线的长度可实现对反射相位的调控[15,16]。相对传统抛物面反射天线，微带反射阵列天线具有带宽较窄的缺陷。为了拓展微带反射阵列天线的工作带宽，Encinar 等采用叠层微带结构代替单层微带结构，将反射阵列天线的工作带宽增加到 10%[17]。另外，利用微带缝隙天线，也能构建出工作带宽达到 10% 的反射阵列天线。其基本原理是用缝隙与微带线的耦合，通过改变缝隙和微带线长度调节反射相位值[18]。

图 22.1-21 为加载变容二极管的反射式亚波长结构[19]，其单元结构包括微带贴片、耦合缝隙和微带线。每个单元结构的微带线上加载两只变容二极管，通过直流电压调控变容二极管的电容值可实现反射相位的连续调控。该反射式亚波长结构可实现 360° 相位调控。将其加载到传统天线口径下方，天线在 H 面可实现 40° 范围内的连续波束扫描。

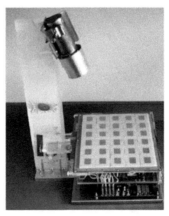

图 22.1-21　基于反射式相位调制型亚波长结构的波束扫描天线[19]

如图 21.1-22，Kishor 等在相位调制型反射式亚波长结构单元中引入功率放大器，在实现亚波长结构相位调制的同时，还可动态调节亚波长结构的反射率，从而将每个单元出射的电磁波振幅和相位调制到最优状态[20]。此外，还可利用 MEMS 替代传统的变容二极管和PIN二极管，实现对高频电磁波的相位调控[21]。通过控制反射式亚波长结构单元中 MEMS 开关的导通或断开状态，可动态调节亚波长结构的反射相位，实现天线辐射波束方向的动态调控。

图 22.1-22　加载功率放大器的反射式相位调制结构[20]

综上所述，反射阵列亚波长结构同样可实现天线辐射波束方向的动态扫描，且适用于宽带反射式相控阵天线的设计。由于馈源天线需加载在反射式阵列亚波长结构的上方，在设计时要综合考虑馈源天线的遮挡效应对反射阵列天线辐射效率、方向图、回波损耗等方面的影响。

22.1.5　基于传输阵列的波束扫描天线

除了上述几种亚波长相位调制方法之外，还可利用传输阵列 (Transmitarray Array) 实现对空间电磁波幅度和相位的调控。传输阵列的组成部分主要包括接收面、辐射面以及两者之间用于相位调制的传输线。入射的电磁波首先被接收面转换为表面电流，并传导至中间的传输线上，经过传输线结构进行相位调制后，最终传导至辐射面，由辐射面转换为自由空间的辐射波。与前面提到的多层透射式相位调制亚波长结构相比，传输阵列将相位调制部分转移到与电磁波传播方向垂直的平面上，因此在电磁波传播方向上的厚度较小，有利于构造超薄相位调制器件。

1998 年，Mortazawid 首次验证了传输阵列对电磁波相位的调控能力，通过改变传输阵列中传输线的长度来调节电磁波的传输相位[22]。随后人们将这种传输阵列应用在传统天线上，以提高天线的增益[23]并调节天线的偏振态[24]。

在对固定式传输阵列进行深入研究后，人们意识到在传输阵列中间的微带线上加载有源器件，可实现对传输相位的动态调控，这种相位动态可调的传输阵列具有更为广泛的应用前景。将这种相位可动态调控的阵列结构和馈源天线结合，可构造超薄的波束扫描天线。2010 年，西班牙马德里大学 Padilla 等提出加载变容二极管的动态传输阵列，在 X 波段实现了天线波束的动态扫描[25]。如图 22.1-23 所示，天线单元包括接收贴片天线阵列、调相电路和发射贴片天线阵列。调相电路包含三个反射式移相器，可实现传输相位在 0～360° 内动态调控。该传输阵列的周期接近一个波长，在电磁波束辐射方向发生偏转时会出现较大的栅瓣。因此基于该传输阵列的波束扫描天线只实现了 0～9° 的波束扫描。

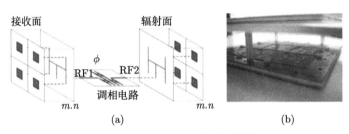

图 22.1-23　可调传输阵列[25]

(a) 单元示意图；(b) 实物照片

　　2012 年，加拿大 Hum 等利用紧凑的 T 型电桥移相器作为调相电路，构造出周期较小的传输阵列[26]，如图 22.1-24 所示，基于该单元结构的传输阵列与喇叭天线集成，实现了 ±50° 范围的波束扫描。该可调传输阵列单元的整体尺寸接近半波长，因此在大角度扫描时可避免栅瓣的出现。同时采用叠层贴片天线作为接收和发射天线，拓展了传输阵列的工作带宽，测试结果显示单元结构的响应带宽覆盖 4.7～5.2GHz。

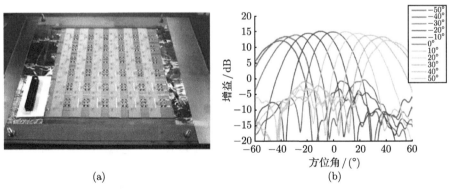

图 22.1-24　(a) 传输阵列实物照片；(b) 天线在 5GHz 处的 E 面方向图[26]

　　除了加载变容二极管的传输阵列外，基于 MEMS 和 PIN 开关的动态传输阵列也被用于调制电磁波的传输相位。2009 年，Abbaspour-Tamijani 等构造了基于 MEMS 开关的相位动态调制传输阵列，通过改变 MEMS 的工作状态可动态调控入射电磁波的传输相位，实现了 E 面和 H 面 ±40° 的波束扫描[27]。

以上所述的传输阵列具有平面特性, 适合与多种传统天线集成 (例如微带阵列天线、喇叭天线、缝隙阵列天线等), 降低现有电控扫描天线的制造成本。此外, 为了满足现代雷达通信技术对高功率、多功能天线的需求, 可在传输阵列中加载功率放大器来实现对天线辐射增益的调节。图 22.1-25 为加载功率放大器的传输阵列示意图[28]。馈源天线辐射的电磁波照射在传输阵列相位调制结构上, 阵列材料上的各个接收面将该单元区域的自由空间波转化为表面电流, 并由调相结构对表面电流进行相位调控, 然后经过功率放大器放大表面电流的振幅, 最后通过发射天线辐射到自由空间。

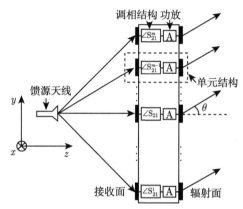

图 22.1-25　加载功率放大器的传输阵列相位调制结构用于天线波束扫描[28]

图 22.1-26 为具有功率放大性能的传输阵列单元示意图, 主要包括接收面和辐射面贴片天线、移相器和功率放大器等。为了构造紧凑的相位调制单元, 在接地板两面各有一个移相器。其中辐射面天线和一个反射式模拟移相器在接地板的下方, 接收面天线、放大器和另外一个反射式模拟移相器在接地板的上方。贴片天线与移相器之间通过微带线连接, 两个移相器之间通过金属化过孔连接。

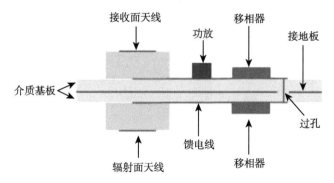

图 22.1-26　加载功率放大器的传输阵列单元结构示意图[28]

　　传输阵列相位调制结构单元中的反射式模拟移相器由一个定向耦合器和两个相同的可调谐反射电路组成。通过调节移相器中的变容二极管的等效电容，可实现对移相器传输相位的实时调控。变容二极管电容的调节范围为 0.17~1.1pF，寄生电阻约为 2.5Ω。在变容二极管的电容值调节范围内，该移相器在 4.9~5.5GHz 内损耗约为 −1.2dB，相移量大于 190°。由于单元结构中共包含两个移相器，理论上可满足 360° 的相位调制。

　　加入型号为 ERA-2SM 放大器的传输阵列相位调制结构单元如图 22.1-27 所示，放大器工作频段为 0~6GHz，在 4.9~5.5GHz 内增益约为 11.5dB，其输入输出端口分别与移相器和发射天线相连，由于发射贴片天线与接收贴片天线存在比较高的隔离度，所以该放大器不存在馈电的不稳定以及自激励现象。从图 (b) 的测试结果可看出，在 4.95~5.5GHz 内，相对于没有加载放大器的传输阵列，输出电磁波的平均功率增加了 10.5dB。

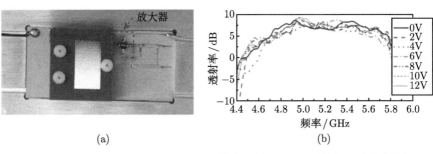

(a)   (b)

图 22.1-27　(a) 加载功率放大器的传输阵列单元；(b) 透射率测试曲线[28]

　　随着偏压在 0~12V 范围内改变，其传输相位变化量大于 400°(图 22.1-28)，表明传输阵列相位调制结构单元具有相位可调和功率放大的功能。这种具有功率放大功能的传输阵列，可在实现波束方向调控的同时，进一步提高天线的增益水平，在智能波束扫描天线中有重要应用价值。此外，由于这种传输阵列的相位调制是通过

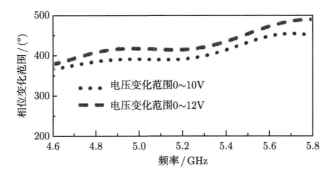

图 22.1-28　加载功率放大器后传输阵列的传输相位[28]

微带传输线实现的，接收和发射贴片天线对相位调制能力影响不大。通过对接收和发射天线进行合理设计，可让这种传输阵列具有多种复合功能。

图 22.1-29 为偏振和相位可同时调控的超薄相位调制亚波长结构[29]。图 (a) 为单元结构示意图，由三层金属组成，包括下层的接收贴片天线、中间层的金属接地板、以及上层的辐射贴片天线。图 (b) 和 (c) 分别为辐射贴片天线和接收贴片天线的结构示意图。接收贴片天线为具有矩形缝隙的矩形金属贴片，尺寸为 9mm×6.4mm。在矩形缝隙中间的金属连接片两端加载 PIN 二极管。这两只 PIN 二极管的导通偏置电压方向相反，因此在同一组偏置电压下只有一只 PIN 二极管导通。通过 PIN 二极管工作状态的切换，可实现对入射电磁波 180° 的相位转换。图 (b) 为发射贴片天线，由方形金属贴片构成，金属贴片上具有一个方形缝隙。在方形缝隙中间，沿着 x 方向和 y 方向分别加载一只 PIN 二极管，这两只 PIN 二极管的工作状态也相反。当沿 x 方向的 PIN 二极管导通，而沿着 y 方向的 PIN 二极管断开时，发射贴片天线的出射电磁波为 x 偏振；如果 x 方向的 PIN 二极管断开，而沿 y 方向的二极管导通，则出射电磁波为 y 偏振。

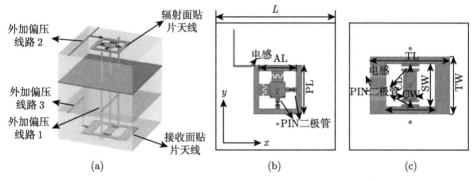

图 22.1-29 具有偏振和相位调控性能的超薄传输阵列[29]

(a) 单元结构；(b) 辐射面贴片天线；(c) 接收面贴片天线

发射贴片天线尺寸为 5.85mm×5.85mm，在与两只 PIN 二极管对称的位置处设计交指电容结构，其目的是为了引入与 PIN 二极管断开时相近的电容值，从而可使发射天线的出射电磁波具有较高的偏振隔离度。

该超薄相位调制结构的工作过程如下：当 x 偏振的电磁波正入射到材料上，接收贴片天线将自由空间波转化为导行波，并通过金属柱传输到发射贴片天线再次辐射。在该过程中，通过控制接收贴片天线上加载的两只 PIN 二极管的导通和断开的状态，可对传播的电磁波相位产生 180° 的转换；此外，当电磁信号到达发射贴片天线时，通过控制 x 方向和 y 方向的 PIN 二极管的导通和断开状态，可使出射电磁波的偏振状态在 x 和 y 偏振之间切换。

　　显然,该传输阵列共有四种工作状态,第一种和第二种工作状态下出射电磁波具有相同的相位值,但是出射的电磁波偏振态分别为 x 偏振和 y 偏振;第三种和第四种工作状态下,出射偏振态分别为 x 偏振和 y 偏振,而传输相位与第一种和第二种状态分别相差 180°。

　　在 x 线偏振波正入射情况下,上述四种状态的主偏振和正交偏振透射率以及传输相位曲线,分别如图 22.1-30 和图 22.1-31 所示。设定状态 1 和 3 中出射电磁波的电场主偏振态为 x 偏振,正交偏振态为 y 偏振,而情况 2 和 4 与之相反。由图 22.1-30(a) 可看出,在状态 1 对应的仿真曲线中,S_{11} 小于 −10dB 的频段范围为 10.2~10.8GHz,最小插入损耗为 0.94dB,主偏振态和正交偏振态之间的隔离度达到 26dB。

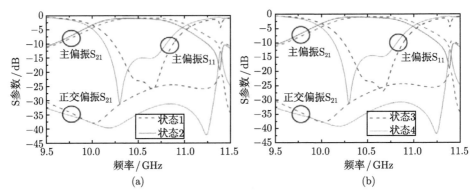

图 22.1-30　(a) 状态 1 和 2,(b) 状态 3 和 4 对应的透射率、反射率和相应的正交偏振透射率[29]

　　当接收贴片天线中 PIN 二极管的工作状态改变,此时材料的传输相位变化 180°,对应表格中的状态为 3 和 4。因为接收贴片天线是对称结构,因此这两种情况下的透射率和反射率曲线分别与状态 1 和 2 的曲线相同,如图 22.1-30(b) 所示。

　　从图 22.1-31 中的传输相位曲线可知,状态 1 和 2 的传输相位几乎完全相同,状态 3 和 4 的传输相位曲线也几乎重合。而状态 1 和 2 的传输相位曲线与状态 3 和 4 对应的传输相位曲线之间具有 180° 的相位差别。如图 22.1-32 所示,将这种传输阵列与传统的喇叭天线集成,通过调节每个单元结构的相位,可实现对出射波束方向和偏振态的动态调控[30]。

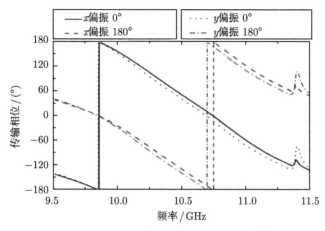

图 22.1-31　四种状态下的传输相位[29]

图 22.1-32　加载在喇叭天线上的相位调制型传输阵列[30]

　　需要指出的是，该传输阵列结构仅能实现 0° 和 180° 的相位差值。为了实现大角度的波束偏转效果，可在该结构中加载变容二极管，实现对传输相位的大范围连续调节。通过在 0.18~1.1pF 内调节变容二极管的电容值，亚波长结构在 5.4GHz 频点附近的透射率大于 −2.7dB，相位变化范围大于 360°。

　　将出射贴片的辐射偏振态调节为 x 偏振，并合理调节相邻单元之间的相位，可实现在 E 面和 H 面 ±60° 范围内的二维波束扫描。如图 22.1-33 所示，当波束方向沿着天线的法线方向，即辐射波束的偏转角度为 0° 时，天线的增益为 17dB；当波束偏转角度为 60° 时，天线的增益为 13.2dB。调节出射贴片的偏振态为 y 偏振，可得到类似的二维波束扫描效果，如图 22.1-34 所示。

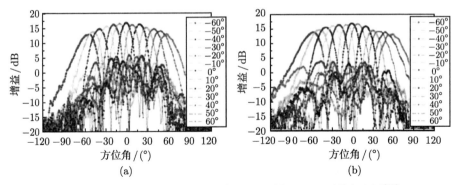

图 22.1-33 x 偏振态出射时天线 (a)E 面和 (b)H 面的方向图[30]

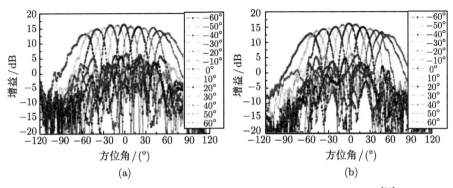

图 22.1-34 y 偏振态出射时天线 (a)E 面和 (b)H 面的方向图[30]

图 22.1-35 为天线辐射偏振态分别为 x 和 y 偏振时天线的主偏振态和正交偏振态对应的辐射方向图。从中可看出，通过调节传输阵列的出射贴片天线，可使辐射场的偏振态分别为 x 偏振和 y 偏振。在这两种情况下，天线的主偏振和正交偏振之间的增益差值均达到 20dB，证明天线具有良好的线偏振特性。

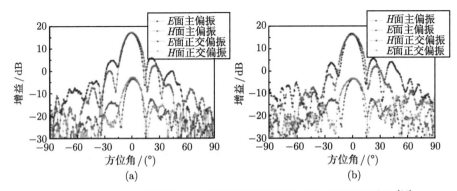

图 22.1-35 (a)x 偏振和 (b)y 偏振对应的主偏振和正交偏振方向图[30]

22.2　基于亚波长结构的智能电磁吸收

在微波波段实现高效电磁隐身的一个重要技术途径是对目标电磁特征进行实时的智能调制，增加雷达的识别难度，实现主动式的电磁隐身和欺骗。亚波长智能电磁吸收结构是实现这种功能的极佳途径。早在 20 世纪 90 年代末，已经有研究人员提出了一种基于 Salisbury 屏的智能吸收器的设想[31]。如图 22.2-1(a) 所示，该吸收器主要包括以下几个部分：可调吸收器，可调滤波器，传感器，信号监控器，频率控制器。图 22.2-1(b) 所示为该智能吸收器的等效电路图，其中 C_A 和 C_B 为可变电容。如图 22.2-2 所示，为了便于分析，将吸收器和滤波器分开考虑，即令 $R_2 = R_3 \approx 0$，$d_2 = d_3$，其中 ε_A 和 ε_B 为间隔层介质的介电常数。

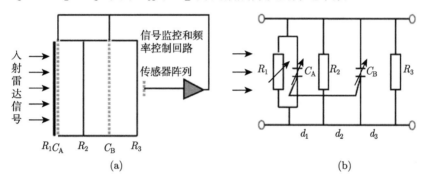

图 22.2-1　智能吸收器结构及其等效电路图[31]

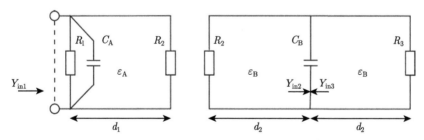

图 22.2-2　智能吸收结构吸收部分以及滤波部分的等效电路[31]

对于吸收器，当其反射最小时需要满足 $Y_{in1} \approx Y_0$，即

$$Y_{in1} = \frac{1}{R_1} + j\frac{1}{\omega C_A} + \frac{Y_0 \varepsilon_A}{j\sqrt{\varepsilon_A - \sin^2\theta}\,\tan\left(\dfrac{k_0 \varepsilon_A d_1}{\sqrt{\varepsilon_A - \sin^2\theta}}\right)} \approx Y_0 \qquad (22.2\text{-}1)$$

而对于滤波部分，令 $Y_{in2} = -Y_{in3}$ 可得到

$$\frac{1}{\omega C_{\mathrm{B}}} = \frac{2Y_0 \varepsilon_{\mathrm{B}}}{\sqrt{\varepsilon_{\mathrm{B}} - \sin^2 \theta} \tan\left(\dfrac{k_0 \varepsilon_{\mathrm{B}} d_2}{\sqrt{\varepsilon_{\mathrm{B}} - \sin^2 \theta}}\right)} \tag{22.2-2}$$

联立式 (22.2-1) 和式 (22.2-2)，可得到如下关系式

$$C_{\mathrm{B}} = \frac{2C_{\mathrm{A}} \varepsilon_{\mathrm{B}} \sqrt{\varepsilon_{\mathrm{A}} - \sin^2 \theta} \tan\left(\dfrac{k_0 \varepsilon_{\mathrm{A}} d_1}{\sqrt{\varepsilon_{\mathrm{A}} - \sin^2 \theta}}\right)}{\varepsilon_{\mathrm{A}} \sqrt{\varepsilon_{\mathrm{B}} - \sin^2 \theta} \tan\left(\dfrac{k_0 \varepsilon_{\mathrm{B}} d_2}{\sqrt{\varepsilon_{\mathrm{B}} - \sin^2 \theta}}\right)} \tag{22.2-3}$$

在实际应用过程中，如果间隔物为低密度泡沫 ($\varepsilon_{\mathrm{A}} = \varepsilon_{\mathrm{B}} \approx 1$)，可得到谐振关系式 $C_{\mathrm{B}} = 2C_{\mathrm{A}}$。满足上述条件时，吸收器的反射率谷值频率与最小传输损耗对应的频率重合。智能吸收器的工作模式可描述为：初始状态下，整个系统处于自我调节模式，满足 $C_{\mathrm{B}} = 2C_{\mathrm{A}}$，吸收器的反射率谷值频率与最小传输损耗对应的频率均为 f_0。当频率为 f_1 的雷达信号照射目标时，部分信号透过吸收器，到达滤波器时，由于 f_1 处于滤波器阻带区域，电磁波被反射，探测器和传感器的接收信号强度为零，将这一状态判断为 "非"；通过控制电路调节 C_{B}，使得 f_1 处于带通区域，电磁波透过，探测器和传感器接收信号，并将这一状态判断为 "是"，然后记录 C_{B} 的大小，取其值的一半赋值 C_{A}，使吸收器的反射率谷值频率与最小传输损耗对应的频率再次重合。

在智能吸收器的概念基础上，Tennant 等提出一种在 FSS 上引入二极管来实现对电磁波吸收的动态调控方法，称之为有源 FSS[32]。这是一种基于 Salisbury 屏的拓扑结构，其外形如图 22.2-3 所示。将这种结构做二维周期排布，且两个方向上的周期相同。在单元结构的中心缝隙处加载 PIN 二极管，通过调节加载在 PIN 二

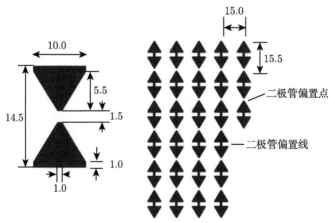

图 22.2-3　有源 FSS 几何结构图 (尺寸单位为 mm)[32]

极管上的电压大小, 可动态调节 PIN 二极管的阻值, 进而动态调控整个有源 FSS 吸波结构的等效阻抗, 从而实现对电磁波吸收的动态调节。当二极管两端不加正向偏置电压时, 该有源 FSS 呈现出强反射, 随着电流的增加, 反射率逐渐降低, 在 9.5~12.5GHz 内, 反射率均小于 −20dB。

上述结构虽然实现了吸收调控, 但只对单一线偏振有效, 无法实现对任意偏振电磁波的有效可控吸收。图 22.2-4 所示为对两个正交线偏振均有响应的可调吸波器[33]。图中金属方环之间通过变容二极管连接。

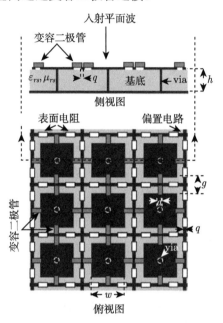

图 22.2-4 可调高阻抗表面吸收结构[33]

其调控原理为: 通过改变加载在变容二极管两端的偏置电压调节其电容值, 进而改变整个结构的等效阻抗, 使其对电磁波的吸收频谱发生改变, 由于该结构在二维方向上具有对称性, 因此吸收率与偏振态几乎无关。

除了上述基于二极管的动态吸收器, 研究人员也在寻求其他可实现动态电磁吸收的调节方式, 包括机械调控[34]、铁磁材料调控[35]、液晶调控[36] 和相变材料调控[37] 等。尽管调节方式各异, 但它们的基本原理一致, 以下通过具体实例加以说明。

22.2.1 基于二极管的动态电磁吸收结构

1. 单元结构设计

以下为 S 波段动态电磁吸收结构为例[38], 具体介绍动态电磁吸收亚波长结构的设计方法。该吸收器的单元结构如图 22.2-5 所示，由两层金属结构及金属反射板组成。其中上层金属线中加载变容二极管，用于调节亚波长结构的响应频谱；下层金属结构中加载 PIN 二极管，以实现结构等效电阻的动态调控。单元结构的几何尺寸如下：周期 $P_x = P_y = 50\text{mm}$；第一层金属结构参数：金属细线宽度 $d = 2\text{mm}$，粗线宽度 $l = 26\text{mm}$，长度 $W_1 = 8\text{mm}$，缝隙宽度 $g_1 = 1\text{mm}$；第二层金属结构参数：金属粗线宽度 $W_2 = 15\text{mm}$，缝隙宽度 $g_2 = 0.2\text{mm}$；金属厚度为 0.017mm；基底介质的介电常数 $\varepsilon = 4.4$，相应的厚度为 $t = 0.9\text{mm}$。

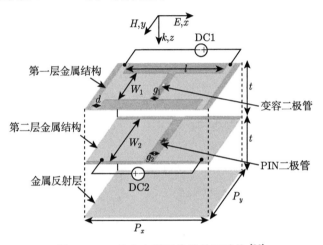

图 22.2-5　动态电磁吸收器单元结构 [38]

调节二极管电容值大小在 $0.3\sim1.1\text{pF}$ 内变化，亚波长结构的响应频谱如图 22.2-6 所示。从图中可看出，在 $2.92\sim3.62\text{GHz}$ 频带内，反射谱峰值随变容二极管电容值的变化而左右移动，且最低反射率都在 -10dB 以下；当电容值为 0.6pF 时，回波损耗达到最大约为 30dB。

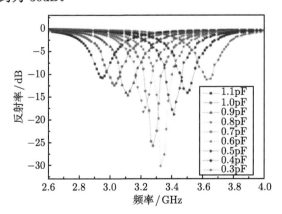

图 22.2-6　动态电磁吸收结构频率调控特性曲线 [38]

当变容二极管电容值固定时,调节 PIN 二极管的外加偏压,使其电阻值在 $0.1\sim 20\Omega$ 内变化,得到如图 22.2-7 所示的反射振幅动态调控结果。从图中可看出,在 3.3GHz 处,PIN 二极管的电阻值变化过程中,电磁吸收材料的反射率从 $-30\mathrm{dB}$ 增大到 $-3\mathrm{dB}$,调节范围为 27dB。

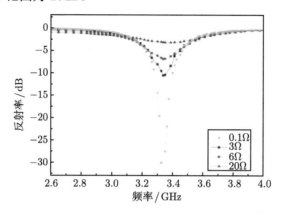

图 22.2-7　动态电磁吸收结构反射调控特性曲线[38]

2. 基于动态电磁吸收器的智能电磁吸收系统

基于以上频率幅度同时可调的动态电磁吸收器,可构造智能电磁吸收系统,能够跟踪识别入射电磁波信号,并进行自我调节,进而实现对入射电磁波的高效吸收。

要获得入射电磁波的信息,上述吸收器必须重新设计,首先让入射电磁波在谐振频率处有一部分透过去,然后进行后续处理。将图 22.2-5 所示的动态电磁吸收结构的金属反射层去除,仅用第一层和第二层金属结构同样可实现动态电磁吸收功能。图 22.2-8(a) 和 (b) 分别为变容二极管电容值在 $0.6\sim 1.6\mathrm{pF}$ 内以 0.1pF 步进变化时的反射率和透射率曲线。

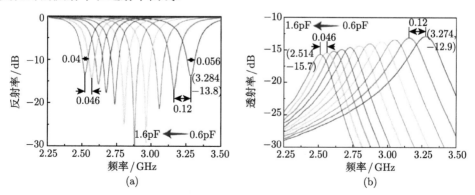

图 22.2-8　改进后可调散射体反射率及透射率曲线

在 2.522~3.284GHz 内，动态电磁吸收器的峰值吸收频率随二极管电容值的增加而减小，且最大电磁回波损耗在 10dB 以上。如图 22.2-8(b) 所示，在 2.514~3.274GHz 内，智能电磁吸收结构的漏波信号即透射电磁波的频率和强度随嵌入电容值的增加而减小，漏波信号峰值大小在 −12～−16dB，频率调节范围 0.76GHz；当变容二极管的电容值为 1.6pF 时，漏波信号的峰值最小，为 −15.7dB；当二极管电容值减小到 0.6pF 时，漏波信号峰值最大，为 −12.9dB。对比图 (a) 和 (b) 可看出，在相同的电容值下，该动态电磁吸收结构的反射曲线的谷值频率和透射曲线的峰值频率基本重合。

在 2.25~3.25GHz 频带内设置一个窄带脉冲信号 (2.8～2.9GHz) 入射到样品上，扫描二极管电容值，并在有效的观察区 (2.8～2.9GHz) 内观察透射率大小。如图 22.2-9 所示，在观察频率范围之外电磁波透射率均小于 −60dB，当电容为 1pF 时，透射信号功率达到最大，说明变容二极管电容值为 1pF 对应的亚波长结构透射峰值频率即为入射信号的频率。

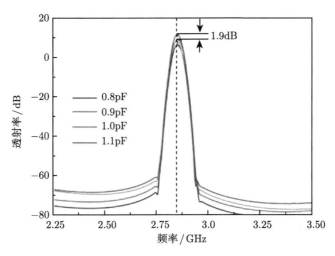

图 22.2-9　窄带激励下不同电容值对应透射信号强度

在实际应用过程中，无法实际测量变容二极管的电容值，只能通过调节变容二极管的外加偏压来控制反射谱的移动。当外加电压在 0~30V 内以 0.5V 为步进变化时，该亚波长结构的反射谱如图 22.2-10 所示。其变化趋势与直接改变二极管的电容值得到的结果一致，反射率小于 −10dB 的频率调节范围为 2.78~3.56GHz。

在上述动态电磁吸收器件的基础上，构建智能电磁吸收系统，如图 22.2-11 所示。系统主要由信号源、功率放大器、漏波检测器、信号发生器、电压源、电流源、发射天线、接收天线、计算机及相应的控制测量软件等组成。

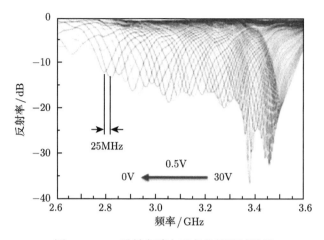

图 22.2-10 反射率随电压变化的测试结果

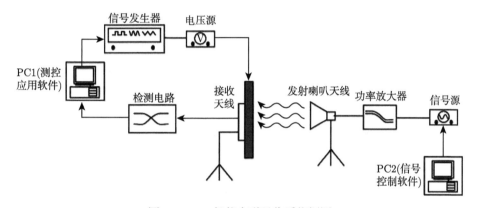

图 22.2-11 智能电磁吸收系统框图

其工作流程如下。

步骤 1: 通过计算机控制电压源为动态电磁吸收样品施加偏置电压, 初始值为 2.5V。启动扫描程序, 计算机每间隔 1ms 控制电压源为样品施加一扫描电压, 电压步进为 0.5V, 直到 25V, 完成一个循环, 扫描频率为 1KHz。

步骤 2: 通过计算机控制信号源产生一个固定频率的电磁信号, 由发射天线发射, 并由发射天线检测样品反射的电磁信号强度。透过样品后的电磁信号被固定在样品后的接收天线接收, 并由漏波检测器检测透射的电磁信号强度。

步骤 3: 控制系统自动记录每个扫描电压值, 以及对应的漏波信号强度, 判断并记录最大值, 并将对应的电压值赋给电压源。

步骤 4: 第一次赋值完成后, 保持电压源的电流和电压值不变, 计算机每隔 1s 检测漏波信号强度, 如果信号强度与记录的最大值之间超过 0.2dB, 控制电路告警,系统自动开始扫描,重复步骤 1~3。

实际的智能电磁吸收系统如图 22.1-12 所示。

图 22.2-12　智能电磁吸收系统测试平台

智能电磁吸收系统测试原理和步骤如下:在 2.8~3.2GHz 内改变信号源的工作频率 f_0(以 0.04GHz 为步进),在频谱仪上读取动态电磁吸收结构在 f_0 处的反射信号强度,对比即时信号强度和复位后的信号强度(即在智能电磁吸收结构上没有加电压时),如果在 2.8~3.2GHz 内,即时信号强度与复位信号强度的差值均小于 -10dB,说明智能电磁吸收系统可实现针对不同频点的主动电磁吸收调控。

该智能电磁吸收系统的测试数据见表 22.2-1。

表 22.2-1　智能电磁吸收结构动态测试数据

入射波频率/GHz	复位反射强度/dB	即时反射强度/dB	即时反射强度-复位反射强度/dB
2.80	-8.943	-20.201	-11.258
2.84	-9.064	-26.360	-17.296
2.88	-8.161	-23.316	-15.155
2.92	-6.617	-24.040	-17.423
2.96	-6.718	-39.270	-32.552
3.00	-5.136	-21.791	-22.655
3.04	-6.471	-27.384	-20.913
3.08	-4.745	-30.165	-25.42
3.12	-5.551	-23.653	-18.102
3.16	-5.050	-22.449	-17.399
3.20	-4.410	-20.760	-22.35

智能电磁吸收系统的反射强度与复位反射强度的差值随频率的变化如图 22.2-13 所示。显然,该智能电磁吸收系统可跟踪和识别入射电磁波的频率,并主动调节自身的电磁吸收频谱,在入射电磁波的频率处实现高效的电磁吸收。

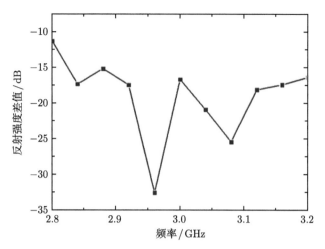

图 22.2-13　智能电磁吸收器的反射回波缩减值

22.2.2　基于石墨烯的太赫兹波段动态电磁吸收器件

石墨烯是近年来得到广泛研究的一种新材料，是一种蜂巢状排列的单碳原子层材料，具有很多奇异的特性，例如高电子迁移率、量子霍尔效应等。石墨烯的电磁特性可通过外加偏压和磁场调控，以下介绍利用石墨烯实现动态电磁吸收的基本原理和设计方法。

1. 基于石墨烯的电磁吸收结构的物理机理

理想电磁吸收器的膜层复阻抗可表示为 $Z_i = Z_0/(1 + in\cot(nkd))$，其中 Z_0 和 k 为真空波阻抗和波矢，d 和 n 为基底材料的厚度和折射率。利用石墨烯作为阻抗层，可实现对电磁波的完美吸收，其复阻抗 Z 需满足 $Z = Z_i$。不同旋向圆偏振电磁波入射时，石墨烯的对应阻抗表达式为

$$Z_{\pm}(\omega, B) = R + i\omega L \pm i\alpha B \tag{22.2-4}$$

其中，$R = \gamma/D$，$L = 1/D$，$\alpha = ev_{\mathrm{F}}^2/D\mu_c$，$D = \dfrac{e^2 k_{\mathrm{B}}T}{\hbar^2}\ln\left[2\cosh\left(\dfrac{\mu_c}{2k_{\mathrm{B}}T}\right)\right]$，$\gamma$ 为电子散射几率，μ_c 为化学势，v_{F} 为费米速度，B 为磁感应强度，e、$\hbar$、k_{B}、T 分别是电子电荷、约化普朗克常数、玻尔兹曼常数和温度。其中下标的 "+" 代表右旋圆偏振 (RCP)，"−" 代表左旋圆偏振 (LCP)。

从公式中可看出当外加磁场为 0T 时，石墨烯的阻抗可看作一个电阻和电感的串联。当外加磁场不为 0T 时，阻抗的虚部会增加一项和磁场方向和强度有关的线性值。将理想阻抗的实部和虚部分别写为

$$Z_i' = R \tag{22.2-5}$$

$$Z''_i = \omega L \pm \alpha B \tag{22.2-6}$$

求解方程 (22.2-5)，可得到基底材料的厚度与入射电磁波波长的比值，即吸收器的相对厚度 d'。

$$d' = \frac{d}{\lambda} = \operatorname{arc cot}\left(\frac{\sqrt{Z_0/R(\gamma, \mu_{\mathrm{c}})} - 1}{n}\right)\Big/ 2\pi n \tag{22.2-7}$$

假设基底材料的折射率 $n = 1.45$，吸收器的相对厚度 d' 可表示为 μ_{c} 和 γ 的函数。如图 22.2-14(a) 所示，d' 随着 μ_{c} 的增大或 γ 的减小而降低。当 γ 为 0.2meV，μ_{c} 为 1eV，相对厚度的值最小，约为 1/76.2。此时满足条件的磁场强度为

$$B_\pm = \mp\left(\frac{nZ_0 \cot(knd)}{1 + n^2 \cot^2(knd)} + \omega L\right)\Big/ \alpha \tag{22.2-8}$$

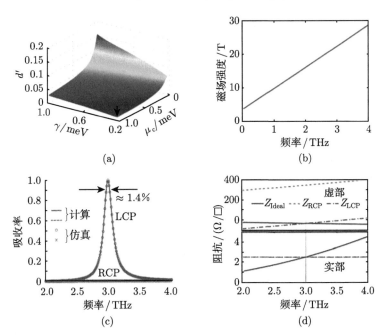

图 22.2-14　(a) 吸收器相对厚度 d' 和化学势 μ_{c} 及电子散射率 γ 的关系图；(b) 外加恒磁场强度和频率的对应关系；(c) 石墨烯吸收器对不同旋向入射光的吸收率；(d) 不同旋向入射光对应的石墨烯复阻抗和理想吸收复阻抗的关系

由公式 (22.2-7) 可知，当 μ_{c} 和 γ 确定后，knd 即为常数。因此，公式 (22.2-8) 中的第一项为常数，磁场强度和共振频率呈线性关系，曲线斜率为 $2\pi L/\alpha$，如图 22.2-14(b) 所示。以共振频率 3THz 为例，基底的厚度和对应的磁场强度分别为

1.31μm 和 22.52T。对应的吸收器对右旋和左旋圆偏振波的吸收率如图 22.2-14(c) 所示。显然，在 3THz 处左旋圆偏振波被完全吸收，而右旋圆偏振波的吸收率接近 0。图 22.2-14(d) 为左、右旋圆偏振波照射下石墨烯的复阻抗。由于石墨烯阻抗的实部和偏振方向无关，所以左、右旋圆偏振波照射下石墨烯复阻抗的实部始终重合，并与理想复阻抗的实部相交在 3THz 处。在左旋圆偏振波照射下，由于外加磁场作用，石墨烯阻抗的虚部存在一个负的初始值，使得它和理想阻抗层的阻抗虚部在 3THz 处相交。所以，电磁吸收器可在该频点实现对左旋圆偏振波的完美吸收。与之相反，右旋圆偏振波的阻抗虚部始终大于 0，在 3THz 处和理想阻抗层的阻抗虚部没有交点。所以，石墨烯吸收器在该频点无法实现对右旋圆偏振光的吸收。

2. 基于石墨烯材料的动态电磁吸收器

图 22.2-15 给出了吸收器的示意图[39]。衬底材料的厚度为 80μm、介电常数为 2.1、磁导率为 1，在其上生长一层石墨烯，衬底背面镀有金反射层。在石墨烯层上制作一个方形的金属环，用于加载直流偏压，实现对石墨烯的化学势的动态调制。右 (左) 旋圆偏振波沿垂直方向照射石墨烯表面，并沿同一方向提供一个强度为 B 的外加恒磁场。此时，石墨烯吸收器的反射系数为

$$r = \frac{(Y_0 - Y - \sigma) - (Y_0 + Y - \sigma)\mathrm{e}^{-\mathrm{i}2knd}}{(Y_0 + Y + \sigma) - (Y_0 - Y + \sigma)\mathrm{e}^{-\mathrm{i}2knd}} \tag{22.2-9}$$

其中，Y_0 和 k 分别为真空导纳和波矢；Y 和 n 分别为基底的导纳和折射率。很明显，一旦石墨烯的电导率 σ 给定，即可得到吸收器的反射率。

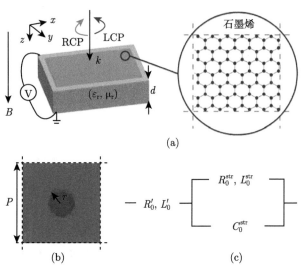

图 22.2-15 (a) 单层石墨烯吸收器模型；(b) 结构化的石墨烯示意图；(c) 结构化石墨烯在圆偏振波入射下的表面等效电路示意图[39]

将石墨烯的相关参数分别设定为散射率 $\gamma = 0.9\text{meV}$, 化学势 $\mu_c = 900\text{meV}$, 温度 $T = 300\text{K}$。图 22.2-16(a) 为右、左旋圆偏振波照射下吸收率关于频率和磁场强度的关系。可看出, 随着外加磁场强度的增加, 右旋圆偏振波的吸收谱发生红移, 同时伴随着吸收率的下降; 然而左旋圆偏振波的吸收频率发生蓝移, 同时吸收率增强。图 22.2-16(b) 给出了磁场强度分别为 0T 和 7T 时的吸收率曲线。在磁场强度为 0T 时, 石墨烯没有非对角电导率, 不存在霍尔效应, 因此对两种圆偏振光的吸收率曲线完全重合。然而, 当磁场强度为 7T 时, 在 2.472THz 处吸收器对左右旋圆偏振波的吸收率具有明显差异, 可得到强度为 0.94 的磁圆二色性信号。图 22.2-16(c) 给出了这个频点不同旋向入射波照射下吸收器电场 x 的分量分布图。在右旋圆偏振波照射下, 在吸收器内部和自由空间可观察到一系列驻波场分布。这是由于入射波和反射波之间的相位不匹配, 所以几乎没有电磁波能量被吸收。相反地, 由于左旋圆偏振入射波和反射波具有相反的相位, 所以可被高效吸收。

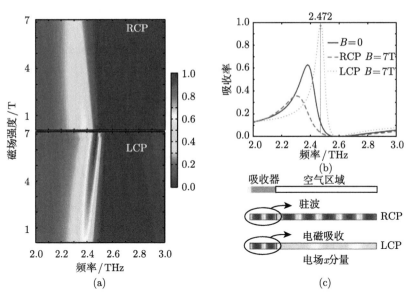

图 22.2-16　(a) 不同磁场强度下, 单层石墨烯吸收器对不同旋向圆偏振光的吸收率; (b) 磁场为 0T 和 7T 时, 吸收器的吸收率曲线; (c) 磁场为 7T 时, 两种圆偏振波电场 x 分量的分布图[39]

下面分析引入亚波长结构对石墨烯吸收器磁圆二色性的影响。图 22.2-15(b) 中为结构化石墨烯的示意图。在石墨烯层上, 刻蚀出半径为 $10\mu\text{m}$, 周期为 $60\mu\text{m}$ 的圆形孔阵列。0T 下吸收器的吸收率如图 22.2-17 中点线所示, 在 2.22THz 和 2.41THz 处存在两个明显的吸收峰 P_1 和 P_2。另外, 与完整石墨烯材料的吸收器相比, 结构化的石墨烯吸收器中吸收率大于 80% 的带宽得到明显拓宽。

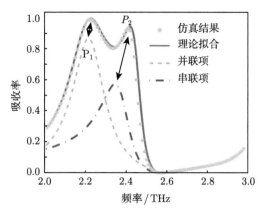

图 22.2-17　磁场强度为 0T 时，软件仿真和理论计算拟合的吸收率曲线[39]

图 22.2-15(c) 给出了磁场强度为 0T 时，在圆偏振波照射下结构化石墨烯的等效电路。其中 R_0' 和 L_0' 是由石墨烯本身的电阻和电感，而 R_0^{str}, L_0^{str} 和 C_0^{str} 是由结构化表面引入的等效电阻、电感和电容。因此，结构化的石墨烯吸收器的等效阻抗 Z_0^{eff} 可表达为

$$Z_0^{\mathrm{eff}}(\omega,0) = Z_0' + Z_0^{\mathrm{str}} = R_0' + \mathrm{i}\omega L_0' + \cfrac{1}{\cfrac{1}{R_0^{\mathrm{str}} + \mathrm{i}\omega L_0^{\mathrm{str}}} + \mathrm{i}\omega C_0^{\mathrm{str}}} \qquad (22.2\text{-}10)$$

其中，Z_0' 和 Z_0^{str} 分别为石墨烯的串联和并联阻抗。Z_0' 和无结构石墨烯在 0T 磁场下的阻抗 Z_0 的关系式为 $Z_0' = \eta Z_0$，其中 η 为比例因子。结合公式 (22.2-9)，利用传输矩阵法可计算出吸收器的吸收率。通过拟合仿真结果，可确定公式中的参数值，分别为 $\eta \approx 1.2$，$R_0^{\mathrm{str}} \approx 0.9\Omega$，$L_0^{\mathrm{str}} \approx 0.9\mathrm{pH}$，$C_0^{\mathrm{str}} \approx 4.596\mathrm{pF}$。

如图 22.2-17 所示，软件仿真和理论拟合的曲线吻合良好。另外，公式 (22.2-10) 中串联项和并联项对应的吸收也表示在图中。计算结果表明吸收峰 P_1 主要由结构化表面的局域共振引起，对应公式 (22.2-10) 中的并联项；吸收峰 P_2 主要由石墨烯层和反射镜面之间的腔共振产生，对应于公式 (22.2-10) 中的串联项。

该吸收器模型在磁场强度分别为 1T, 2T, 4T, 7T 下的吸收率曲线如图 22.2-18 所示。随着外加磁场增强，对右旋圆偏振波而言，吸收峰 P_1 向高频移动的同时吸收率下降，吸收峰 P_2 的吸收率下降速度较快；而对左旋圆偏振波而言，吸收峰 P_1 发生明显红移，但吸收率基本保持不变，吸收峰 P_2 向高频移动，同时吸收率会略微下降。吸收峰 P_2 的位置变化和非结构化的石墨烯吸收器的情况相似，这也在一定程度上说明了 P_2 是由腔共振引起的。值得注意的是，尽管在 2.02THz 吸收器对左旋圆偏振波的吸收率接近 1，但是由于对右旋圆偏振波的吸收率有所上升，从而导致磁圆二色性下降到 0.711。在 2.49THz 处，石墨烯几乎将入射右旋圆偏振波全

部反射,磁圆二色性强度约为 0.91。

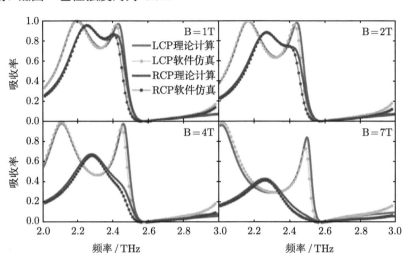

图 22.2-18　不同磁场强度下,吸收器对左旋圆偏振波和右旋圆偏振波的吸收率[39]

22.3　偏振动态调控亚波长结构

在本书第 17 章中介绍了利用亚波长结构实现电磁波偏振状态调制的基本原理和设计方法,本节主要介绍实现动态偏振调控的亚波长结构。

一般而言,实现偏振调制的亚波长结构主要分为两种:手性结构和各向异性结构。以下分别予以介绍。

22.3.1　手性智能偏振调控结构

2012 年,Zhang 等构造了一种具有偏振动态调制性能的手性人工结构材料,如图 22.3-1 所示[40]。该材料中加载了半导体硅材料,通过控制外界的光照强度调节半导体硅材料的导电率,使其表现为介质或金属。半导体材料导电特性的变化使亚

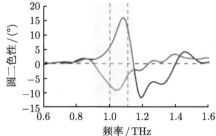

图 22.3-1　动态手性人工结构材料及其圆二色性[40]

波长结构表现出不同的手性特征。光照前后，在 1~1.1THz 内，出射电磁波的圆二色性具有相反的符号，证明了材料结构手性特征的反转。利用这种方法，可将入射的线偏振电磁波在太赫兹波段转换为左旋或者右旋圆偏振。

图 22.3-2 为一种微波波段的动态手性亚波长结构[41]，其单元结构由两层金属结构组成。上层金属结构如图 (a) 所示，为具有十字形缝隙的方形金属结构，缝隙方向平行于方形金属结构的对角线，缝隙中加载两组工作状态不同的 PIN 二极管。下层金属结构如图 (b) 所示，为具有矩形金属缝隙的反射板。单元结构的设计参数为 $p_x = p_y = 15\text{mm}$, $w_p = 22.5\text{mm}$, $w_g = 11.5\text{mm}$, $w_1 = 1.6\text{mm}$, $w_2 = 1.7\text{mm}$, $l_1 = 12.5\text{mm}$, $l_2 = 9.86\text{mm}$, $l_3 = 9.5\text{mm}$, 介质板厚度为 $t = 1.63\text{mm}$。

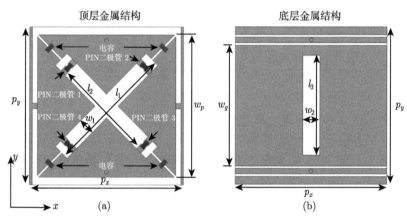

图 22.3-2 基于 PIN 二极管的动态手性亚波长结构

(a) 上层结构；(b) 底层结构[41]

上层金属结构中共引入四个 PIN 二极管，分别标注为 1, 2, 3 和 4，处在对角方向的两个 PIN 二极管工作状态相同。在不加载 PIN 二极管的情况下，该结构具有轴对称性。加载 PIN 二极管之后，如果所有 PIN 二极管的工作状态都相同，则该结构仍旧是对称结构，不具有手性特征。而当两组 PIN 二极管工作状态不相同时，例如二极管 1 和 3 导通，二极管 2 和 4 断开，则二极管 1 和 3 所处的金属缝隙等效长度减小，而二极管 2 和 4 所在的金属缝隙的等效长度增大。此时材料单元结构将不再具有轴对称性，而表现为手性结构。

根据两组二极管导通和断开状态的组合，该亚波长结构共有三种工作状态，分别为二极管 1 和 3 导通，2 和 4 断开；二极管 1 和 3 断开、2 和 4 导通；四个二极管同时断开。状态 1 和状态 2 对应的透射率如图 22.3-3(a) 所示。在状态 1 中，当 x 线偏振电磁波入射时，右旋圆偏振分量的透射率远远大于左旋圆偏振分量的透射率，正交偏振比达到 20dB，且右旋圆偏振分量的透射率为 -1.5dB。说明在状态 1 下，亚波长结构的出射场表现为右旋圆偏振。

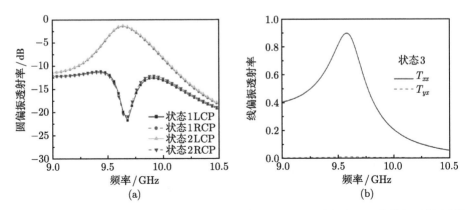

图 22.3-3　动态手性亚波长结构在三种工作状态下的 (a) 圆偏振和 (b) 线偏振透射率[41]

　　状态 2 下材料的结构特性与第一种状态下恰好相反，亚波长结构的手性也与状态 1 的手性特征相反。在 x 线偏振电磁波入射时，出射的电磁波中左旋圆偏振和右旋圆偏振分量的比例也与第一种情况截然相反。

　　当两组 PIN 二极管均处于断开状态时，该材料工作在第三种状态。该状态下亚波长结构不再具有手性特性，表现为各向同性的均匀材料。线偏振电磁波入射到材料下表面时，出射电磁波的偏振状态与入射电磁波的偏振状态相同。如图 22.3-3(b) 所示，在 x 线偏振波入射情况下，出射场中 y 偏振的电场能量几乎为 0。

　　上述结果证实了材料在状态 1 和状态 2 下表现出非常明显的圆二分性，使入射的线偏振电磁波分别转换为右旋圆偏振波和左旋圆偏振波。图 22.3-4 为这两种状态下出射场的椭偏率曲线。对于状态 1 和状态 2，在谐振频点 9.7GHz 处，出射场的椭偏率分别为 40° 和 −40°，说明在这两种状态下，出射场的偏振状态为椭圆偏振，且旋向分别为右旋和左旋。

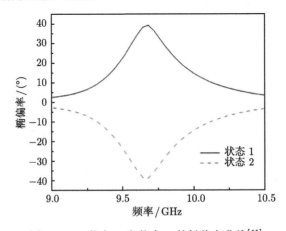

图 22.3-4　状态 1 和状态 2 的椭偏率曲线[41]

22.3.2　各向异性动态偏振调控结构

通过外加激励动态调节结构的各向异性程度，也可实现对电磁波偏振状态的动态调制。根据其工作方式可分为透射式偏振调制器件和反射式偏振调制器件。

Liu 等提出一种基于 MEMS 的各向异性动态调控方法[42]，基本结构如图 22.3-5 所示。该结构中，金属部分包括四个梯形，这四个梯形可组成一个十字。其中三个梯形制作在固定衬底上，另外一个金属梯形结构制作在可移动的悬臂上。通过外部电压控制，使悬臂上的金属梯形结构远离十字形的中心，从而破坏十字形的四重对称性，将单元结构从各向同性变为各向异性。图 22.3-5(b)~(d) 为单元结构由各向同性到各向异性的变化过程。

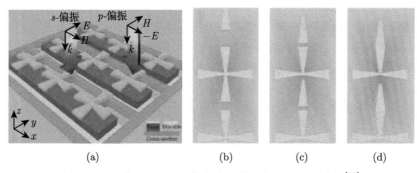

图 22.3-5　基于 MEMS 的各向异性动态偏振调制结构[42]

(a) 结构示意图; (b) 十字形各向同性结构; (c) 中间各向异性结构; (d)T 字形各向异性结构

图 22.3-6 为这种各向异性亚波长结构中两正交偏振的相位差和透射率比值随悬臂移动距离 S 的变化关系。定义 s 偏振的电场方向平行于 y 轴，p 偏振的电场方向平行于 x 轴。图 (a) 和 (b) 分别是 3.0THz 和 4.6THz 处的测量结果。可看出，在 3.0THz 处，当悬臂偏离十字形中心的距离从 0 增加至 5μm 时，两种偏振分量之间

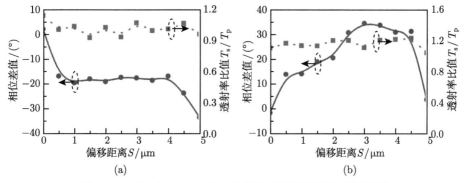

图 22.3-6　基于 MEMS 的各向异性亚波长结构测试结果[42]

(a) 3.0THz; (b) 4.6THz

的相位差从 $0°$ 逐渐降低至 $-35°$；而两偏振态之间的振幅比 T_s/T_p 基本不变。在 4.6THz 处，随着悬臂逐渐偏离十字形的中心，s 偏振和 p 偏振之间的相位差从 $0°$ 逐渐增大至 $35°$，然后又迅速降低至 $5°$；在此过程中，两偏振态之间的振幅比 T_s/T_p 同样基本不变。

在基于亚波长结构的偏振调制技术一章中已经分析过，反射式的偏振调制器件比透射式结构更具优势[43]。其基本原理和色散调制方法本章不再赘述，下面以一个反射式宽带偏振调制亚波长结构为例，分析反射式偏振动态亚波长结构的设计方法。

图 22.3-7 为反射式动态各向异性亚波长单元结构。在单元结构中加载两只 PIN 二极管，通过控制 PIN 二极管的导通或断开状态，可实现对单元结构各向异性的动态调制。该亚波长结构中的金属材料为铜，厚度为 0.035mm，介质基底厚度为 0.5mm，介电常数为 2.5。介质基底与金属底板间距为 14.5mm，材料选择为泡沫 (介电常数为 1.03)。亚波长结构的几何参数为 $P_x = 15.3$mm，$P_y = 13$mm，$L_1 = 3.4$mm，$L_2 = 1.8$mm，$L_3 = 7.5$mm，$w_1 = 0.5$mm，$w_2 = 1$mm，$w_3 = 0.6$mm，$d_{\text{space}} = 14.5$mm，$t = 0.6$mm。

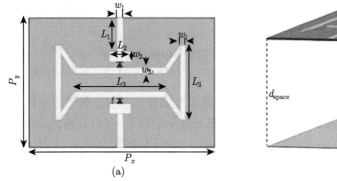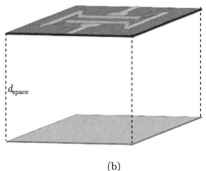

(a)　　　　　　　　　　　　　　　　　　　(b)

图 22.3-7　反射式偏振转化器的单元结构

(a) 俯视图；(b) 透视图

当电场沿 y 方向时，该结构可视为串联的等效电感 L 以及等效电容 C，其对应的表面阻抗可表示为 $Z_y = i\omega L + 1/(i\omega C)$。其中电感来自于金属线，而电容来自于平行金属贴片。当电场沿 x 方向时，该结构的等效阻抗为无穷大。

图 22.3-8(a) 为未加载电压 (PIN 二极管处于断开状态) 时的反射率曲线，对于 LCP，电磁波绝大部分能量被反射，并且反射电磁波的偏振状态变为 RCP。图 22.3-8(b) 所示为加载电压 (PIN 管处于导通状态) 时，亚波长结构的等效阻抗 $Z_y = \infty$。当 LCP 电磁波照射亚波长结构材料，电磁波绝大部分能量被反射，反射电磁波的偏振态仍为 LCP。

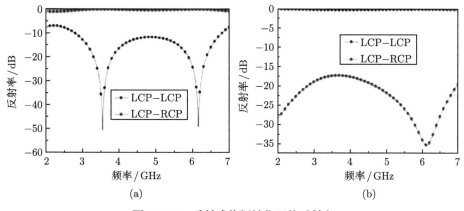

图 22.3-8　反射式偏振转化器的反射率

(a) 二极管断开；(b) 二极管导通

22.4　基于柔性可延展材料的智能器件

在亚波长电磁学的基本材料一章中，我们介绍了具有可延展特性的柔性材料，例如 PDMS 等，在外力作用下，材料会发生一定的形变。例如在材料两端施加拉伸的力，则材料会向两侧拉伸，如图 22.4-1 所示；如果在材料上施加扭曲力矩，则材料会产生更加复杂的形变，可从规则的平面结构变为扭曲的曲面，材料形状的变化与施加的外力直接相关，并且在外力撤销后，材料会恢复原来的状态。

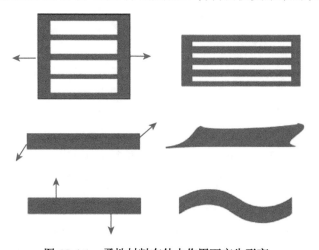

图 22.4-1　柔性材料在外力作用下产生形变

从亚波长结构的电磁特性可知，亚波长结构对电磁波的奇异调制能力来源于其结构与电磁波之间的相互作用，这种作用的强弱程度与结构参数密切相关，这也是亚波长结构所具有的独特优势，即通过调节亚波长结构的结构参数，包括周期、亚波长结构的大小、高度、旋转角度等，可实现其电磁特性的动态调制。

　　鉴于柔性可延展材料的特性，人们将其引入亚波长结构的研究中[44]。图 22.4-2 所示的周期性亚波长纳米硅结构，其反射光谱与其结构参数直接相关。反射谱与亚波长纳米柱的周期 a 和半径 r 的变化关系如图 (d) 所示，图中实线和虚线分别为测试和仿真结果。随着周期 a 和硅柱半径的增加，亚波长结构的反射谱的峰位发生红移。

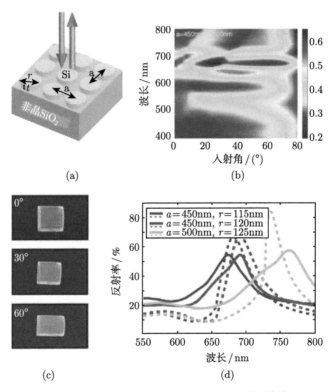

图 22.4-2　硅纳米亚波长结构及其反射特性[44]

(a) 圆柱形硅亚波长结构示意图；(b) 反射率随入射角度和波长的分布规律；(c) 不同观测角度下样品照片；(d) 不同结构参数的亚波长结构的反射率曲线

　　如果将这种硅纳米结构制作在 PDMS 衬底上，通过拉伸衬底，同样可实现反射光谱的移动，如图 22.4-3 所示。为了避免外力作用的不均匀，将这种基于 PDMS 的结构制作在气球上，当气球逐渐充气的过程中，PDMS 在二维方向上被均匀拉伸。拉伸率为 10% 时，测试的硅纳米结构的反射谱如图 22.4-3(c) 所示，可看出，反射谱的峰位发生了明显的红移。

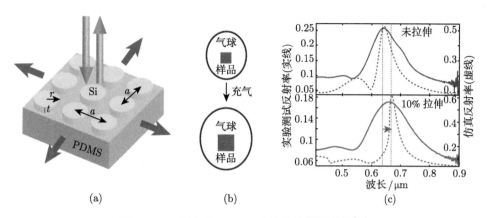

图 22.4-3 制作在 PDMS 上的纳米周期结构[44]

(a), (b) 拉伸示意图；(c) 反射光谱

除了上述硅基亚波长结构外，PDMS 上的金属亚波长结构同样具有明显的动态可调特性。如图 22.4-4 所示，在不同拉伸状态下，金属亚波长结构的反射光颜色可从红色调为绿色[45]。

图 22.4-4 基于 PDMS 的结构色[45]

Ee 等利用制作在 PDMS 柔性衬底上的光学聚焦超表面结构，通过对 PDMS 的拉伸，实现对焦距的动态调控[46]。该动态超表面结构示意图如图 22.4-5 所示，其基本单元为离散的矩形金属纳米粒子。在 PDMS 不拉伸的情况下，该超表面结构将入射的波长为 632.8nm 的左旋圆偏振光转换为右旋圆偏振光，同时将出射光在距离超表面 150μm 处聚焦。通过对称地拉伸 PDMS，拉伸比例分别为 115% 和

130%时，超表面的相位分布发生变化，对应的焦距分别为 200μm 和 250μm。

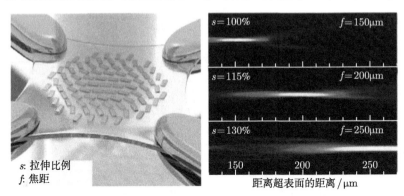

图 22.4-5 基于 PDMS 的动态聚焦超表面和不同拉伸状态下的聚焦光场[46]

与其他调节方式相比，通过外力拉伸或扭曲产生结构变化不会引入额外的功率损耗，也不需要复杂的调节电路和馈电线。但是，通过拉伸方式调节亚波长结构电磁特性的方法同样存在一定的缺陷。首先，这种施加外力的方法作用时间比较长；其次，柔性可延展材料在外力作用下的形变量具有一定的限制，超过该限制则会对材料产生破坏性的作用。另外，这种对衬底材料整体施加外力的方式，难以实现对整个结构中每一个单元结构的任意调制。

参 考 文 献

[1] Hansen R C. Phased Array Antennas. New Jersey: John Wiley & Sons, 1998.

[2] Mailluox R J. Phased Array Handbook. Boston: Artech House, 1994.

[3] Smith D R, Schultz S, Markoš P, et al. Determination of negative permittivity and permeability of metamaterials from reflection and transmission coefficients. Phys Rev B, 2002, 65: 195104.

[4] Pu M, Hu C, Huang C, et al. Investigation of Fano resonance in planar metamaterial with perturbed periodicity. Opt Express, 2013, 21: 992-1001.

[5] Shung W L, Zarrillo G, Chak L L. Simple formulas for transmission through periodic metal grids or plates. IEEE Trans Antenna Propag, 1982, 30: 904-909.

[6] Rashid A K, Zhong X S. Scattering by a two-dimensional periodic array of vertically placed microstrip lines. IEEE Trans Antenna Propag, 2011, 59: 2599-2606.

[7] Pelton E, Munk B. Scattering from periodic arrays of crossed dipoles. IEEE Trans Antenna Propag, 1979, 27: 323-330.

[8] Chich-Hsing T, Mittra R. Spectral-domain analysis of frequency selective surfaces comprised of periodic arrays of cross dipoles and Jerusalem crosses. IEEE Trans Antenna Propag, 1984, 32: 478-486.

[9]   Costa F, Monorchio A, Talarico S, et al. An active high impedance surface for low-profile
      tunable and steerable antennas. IEEE Antenna Wirel Progag Lett, 2008, 7: 676-680.

[10] Jiang T, Wang Z Y, Li D, et al. Low-DC voltage controlled steering-antenna radome
      utilizing tunable active metamaterial. IEEE Trans Microw Theory Techn, 2012, 60(1):
      170-178.

[11] Sazegar M, Zheng Y, Maune H, et al. Beam steering transmitarray using tunable
      frequency selective surface with integrated ferroelectric varactors. IEEE Trans Antenna
      Propag, 2012. 60: 5690-5699.

[12] Boccia L, Russo I, Amendola G, et al. Multilayer antenna-filter antenna for beam-
      steering transmit-array applications. IEEE Trans Microw Theory Techn, 2012, 60: 2287-
      2300.

[13] Pan W, Huang C, Chen P, et al. A beam steering horn antenna using active frequency
      selective surface. IEEE Trans Antenna Propag, 2013, 61: 6218-6223.

[14] Berry D, Malech R, Kennedy W. The reflectarray antenna. IEEE Trans Antenna
      Propag, 1963. 11: 645-651.

[15] Chang D C, Huang M C. Microstrip reflectarray antenna with offset feed. Electron Lett,
      1992. 28: 1489-1491.

[16] Pozar D M, Metzler T A. Analysis of a reflectarray antenna using microstrip patches of
      variable size. Electron Lett, 1993, 29: 657-658.

[17] Encinar J A, Zornoza J A. Broadband design of three-layer printed reflectarrays. IEEE
      Trans Antenna Propag, 2003, 51: 1662-1664.

[18] Carrasco E, Barba M, Encinar J A. Reflectarray element based on aperture coupled
      patches with slots and lines of variable length. IEEE Trans Antenna Propag, 2007, 55:
      820-825.

[19] Riel M, Laurin J J. Design of an electronically beam scanning reflectarray using aperture-
      coupled elements. IEEE Trans Antennas and Propag, 2007, 55: 1260-1266.

[20] Kishor K K, Hum S V. An amplifying reconfigurable reflectarray antenna. IEEE Trans
      Antenna Propag, 2012, 60: 197-205.

[21] Rajagopalan H, Rahmat-Samii Y, Imbriale W A. RF MEMS actuated reconfigurable
      reflectarray patch-slot element. IEEE Trans Antenna Propag, 2008, 56: 3689-3699.

[22] Popovic Z, Mortazawi A. Quasi-optical transmit/receive front ends. IEEE Trans Microw
      Theory Techn, 1998, 46: 1964-1975.

[23] Bialkowski M E, Song H J. A Ku-band active transmit-array module with a horn or
      patch array as a signal launching/receiving device. IEEE Trans Antenna Propag, 2001,
      49: 535-541.

[24] Kaouach H, Dussopt L, Lanteri J, et al. Wideband low-loss linear and circular polar-
      ization transmit-arrays in V-band. IEEE Trans Antenna Propag, 2011, 59: 2513-2523.

[25] Padilla P, Munoz-Acevedo A, Sierra-Castaner M, et al. Electronically reconfigurable transmitarray at Ku band for microwave applications. IEEE Trans Antenna Propag, 2010, 58: 2571-2579.

[26] Lau J Y, Hum S V. Reconfigurable transmitarray design approaches for beamforming applications. IEEE Trans Antenna Propag, 2012, 60: 5679-5689.

[27] Cheng C C, Lakshminarayanan B, Abbaspour-Tamijani A. A programmable lens-array antenna with monolithically integrated MEMS switches. IEEE Trans Microw Theory Techn, 2009, 57: 1874-1884.

[28] Pan W, Huang C, Ma X, et al. An amplifying tunable transmitarray element. IEEE Antenna Wirel Propag Lett, 2014, 13: 702-705.

[29] Pan W, Huang C, Ma X, et al. A dual linearly-polarized transmitarray element with 1-bit phase resolution in X-band. IEEE Antenna Wirel Propag Lett, 2015, 14: 167-170.

[30] Huang C, Pan W B, Ma X L, et al. Using reconfigurable transmitarray to achieve beam-steering and polarization manipulation applications. IEEE Trans Antenna Propag, 2015, 63: 4801-4810.

[31] Chambers B. Dynamically adaptive radar absorbing material with improved self-monitoring characteristics. Electron Lett, 1997, 33: 529-530.

[32] Tennant A, Chambers B. A single-layer tunable microwave absorber using an active FSS. IEEE Microw Wirel Compon Lett, 2004, 14: 46-47.

[33] Mias C, Yap J A. Varactor-tunable high impedance surface with a resistive-lumped-element biasing grid. IEEE Trans Antenna Propag, 2007, 55: 1955-1962.

[34] Simms S, Fusco V. Tunable thin radar absorber using artificial magnetic ground plane with variable backplane. Electron Lett, 2006, 21: 42.

[35] Afsar M N, Li Z J, Korolev K A, et al. A millimeter-wave tunable electromagnetic absorberbased ε-$Al_xFe_{2-x}O_3$ nanomagnets. IEEE Trans Magn, 2011, 47: 333.

[36] Shrekenhamer D, Chen W, Padilla W. Liquid crystal tunable metamaterial absorber. Phys Rev Lett, 2013, 110: 177403.

[37] Dayal G, Ramakrishna S A. Metamaterial saturable absorber mirror. Opt Lett, 2013, 38: 272-274.

[38] Wu X Y, Hu C G, Wang Y Q, et al. Active microwave absorber with the dual-ability of dividable modulation in absorbing intensity and frequency. AIP Advances, 2013, 3: 022114.

[39] Wang M, Wang Y, Pu M, et al. Circular dichroism of graphene-based absorber in static magnetic field. J Appl Phys, 2014, 115: 154312.

[40] Zhang S, Zhou J, Park Y S, et al. Photoinduced handedness switching in terahertz chiral metamolecules. Nat Commun, 2012, 3: 942.

[41] Ma X L, Huang C, Pan W B, et al. An active metamaterial for polarization manipulation. Adv Opt Mater, 2014, 2: 945-949.

[42] Zhu W M, Liu A Q, Bourouina T, et al. Microelectromechanical maltese-cross meta-
      material with tunable terahertz anisotropy. Nat Commun, 2012, 3: 1274.

[43] Yi G W, Huang C, Ma X L, et al. A low profile polarization reconfigurable dipole
      antenna using tunable electromagnetic band-gap surface. Microw Opt Technol Lett,
      2014, 56: 1281.

[44] Shen Y C, Rinnerbauer V, Wang I, et al. Structural colors from fano resonances. ACS
      Photonics, 2015, 2: 27-32.

[45] Luo X, Pu M, Ma X, et al. Taming the electromagnetic boundaries via metasurfaces:
      from theory and fabrication to functional devices. Int J Antenn Propag, 2015, 2015:
      204127.

[46] Ee H S, Agarwal R. Tunable metasurface and flat optical zoom lens on a stretchable
      substrate. Nano Lett, 2016, 16:2818-2823.

第23章　平面亚波长成像技术

人类对于光的研究已经有几千年的历史。早在公元前四到三世纪，《墨经》即记载："景。光之人，煦若射，下者之人也高；高者之人也下。足蔽下光，故成景于上；首蔽上光，故成景于下。" 其中 "光之人，煦若射" 是一句很形象的比喻。"煦" 即照射，指光线照在人身上就像射箭一样。"下者之人也高；高者之人也下" 是说照射在人上部的光线，则成像于下部；而照射在人下部的光线，则成像于上部。

《墨经》中记载的这部分内容用现代物理学的语言描述即为 "光线在同一种媒质中沿直线传播，物体由于对光线的遮挡而形成影像"。根据光的这种基本性质，人们进一步发现了多种光学现象并构造出各种光学器件，使人们对世界的认识更进一步，其中用于成像的光学器件是人类探索世界的重要工具。

在传统几何光学中，为了实现对光束的折射、反射等效应，光学成像器件大多为曲面结构，例如球面反射镜、凸透镜、凹透镜等。由于传统加工工艺的限制，这些成像器件的厚度和重量较大，使得光学成像系统较为复杂。近年来由于亚波长结构的出现，传统的光学定律得到一定的拓展，人们相继提出了基于平面亚波长结构的折反射定律、衍射理论、菲涅耳公式等。这些定律的提出使得利用平面结构实现光学成像成为可能。本章将着重介绍基于平面结构的成像技术，既包括传统的小孔成像技术，也涵盖最新的平面亚波长结构的成像技术。

23.1　小孔成像技术

小孔成像现象是光沿直线传播最有力也是最直观的证明。如图 23.1-1 所示，小孔成像是用一个带有小孔的板遮挡在屏幕和物体之间，屏幕上就会形成物体的倒像，前后移动带有小孔的板的位置，屏幕上像的大小和清晰度会发生相应的变化。类似地，阳光透过树叶的缝隙照射到地面上，会在地面上形成圆形的光斑，这些光斑即为太阳通过树叶间隙在地面上形成的像。

小孔成像的特点是：①成的像是实像；②像与物体的大小之比等于像距与物距之比；③像是倒立的且左右颠倒，即像与物体是关于小孔成中心对称的；④小孔越小，成的像越清晰，但是像的亮度越小，孔的形状与成像的质量无明显关系，但与小孔的尺寸密切相关。实际上，19 世纪中期 Petzval 就已给出小孔的最优尺寸为

$$d = \sqrt{2f\lambda} \tag{23.1-1}$$

其中, $d = 2r$ 为小孔直径; f 为焦距。

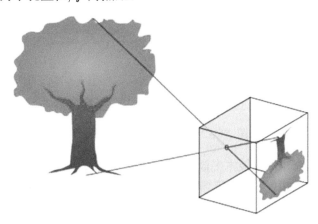

图 23.1-1 小孔成像示意图

值得注意的是, Petzval 最初给出的推导并不严谨。Rayleigh 从波动光学的角度出发给出了一种新的推导。考虑一束垂直于小孔的光, 光线在小孔中心和边缘的光程差为四分之一波长

$$\sqrt{f^2 + r^2} - f = \lambda/4 \tag{23.1-2}$$

化简可得

$$f = 2\left[r^2 - \left(\frac{\lambda}{4}\right)^2 \right] \Big/ \lambda \tag{23.1-3}$$

当小孔半径远大于四分之一波长时, 进一步化简为

$$f = \frac{2r^2}{\lambda} \tag{23.1-4}$$

如图 23.1-2 所示, 当小孔尺寸小于波长时, 透过率急剧衰减。1941 年 Bethe 提出电磁波的透过率与小孔直径的四次方成正比

$$\eta = 64 \left(kr\right)^4 / 27\pi^2 \tag{23.1-5}$$

这与传统基尔霍夫衍射理论相悖 (透射率与直径的平方成正比)。他同时指出, 当小孔尺寸小于波长时, 其衍射图将在半空间扩散, 不能用于成像。

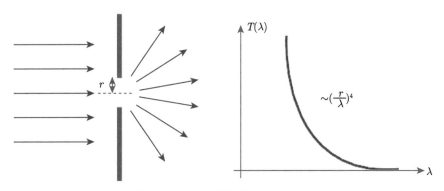

图 23.1-2　小孔的衍射及其透射率

　　小孔成像是光学成像技术中最基本的一种成像方式。随着几何光学的发展，人们逐渐认识到光的折射、反射定律等几何光学的基本定律，并构造出了凸透镜、凹透镜、球面镜等一系列光学器件，实现对星体的望远成像以及对生物细胞组织的显微成像。这些光学成像器件的出现，使得现代物理学的基础得以建立。需要指出的是，传统折射和反射成像方法建立在几何光学基础上，以 1621 年荷兰物理学家斯涅耳 (Snell) 提出的折射定律为理论依据。根据斯涅耳折射定律，光线在成像元件中的传播可以用角度、方向矢量、距离等几何量来表达和仿真计算，该原理在镜头整体优化设计中也得到体现。在这种严格的几何关系限制下，传统光学成像不得不依赖于器件的表面形状和光学材料，导致光学元件设计自由度低、体积重量大，严重制约了现代光学的集成化、轻量化和大口径发展需求。例如，为同时满足视场、分辨率、像差等优化要求，透镜组式成像镜头往往结构复杂、镜片数多，且十分笨重。大口径反射式成像系统方面，笨重的反射镜体在很大程度上限制了口径的增大潜力，导致现有太空望远镜最大口径仅为 2.4 米 (哈勃望远镜)，在研的 James Webb 太空望远镜 (口径 6.5 米) 已逼近现有技术极限。显然，以传统成像原理增大口径的方式将难以为继，亟需探寻新的成像原理和方法并突破几何光学的理论限制。

23.2　波带片成像

　　微纳结构的出现为突破上述瓶颈带来了新的曙光。微纳结构是指人为设计的、具有微米或纳米尺度特征尺寸、按照特定方式排布的功能结构。光栅是人类最早发现和使用的微纳结构，在科学发展史上具有重要地位。1818 年菲涅耳提出了一种基于环形光栅的微纳结构 —— 波带片，并利用子波衍射理论解释了波带片产生聚焦效果的物理根源 [1]。

　　如图 23.2-1 所示，菲涅耳波带片是一种变周期圆形光栅，具有不同于普通光栅的物理特性。菲涅耳波带片可以产生类似于透镜的聚焦效果,但是与透镜的折射成像原理不同,菲涅耳波带片利用变周期结构的衍射效应实现对入射光的聚焦。由于菲涅耳波带片调节的是入射光波的振幅,因此在缺乏合适透射材料的波段,如极紫外到 X 射线波段,具有良好的成像聚焦效果,在表面科学、材料科学、生命科学、微器件加工等领域已得到广泛应用。

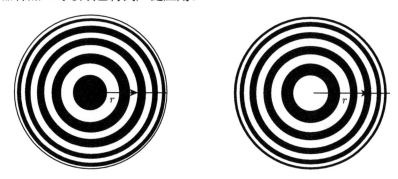

图 23.2-1   菲涅耳波带片示意图

构建如图 23.2-2 所示的半波带法分析模型,其中 S 为理想点源,$\sum$ 为衍射屏,P 为观察点。$\sum$ 被划分为一系列同心圆环,相邻圆环到 P 点的光程差相差半个波长,这些同心圆环被称为半波带。

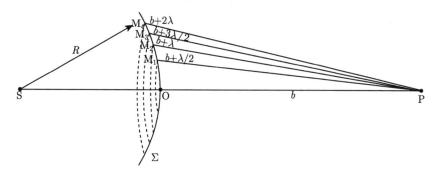

图 23.2-2   半波带法分析模型

每个半波带在 P 点产生的复振幅可表示为

$$
\begin{aligned}
\Delta \tilde{U}_1(\mathrm{P}) &= A_1(\mathrm{P})\mathrm{e}^{\mathrm{i}\varphi_1} \\
\Delta \tilde{U}_2(\mathrm{P}) &= A_2(\mathrm{P})\mathrm{e}^{\mathrm{i}(\varphi_1+\pi)} \\
\Delta \tilde{U}_3(\mathrm{P}) &= A_3(\mathrm{P})\mathrm{e}^{\mathrm{i}(\varphi_1+2\pi)} \\
\Delta \tilde{U}_n(\mathrm{P}) &= A_n(\mathrm{P})\mathrm{e}^{\mathrm{i}(\varphi_1+(n-1)\pi)}
\end{aligned}
\tag{23.2-1}
$$

所有复振幅相加得到 P 点光场复振幅为

$$\tilde{U}(P) = [A_1(P) - A_2(P) + A_3(P) - \cdots + (-1)^{n+1}A_n(P)]e^{i\varphi_1} \tag{23.2-2}$$

其幅值为

$$A(P) = \left|\tilde{U}(P)\right| = A_1(P) - A_2(P) + A_3(P) - \cdots + (-1)^{n+1}A_n(P) \tag{23.2-3}$$

从上式可以看出，相邻半波带在 P 点处形成的振幅贡献正好相反，如果使所有贡献一致的半波带透光，而相反贡献的所有半波带不透光，则将在 P 点产生最大的聚焦幅值。这就是菲涅耳波带片的设计思路。

下面对菲涅耳波带片原理进行讨论。在图 23.2-3 中，设 $r = b + k\lambda/2$，$\rho = \rho_k$，根据几何关系可以推导出

$$\begin{aligned} \rho_k &= r^2 - [b + R(1 - \cos\alpha)]^2 \\ &= bk\lambda - R^2(1 - \cos\alpha)^2 - 2bR(1 - \cos\alpha) \end{aligned} \tag{23.2-4}$$

由于有

$$\begin{aligned} \cos\alpha &= \frac{R^2 + (R + b)^2 - r^2}{2R(R + b)} \\ &= \frac{2R^2 + 2Rb - bk\lambda}{2R(R + b)} \end{aligned} \tag{23.2-5}$$

从而可得出

$$1 - \cos\alpha = \frac{bk\lambda}{2R(R + b)} \tag{23.2-6}$$

$$\rho_k = \sqrt{k\frac{Rb\lambda}{R + b}} = \sqrt{k}\rho_1 \tag{23.2-7}$$

$$\rho_1^2 = \sqrt{\frac{Rb\lambda}{R + b}} \tag{23.2-8}$$

进一步有

$$\frac{1}{R} + \frac{1}{b} = \frac{k\lambda}{\rho_k^2} \tag{23.2-9}$$

假设

$$f = \frac{\rho_k^2}{k\lambda} = \frac{\rho_1^2}{\lambda} \tag{23.2-10}$$

则可得

$$\frac{1}{R} + \frac{1}{b} = \frac{1}{f} \tag{23.2-11}$$

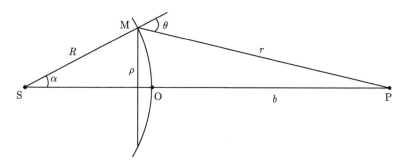

图 23.2-3 菲涅耳波带片成像原理分析模型

从上式可以看出，点源 S 经过波带片传输到 P 点的公式描述，与透镜成像公式非常相似，因此可以认为菲涅耳波带片就是一种衍射透镜。另外，对于菲涅耳波带片，我们也可以把它看作一种特殊的变周期、圆对称振幅型光栅，其零级衍射不改变入射光的相位，其他级次的衍射则将产生多个实焦点和虚焦点，分别位于 f，$f/3$，$f/5$，$\cdots$，以及 $-f$，$-f/3$，$-f/5$，$\cdots$。当式 (23.2-4) 中 R 为无穷大时，点源 S 位于无穷远，此时波带片为平面。在这种情况下，可以使用平板玻璃甚至薄膜作为平面衍射透镜的基底，在大幅提高轻量化和小型化程度的同时，降低了微纳结构加工难度。

法国科学家 Koechlin 小组提出基于二维金属微纳结构的菲涅耳衍射透镜，实现了超大口径空间干涉成像。如图 23.2-4 所示，二维金属菲涅耳衍射透镜具有与圆形菲涅耳透镜几乎一致的成像性能，但是可以产生略小的点扩散光斑，并能在一定程度上放宽制备公差。通过合理设计，二维金属菲涅耳衍射透镜可以采用无基底的透光金属薄膜构造，从而避免基底材料带来的重量和其他问题。该小组设计了口径为 200mm 的二维金属菲涅耳透镜，并对分辨率靶成像，如图 23.2-5 所示。基于二维金属微纳结构菲涅耳衍射透镜的干涉成像望远镜可用于系外行星探索、星系拍摄等天文研究，目前已得到欧洲航天局 (European Space Agency，ESA) 的重视和支持。

图 23.2-4 基于二维金属微纳结构的菲涅耳衍射透镜 [2]

图 23.2-5　口径为 200mm 的二维金属菲涅耳透镜及其分辨率靶成像结果 [2]

23.3　光子筛成像

在菲涅耳波带片基础上，逐渐发展起来一种新的亚波长成像技术，即光子筛成像。Kipp 等人 2001 年在 Nature 上首次提出了光子筛的概念，它以传统菲涅耳波带片结构为基础，将大量圆孔随机排列在透光环带上形成微纳结构成像元件，如图 23.3-1 所示。合理选择小孔直径可实现最大的聚焦强度，如图 23.3-2 所示。

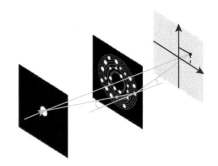

图 23.3-1　Kipp 提出的光子筛成像示意图 [3]

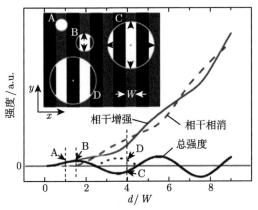

图 23.3-2　光子筛小孔直径与聚焦幅度的关系 [3]

提出光子筛的最初目的是解决软 X 射线聚焦的材料和分辨率限制等问题，其透射结构本身可以避免固态材料的强烈吸收效应；通过合理的设计可以消除杂散高次衍射和波带片边缘产生的振荡；透光小孔直径可以大于环带，从而降低了最小加工尺寸的限制。Cao 等人随后对光子筛的成像特性进行了分析，不仅利用解析方法分析了单个小孔的远场聚焦效果，还讨论了高数值孔径光子筛的非近轴光线成像模式 [4]，其结果与 Kipp 的数值计算非常接近，为光子筛的理论计算提供了一种快捷的方法。

美国空军学院的 Andersen 进一步提出将光子筛应用到实际成像系统中，并认为光子筛可以作为未来超大空间望远镜 (>20m) 的主镜。他们设计了各种类型的光子筛结构，并对单片结构的单波长成像效果进行了理论分析。如图 23.3-3 所示，测试结果表明光子筛成像可在一定带宽内实现衍射极限成像。这一结果激发了人们对直接利用微纳结构进行成像的兴趣。该研究小组还进一步研究了光子筛的其他应用，包括光束整形与切趾、太阳空间望远镜、任意波前变换、深紫外和 X 射线的成像与光刻、电子束和 THz 成像等。

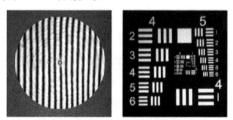

图 23.3-3   美国空军学院提出的光子筛望远镜实验系统干涉图和分辨率靶成像结果 [5]

美国空军学院利用光子筛薄膜主镜研制出口径为 200mm、重量仅为 5kg 的空间望远镜 "猎鹰 7 号"(如图 23.3-4 所示)，用于观测太阳的耀斑和黑子等现象。该光子筛望远镜的对地等效分辨率可达 1.8m，这是衍射成像技术推动低轨成像卫星小型化的一个实例。

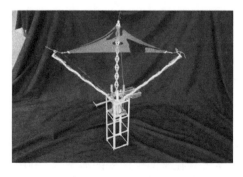

图 23.3-4   基于光子筛主镜的太阳空间望远镜 "猎鹰 7 号"[6]

合理地设计小孔角向分布以及径向坐标，光子筛能消除由于元件的矩形边缘特征引起的边缘振荡效应以及其他衍射级次引入的杂散衍射，从而获得优于波带片的成像效果，如图 23.3-5 所示。

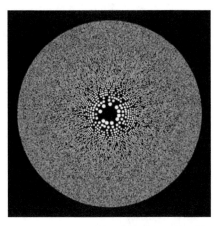

图 23.3-5   光子筛衍射透镜示意图 [6]

尽管光子筛透镜能够实现衍射极限成像，但是由于小孔的随机分布特性，其成像过程会带来一定背景噪声，从而影响到系统焦面成像的对比度以及调制传递函数。此外，光子筛是振幅型衍射元件，无法提高相位深度、实现多重相位衍射特性。利用物理光学理论和标量衍射方法，可以推导出光子筛的衍射效率仅为 0.5%～5%。将光子筛衍射透镜作为大口径主镜的最大好处是，利用单片金属膜加工光子筛，其微细图形连续无间断，不需要额外的连接部件，为大幅降低主镜重量和复杂度提供了有效途径。此外，光子筛可选材料非常广泛，从有机不透明材料到金属和无机材料，只要能够满足一定热力学性能并且能够制作成薄型基底，都可以应用于光子筛。光子筛的特征尺寸相对波带片提高了 1.5 倍甚至更高，因此放宽了对微细加工的要求，采用光刻、直写甚至机械加工方法，都有可能制作大口径光子筛衍射透镜。

23.4   平面衍射成像

23.4.1   平面衍射透镜设计

在大多数情况下，衍射透镜并非直接将平面波聚焦成一个点，而是作为相位面，对光束进行自由度非常高的相位调制。衍射透镜的高自由度相位函数为光学成像系统设计提供了非常直接的优化参量，这是衍射透镜最突出的优势。平面衍射透镜可以等效为折射率非常大且在平面上渐变的薄透镜，利用这种薄透镜模型，可直接运用标量衍射相关理论对其成像规律和特性进行研究。在该模型中，不考虑多级衍射级次共存的情况, 只针对 +1 级衍射进行分析。

旋转对称的平面衍射透镜相位函数可表示为

$$\phi(r) = A_1 r^2 + A_2 r^4 + A_3 r^6 + A_4 r^8 + \cdots \tag{23.4-1}$$

式中, r 为半径坐标; A_k 是相位系数, A_1 决定该元件的光焦度, 一般用来校正系统的色差; A_2、A_3 等用来校正系统的高级像差。在衍射透镜和系统设计中, 所有相位系数均可作为优化变量进行优化。

在某些情况下, 衍射透镜相位函数也可表示为

$$\phi(r) = a_1 \rho^2 + a_2 \rho^4 + a_3 \rho^6 + a_4 \rho^8 + \cdots \tag{23.4-2}$$

其中, a_1, a_2, $a_3 \cdots$ 为系数; ρ 为归一化半径。

衍射透镜作为相位调控元件, 环带定义与半波带相同, 即相邻圆环出射光程差相差半个波长。因此环带径向半径与光程差正好满足相位函数的曲线关系, 对相位函数曲线进行量化即可得到半径值, 而无需复杂的计算。进一步对平面衍射透镜的相位函数进行编码, 可将其转化为实际的浮雕轮廓面形参数。如果整个面形是轴对称的, 仅一个截面的矢高方程就可以决定全部面形。

23.4.2 平面衍射透镜的色散特性

色散是材料的常见特性, 光波段的大部分玻璃材料都存在色散, 其折射率随波长增大而减小, 导致玻璃材料构成的光学透镜光焦度也随波长变化。从式 (23.2-10) 可以看出, 菲涅耳波带片焦距与波长成反比, 说明其存在严重的色散, 在自然光照明下, 无法实现所有谱段的理想聚焦。但是经过特殊的消色差校正模型, 可以使波带片色散得到消除[1]。在波长为 λ、玻璃材料折射率为 $n(\lambda)$ 的情况下, 传统薄透镜的光焦度可表示为

$$\varphi(\lambda) = \frac{1}{f(\lambda)} = [n(\lambda) - 1]C_0 \tag{23.4-3}$$

式中, C_0 是薄透镜的两表面曲率差值。

从前面的讨论中可以看出, 衍射透镜也具有类似薄透镜的成像表达式。在理想聚焦情况下, 根据式 (23.2-10) 可得 $\varphi_D(\lambda) = \dfrac{1}{f(\lambda)} = \dfrac{\lambda}{\rho_1^2}$, 可见衍射透镜的光焦度与波长成反比。从而有

$$\frac{f(\lambda)}{f_d} = \frac{\lambda_d}{\lambda} \tag{23.4-4}$$

如果将衍射透镜的光焦度与薄透镜进行类比，可求出在波长 λ 时的衍射透镜等效折射率

$$n_{\mathrm{D}}^{\mathrm{eff}}(\lambda) = 1 + \frac{1}{C_0 f(\lambda)} = 1 + \frac{\lambda}{C_0 f_{\mathrm{d}} \lambda_{\mathrm{d}}} \tag{23.4-5}$$

在传统光学材料中，色散通常用阿贝数 V_{d} 表示

$$V_{\mathrm{d}} = \frac{n_{\mathrm{d}} - 1}{n_{\mathrm{F}} - n_{\mathrm{c}}} \tag{23.4-6}$$

其中，$\lambda_{\mathrm{F}}, \lambda_{\mathrm{d}}, \lambda_{\mathrm{C}}$ 分别为 F, d, C 光波长，对应 0.4861μm, 0.5876μm, 0.6563μm，n_{d}, n_{F}, n_{C} 分别为 F, d, C 光对应的折射率。

根据式 (23.4-4)～ 式 (23.4-6) 可得衍射透镜的等效阿贝数为

$$V_{\mathrm{d}}^{\mathrm{DOE}} = \frac{\lambda_{\mathrm{d}}}{\lambda_{\mathrm{F}} - \lambda_{\mathrm{C}}} = -3.452 \tag{23.4-7}$$

同样可推导出衍射透镜的部分色散。传统折射透镜与衍射透镜色散特性的比较见表 23.4-1。

表 23.4-1 传统折射透镜与衍射透镜色散特性比较

特性	传统折射透镜	衍射透镜
光焦度	$\varphi(\lambda) = [n(\lambda) - 1]C_0$	$\varphi_{\mathrm{D}}(\lambda) = K\lambda$
阿贝数	$V_{\mathrm{d}} = \dfrac{n_{\mathrm{d}} - 1}{n_{\mathrm{F}} - n_{\mathrm{C}}} > 0$	$V_{\mathrm{d}}^{\mathrm{DOE}} = \dfrac{\lambda_{\mathrm{d}}}{\lambda_{\mathrm{F}} - \lambda_{\mathrm{C}}} < 0$
部分色散	$P_{\mathrm{d}} = \dfrac{n_{\mathrm{F}} - n_{\mathrm{d}}}{n_{\mathrm{F}} - n_{\mathrm{C}}}$	$P_{\mathrm{d}}^{\mathrm{DOE}} = \dfrac{\lambda_{\mathrm{d}} - \lambda_{\mathrm{F}}}{\lambda_{\mathrm{C}} - \lambda_{\mathrm{F}}}$

由上述分析可以看出：

(1) 衍射透镜色散仅与波长相关，与基底玻璃材料无关，这是与传统折射透镜的最大区别；

(2) 衍射透镜阿贝数的符号同传统玻璃相反，且绝对值小得多，表明衍射透镜色散非常大；

(3) 衍射透镜的部分色散与传统玻璃材料区别较大，绝大部分玻璃材料在蓝光波段末端表现出较大部分色散，而衍射透镜情况恰好相反，有利于校正二级光谱。

平面衍射透镜成像最主要问题是具有严重的色散，它的成像焦距与波长成反比。结合像差理论和平面衍射透镜的光学参数计算公式，可以推导出平面衍射元件单独作为透镜使用时的带宽如下

$$\left| \frac{\Delta\lambda}{\lambda} \right| \leqslant f_{\mathrm{number}} \frac{\lambda}{D} \tag{23.4-8}$$

式中，f_{number} 和 D 分别为衍射透镜的 F 数和通光口径。对于一个 F/100 衍射透镜，在可见光波段其带宽仅为万分之一纳米量级。如此小的带宽在宽波段系统中无法成像，因此单片衍射透镜通常都应用于单色光成像系统。

23.4.3 平面衍射透镜的色散补偿

为了达到宽波段成像的目的，必须使用色差校正方法平衡微结构光学透镜的色散。现有消色差模型包括两种：第一种是双薄透镜消色差模型，第二种是 Schupmann 消色差模型。第一种消色差模型常用于传统光学成像系统中，在平行光管、望远镜、显微镜物镜、目镜等光学透镜部件设计中应用广泛；第二种消色差模型由 Schupmann 提出，但是由于校正色差的两个元件在光路中相距较远，因此在实际应用中使用较少。以下对两种模型进行理论分析。

(1) 双薄透镜消色差模型

首先讨论理想薄透镜组系统的消色差条件。对于具有一定间隔的薄透镜组系统，光线在不同透镜上的高度不等，其色散特性 (阿贝数) 和光焦度分配公式如下所示

$$\sum_i h_i^2 \frac{\varphi_i}{v_i} = 0 \tag{23.4-9}$$

$$\sum_i h_i \varphi_i = h_1 \varphi \tag{23.4-10}$$

式中，h_i 代表第一近轴光线 (即从轴上物点出发、过入瞳边缘的光线) 在第 i 个薄透镜上的高度，φ_i 和 v_i 分别表示第 i 个薄透镜的光焦度和阿贝色散常数，φ 是薄透镜组总光焦度。

可以用图 23.4-1 来表示双薄透镜消色差模型。在胶合或紧密相接的双薄透镜中，根据式 (23.4-9) 和式 (23.4-10) 可得到以下公式

$$h_1^2 \frac{\varphi_1}{v_1} + h_2^2 \frac{\varphi_2}{v_2} = 0$$
$$h_1 \varphi_1 + h_2 \varphi_2 = h_1 \varphi \tag{23.4-11}$$

由于 $h_1 = h_2$，式 (23.4-11) 可进一步写为

$$\frac{\varphi_1}{v_1} + \frac{\varphi_2}{v_2} = 0$$
$$\varphi_1 + \varphi_2 = \varphi \tag{23.4-12}$$

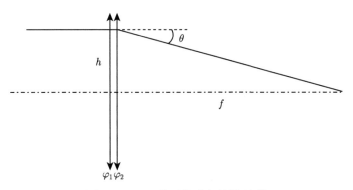

图 23.4-1　双薄透镜消色差模型 [7]

　　根据平面衍射透镜的色散特性分析可知,衍射透镜阿贝数为负,为满足式 (23.4-12),另一个薄透镜阿贝数必须为正。因此,在双胶合薄透镜组合消色差模型中,必须采用传统透镜与衍射元件的组合。上述理论即为折衍混合的基本思路,在这种情况下,衍射元件仅作为透镜元件优化设计使用,仍然未能发挥其轻薄的特点。

　　(2) Schupmann 消色差模型

　　Schupmann 消色差模型基本思路是:第一个透镜的色散由后端光路中的透镜校正,其中第一个透镜通过中继透镜与校正透镜共轭,经过校正透镜后的光束即为消色差发散光束,再经过一个会聚透镜实现聚焦。Schupmann 消色差模型本用于折射透镜组系统消色差,但是由于存在透镜分散、光路长等问题,很少实际应用。然而 Schupmann 消色差模型理论上可在非常宽的波段内消色差,同时色差校正元件口径可小于第一个透镜,这些优点正好适用于平面衍射透镜的色差校正。衍射透镜作为第一个成像元件时,依靠自身并不能实现色差补偿,如果将色差校正放置在后端光路则可以满足非胶合消色差要求。

　　采用 Schupmann 色差校正模式的平面衍射透镜成像模型如图 23.4-2 所示。从图中可以看出,当光线从平面衍射透镜的某一点离开后,由于衍射透镜的色散特性,不同波长的光将以不同的角度会聚。此时从该点出发的光线不仅存在色散,而且在空间上相互分离,这两种效应都需要额外的元件进行补偿。首先由中继透镜将平面衍射透镜成像到衍射校正器所在平面,使得从主镜一点出发的空间分离的光线重新会聚在衍射校正器的对应共轭点上。此时光线虽然会聚到一点,但是不同波长光线的发散角仍然不同。利用衍射校正器可以解决这个问题。它是一个与主镜光焦度相反的衍射透镜,不同波长光线经过校正器后发散角都相同,从而消除了色散现象。色差校正后的光波是一束发散光,再通过一个聚焦透镜将所有的光线聚焦到焦面上。

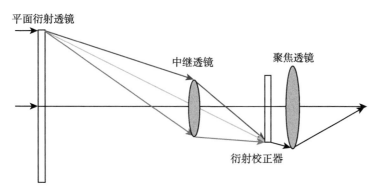

图 23.4-2 平面衍射透镜 Schupmann 模型示意图

下面从从几何光学和衍射透镜原理出发,推导 Schupmann 消色差模式的基本条件。假设经过每个元件的光线由矩阵 $\begin{bmatrix} h & \theta \end{bmatrix}^T$ 表示,其中 h 为光线在元件表面上的坐标,θ 为光线入射到元件上的方向角,则上述光路模型可由下式表示

$$\begin{bmatrix} h_i \\ \theta_i \end{bmatrix} = \begin{bmatrix} 1 & L_4 \\ 0 & 1 \end{bmatrix} \begin{bmatrix} \mu_{11} & \mu_{12} \\ \mu_{21} & \mu_{22} \end{bmatrix} \begin{bmatrix} 1 & 0 \\ -\varphi_{DC}(\lambda) & 1 \end{bmatrix}$$
$$\begin{bmatrix} v_{11} & v_{12} \\ v_{21} & v_{22} \end{bmatrix} \begin{bmatrix} 1 & 0 \\ -\varphi_{DL}(\lambda) & 1 \end{bmatrix} \begin{bmatrix} h_1 \\ \theta_1 \end{bmatrix} \tag{23.4-13}$$

其中,$\begin{bmatrix} h_1 & \theta_1 \end{bmatrix}^T$ 和 $\begin{bmatrix} h_i & \theta_i \end{bmatrix}^T$ 分别为光线在衍射透镜和焦面的坐标;L_4 为聚焦透镜到焦平面的距离;$\varphi_{DL}(\lambda)$ 和 $\varphi_{DC}(\lambda)$ 分别为衍射透镜和衍射校正器、的光焦度;λ 为波长 (λ_0 为设计波长),而矩阵 $\begin{bmatrix} v_{11} & v_{12} \\ v_{21} & v_{22} \end{bmatrix}$ 和 $\begin{bmatrix} \mu_{11} & \mu_{12} \\ \mu_{21} & \mu_{22} \end{bmatrix}$ 则分别表示从衍射透镜经过中继透镜到衍射校正器、以及从衍射校正器经过聚焦透镜的过程。

由于模型最终可以消色差聚集,因此 $h_i = 0$,并且根据纵向和轴向消色差要求,与波长相关的部分应全部包含在以下公式中

$$\begin{bmatrix} k_{11} & k_{12} \\ k_{21} & k_{22} \end{bmatrix} = \begin{bmatrix} 1 & 0 \\ -\varphi_{DC}(\lambda) & 1 \end{bmatrix} \begin{bmatrix} v_{11} & v_{12} \\ v_{21} & v_{22} \end{bmatrix} \begin{bmatrix} 1 & 0 \\ -\varphi_{DL}(\lambda) & 1 \end{bmatrix}$$
$$= \begin{bmatrix} v_{11} - v_{12}\varphi_{DL}(\lambda) & v_{12} \\ v_{21} - v_{22}\varphi_{DL}(\lambda) - v_{11}\varphi_{DC}(\lambda) + v_{12}\varphi_{DL}(\lambda)\varphi_{DC}(\lambda) & v_{22} - v_{12}\varphi_{DC}(\lambda) \end{bmatrix} \tag{23.4-14}$$

显然,为保证 k 矩阵是消色差的,必须 $v_{12} = 0$,因此上式可简化为

$$\begin{bmatrix} k_{11} & k_{12} \\ k_{21} & k_{22} \end{bmatrix} = \begin{bmatrix} v_{11} & 0 \\ v_{21} - v_{22}\varphi_{DL}(\lambda) - v_{11}\varphi_{DC}(\lambda) & v_{22} \end{bmatrix} \tag{23.4-15}$$

可以看出上式中只有 k_{21} 与波长相关，为使其与波长无关，可推导出

$$\varphi_{DC}(\lambda) = -\frac{v_{22}}{v_{11}}\varphi_{DL}(\lambda) + \frac{v_{21} - k_{21}}{v_{11}} \tag{23.4-16}$$

因此衍射校正器的光焦度包含了与波长相关和无关的部分。将与波长无关的部分合并到聚焦透镜矩阵 μ 中，令 v_{11} 为衍射透镜与衍射校正器共轭的纵向放大倍率 $-\eta$，则根据传输矩阵为单位矩阵的属性，可推导出 $v_{22} = 1/v_{11} = -1/\eta$，从而可得

$$\varphi_{DC}(\lambda) = -\frac{1}{\eta^2}\varphi_{DL}(\lambda) \tag{23.4-17}$$

式 (23.4-17) 即为 Schupmann 模型的消色差条件。

根据上述分析，进一步可推导出光路其他几何尺寸和光学参数的关系。假设平面衍射透镜的口径、F 数分别表示为 D_{DC}、$F_{DL}^{\#}$，中继透镜的通光口径 D_{DL}，衍射校正器的口径、F 数分别表示为 D_{DC}、$F_{DC}^{\#}$，主镜到中继透镜间距为 L_1，中继透镜到衍射校正器间距为 L_2。根据衍射透镜与衍射校正器共轭，可得

$$D_{DC} = \eta D_{DL} \tag{23.4-18}$$

$$F_{DC}^{\#} = \eta F_{DL}^{\#} \tag{23.4-19}$$

以及三个元件之间距离的关系

$$L_1 = \frac{1}{\varphi_{DC}(\lambda_0)} \tag{23.4-20}$$

$$L_2 = \eta L_1 \tag{23.4-21}$$

由上述公式可得

$$L_2 = F_{DC}^{\#} D_{DL} \tag{23.4-22}$$

上式表明，衍射校正器与平面衍射透镜的光焦度符号相反，即衍射透镜为正透镜，而校正器为负透镜。在实际应用中，可以将平面衍射透镜作为系统主镜，具有较大口径，而后端所有光学系统作为次镜，用于校正主镜色散并聚焦成像。由于衍射校正器出射的光线已经消色差，因此校正器与聚焦透镜之间的间距已无关紧要，为获得紧凑的系统和较小的口径，聚焦透镜与校正器应尽可能接近。

23.4.4　基于平面衍射透镜的望远镜系统

空间天文望远镜是光学成像系统的一个重要应用，它主要依靠航天器上携带的大口径成像系统以及各个谱段的传感器，探测来自宇宙天体的微弱光线和信息，以研究宇宙的起源和演变、黑洞秘密等，已成为人类了解宇宙的最重要的手段之一。20 世纪 90 年代发射的哈勃空间望远镜使观测宇宙的深度和细节能力大大提

高, 极大地丰富了人类对宇宙的认识。它的反射镜主镜口径为 2.4m, 可以观测 28 等暗星, 角分辨率为 0.007″, 能看到 150 亿光年的河外星系。然而传统反射式成像系统由于重量和体积大, 导致太空望远镜口径难以大幅提高, 不仅耗资巨大, 而且还面临着面形控制难度大、研制周期长等问题。反射式系统面临的瓶颈直接限制了天文学的发展, 不仅使天体观测分辨率和微弱目标探测能力难以提升, 而且相当程度上阻碍了空间光通信、空间能量传输以及系外行星探索等新兴研究领域的发展, 因此迫切需要探索一种新的轻量化成像方式。

基于平面衍射透镜的望远镜系统为超大口径、轻量化空间天文望远镜提供了新的实现途径。这种新的光学原理和实现方案不仅能获得口径大于 5m 的主镜, 更重要的是能同时解决反射式光学系统面临的众多难题。下面介绍根据平面衍射透镜宽波段消色差原理设计的 5 米口径天文望远镜, 该系统采用离轴反射式后端光学系统的思路, 解决主镜后端同轴系统挡光严重的问题。此外, 基于多重相位衍射透镜的带宽拓展原理方法, 实现了可见光全波段、兼顾部分红外波段的宽波段设计结果。该方法可拓展到 10m 甚至更大口径的天文望远镜系统设计中。

以 5m 通光口径系统为例 (如图 23.4-3 所示), 考虑到平面衍射宽波段消色差成像光路较长, 整个系统由平面衍射主镜和后端光学系统两部分组成。为尽可能降低微纳结构加工难度、拓宽主镜平面度公差、减少高阶像差, 平面衍射主镜的 F 数应较大, 综合考虑后取 F 数为 100, 其中设计波长为 500nm。此时平面衍射主镜和后端光学系统相距 500m。衍射主镜口径为 5m, 其作用是将光线会聚到后端光学系统。后端光学系统口径比主镜小得多, 只有 0.4m, 是一个包含了中继反射镜组、反射式衍射校正器和焦面图像传感器等元件和设备的混合系统。后端光学系统位于主镜主焦面附近, 它接收会聚过来的光线, 并成像到传感器得到最终的目标图像。其中, 反射式衍射校正器实际上已经兼顾了聚焦透镜的功能。

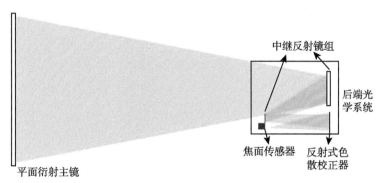

图 23.4-3 基于平面衍射透镜的空间天文望远镜示意图

如果后端光学系统采用同轴结构, 设计中心波长附近 50% 的波段被次镜完全遮挡，其余光线被部分遮拦，此时总透光率不足 30%。因此这种结构基本不能满足实际成像需求。采用离轴反射式后端光学系统，可避免同轴情况下严重的挡光情况。

该系统还有一个显著特点，即光路较长。由于主镜口径和 F 数非常大，主镜与后端光学系统之间长达 500m，实际应用中无法采用单个航天飞行器实现，因此可以采用两个空间分离的航天飞行器，分别控制主镜和后端光学系统。主镜航天飞行器为大口径衍射透镜提供支撑结构，使其保持正确的面形和形状，并控制透镜指向天文目标。而后端光学系统航天飞行器则是一个可以灵活控制的飞行器，它的口径和尺寸较小，主要功能是使光轴精确地对准主镜，并保持与主镜之间的预定距离。

根据 23.4.3 节的内容可知，基于 Schupmann 消色差模式的衍射透镜成像系统从原理上讲是一个理想光学系统，对所有波长都理想成像。实际上，只有在中继透镜光瞳以内并进入到后端光学系统的光线才能实现色差校正。不同波长的光线经过平面衍射主镜后将以不同的发散角传播，中心波长附近的光线能够进入到后端光学系统，而其他波长的光线被阻挡在光瞳以外，因此形成一个特定的成像光谱窗口，其光谱范围与主镜、后端系统通光口径有关。利用简单的几何知识，很容易推出光谱范围的表达式。假设轴上光线的光谱范围为

$$-\alpha \leqslant \frac{\Delta\lambda}{\lambda} \leqslant \alpha \tag{23.4-23}$$

如果这些光线全部进入到中继透镜的光瞳以内，则有

$$D_{RL} = \alpha D_{DL} \tag{23.4-24}$$

上式说明光谱范围为中继透镜和主镜通光口径之比，在离轴反射式中继镜中，D_{RL} 代表了中继镜的主镜口径。根据式 (23.4-23) 和式 (23.4-24) 可以直接计算出成像光谱范围与光学系统结构尺寸的关系。

在此基础上，利用光学设计软件对系统参数进行优化，优化后系统的主要设计参数见表 23.4-2。

表 23.4-2　系统总体设计参数

参数	指标
通光口径	5000mm
光谱范围	480~520nm
中心波长	500nm
全视场角	0.02°
$F/\#$	18
有效焦距	9017mm

在上述方案中，设计带宽只有40nm，虽然能够满足太阳望远镜、恒星测量望远

镜等要求,但是无法满足覆盖可见光甚至红外波段的成像要求。为此,可利用多重相位衍射透镜的多波长衍射效应,实现Schupmann消色差模型的带宽拓展。当衍射透镜具有 $2p\pi$ 相位时,将在 $p\lambda_0/n$ 多个波长处实现无色散的聚焦,其中衍射级次 $n=1,2,3\cdots$。因此,根据平面衍射透镜消色差模型,可在这些波长附近形成多个谱段,通过选取谱段的宽度和间距,合理设计可获得连续成像光谱。

基于波动光学理论,对上述口径为 5m 的衍射成像系统多重相位成像性能进行分析。采用一维菲涅耳积分和快速傅里叶变换,对第一个元件到焦面的波面进行积分,并求解点扩散函数和调制传递函数。在此基础上分析宽波段范围内的分辨率和效率,其中分辨率采用归一化量纲,其值等于仿真调制传递函数 (MTF) 的截止频率与理论 MTF 截止频率之比,效率定义为仿真点扩散函数中心强度与理论点扩散函数中心强度之比。

首先设计中心波长为 $2\mu m$ 的多重相位衍射成像系统,根据计算可在 $2\mu m$,$1\mu m$,667nm,500nm 等波长处焦距相同,因此在可见光到近红外之间 (400nm$\sim$2μm) 产生了 4 个通光窗口。图 23.4-4 是成像分辨率仿真结果,其中理论分辨率曲线是根据 1 级衍射级次的最大有效光瞳口径计算得到的。从图中可以看出,实际分辨率与理论分辨率非常吻合,表明影响分辨率的主要原因是色散导致有效光瞳口径减小,在这部分光谱范围内分辨率急剧下降。结果还表明在 $2\mu m$,$1\mu m$,667nm,500nm 波长附近的有效波段内,分辨率达到衍射极限,说明消色差模型非常有效,几乎可以完全校正主镜的色散。图 23.4-5 是成像效率的仿真结果,其中理论效率直接由多重相位衍射透镜在所在波长下的衍射效率计算得到,曲线低谷说明该波长在 n 阶衍射级次和 $n+1$ 阶衍射级次具有相同的衍射效率。但是在实际效率仿真结果中,该波长处效率大幅增加,这是因为 n 阶衍射级次和 $n+1$ 阶衍射级次均有部分光线进入到有效光瞳内,分别在两个不同衍射级次下校正色散,最终效果体现在焦面光斑能

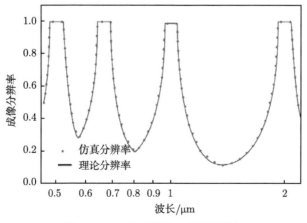

图 23.4-4 多光谱窗口成像分辨率

量增强。实际上，低谷附近的谱段并不具备实用价值，主要成像谱段是衍射效率接近 100%、成像分辨率达到 1 的波段。

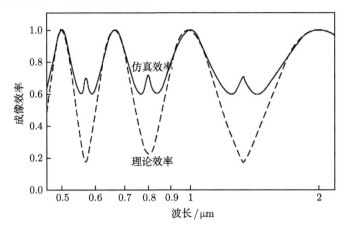

图 23.4-5　多光谱窗口成像效率

　　光谱不连续的多窗口成像在天文观测领域难以应用，为此，进一步设计中心波长为 22μm 的多重相位衍射成像，可在 22μm，11μm，7.33μm，5.5μm，3.6μm，3.14μm 等波长消除色差，其有效光谱范围几乎可以覆盖可见光到长波红外 (400nm~12μm) 全部成像谱段。实现连续光谱成像的原理就是增加相位深度，使相邻衍射级次光谱窗口更加靠近，从而形成光谱窗口无缝衔接甚至重叠，整体上达到全光谱效果。图 23.4-6 所示的成像效率表明通过多重相位衍射透镜可以大幅拓展带宽，实现近全谱段成像效果，使基于平面衍射透镜的望远镜成像系统达到真正意义的宽波段成像。

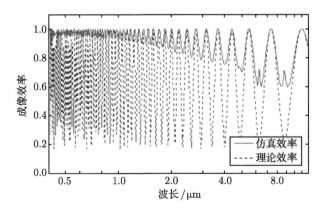

图 23.4-6　中心波长 22μm 的连续光谱成像效率

23.4.5 轻量化平面衍射透镜成像实验系统

从理论上讲，平面衍射透镜消色差成像系统是一个理想光学系统，在设计波段均理想成像。然而在实际成像过程中，光学设计残余像差、微纳结构加工误差、光学元件像差、装调精度等都会对成像质量造成影响。下面介绍这种平面衍射透镜的验证性实验。透镜的通光口径为 100mm，光谱范围覆盖大部分可见光波段。实验主要是对微纳结构光学系统的像质进行鉴定，其结果将反映以上各个因素对成像效果的影响。

平面衍射透镜望远镜成像光路基本结构如图 23.4-7 所示，主镜采用基于薄型玻璃基底的轻量化多台阶平面衍射透镜，衍射校正器采用四台阶相位型衍射元件，中继透镜和聚焦透镜均采用双胶合透镜。

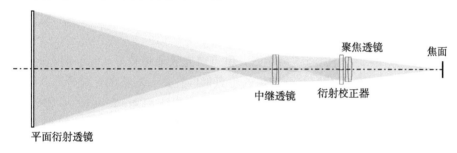

图 23.4-7　平面衍射透镜成像实验系统光路示意图

由于该系统为长光路系统，上述示意图在长度方向进行了压缩处理。图中红、绿、蓝色区域分别代表红、绿、蓝光的光束传播区域。根据平面衍射透镜成像原理，绿光 532nm 为设计波长，其焦点刚好在中继透镜前表面，红光和蓝光焦点分别在中继透镜前后。由于平面衍射透镜和衍射校正器关于中继透镜共轭，因此在衍射校正器处，所有从主镜发散的光线再次会聚，经过衍射校正器的色散补偿，转变为无色差的光束，并利用一个聚焦透镜将光束聚焦到焦面上。设计中平面衍射透镜采用厚度仅为 0.5mm 的熔石英玻璃作为基底，由于衍射面在后表面，因此无论厚度和玻璃如何选择，都不会影响成像光路传播路径。另外由于整体光路太长，需要加入两片反射镜对光路进行折转，但不会影响成像效果。

实验系统实际像质由口径为 200mm 的平行光管测试，并开展星点检验、分辨率检验和宽波段成像性能检验。实验光路和平面衍射透镜照片如图 23.4-8 所示。其中平面衍射透镜厚度仅为 0.5mm，重量为相同口径透镜和反射镜的 1/20。

(1) 星点检验

星点像不仅能够判断光学系统的像质好坏，还能进一步 "诊断" 光学系统存在的主要像差性质和瑕疵种类，以及造成这些缺陷的原因，是衍射极限光学系统常用

的检测方法。衍射极限理想光学系统星点检验的像为 Airy 斑，其中心亮斑直径为

$$D_{\text{Airy}} = 2.44 \frac{\lambda F}{D} \tag{23.4-25}$$

其中，λ 为中心波长，F 为系统焦距，D 为系统有效口径。

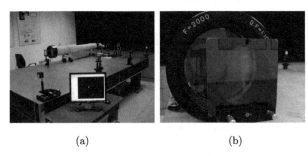

(a)　　　　　　　　　　　　　　(b)

图 23.4-8　实验光路 (a) 和平面衍射透镜照片 (b)

当光学系统到达衍射极限成像时，星点像光斑质量较好，能够明显区分中心亮斑和一级衍射环。并且在焦面前后的星点像同样具有对称的光强分布。实验中，632.8nm 激光器单波长星点像的中心亮斑直径应达到 61.4μm，对应 CMOS 传感器中的 19 个像素。白光中心波长设置为 532nm，则中心亮斑直径应达到 51.6μm，对应 CMOS 传感器中的 16 个像素。

从图 23.4-9 的实测星点图可以看出，632.8nm 单色光星点像的中心亮斑直径为 60.5μm，光斑质量良好，形状对称并且能分辨出零级亮斑和一级衍射环，说明在单波长时系统成像性能达到衍射极限。而白光星点图同样成像良好，亮斑直径为 52.5μm，与理论计算一致，因此可以定性地说明系统像质达到了衍射极限。

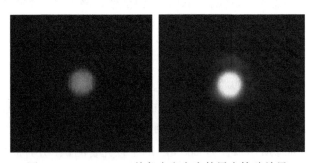

图 23.4-9　632.8nm 单色光和白光的星点检验结果

(2) 分辨率检验

分辨率检验通常以确定数值评价被检系统的综合成像性能，从而直观地判别像质好坏。采用国家标准 JB/T9328-1999 分辨率靶作为测试物体，根据对焦面所成图像的判读结果，读出刚好能分辨出的条纹图案单元号码，从平行光管换算表中查

出条纹宽度。其图案分辨率可以角度值表示，按如下公式计算

$$\alpha'' = \frac{2a}{f_0'} \cdot 206265 \tag{23.4-26}$$

式中，α'' 为角分辨率；a 为可分辨的条纹宽度；f_0' 为平行光管实际焦距。

而望远镜成像系统的理论分辨率可以由瑞利判据计算

$$\alpha = 1.22 \frac{\lambda}{D} \tag{23.4-27}$$

将实测分辨率数据与理论分辨率数据进行比较，不仅可以定性判断系统是否达到衍射极限，而且也能定量地反映系统像质情况。

实验中采用 4# 分辨率靶，实测白光波段的分辨率图像如图 23.4-10 所示，可以分辨出第 20 组图像中所有图案的方向。根据式 (23.4-26) 计算得到实测分辨率角值为 1.32″，与根据式 (23.4-27) 计算的理论分辨率 1.34″ 几乎相同，由此可判定系统像质达到衍射极限。

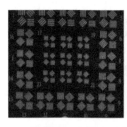

图 23.4-10　分辨率 4# 靶白光图像以及第 20 组图像放大图

(3) 宽波段成像

衍射透镜具有严重色散，因此经过色散校正后的宽波段成像性能测试尤为重要。上述测试给出了白光情况下的星点和分辨率靶测试结果，这里进一步通过加入滤光片，分别测试红光、黄光、绿光和蓝光情况下，分辨率靶成像情况。

从图 23.4-11 所示的成像结果可以看出，上述系统无论在哪个波段均能实现衍射极限成像效果，验证了Schupmann消色差模型的正确性。

基于微纳结构的轻量化平面衍射成像器件已经得到了广泛的关注。基于衍射光学器件的相位调制功能，美国 Lawrence Livermore 国家实验室 (LLNL) 的科学家 Hyde 提出了另一种基于相位型轻量化大口径成像系统，该结构被命名为 Eyeglass，采用轻量化平面衍射透镜作为主镜，其后的 Eyepiece 次镜系统用于校正主镜的色散，并最终得到高分辨像质。Hyde 对大口径微纳结构光学成像系统的理论设计、加工和实施措施进行了研究。在 Schumann 消色差模型的基础上，分析了衍射光学元件消色差的原理和光学设计方法，完成了口径从 100mm 到 500mm 的微结构元件制作，并用于消色差成像实验 (如图 23.4-12 所示)。实验结果表明了微纳结构衍

射元件作为光学成像主镜的可行性,其结构色散完全可以通过后端校正光路进行补偿,从而在一定波段内到达衍射极限的像质。

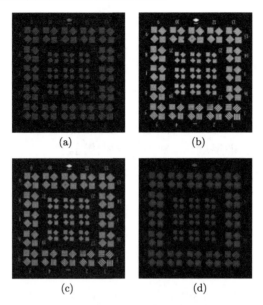

(a)   (b)

(c)   (d)

图 23.4-11 不同波段分辨率靶成像结果

(a)~(d) 的中心波长分别为 630nm,560nm,500nm,460nm

图 23.4-12 LLNL 制备的口径 500mm 平面衍射元件及搭建的成像实验光路 [8]

另外,LLNL 针对 Eyeglass 在空间望远镜领域的应用,利用平面衍射光学元件结构薄、重量轻、体积小的特点，开展了大口径衍射主镜的拼接与空间展开方案研究，提出了类似折纸游戏的主镜折叠方案 (如图 23.4-13 所示)，可将口径 5m 的衍射主镜压缩到 1m 左右，为解决 10m 以上超大口径光学主镜的运输和发射问题提供了思路。

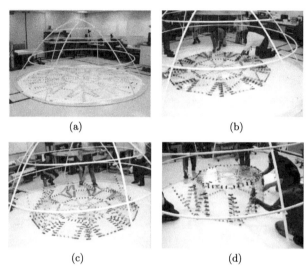

(a)　　　　　　　　　(b)

(c)　　　　　　　　　(d)

图 23.4-13　LLNL 的衍射主镜折叠方案 [9]

英国皇家天文台近来对微结构薄膜透镜作为主镜的望远镜光学系统进行了研究，并提出了口径为 30m 的红外到亚毫米波段微结构衍射光学成像系统方案 (如图 23.4-14 所示)。该系统采用厚度为 2.2mm 的聚乙烯作为主镜基板，具有轻量化的优点。他们也提出镍钛记忆合金折叠展开单元、防太阳光照射的冷却单元以及卫星系统的初步构想。

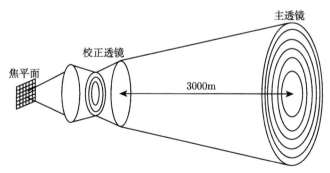

图 23.4-14　口径 30m 的衍射光学成像系统示意图 [10]

23.5　超表面红外成像

近年来发展起来的超表面 (Metasurfaces) 能够克服传统折射和衍射光学器件的限制，将器件的厚度降低到亚波长量级，因此又被称为第三代成像技术，如图 23.5-1 所示 [11,12]。现有的超表面相位调制方案按其工作方式可以分为透射式和反射式两种。然而，透射式超表面透镜效率较低，带宽相对较窄。相比透射式结构，反射式结构具有以下优势：①无需设计复杂的抗反射层，结构简单；② 转换效率高。因此可利用反射式超表面提高光学器件的能量利用率，同时结合色散调制技术拓展其带宽 [13−21]。

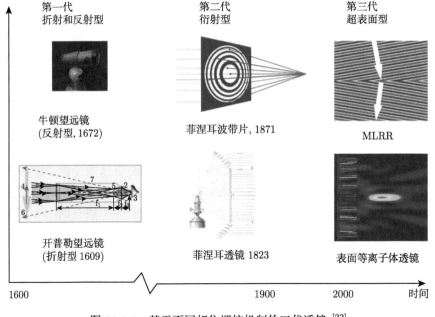

图 23.5-1　基于不同相位调控机制的三代透镜 [22]

下面介绍一种反射式红外超表面成像器件，其在 8.5~13μm 波段内将入射的圆偏振光反射为正交圆偏振光，总能量利用效率超过 90%，远大于透射式超表面的能量利用率。反射式超表面的单元结构如图 23.5-2 所示，由介质基底，以及沉积在介质基底正反两面的金属结构组成。介质基底正面的金属结构由按照六边形排布的椭圆结构组成，椭圆结构的长轴长度为 l_a=4.6μm，短轴长度是长轴长度的 0.3 倍，金属层厚度为 0.8μm，介质基底厚度为 0.9μm。介质基底的材质为 ZnS，其折射率为 2.2，金属层采用的材料为铝。

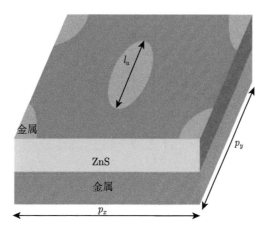

图 23.5-2　反射式超表面单元结构示意图

　　正入射的左旋圆偏振电磁波经超表面反射后的偏振转换效率如图 23.5-3 所示。可以看出,反射光场中正交偏振光的反射率在 8.5~11.2μm 波长内均大于 95%,而主偏振光的反射率小于 10%。该结果说明入射的左旋圆偏振光绝大部分被转换为正交偏振光,在 10.75μm 波长处转换效率达到最大,接近 100%。

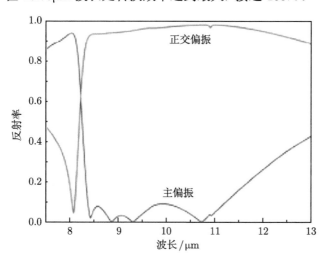

图 23.5-3　圆偏振光的反射率曲线

　　进一步调节单元结构的空间指向角,则可以调节正交圆偏振光的反射相位。图 23.5-4 所示为波长为 10μm 处的反射率和反射相位随空间指向角的变化曲线。可以看出,正交偏振光的反射相位随空间指向角线性地变化,其值为空间指向角的 2 倍,而正交偏振分量的幅度和主偏振的反射相位与空间指向角无关。

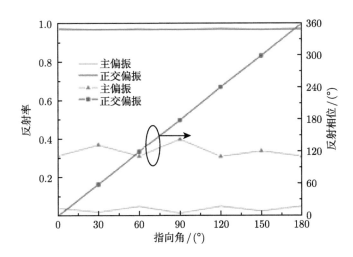

图 23.5-4　波长为 10μm 处主偏振和正交偏振的反射率和反射相位曲线

以上述超表面为反射式主镜设计长波红外成像系统，主要参数见表 23.5-1。

表 23.5-1　基于超表面的红外成像系统设计参数

参数	指标
通光口径	100mm
光谱范围	8~12μm
全视场角	0.8°
有效焦距	248.2mm
$F/\#$	2.5
传函	0.3@20lpmm
光路长度	450mm
光学材料	锗，ZnS

以极坐标径向半径和相位系数来表示微纳结构图形的相位分布。优化后的反射式超表面成像器件相位参数见表 23.5-2，其二维相位分布如图 23.5-5 所示。根据该相位分布可求出所有超表面单元结构的尺寸、方位角和坐标。

表 23.5-2　反射式超表面成像器件相位系数

表面	归一化半径	A_1	A_2	A_3	A_4	A_5
反射式超表面成像器件	100	−7853.982	122.718	−3.835	0.150	-7.055×10^{-3}

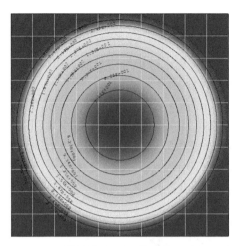

图 23.5-5　反射式超表面成像器件二维相位分布

23.6　其他微纳结构成像

　　除了上述微纳结构成像技术之外，还有一些其他结构形式的成像技术，包括微透镜阵列成像和复合微纳结构成像技术等。微透镜阵列是 20 世纪 80 年代发展起来的具有阵列透镜特点的微纳结构。人们很早已认识到微透镜阵列与昆虫复眼的相似之处，因此不断探索以微透镜阵列为基础的成像方法。

　　瑞典学者 Floreano 提出并制备了局部球状复眼成像系统，得益于微透镜阵列的阵列化相位调控特性，该系统的整体结构非常紧凑。复眼成像器件的制备结合了微电子制造工艺和微光学加工技术，极大降低了器件的加工难度，在高集成度下具有良好的成像质量 (如图 23.6-1 所示)。

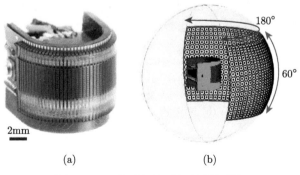

(a)　　　　　　　　　　　(b)

图 23.6-1　小型化柱面复眼系统 [23]

(a) 样品照片；(b) 成像视场

近年来随着微纳光学、信息学和图像处理技术的发展，逐渐形成一个新的交叉研究方向 —— 基于信息处理的微纳结构成像。通常微纳结构可单独作为透镜实现成像功能，但人们研究发现，利用微纳结构灵活的相位调制作用，结合前期或后期信息处理，同样可以获得高分辨成像效果。

日本学者 Tanida 于 2001 年首次提出超薄集成光学成像模块，基本原理是采用微透镜阵列对有限距离 (45mm) 物体成像，每个单元微透镜产生一个低分辨率图像，相邻子图像之间具有亚像元偏移，利用像元重排列法或者反投影法可以重建高分辨率图像 (如图 23.6-2 所示)。这种系统具有轻薄、硬件结构紧凑、可单片集成的特点，原理上也能对无限远目标成像，形成平板望远成像系统。

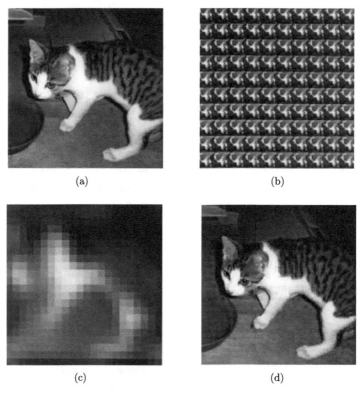

图 23.6-2　薄型集成光学成像模块超分辨图像重建 [24]

(a) 输入图像；(b) 探测图像；(c) 单元图像；(d) 重建的图像

2003 年，美国先进防御研究项目局 DARPA 专门成立 MONTAGE 项目 (多光学无冗余孔径通用传感器)，目的是用轻薄的、性能优异的信息处理成像系统替换传统大型相机，并应用于无人飞机、战车、单兵装备、隐形监控相机等军事领域。其研究人员认为，现代许多技术都在向小型化和轻量化发展，其中显示技术已经发展到超薄领域，然而成像系统却还没有实现真正意义的轻薄，因此有必要对此进一步展开研究。MONTAGE 项目包括了众多分项目，分别由圣地亚哥大学、达拉斯 SMU 大学、Duke 大学、海军研究所等研究单位承担。其中 Duke 大学已经完成基于微透镜阵列的红外计算传感平板成像系统的理论和实验，在厚度仅为传统镜头 1/5 的情况下，获得高分辨率红外图像 [25]。

达拉斯 SMU 大学开发的 PANOPTES 系统充分利用了计算传感平板成像原理，而且融入了模拟微反射镜技术，使得系统比较轻薄，而且还能实时改变观测方向，以满足无人飞机对高分辨率、轻量化、智能侦察系统的要求。另外，圣地亚哥大学提出了由折叠环反射镜构成平板成像结构，在入瞳端加入相位调制光栅，并在成像后进行后处理，获得更长焦深和更好的信噪比，该系统整体厚度仅为传统光学系统的 1/20。

参 考 文 献

[1] 金国藩, 严瑛白, 邬敏贤. 二元光学. 北京: 国防工业出版社, 1997.

[2] Koechlin L, Serre D, Duchon P. High resolution imaging with Fresnel interferometric arrays: suitability for exoplanet detection. Astron Astrophys, 2005, 443: 709-720.

[3] Kipp L, Skibowski M, Johnson R L, et al. Shaper images by focusing soft X-ray with photon sieve. Nature, 2001, 414:184-188.

[4] Cao Q, Jahns J. Focusing analysis of the pinhole photon sieve. J Opt Soc Am A, 2002, 19: 2387-2393.

[5] Andersen G. Large optical photon sieve. Opt Lett, 2005, 30: 2976-2978.

[6] Andersen G, Dearborn M E, McHarg M G, et al. Membrane photon sieve telescope. In: Proc SPIE, 2012, 8385: 1-8.

[7] Hyde R A. Eyeglass: Very large aperture diffractive telescopes. Appl Opt, 1999, 38: 4198-4212.

[8] Barton I M, Britten J A, Dixit S N, et al. Fabrication of large-aperture light weight diffractive lenses for use in space. Appl Opt, 2001, 40: 447-451.

[9] Hyde R, Dixit S, Weisberg A, et al. Eyeglass : A very large aperture diffractive space telescope. In: Proc SPIE, 2002, 4849: 28-39.

[10] Hawarden T G, Cliffe M C, Henry D M, et al, Design aspects of a 30m giant infrared and submillimetre observatory in space ("GISMO"): a new "flavour" for SAFIR? In: Proc S PIE, 2004, 5487:1054-1065.

[11] Yu N, Genevet P, Kats M A, et al. Light propagation with phase discontinuities: generalized laws of reflection and refraction. Science, 2011, 334: 333–337.

[12] Kildishev A V, Boltasseva A, Shalaev V M. Planar photonics with metasurfaces. Science, 2013, 339: 1232009.

[13] Feng Q, Pu M, Hu C, et al. Engineering the dispersion of metamaterial surface for broadband infrared absorption. Opt Lett, 2012, 37: 2133–2135.

[14] Guo Y, Wang Y, Pu M, et al. Dispersion management of anisotropic metamirror for super-octave bandwidth polarization conversion. Sci Rep, 2015, 5: 8434.

[15] Pu M, Wang M, Hu C, et al. Engineering heavily doped silicon for broadband absorber in the terahertz regime. Opt Express, 2012, 20: 25513–25519.

[16] Pu M, Zhao Z, Wang Y, et al. Spatially and spectrally engineered spin-orbit interaction for achromatic virtual shaping. Sci Rep, 2015, 5: 9822.

[17] Pu M, Hu C, Wang M, et al. Design principles for infrared wide-angle perfect absorber based on plasmonic structure. Opt Express, 2011, 19: 17413–17420.

[18] Luo X, Pu M, Ma X, et al. Taming the electromagnetic boundaries via metasurfaces: from theory and fabrication to functional devices. Int J Antennas Propag, 2015, 2015: 204127.

[19] Pu M, Li X, Ma X, et al. Catenary optics for achromatic generation of perfect optical angular momentum. Sci Adv, 2015, 1: e1500396.

[20] Li X, Pu M, Zhao Z, et al. Catenary nanostructures as highly efficient and compact Bessel beam generators. Sci Rep, 2016, 6: 20524.

[21] Guo Y, Yan L, Pan W, et al. Achromatic polarization manipulation by dispersion management of anisotropic meta-mirror with dual-metasurface. Opt Express, 2015, 23: 27566–27575.

[22] Luo X. Principles of electromagnetic waves in metasurfaces. Sci China-Phys Mech Astron, 2015, 58: 594201.

[23] Floreano D, Pericet-Camara R, Viollet S, et al. Miniature curved artificial compound eyes. PNAS, 2013, 110: 9267–9272

[24] Tanida J, Kumagai T, Yamada K, et al. Thin observation module by bound optics TOMBO: concept and experimental verification. Appl Opt, 2001, 40: 1806-1823.

[25] Pitsianis N P, Brady D J, Sun X B.The MONTAGE least gradient image reconstruction. In: OSA Technical Digest, 2007. CtuB3.

第五篇

超衍射光学

第24章 远场超衍射成像

衍射是一切波动形式的固有传播行为,也是验证波动性的基本手段。在实际应用中,衍射具有两面性:一方面,通过衍射可构建出许多新型光学器件,如光栅、波带片等;另一方面,衍射导致传统显微镜和望远的分辨力受限于光波波长,长期制约了显微和望远技术的发展。如何突破衍射极限,实现超分辨成像,对推动物理学、材料学、生命科学等学科领域的进步有着重要意义。本章主要介绍衍射极限和超衍射光学的基本概念,重点阐述远场超衍射光学理论和方法。

24.1 衍射极限与超衍射光学

24.1.1 衍射极限概述

波的衍射是指波在遇到障碍物时,偏离直线传播的现象。一般而言,明显的衍射现象只发生在障碍物尺寸与波长相当的情况下,亦即 "近波长" 尺度。由于波的衍射特性,传统成像、聚焦方法的最高分辨力受到波长的限制,相应的极值即 "衍射极限"。早在 1873 年,阿贝便指出光学显微镜的分辨力最高只能达到波长的一半。随后瑞利根据圆孔衍射的艾里斑,指出在显微镜中两个点源的最小可分辨距离为

$$\delta = \frac{0.61\lambda}{NA} \tag{24.1-1}$$

其中,λ 为照明波长,NA 为显微镜的数值孔径。

图 24.1-1 为不同条件下两个点光源的衍射焦斑。当两个点源间距较大时,相应的衍射斑之间的距离也比较大,同时中间形成了明显的暗区;当两个点源间距逐渐减小时,相应的衍射斑将会产生较多重叠,而重叠部分中心位置的强度之和仍小于两侧的最大强度;当两个点源间距继续减小至一定程度后,相应衍射光斑的光强之和将大于或等于两侧的最大强度,两个衍射斑之间无明暗差别,两者合二为一。

不同判据标准决定了衍射斑之间的极限分辨距离 [1]。最常用的判据是瑞利判据 (Rayleigh Criterion)。瑞利判据认为:当其中一个点源的衍射斑最高强度位于另一个点源衍射斑的第一零点时,两个非相干的等强度点源恰好分开。相应衍射斑

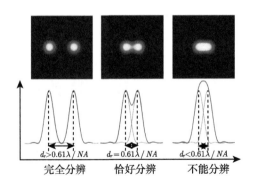

图 24.1-1 不同条件下的两点分辨力

之间的距离 d_{Rayleigh} 与照明波长 λ 和数值孔径 NA 有关, 并且满足关系: $d_{\mathrm{Rayleigh}} = 0.61\lambda/NA$。如图 24.1-2 中虚线所示, 当两个衍射斑处于瑞利判据的极限分辨距离时, 衍射光斑强度之和有两个峰值, 假定峰值强度为 1, 中心凹陷位置的强度则为 0.735。瑞利判据在某种程度上是一个实际经验问题, 通常因人而异。在某些情况下, 人眼对高于瑞利判据所要求的明暗程度 (中心凹陷位置的强度大于 0.735) 也敏感, 因此相继出现了其他分辨率判据: 道斯判据 (Dawes Criterion) 和斯派罗判据 (Sparrow Criterion)。道斯判据认为人眼恰好能分辨两个衍射斑之间的距离为: $d_{\mathrm{Dawes}} = 0.51\lambda/NA$。根据道斯判据, 衍射斑强度之和在中心位置的大小为 1.013, 最大值在两侧, 大小为 1.046, 如图 24.1-2 实线所示。另有观点认为, 当衍射斑强度之和在中心区域刚好不出现下凹, 即变成水平线时, 为恰好分辨的极限情况, 这个判据称为斯派罗判据。换言之, 满足斯派罗判据标准时, 强度之和在中间区域的导数为 0, 如图 24.1-2 中红色点虚线所示, 这时可推算出两个衍射斑的极限分辨距离满足: $d_{\mathrm{Sparrow}} = 0.47\lambda/NA$, 衍射斑强度之和在中心区域的值为 1.119。在某些研究如分辨两个星体时, 斯派罗判据被证明更加有用。

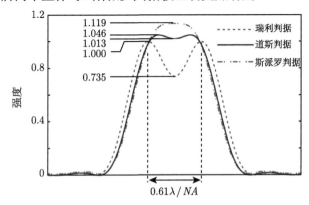

图 24.1-2 不同分辨力判据

　　根据光学系统种类、用途的不同，分辨率的形式也存在一定的差异。对于望远成像系统，物体通常位于无限远或远距离位置，定义衍射极限角距离为恰能分辨的两点间最小距离，即望远镜主镜后焦面处刚好分辨的两个衍射斑极限距离对主镜光心或入瞳中心的张角。表 24.1-1 为望远系统和显微系统在不同判据下的极限分辨率。近年来，由于高性能 CCD、CMOS 等光电探测器件的应用和相关图像处理方法的发展，人眼主观性测试分辨率的局限性逐渐被突破。采用数码相机、热成像仪、数字摄像机等光电测试仪器的分辨率指标，通过对图像的处理，可获得相对客观的分辨率数据。需要指出的是，上述极限分辨率都是针对非相干光而言。对于相干光，其衍射强度正比于复振幅叠加模值的平方，相应的分辨力判据需要修正。

表 24.1-1　望远系统和显微系统在不同判据下的极限分辨率

	瑞利判据	道斯判据	斯派罗判据
望远系统	$1.22\lambda/D$	$1.02\lambda/D$	$0.947\lambda/D$
显微系统	$0.61\lambda/NA$	$0.51\lambda/NA$	$0.47\lambda/NA$

D 为入瞳直径

24.1.2　衍射受限的经典和量子理论

1. 艾里斑和瑞利判据

　　根据夫琅和费衍射理论，圆形孔径的衍射光场可写为

$$I(\theta) = I_0 \left[\frac{2J_1(q)}{q} \right]^2 \tag{24.1-2}$$

其中，I_0 为入射光强度；J_1 为一阶 Bessel 函数；$q = \pi Dr/\lambda d \approx 0.5kD\sin\theta$。如图 24.1-3 所示，上述函数描述的中心亮斑即为艾里斑。由于一阶 Bessel 函数的第一零点为 $q=3.832$，在傍轴条件下，中心与第一零点之间的夹角为

$$\theta \approx \frac{3.832 \times 2}{kD} \approx 1.22\frac{\lambda}{D} \tag{24.1-3}$$

这即是瑞利分辨力判据的依据。

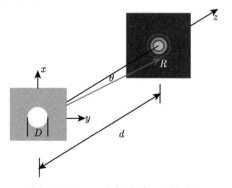

图 24.1-3　圆孔的夫琅和费衍射

2. 衍射受限的傅里叶光学理论

经典衍射受限理论可通过傅里叶光学分析。在不考虑非线性效应的前提下，振荡频率为 ω 的任意电磁波均可表示为一系列平面波的叠加

$$\boldsymbol{E}(r,t) = \sum_{m,k_x,k_y} \boldsymbol{E}_m(k_x,k_y)\exp(\mathrm{i}k_x x + \mathrm{i}k_y y + \mathrm{i}k_z z - \mathrm{i}\omega t) \tag{24.1-4}$$

其中，m 为平面波的级次。设电磁波通过平面透镜传播，由波动方程可知 z 方向的波矢量可写为

$$k_{zj} = \begin{cases} \sqrt{k_j^2 - k_x^2 - k_y^2}, & k_x^2 + k_y^2 < k_j^2 \\ \mathrm{i}\sqrt{k_x^2 + k_y^2 - k_j^2}, & k_x^2 + k_y^2 > k_j^2 \end{cases} \tag{24.1-5}$$

其中，k_j 为第 j 层介质中的波矢。当 $k_x^2 + k_y^2 > k_j^2$，能量位于光锥以外，k_z 为虚数，相应的频谱分量在 z 方向以 $t = \exp(\mathrm{i}k_z z)$ 的形式指数衰减，最高的成像分辨力受限于最高阶空间频谱

$$\Delta x \approx \frac{\pi}{k_{\max}} = \frac{\pi c}{\omega} = \frac{\lambda}{2} \tag{24.1-6}$$

实际光学系统的最高分辨力与孔径形状有关，利用傅里叶变换可分析各种不同光瞳的衍射图案，仍以圆孔衍射为例，艾里斑即为圆孔函数的傅里叶变换。

3. 衍射受限的量子理论

在量子理论中，衍射极限起源于量子物理中的波粒二象性，以及不确定性原理。根据爱因斯坦相对论原理，光子能量 E 与动量 $\boldsymbol{p}$ 的关系为

$$E = c\,|\boldsymbol{p}| \tag{24.1-7}$$

其中，c 为真空中的光速。根据普朗克的量子理论，光子能量与光波频率 ν 的关系为

$$E = h\nu = \hbar\omega \tag{24.1-8}$$

式中，h 为普朗克常数；$\hbar = h/(2\pi)$；ω 为角频率。根据 (24.1-7) 式和式 (24.1-8) 可得

$$\boldsymbol{p} = \hbar\boldsymbol{k} \tag{24.1-9}$$

式中，$\boldsymbol{k}$ 为光的波矢量，其绝对值为 $|\boldsymbol{k}| = 2\pi/\lambda$。

根据不确定性原理，该光子在一维某一点位置的不确定性范围 Δx 与其动量在 x 方向分量的不确定性范围 Δp_x 的关系为

$$\Delta x \Delta p_x \geqslant h \tag{24.1-10}$$

设动量 x 分量的不确定性范围 Δp_x 为 $2p_x$, 即

$$\Delta p_x = 2p_x = \frac{hk_x}{\pi} \qquad (24.1\text{-}11)$$

因而

$$\Delta x \geqslant \pi/k_x = \lambda/2 \qquad (24.1\text{-}12)$$

4. 量子纠缠态与超衍射

从量子理论可见, 衍射极限直接取决于光子的动量和能量。一般而言, 单个光子的能量是有限的, 能否通过多个光子的特殊相互作用, 提高等效能量和动量, 从而突破传统衍射极限? 答案是肯定的, 实现该方案的关键在于光子的纠缠态 [2,3]。如图 24.1-4, 通过 N 个光子纠缠, 等效波长将与纠缠的光子数成反比, 从而使分辨率缩小为原来的 $1/N$。然而由于多光子纠缠态的产生效率较低, 相应的技术还需要不断改进才能满足实际应用需求。

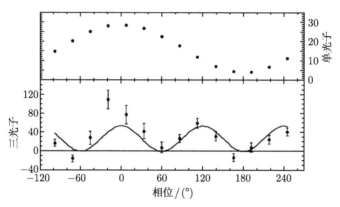

图 24.1-4 单光子和三光子纠缠态的相位图 [2]

24.1.3 广义衍射极限及超衍射光学

随着科学技术的发展, 近年来 "衍射极限" 问题已成为显微、望远、光刻、存储等技术领域提升分辨力、提高信息处理能力和存储密度的原理性障碍。2014 年诺贝尔化学奖授予了超衍射荧光显微技术的发明者, 但正如获奖者之一 Hell 所言, 该技术更多的是利用荧光物质的特性, 而不是从光学系统层面突破衍射极限 [4]。

除了传统的阿贝衍射极限之外, 还可定义 "广义衍射极限" 用于描述一系列衍射导致的极限物理量, 主要包括以下几个方面。

(1) 近场衍射极限。近场扫描光学显微镜 (SNOM) 的分辨率与探针尺寸相关而与照明波长关系不大, 可利用极小的扫描探针突破阿贝远场衍射极限。然而, 这类近场光学系统仍然有其自身的衍射极限, 即 "近场衍射极限" [5,6]。对于 SNOM,

探针太细将导致耦合进入探针的信号微弱，信噪比急剧下降，导致分辨率很难突破 30nm；

(2) 由于衍射的限制，传统介质波导的尺寸不能远小于波长，限制了集成光路的集成度，因此波导尺寸的限制也属于广义的衍射极限范畴；

(3) 现有超表面透镜和传统平面衍射透镜 (如波带片) 均存在严重的色差，光学成像的带宽存在 "衍射极限"；

(4) 平面透镜具有很大的离轴像差 (主要是慧差)[7]，成像视场角存在 "衍射极限"；

(5) 从傅里叶光学的观点看，衍射极限是空间位置和空间频谱傅里叶变换关系的直接结果。显然，电磁波在时间上的长度和频谱带宽之间也存在相同的物理限制 (脉冲越短，带宽越宽)。因此，脉冲压缩技术中的压缩极限、吸波材料中的厚度—带宽极限 [8,9] 也与衍射极限密切相关。

除以上几点外，天线的辐射方向角、衍射光栅的分光能力也受衍射极限限制。正是由于衍射极限问题的影响范围如此之广，本书专门用最后一篇介绍 "超衍射光学"—— 突破广义衍射极限的基本理论、方法和技术。本章主要介绍远场超衍射成像，具体包括传统分辨力增强技术、超振荡成像技术、微球超衍射成像技术、荧光超衍射技术等。

24.2　传统分辨力增强技术

24.2.1　共聚焦激光扫描显微镜

传统光学显微镜以远场的扩展光源为入射光，入射光照射到整个样品且深入一定厚度，焦平面及焦平面以外的反射光之间存在互相干扰使图像的信噪比降低，影响了图像的清晰度和分辨率。为了解决该问题，1960 年 Minsky 提出了共聚焦扫描荧光显微技术 [10]，随后被发展成为共聚焦激光扫描显微镜 (Confocal Laser Scanning Microscopy, CLSM)。

CLSM 的基本结构如图 24.2-1 所示，由激光光源、照明针孔、分束器、物镜、探测器针孔和探测器组成。入射激光经过照明针孔后形成准点光源，具有方向性强、发散角小、亮度高、空间和时间相干性好等独特的优点，激光经过物镜聚焦后照射到样品上激发荧光，荧光信号经过物镜聚焦后，通过分束器将其与非信号光分开。探测器针孔可最大限度地阻挡非聚焦平面散射光和聚焦平面上非焦点斑以外的散射光，以保证探测器针孔所接收到的荧光信号全部来自于样品光斑焦点位置，因此信噪比和分辨率得以提高。由于照明针孔与探测针孔相对于物镜焦平面是共轭的，焦平面上的点同时聚焦于照明针孔和探测器针孔，因而称为共聚焦。

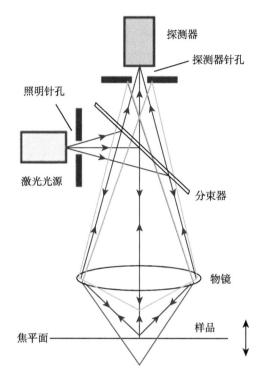

图 24.2-1 共聚焦激光扫描显微镜光路

由于该光学成像技术是对样品物镜焦平面处的每一点进行激发和探测，所以需要移动焦点或者样品才能完成对整个样品的扫描，探测器逐点记录荧光信号。首先确定某一深度，然后扫描获取该深度的二维图像。改变深度，获得各个深度的一系列二维图像，再通过三维重建技术，形成样品的三维图像。这种通过逐点扫描、成像并获取三维图像的方式，是共聚焦激光扫描光学显微成像的一大特点。

在 CLSM 的基础上，应用新的技术进行改良，可进一步提高分辨率。对传统 CLSM 改良中应用最广泛的是多光子共焦显微镜和 4Pi 共焦显微镜。前者利用多个低能光子激发荧光样本，这种激发效应具有非线性，可提高显微镜的信号接收效率和信噪比、增加显微镜的透视深度 [11]；后者则是在样品两侧各放置一个物镜，将照明光分束后分别通过这两个物镜聚焦到样品上，并发生干涉成像，可将轴向分辨率提高 5~7 倍 (图 24.2-2 和图 24.2-3)[12,13]。目前使用较广的 4Pi 显微镜实际上也利用了多光子效应 [14,15]。

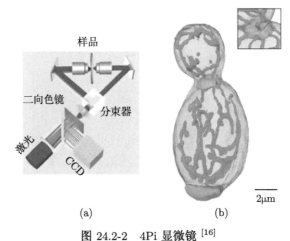

图 24.2-2　4Pi 显微镜 [16]

(a) 光路图，二向色镜用于反射荧光；(b) 成像结果

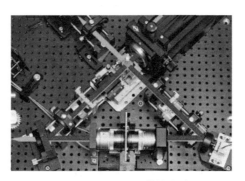

图 24.2-3　4Pi 显微镜光路

24.2.2　结构光照明超分辨技术

传统显微成像系统衍射受限的根源在于其无法获取高于截止频率的空间频率信息。通过照明光源调制技术，将高频信息调制到低频成分上，再利用重构算法将图像还原，可实现超衍射成像。

结构光照明显微 (Structured Illumination Microscopy, SIM) 利用结构光照明样品，将原本不可分辨的高频信息编码至荧光图像中，通过后续图像处理，可解码获取高频信息，将横向分辨率提高至约 100nm。早在 1963 年，Lukosz 和 Marchand 就指出侧向入射的光可用来增强显微镜分辨率 [17]。

结构光照明扩展成像频谱范围的示意图如图 24.2-4 所示，其中坐标为图像的傅里叶空间，坐标值的大小对应图像空间频率。图 24.2-4(b) 为样品被普通正入射光照射时，所能观察的频率区域，在圆形区域内的频率分量能够被观测到，区域以外的地方不能被观测。通过结构光照明，将产生新的谐波分量 (红点所示)，如图 24.2-4(c)~(e) 所示。以余弦形式的照明光为例，入射光强为

$$I(r) = I_0 \left[1 + \cos\left(k_0 r + \varphi\right)\right] \tag{24.2-1}$$

式中，I_0 和 φ 分别为余弦照明条纹的平均强度和初始相位；k_0 为余弦照明条纹的空间频率。$I(r)$ 在频域空间为三个离散的 δ 函数 (分别位于 $-k_0$, 0, k_0)，设样品的频谱信息由 $C(k)$ 表示，由于 $E(k) = C(k) \otimes I(k)$ ($\otimes$ 表示卷积)，$E(k)$ 包含 $C(k)$、$C(k - k_0)$、$C(k + k_0)$ 等三个部分。也就是说，结构光将样品的频域信息复制成三份，并使其中两份发生移动。

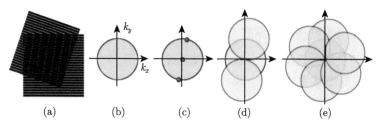

图 24.2-4 (a) 重叠光栅的莫尔条纹；(b) 正常照明时的 OTF；(c) 结构光照明，产生的谐波分量如图中红点所示；(d) 扩展后的 OTF；(e) 各个频率谐波的叠加

采用特定的重构算法可将移动到低频空间的高频信息移回到原始位置，扩展通过显微系统的频域信息。改变 k_0 的方向，可使各个方向的频域信息得到扩展 (图 24.2-4(e))。图 24.2-5 为典型的结构光照明显微照片，及其与普通显微镜的对比 [18]，表明 SIM 的分辨力可达到 150nm 以下。

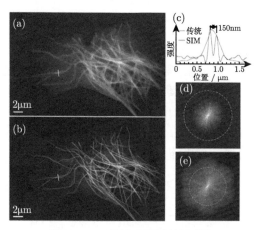

图 24.2-5 结构光照明效果 [18]

(a) 普通全内反射荧光显微镜图像；(b) 通过 SIM 的重构图像；(c) 分辨力对比；(d) 图 (a) 的傅里叶变换，虚线为衍射极限；(e) 图 (b) 的傅里叶变换

结构光的产生装置是该类显微镜的关键,典型的结构光照明器件包括光栅[19]、空间光调制器 (SLM)[18]、数字微镜器件 (DMD)[20] 等。在 SIM 的基础上,引入荧光分子的非线性响应可产生高次谐波,使探测带宽进一步提高。饱和结构光照明显微 (Saturated Structured Illumination Microscopy,SSIM) 利用了饱和受激辐射产生非线性项,因此理论上不存在分辨率极限,2005 年,Gustafsson首先将非线性结构光学照明技术引入到传统的显微镜上,得到了分辨率达到50nm的图像结果 [21]。

24.3   基于超振荡光场的超衍射远场成像

24.3.1   从光瞳滤波器到超振荡

在讨论阿贝衍射极限时,一般都假设光瞳为圆形,对应的聚焦光斑被称为艾里斑。如果光瞳的形状发生变化,或者光瞳的透过函数发生改变,相应的焦斑形状会如何变化,能否突破衍射极限?

1907 年,Gordon 提出在显微镜的光瞳中心增加遮光区并形成环形光瞳[22],使衍射光斑小于艾里斑,这为超衍射显微技术的发展提供了契机。根据基尔霍夫衍射理论,圆形光瞳和环形光瞳的衍射光可分别写为

$$I(\theta) = I_0 \left[\frac{2J_1(q)}{q} \right]^2 \tag{24.3-1}$$

$$I(\theta) = \frac{4I_0}{(1-\varepsilon^2)^2} \left[\frac{J_1(q) - \varepsilon J_1(\varepsilon q)}{q} \right]^2 \tag{24.3-2}$$

其中,I_0 为入射光强度;$q = \dfrac{kD\sin\theta}{2}$;$\varepsilon = D_{\text{in}}/D_{\text{out}}$ 为内环与外环直径的比值。

表 24.3-1 为不同尺寸环形光瞳衍射斑第一零点处的 q 值,其中 $\varepsilon = 0$ 对应于圆形光瞳。显然,随着 ε 的增加,第一零点的 q 值相应减小,意味着突破了传统的衍射极限。以 $\varepsilon = 0.8$ 为例,第一零点相对于圆形光瞳缩减了 30%。在 ε 趋于 1 的极限条件下,第一零点将从传统的 $0.61\lambda/NA$ 缩减到 $0.38\lambda/NA$,此时只有最高频光波分量参与到聚焦中,对应于 Bessel 函数的第一零点 [23-25]。这一结果表明:通过改变光瞳的形状,可进一步压缩传统的衍射极限。

表 24.3-1   不同环形光瞳对应的衍射行为

ε	0	0.1	0.2	0.3	0.4	0.5	0.6	0.7	0.8
第一零点 q 值	3.832	3.786	3.665	3.501	3.323	3.144	2.974	2.814	2.667

1952 年,Torraldo 将微波领域的超方向性天线概念引至光学领域,用于提高光学系统的分辨率 [26]。一般而言,超方向天线由一系列天线阵列组成,通过精确

控制不同单元之间波的干涉,能够辐射出任意小角度的波束。由于超方向性天线的效率极低,它们在微波领域应用的可行性不高,但是在光学领域,显微系统的损耗容忍度会显著提高。普通 1 瓦特的激光器每秒大约能产生 10^{19} 个光子,而显微镜系统原则上每秒只需要检测几个光子就可工作。仅考虑信号探测的情况下,显微镜系统可承受足够多的能量损失 [27]。

Torraldo 在光学领域引入的超分辨技术逐渐发展成当前熟知的光瞳滤波技术。光瞳滤波技术通过改变光学成像系统出瞳平面的相位或振幅分布,可调制成像平面的光场分布。根据主瓣尺寸是否小于焦面或光轴上的衍射极限,可分成横向和轴向超分辨,实现这种光学超分辨的器件称为光瞳滤波器或超分辨衍射器件。当前普遍研究的光瞳滤波器是 Torraldo 提出的圆对称环型光瞳滤波器,该结构由多个同心环带组成,对于入射光,每个环带具有相同的相位延迟和振幅调制。通常可将光瞳滤波器分为二元相位型 (0 或 π 相位延迟)、二元振幅型 (0 或 1 振幅调制) 和复振幅型 (相位和振幅同时调制) 圆对称环带光瞳滤波器。基于光瞳滤波的超分辨技术可用于不同技术中,如光束整形、大容量数据存储等。另外,研究人员对这种光学超分辨现象进行了频域空间的解释,他们认为光瞳滤波技术只实现了截止频率范围内高频、低频分量的调制,增加高频分量的信噪比。遗憾的是,上述研究是建立在整个光场的分析上,忽略了局部的超衍射行为,对于局部光场区域,光场函数振荡的频率要高于系统的截止频率 [28]。这种超衍射行为被称为超振荡 (Superoscillation) 现象,其本质在于带限函数在局部区域振荡得比其最高傅里叶部分更快 [29]。通常来说,超振荡现象是光场相干叠加的结果,可在远场区域实现任意小的焦斑分布,但是,随着超衍射焦斑尺寸减小,其能量明显降低,同时伴随着高强度旁瓣的出现。

2012 年,Rogers 等设计了二元振幅型多环带衍射光学元件作为超振荡聚焦透镜 (Super-Oscillatory Lens,SOL)[30]。这种器件由不同半径和宽度的同心圆环构成,采用聚焦离子束刻蚀在厚度为 100nm 的铝膜上。在油浸介质中采用 640nm 波长的激光入射,在超振荡透镜后方 10.3μm 处产生了 185nm 的聚焦光斑,相应数值孔径 $NA = 1.24$,超振荡焦斑大小约为 0.72 倍衍射极限。为了降低超振荡焦斑的易破坏性以及超衍射焦斑周围高强度旁瓣的影响,他们采用共聚焦扫描成像方式实现超分辨成像。利用超振荡焦斑作为照明光源,在焦面位置逐点扫描待测样品,通过 CCD 相机收集并记录不同扫描位置的透射光,可获得样品的图像。通过对 112 nm 宽的单缝和相距 137nm 的双缝进行扫描成像,获得了 121nm 的单缝图像和相距 125nm 的双缝图像,该尺度的双缝结构在传统高数值孔径显微镜下是无法分辨的,如图 24.3-1 所示。另外,他们设计了多个纳米小孔结构来验证超振荡透镜对于复杂结构的超分辨成像能力,其共聚焦扫描成像结果如图 24.3-1(d) 所示,最小分辨距离可达到 105nm,约 λ/6。

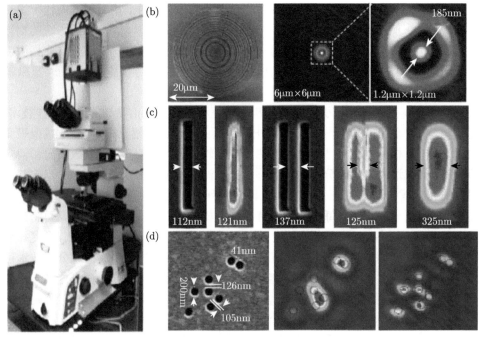

图 24.3-1 超振荡显微镜 [30]

(a) 超振荡透镜共聚焦扫描实验装置；(b) 超振荡透镜 SEM 图，透镜后方 10.3μm 处的模拟和实测光场分布；(c) 单缝结构及 SOL 共聚焦扫描图，双缝结构及 SOL 共聚焦扫描图，$NA = 1.4$ 显微镜成像图；(d) 多孔结构 SEM，$NA = 1.4$ 光学显微成像，SOL 共聚焦扫描成像图

    2013 年，Eleftheriades 等采用相位型空间光调制器配合传统聚焦透镜的方式来产生超振荡光场 [31]，并且通过视场内超分辨成像的方式实现对目标物体的实时观测，获得了 0.72 倍衍射极限的聚焦焦斑，以及 0.75 倍瑞利判据的分辨率。

    基于光学超振荡现象的远场超衍射聚焦，也可用于数据存储领域。传统提高光盘存储容量的方法主要采用短波长照明光源或者提高物镜数值孔径。激光照明波长从最初的 780nm 发展至 650nm，近年来发展至蓝光 405nm，另外物镜数值孔径也从最初的 0.45，0.6 提升至 0.85。然而，数值孔径增加会造成色差、系统对准误差等的增大。采用光学超振荡可在相同波长下实现更高的分辨力，提高系统的信息容量。另外，超振荡器件的平板结构也可减小系统复杂性和对准误差。图 24.3-2 为中心遮挡的超振荡透镜的结构示意图，在 640nm 单波长入射下，超振荡透镜直径为 40μm，中心区域遮挡直径为 20μm，可读取尺寸小于 160nm 的信息 [32,33]，这种超振荡焦斑有望用于大容量光存储或热辅助磁存储领域。

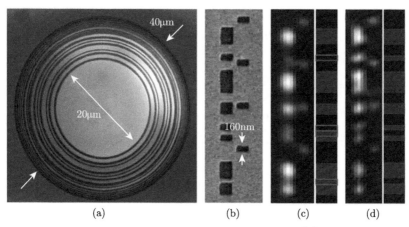

图 24.3-2 超振荡透镜用于数据的读取 [32]

(a) 透镜 SEM 图；(b) 光存储介质 SEM 图；(c) 普通透镜光场分布；(d) 超振荡透镜光场分布

24.3.2 Bessel 光束超衍射成像

Bessel 光束是 1987 年 Durnin 提出的一种电场以 Bessel 函数调制的光束形式 [34]

$$E(r,\varphi) = J_l \exp(\mathrm{i}k_r r + \mathrm{i}l\varphi + \mathrm{i}k_z z) \tag{24.3-3}$$

与普通高斯光束不同，Bessel 光束在传播过程中不会衍射，亦即可保持光斑形状不变。产生 Bessel 光束的典型器件包括轴椎体、超表面等 [35−37]。图 24.3-3 所示为基于轴锥体的 Bessel 光束产生器，轴椎体在此处的功能主要在于对输入光波施加轴向的梯度相位，因而可视作一种广义的光瞳滤波器。正是由于这种相位分布，使得 Bessel 光束可用于超分辨显微和望远成像。

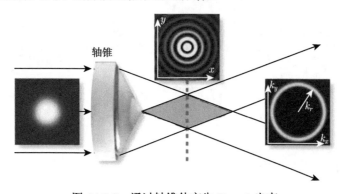

图 24.3-3 通过轴锥体产生 Bessel 光束

图 24.3-4 所示为 Bessel 光束显微镜 (BBM) 的工作原理示意图 [38]，其基本组成部分为：聚焦透镜 (显微镜成像平面放置在透镜的前焦点)、轴锥透镜、放置在相

机及轴锥透镜间的调制光路。通过将一个轴椎体和透镜结合，可将普通显微镜的像面进行重新处理，获得超分辨成像图形。

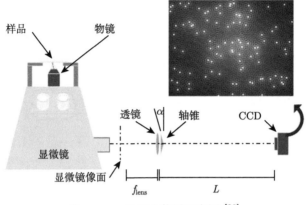

图 24.3-4　BBM 装置示意图 [38]

BBM 系统的最小分辨率为

$$\delta_{\min} = \frac{0.3828\lambda}{NA} \tag{24.3-4}$$

根据 Rayleigh 判据 $(\delta = 0.61\lambda/NA)$，BBM 系统的分辨力约为衍射极限的 0.63 倍。

如图 24.3-5 所示，增加 BBM 附件之后，显微镜的分辨力可明显提升，但每个像点周围会出现一些环状旁瓣，这也是所有超振荡方法的共同缺陷。

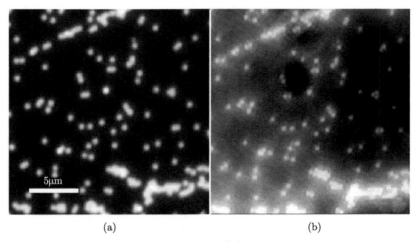

(a)　　　　　　　　　　　　　　　　　(b)

图 24.3-5　普通显微镜与 Bessel 显微镜的对比 [38]，物镜放大倍率 40 倍，数值孔径为 0.6

(a) 无 BBM 附件；(b) 有 BBM 附件

24.3.3 基于长椭球函数的超振荡光瞳滤波器

如前所述,光瞳滤波器实现超分辨的数学基础在于可通过低频基函数构建局部高频振荡。以下介绍基于长椭球函数的超振荡构建方法[39],主要包括以下步骤。

第一步,利用多个长椭球波函数 (Prolate Spheroidal Wave Functions, PSWF) 构造局部视场区域内任意大小的超衍射焦斑,通过选取波函数的个数,逐步逼近设计的超衍射焦斑。长椭球波函数最早由 Slepian 和 Pollack 于 1961 年提出[40],其最主要的特征在于波函数在频谱空间是截止的,在时域空间无论是局部区域还是整体区域均是正交、完备的。因此,在视场区域 $[-D/2, D/2]$ 内,超衍射焦斑 h 由一系列正交的长椭球波函数 $\psi(c,x)$ 组成,各个波函数的频谱在传输波频谱范围 $[-k_0, k_0]$ 内为

$$h_N(x) = \sum_{n=0}^{n=N} a_n(c)\psi_n(c,x) \tag{24.3-5}$$

其中,$a_n(c)$ 为各个波函数的调制因子,其大小由常数 c 决定,常数 c 满足 $c = \pi D/\lambda$。$h_N(x)$ 和 $H_N(u)$ 满足傅里叶变换关系

$$h_N(x) = \int_{-k_0}^{k_0} H_N(u)\exp(\mathrm{i}ux)\mathrm{d}u \tag{24.3-6}$$

其中,

$$H_N(u) = \sum_{n=0}^{n=N} \frac{\pi a_n \psi_n(c, \frac{uD}{2k_0})}{\mathrm{i}^n R_{0n}^{(1)}(c,1)} \tag{24.3-7}$$

其中,$R_{0n}^{(1)}(c,1)$ 为第一类径向长椭球波函数。

第二步,假定振幅为 1 的单色平面波经过透过率为 $t(x)$ 的掩模调制后,在掩模后方 $z \gg \lambda$ 的位置产生超衍射焦斑,根据标量角谱理论 (Scalar Angular Spectrum Theory),超衍射焦斑的光场分布可写为

$$E(x,z) = \int_{-k_0}^{k_0} T(u)\exp(\mathrm{i}ux)\exp(\mathrm{i}z\sqrt{k_0^2 - u^2})\mathrm{d}u \tag{24.3-8}$$

其中,$T(u)$ 和 $t(x)$ 满足傅里叶变换关系。

第三步,利用 $h_N(x)$ 和 $E(x,z)$ 两者相等,即可得到掩模透过率函数

$$t(x) = \sum_{n=0}^{n=N} \int_{-k_0}^{k_0} \frac{\pi a_n \psi_n(c, \frac{uD}{2k_0})}{\mathrm{i}^n R_{0n}^{(1)}(c,1)} \exp(\mathrm{i}ux - \mathrm{i}z\sqrt{k_0^2 - u^2})\mathrm{d}u \tag{24.3-9}$$

如图 24.3-6 所示,采用 26 个长椭球函数可构造尺寸为 0.21λ、视场区域为 $[-0.6\lambda, 0.6\lambda]$、焦距 $z = 20\lambda$ 的超衍射焦斑和对应的掩模形式。然而,该光瞳滤波器是一种相位和振幅连续调制的器件,难以制备。

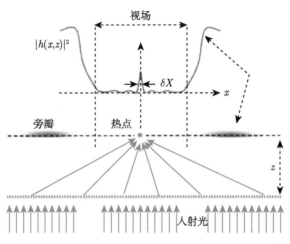

图 24.3-6　基于长椭球函数构造的一维超振荡器件 [39]

24.3.4　超振荡望远镜

1. 超振荡望远镜设计

光学望远镜发明至今 400 多年以来在星体探测、遥感遥测等光学领域充当着重要的工具。由于光的衍射，望远镜的角分辨率受限于主镜尺寸 D 和相应光波波长 λ，满足瑞利判据 $1.22\lambda/D$。增强望远镜分辨能力的主要手段在于增加主镜尺寸，但随着望远镜口径的增大，其加工、镀膜、装配的难度也大幅提高。为了应对这种复杂性和挑战性，研究人员相继提出了多种方法来解决大口径望远镜的制作问题，如利用傅里叶变换望远镜、孔径合成技术等。但是这些方法需要繁琐的后续数据处理或者主动照明方式，更重要的是，其分辨率依然受到传统衍射极限的限制。

图 24.3-7 为一种基于超振荡的超分辨望远成像系统 [28]。系统装置包括：卤素灯、窄带滤光片、平行光管 L_1、入瞳光阑、主镜 L_2、视场光阑、透镜 L_3、两个平面反射镜 M、超振荡器件 SO、会聚透镜 L_4 和 CCD 相机。目标物体放置在平行光管 L_1 的前焦面位置，经非相干光照明后，等效为无穷远处的物体，其中非相干光可利用白光光源配合窄带滤波片来获得；望远镜主镜 L_2 前方放置一个有限孔径的光瞳，即入瞳平面，两者组合相当于普通望远镜系统孔径受限的主镜，在主镜成像面处，即系统第一成像面 (Diaphragm 的位置) 将会产生衍射受限图像；在 L_2 后方引入一个透镜 L_3，将衍射受限图像变换至频谱空间，L_3 和 L_2 构成一个无焦系统；在出瞳平面处放置超振荡器件，调制空间频谱中高频、低频分量，经透镜聚焦后，在 CCD 平面产生超振荡焦斑。这种望远成像光路可进行实时的、无需后续数据处理的、非相干的超分辨成像。值得注意的是，如果利用超表面将超振荡器件与透镜集成，可大幅减小系统的尺寸 [8,25]。

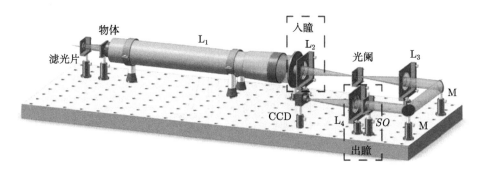

图 24.3-7 超分辨望远成像系统光路图 [28]

一般来说, 器件的优化设计方法主要包括正向设计法和逆向设计法。正向设计法首先确定超振荡器件的结构和可变参量, 然后计算出超衍射焦斑和这些结构变量之间的依赖关系, 选择最优的超分辨指标, 从而确定超振荡器件的结构参数。正向设计法通常需要预先判断超振荡器件参数对超衍射焦斑的影响, 常用的器件结构包括: 多环带 $0 \sim \pi$ 相位型器件、多环带 $0 \sim 1$ 振幅型器件、多环带连续复振幅型器件等。正向设计法的设计过程简单, 但是面临着变量少、可变参数精度不够、无法得到某些特定的超衍射性能等问题。目前通常采用逆向设计法来设计超振荡器件。逆向设计法首先需要构造超衍射焦斑的性能指标, 然后将其转化成相应的优化问题, 包括优化变量、目标函数和约束条件等, 利用解析或数值方法求解这个优化问题可得到超振荡器件的结构参数。

在没有超振荡器件的调制时, 透镜焦面位置的光场分布为衍射受限焦斑, 即艾里斑。如图 24.3-8(b) 中的虚线所示, 艾里斑参数可表示为: 第一零点位置 $r_L = 0.61\lambda/NA$, 归一化焦斑强度 $I_S = 1$。加入超振荡器件调制后, 超衍射焦斑如图 (b) 中实线所示, 各项参数分别为: 第一零点位置 $r_S < 0.61\lambda/NA$, 超衍射压缩比例 (增益) $G = r_S/r_L$, 中心焦斑强度 $I_S < 1$, 局部视场 L, 视场内最高旁瓣强度相对于中心强度的比值 $M_1 = I_{M1}/I_S$。在小数值孔径时, 根据标量菲涅耳衍射积分公式, 相位型器件在焦面位置的衍射光场分布可写为

$$I(\rho) \propto \left(\frac{1}{\lambda f}\right)^2 \left| \int_0^R \exp[\mathrm{i}\varphi(r)] J_0\left(\frac{2\pi r\rho}{\lambda f}\right) r\mathrm{d}r \right|^2 \qquad (24.3\text{-}10)$$

其中, f 为透镜焦距; R 为入瞳半径; $\varphi(r)$ 为器件的相位调制函数; λ 为照明波长; J_0 为零阶 Bessel 函数。当 $\varphi(r) = 0$ 时, 焦面处的光场分布为艾里斑。

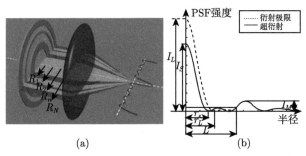

图 24.3-8   (a) 超振荡器件聚焦示意图；(b)PSF 强度 [28]

式 (24.3-10) 可作为超振荡器件逆向设计时的优化函数。其中，优化变量为 $\varphi(r)$，目标函数为超衍射焦斑的某个性能指标，如第一零点位置 r_s、中心焦斑强度 I_s 等，约束条件通常是对超衍射性能和超振荡器件结构的约束，如旁瓣强度、局部视场大小、超振荡器件结构分布等。下面以 0、π 二元相位型超振荡器件为例，采用线性优化算法求解出模型的全局最优解 [28]。为了获取更大的光场强度，将中心超衍射焦斑的强度 I_s 作为超振荡模型的目标函数；第一零点位置 r_s 作为第一约束条件，r_s 的大小决定着超衍射焦斑尺寸；局部视场 L 内旁瓣强度和中心焦斑强度的比值作为第二约束条件；0 或 π 相位型超振荡器件作为第三约束条件；优化变量为超振荡器件相位突变的位置 R_i，R_i 通常写为归一化径向坐标的形式。具体的超振荡优化模型可写为

$$
\begin{aligned}
\text{目标函数:} \quad & \max[I(0)] \\
\text{约束条件:} \quad & I(r_S) = 0 \\
& \frac{I(\rho)}{I(0)} \leqslant M_1, \quad r_s < \rho < L \\
& \varphi(r) = 0 \text{或} \pi
\end{aligned}
\tag{24.3-11}
$$

考虑到超振荡焦斑的严格判据方法，在设计超衍射焦斑尺寸时，焦斑第一零点位置 r_s 需小于 $0.38\lambda/NA$(对应于 Bessel 光束显微镜的分辨力)[24]。对于三组不同的超振荡焦斑，第一零点位置分别为：$0.366\lambda/NA$，$0.305\lambda/NA$，$0.183\lambda/NA$，相对于瑞利判据的比值分别为：0.6，0.5，0.3。在成像过程中，M_1 值越小，对超衍射焦斑探测、超分辨成像信噪比的影响越小，但是，这会导致中心焦斑强度和能量的降低。考虑到实际探测水平，采用 $M_1 = 0.1$ 作为视场内最高旁瓣强度相对于中心强度的比值。另外，局部视场大小也会影响超衍射焦斑的能量，在设计超衍射焦斑时，需要对视场区域进行一定的控制，一方面保证视场内物体的超分辨成像，另一方面保证中心超衍射焦斑的能量。优化设计的超振荡焦斑各个性能参数见表 24.3-2，其中 r_s 为焦斑第一零点位置，L 为局部视场区域，M_1 为视场 L 内最高旁瓣强度与中心强度的比值，I_s 为归一化中心焦斑强度，R_i 为归一化相位突变位置。二维光

场分布如图 24.3-9 所示。

表 24.3-2 焦斑参数指标

参数	艾里斑	焦斑 1	焦斑 2	焦斑 3
$r_s/(0.61\lambda/NA)$	1	0.6	0.5	0.3
$L/(0.61\lambda/NA)$	∞	1.9	1.0	0.5
M_1	0.0175	0.1	0.1	0.1
I_s	1	7.1×10^{-3}	4.08×10^{-3}	3.98×10^{-5}
R_i	0、1	0.297，0.594，0.85	0.4405，0.8137	0.4786，0.852

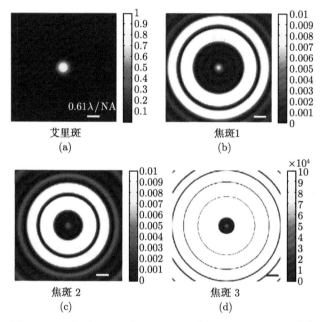

图 24.3-9 焦平面处二维光场分布，标尺为艾里斑尺寸 [28]

2. 点扩散函数测试

点扩散函数 (Point Spreading Function，PSF) 是评定光学系统成像质量的重要参数。以下对上述超振荡望远镜的点扩散函数进行分析。假设光线经平行光管后产生平行光，理论上放置在前焦点的小孔尺寸必须无限小，但是在实际过程中，当小孔尺寸小于某个值时，平行光管在一定口径内的光线为准平行光，一般来说，小孔尺寸要小于等孔径平行光束入射时聚焦产生的衍射极限焦斑尺寸。在实验中，需要产生 8mm 直径、532nm 波长的平行光，对于 $f_1=1000$mm 的平行光管，等孔径平行光束聚焦产生的衍射极限尺寸为 $0.5\lambda/NA\approx66.5\mu$m。当小孔尺寸小于这个值时，平行光管出射的光线为准平行光，因此，以下实验中采用的小孔直径均为 20μm。

当非相干光入射至小孔时，照明在主镜 L_2 的平行光线直径为 8mm，经透镜 L_3、反射镜 M 后，照明至 L_4 上的光束直径也为 8mm，不加入超振荡元件时，在 CCD 平面产生衍射受限的焦斑，理论焦斑第一零点宽度为 $1.22\lambda/NA$=81.13μm，等效数值孔径 $NA \approx 0.008$；在加入两组超振荡器件后，将会产生两个超衍射焦斑，记为光斑 1 和光斑 2，焦斑第一零点宽度为衍射受限艾里斑尺寸的 0.6、0.5 倍。在实验中，分别测试了三种情况下的衍射聚焦光场分布，如图 24.3-10 所示，在 CCD 平面探测的焦斑分别为艾里斑、光斑 1 和光斑 2，第一零点宽度分别为 82.8μm，51.75μm 和 41.4μm，实验得到的超衍射倍率分别为 0.63 和 0.5 倍。表 24.3-3 为三组焦斑实验和理论参数的对比。

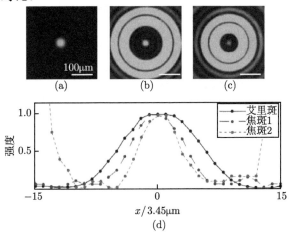

图 24.3-10　望远成像系统 PSF 测试 [28]

(a) 艾里斑；(b) 超衍射焦斑 1；(c) 超衍射焦斑 2；(d) 中心位置水平方向的一维截线图，第一零点宽度分别为：82.8μm，51.75μm，41.4μm

表 24.3-3　衍射焦斑实验值和理论值的对比

参数		艾里斑	焦斑 1	焦斑 2
中心焦斑第一零点宽度	S/μm	81.13	48.68	40.57
	E/μm	82.8	51.75	41.4
视场区域 $2L$	S/μm	∞	154.15	81.13
	E/μm	∞	151.8	79.35
视场内旁瓣 M_1	S/μm	0.0175	0.1	0.1
	E/μm	0.0256	0.16	0.18

S: 理论数据；E: 实验数据

3. 两点分辨力测试

通过控制平行光管前焦面上双孔的间距可测试望远成像系统的分辨能力。平行光管的有效数值孔径 $NA \approx 0.004$，在 532nm 波长下，对于双孔结构，可分辨的极限距离为 81.13μm。图 24.3-11(a) 为相距 55μm，直径 20μm 的双孔结构光学显微镜图，两点间距相当于 0.68 倍瑞利判据对应的距离。在望远成像系统的主镜成像平面 (即孔径光阑位置) 或不采用超振荡器件时的 CCD 平面将产生双孔的衍射受限图像 (图 24.3-11(b))，图中无法区分物体的细节。但是，加入超振荡器件后，双孔的衍射图样如图 (c) 所示，可清楚地区分双孔结构。视场内超分辨成像结果可通过局部光学传递函数和目标物体函数的卷积获得，图 (d) 为模拟结果和实验数据的对比。

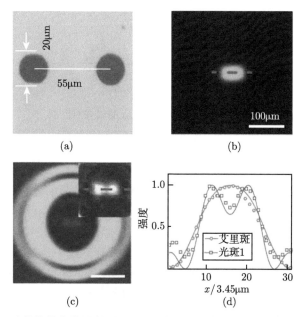

图 24.3-11　(a) 双孔结构的光学显微图；(b) 衍射受限成像图样；(c) 样品 1 的超分辨成像图样，插图为中心区域的放大图；(d) 图 (b, c) 中水平虚线位置的一维光场分布，其中实线为模拟数据，点线为测试数据[28]

　　实验中制作了不同间距的双孔来测试系统的极限分辨能力。图 24.3-12 为不同间距的双孔在无样品、样品 1 和样品 2 三种情况下的成像情况。测试过程中，由于需要长曝光时间来保证光场的探测，CCD 热噪声、环境背景噪声等因素会影响光场分布。为避免上述因素影响，在计算对比度时，模拟和实验结果均采用下式

$$V = \frac{(I_{max} - I_{noise}) - (I_{min} - I_{noise})}{(I_{max} - I_{noise}) + (I_{min} - I_{noise})} \tag{24.3-12}$$

其中，I_{max} 为视场内最大强度值；I_{min} 为中心凹陷位置的强度值；I_{noise} 为视场内噪声强度。从图 24.3-12 中可看到，在超振荡器件的调制下，无论是成像分辨率还是对比度均得到了明显的提高；采用样品 2 时，最小分辨率可达到 0.55 倍瑞利判

据。

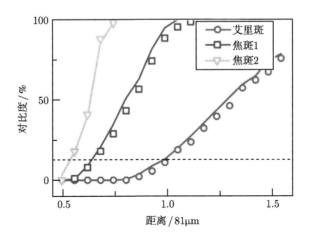

图 24.3-12　不同间距双孔的成像对比度

其中实线为模拟数据, 点线为实验数据, 虚线为瑞利判据时的对比度 15.3%[28]

理论上, 超衍射焦斑的尺寸可任意小, 相当于获得了一个无限高的局部傅里叶频率。然而, 超衍射焦斑尺寸的减小伴随着中心聚焦能量的急剧降低。超衍射焦斑 1 和 2 的强度相对于艾里斑强度的比值 I_s 仅为 0.71% 和 0.41%, 焦面处大部分能量都集中到视场区域外的高强度旁瓣中。较低的中心强度在实际探测中会带来一些困难, 尤其是针对某些低对比度的物体。在实际应用中, 必须考虑超衍射尺寸、中心强度、视场大小、视场内旁瓣等参数之间的平衡。如果不考虑能量效率、噪声以及高强度旁瓣等因素的影响, 超振荡焦斑的大小没有理论极限。如图 24.3-13 所示为采用更小中心光斑的实验结果, 可分辨间距 26μm 的双孔, 相当于实现了 0.32 倍瑞利判据的分辨率, 但这种超振荡器件在应用时需要更高的制作精度、更窄的非相干光源和更高灵敏度的探测器。

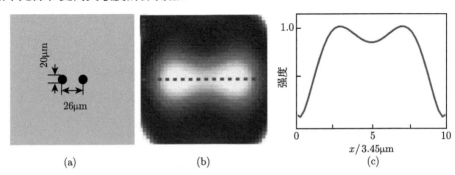

图 24.3-13　间隔 26μm 双孔的超分辨成像图样[28]

(a) 结构示意图; (b) 成像光场; (c) 图 (b) 中截线上的光场强度

4. 离轴成像测试

在上述分析中只关注了光轴上物体的成像，实际上，该超衍射望远成像系统也可对离轴目标进行成像，从而使成像系统拥有更大的视场。实验中采用的平行光管型号为 FPG-7，有效视场大小只有 1°38′；对于平行光管后方的光学系统，利用 ZEMAX 光学仿真软件进行光学追迹，如图 24.3-14 中所示，在入瞳光阑处设置不同角度的平行光线，平行光线倾斜角度分别为 0°，1°，2°，3°，4°，从图中可发现 L_2、L_3 构成的共焦系统可接收的平行光线离轴角小于 2°。因此，对于整个超分辨望远成像系统，只能测试视场角 1°38′ 内的超分辨成像，无法判断其在更大倾斜角度下的超衍射聚焦行为。

图 24.3-14　平行光斜入射下，平行光管后方成像系统的光学追迹示意图
平行光离轴角度为：0° ~ 4°

1. 入瞳光阑; 2. 透镜 L_2; 3. 视场光阑; 4. 透镜 L_3; 5. 超振荡器件 SO; 6. 透镜 L_4; 7. CCD 相机

为了确定大角度倾斜平行光入射下超振荡器件的超衍射性能，可用一个简易的光路模拟斜入射情况下超振荡光场的变化规律，如图 24.3-15(a)。采用 ZEMAX 模拟样品 1 和聚焦透镜在不同角度平行光入射下焦面位置的光场变化，如图 24.3-15(b) 所示，平行光离轴角度分别为：0°，1°，2°，3°，4°。从图中可看到，平行光离轴角度在 4° 范围内，中心超衍射焦斑没有太大的变化；但是从 3° 开始，视场内最外侧旁瓣产生了明显的畸变。

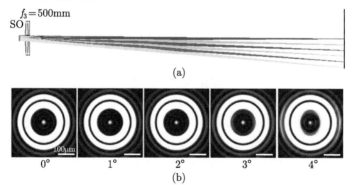

图 24.3-15　平行光斜入射下，超振荡光场的变化规律

将超振荡器件和透镜直接放置在平行光管后方，在平行光管下方加入旋转底座，控制旋转角实现不同角度的斜入射平行光束。平行光束斜入射时，主要考察超

衍射焦斑半高全宽和视场内旁瓣强度相对于主瓣强度比值的变化。如图 24.3-16 所示，实验结果表明在离轴角度 3° 范围内，超衍射焦斑 1 的半高全宽没有明显变化；而视场内旁瓣强度相对于主瓣强度的比值 M_1 在离轴角度 1° 范围内都没有明显的变化，随着角度继续增大，M_1 急剧增大。

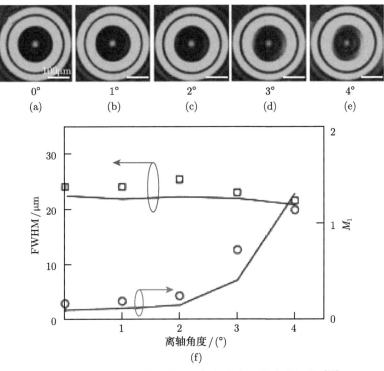

图 24.3-16　平行光斜入射下，超振荡焦斑的变化规律 [28]

(a)~(e)平行光离轴角度在 0°～4° 时，超振荡光场分布；(f)平行光离轴角度变化时，超振荡焦斑半高全宽FWHM和视场内旁瓣强度相对于中心强度比值M_1 的变化规律曲线，点线为实验数据，实线为模拟数据

　　通过对斜入射平行光照射下超振荡器件的聚焦行为进行分析，可看出该超分辨望远系统对于离轴角度 1° 范围内的目标物体都能实现超分辨成像。四点物体在不同离轴角度下的超分辨成像情况，如图 24.3-17 所示。实验中，制作 5 组四点结构放置在平面光管前焦面，每组结构在特定的轴向位置，不同轴向位置等效于不同角度的离轴光线，5 组结构对应的离轴角度分别为：0°，0.25°，0.5°，0.75° 和 1°。从图中可看出，不同离轴位置的物体经光学系统在 CCD 平面产生了类似的超分辨成像结果，从而证明了超分辨望远系统的离轴成像性能。

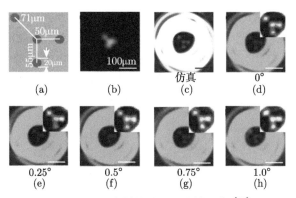

图 24.3-17　离轴物体的超分辨成像 [28]

(a) 四点物体的光学显微镜图；(b) 衍射受限成像图样；(c)0° 下，超分辨成像模拟结果，标尺为
100μm；(d)~(h) 实验中，不同离轴位置的四点物体超分辨成像图样，不同轴向位置代表不同角度的离轴平
行光，分别对应：0°，0.25°，0.5°，0.75° 和 1°，标尺为 100μm

5. 复杂物体成像

　　超分辨望远成像系统除了可对单孔、多孔目标成像外，也可用于对复杂结构成
像。图 24.3-18 为系统对 "E" 字图形的超分辨成像实验结果。在不加入超振荡器件
时，系统无法分辨 "E" 字图形的细节；加入样品 1 后，"E" 字图形的细节特征能够
完全识别；图 24.3-18(d) 中蓝色实线为采用局部光学传递函数计算的衍射光场分
布，从图中可看出实验结果和模拟结果吻合。

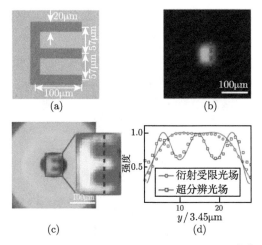

图 24.3-18　"E" 字图形的超分辨成像情况 [28]

(a)"E" 字图形光学显微镜图；(b) 衍射受限成像图；(c) 超分辨成像图；(d) 图 (b，c) 中虚线位置的一维截
线光场分布

　　"E" 字图形在成像过程中的频谱变化如图 24.3-19 所示，图 (a)～(c) 分别为 "E" 字图形本身的傅里叶频谱、衍射受限图像的傅里叶频谱和超分辨图像局部视场内的傅里叶频谱。从图 (d) 可看出，超分辨图像局部视场内的频谱明显超出了系统截止频率的限制，同时与 "E" 字图形本身的傅里叶频谱接近。

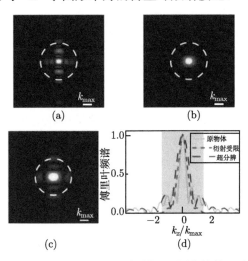

图 24.3-19　(a)"E" 字图形的傅里叶频谱；(b) 衍射受限图像的傅里叶频谱；(c) 超分辨图像局部视场内的傅里叶频谱；(d) 图 (a)～(c) 中心位置水平方向的一维频谱分布，其中 $k_{max} = NA/\lambda$，虚线代表衍射受限光学传递函数的截止频率[28]

　　对于一些特殊结构，如三角形、正方形边框等结构，在视场内的超分辨成像情况如图 24.3-20 所示。从图中可看到，超分辨成像系统可以区分衍射系统无法区分的细节，如三角形形状、正方形边框等。

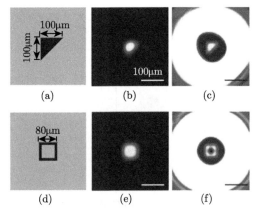

图 24.3-20　(a)～(c) 三角形结构、衍射受限成像图、超分辨成像图；(d)～(f) 正方形边框结构、衍射受限成像图、超分辨成像图[28]。图中标尺均为 100μm

在超分辨望远系统中，双孔、四孔和 "E" 字图形等结构均成像在局部视场区域内。当物体尺寸超过视场区域时，由于物体每个位置都将产生超振荡引起的高强度旁瓣，会造成某些位置的高强度旁瓣影响其他位置的中心超衍射焦斑。因此，由于高强度旁瓣相互干扰，大型目标物体无法采用视场内成像方式再现出某些细节特征。对于这种情况，需要在主镜成像平面加入一视场光阑，用于筛选不同角度的光线，从而避免视场外高强度旁瓣的干扰。图 24.3-21(a) 中 6 组邻近放置的物体在不加入视场光阑进行超分辨成像时，无法将所有物体成像在一个视场区域内，相邻区域的旁瓣必然会影响其他区域的超分辨成像。在孔径光阑位置加入 150μm 小孔后，每次只允许部分区域对应的光线透过，通过扫描小孔位置，在 CCD 平面可收集到每组结构的超分辨图样，拼接各组图像视场区域内的超分辨图像，进而可得到整个目标物体的超分辨图像。对于图 24.3-21(a) 中的物体，孔径光阑需要扫描至 6 个不同的位置从而获得各个区域的超分辨图像，最后拼接的图像如图 24.3-21(c) 所示。图 24.3-21(b) 为没有加入超振荡元件时的衍射受限成像图样。图 24.3-21(d) 为衍射受限成像和超分辨成像时虚线位置的一维截线光场分布。显然，加入超振荡器件后，通过光阑扫描，一方面提高了系统的分辨率，另一方面拓展了超振荡的成像视场。

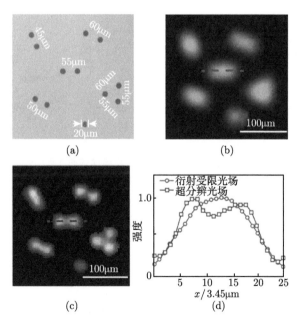

图 24.3-21　大目标物体的拼接成像 [28]

(a) 目标物体光学显微镜图；(b) 衍射受限成像图样；(c) 扫描拼接成像图样；(d) 图 (b)，(c) 中虚线位置的

光场分布

　　同样地，视场光阑扫描的方式可用于关注目标物体的局部区域。对于图 24.3-22(a) 中的类卫星物体，扫描视场光阑至图 (b) 中的 1、2、3、4 区域时，超振荡器件的引入将会再现出物体的细节信息，如图 (c) 中的天线数量和几何形状等。由此可见，视场光阑的引入提供了一种观测大型物体局部区域的方法。

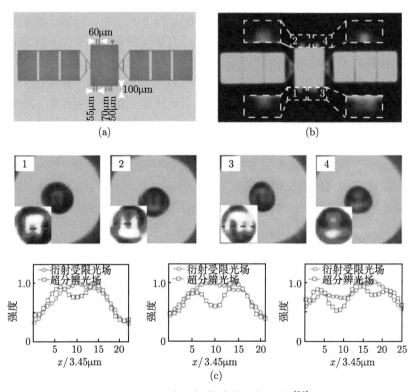

图 24.3-22　大目标物体的局部观测 [28]

(a) 类卫星物体光学显微镜图；(b) 衍射受限成像图；(c) 视场光阑在图 (b) 中 1、2、3、4 区域时的局部超
分辨成像图和一维水平方向光场分布

24.4　微球超衍射成像

　　微球超衍射成像是指利用微米及纳米小球对光场的增强和聚焦作用，将局域在近场的倏逝场转化成传输场，并传播到远场供物镜探测成像。该技术利用白光成像，可达到 50nm 的分辨率 [41]。与荧光显微相比，微球显微技术具有免标记的特点，与超透镜显微技术相比又具有低损耗的特点；同时，技术方案也较为简单，只需对传统显微镜作简单改造即可。

2000 年，Lu 等报道直径为 500nm 的硅微球可增强激光与介质的相互作用，实现超衍射激光直写 [42]。2004 年，Chen 等定义了一个新名词 "光子纳米喷流"(Photonic Nanojet，PNJ) 来描述这种介质微球对光的聚焦效应 [43]。PNJ 是指光经过微细介质颗粒 (通常直径为 1~50μm 的球体或柱体) 后获得的微小光斑。图 24.4-1 为微球透镜 PNJ 的电场分布特征。在平面波照射下，置于空气中小球的聚焦位置可通过以下公式近似描述

$$f = an/[2(n-1)] \tag{24.4-1}$$

其中，a 为小球半径；n 为小球折射率。显然，当 n 为 1.7 时，半径为 2.5μm 小球的焦距为 3.035μm。

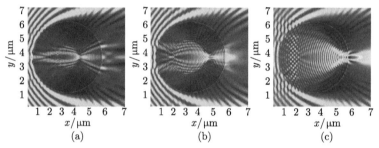

图 24.4-1 半径为 2.5μm 小球的光场分布 [43]

(a)n=3.5; (b)n=2.5; (c)n=1.7

PNJ 的横向束宽可达到 $\lambda/2n$，其中 λ 是入射光波长 [44]。例如，对于 n=1.6 的聚苯乙烯(Polystyrene, PS)，分辨率极限为 $\lambda/3.2 \approx 0.313\lambda$。同时可注意到，PNJ 的光斑位于微球外面的空气区域，这有利于其在显微、光刻等领域中的应用。另外，PNJ 还是一种非共振现象，当介质微球和周围环境介质的折射率比小于 2:1 时，微球半径从 2λ 增加到 40λ，甚至更大都可出现 PNJ 现象 [45]。值得注意的是，通过在小球上制备微纳结构 (图 24.4-2)，可进一步压缩焦斑的横向尺寸 [46]。

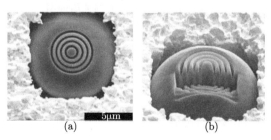

图 24.4-2 用于超分辨聚焦的微结构调制微球 [46]

(a)，(b)SEM 俯视和侧视图

24.5 荧光超衍射成像技术

24.5.1 受激辐射损耗超分辨技术

1. STED 概述

为了提高现有显微技术的分辨率，实现对生物组织及细胞的超分辨观测，1994年德国科学家 Hell 等提出了一种受激辐射损耗 (STED) 荧光显微超分辨技术 [47]。在 STED 显微术中，超分辨成像效果是通过受激辐射抑制自发辐射实现。如图 24.5-1 所示，STED 显微系统中需要两束照明光，其中一束为激发光，另外一束为损耗光。最终激发的荧光光斑可等效为激发光束 "减去" 损耗光束，因而可获得超越衍射极限的荧光光斑。

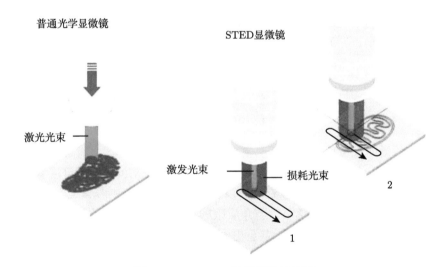

图 24.5-1 STED 显微镜的原理图

以下从荧光分子的能级出发阐述 STED 显微技术的原理。激发光使衍射斑范围内的荧光分子被激发，电子跃迁到激发态后，损耗光使得部分处于激发光斑外围的电子以受激辐射的方式回到基态，其余位于激发光斑中心的被激发电子则不受损耗光的影响，继续以自发荧光的方式回到基态 (如图 24.5-2(a) 所示)。由于在受激辐射过程中所发出的荧光和自发荧光的波长及传播方向均不同，因此真正被探测器所接收到的光子均是由位于激发光斑中心的荧光样品通过自发荧光方式产生的。由此，荧光的有效发光面积得以减小，从而提高了系统的分辨力。

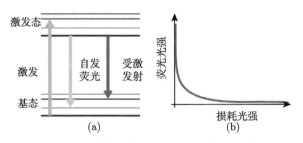

图 24.5-2　(a) STED 显微术的基本原理; (b) 受激辐射过程中的非线性效应

　　STED 显微术能实现超分辨成像的另一个关键在于受激辐射与自发荧光相互竞争中的非线性效应。当损耗光照射在激发光斑的边缘位置使得该处样品中的电子发生受激辐射作用时, 部分电子不可避免地仍然会以自发荧光的方式回到基态。然而当损耗光的强度超过某一阈值之后, 受激辐射过程将出现饱和, 此时以受激辐射方式回到基态的电子占绝大多数, 而以自发荧光方式回到基态的电子则可忽略不计 (如图 24.5-2(b) 所示)。因此, 通过增大损耗光的强度, 进一步抑制激发光斑范围内的自发荧光, 可提高 STED 显微术的分辨力。

　　一般而言, STED 显微术可实现的分辨率可表示为

$$\delta = \frac{\lambda}{2n\sin\alpha\sqrt{1 + \dfrac{I_{\max}}{I_{\mathrm{sat}}}}} \tag{24.5-1}$$

式中, $n\sin\alpha$ 为物镜数值孔径; λ 是损耗光的波长; $I_{\max}$ 为系统所能允许的损耗光强度极大值; I_{sat} 为荧光分子饱和激发光强。饱和激发光强与荧光物质粒子的定向分布和分子转动, 以及损耗光的波长、光场分布及偏振态有关。由式 (24.5-1) 可知, 如果能无限增大损耗光强, 中心荧光发光点尺寸可无限接近于 0, 系统理论分辨率就没有任何极限。但是增加损耗光强度会引起光漂白和光损伤, 一般情况下系统允许的最大光强约是 I_{sat} 的 100 倍, 即饱和因子为 100, 系统的分辨力可比衍射极限提高 1 个数量级, 达到几十纳米级的水平。图 24.5-3 为 Hell 首次通过 STED 技术获得的显微图像[48]。与普通显微技术相比, 分辨力提高到了三倍以上。

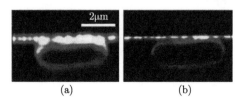

图 24.5-3　STED 显微结果

(a) 为传统显微结果; (b) 为 STED 结果[48]

在 STED 显微系统之中，为了减小有效荧光的发光面积，经显微物镜聚焦后所得的损耗光斑的光强分布应满足以下特性：在激发光斑的边缘部分具有较大的光强以抑制自发荧光的产生，同时在激发光斑的中心部分具有趋近于零的低光强，对自发荧光不产生影响。为了实现这一效果，需要对入射的损耗光束进行相应的相位调制[48]。如图 24.5-4 所示，典型的相位调控方式有两种，分别在径向和角向进行相位调控，前者可压缩轴向荧光光斑，后者则可压缩横向荧光光斑，将二者结合则可实现三维分辨力的提高。如图 24.5-4(a)，通过采用一块 0/π 相位板对损耗光束进行相位调制，可使经显微物镜聚焦之后的损耗光斑呈现为轴向中空型。此时，焦面前后位置的样品由于受到较强的损耗光强照射，自发荧光得到抑制，而焦面附近的样品在接近于零的损耗光强下自发荧光不受影响。如图 24.5-4(b)，当入射光经过螺旋相位调制后，其聚焦光斑将呈现为面包圈型，可显著压缩横向的光斑尺寸。

近年来，研究人员发现，在相位调制的基础上再对损耗光的偏振态进行调制可进一步提高损耗光斑的质量[50]。此外，如图 24.5-5 所示，通过多光谱超表面技术，可将聚焦、波长选择性相位调制集成于一个器件，进一步提高系统的集成度[49]。

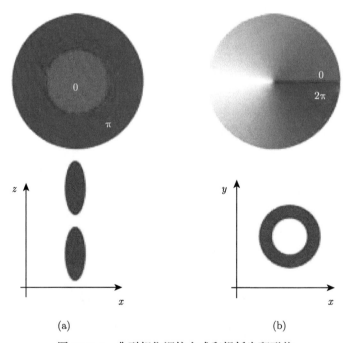

(a)   (b)

图 24.5-4   典型相位调控方式和损耗光斑形状

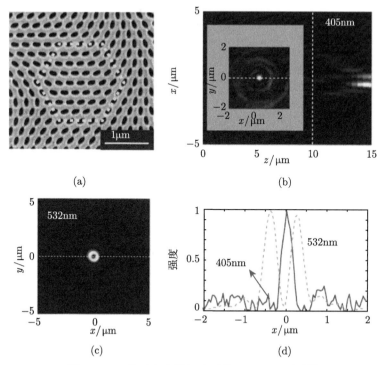

图 24.5-5 基于多光谱超表面的 STED 透镜[49]

(a) 样品 SEM 图；(b)405nm 波长实心焦斑；(c)532nm 波长空心光斑；

(d) 实心与空心光斑横向强度的对比

2. 基于光瞳滤波的暗斑压缩技术

截至目前为止，有多种方法能对暗斑尺寸进行有效调控。下面介绍一种比较简单且实用的方法。首先利用优化算法设计出 $0\sim\pi$ 相位分布的相位型光瞳滤波器，然后将设计好的滤波器放置于大数值孔径透镜入瞳处用于调制入射的角向偏振光，并最终在焦平面得到期望的暗斑尺寸[50]。

(1) 理论分析

考虑角向偏振光被大数值孔径物镜聚焦，利用 Richards 和 Wolf 矢量衍射理论，可得出柱矢量光束在焦点或者焦点附近聚焦场的数学表达式[51]。

图 24.5-6 为构建的光路系统图，激光器出射的光束经由透镜 1 和透镜 2 构成的扩束系统进行扩束，然后经偏振转换器转换成角向偏振光束，再经过相位型光瞳滤波器调制之后由 $NA=1.4$，$n=1.515$ 的齐明透镜聚焦，并最终在焦点处得到被压缩的暗斑。

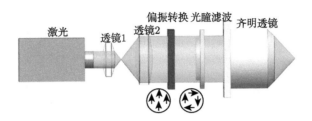

图 24.5-6　角向偏振光聚焦光路系统图

设定坐标原点位于透镜焦点处，根据矢量衍射理论，焦点附近处电场分布为

$$\boldsymbol{E}(r,\varphi,z) = E_r\boldsymbol{e}_r + E_\varphi\boldsymbol{e}_\varphi + E_z\boldsymbol{e}_z \tag{24.5-2}$$

其中，$\boldsymbol{e}_r$，$\boldsymbol{e}_\varphi$ 和 $\boldsymbol{e}_z$ 分别是径向、角向和轴向方向的单位矢量。E_r，E_φ 和 E_z 分别是这三个方向的电场分布，可由下式得出

$$E(r,\varphi,z) = \begin{bmatrix} E_r \\ E_\varphi \\ E_z \end{bmatrix} = \begin{bmatrix} 0 \\ 2A\displaystyle\int_0^{\theta_{\max}} T(\theta)\,L(\theta)\,P(\theta)\sin\theta J_1(kr\sin\theta)\,\mathrm{e}^{ikz\cos\theta}\mathrm{d}\theta \\ 0 \end{bmatrix} \tag{24.5-3}$$

其中，λ 是入射波波长。$\theta_{\max} = \alpha = \arcsin(NA/n)$ 为最大孔径角，$k = 2\pi n/\lambda$ 为波数，J_1 表示第一类贝塞尔函数。$P(\theta)$ 是光瞳切趾函数，这里采用满足正弦条件的齐明透镜，因此 $P(\theta) = \sqrt{\cos\theta}$。

$L(\theta)$ 为入射光的光瞳函数，对于贝塞尔 — 高斯光束为

$$L(\theta) = \exp\left(-\beta^2\left(\frac{\sin\theta}{\sin\alpha}\right)^2\right)J_1\left(2\beta\frac{\sin\theta}{\sin\alpha}\right) \tag{24.5-4}$$

式中，β 是入瞳半径和入射光束束腰之比，为了得到理想的面包圈光斑，取 β 的值为 0.57。$T(\theta)$ 为 0~π 相位型光瞳滤波器的透过率函数。

(2) 暗斑评价参数以及线性优化算法

与 24.3 节中介绍的超振荡类似，采用 S，M，G 评价面包圈光斑的特性。如图 24.5-7 所示，其中 S 表示加入光瞳滤波器之后主瓣的最高强度和通孔时主瓣强度之比；M 表示最高的旁瓣强度和主瓣强度之比。除此之外，用 PP 来表示暗斑主瓣的峰值间距，G 表示压缩后的主瓣 PP 和压缩前 PP 之比，d_{zp} 为第一零点的位置。

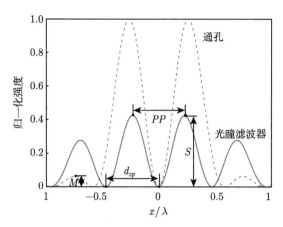

图 24.5-7　面包圈光斑在焦平面的强度沿 x 方向的变化曲线

阶梯型光瞳滤波器主要分为三类: 振幅型光瞳滤波器、相位型光瞳滤波器以及复振幅型光瞳滤波器。在这里主要介绍相位型光瞳滤波器对入射光束的影响。采用线性优化算法对光瞳滤波器进行优化设计, 将光瞳滤波器分割为等面积的 K 个环带, 每个环具有恒定的透过率, 其中第 j 个环带的透过率函数为 t_j, $t_j \in \{-1, 1\}$。

线性优化算法的主要思想就是把目标函数利用数学方法等价转换为线性叠加从而得到问题的全局最优解。在大数值孔径下, 角向偏振光只含有一个分量, 可针对该分量进行优化, 例如以主瓣的最高强度值为目标函数

$$\max |E_\phi(d_{zp}/2)T|^2 = \left| \sum_{j=1}^{\kappa} t_j \int_{\theta_j}^{\theta_{j+1}} T(\theta) L(\theta) \sqrt{\cos\theta} \sin\theta J_1(k(d_{zp}/2)\sin\theta) \, \mathrm{d}\theta \right|^2 \tag{24.5-5}$$

其中, $E_\phi(d_{zp}/2)$ 为主瓣峰值点处的电场强度。d_{zp} 为第一个零点的位置, 可通过等式约束来限制第一个零点的位置, 该等式约束可表示为

$$E_\varphi(d_{zp}) = \sum_{j=1}^{\kappa} t_j \int_{\theta_j}^{\theta_{j+1}} T(\theta) L(\theta) \sqrt{\cos\theta} \sin\theta J_1(k(d_{zp})\sin\theta) \, \mathrm{d}\theta = 0 \tag{24.5-6}$$

其中, $\theta_1 = \theta_{\max} = \alpha$。

不等式约束主要是限制旁瓣的强度以及控制主瓣的强度, 因此有两个约束关系。其中一个不等式约束用于压缩旁瓣的强度, 可表示为

$$M = \left| \frac{E_\varphi(r)T}{E_\varphi(d_{zp}/2)T} \right|^2 \leqslant C, \quad r \in (d_{zp}, +\infty) \tag{24.5-7}$$

其中，C 为常数。这个不等式约束限制了所有的旁瓣的强度，使得旁瓣的最高强度不能高于 C 倍的主瓣最高强度，C 的值可根据应用的需要选择小于 1 或者大于 1 的数值。

另一个不等式约束主要用于确保主瓣强度不能太低，可由下式给出

$$S = \left| \frac{E_\varphi \left(d_{zp}/2 \right) T}{E_{cp}T} \right|^2 \geqslant D, \quad 0 \leqslant D \leqslant 1 \tag{24.5-8}$$

其中，$|E_{cp}T|^2$ 表示通孔情况下得到的主瓣最高强度值。

为了更好地描述暗斑，可将角向偏振光直接聚焦情况下的暗斑称为通孔情况下暗斑，也叫标准暗斑。在通孔情况下暗斑的参数为 $M=0.064,PP=0.5252\lambda$ 并且 $G=1$。

(3) 最小暗斑的获得

第一零点的位置 d_{zp} 对暗斑尺寸影响很大，从一定程度上来说，只要第一个零点的位置确定，主瓣的尺寸也可确定，因此暗斑尺寸也就随之确定。

图 24.5-8 描述了 PP 和 S 随着 d_{zp} 的变化关系。当 d_{zp} 比较小时，S 也会变得非常小，为了让微小的值可见，对 S 取对数。由图可知 PP 和 d_{zp} 近似呈斜率为 1 的线性关系。当 d_{zp} 从 0.5859λ 减小到 0.2148λ 时，PP 由 0.5252λ 减小至 0.2282λ。只要 d_{zp} 足够小，即可得到 PP 足够小的暗斑。但是暗斑尺寸的减小会导致 S，也就是主瓣强度呈指数衰减。

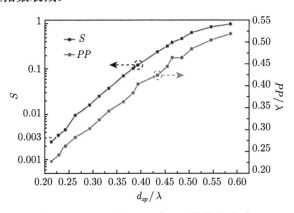

图 24.5-8 S 和 PP 随 d_{zp} 的变化关系

对于亮斑来说，为了避免激光器噪声和杂散噪声对成像结果的干扰，S 通常有一个允许的最低阈值，实验上已经验证过其值约为 0.003。虽然可通过增加激光器功率来补偿损失的能量，但其需要非常苛刻的实验环境以及性能非常优良的激光器和 CCD。和亮斑类似，暗斑中主瓣能量 S 也应大于等于这个最低阈值。

根据图 24.5-8 可得到满足 $S >0.003$ 条件下尺寸最小的暗斑。图 24.5-9(a)，(b)

分别给出了通孔情况下得到的光斑xy平面二维强度分布图以及最小暗斑xy平面二维强度分布图。图 24.5-9(c) 为光瞳滤波器的透过率随半径变化的关系。图 24.5-9(d) 为 xy 平面光斑的归一化强度分布，其中虚线为通孔情况下得到的光斑，实线为光瞳调制后得到的最小暗斑。

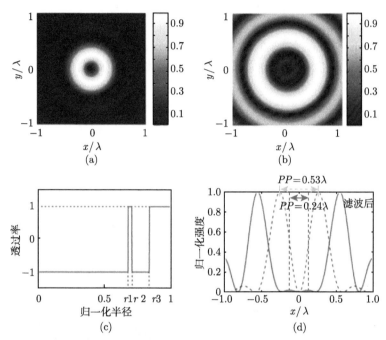

图 24.5-9   (a) 通孔情况下得到的暗斑焦平面强度分布图；(b) 利用光瞳滤波器调制之后得到的最小暗斑的焦平面光强分布图；(c) 产生最小暗斑的光瞳滤波器透过率随半径的变化关系；(d)xy 平面光斑的归一化强度分布曲线图

由图 24.5-9 可知，利用一个 4 环的相位型光瞳滤波器调制角向偏振光，可在紧聚焦的条件下得到一个尺寸被明显压缩的暗斑，但该暗斑的旁瓣强度非常高，远远超过了主瓣的强度。表 24.5-1 给出了最小暗斑的各具体参数和通孔情况下得到的暗斑的各参数对比。尽管暗斑尺寸从 0.5252λ 压缩到了 0.2424λ，但最小暗斑的主瓣强度降低到通孔情况下的 0.31%。对于 STED 来说，高强度的旁瓣有可能会导致光漂白的产生并最终影响分辨力的进一步提高。因此为了得到更具有使用价值的压缩暗斑，需要在压缩暗斑尺寸的同时保持较低的旁瓣强度。

表 24.5-1   通孔情况下得到的暗斑和加入光瞳滤波器后得到的最小暗斑参数

	PP	S	M	G
通孔	0.5252λ	1	0.064	100%
加光瞳滤波	0.2424λ	0.0031	72	46%

以下计算了采用光瞳滤波器之后，有效光斑的光强分布以及半高全宽。选用的激发光波长为 405nm，损耗光波长为 532nm。荧光样本经过损耗光损耗之后有效光的光强由下式给出

$$I_{\text{eff}}(r) = I_{\text{pump}}(r) \cdot \exp[I_{\text{s}}(r)\tau\sigma_{\text{dip}}] \tag{24.5-9}$$

其中，I_{eff} 为有效光的光强；I_{pump} 为激发光光强；I_{s} 为损耗光束的光强；τ 为荧光分子生命周期；σ_{dip} 为辐射截面。此处选取的荧光样本为若丹明 R6G，其荧光分子生命周期 $\tau \approx 3.75\text{ns}$，$\sigma_{\text{dip}} \approx 1.1 \times 10^{-16}\text{cm}^2$。

激发光束为径向偏振贝塞尔—高斯光束，可被数值孔径为 1.4 的油浸物镜聚焦成半高全宽为 0.4221λ 的实心亮斑。图 24.5-10 给出了角向偏振光直接聚焦焦平面所得光斑二维归一化强度分布，以及该光斑作为 STED 损耗光得到的有效光斑的二维强度分布图。由图可知，经过损耗光斑的损耗之后，光斑的尺寸大幅度地减小，即从原先的 0.42λ 减小到 0.028λ，其中 λ 为激发光的波长。

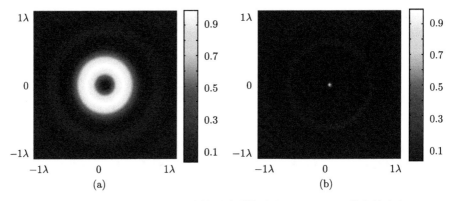

图 24.5-10   (a) 角向偏振光直接聚焦所得光斑；(b)STED 的有效光斑

表 24.5-2 给出了不同情况下 STED 计算结果的对比，当激发光相同时 (都为径向偏振光)，损耗光斑尺寸越小，其对激发光斑的损耗效果越明显。因此可得出结论：在损耗光主瓣强度相同的情况下，可通过压缩损耗光光斑尺寸的方法来提高损耗光斑的损耗效率，从而最终提高 STED 分辨力。

表 24.5-2   不同情况 STED 计算结果对比

激发光	损耗光	损耗光斑尺寸	有效光斑尺寸 (FWHM)
径向偏振光	无	无	$0.42\lambda \approx 170\text{nm}$
径向偏振光	角向偏振光	0.52λ	$0.028\lambda \approx 11.34\text{nm}$
径向偏振光	角向偏振光 + 光瞳滤波	0.32λ	$0.017\lambda \approx 6.9\text{nm}$

24.5.2 基于单分子定位的荧光超分辨显微技术

除了 STED 外，近年来还发展起来了多种基于单分子定位的超分辨技术，如光激活定位显微 [52](Photo-Activated Localization Microscopy，PALM) 或随机光重构显微 [53](Stochastic Optical Reconstruction Microscopy，STORM)，其极限分辨力可达到单分子量级 ($\sim$1nm)。

图 24.5-11 为单分子荧光超分辨显微的原理，通过多次随机激发少量荧光蛋白，获得多幅图像，再采用定位算法即可获得高分辨率图像。图 24.5-12 为单分子显微与普通显微结果的对比图 [52]，可见采用单分子荧光定位技术后，分辨力可远超传统衍射极限。

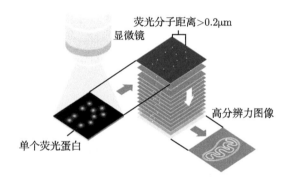

图 24.5-11 单分子荧光超分辨显微原理

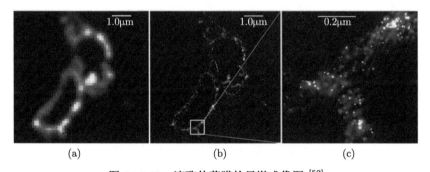

图 24.5-12 溶酶体薄膜的显微成像图 [52]

(a) 为普通显微结果；(b) 为单分子荧光显微结果；(c) 为图 (b) 的局部放大

参 考 文 献

[1] Born M, Wolf E. Principles of Optics: Electromagnetic Theory of Propagation, Interference and Diffraction of Light. 7th ed. Cambridge University Press, 1999.

[2] Mitchell M W, Lundeen J S, Steinberg A M. Super-resolving phase measurements with a multiphoton entangled state. Nature, 2004, 429: 161–164.

[3] Walther P, Pan J W, Aspelmeyer M, et al. De Broglie wavelength of a non-local four-photon state. Nature, 2004, 429: 158–161.

[4] 2014 Kavli Prize in Nanoscience: A Discussion with Thomas Ebbesen, Stefan Hell and Sir John Pendry. The Kavli Foundation. http://www.kavlifoundation.org.

[5] Zhao Z, Luo Y, Zhang W, et al. Going far beyond the near-field diffraction limit via plasmonic cavity lens with high spatial frequency spectrum off-axis illumination. Sci Rep, 2015, 5: 15320.

[6] Song M, Wang C, Zhao Z, et al. Nanofocusing beyond the near-field diffraction limit via plasmonic Fano resonance. Nanoscale, 2016, 8: 1635–1641.

[7] Aieta F, Genevet P, Kats M, et al. Aberrations of flat lenses and aplanatic metasurfaces. Opt Express, 2013, 21: 31530–31539.

[8] Luo X. Principles of electromagnetic waves in metasurfaces. Sci China-Phys Mech Astron, 2015, 58: 594201.

[9] Luo X, Pu M, Ma X, et al. Taming the electromagnetic boundaries via metasurfaces: from theory and fabrication to functional devices. Int J Antennas Propag, 2015, 2015: 204127.

[10] Minsky M. Microscopy Apparatus. US Patent, 3013467, 1961.

[11] Hänninen P E, Hell S W, Salo J, et al. Two–photon excitation 4Pi confocal microscope: Enhanced axial resolution microscope for biological research. Appl Phys Lett, 1995, 66: 1698–1700.

[12] Hell S W, Lindek S, Cremer C, et al. Measurement of the 4Pi-confocal point spread function proves 75 nm axial resolution. Appl Phys Lett, 1994, 64: 1335–1337.

[13] Gugel H, Bewersdorf J, Jakobs S, et al. Cooperative 4Pi excitation and detection yields sevenfold sharper optical sections in live-cell microscopy. Biophys J, 2004, 87: 4146–4152.

[14] Hell S, Stelzer E H K. Fundamental improvement of resolution with a 4Pi-confocal fluorescence microscope using two-photon excitation. Opt Commun, 1992, 93: 277–282.

[15] Bewersdorf J, Schmidt R, Hell S W. Comparison of I5M and 4Pi–microscopy. J Microsc, 2006, 222: 105–117.

[16] Hell S W. Toward fluorescence nanoscopy. Nat Biotechnol, 2003, 21: 1347–1355.

[17] Lukosz W, Marchand M. Optischen abbildung unter überschreitung der beugungsbedingten auflösungsgrenze. J Mod Opt, 1963, 10: 241–255.

[18] Kner P, Chhun B B, Griffis E R, et al. Super-resolution video microscopy of live cells by structured illumination. Nat Methods, 2009, 6: 339–342.

[19] Gustafsson M G, Agard D A, Sedat J W. Doubling the lateral resolution of wide- field fluorescence microscopy using structured illumination. In: BiOS 2000 The International

Symposium on Biomedical Optics. 2000. 141–150.

[20] Dan D, Lei M, Yao B, et al. DMD-based LED-illumination Super-resolution and optical sectioning microscopy. Sci Rep, 2013, 3: 1116.

[21] Gustafsson M G. Nonlinear structured-illumination microscopy: wide-field fluorescence imaging with theoretically unlimited resolution. Proc Natl Acad Sci USA, 2005, 102: 13081–13086.

[22] Gordon J W. The use of a top stop for developing latent powers of the microscope. J R Microsc Soc, 1907, 27: 1–13.

[23] Snoeyink C. Imaging performance of Bessel beam microscopy. Opt Lett, 2013, 38: 2550–2553.

[24] Huang K, Ye H, Teng J, et al. Optimization-free superoscillatory lens using phase and amplitude masks. Laser Photonics Rev, 2014, 8: 152–157.

[25] Tang D, Wang C, Zhao Z, et al. Ultrabroadband superoscillatory lens composed by plasmonic metasurfaces for subdiffraction light focusing. Laser Photonics Rev, 2015, 9: 713–719.

[26] di Francia G T. Super-gain antennas and optical resolving power. G Suppl Nuovo Cim, 1952, 9: 426–438.

[27] Zheludev N I. What diffraction limit? Nat Mater, 2008, 7: 420–422.

[28] Wang C, Tang D, Wang Y, et al. Super-resolution optical telescopes with local light diffraction shrinkage. Sci Rep, 2015, 5: 18485.

[29] Lindberg J. Mathematical concepts of optical superresolution. J Opt, 2012, 14: 083001.

[30] Rogers E T F, Lindberg J, Roy T, et al. A super-oscillatory lens optical microscope for subwavelength imaging. Nat Mater, 2012, 11: 432–435.

[31] Wong A M H, Eleftheriades G. An optical super-microscope for far-field, real-time imaging beyond the diffraction limit. Sci Rep, 2013, 3: 1715.

[32] Rogers E T F, Savo S, Lindberg J, et al. Super-oscillatory optical needle. Appl Phys Lett, 2013, 102: 031108.

[33] Yuan G, Rogers E T F, Roy T, et al. Flat super-oscillatory lens for heat-assisted magnetic recording with sub-50nm resolution. Opt Express, 2014, 22: 6428–6437.

[34] Durnin J. Exact solutions for nondiffracting beams. I. The scalar theory. J Opt Soc Am A, 1987, 4: 651–654.

[35] Dudley A, Lavery M P J, Padgett M J, et al. Unraveling Bessel beams. Opt Photonics News, 2013, 22: 24–29.

[36] Pu M, Li X, Ma X, et al. Catenary optics for achromatic generation of perfect optical angular momentum. Sci Adv, 2015, 1: e1500396.

[37] Li X, Pu M, Zhao Z, et al. Catenary nanostructures as highly efficient and compact Bessel beam generators. Sci Rep, 2016, 6: 20524.

[38] Snoeyink C, Wereley S. Single-image far-field subdiffraction limit imaging with axicon. Opt Lett, 2013, 38: 625–627.

[39] Huang F M, Zheludev N I. Super-resolution without evanescent waves. Nano Lett, 2009, 9: 1249–1254.

[40] Slepian D, Pollak H O. Prolate spheroidal wave functions, Fourier analysis and uncertainty–I. Bell Syst Tech J, 1961, 40: 43–63.

[41] Wang Z, Guo W, Li L, et al. Optical virtual imaging at 50 nm lateral resolution with a white-light nanoscope. Nat Commun, 2011, 2: 218.

[42] Lu Y F, Zhang L, Song W D, et al. Laser writing of a subwavelength structure on silicon (100) surfaces with particle-enhanced optical irradiation. J Exp Theor Phys Lett, 2000, 72: 457–459.

[43] Chen Z, Taflove A, Backman V. Photonic nanojet enhancement of backscattering of light by nanoparticles: a potential novel visible-light ultramicroscopy technique. Opt Express, 2004, 12: 1214–1220.

[44] Guo H, Han Y, Weng X, et al. Near-field focusing of the dielectric microsphere with wavelength scale radius. Opt Express, 2013, 21: 2434–2443.

[45] Heifetz A, Kong S-C, Sahakian A V, et al. Photonic nanojets. J Comput Theor Nanosci, 2009, 6: 1979–1992.

[46] Wu M X, Huang B J, Chen R, et al. Modulation of photonic nanojets generated by microspheres decorated with concentric rings. Opt Express, 2015, 23: 20096–20103.

[47] Hell S W, Wichmann J. Breaking the diffraction resolution limit by stimulated emission: stimulated-emission-depletion fluorescence microscopy. Opt Lett, 1994, 19: 780–782.

[48] Klar T A, Jakobs S, Dyba M, et al. Fluorescence microscopy with diffraction resolution barrier broken by stimulated emission. Proc Natl Acad Sci USA, 2000, 97: 8206–8210.

[49] Zhao Z, Pu M, Gao H, et al. Multispectral optical metasurfaces enabled by achromatic phase transition. Sci Rep, 2015, 5: 15781.

[50] Chen W, Wang J, Zhao Z, et al. Large scale manipulation of the dark spot by phase modulation of azimuthally polarized light. Opt Commun, 2015, 349: 125–131.

[51] Richards B, Wolf E. Electromagnetic diffraction in optical systems II. Structure of the image field in an aplanatic system. Proc R Soc Lond Math Phys Eng Sci, 1959, 253: 358–379.

[52] Betzig E, Patterson G H, Sougrat R, et al. Imaging intracellular fluorescent proteins at nanometer resolution. Science, 2006, 313: 1642–1645.

[53] Rust M, Bates M, Zhuang X. Sub-diffraction-limit imaging by stochastic optical reconstruction microscopy (STORM). Nat Methods, 2006, 3: 793–796.

第 25 章　近场超衍射成像

传统光学系统由于衍射的存在，点物无法成理想的点像，导致传统成像技术受限于衍射极限。近年来人们越来越多地认识到倏逝波在突破衍射极限中的作用，因此如何控制倏逝波的传输，实现突破衍射极限的分辨力，是亚波长电磁学超衍射成像技术的核心。

25.1　衍射极限与近场衍射极限

所谓 "衍射极限"，是指由于波的衍射特性，成像分辨力、波导结构尺寸、辐射波束角等存在与波长相关的极限值。在传统理论框架内，对于不同功能的光学系统以及不同判据，"衍射极限" 有不同的表现形式 [1]。从傅里叶光学的角度分析，衍射极限是由于物体携带的高阶频谱信息在离开物体后呈指数规律衰减，这种束缚在表面的高阶信息即倏逝波。1928 年，Synge 提出了利用倏逝波实现超分辨成像的构想：通过孔径约 10nm 的纳米探针在距离样品几十纳米的近场区域逐点扫描、收集样品表层的光学信号，最后整合小孔收集到的光学信号，即可实现超衍射光学成像。1984 年，IBM 苏黎世实验室的 Pohl 利用该原理发明了世界上第一台扫描近场光学显微镜 (Scanning Near-Field Optical Microscopy, SNOM)，使光学分辨力达到100nm 以下。

如图 25.1-1 所示，在傅里叶空间中，普通聚焦光场的频谱分量局限于 $[-k_0, k_0]$，光场经过 SNOM 的针孔滤波之后，最大横向波矢可被极大地拓宽。在用针

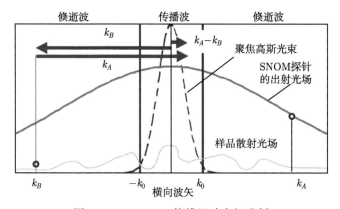

图 25.1-1　SNOM 的傅里叶空间分析

尖扫描样品的时候，样品的高频光场信息可被针尖转化到传播波区域，从而实现超分辨成像。

尽管 SNOM 可突破传统阿贝衍射极限的限制，但其仍存在由于倏逝波指数衰减引起的 "近场衍射极限"。如图 25.1-2 所示，近场衍射极限可定义为一定工作距条件下，最高波矢振幅衰减为 $1/e$ 时对应的分辨力

$$\delta \geqslant \frac{\lambda}{2} \frac{\sqrt{D^2 + 4d^2}}{D\sqrt{1 + \left(\dfrac{\lambda}{2\pi d}\right)^2}} \tag{25.1-1}$$

其中，D 为透镜口径，d 为透镜焦距，$e=2.71828$。当 $d \ll \lambda$，该公式可简化为

$$\delta \geqslant \frac{\lambda}{2} \frac{1}{\sqrt{1 + \left(\dfrac{\lambda}{2\pi d}\right)^2}} \tag{25.1-2}$$

当 $d \gg \lambda$ 时，式 (25.1-1) 退化为普通阿贝衍射极限

$$\delta \geqslant \frac{\lambda}{2} \frac{\sqrt{D^2 + 4f^2}}{D} \tag{25.1-3}$$

其中 $f = d$ 为透镜焦距。

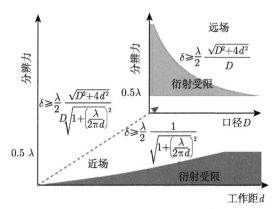

图 25.1-2　近场和远场衍射极限 [2]

近场光学的一个重要应用即利用倏逝波提高光学系统的分辨力，降低器件的特征尺寸。但是，如何逼近甚至突破这种近场衍射极限是当前学术界的研究热点。本章主要介绍基于表面等离子体的超衍射近场光学成像技术。

25.2 基于超透镜的超衍射成像

25.2.1 超透镜成像的基本理论

在超材料基本理论一章中已经提到，利用负折射率 "完美透镜" 可突破衍射极限。然而，由于光波段没有介电常数和磁导率同时为负数的材料，一般认为完美透镜只是一种理想的理论模型。实际上，尽管目前出现了很多光频段负折射材料，但它们都还难以实现真正的完美透镜 [3,4]。

当金属的等离子体频率大于入射电磁波频率时，金属薄膜材料的介电常数 $\varepsilon < 0$。在静电近似下 (p 偏振照明)，金属薄膜在光频段内可作为完美透镜的近似。当 $\omega \ll c\sqrt{k_x^2 + k_y^2}$ 的电磁波照射金属薄膜，倏逝波在自由空间和金属薄膜中的纵向波矢分别为

$$\lim_{k_x^2+k_y^2 \to \infty} k_z = \lim_{k_x^2+k_y^2 \to \infty} +i\sqrt{k_x^2 + k_y^2 - \omega^2 c^{-2}} = i\sqrt{k_x^2 + k_y^2} \qquad (25.2\text{-}1)$$

$$\lim_{k_x^2+k_y^2 \to \infty} k_z^{'} = \lim_{k_x^2+k_y^2 \to \infty} +i\sqrt{k_x^2 + k_y^2 - \varepsilon\mu\omega^2 c^{-2}} = i\sqrt{k_x^2 + k_y^2} = k_z \qquad (25.2\text{-}2)$$

由于 p 偏振照明时，磁导率 μ 并不影响透射场，因此，光经过金属薄膜的透射率近似为

$$\lim_{k_x^2+k_y^2 \to \infty} T_p = \lim_{k_x^2+k_y^2 \to \infty} \frac{2\varepsilon k_z}{\varepsilon k_z + k_z^{'}} \frac{2k_z^{'}}{k_z^{'} + \varepsilon k_z} \frac{\exp(ik_z^{'}d)}{1 - \left(\dfrac{\varepsilon k_z - k_z^{'}}{\varepsilon k_z + k_z^{'}}\right)^2 \exp(2ik_z^{'}d)}$$

$$= \frac{4\varepsilon \exp(ik_z d)}{(\varepsilon + 1)^2 - (\varepsilon - 1)^2 \exp(2ik_z d)} \qquad (25.2\text{-}3)$$

$\varepsilon \to -1$ 情形下的透射率为

$$\lim_{\varepsilon \to -1} \lim_{k_x^2+k_y^2 \to \infty} T_p = \lim_{\varepsilon \to -1} \frac{4\varepsilon \exp(ik_z d)}{(\varepsilon + 1)^2 - (\varepsilon - 1)^2 \exp(2ik_z d)}$$

$$= \exp(-ik_z d) = \exp\left(\sqrt{k_x^2 + k_y^2}\,d\right) \qquad (25.2\text{-}4)$$

显然，当金属薄膜的介电常数与周围介质介电常数满足匹配条件时 (符号相反，绝对值相等)，倏逝波将随着传播距离增加而逐渐增大，并在成像面被收集利用，从而实现超分辨成像。这种透镜即被称为超透镜 (Superlens)。值得注意的是，该放大并不是能量上的增加，仅仅是局域电磁场振幅的增强，与金属的表面等离

子体效应有关 [5,6]。另外，由于仅是介电常数匹配，磁导率没有调制，导致透镜表面阻抗不匹配，因此其增强的倏逝场分布与完美透镜并不一样。

图 25.2-1 为厚度 d=40nm 的银膜平板透镜对纳米物体的成像示意图。在真空环境中，纳米物体 (图 25.2-1(b) 所示) 的静电势经过 z=80nm 的传输距离后，静电势不能分辨(图 25.2-1(c))；引入银膜后，物体轮廓得以分辨，证明了上述分析的正确性。

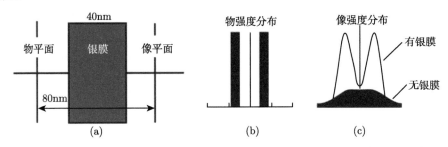

图 25.2-1　(a) 银透镜超衍射成像的结构示意图；(b) 物平面纳米物体的静电场强度分布；(c) 有无银透镜的成像效果 [7]

超透镜成像是表面等离子体光学领域的一个重要物理思想。作为负折射率材料完美透镜的一种近场近似，超透镜具有结构简单、易于在可见光、红外等高频波段实现等优势。2003~2004 年，研究人员 [5,8] 利用 g 线汞灯光源 (波长 436nm)，通过亚波长金属银膜上狭缝阵列结构激发 SPP 干涉，再经过银膜成像可得到 50nm 线宽的线条图形 (图 25.2-2(a))。2005 年，Zhang 等进一步验证了 Pendry 提出的金属膜超透镜，在 365nm 波长下得到了 65nm 分辨力 [9]。

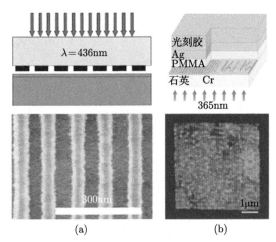

图 25.2-2　基于超透镜的超衍射成像

(a) 2004 年的结果 [5]；(b)2005 年的结果 [9]

25.2.2 基于金属—介质多层膜的超分辨成像

在单层金属超透镜的基础上，Ramakrishna 等提出采用平面金属—介质多层膜结构可有效地抑制成像过程中金属的损耗，提高成像分辨力[10]。此外，可在平面多层膜结构的基础上进一步设计圆柱形的多层膜，实现超衍射物体的放大成像[11,12]。由于这种多层膜等效材料的色散为双曲线型 (Hyperbolic)，相应的透镜一般被称为双曲超透镜 (Hyperlens)。

本节主要分析多层金属—介质薄膜材料中表面等离子体激发、传输特性和规律，并研究实现近场超分辨成像的常规方法。通过选择合适的介电常数和结构参数，在金属—介质界面上可产生表面等离子体共振现象，从而实现倏逝波放大和超分辨成像。

1. 各向异性超透镜

金属—介质多层膜的结构如图 25.2-3 所示，其中金属和介质的介电常数分别为 ε_m 和 ε_d，厚度分别为 h_m 和 h_d，介质的填充系数为 $f_d = h_d/(h_m + h_d)$，薄膜的周期为 $p = h_m + h_d$。根据等效介质理论 (EMT)，该结构的等效介电常数可近似为 $\varepsilon_x = \varepsilon_y = \varepsilon_d f_d + \varepsilon_m(1 - f_d)$ 和 $\varepsilon_z^{-1} = \varepsilon_d^{-1} f_d + \varepsilon_m^{-1}(1 - f_d)$。TM 偏振波矢分量之间的关系可表示为

$$\frac{k_x^2 + k_y^2}{\varepsilon_z} + \frac{k_z^2}{\varepsilon_x} = \frac{\omega^2}{c^2} \tag{25.2-5}$$

其中，ω 是角频率；c 是真空中的光速。对于某些填充系数，等效介电常数 ε_x 和 ε_z 均为负数，结构表现为各向异性的金属特性。这点可通过对有限周期的金属—介质薄膜的严格耦合波分析 (RCWA) 进一步证实。图 25.2-4 是不同介质填充系数下的等效法向波矢 k_{zeff}。图中虚线和实线分别表示通过 EMT 和 RCWA 方法计算所得的结果。金属和介质的介电常数分别为 $\varepsilon_m = -4$ 和 $\varepsilon_d = 5$。从计算结果可看出，对一个较宽范围的横向波矢 $k_x(0 \sim 25k_0)$，其等效法向波矢 k_z 是纯虚数，与通过 EMT 理论在 $\varepsilon_x < 0$ 和 $\varepsilon_z < 0$ 条件下计算的结果一致。

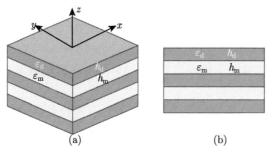

图 25.2-3　金属—介质多层膜

(a) 三维结构图；(b) 侧视图

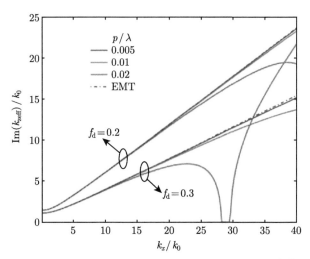

图 25.2-4　不同膜层厚度和填充系数对应的波矢 [13]

　　因此，金属—介质多层膜可支持类似于普通金属表面的 SP 模式。在膜层厚度较小的情况下，其色散关系可通过求解下面的公式获得

$$\frac{\sqrt{\varepsilon_1 k_0^2 - k_{\mathrm{sp}}^2}}{\varepsilon_1} = \frac{e_E}{e_H} \tag{25.2-6}$$

其中，$k_0 = \omega/c$，$[e_E, e_H]$ 是金属—介质结构的特征矩阵的最低阶本征矢量；e_E 和 e_H 分别代表了切向电场分量和磁场分量；ε_1 是薄膜结构外侧介质的介电常数。多层膜结构中可能存在多种 SP 共振模式，但由于光场分布很大程度上由最低阶的模式所决定，因此这里仅对此模式进行讨论。另一方面，若采用 EMT 近似，该结构材料的 SP 色散关系可写为 [13]

$$k_{\mathrm{sp}} = \frac{\omega}{c} \sqrt{\frac{\varepsilon_z \varepsilon_1 (\varepsilon_1 - \varepsilon_x)}{\varepsilon_1^2 - \varepsilon_x \varepsilon_z}} \tag{25.2-7}$$

若 $\varepsilon_x = \varepsilon_z$，公式 (25.2-7) 即退化为普通各向同性金属表面 SP 的色散。假设各向异性结构中的金属膜层材料的介电常数遵循 Drude 模型，即 $\varepsilon_{\mathrm{m}} = 1 - (\omega_{\mathrm{p}}^2/\omega^2)$。当 $\varepsilon_{\mathrm{d}} = 5$，$\varepsilon_1 = 3.4$ 时，介质的填充系数从 0 变化到 0.5 时，SP 的色散关系如图 25.2-5 所示，其中薄膜的周期设定为 0.01λ。因为薄膜足够薄，公式 (25.2-6) 和式 (25.2-7) 的计算结果十分吻合。

　　很明显，各向异性金属材料中的 SP 也具有短波长共振特性。即低频时，曲线向光锥线靠近；对于特定的频率 ω_{sp}，SP 等效波长趋于无限小。而在 ω_{sp} 到 ω_{p} 之间出现 SP 禁带。根据公式 (25.2-7)，共振条件可表示为

$$\varepsilon_1^2 = \varepsilon_x \varepsilon_z \tag{25.2-8}$$

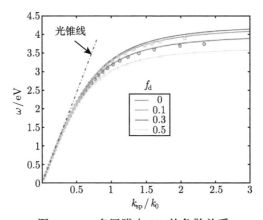

图 25.2-5 多层膜中 SP 的色散关系

实线和圆圈分别表示通过 EMT 和 RCWA 计算所得的结果

与 Pendry 最初提出的超透镜相比，多层膜结构可当作更加广义的各向异性超透镜。考虑总厚度为有限值 d 的多层结构，TM 偏振平面波的透射复振幅可写为

$$t(k_x, \omega) = \frac{\left(1 - r_{12}^2\right) \exp\left(\mathrm{i}k_{z2}d\right)}{1 - r_{12}^2 \exp\left(\mathrm{i}k_{z2}d\right)} \tag{25.2-9}$$

其中，$r_{12} = (k_z\varepsilon_1 - k_{z1}\varepsilon_x)/(k_z\varepsilon_1 + k_{z1}\varepsilon_x)$ 是从各向同性介质入射到无限厚各向异性介质的反射系数。对于各向异性结构中的 SP 共振，高阶 k_x 的 r_{12} 趋于无穷大，公式 (25.2-9) 可简化成

$$t(k_x \gg k_0, \omega) \cong \exp\left(-\mathrm{i}k_z d\right) \cong \exp\left(\sqrt{\varepsilon_x/\varepsilon_z}\, k_x d\right) \tag{25.2-10}$$

可看到倏逝波通过多层膜后被放大，放大系数正比于 $\sqrt{\varepsilon_x/\varepsilon_z}$。因此，当物平面和像平面的距离 L 满足

$$L = \left(1 + \sqrt{\varepsilon_x/\varepsilon_z}\right) d \tag{25.2-11}$$

时，超分辨成像的条件得到满足 (光学传递函数 $t(k_x, \omega) = 1$)。

下面讨论分析各向异性超透镜的分辨力极限问题。当 $\exp\left(-\mathrm{i}k_z d\right) \gg r_{12}^2$ 时，公式 (25.2-9) 的透射振幅趋近于 0，此时倏逝波透射谱会出现一个明显的截止限，在此截止限以外所有的透射光都会以指数形式衰减。根据公式 (25.2-9) 中分母为零的限定条件，可得到各向异性超透镜的最高理论分辨率 $\delta = 2\pi/k_x^{\max}$，其中 $k_x^{\max}$ 满足公式

$$\exp\left(\sqrt{\varepsilon_x/\varepsilon_z}\, k_x d\right) = 4\varepsilon_x k_x^2 / (\varepsilon_x - \varepsilon_1)\varepsilon_1 k_0^2 \tag{25.2-12}$$

显然，与普通超透镜一样，即使金属没有损耗，各向异性超透镜成像的分辨率依然不能达到无限大。

以下以一种各向异性超透镜为例分析其超分辨成像特性，该透镜的总厚度为 0.2λ，由 20 对薄膜结构组成。物面和像面间的距离为 0.28λ。金属膜层的介电常数为 $\varepsilon_{\mathrm{m}} = -4 + 0.4i$。物体的缝宽为 0.1λ，周期为 0.2λ。如图 25.2-6 所示，该透镜可以明显分辨出周期性光栅结构，可分辨的最小尺寸为 0.07λ(像面在 $z=0.33\lambda$ 处，与透镜相距 0.04λ)。

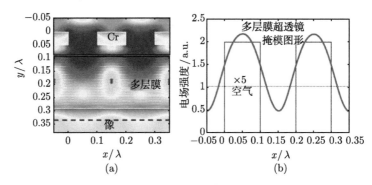

(a)   (b)

图 25.2-6   各向异性超透镜成像

(a) 二维电场强度分布；(b) 像面上的电场

2. 双曲色散及定向传输效应

上节介绍了 ε_x 和 ε_z 均为负数的各向异性超透镜。为了进一步分析各种可能，图 25.2-7 给出了不同介电常数对应的色散关系。其中 I、II 和 IV 为由 ε_x 和 ε_z 组成的直角坐标系中的坐标象限。在第 I 象限内，由于 $\varepsilon_x > 0$ 和 $\varepsilon_z > 0$，当波矢横向分量 $k_x > \sqrt{\varepsilon_z}k_0$ 时，对应的电磁波为倏逝波。如果 ε_x 和 ε_z 同时为负值 (象限III)，多层膜材料表现出各向异性的金属特性，不存在传输波模式。对于第 II 和第 IV 象限，即当 ε_x 和 ε_z 异号时，色散关系转化为双曲线型。特别地，在第 II 象限内，只有 k_x 大于 $\sqrt{\varepsilon_z}k_0$ 的分量才能传输，此时多层膜相当于一种高通滤波器；在第IV象限，任意 k_x 的电磁波均能传输。

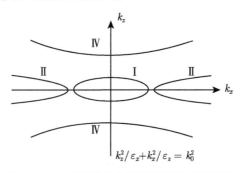

图 25.2-7   多层膜各向异性材料的色散关系

对于第 II 和第 IV 象限，光波将沿着色散曲线的法线方向传输。特别地，高阶频谱沿着渐近线法线的方向传播，$\theta = \arctan\sqrt{-\varepsilon_x/\varepsilon_z}$。考虑到多层膜结构无截止频率特性，定向传输的光波具有携带、传播物体高频亚波长信息，并利用高频信息成像的能力。当定向传输角度为 $\theta = 0°$ 时，大部分电磁波能量垂直薄膜表面传播。此时，在膜层材料一端放置点源，在另一端可获得亚波长成像效果。关于双曲色散材料的详细介绍参见本书第 7 章。

25.3 基于超透镜的超衍射相衬成像

25.3.1 超衍射 SP 相衬成像技术原理

光学相衬成像是一种可以增强具有微弱相位差异的物体像场对比度的方法。1935 年泽尼克发明该方法并于1953年获得诺贝尔奖。如今相衬成像技术作为一种重要的显微成像手段，广泛应用于生物学和材料学等研究领域。

然而，相衬成像方法同样受光学衍射极限的影响，其分辨力与传统光学显微镜相当，在可见光波段的分辨力极限为 200~300nm。虽然基于电子、X 射线的高分辨力显微成像技术达到了分子、甚至原子尺度的分辨力，但由于其损伤性、操作复杂、价格昂贵等一系列因素，使得其在实际使用中常常受限。因此，发展一种高分辨力的光学相衬成像技术或显微手段，对于促进现代生物学和材料学的发展具有重要意义。

图 25.3-1(a) 为一种常见的相衬显微镜及其照明系统的光路图，卤灯光源经过

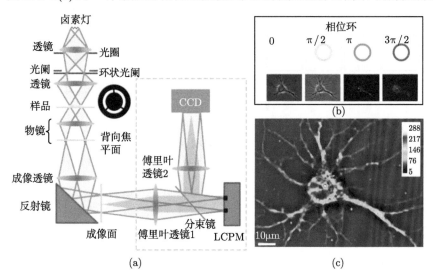

图 25.3-1　泽尼克成像照明系统光路图和典型相衬成像结果 [1]

透镜成像于孔径光阑，透过孔径光阑的光经光学系统准直后倾斜地照明样品。透过样品的光携带样品的相位信息，该光场再经液晶相位调制器 (LCPM) 将相位信息转化为光强信息后在 CCD 上实现相衬成像。图 25.3-1(b) 为具有不同相位延迟的相位板，(c) 为相衬显微镜对典型生物组织的成像效果。

　　图 25.3-2(a) 为平行光照射相位型纳米物体的示意图。对于横向尺寸 $\Delta \geqslant \lambda/2$ 的相位物体，传统相衬成像技术通过在焦面处放置相位板使相位信息和背景光存在 $\pi/2$ 的相位差，从而实现相衬成像效果，如图 25.3-2(b) 所示。对于 $\Delta \leqslant \lambda/2$ 的相位物体，光照射物体激发的频谱包括背景光的传播频谱和携带物体相位信息的高阶倏逝频谱，因此传统相衬技术无法取得理想效果。

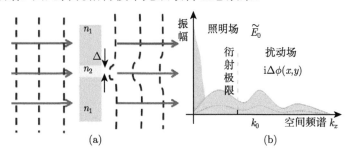

图 25.3-2　(a) 光照射相位纳米物体的光场分布；(b) 光照射纳米物体激发的空间频谱分布

　　如图 25.3-3(a) 所示，对于周期小于 $\lambda/2$ 的相位光栅，折射率差为 0.1。在平面波照射下，携带光栅相位信息的光波主要为倏逝波，背景光则直接透过。携带相位信息的倏逝波与背景光的相对强度 $T = |2H_1/H_0| < 0.05$（H_0 和 H_1 分别为相位光栅的 0 级和 1 级透射系数，高级次忽略不计），得到成像对比度 $V \approx 0$，因此相位光栅的微弱相位信息无法分辨。

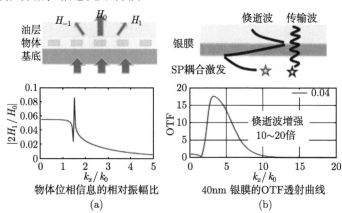

图 25.3-3　(a) 亚波长相位光栅相位信息的相对强度 T；(b)Ag 超透镜放大倏逝场的原理和光学传递函数 (OTF)

在前一节超透镜成像中已经介绍, 几十纳米厚的 Ag 膜能够将倏逝频谱增强 10 到 20 倍, 如图 25.3-3(b), 因此可用于超衍射相衬成像中倏逝波的增强。然而, 直接利用超透镜对相位型纳米物体的近场超衍射相衬成像存在较大的畸变, 并且成像对比度不高。因此要实现 SP 的相衬成像, 需要改进现有超透镜。

25.3.2 基于 MIM 透镜的超衍射相衬成像

图 25.3-4 为金属—介质—金属 (MIM) 等离子体结构透镜的示意图 [14]。被 PMMA 包裹的石英 (SiO$_2$) 光栅作为相位物体, 夹心包裹于两层厚度为 d_{Ag} 的金属银膜之间, 介质层 PMMA 的厚度为 h。对于 p 偏振的平面波照明, 上下银膜构成 F-P 腔, 能够将相位信息转化为光场强度, 上层银膜作为超透镜可对其超衍射成像。基底和成像空间的介质材料分别为石英和油, 油层作为 Ag 超透镜的折射率匹配材料。对于 365nm 波长的紫外光照明, Ag、PMMA、石英和油的介电常数分别为 $-2.4+0.25\mathrm{i}$, 2.3, 2.13 和 2.3。

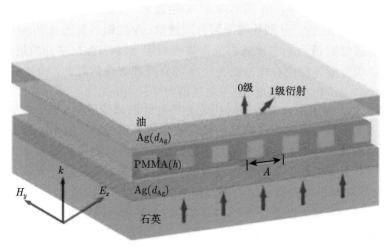

图 25.3-4　纳米相位物体近场超衍射相衬成像的结构示意图 [14]

当 p 偏振 (磁场沿 y 轴方向) 的紫外光从石英底部照明时, 相位光栅在介质层内散射出不同级次的衍射波通过上层银超透镜耦合传输到像空间。成像空间的透射磁场可以表示为

$$H_y = \sum_n t_n \exp(-\mathrm{i}(k_{xn}x + k_{zn}z)) \tag{25.3-1}$$

其中, t_n 是相位光栅第 n 阶衍射波的磁场透射系数, n 是整数; $k_{xn} = 2\pi n/\Lambda$ 和 $k_{zn} = \sqrt{\varepsilon_{oil}k_0^2 - k_{xn}^2}$ 分别表示纳米物体的第 n 阶光栅波矢和纵向传播波矢。通过安培定理得到成像空间的电场矢量为

$$E = \frac{-\mathrm{i}}{\omega\varepsilon_0\varepsilon_{oil}}\nabla \times H \tag{25.3-2}$$

将等式 (25.3-1) 代入等式 (25.3-2) 中, 推导得出 x 和 z 方向的电场分量。进一步推导得到纳米物体的成像对比度 V 为

$$V = \frac{\max(E \cdot E^*) - \min(E \cdot E^*)}{\max(E \cdot E^*) + \min(E \cdot E^*)} \tag{25.3-3}$$

其中, $*$ 表示复共轭, $E = E_x\hat{x} + E_z\hat{z}$ 表示透射电场矢量的复振幅。通常纳米物体的高阶衍射级次 $(n \geqslant 2)$ 的透射系数非常低, 等式 (25.3-3) 计算成像对比度时只需考虑纳米物体的 0 级和 ±1 级, 其中 0 级和 ±1 级分别对应照明背景光和携带相位信息的光场。为了分析 MIM 结构对纳米物体的相位信息转化为近场光强的相衬效果, 需要对 MIM 结构的超衍射相衬成像对比度和空间分辨力的影响因素进行研究。

从等式 (25.3-3) 可知, 物体的成像对比度与透射振幅比 $T(k_\Lambda, h) = |t_{\pm 1}(k_\Lambda, h)/t_0(0, h)|$ 有关, 其中 $t_{\pm 1}(k_\Lambda, h)$ 和 $t_0(0, h)$ 分别表示 ±1 级和 0 级的磁场透射系数。图 25.3-5 为利用 RCWA 分别计算采用介质透镜、单层银膜超透镜和 MIM 结构透镜进行相衬成像时透射振幅比随相位物体的周期 Λ 和 PMMA 介质层厚度 h 的变化关系。相位型光栅由介电常数为 2.0 的介质和介电常数为 2.3 的 PMMA 构成, 光栅厚度为 50nm, PMMA 厚度 h 的变化范围为 50~150nm。

图 25.3-5(a) 为采用介质透镜对相位光栅物体的成像结果, 由于没有 Ag 层对倏逝波的放大作用, 携带相位信息的倏逝波强度非常微弱。图 (b) 和 (c) 分别为单层银膜超透镜和 MIM 结构透镜的透射振幅比随相位物体的周期 Λ 和 PMMA 厚度 h 的变化关系。对于单层银膜超透镜, SP 共振激发能将特定光栅波矢 ($k_\Lambda = 4k_0$ 附近) 范围内相位光栅物体的相位信息增强; 对于 MIM 结构透镜, 当相位光栅物体对应的光栅波矢介于 $0.6k_0 \sim 3.5k_0$ 时, 携带相位信息的倏逝波都可通过 MIM 结构的谐振效应来有效地增强。需要指出的是, 当 PMMA 层厚度 h 超过 80nm 时, 倏逝波增强效果会显著减弱。

介质透镜、单层银膜超透镜和 MIM 结构透镜对不同周期相位物体的近场成像对比度如图 25.3-5(d) 所示。介质层 PMMA 和光栅物体的厚度为 70nm 和 50 nm。图中红色、蓝色和黑色曲线分别对应 MIM 结构透镜、超透镜和介质透镜的情况。对于介质透镜, 由于其对光栅相位信息的增强效果微弱, 并且背景照明光波透过率较强, 从而导致成像对比度较低。对于单层银膜超透镜, 表面等离子体共振可在有限的频谱范围内增强相位光栅物体的相位信息, 实现超衍射相衬成像。MIM 结构透镜则可在宽频范围内增强光栅物体的相位信息, 从而获得较高的相衬成像对比度。

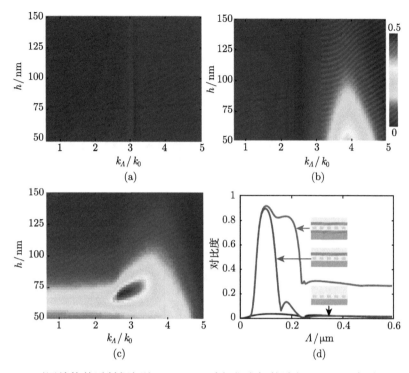

图 25.3-5 　不同结构的透射振幅比 $T(k_A, h)$ 随相位光栅的波矢 $2\pi/A$ 和介质层 (PMMA)
厚度 h 的变化关系, 图中 k_0 是光波在石英中的波矢

(a) 介质透镜; (b) 超透镜; (c)MIM 结构透镜; (d) 固定介质层的厚度 $h=70$nm 时, 介质透镜 (黑线)、
超透镜 (蓝线) 和 MIM 结构 (红线) 对周期为 A 的相位纳米光栅的近场成像对比度 [14]

25.3.3 MIM 结构透镜的折射率差分辨力

对于相衬成像, 对折射率差值的分辨能力是成像透镜的一个重要参数。25.3.2
节中所选取的相位光栅物体两种介质的介电常数分别为 2.3 和 2.0, 折射率差约为
0.1。下面着重分析该透镜对折射率差值的分辨能力。

相位光栅物体其中一种介质固定为 PMMA(介电常数为 2.3), 图 25.3-6(a) 为
另一介质 (用 obj 表示) 的介电常数 ε_{obj} 在 1~4 内变化时, MIM 结构透镜对物体
的近场成像对比度。固定相位光栅线条的宽度和中心间距为 80nm 和 160nm。当
obj 的介电常数 $\varepsilon_{obj} = \varepsilon_{PMMA}$ 时, 成像对比度为 0。随着 obj 与 PMMA 的介电
常数差值 ($\Delta\varepsilon = \varepsilon_{obj} - \varepsilon_{PMMA}$) 增大, 纳米物体的成像对比度提高。然而, 当纳
米物体的介电常数 $\varepsilon_{obj} < 1.5$ 或 $\varepsilon_{obj} > 3$ 时, MIM 结构的成像效果受到物体高阶
透射的影响, 成像对比度略微有所降低。此外, 对于介电常数差值 $\Delta\varepsilon$ 的符号相
反的情况 (对于图 25.3-6(a) 中黑实线两边), 它们的近场超衍射相衬成像的电场

强度分布也不同, 见图 25.3-6(a) 中插图。$\varepsilon_{\mathrm{obj}} < \varepsilon_{\mathrm{PMMA}}$ 和 $\varepsilon_{\mathrm{obj}} > \varepsilon_{\mathrm{PMMA}}$ 的近场超衍射成像结果分别对应为亮斑和暗斑。定义成像对比度的分辨极限判据为 0.2, 该 MIM 结构透镜的最小折射率差分辨能力约为 0.05。图 25.3-6(b) 和 (c) 中的黑色和红色曲线分别代表图 25.3-6(a) 中左右插图观察线上的电场强度和相位分布, 对应的 $\varepsilon_{\mathrm{obj}}$ 分别为 2 和 2.6, 观察线距离上层银膜 10nm。对于 $\varepsilon_{\mathrm{obj}}$ 为 2 的情况, 微弱的负折射率差 ($\Delta\varepsilon$ 为负数) 转化为近场亮斑分布; 而对于 $\varepsilon_{\mathrm{obj}}$ 为 2.6 的情况, 微弱的正折射率差 ($\Delta\varepsilon$ 为正数) 转化为近场暗斑分布。相同条件下普通介质透镜的成像效果如图 25.3-6(b) 和 (c) 中的红色虚线所示, 从其成像光场强度分布无法分辨相位光栅物体。

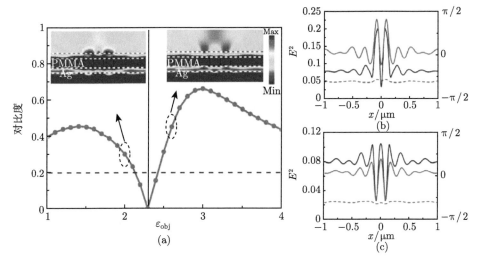

图 25.3-6   (a) 不同介电常数纳米物体的成像对比度, 插图所示为对应的电场强度; (b) 和 (c) 中的黑线和红线曲线分别对应 (a) 中插图观察线上的电场强度和相位分布, 观察线距离上层银膜 10nm[14]

25.3.4   MIM 结构透镜的空间分辨力

采用 MIM 结构透镜对三维纳米柱结构进行相衬成像, 透镜的几何参数为 40nm Ag/70nm PMMA/40nm Ag。三维纳米柱的高度固定为 50nm, 纳米柱直径有 50nm、80nm 和 100nm 三种, 与 PMMA 的折射率差同样有 ±0.1 两种。图 25.3-7(a) 为在圆偏振紫外光照明条件下, MIM 结构透镜对空间任意排布的三维纳米柱成像的结果。图中的黑色圆圈表示纳米柱的空间轮廓分布。由于 MIM 结构透镜对正负折射率差的纳米物体成像为暗斑和亮斑, 可以通过近场光强分布判断纳米物体的折射率分布。MIM 结构透镜能够清晰分辨三维纳米柱的空间分布, 当两个纳米柱的中心间距减小为 64nm 时, 它们的像重叠为一个光斑从而不能分辨，这表明该 MIM 结构透镜的空间分辨力约为 32nm。作为对比，图 25.3-7(b) 给出了单层 Ag 超透镜对纳米柱的超衍射相衬成像效果，可以看到其成像效果相对较差，尤其是对于纳米柱的暗场光斑成像。

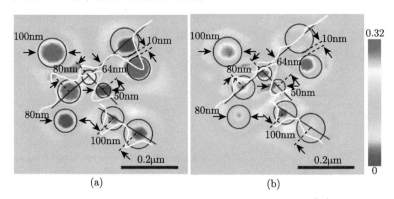

图 25.3-7　三维纳米柱的超衍射相衬成像结果 [14]

(a)MIM 结构透镜相衬成像；(b)Ag 超透镜相衬成像。(a) 和 (b) 中白色曲线为超衍射相衬成像的电场强度沿黑色实线的空间分布

25.3.5　MIM 结构透镜相衬成像的实验验证

图 25.3-8 为油浸显微系统结合 MIM 结构透镜的相衬成像实验测试装置图，光源为波长 363.8nm 的氩离子激光，物体为周期 400nm (SiO$_2$/PMMA) 的相位光栅。上下 Ag 膜、SiO$_2$ 光栅的厚度分别为 40nm 和 50nm；PMMA 厚度为 80nm；SiO$_2$ 的介电常数为 2.13，PMMA 膜层的介电常数约为 2.3，SiO$_2$/PMMA 相位光栅的折射率差约为 0.1。

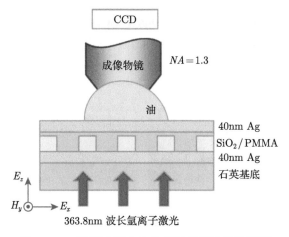

图 25.3-8　验证 MIM 结构相衬效果的实验装置

图 25.3-9 为 MIM 结构透镜对周期为 400nm 的 SiO$_2$/PMMA 相位光栅相衬成像的效果。作为比较，图 25.3-9(b) 计算了没有 MIM 结构透镜的相位光栅成像效果，其成像对比度为 0.09，无法对光栅结构进行分辨。图 25.3-9(c) 和 (d) 分别为 s 偏振和 p 偏振光照明情况下，MIM 结构透镜对相位光栅的成像效果。p 偏振光照明时，由于激发 SP 波，利用 SP 共振相位信息增强从而实现相衬成像，对比度为 0.61；而对于 s 偏振光照明情况，由于无法激发 SP 波，相位光栅的成像对比度仅为 0.1。

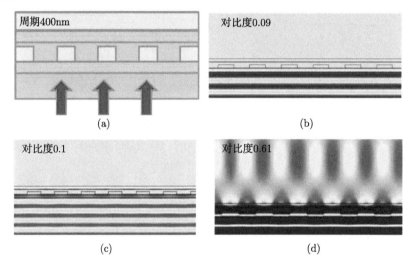

图 25.3-9   MIM 结构对周期 400nm 的相位光栅的相衬效果

图 25.3-10 为实验测试的相衬成像效果。油浸显微镜的数值孔径为 NA=1.3。图 25.3-10(a) 为 400nm 周期 SiO$_2$ 光栅的 SEM 图片。图 25.3-10(b) 为无 MIM 结构透镜时相位光栅的显微成像结果，可以看到此时无法分辨光栅结构。图 (c) 和 (d) 分别为 p 偏振和 s 偏振光照明下，MIM 结构透镜对相位光栅的相衬成像结果。只有 p 偏振照明时，折射率差约为 0.1 的相位光栅才可通过 MIM 结构透镜进行成像，这与前面的理论分析相符。

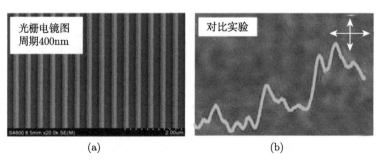

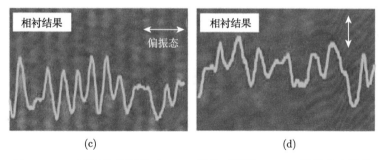

图 25.3-10 不同偏振照明时 MIM 结构对周期 400nm 的相位光栅的
相衬成像效果

25.4 基于双曲超透镜的超衍射放大和缩小成像

如前所述, 超透镜虽然解决了倏逝波衰减过快的问题, 并实现了超分辨成像, 但成像放大率为 1:1, 无法实现缩放成像。超透镜概念的提出者 Pendry 也意识到该问题, 并根据电磁场公式和数学坐标关系设计了球面超透镜结构[15], 如图 25.4-1 所示。但是该结构涉及到的材料电磁参数复杂, 物理实现存在很大难度。

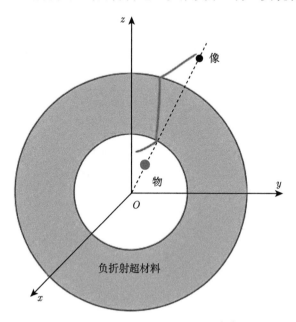

图 25.4-1 球面超透镜示意图[15]

2006 年, Engheta 等提出利用曲面多层膜实现超分辨放大成像[12], 为球面和柱面超透镜提供了简单可行的方案。几乎与此同时，Jacob 等正式提出了双曲透镜的概念 [11]。在双曲超透镜中，处于内层附近物体发出的光，将沿着径向被逐步传输到外层，从而实现放大成像。2007 年，Liu 等实验验证了光频段双曲透镜的超分辨放大成像能力，在 365nm 波长光源照明下，远场观测到了间隔 150nm 的线条 [16]。

关于双曲透镜超分辨放大成像在本书第 7 章中已经介绍，这里不再赘述，以下主要针对双曲透镜缩小成像进行介绍。

25.4.1　基于双曲透镜的缩小成像

根据光路的可逆性，用于放大成像的双曲透镜也可实现从远场到近场的缩小成像，这在超分辨光刻、光存储等领域具有重要意义。

1. 金属反射层对成像质量的影响

以下分析两种形式的双曲透镜。如图 25.4-2 所示，两种结构的区别仅在于第二种双曲透镜的光刻胶底层增加了一层金属薄膜作为反射层。双曲透镜由七对 Ag/SiO$_2$ 多层膜组成，每层膜的厚度均为 20nm。在 365nm 波长，银、二氧化硅和光刻胶的介电常数分别为 $-2.4012+0.2488i$、2.13 和 2.56。双曲透镜的内外半径分别为 320nm 和 600nm。铬掩模 (厚度 50nm) 上的透明狭缝代表纳米尺度的物体，透射光经过双曲透镜成像于内侧的光刻胶上。在以下的分析中，狭缝宽度设置为 100nm，中心间距为 250nm。由于该双曲透镜的缩小倍率为 2:1，所成像的中心间距应为 125nm。

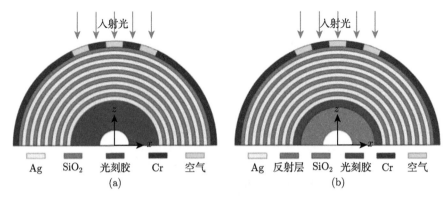

图 25.4-2　两种双曲透镜结构

(a) 无反射层；(b) 有反射层 [17]

图 25.4-3 给出了图 25.4-2(a) 中的双曲透镜结构的光场分布数值模拟结果。为了全面了解偏振特性对成像行为的影响，图中同时给出了总电场强度 $|E|^2$、径向

电场强度 $|E_r|^2$、切向电场强度 $|E_\theta|^2$、磁场强度 $|H_y|^2$ 和径向坡印廷矢量 S_r。

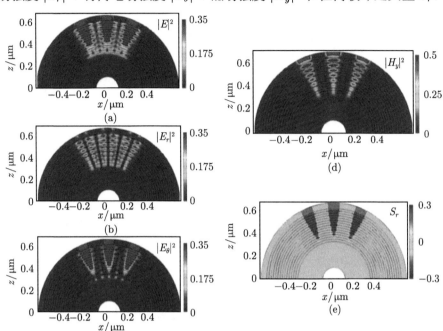

图 25.4-3 无反射层的双曲透镜缩小成像结果 [17]

(a) 电场强度 $|E|^2$；(b) 径向电场 $|E_r|^2$；(c) 切向电场 $|E_\theta|^2$；(d) 磁场强度 $|H_y|^2$；

(e) 径向坡印廷矢量 S_r

值得强调的是，在该双曲透镜中，只有 $|H_y|^2$ 和 S_r 在成像区域的分布可清晰分辨。对于决定光刻工艺中光刻胶曝光图形质量的电场强度 $|E|^2$，图像难以分辨 (图 25.4-3(a))。如图 25.4-3(b) 和 (c) 所示，尽管 $|E_\theta|^2$ 具有较好的分辨能力，但由于在成像区域 $|E_r|^2$ 和 $|E_\theta|^2$ 的比值接近于 0.5，导致成像极度模糊。此外，如图 25.4-3(e) 所示，S_r 在双曲透镜的出射面从正值变为了负值，表明光并没有被有效地耦合到成像区域中。因此，可以得到以下结论：双曲透镜的成像效果对电场的偏振态较为敏感，在缩小成像中，由于必需采用电场强度作为衡量标准，其分辨力和成像质量较差。

图 25.4-4(a) 给出了对图 25.4-2(b) 中双曲透镜的数值分析结果。光刻胶厚度为 20nm，反射银层厚度为 200nm。从 25.4-4(b) 和 (c) 图可看到，在成像区域 $|E_r|^2$ 和 $|E_\theta|^2$ 的比值被大大减小，说明像在径向上被很好地束缚。此外，能流 S_r 在所有区域都保持正值，表明光被很好地耦合进了成像区域。因此，通过引入反射层，可显著提高双曲透镜缩小成像的分辨力和像质 (用电场强度衡量)。

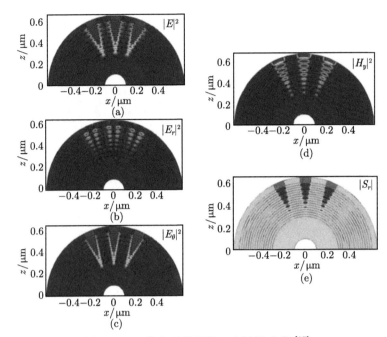

图 25.4-4　带有反射层的双曲透镜成像 [17]

(a) 电场强度 $|E|^2$; (b) 径向电场分布 $|E_r|^2$; (c) 切向电场 $|E_\theta|^2$; (d) 磁场强度 $|H_y|^2$; (e) 径向坡印廷矢量 S_r

2. 柱面反射层理论

以下通过严格的电磁理论分析反射层在双曲透镜像质增强中的作用。图 25.4-5(a) 为结构的简化模型，由内至外三个区域分别为金属反射层、光刻胶和双曲透镜 [17]，其中双曲透镜为具有双曲色散的等效均匀材料。考虑 TM 偏振的平面波入射到双曲透镜外表面，在双曲透镜结构中的磁场可表示为

$$H_{3y} = [H^{(1)}_{n\sqrt{\varepsilon_\theta/\varepsilon_r}}(k_{3r}r)R_{32} + J_{n\sqrt{\varepsilon_\theta/\varepsilon_r}}(k_{3r}r)]a_3 \tag{25.4-1}$$

在光刻胶层中

$$H_{2y} = [H^{(1)}_n(k_{2r}r)r_{21} + J_n(k_{2r}r)]a_2 \tag{25.4-2}$$

在反射层中

$$H_{1y} = J_n(k_{1r}r)a_1 \tag{25.4-3}$$

其中，a_n 为磁场的振幅；$H^{(1)}_n(x)$ 和 $J_n(x)$ 分别为第一类汉克尔函数和贝塞尔函数；r_{ij} 和 t_{ij} 分别为从区域 i 到区域 j 的反射和透射系数；R_{32} 为输出波转化为驻波的整体反射系数，$k_{3r} = \sqrt{k_3^2 - k_\theta^2}$。

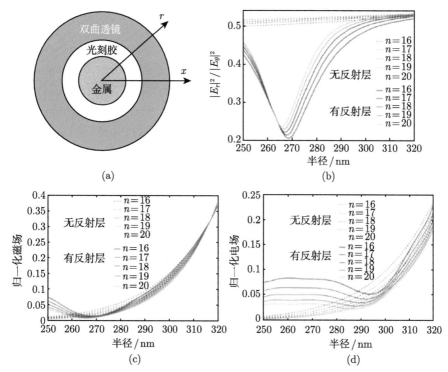

图 25.4-5 (a) 具有反射层的双曲透镜；(b) 光刻胶层内 $|E_r|^2/|E_\theta|^2$ 随半径的变化规律；(c)和(d)为光刻胶层内随半径变化第 n 级角动量模式的归一化磁场和电场强度分布[17]

由于 $a_2 = (1-r_{23}r_{21})^{-1}t_{32}a_3$, $a_1 = t_{21}a_2$, $R_{32} = r_{32} + t_{23}r_{21}(1-r_{23}r_{21})^{-1}t_{32}$。当 a_3 已知时，光刻胶区域的磁场分布就可求得为

$$H_{2y} = [H_n^{(1)}(k_{2r}r)r_{21} + J_n(k_{2r}r)] \cdot (1-r_{23}r_{21})^{-1}t_{32}a_3 \qquad (25.4\text{-}4)$$

随即可求得电场分布为

$$\begin{cases} E_{2\theta} = \dfrac{-1}{i\omega\varepsilon_2}\dfrac{\partial H_{2y}}{\partial r} \\ E_{2r} = \dfrac{-1}{i\omega\varepsilon_2 r}\dfrac{\partial H_{2y}}{\partial \theta} \end{cases} \qquad (25.4\text{-}5)$$

图 25.4-5(b) 给出了光刻胶层内，$|E_r|^2/|E_\theta|^2$ 与半径的关系。n 的取值范围为 16 到 20，由于反射层的作用，径向上的光场被有效压缩，这对提高分辨力具有重要意义。图 25.4-5(c) 和 (d) 为光刻胶层内的归一化磁场和电场强度分布。从图中可发现，经过反射层的作用，光刻胶内的电场强度可显著增强，而磁场强度几乎不变。这说明反射层能改善电场强度的对比度，从而提高器件的成像分辨力 (用电场强度衡量)。

3. 三维双曲透镜

　　根据三维球形双曲透镜的电磁场分布可进一步证明反射层对成像质量的改善效果，如图 25.4-6 所示。该双曲透镜的内外半径分别为 320nm 和 600nm，光刻胶和铬掩模的厚度分别为 20nm 和 50nm。掩模上的纳米物体为圆孔，入射光为圆偏振光。图 25.4-6(a) 和 (b) 给出了两个直径为 100nm，中心间距为 220nm 的纳米圆柱成像的光场分布情况。显然，带有反射层的双曲透镜具有更好的成像性能和更高的对比度，同时像的强度也显著增加。

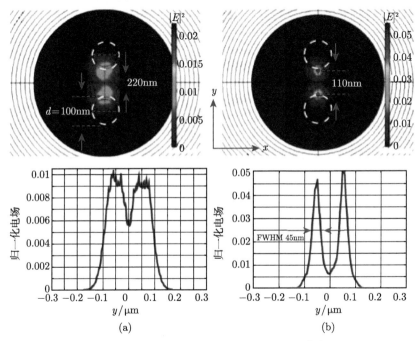

图 25.4-6　三维球形双曲透镜缩小成像 [17]

(a) 不带反射层的场分布和截线处的场图；(b) 有反射层时的场分布和截线处的场图

25.4.2　双曲透镜和超透镜组合成像方法

　　传统双曲透镜的物面和像面均为曲面，导致其难以在实际超分辨光学系统中应用。目前出现了许多方法可使像面或/和物面变为平面，其中最简单的一种可通过结合双曲透镜和超透镜实现 [18]。如图 25.4-7 所示，物体经过双曲透镜缩小到曲面，再经过超透镜传输到平面，其中 r 和 R 分别表示圆柱的内外半径，X_i 是物点到掩模中心的弧长，X_o 是像点到出射面中心的距离。箭头表示光波的传输路径。

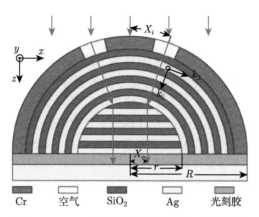

图 25.4-7 双曲透镜和超透镜组合成像 [18]

在上述复合透镜中，金属和介质分别为 Ag 和 SiO$_2$，填充因子 f_d 为 0.5，入射光波长为 365nm。铬掩模的厚度为 40nm，掩模上两个狭缝的缝宽为 100nm，中心间距为 200nm。设定内外径分别为 $r=200$nm 和 $R=560$nm，每层膜厚 10nm。光刻胶厚为 30nm，与下侧平面超透镜紧贴在一起。为了改善成像图形质量，在光刻胶下有一层厚度为 100nm 的反射银层。缩小因子由外径、内径比计算所得，约为 $R/r=3$。基于前面的设计参数，模拟得到光强分布如图 25.4-8 所示。显然，在这种复合超透镜中，光波垂直于金属—介质表面传输，最终可在平坦的输出面获得缩小的图像。

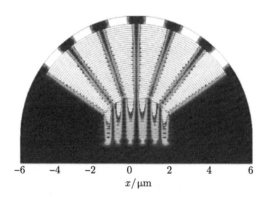

图 25.4-8 复合超透镜中的电场强度分布 [18]

25.4.3 平板结构超分辨缩小成像设计方法

上述双曲透镜和超透镜的组合可使成像面由曲面变为平面，本节介绍一种物面和像面均为平面的设计 [19]。在 365nm 波长，Ag 和 PMMA 的介电常数分别为 $\varepsilon_{Ag} = -2.3+0.25i$ 和 $\varepsilon_{PMMA} = 2.3$。对于填充比 $f_d=0.5$，两个正交方向 (u 和 v，如

·570·　　　　　　　　　　　　　　　　　　　　　　　　第 25 章　近场超衍射成像

图 25.4-9(d) 所示) 的等效介电常数为 $\varepsilon_u = -0.05+0.12i$ 和 $\varepsilon_v=19.3+36.7i$。根据色散关系可知，光波在 u 方向被抑制，而沿 v 方向传播。图 25.4-9 为典型平板超衍射缩小双曲透镜的结构示意图。图 (a) 中黄色曲线为光波在经典双曲透镜结构中的传播路径。图 (b) 中光波的传播路径遵循坐标映射 $y = \ln(\tan(x))$。虽然图 (b) 中的传播路径与输出平面正交，然而不同光线的路径差异导致最终成像分辨力和耦合效率存在不同 [20]。图 (c) 中上下部分分别为由正交椭圆坐标系和保角映射构成的平板双曲透镜，然而该结构实际加工制作难度加大，不同位置的缩放倍率也存在差异 [21]。

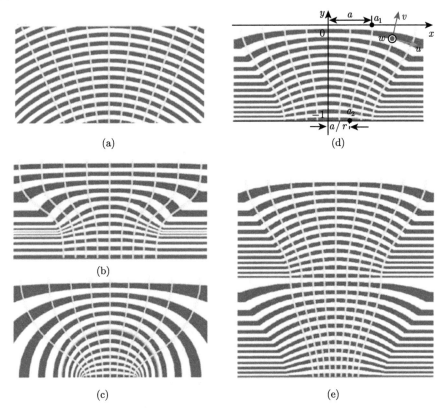

图 25.4-9　典型平面超衍射缩小双曲透镜的结构 [19]

(a) 沿 v 方向直线传输的柱面双曲透镜；(b) 传播路径 $y=\ln(\tan(x))$ 的平板双曲透镜；(c) 正交椭圆柱坐标系 (上) 和双曲坐标映射 (下) 构成的平板双曲透镜；(d)Hermite 插值多项式构成的平板双曲透镜；(e) 级联 (d) 结构形成的平板双曲透镜

图 25.4-9(d) 所示为根据正交坐标系 (u,v,w) 设计的平板双曲透镜，缩放倍率为 r。假若设计平板双曲透镜的厚度为 l，像点 a_1 和物点 a_2 的坐标位置分别为 $(a,0)$ 和 $(a/r,-l)$，即像与物的缩放比为 $1:r$。利用 Hermite 插值多项式拟合两个

点之间的路径 (在起点和终点斜率设置为 $\mathrm{d}y/\mathrm{d}x = 0$)

$$x(t) = (2t^3 - 3t^2 + 1)a/r + (-2t^3 + 3t^2)a \qquad (25.4\text{-}6)$$

其中，$t = (y + l)/l$。对于输出 (像面) 和输入 (物面) 面，t 的取值分别为 0 和 1。利用公式 (25.4-6) 可构建正交坐标系 (u, v, w)，其中 v 与曲线方向一致。

上述设计方法具有 3 个优势：① v 曲线与 $y=0$ 和 $y = -l$ 平面正交；②设计的平板双曲透镜对物面任意位置物体的缩放倍率都一致，同时成像过程不存在畸变；③这种设计方法可避免复杂膜层厚度设计，适用性更强。

在以下设计中，掩模的厚度和介电常数分别为 50nm 和 $-8.55 + 8.96\mathrm{i}$。掩模设计的 5 个缝隙的缝宽和间距分别为 64nm 和 128nm。图 25.4-10 为缩小倍率为 2:1 的双曲透镜，共包含 12 对 Ag/PMMA 薄膜，在 $x=0$ 处每层的厚度均为 20nm。光刻胶的厚度和介电常数分别为20nm和2.46。光刻胶下的 Ag 反射层厚度为 60nm。

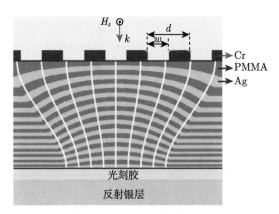

图 25.4-10　Hermite 插值多项式拟合设计的平板双曲透镜 [19]

为了分析上述双曲透镜的性能，图 25.4-11 给出了两种不同双曲透镜的对比。显然，采用 Hermite 插值方式的设计结果具有显著的优势，其成像强度更均匀且不存在明显畸变。

图 25.4-12 所示为级联双曲透镜的缩小成像结果。单个双曲透镜的缩小倍率为 2，两个双曲透镜级联的缩小倍率应为 4。因为 v 曲线正交于两个双曲透镜的分界面，光波也将连续地传播。从结果可看出，邻近双缝 π 相位延迟的引入使线宽 64nm 的掩模缩小 4 倍，实现超衍射成像，缩小后线条的周期和线宽分别为 32nm 和 16nm ($\lambda/23$)，成像对比度为 0.65。图 25.4-12(c) 为对比结构光刻胶内的电场强度分布，其成像对比度和强度均匀性都不如级联双曲透镜。

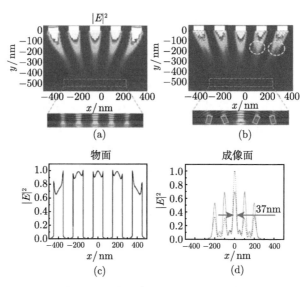

图 25.4-11　(a) 和 (b) 分别为设计双曲透镜和图 25.4-9 (a) 中双曲透镜结构的超衍射缩小成像结果，插图所示为红色虚线区域内的高分辨成像效果；(c) 所示为物面电场强度分布，强度分布周期为 128nm；(d) 所示为光刻胶下 10nm 处的电场强度分布，实线和虚线分别对应 (a) 和 (b) 结构的成像结果 [19]

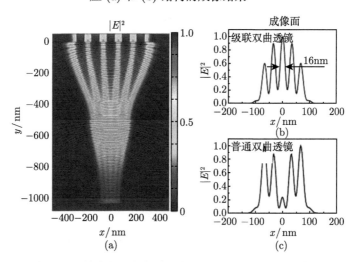

图 25.4-12　(a) 级联双曲透镜中的电场强度分布；(b)，(c) 分别为级联双曲透镜和普通双曲透镜光刻胶下 10nm 处的电场强度分布 [19]

　　以下进一步讨论 Hermite 插值多项式双曲透镜的超衍射缩小成像性能，首先研究双曲透镜对单个狭缝的缩小倍率和透射强度的变化规律。如图 25.4-13(a) 所示，由于金属 — 介质膜层材料有限的倏逝波传输能力，单个双曲透镜和级联双曲透镜超衍射缩小单线条的最小 FWHM 均为 23nm(缝隙宽度 <40nm)，这意味着双曲透镜的超衍射缩小能力仅限于线宽大于 40nm 的线条。随着 w 的增加，单个双曲透镜和级联双曲透镜近似满足 2 倍和 4 倍的线性缩放比率。图 25.4-13(b) 所示电场强度的变化规律比较复杂，单个双曲透镜对线宽 90nm 单线条的强度利用率最高；而级联双曲透镜的强度利用率正比于线宽的变化。

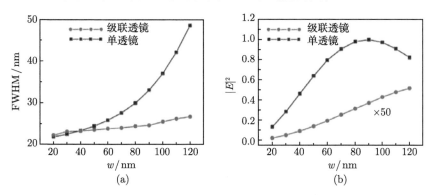

图 25.4-13　(a) 和 (b) 分别为单个双曲透镜 (方形点线) 和级联双曲透镜 (圆形点线) 光刻胶内的线条宽度和电场强度随缝隙宽度的变化规律 [19]

　　图 25.4-14(a) 为单个 (理论缩放比 3) 和级联双曲透镜 (理论缩放比 4) 对物面上不同位置狭缝成像的线宽和强度变化规律。狭缝横向位置的变化范围为 0~400nm，单个和级联双曲透镜的缩小倍率的变化范围分别为 3±0.16 和 4±0.10。如图 25.4-14(b) 所示，单个和级联双曲透镜强度的变化范围分别为 0.85±0.15 和 0.01×(0.6±0.10)。强度的变化主要来源于不同光程路径的传输损耗。

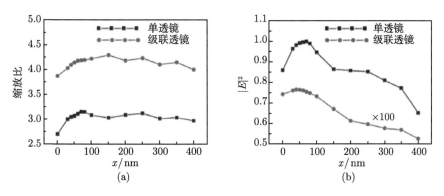

图 25.4-14　(a) 和 (b) 分别为单个双曲透镜 (方形点线) 和级联双曲透镜 (圆形点线) 线条宽度和电场强度随物面上缝隙位置的变化规律 [19]

　　图 25.4-15 给出了单一双曲透镜及其级联结构的物像关系。无论单个还是级

联结构，在整个物面上具有非常均匀的缩放比。与理论值相比，单个和两个级联双曲透镜的最大误差分别为 1.2nm($\sim$0.3%) 和 2.5nm($\sim$0.6%)。

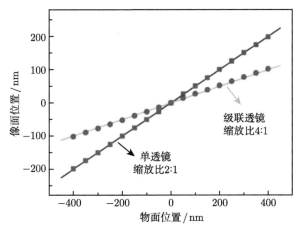

图 25.4-15　单个及级联双曲透镜结构的缩放比，实线为理论值，
方形和圆形点线为仿真计算值[19]

参 考 文 献

[1] Born M, Wolf E. Principles of optics: electromagnetic theory of propagation, interference and diffraction of light. 7th ed. Cambridge University Press, 1999.

[2] Luo X. Principles of electromagnetic waves in metasurfaces. Sci China-Phys Mech Astron, 2015, 58: 594201.

[3] Xu T, Agrawal A, Abashin M, et al. All-angle negative refraction and active flat lensing of ultraviolet light. Nature, 2013, 497: 470–474.

[4] Maas R, Verhagen E, Parsons J, et al. Negative refractive index and higher-order harmonics in layered metallodielectric optical metamaterials. ACS Photonics, 2014, 1: 670–676.

[5] Luo X, Ishihara T. Surface plasmon resonant interference nanolithography technique. Appl Phys Lett, 2004, 84: 4780–4782.

[6] Luo X, Ishihara T. Subwavelength photolithography based on surface-plasmon polariton resonance. Opt Express, 2004, 12: 3055–3065.

[7] Pendry J B. Negative refraction makes a perfect lens. Phys Rev Lett, 2000, 85: 3966–3969.

[8] Yao H, Yu G, Yan P, et al. Patterining sub 100 nm isolated patterns with 436 nm lithography. In: 2003 International Microprocesses and Nanotechnology Conference. Japan: IEEE, 2003. 7947638.

[9] Fang N, Lee H, Sun C, et al. Sub-diffraction-limited optical imaging with a silver superlens. Science, 2005, 308: 534–537.

[10] Ramakrishna S A, Pendry J B, Wiltshire M C K, et al. Imaging the near field. J Mod Opt, 2003, 50: 1419–1430.

[11] Jacob Z, Alekseyev L V, Narimanov E. Optical hyperlens: Far-field imaging beyond the diffraction limit. Opt Express, 2006, 14: 8247–8256.

[12] Salandrino A, Engheta N. Far-field subdiffraction optical microscopy using metamaterial crystals: Theory and simulations. Phys Rev B, 2006, 74: 075103.

[13] Wang C, Du C, Luo X. Surface plasmon resonance and super-resolution imaging by anisotropic superlens. J Appl Phys, 2009, 106: 064314.

[14] Yao N, Wang C, Tao X, et al. Sub-diffraction phase-contrast imaging of transparent nano-objects by plasmonic lens structure. Nanotechnology, 2013, 24: 135203.

[15] Ramakrishna S, Pendry J. Spherical perfect lens: Solutions of Maxwell's equations for spherical geometry. Phys Rev B, 2004, 69: 11203.

[16] Liu Z, Lee H, Xiong Y, et al. Far-field optical hyperlens magnifying sub-diffraction-limited objects. Science, 2007, 315: 1686–1686.

[17] Ren G, Wang C, Yi G, et al. Subwavelength demagnification imaging and lithography using hyperlens with a plasmonic reflector layer. Plasmonics, 2013, 8: 1065–1072.

[18] Liang G, Zhao Z, Yao N, et al. Plane demagnifying nanolithography by hybrid hyperlens-superlens structure. J Nanophotonics, 2014, 8: 083080.

[19] Tao X, Wang C, Zhao Z, et al. A method for uniform demagnification imaging beyond the diffraction limit: cascaded planar hyperlens. Appl Phys B, 2014, 114: 545–550.

[20] Han S, Xiong Y, Genov D, et al. Ray optics at a deep-subwavelength scale: a transformation optics approach. Nano Lett, 2008, 8: 4243–4247.

[21] Wang W, Xing H, Fang L, et al. Far-field imaging device: planar hyperlens with magnification using multi-layer metamaterial. Opt Express, 2008, 16: 21142–21148.

第 26 章 超衍射光刻

光学光刻作为集成电路制造的基础和核心,其核心指标——分辨力的不断提升对当今飞速发展的信息产业起到了极为关键的助推作用,它直接决定了集成电路的集成度、处理速度、功耗及制造成本。光学光刻技术水平的高低也成为衡量一个国家或地区科技实力的重要标志。然而传统光学光刻分辨力受瑞利准则 $k \times \lambda/NA$ 的理论限制 (其中 λ 为曝光波长,NA 为投影物镜数值孔径,k 为工艺因子),要实现更小特征尺寸的图形结构加工,只能通过缩短曝光波长和提高投影物镜数值孔径。现在主流的 193nm 浸没式投影光刻设备的单次曝光已达到分辨力极限 (约 38nm,约 1/5 入射光波长)。虽然多重图形、多重曝光技术可制备更小线宽的图形,但增加了工艺步骤和成本。而具有更短波长的极紫外光刻由于一些技术限制,还未实现真正的大规模批量生产。其次,分辨力衍射受限这一原理性障碍同样存在于激光直写、激光干涉光刻技术领域,最高分辨力一般为二分之一到四分之一波长,约 $100 \sim 200$nm 水平。因此,能否在传统光学光刻架构下,寻找突破衍射极限的有效方法,对于延伸现有光学光刻技术的加工能力具有重要意义。

26.1 传统光刻分辨力增强技术

对于数值孔径为 NA,波长为 λ 的投影光刻系统,光刻分辨力 δ 和焦深 DOF 分别定义为

$$\delta = k_1 \lambda/NA \tag{26.1-1}$$

$$\mathrm{DOF} = k_2 \lambda/NA^2 \tag{26.1-2}$$

其中,k_1 和 k_2 均为工艺因子。光学投影光刻可通过缩短曝光光源波长、增大光刻物镜的数值孔径提高分辨力,但同时会导致焦深急剧缩短。而硅片表面的面形起伏、光刻胶层厚的不均匀性、调焦误差以及视场弯曲等因素的存在,要求投影光刻物镜必须具有足够的焦深。为了解决光刻分辨力和焦深的矛盾关系,人们相继提出相移掩模、离轴照明、邻近效应校正、光瞳滤波技术等波前工程改善光刻图形的质量。

26.1.1 相移掩模技术

1982 年,美国 IBM 研究中心的 Levenson 首先提出采用相移掩模 (Phase Shift Mask,PSM) 提高光刻分辨力和改善焦深的方法 [1]。图 26.1-1(a) 为透射掩模光刻

的原理,此时透过掩模图形的光相位相同,因此透过邻近图形的电场在光刻胶内的相长叠加将降低曝光图形的深度。在相移掩模中,邻近图形交替填充特定厚度的透明材料,使邻近图形电场的相位差为 π,通过透射电场的相消干涉可提高光刻曝光深度和分辨力 (图 26.1-1(b))。

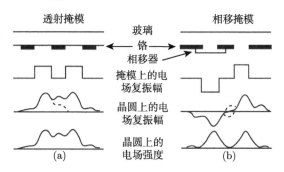

图 26.1-1　(a) 和 (b) 分别为透射掩模和相移掩模光刻的原理图

　　在普通相移掩模的基础上,人们相继提出边缘相移掩模、辅助相移掩模、衰减相移掩模和无铬相移掩模。虽然这类掩模设计的核心思想都是通过图形间或者图形边缘 180° 相移器的设计提高光刻分辨力和改善焦深,但根据不同类型的图形掩模,相移器引入的位置也存在差异。例如 Levenson 提出的交替相移掩模适用于规则的线/间隔图形,对不规则图形或者孤立图形的光刻存在多余的光刻线条;辅助相移掩模和无铬相移掩模分别适用于孤立图形和窄线条;边缘相移掩模和衰减相移掩模适用于任意图形的光刻,其中衰减相移掩模因为制造工艺简单并且提高光刻分辨力和改善焦深的效果显著被广泛应用。

　　图 26.1-2(a) 和 (b) 所示分别为透射掩模和相移掩模对最小特征尺寸为 0.7μm 图形的光刻结果。对于透射掩模,曝光区域存在光刻胶残留,线条侧壁变薄并且存在 "断点" 的情形,没有曝出掩模上最小特征尺寸为 0.7μm 的图形;对于相移掩模,曝光区域的光刻胶被充分地曝光,特征尺寸为 0.7μm 图形的光刻质量与特征尺寸为 1μm 的透射掩模图形的光刻质量相当,分辨力提高了约 40%。

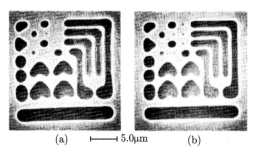

图 26.1-2　透射掩模 (a) 和相移掩模 (b) 对最小特征尺寸 0.7μm 图形的光刻结果

26.1.2　离轴照明技术

　　传统科勒照明技术中，掩模图形经过投影物镜成像到光刻胶平面的空间信息包括 0 级和 ±1 级；成像光刻过程只需要 ±1 级空间信息，0 级通常作为背景光传递到光刻胶面，会降低光刻对比度。离轴照明通过特定角度的照明遮挡对投影光刻几乎没有贡献的低频分量，从而提高光刻分辨力和扩展焦深 [2,3]。20 世纪 90 年代初，Mack 首次提出应用环形照明可提高光刻分辨力和拓展焦深。之后，ASML、Nikon 等公司先后开展环形、二级、四级和二元光栅等照明方式用于投影光刻的研究。

　　图 26.1-3 为四极照明投影光刻的原理示意图。通过在入瞳位置放置四极相干片使曝光光源相对光轴的入射角为 θ，经过掩模衍射后产生的空间信息为 0 级和 ±1 级，由于投影物镜的频谱带通能力有限，0 级和 1 级衍射光传递到光刻胶内，通过两束光的干涉成像。

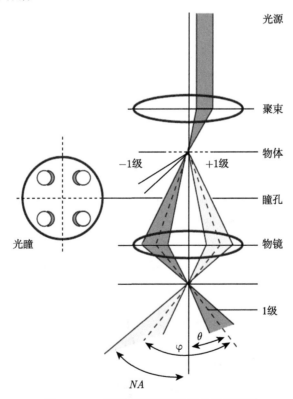

图 26.1-3　四极照明投影光刻的系统原理

　　图 26.1-4 为四极照明和科勒照明时，线宽为 0.5μm 的光栅图形在不同离焦量下的光刻结果，其中汞灯光源的数值孔径 NA=0.48。对于四极照明，离焦量在

−1.5μm 到 1μm 的变化范围内，光刻图形质量保持较好，陡直度超过 85°；对于传统科勒照明，光刻图形的质量只能在 ±0.5μm 的离焦范围内保持较好，超过该范围光刻线条的质量将受到严重影响。相对于科勒照明，离轴照明存在一定的能量损失，将会使曝光时间延长，因此光刻机中需配置高功率的曝光光源。

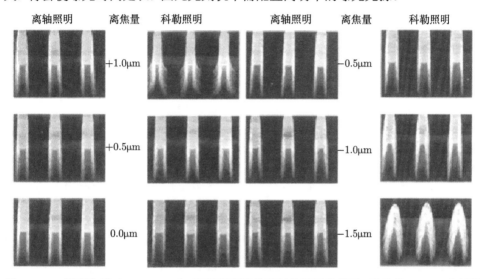

图 26.1-4　同离焦量 (−1.5 ∼1μm)，四极照明和传统科勒照明条件下，线宽为 0.5μm 光刻结果的 SEM 图

26.1.3 邻近效应校正

光刻过程中，掩模上相邻微细图形透射光的衍射行为造成光刻胶内电场强度的分布发生改变，曝光结果偏离原有掩模图形的现象称为光学邻近效应 (Optical Proximity Effect，OPE)。常见的图形畸变现象包括：边角钝化或畸变、线条缩短、疏密线条线宽不一致等。随着集成电路集成度的增加，这种邻近效应引起的图形畸变已经与图形本身的尺寸相比拟。为了保证结构在加工过程中具有最高的保真度，必须对各种光学邻近效应进行校正。

邻近效应校正 (Optical Proximity Correction，OPC) 的基本原理是预先改变掩模图形的形状或尺寸 (线条偏置法)、灰度 (灰阶掩模法) 或者添加辅助线条 (加衬线法) 等方式补偿掩模邻近图形透射光的衍射行为，通过掩模图形局部结构的调整减小光刻图形的畸变。

图 26.1-5(a) 为未经光学邻近效应校正的初始掩模和曝光结果。曝光结果存在圆角、线端变短等图形畸变。通过"挖补"或者"添加"辅助小图形的方法可对这些畸变进行修正，校正后的结果如图 26.1-5(b) 所示。

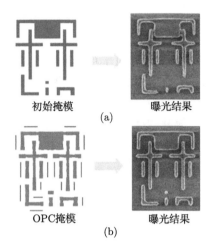

初始掩模　　　(a)　　　曝光结果

OPC掩模　　　(b)　　　曝光结果

图 26.1-5　典型图形的光学邻近效应校正

(a) 初始掩模图形及曝光结果；(b) 经过光学邻近效应校正后的掩模图形及曝光结果 [4]

26.1.4　光瞳滤波技术

　　光瞳滤波技术很早就被用于提高光学成像质量。光瞳滤波技术利用滤波器调整系统光瞳处掩模频谱的零级光与高频光的振幅和相位，提高硅片表面图形的对比度，达到提高分辨力和增大焦深的目的。光瞳滤波技术与相移掩模以及离轴照明等技术结合时，可得到更好的效果。从结构形式分，光瞳滤波技术包括振幅滤波、相位滤波，以及振幅和相位相结合的复合滤波技术。

　　投影光刻系统中，需将掩模上的微细结构图形经过成像系统传递到硅片上，其原理如图 26.1-6 所示。其中 t 为掩模，P_{in} 为光瞳面，I 为像面，L 为聚光透镜，其数值孔径为 NA。投影光刻系统的成像过程分两步完成：第一步，入射光场照射掩模 t 经透镜 L_1 在光瞳面 P_{in} 上形成物频谱 $P_{in}(x, y)$；第二步，此频谱经透镜 L_2 在硅片面上形成像 I。

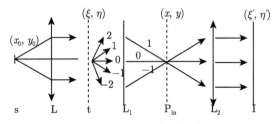

图 26.1-6　投影光刻系统原理图

　　光源面 s 上 (x_0, y_0) 点发出的球面波经过聚光镜 L 后在掩模面 t 上形成的光场分布为

$$s_1(x, y) = s(x_0, y_0) \exp[(\mathrm{i}2\pi\lambda)NA(x_0 x + y_0 y)] \tag{26.1-3}$$

通过复透射函数为 t (x,y) 的掩模后，到达光瞳面的复振幅分布为

$$P_{in}(x,y) = \iint t(x,y)s(x_0,y_0)\exp[(\mathrm{i}2\pi/\lambda)NA(x_0x + y_0y)]$$
$$\cdot \exp[-(\mathrm{i}2\pi/\lambda)NA(x_0x + y_0y)]\mathrm{d}x\mathrm{d}y \qquad (26.1\text{-}4)$$

光瞳面频谱 P_{in} $(x$, $y)$ 经透镜 L_2 在像面 I 上产生的光强分布为

$$I_s(x',y') = \left| \iint P(x,y)P_{in}(x,y)\exp[(\mathrm{i}2\pi/\lambda)NA_0(x_0x' + y_0y')]\mathrm{d}x\mathrm{d}y \right|^2 \qquad (26.1\text{-}5)$$

式中，NA_0 为光刻物镜的数值孔径；$P(x,y)$ 为归一化光瞳函数。显然，成像质量与光瞳函数密切相关，改变光瞳函数可显著提高光刻分辨力并增大焦深。

26.2 表面等离子体超衍射光刻

表面等离子体 (SP) 是一种局域在金属与介质交界面处的表面电磁波，它能将携带的光学信息和能量局域在亚波长尺度，因而具有突破衍射极限的能力。在 2003 年左右，SP 被引入到纳米光学光刻技术研究中，得到了突破衍射极限的光刻结果[5]。

相比传统光学光刻，SP 光刻不仅可突破分辨力衍射极限，而且无须引入复杂且昂贵的光刻镜头和短波长光源，与传统光刻材料和工艺兼容 [6,7]。基于 SP 的各种超衍射光学光刻方法主要包括 SP 干涉光刻、SP 成像光刻、SP 直写光刻等，下面分别予以阐述。

26.2.1 表面等离子体超衍射干涉光刻

SP 具有短波长传输特性，通过设计合适结构，激发两束或多束 SP 波相互干涉，在 SP 波重叠区域可实现纳米尺度周期图形的干涉光刻 [8]。另外，近年来还出现了体等离子体激元 (Bulk Plasmon Polaritons，BPP) 干涉、双 SPP 吸收干涉等新方法。

1. SP 干涉光刻

(1) 基于亚波长光栅的 SP 干涉光刻

众所周知，光栅是激发 SP 的有效手段。如图 26.2-1 所示，在一层银膜上制备周期为 300nm 的光栅，可在上表面激发出 SP 并形成干涉条纹 (周期 100nm)。这些条纹进一步经过由银膜构成的超透镜在下表面成像 [5]。

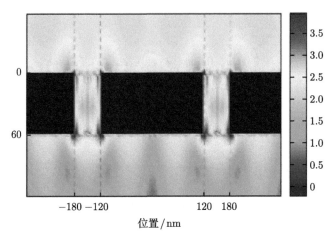

图 26.2-1　金属银膜上 SP 的干涉和超衍射成像 [5]

如图 26.2-2 所示，利用几组独立光栅激发表面等离子体，可在分隔区域上得到亚波长干涉图样。这种方法有较强的自由度，并可扩展到二维干涉点阵图形。

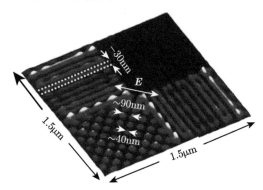

图 26.2-2　利用光栅激发得到的一维和二维表面等离子体干涉图形 [9]

由于干涉图形区位于两组独立的光栅之间，光栅激发的 SP 只有一半用于干涉光刻过程，另外一半反方向上的能量没利用起来。利用单向 SP 激发实现干涉光刻的方法，可大幅提高 SP 光刻的能量利用率。

如图 26.2-3(a) 所示，假定厚度为 d 的金属掩模上存在两种宽度相同 (都为 60nm)，但是填充不同材料的狭缝 (分别为空气和折射率为 1.7 的介质材料)。两种狭缝呈周期状交替分布，并且一条狭缝与其左右两条相邻狭缝的中心距离为 P_1 和 P_2。若选择适当的金属厚度 d 使得在狭缝出口处两组表面等离子体之间的相位延迟差值为 $\Delta kd = \pi/2$，其中 Δk 为两个狭缝中 SP 的传播常数的差值，且 P_1 和 P_2 分别满足 $P_1 = 5\lambda_{sp}/4$ 和 $P_2 = 3\lambda_{sp}/4$，在 P_1 方向上不同狭缝产生的表面等离子体会干涉相消，而在 P_2 方向上则会干涉增强，从而可实现表面等离子体的单向激发。需要注意的是，此处的 λ_{sp} 是在金属和光刻胶交界面上传播的表面等离子体的波长，不同于在金属狭缝中传播的表面等离子体的波长。其值可由下式计算得到

$$\lambda_{\mathrm{sp}} \approx \mathrm{Re}\left(\frac{2\pi}{k_0}\sqrt{\frac{\varepsilon_{\mathrm{PR}}+\varepsilon_{\mathrm{m}}}{\varepsilon_{\mathrm{PR}}\varepsilon_{\mathrm{m}}}}\right) \tag{26.2-1}$$

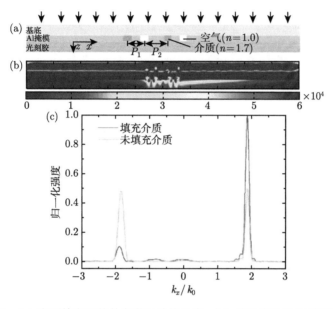

图 26.2-3　(a) 表面等离子体单向激发结构示意图；(b) 单向激发的电磁仿真结果；
(c)x 方向上能量的空间频谱

　　根据上述原理，可设计单向激发表面等离子体的结构，其参数如下：入射光波长为 365nm（$\lambda_{\mathrm{sp}}=200\mathrm{nm}$），铝膜厚度为 100nm，狭缝宽度为 60nm，P_1 为 250nm，P_2 为 150nm。如图 26.2-3(b) 和 (c) 所示，仿真结果显示 SP 呈现明显的单向激发状态，两个方向上的能量比值约为 $10:1$。

　　利用两组独立的表面等离子体单向激发结构可实现增强型表面等离子体干涉光刻。图 26.2-4(a) 和 (b) 为结构的示意图以及相关的电磁仿真结果。此处将干涉光刻区域的长度设为 2μm。显然，两列单向激发相向传播的表面等离子体在干涉区域内形成了周期约为 100nm 的干涉条纹，其特征尺寸为 50mn，小于入射光波长的 1/7。图 26.2-4(c) 给出了利用两组分离的金属光栅实现表面等离子体干涉光刻的对比结果，其光栅周期为 200nm，每条狭缝宽度为 60nm。相比于普通金属光栅，单向激发形成的表面等离子体干涉强度约为双向激发的 2 倍。

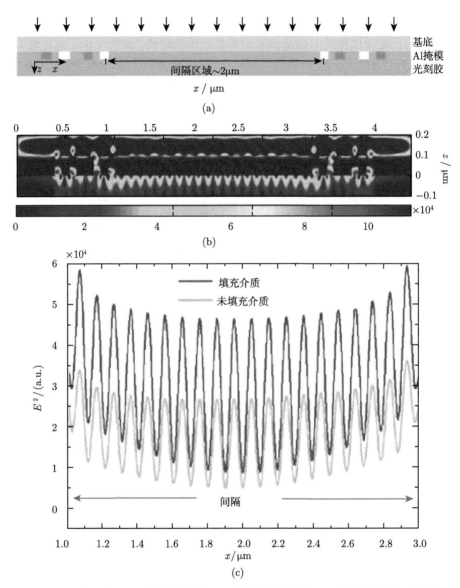

图 26.2-4   (a) 增强型 SP 干涉光刻结构；(b) 电磁仿真结果；(c) 光刻胶层中距离金属掩模
30nm 处的电场强度分布

(2) 基于金属—介质—金属的 SP 干涉光刻

由于 SP 干涉光场在光刻介质层中以指数规律衰减，干涉图形的曝光深度受到
限制。另外，SP 光场横向和纵向电场分量的干涉场之间错位半个周期，降低了干
涉条纹对比度。利用金属—介质—金属 (MIM) 结构 (如图 26.2-5 所示) 可有效解
决上述问题[10]。

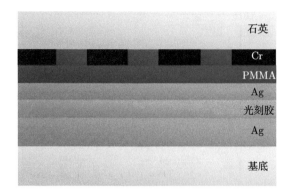

图 26.2-5 基于金属—介质—金属的 SP 干涉光刻结构

图 26.2-6(a) 给出了 Ag—光刻胶—Ag 结构中磁场分量的色散特性，其中银膜和光刻胶层的厚度均为 30nm。MIM 和 IMI 结构不同的特性造成了表面等离子体模式分布在两种结构之间存在明显的差异。相比于 Ag—光刻胶结构 (图 26.2-6(b))，Ag—光刻胶—Ag 结构的高频模式在长波段范围内 (>400nm) 对应的横向波矢量有明显的增大趋势。例如在 450nm 波长时，Ag—光刻胶结构中高频模式对应的横向波矢量约为 $2.7k_0$，而 Ag—光刻胶—Ag 结构中高频模式对应的横向波矢量增大为 $3.6k_0$。由于 Ag—光刻胶—Ag 结构中高频模式对应于更小的等效波长，从而可实现更高的光刻分辨力。

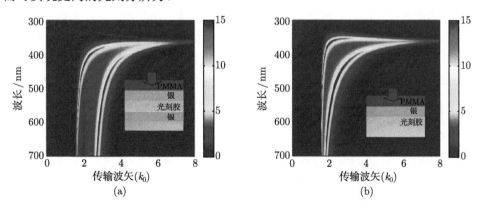

图 26.2-6 (a) Ag—光刻胶—Ag 结构中磁场强度与横向波矢和波长的关系，银膜和光刻胶层厚度均为 30nm；(b) Ag—光刻胶结构中磁场强度与横向波矢和波长的关系

图 26.2-7 为不同光刻胶层厚的 Ag—光刻胶—Ag 结构中 SP 模式的色散曲线，其中高频模式所对应的横向波矢量与光刻胶层的厚度成反比，也就说，对于一定的工作波长，使用更薄的光刻胶层可得到周期更小的干涉图形。

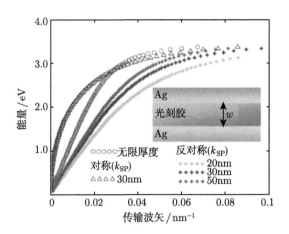

图 26.2-7 Ag—光刻胶—Ag 结构中表面等离子体模式的色散曲线

通过图 26.2-7 给出的表面等离子体色散曲线可计算出在 442nm 波长处，高频模式所对应的横向波矢约为 $3.56k_0$。对于垂直入射的 TM 光，在仅考虑光栅一级衍射的情况下，为了实现波矢匹配，对应的光栅周期应为 442nm/3.56=124nm。图 26.2-8(a) 给出了在 442nm 波长下 Ag—光刻胶—Ag 结构干涉光刻的电场强度分布。此处使用的铬掩模周期为 124nm，占空比为 0.5，高度为 50nm。从图中可看出，在光刻胶层中存在着强度分布均匀的干涉图形，其周期为 62nm，对应于表面等离子体高频模式的等效波长 124nm。如果将半周期 (Half-Pitch) 作为图形的特征尺寸，那么通过这种 SP 干涉光刻结构可得到特征尺寸约为 30nm(小于 $\lambda/14$) 的图形。图 26.2-8(b) 给出了 Ag—光刻胶结构的电场强度分布，光刻胶中没有出现明显的能量场分布，这是由于在此波长和光栅周期的条件下不能有效激发 SP 模式。

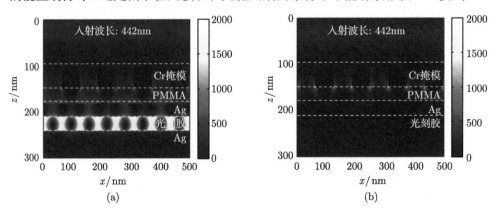

图 26.2-8 (a) Ag—光刻胶—Ag 结构中的电场强度；(b) Ag—光刻胶结构的电场强度

2. 基于棱镜激发的 SP 干涉光刻

利用光栅或亚波长结构激发 SP 时, 由于 SP 传输损耗和杂散光的影响, SP 干涉区域较小或者均匀性受限。相比之下, 借助高折射率棱镜则易于实现大面积、均匀的 SP 干涉光场。

基于棱镜衰减全内反射 (ATR) 耦合结构激发 SP 干涉光刻的基本原理如图 26.2-9 所示 [11]。光刻系统由高折射棱镜、金属薄膜 (如银、铝等)、光刻胶及其衬底组成。当两束 TM 偏振的激光以激发表面等离子体的共振角 θ 照射在高折射率棱镜和金属的界面时, 将在金属和光刻胶界面激发两束分别向左和向右传播的 SP 波, 两束 SP 波相互干涉形成驻波, 可用于周期性亚波长结构的加工。上述结构的加工主要分为以下几步: ①在选定的高折射率棱镜上沉积一层厚度约 50nm 的 Ag 或 Al 金属薄膜; ②在衬底上旋涂一层折射率与棱镜折射率相近的光刻胶; ③通过折射率匹配液使金属薄膜与光刻胶紧密接触; ④曝光和显影。

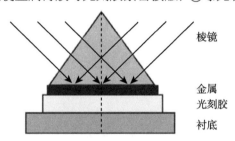

图 26.2-9 棱镜激发 SP 干涉光刻原理 [11]

Murukeshan 等 [12,13] 在 364nm 的激光波长下, 通过折射率为 1.745 的高折射棱镜曝光得到了周期为 172nm 的亚波长光栅结构。另外, 他们用四棱台棱镜激发 4 束 SP 干涉, 实现了周期为 175nm、最小特征尺寸为 93nm 的二维点阵结构的干涉光刻 (图 26.2-10)。

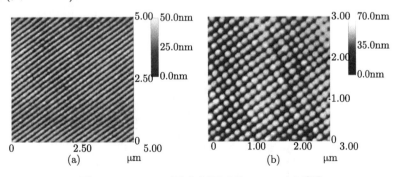

图 26.2-10 SP 干涉光刻图形的 AFM 表征 [12]

(a) 一维光栅干涉光刻; (b) 二维点阵干涉光刻

上述方法存在以下一些问题：首先，为避免光刻胶和金属之间有空气间隔层，在金属和光刻胶层之间往往会加入折射率匹配油，但折射率匹配油会引起光刻胶的表面污染；其次，光栅的周期由金属薄膜和光刻胶的材料确定，选用不同折射率的棱镜，只会影响 SP 的激发角，对刻写光栅的周期并无影响。故这种光刻结构所刻写光栅的周期是唯一确定的，如需刻写不同周期的光栅，则需要更换不同折射率的光刻胶或不同材料的金属薄膜。针对上述问题，Wang 等提出了一种改进结构 [14]，避免了折射率匹配油对光刻胶表面造成污染的问题。在这种结构中，刻写光栅的周期在一定范围内可通过光刻胶的厚度进行调节。实验上，他们在 442nm 的照明波长下，采用偶氮苯薄膜感光材料，得到了周期为 187nm 的大面积 SP 干涉光刻结果。

3. 体等离子体激元干涉光刻

光栅或亚波长结构激发的 SP 干涉光刻存在条纹均匀性差、图形面积有限等问题。而棱镜激发 SP 干涉则受限于材料折射率，存在分辨力难以提高的问题。相比束缚在金属表面传输的 SP 模式，体等离子体激元 (BPP) 可在三维空间传输 [15,16]。利用 SiO_2/Al 多层膜中 BPP 模式的频谱滤波特性，可实现大面积的均匀深亚波长干涉光刻 [17]。

(1) BPP 干涉光刻原理和设计

如图 26.2-11 所示，BPP 模式在多层膜系统的体空间里表现出传输特性，而在体空间之外指数衰减。金属—介质多层膜的有效介电常数可近似为各向异性张量，如：$\varepsilon_x = \varepsilon_y = f \cdot \varepsilon_m + (1-f) \cdot \varepsilon_d$，$\varepsilon_z = \varepsilon_d \cdot \varepsilon_m / [(1-f) \cdot \varepsilon_m + f \cdot \varepsilon_d]$，其

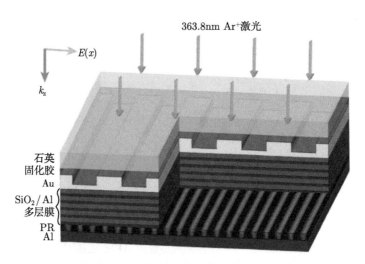

图 26.2-11   利用双曲色散材料进行双束表面等离子体干涉的原理示意图

中 ε_x, ε_y 和 ε_z 分别是等效介电常数在 x, y 和 z 方向的分量, f 是金属填充比。因此, 光波在等效介质里的色散关系可写为: $(k_x^2 + k_y^2)/\varepsilon_z + k_z^2/\varepsilon_x = k_0^2$(TM 波), $k_x^2 + k_y^2 + k_z^2 = \varepsilon_x k_0^2$(TE 波), 其中 k_x, k_y 和 k_z 分别是横向波矢在 x, y 和 z 方向的分量, k_0 是自由空间波矢量。对于图 26.2-11 所示的 SiO_2/Al 多层膜结构, 在波长为 363.8nm 的光入射时, 15nm Al 膜和 30nm SiO_2 膜的介电常数分别为 $\varepsilon_{SiO_2} = 2.13$, $\varepsilon_{Al} = -19.4238 + 3.6028i$, 因此 5 对 SiO_2(30nm)/Al (15nm) 多层膜超材料的等效介电常数为 $\varepsilon_x = \varepsilon_y = -5.0546 + 1.201i$, $\varepsilon_z = 3.3735 + 0.035i$。对于 TM 波, 其等频轮廓面为双曲面, 可传输无限大的 k_x 和 k_y, 如图 26.2-12(a) 所示。

用严格耦合波分析 (RCWA) 方法可更精确地描述多层膜材料中 BPP 的性能。图 26.2-12(b) 下部分表示 k_x 和 k_z 的关系。理论上, 除了波矢量小于 $\sqrt{\varepsilon_z}k_0$ 的所有衍射级次均可透过。但是有限厚的 SiO_2/Al 膜层使得频谱空间的等频线偏折, 形成可传输 Bloch 模式的一个特定 k_x 波矢量范围。其范围下限与 EMT 计算结果一致, 由 $k_z = 0$ 决定。其范围上限由 Bloch 模式的布里渊区边界 $k_z = \pi/d$ 决定, d 是一对 SiO_2/Al 膜层的厚度。在 Bloch 模型计算的 k_x 范围之外的 k_z 虚部迅速增长 (图 26.2-12(b) 下部)。

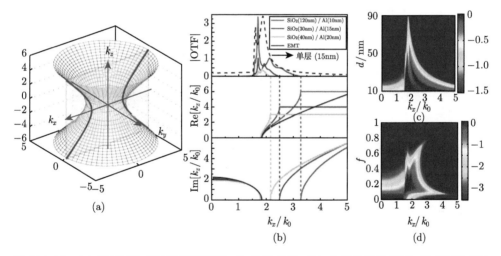

图 26.2-12 (a) 用 EMT 方法计算得到的 3D 色散曲线; (b) 上部是用 RCWA 和 EMT 方法计算得到的 OTF 曲线和 2D 色散曲线; 中间和下部是用 Bloch 理论计算得到的不同 k_x 对应的 k_z, 为了突出轮廓特征此处未考虑 Al 的介电常数虚部; (c)OTF 与膜层厚度的关系; (d)OTF 与填充比的关系

通过改变多层膜厚度可调节 OTF 的窗口位置。如图 26.2-12(c) 所示, 相对于 30nm/15nm 厚的膜层, 20nm/10nm 的膜层具有更大的 k_x 范围。此外, 通过改变金属占空比 f 可使 OTF 下边界偏移, 如图 26.2-12(d) 所示。这个特性也为在窗口范

围内调节 BPP 干涉图形周期提供了一定的灵活性和自由度。

图 26.2-13(a) 和 (b) 描述了光波在经过每对膜层后的空间分布及其傅里叶频谱。从图中可明显地看到，±2 级次衍射波激发的 BPP 被逐层滤出，且均匀性得到逐步改善。图 (c) 给出了截面的光场分布。图 (d) 为不同膜层的干涉图形非均匀性和对比度曲线，此处的非均匀性因子定义为 $\Delta I_{\text{peak}}/\overline{I_{\text{peak}}}$，$\overline{I_{\text{peak}}}$ 是干涉图形的平均峰值光强度，ΔI_{peak} 是峰值光强之间的最大差值。

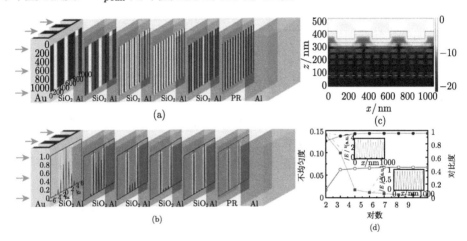

图 26.2-13   (a) 光波经过每对 Al/SiO$_2$ 膜层后的光强度分布；(b) 对应于 (a) 中光场分布的归一化空间频谱；(c) 归一化光强 (取对数)；(d) 不同膜层对数情况下的干涉图形非均匀性 (方形实点)，及有 (圆形实点)、无 (圆形虚点) 底部反射层时的对比度

值得指出的是，底部 Al 反射层对对比度的提高起到了重要作用。在没有反射层的对比结构中，干涉对比度只有约 0.45(图 26.2-13(d))。然而，由于双曲超材料与底部 Al 反射层之间的 BPP 耦合作用，对比度可得到明显提高。即使在只有 3 对膜层的情况下，干涉对比度也可大于 0.9。

(2)BPP 干涉结构制备与光刻

图 26.2-14 为 BPP 干涉结构制备与光刻流程，主要包括以下部分。

1) 结构制备

首先，Si(晶向 100) 基片清洗后，在表面热蒸发沉积 90nm 厚的 Au 膜，沉积速率为 0.5nm/s，本底真空约 5×10^{-4}Pa。然后在 Au 膜上旋涂 110nm 厚的 AR-3170 正性光刻胶 (ALLRESIST GmbH, Strausberg)，并 100 ℃烘烤 10min。采用 363.8nm 波长的氩离子激光干涉光刻方法曝光制备周期为 360nm 的光栅图形。首先用离子束刻蚀方法将光栅图形传递到 Au 膜上，刻蚀深度为 60nm。接着，通过模板剥离的方法，将 Au 光栅转移到到另一个石英基片上，获得平坦的 Au 膜层，表面粗糙度 (RMS) 约 0.37nm。

2) 膜层制备

将 5 对 $SiO_2(30nm)/Al(15nm)$ 和 15nm SiO_2 保护层用磁控溅射方法交替沉积在 Au 表面。用掺杂了 3%Cu 的 Al 靶材沉积 Al 膜以改善金属膜层的粗糙度。优化的溅射参数为：射频模式功率为 200W，氩气流速为 6.8SCCM，腔压约为 6×10^{-5} Pa。SiO_2 和 Al 的沉积速率分别是 0.06nm/s 和 0.3nm/s。然后，将 30nm 厚的 AR-3170 正性光刻胶 (PR) 旋涂在膜层上，随后将 70nm 厚的 Al 反射层用热蒸发的方法沉积在 PR 上，腔压约为 5×10^{-4}Pa，沉积速率为 0.5nm/s。

3) 光刻

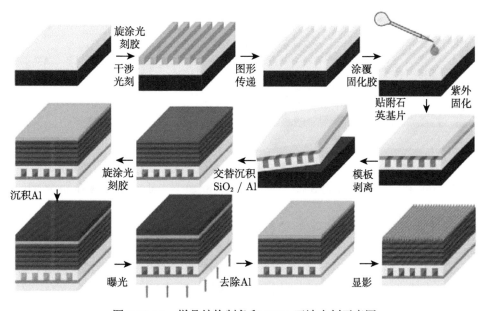

图 26.2-14　样品结构制备和 BPP 干涉光刻示意图

在 BPP 干涉光刻过程中，波长为 363.8nm 的激光从石英基片一侧垂直照明光栅。曝光后，反射 Al 层用 3M 胶带去除。光刻胶在 AR 300-35 显影液中浸泡 9s，并用去离子水冲洗，最后用 N_2 吹干。

图 26.2-15(a) 和 (b) 分别为 Au 光栅结构的 AFM 扫描测试结果和模板剥离之后的测试结果。模板剥离之后的埋入式 Au 光栅表面粗糙度 RMS 为 0.37nm。图 26.2-15 (c) 为 BPP 干涉光刻实验样品截面 SEM 图。图 (d) 和 (e) 分别给出了通过 BPP 干涉得到的半周期 45nm ($\sim\lambda/8$) 的实验结果的 AFM 和 SEM 图。

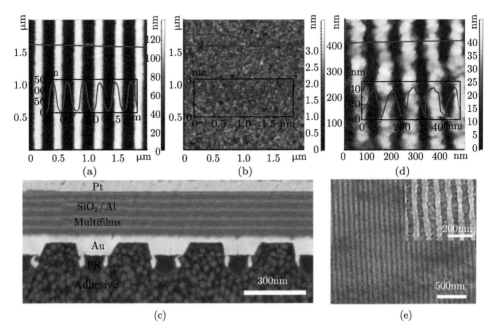

图 26.2-15　(a) 一维 Au 光栅表面形貌；(b) 模板剥离后的埋入式 Au 光栅表面形貌；(c)BPP 干涉光刻结构 SEM 截面图；(d)，(e) BPP 干涉图形 AFM 和 SEM 图

通过设计合适的双曲超材料结构，可获得更大的波矢量 k_x，实现更高的分辨力。图 26.2-16(a) 是 10 对 5nm SiO$_2$ 和 20nm Al 膜层的 OTF 曲线，其波矢 k_x 在 $3.5k_0$ 到 $4.5k_0$ 范围内存在一个通带窗口。因此，在 363.8nm 波长光入射时，周期为 360nm 的光栅掩模激发的 ±4 级衍射波可用来产生半周期为 22.5nm ($\sim \lambda/16$) 的 BPP 干涉图形，如图 26.2-16(b) 所示。

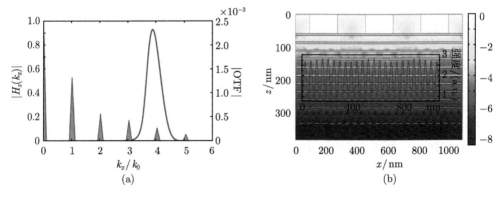

图 26.2-16　(a) 10 对 5nm SiO$_2$ 和 20nm Al 双曲超材料的 OTF 和傅里叶频谱；
(b) 截面的光场分布

(3) 多重 BPP 干涉光刻

如图 26.2-17(a) 所示，引入 2D 点阵结构及具有合适 BPP 滤波窗口的双曲超材料可进行多重 BPP 干涉，获得二维点阵纳米图形。图 26.2-17(b1) 为方形栅格排布的 2D 点阵掩模，圆点直径为 180nm、周期为 360nm；在 363.8nm 波长的圆偏光垂直入射时，通过 3 对 SiO$_2$(40nm)/Al(20nm) 双曲超材料可实现 4 束 BPP 激发。在图 26.2-17(b2) 中可清楚的看到存在一个环形 BPP 透射窗口，其内径为 1.54k_0，外径为 2.1k_0。只有波矢量为 $(0,+2k_0)$, $(0,-2k_0)$,$(+2k_0, 0)$,$(-2k_0, 0)$ 的 4 个衍射级次位于窗口范围内。所以滤出的 4 束 BPP 通过超材料后可在 x 和 y 方向产生半周期为 45nm 的 2D 方形栅格干涉图形，CST 模拟结果如图 (b3) 所示。图 26.2-17(c1) 为实现 6 束 BPP 激发的呈三角形排布的 2D 点阵掩模示意图，点的大小、间隔尺寸均与图 26.2-17(b1) 相同，而双曲超材料则采用的是 5 对 SiO$_2$(30nm)/Al (30nm) 多层膜。图 (c2) 显示 6 个衍射级次以六边形形式分布在内径为 1.88k_0、外径为 2.17k_0 的 OTF 窗口内，形成了蜂窝状的 BPP 干涉图形 (c3)。

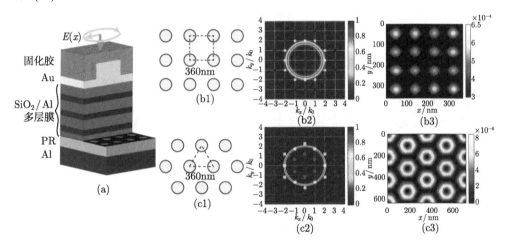

图 26.2-17　(a) 双曲超材料用于多重 BPP 干涉光刻的示意图；(b1) 激发 4 束 BPP 的方形 2D 点阵掩模结构；(b2) 3 对 SiO$_2$ (40nm)/Al (20nm) 多层膜的衍射级次分布和光学透射通带；(b3)4 束 BPP 干涉产生的方形栅格图形；(c1) 激发 6 束 BPP 的 2D 点阵掩模结构；(c2) 5 对 SiO$_2$ (30nm)/Al (30nm) 多层膜的衍射级次分布和光学透射通带；(c3) 6 束 BPP 干涉产生的蜂窝状图形

用于多重 BPP 干涉的二维点阵图形样品加工和实验与前面一维情况相似。图 26.2-18 为周期360nm 的 2D 正方形栅格的干涉光刻结果, 其表面粗糙度 (RMS) 为0.38nm。图 26.2-18(c) 和 (d) 分别为半周期 45nm 点阵图形的 AFM 和 SEM 测试结果。

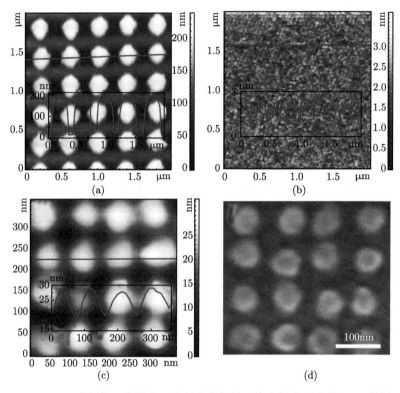

图 26.2-18   (a)AFM 表征的二次激光干涉曝光获得的二维光栅表面形貌；(b) 模板剥离后的埋入式二维 Au 光栅表面形貌；(c),(d)4 束 BPP 干涉光刻获得点阵列图形 AFM、SEM 图像

值得指出的是，BPP 干涉光刻具有低成本、大面积、可并行加工等优点，在生物传感芯片、高密度存储、光频段超表面结构等纳米结构的制备上具有潜在应用价值。此外，若进一步缩短曝光波长可实现更高分辨力的结构加工 [18]。

4. 双表面等离子体激元干涉光刻

双 SPP 吸收 (Two Surface Plasmon Polariton Absorption, TSPPA) 与双光子吸收物理过程类似，均是通过吸收两个 "能量子" 实现分子内部电子的跃迁。当光子耦合为 SP 时，非线性吸收几率得到提高。由于双 SPP 吸收光刻依赖于电场强度平方，有助于提高干涉光刻对比度。

尽管同频率下的光子和 SPP 具有相同的能量，但是等离子体的参与使得 SPP 具有更大的动量 (波矢) 和更短的波长，如图 26.2-19(a) 所示。图 (b) 和 (c) 给出了双 SPP 吸收干涉光刻原理示意图。与传统干涉类似，要获得稳定的 SPP 干涉条纹，需要满足：参与干涉的 SPP 波束频率相同；SPP 的振动方向一致；SPP 波束具有固定不变的相位差。

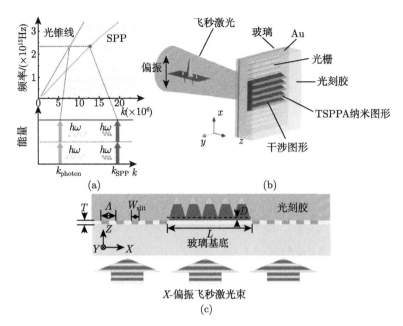

图 26.2-19　(a)SPP 与光波的色散曲线与双 SPP 吸收和双光子吸收过程; (b) 双 SPP 吸收
干涉光刻原理; (c) 截面示意图 [19]

实现基于双 SPP 吸收效应的纳米光刻有以下三个关键点:

(1) 合适的激励光源。考虑到高效率非线性吸收过程需要很高的功率,并且光刻胶材料不能被高功率激光产生的热效应所损坏,此处选用瞬时功率极高而平均功率相对较低的飞秒光源作为激励;

(2) 合适的金属材料。金属材料既需要支持特定频率下的 SPP 模式,又不能有过大的阻尼而导致 SPP 模式的损耗变大,影响双 SPP 吸收效应的效率;

(3) 合适的光刻胶。为实现特定频率 f_0(假设其对应真空波长为 λ_0) 下的双 SPP 吸收,其光刻胶必须满足以下条件:在频率为 f_0 的输入光作用下,光刻胶不会因为光化学反应而发生变性,即光刻胶不吸收该频率的输入光;在频率为 $2f_0$ 的输入光作用下,光刻胶发生单光子吸收的变性过程。

双 SPP 吸收干涉光刻工艺流程如图 26.2-20 所示:首先用磁控溅射的方法,在表面粗糙度 (RMS) 小于 0.5nm 的石英衬底上制备厚度约为 100nm 的金膜。利用光刻的方法在金膜表面曝光标记光刻胶图形。随后利用腐蚀液(碘:碘化钾:去离子水 =1g:1g:100ml) 对样品进行湿法腐蚀,在金属表面制作出标记图形。此处金属上的标记用于样品在 FIB 加工、曝光和测试时的定位;利用 FIB 刻蚀的方法在金膜表面制作周期为 480nm,占空比为 50% 的金属光栅;在具有周期光栅结构的金膜表面旋涂一层 SU8 光刻胶;飞秒激光经过光学透镜 (焦距 $f=501mm$) 聚焦至样品表面。利用三维调节系统控制基片与光斑之间的相对位置；样品经飞秒激光曝光后，进行显影。

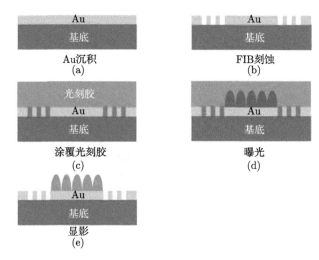

图 26.2-20 双 SPP 吸收干涉光刻工艺流程示意图

曝光采用的飞秒激光中心波长为 800nm、脉宽 <120fs、平均功率为 630mW，光斑直径约为 7mm。将经过飞秒激光曝光 10s 后的样品依次在 SU-8 显影液、异丙醇和去离子水中浸泡 35s、10s 和 30s，并将样品吹干。AFM 和 SEM 的表征结果如图 26.2-21 所示，所得的条纹周期约为 240nm，条纹宽度约为 120nm。通过控制曝光剂量可获得线宽为 70nm 的光刻胶条纹，飞秒激光平均功率为 230mW，照射时间为 15s，如图 26.2-22 所示。通过改变曝光波长可进一步减小干涉条纹的周期与线宽[20]。

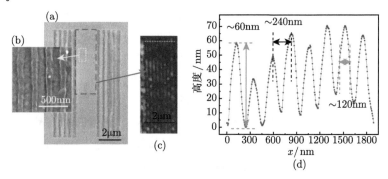

图 26.2-21 (a) 经过 TSPPA 曝光、显影后的干涉结构; (b),(a) 中黄色虚线方框内的局部放大 SEM 图; (c),(a) 中红色虚线框内的局部扫描 AFM 图片;
(d),(c) 中虚线处的 AFM 截面曲线[19]

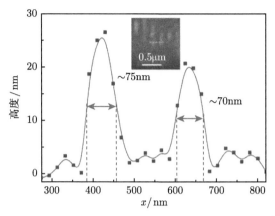

图 26.2-22 70nm 线宽光刻胶条纹的 AFM 测试结果 [19]

26.2.2 表面等离子体超衍射成像光刻

在传统投影成像光学光刻系统中，携带掩模图形亚波长信息的倏逝波无法参与成像，导致其存在分辨力极限。通过金属薄膜共振激发 SP，可耦合和放大倏逝波信息，使亚波长高频空间信息参与成像 [21]。如何有效激发和操控 SP，使更宽波矢范围、更强的倏逝波参与超分辨成像，在很大程度上决定了 SP 成像光刻分辨力、图形保真度、焦深、工作距、效率等关键性能。

1. 基于超透镜的成像光刻

如图 26.2-23 所示，当金属薄膜介电常数与周围介质介电常数满足匹配条件时（即符号相反，大小相等），紫外光照明掩模图形时可在金属薄膜一侧共振激发 SP 光场，在薄膜另一侧光刻胶空间实现 1:1 的超分辨成像 [22]。超透镜成像光刻结构主要分为四层，最底层为掩模层，其次为介质平坦化层，紧接着是金属层，最后是用于记录的光刻胶层。当金属掩模与超透镜集成在一起时，超透镜也可用于实现干涉图形的超分辨成像光刻 [5]。

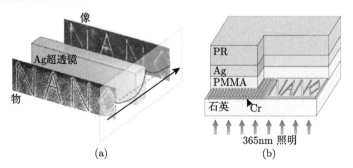

图 26.2-23 (a) 超透镜成像原理；(b) 超透镜成像光刻结构示意图 [22]

　　图 26.2-23 所示结构的加工流程主要包含掩模加工、平坦化、薄膜制备及曝光显影四个步骤 [23,24]。掩模结构采用聚焦离子束在高紫外透过率石英基底上沉积 Cr 层上进行刻蚀得到，实验中光栅周期为 120nm，线宽为 60nm，"NANO" 字符线宽为 40nm。紧接着的平坦化工艺是整个结构加工最为关键的步骤，原因是：① Ag 层的表面质量直接影响它的色散关系，将直接决定最终的光刻分辨力，因此需将平坦化层的表面粗糙度均方根值控制到 1nm 以下；②平坦化层的厚度是倏逝波耦合效率的关键性因素，关系着 SP 成像光场的对比度，因而需要非常精确地控制平坦层的厚度。平坦化工艺采用 PMMA，通过多次旋涂的方式得到约为 1μm 的平坦化层，然后置于反应离子刻蚀设备中采用 O$_2$ 等离子体进行刻蚀，刻蚀功率为 200W，刻蚀速率为 60~80nm/min，刻蚀时间控制在 1~2min 内。使用膜厚测量仪 (Filmtek 2000) 对每次刻蚀后的平坦化层的厚度进行检测。重复刻蚀—检测步骤直至达到 40nm 的最终厚度。最后将此厚度的平坦化层进行回流，得到光滑的平面，表面粗糙度 (RMS) 约为 0.5nm，如图 26.2-24(b)(c) 所示。紧接着在平坦化层上制备 Ag 层，厚度为 35nm，电子束蒸发速率需大于 5nm/s，得到的 Ag 层表面粗糙度约为 1.5nm，如图 26.2-24(d) 和 (e) 所示。在表面旋涂一层厚度为 100~150nm 的 i 线负胶 (PR NFG 105G)，100 ℃前烘 1min 后，进行曝光，曝光光强为 8mW/cm^2，曝光光源中心波长为 365.8nm，半高宽 (FWHM) 约为 4.5nm；曝光完成后，需经过 100 ℃后烘 1min 后进行显影。

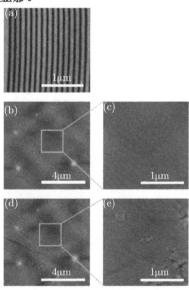

图 26.2-24　(a)FIB 加工得到的 120nm 周期光栅掩模的 AFM 扫描图；(b) 刻蚀和回流后平坦化层的表面 AFM 扫描图；(c), (b) 图中方框的局部放大；(d) 在平坦化层上制备的 35nm 厚 Ag 层的表面 AFM 扫描图；(e), (d) 图中方框的局部放大[22]

图 26.2-25 和图 26.2-26 分别给出了 120nm 周期光栅图形和 NANO 字符的对比成像光刻结果。利用超透镜获得了半周期为 60nm(~1/6 波长)，平均深度为 7nm 的密集线条光刻图形，以及特征线宽约为 89nm 的 "NANO" 字符。

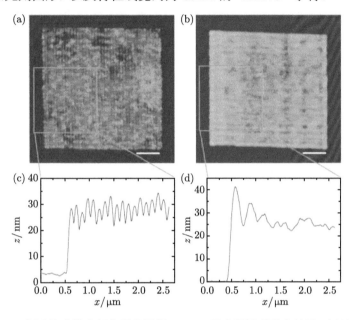

图 26.2-25　(a) 超透镜成像光刻获得的周期 120nm 的光栅图形曝光结果，标尺为 1μm；(b) 对比实验 (无超透镜) 曝光结果，标尺为 1μm；(c) 为 (a) 图中蓝色方框内的局部截面深度曲线；(d) 为 (b) 图中蓝色方框内的截面深度曲线[22]

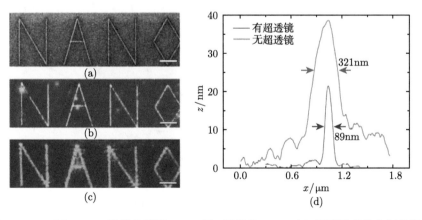

图 26.2-26　(a)NANO 字符掩模的 SEM 图，标尺为 2μm；(b) 超透镜成像光刻获得的 NANO 字符图形光刻结果的 AFM 扫描图，标尺为 2μm；(c) 对比实验 (无超透镜) 光刻结果的 AFM 扫描图，标尺为 2μm；(d) 超透镜成像与无超透镜时的结果对比[22]

通过改进结构参数、制备工艺可进一步提高 SP 超透镜光刻分辨力及对比度。2010 年，Fang 等将中间介质层的厚度减小到 6nm，并通过使用 1nm 的 Ge 作为浸润层制备出 15nm 厚的 "光滑" 银超透镜，获得了半周期为 30nm(1/12 波长)，图形深度约为 6nm 的超衍射成像光刻结果 [25]。2012 年，Teng 等采用上述结构，将中间介质层减小到 20nm，同样在 35nm 厚 Ag 层下，获得了半周期为 50nm，图形深度约为 45nm 的高对比度光刻结果 [26]。

2. 反射式 SP 成像光刻

在 SP 超透镜成像光刻过程中，由于携带亚波长高频信息的光场倏逝特性，超分辨器件像面处成像光场被束缚在器件表面，由此带来了两个难题。一是像场对比度低，因而在光刻材料中的作用深度有限；二是光刻实验结果中特征线宽有明显的展宽效应，且成像图形畸变大，特别是离散结构图形。反射式 SP 成像光刻则另辟蹊径，将金属膜层透镜放置在光刻胶后方 (结构示意图如图 26.2-27 所示)，在掩模和反射成像膜层之间的光刻胶区域成像，从而有效提高了成像焦深、对比度和保真度 [27]。

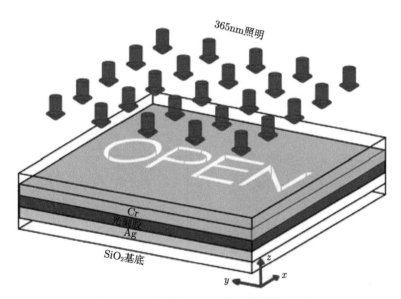

图 26.2-27　反射式 SP 成像光刻结构示意图

2005 年，Shao 等指出将 Ti 金属层放置于光刻胶后方，有利于减小掩模透射光场发散效应，并提高近场成像光刻分辨力。但 Ti 金属损耗大，且不满足 SP 共振激发条件，因此其分辨力和对比度提升效果有限 [28]。在满足 SP 共振激发和有限光刻胶膜层厚度时，金属 Ag 反射层可显著提升 SP 成像分辨力、对比度和焦深。

另外，在反射成像模式下，像场切向电场分量得到抑制，降低了其对成像对比度的负面影响，提高了成像保真度。

(1) 反射式 SP 成像光刻原理和设计

反射式 SP 成像光刻的光学传输函数可简化为

$$T(k_x) = (1 + r(k_x)) \exp(\mathrm{i} k_{z,d} d) \tag{26.2-2}$$

式中, k_x 为横向波矢; d 为感光介质层的厚度; $r(k_x)$ 为反射系数; $k_{z,d} = \sqrt{\varepsilon_d k_0^2 - k_x^2}$; k_0 为光在自由空间的波矢。金属表面 TM 偏振的平面波反射系数为

$$r(k_x) = (k_{z,d}/\varepsilon_d - k_{z,m}/\varepsilon_m) / (k_{z,d}/\varepsilon_d + k_{z,m}/\varepsilon_m) \tag{26.2-3}$$

式中 $k_{z,d}$, $k_{z,m}$ 分别为介质和金属中的纵向波矢。当 $|k_x/k_0| \gg 1$ 时，传输函数具有近似值

$$T \approx \frac{2\varepsilon_\mathrm{m}}{(\varepsilon_\mathrm{m} + \varepsilon_\mathrm{d})} = \frac{2(\varepsilon'_\mathrm{m} + \mathrm{i}\delta)}{(\varepsilon'_\mathrm{m} + \varepsilon_\mathrm{d}) + \mathrm{i}\delta}, (\varepsilon_\mathrm{m} = \varepsilon'_\mathrm{m} + \mathrm{i}\delta) \tag{26.2-4}$$

当满足介电常数匹配条件，即 $\varepsilon_\mathrm{d} = -\varepsilon'_\mathrm{m}$ 时，反射层对倏逝波起到最大的增强, $T = \dfrac{2(\varepsilon'_\mathrm{m} + \mathrm{i}\delta)}{\mathrm{i}\delta}$。

然而，对于 TE 偏振的平面波, $r(k_x) = (k_{z,d} - k_{z,m})/(k_{z,d} + k_{z,m})$，当 $|k_x/k_0| \gg 1$ 时，传输函数 $T(k_x) = (1 + r(k_x)) \approx 1$，反射层对倏逝波没有放大效果，倏逝波在胶中场强呈指数衰减。

如图 26.2-28 所示，在反射成像模式下，像场切向电场分量得到抑制，降低了其对成像对比度的负面影响，提高了成像保真度。从图 (a) 和 (b) 中可发现，只有当线偏振光的电场在与字符线垂直时，该位置才具有光场分布；反之则无光场分布。图 (a) 和 (b) 相加便得到了自然光照下光刻胶中的光场分布 (图 (c))。作为对比，图 (d) 给出了无反射结构时的光场分布，此时光场分布较紊乱，字符折角处的细节信息丢失明显，且字符线端变短。

如图 26.2-28(e) 和 (f) 所示，有反射式等离子体透镜时，胶下 10nm, 30nm 和 50nm 处的对比度都较高，分别为 0.98, 0.91, 0.81, 变化范围很小；而无反射式等离子体透镜结构时在以上几处的对比度分别为 0.69, 0.23, 0.11, 呈现急速下降趋势。另外，以光场分布曲线图的半高全宽作为特征尺寸，在胶下 30nm 处，有反射式等离子体透镜结构时的特征尺寸为 45nm；而无反射结构时特征尺寸只能达到 88nm。

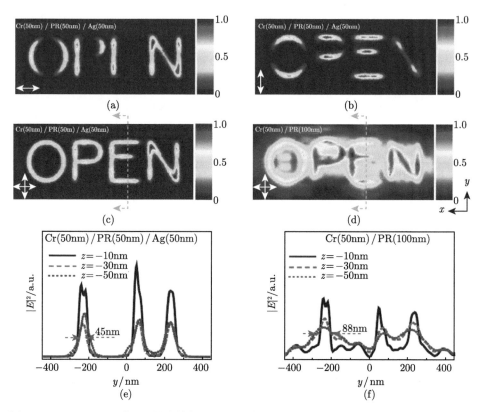

图 26.2-28　(a)~(c) 采用反射式等离子体透镜的 "OPEN" 离散字符在不同偏振光入射下，
光刻 30nm 处的光场强度分布；(d) 无反射结构的光场强度分布；(e), (f) 分别为图 (c), (d)
中沿绿色虚线方向，光刻胶下 10nm, 30nm 及 50nm 的电场强度 [27]

(2) 反射式 SP 成像光刻验证

　　反射式 SP 成像光刻的整个工艺流程如下：首先使用电子束蒸发镀膜工艺在高紫外透过率石英基底上制备 Cr 层，膜层厚度通过石英晶振监控；然后利用聚焦离子束 (FEI Nova 200 NanoLab，离子束加速电压为 30kV) 在 Cr 层上制备缝宽为 36nm、高度为 500nm 的 "OPEN" 字符掩模。其次，再利用磁控溅射镀膜工艺在石英基底上制备 Ag 层，溅射功率为 500W，Ag 层沉积速率为 2.2nm/s，本底真空为 3.0×10^{-4}Pa。然后在其上面旋涂一层约为 50nm 厚的经过稀释的正性光刻胶，用于记录近场成像结果。在热板上前烘 2min 后，将此基底通过实验装置在 0.3MPa 的气压下与掩模贴紧，并置于 i 线 (365nm) 汞灯下曝光。曝光光强为 1.3mW/cm^2，经过优化的曝光时间为 16s。曝光结束后使用 AR300-35 和超纯水按体积比 1：1 稀释得到的显影液对光刻胶进行显影。

　　图 26.2-29 (a) 给出了 "OPEN" 离散字符掩模 (物) 的 SEM 图，其字符缝

宽约 36nm、字符高度约 500nm。图 (b) 为反射式 SP 成像光刻结果的 SEM 图，曝光时间为 16s。光刻图形与掩模图形主要有两个差别：一是曝光后图形中字母的线端变短，如 "P" 的竖线末端；另一个则是圆角，例如 "P" "E" 和 "N" 折角处有明显圆角。这些光刻图形的畸变是由于掩模图形的尺寸小于入射光波长，相邻的图形衍射光之间的干涉导致光强分布发生变化。图 (c) 为传统近场成像光刻结果的 SEM 图，缝宽扩展到约 100nm，且光学邻近效应更为严重，字符的细节信息几乎完全丢失。图 (d) 给出了反射式 SP 成像光刻工艺优化曲线，在 16～20s 的曝光时间内，"OPEN" 离散字符缝宽呈现近似线性的变化规律。对图 26.2-29 (b) 中的光刻图形进行原子力扫描的结果如图 26.2-30 所示，图形深度约为 40nm。

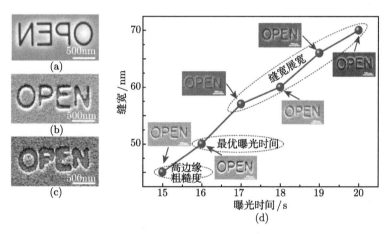

图 26.2-29　(a) "OPEN" 离散字符掩模的 SEM 图；(b) 反射式 SP 成像光刻结果，曝光时间
为 16s，缝宽约 50nm；(c) 传统近场成像光刻结果，曝光剂量与 (b) 相同，缝宽
约 100nm；(d) "OPEN" 离散字符缝宽随曝光时间的变化 [27]

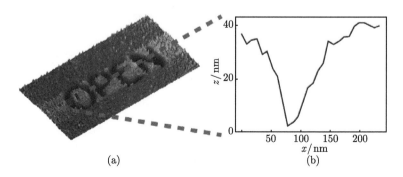

图 26.2-30　最优曝光剂量下获得的 "OPEN" 离散字符的原子力扫描结果
(a) 二维扫描结果；(b)，(a) 图中蓝线部分的扫描截面深度曲线

Blaikie 等也研究分析了 SP 反射成像结构，并进行了相关数理模型分析 [29]，并将其应用于吸收调制干涉光刻技术 (Absorbance-Modulation Interference Lithography，AMIL)，结果表明该技术可提高约 34% 的光刻工艺宽容度 [30]。

3. 基于 SP 共振腔的成像光刻

从超透镜成像光刻及反射式 SP 成像光刻的 OTF 曲线变化趋势可看出，随着波矢的增大，其传递能力逐步降低。虽然通过改变结构参数，可实现深亚波长结构信息 $(\geqslant 5.7k_0)$ 的耦合传输，但受到结构加工和材料损耗的影响，其传输效率偏低，进而导致光刻图形的深度较浅、质量较差。若将 SP 超透镜结构与 SP 反射成像结构结合，形成金属–介质–金属形式的 SP 共振腔结构，有助于进一步提高 SP 激发效率、压缩 SP 波长；并抑制腔内电场纵向分量，减少对成像性能的负面影响，获得更高分辨力和对比度的 SP 成像光刻效果 [31]。如果光刻胶厚度压缩到 10nm 水平，可获得 $15\text{nm}(\lambda/24)$ 线宽的分辨力结果 [32]。

(1) SP 共振腔结构成像光刻的基本原理

SP 共振腔成像光刻结构的参数定义如图 26.2-31 所示，其中电磁场可近似为

$$H_y = t(k_x)(1 + r_z(k_x)\mathrm{e}^{\mathrm{i}k_{z,\mathrm{PR}}d_{\mathrm{PR},2}}) \tag{26.2-5}$$

$$E_x = t(k_x)(1 - r_x(k_x)\mathrm{e}^{\mathrm{i}k_{z,\mathrm{PR}}d_{\mathrm{PR},2}})\frac{-k_{z,\mathrm{PR}}}{\omega\varepsilon_0\varepsilon_{\mathrm{PR}}} \tag{26.2-6}$$

$$E_z = t(k_x)(1 + r_z(k_x)\mathrm{e}^{\mathrm{i}k_{z,\mathrm{PR}}d_{\mathrm{PR},2}})\frac{k_x}{\omega\varepsilon_0\varepsilon_{\mathrm{PR}}} \tag{26.2-7}$$

其中，$t(k_x)$ 是 Ag 超透镜对磁场分量 H_y 的透射系数；$r_{x(z)}(k_x)$ 是 PR-Ag 界面电场分量 E_x 和 E_z 的反射系数。上式表明感光材料内电磁场为透射光场和反射光场的叠加。

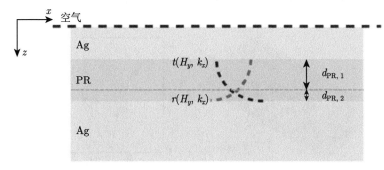

图 26.2-31　SP 共振腔成像光刻原理 [31]

图 26.2-32 给出了针对线宽为 32nm 的图形计算得到的成像强度对比度随成像距离和观察位置的变化规律。图 (a) 表明 Ag 透镜的成像对比度大于 0.4 的区域仅

在有限观察线位置内 ($d_{PR} < 20$nm)；图 (b) 表明 SP 共振腔型超透镜在整个成像空间范围的成像对比度大于 0.4。采用此 SP 共振腔成像结构可将 SP 成像曝光深度拓展 2 倍以上。

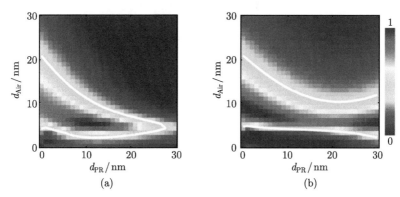

图 26.2-32　线宽 32nm 图形成像强度对比度随成像距离和观察位置的变化规律

(a) 超透镜成像结构；(b) SP 共振腔成像结构 [31]

(2) SP 共振腔结构成像光刻验证

SP 共振腔结构成像光刻工艺主要分为掩模加工、SP 共振腔结构加工及曝光显影 3 个步骤。

1) 掩模加工

掩模材料同样选择 Cr，在高紫外透过率石英基底上沉积，沉积方法为磁控溅射 (DE500)，射频功率为 500W，沉积时的腔压为 1mTorr，沉积速率 ~0.5nm/s，Cr 薄膜的厚度为 32nm。然后利用聚焦离子束 (Helios Nanolab 650) 在 Cr 层上加工周期为 64nm 和 44nm 的光栅掩模，离子束加速电压为 30kV，离子束束流大小为 1.1pA。

2) SP 共振腔结构加工

SP 共振腔结构为三层结构，包括反射银层、光刻胶层和超透镜银层。反射银层的厚度为 50~55nm，采用热蒸镀的方法在本底真空为 3.0×10^{-4}Pa 的的条件下沉积，衬底材料为硅基片 (直径 1 英寸)。在反射银层沉积之前需沉积 1~2nm 的 Ge 作为浸润层，Ge 的沉积速率为 0.07nm/s，反射银层的沉积速率为 3~5nm/s，沉积厚度及速率均通过石英晶振监控。Ge 浸润层的作用主要是提高反射银层与衬底材料的附着度，反射银层的沉积速率较大是为了降低银层的表面粗糙度 (图 26.2-33)。然后在反射银层表面通过旋涂的方式涂覆一层厚度约为 25nm 的正性光刻胶层 (AR-P3170/1.5, 25nm@4800rpm, 35%PAC)，前烘温度为 100 ℃，前烘时间为 2~5min。最后在光刻胶层上热蒸镀制备一层厚度为 18~20nm 的超透镜银层，沉积速率为 0.07~0.15nm/s，表面粗糙度的 RMS 约为 0.5nm，如图 26.2-34 所示。

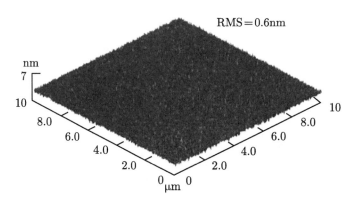

图 26.2-33　反射银层的表面粗糙度测试结果, RMS=0.6nm

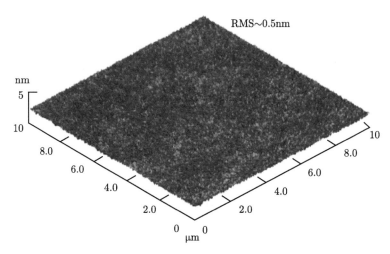

图 26.2-34　共振腔成像结构的超透镜银层表面粗糙度测试结果, RMS~0.5nm

3) 曝光显影

将上述掩模通过真空抽气和施加气压的方式与共振成像结构贴紧, 并置于 TM
偏振的 i 线 (365nm) 汞灯光源下曝光, 入射光强为 0.15mW/cm². 曝光结束后, 取
下掩模, 用胶带去除光刻胶表面的超透镜银层, 然后使用 AR 300-35 和超纯水按
体积比 1 : 1 稀释得到的显影液在 0 ℃条件下对光刻胶进行显影, 显影时间为 40s。
显影完成后用去离子水冲洗 3~5s, 最后用高纯氮气吹干。光刻结果的表征采用冷
场场发射扫描电子显微镜 (SU8010), 加速电压小于 5kV。

图 26.2-35(a) 和 (b) 为半周期 32nm 光刻胶图形的顶视图和截面 SEM 图。光刻
胶图形的线条能被清晰分辨, 光刻图形的线边缘粗糙度约为 8.38nm(3 倍标准差),
图形深度约为 23nm。图 (c), (d) 为半周期 22nm 图形的 AFM 图。

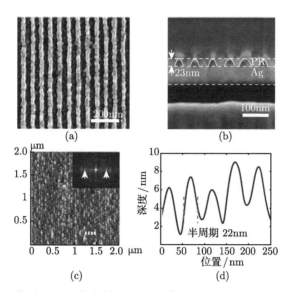

图 26.2-35 (a) 半周期为 32nm 的光刻图形；(b) 截面 SEM 图；(c) 半周期 22nm 光刻图形的原子力表面形貌图，插图为二维傅里叶频谱；(d)，(c) 中虚线所示截线 [31]

4. 基于离轴结构光场照明的 SP 成像光刻

在近场超分辨光刻中，由于携带物体亚波长信息的倏逝波以指数规律衰减，分辨力受限于光刻工作距离和波长，导致近场光刻分辨力和光刻工作距离、焦深三者之间存在矛盾关系。采用离轴结构光场照明可部分解决上述问题 [33−35]。

(1) 离轴结构光场照明的 SP 成像光刻基本原理

如图 26.2-36 所示，通过高数值孔径离轴照明，并在像场空间采用 Ag-PR-Ag

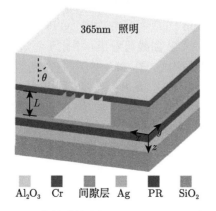

图 26.2-36 离轴结构光场照明 SP 共振成像示意图

的 SP 共振成像光刻结构, 可进一步增强倏逝波强度, 减少纵向电场分量对成像图形的畸变影响, 在延伸成像工作距条件下, 获得高对比度 SP 成像图形。

在实验中, 两束波长为 365nm 的紫外光以偏离光轴角度 θ 的方式入射到蓝宝石 (Al_2O_3) 基底。离轴光束的数值孔径 $NA = \sqrt{\varepsilon_s}\sin(\theta)$, 其中, ε_s 是蓝宝石的介电常数。由此产生的离轴结构光场照明 Cr 掩模图形。在掩模和 SP 共振成像光刻结构之间是桥墩状的 Cr 膜, 用来充当空气间隙层。SP 共振成像光刻结构由 20nm 厚的 Ag 膜、30nm 厚的 PR 层和 50nm 厚的底层 Ag 膜组成。

图 26.2-37(a)~(d) 为成像对比度随空气工作距和物图形特征尺寸的变化情况。对应的结构分别为传统近场光学光刻结构、正入射超透镜结构、正入射 SP 共振腔结构以及离轴结构光场照明 SP 共振成像结构。

为了进行量化比较, 此处定义近场衍射极限为不同空气间隙层下近场光刻对比度为 0.4 时对应的分辨力等轮廓线, 如图 26.2-37(a) 中黑色曲线所示。对于图 (b) 的超透镜结构, 表面等离子体的激发增强了成像区域的倏逝波。然而, 空气工作距和图 (a) 定义的分辨力极限相比, 未能显著地拓展。对于正入射条件下的 SP 共振腔结构 (图 (c)), 空气工作距有一定幅度的提高。如图 (d) 所示, 当引入 $NA=1.5$ 的照明光时, 频谱的平移效应不仅提升了成像分辨力, 同时在近场范围内较大幅度地拓展了空气工作距。从图 (e) 可看到, 60nm 分辨力情况下的最大空气工作距可达到 120nm, 约为传统近场光学光刻的 8 倍。此处空气工作距的拓展值由以下公式给出

$$L = \frac{1}{\mathrm{i}\sqrt{k_0^2 - k_s^2}} \ln \frac{|\mathrm{OTF}(k_g,0)|}{|\mathrm{OTF}(k_s,0)|} + \frac{\sqrt{k_0^2 - k_g^2}}{\sqrt{k_0^2 - k_s^2}} L_{\mathrm{NI}} \tag{26.2-8}$$

其中, L_{NI} 和 L 分别表示在正入射和离轴照明情况下的空气工作距拓展的极限值; $\mathrm{OTF}(k_g,0)$ 和 $\mathrm{OTF}(k_s,0)$ 表示空气工作距为零时 SP 共振腔的光学传递函数值, 并且 $|\mathrm{OTF}(k_s,0)| = \min\{|\mathrm{OTF}(NA_{k_0},0)|, |\mathrm{OTF}(NA_{k_0-k_g},0)|\}$。

从图 26.2-38(a) 中的 OTF 曲线可看出, 相比于超透镜结构, SP 共振腔结构能将更多的高频信息传递到像平面。图 26.2-38(b) 是在光刻胶层中心位置处的电场傅里叶频谱分布。在正入射情况下, 光栅图形的傅里叶特征波矢是 $k_x = \pm 3.0 k_0$, 其中 $k_0 = 2\pi/\lambda$ 是真空中入射光波矢。对于 $NA=1.5$, 傅里叶特征波矢被平移到比较小的波矢 $k_x = \pm 1.5 k_0$ 处, 平移后的特征波矢的 OTF 透过能力相比于正入射情况有了两倍的提升。OTF 透过能力的增强提升了 SP 共振腔的成像对比度, 如图 (g) 所示。

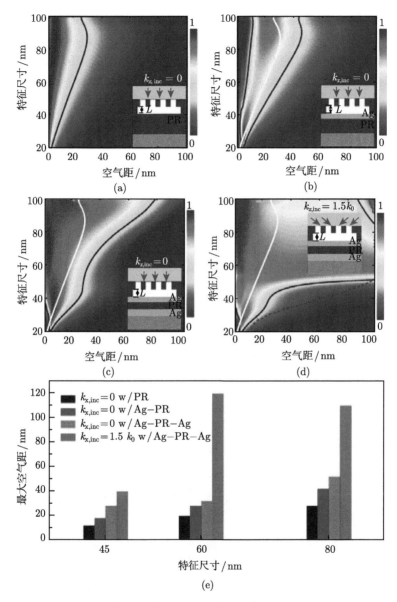

图 26.2-37 成像对比度随空气工作距以及图形特征尺寸的变化

(a) 正入射照明的传统近场光学光刻结构；(b) 正入射照明的超透镜结构；(c) 正入射照明的 SP 共振腔结构；(d) 离轴结构光场照明 SP 共振成像结构；(e) 拓展空气工作距的极限值。(b)~(d) 中白色曲线对应于 (a) 图中黑色曲线 [35]

同时，离轴照明可调节电场分量 E_x 和 E_z 的光场强度比值。如图 26.2-38(e) 所示，与 $|E_x|^2$ 不同，$|E_z|^2$ 相对于物图形出现了半个周期的条纹位移。另一方面，

从图 (c) 能看到对于超透镜结构, 由于在光刻胶区域成像信息的横向波矢分量大于纵向分量, 导致 E_z 分量的传递能力略微高于 E_x 分量。因此, 当以电场强度来表征成像质量时, 电场分量的不同传递能力将会导致错位的成像结果。对于 SP 共振腔结构, 两层 Ag 之间的表面波耦合效应导致 E_z 分量被抑制 (图 26.2-38(d)), 因此不会发生错位。

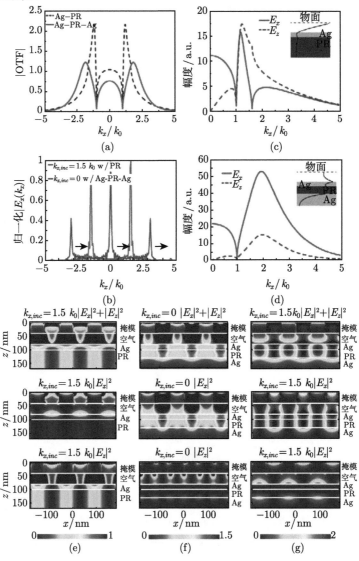

图 26.2-38　(a) SP 共振腔结构和超透镜结构的光学传递函数; (b) 正入射以及离轴照明下像平面光场的傅里叶谱; (c), (d)SP 共振腔结构和超透镜结构像平面的 $|E_x|$ 和 $|E_z|$; (e)~(g) 总电场强度以及各电场分量强度分布[35]

(2) 离轴结构光场照明 SP 成像光刻的实验验证

图 26.2-39 为离轴结构光场照明 SP 共振成像结构的加工流程。图 (a) 与 SP 共振腔结构的加工流程及参数一致，此处不再赘述。图 (b) 为台阶化掩模的加工流程示意图，首先在蓝宝石基底上通过磁控溅射沉积的方法沉积一层厚度为目标工作距的 Cr 膜，溅射功率为 400W，沉积速率为 0.5nm/s；其次采用紫外接近接触式光刻加工 9μm 宽度的窗口图形并通过湿法腐蚀的方式将窗口图形转移到 Cr 膜上；去除残胶后按相同的工艺再次沉积一层厚度为 40nm 的 Cr 层；最后在窗口 Cr 膜上用聚焦离子束直写加工掩模图形。图 (c) 为实验制备的 SP 共振腔透镜的截面 SEM 图。图 (d) 为台阶化掩模的 AFM 轮廓图，成像工作距和线条宽度分别为 50nm 和 60nm。

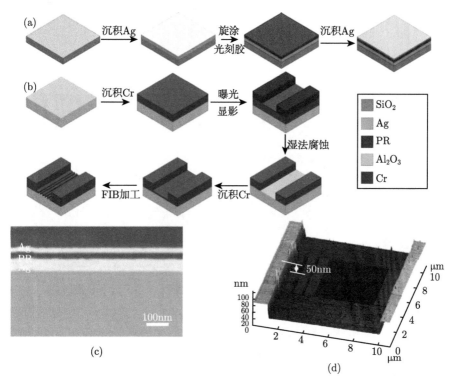

图 26.2-39　(a)SP 共振腔结构和 (b) 台阶化掩模的加工流程；(c)SP 共振腔结构的截面 SEM 图；(d) 台阶化掩模的 AFM 扫描图

图 26.2-40(a) 为光刻胶上离散线条的 SEM 图。对于 50nm 的成像距离，数值模拟和实验结果都表明结构照明能得到 60nm 的成像结果。图 (b) 为正入射照明 SP 共振腔结构对离散线条的对比成像结果，由于掩模物体的特征频谱衰减殆尽，因而不能分辨。图 (c) 为结构照明超透镜对离散线条的对比成像结果，数值计算和

实验结果得到的离散线条成像结果存在较大畸变。对于结构照明,SP 共振腔则可保证成像过程中物像间的映射关系。图 (d) 和 (e) 分别为正入射照明和结构照明光刻胶记录二维折线成像结果的 SEM 图。图 (e) 的数值计算和实验结果表明结构照明同样适用于线宽为 60nm 二维折线的成像距离延伸。

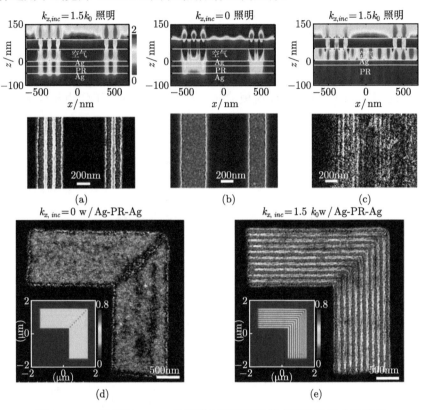

图 26.2-40 线宽为 60nm 的图形在不同照明模式下的近场成像结果

(a) 结构照明 (NA=1.5)SP 共振腔结构;(b) 正入射照明 (NA=0)SP 共振腔结构和 (c) 结构照明
(NA=1.5) 超透镜对离散线条的数值模拟和成像结果;(d) 正入射照明 (NA=0) 和 (e) 结构照明
(NA=1.5)SP 共振腔结构对密集线条的数值模拟和成像结果

上述结果表明结构照明能将 60nm 线宽图形的成像距离延伸到 50nm。图 26.2-41(b) 所示正入射照明近场成像对 60nm 线宽图形的成像距离限制在 40nm 以内。如图 26.2-41(e) 所示,正入射照明 SP 共振腔型透镜时,可通过 SP 共振放大倏逝波将 60nm 线宽图形的成像距离延伸到 40nm 以上。图 26.2-41(i) 表明,通过结构照明 SP 共振腔型透镜在 80nm 成像距离下光刻胶仍然能记录 60nm 线宽图形的成像结果。考虑到近场衍射成像距离约 20nm,可以认为结构照明将成像距离拓展了3 倍。

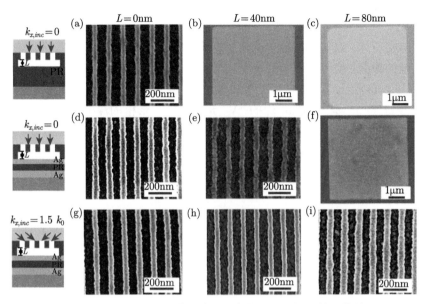

图 26.2-41 对于不同成像距离 L，线宽 60nm 图形的成像结果

(a)~(c) 正入射照明 (NA=0) 的近场成像结果；

(d)~(f) 正入射照明 (NA=0)SP 共振腔结构成像结果；(g)~(i) 结构照明 (NA=1.5)SP 共振腔结构的成像结果

结构照明 (NA=1.5) 除了能延伸 60nm 线宽图形的成像距离外。同样适用于 45nm 线宽图形成像距离的延伸，图 26.2-42 为结构照明 (NA=1.5) 共振腔型透镜在 20nm 和 40nm 成像距的成像结果 SEM 图。尽管 20nm 成像距离下的成像效果更好，从图 (b) 中可看出 40nm 成像距离下仍然能通过光刻胶记录到 45nm 线宽图形的成像结果。

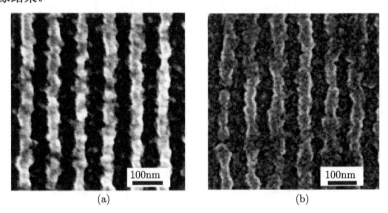

图 26.2-42 结构照明 (NA=1.5)SP 共振腔结构对 45nm 线宽图形的成像结果

(a) 成像距离 20nm 和 (b) 成像距离 40nm

5. 双曲透镜缩小成像光刻

如前文所述，双曲透镜可实现超分辨放大和缩小成像[36-39]。若将光刻胶置于缩小成像的像面，便可实现超分辨缩小成像光刻。

图 26.2-43 给出了双曲透镜缩小成像光刻工艺流程。首先采用 FIB 在石英基底上刻蚀得到 90nm 宽，200nm 深的 "V" 形槽。"V" 形槽的深度决定了最终半圆形沟槽的高度减少量。随后将该 "V" 形槽浸入缓冲氧化物腐蚀 (Buffered Oxide Etch, BOE) 液中腐蚀 13min，腐蚀液的配比为 10ml HF，100ml H_2O，20g NH_4F，0.5ml HCl。腐蚀后得到的半圆形沟槽表面粗糙度 RMS 为 0.669nm。

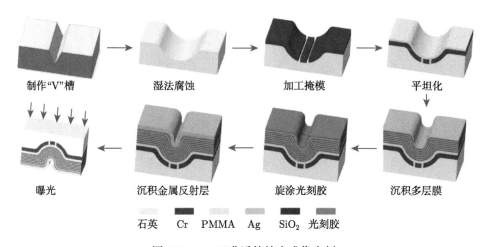

制作 "V" 槽   湿法腐蚀   加工掩模   平坦化

曝光   沉积金属反射层   旋涂光刻胶   沉积多层膜

石英   Cr   PMMA   Ag SiO_2 光刻胶

图 26.2-43 双曲透镜缩小成像光刻

通过磁控溅射的方法在半圆形沟槽表面沉积 40nm 厚的 Cr 层，再通过 FIB 加工线宽为 100nm，中心间距为 250nm 的线对作为掩模 (图 26.2-44(b))。采用旋涂、刻蚀、回流等工艺，得到 45nm 厚的 PMMA(AR-P639.04) 间隔层并实现掩模的平坦化。接着在 PMMA 间隔层上交替沉积 15 层 Ag 和 SiO_2 薄膜，Ag 的沉积速率为 0.15nm/s，SiO_2 的沉积速率为 0.3nm/s，为了提高 Ag 层的表面质量，在沉积每层 Ag 薄膜前先预沉积 1~2nm 的 Ge 浸润层，Ag 和 SiO_2 多层膜的总厚度为 315nm，总的表面粗糙度 RMS 为 1.2nm。随后在多层膜表面旋涂光刻胶，由于重力的作用，最终在半圆形沟槽内部光刻胶层的中心厚度为 50nm。最后通过热蒸发沉积一层厚度为 120nm 的金属反射层，以提高光刻对比度[40]。双曲透镜缩小成像结构的截面 SEM 如图 26.2-44(a) 所示。双曲透镜缩小成像光刻结果如图 26.2-44(c) 所示，线宽为 56nm，中心间距为 135nm。中心间距的缩小倍率约为 1.85，线宽的缩小倍率约为 1.78。

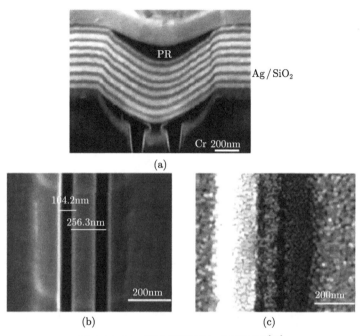

(a)

(b)　　　　　　　　(c)

图 26.2-44　双曲透镜缩小成像光刻 [41]

(a) 双曲透镜缩小成像结构的截面 SEM 图；(b) 掩模 SEM 图；(c) 缩小成像光刻结果的 SEM 图

　　虽然该方法可实现线宽和中心间距的缩小，但是其结构和光刻均是在曲面内构建的，因而工艺实现困难且有效成像面积较小。为了解决上述问题，Xiong 等提出将特殊设计的平板双曲透镜结构应用于超分辨缩小成像光刻中，在 375nm 工作波长下可将周期为 280nm 的掩模图形缩小到 40nm，线宽约为 20nm[42]。Tao 等采用路径追迹和坐标变换方法，设计了物方和像方均为平面的超分辨缩小成像器件，该器件中电磁波的传播路径在物面和像面处均垂直于表面，且物面上各点具有相同的缩放倍率，便于级联实现更高倍率的缩小成像[43]。此外，Zhang 等将离轴照明应用到上述结构上，可实现光刻工作距的延伸 [44]。

6. SP 成像光刻图形深刻蚀工艺

　　虽然 SP 光刻具有很高的分辨力，但光刻图形深度较浅。为了解决这一问题，可采用多层胶技术，将浅图形首先转移到抗刻蚀性能好的膜材料 (Hard Mask, HM) 上，然后以 HM 层作为下一步刻蚀的掩模层，将图形转移到较厚的底层光刻胶上 [45-48]。以下以 SP 共振腔结构为例详细说明其加工工艺。

　　HM 层材料选择为 SiO_2，顶层成像层与 SiO_2 层之间存在一层底层反射 Ag 层。SP 光刻图形深刻蚀具体工艺流程如图 26.2-45 所示，首先在基底上制备一层厚胶，胶厚根据特征尺寸确定 (>120nm)，旋涂后需要在 120 ℃烘箱内固化 3h；然后在上面沉积一层厚度为 5nm 的 SiO_2 层；并在其上制备共振腔结构 (Ag-PR-Ag)。

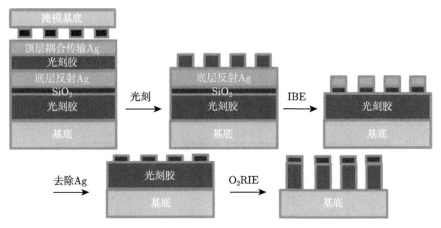

图 26.2-45　SP 光刻图形深刻蚀工艺流程

在顶层成像层完成曝光显影之后，采用离子束刻蚀系统对反射银层及 SiO_2 HM 层进行刻蚀，束流为 50mA，加速电压为 200V，Ar_2 流量为 3.0 SCCM，腔压为 1.5×10^{-2}Pa，刻蚀时间为 140s。此条件下，银与光刻胶的刻蚀比为 1.9:1，SiO_2 与银的刻蚀比为 0.2~0.3:1。本步骤必须保证 SiO_2 HM 层刻透。用去铬液去除残余银层后，以 SiO_2 HM 层为掩模采用 O_2 等离子体刻蚀底层光刻胶。为了降低各向同性刻蚀，等离子体功率设定为 20W，O_2 流量为 10SCCM，腔压为 0.4Pa，刻蚀时间为 3min。图 26.2-46(a) 和 (b) 分别为传递到底层光刻胶内半周期 32nm 光刻胶图形的顶视图和截面图，传递后图形深度为 80nm，图形陡直度为 80°~87°。

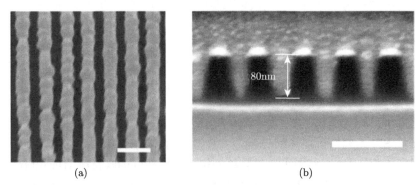

(a)   (b)

图 26.2-46　(a), (b) 光刻胶图形顶视图和截面 SEM 图，标尺为 100nm

整个深刻蚀工艺中的关键点是 SiO_2 厚度和 O_2 等离子体刻蚀功率的选择。与现有报道采用的多层胶技术不同，此处顶层成像层与 SiO_2 HM 层之间多一层底层反射 Ag 层，因此刻蚀工艺选择 Ar^+ 束刻蚀工艺。与反应离子束刻蚀不同，Ar^+ 离子束刻蚀的选择性刻蚀比较差，需要将 SiO_2 厚度降到 5nm 及以下。

26.2.3 表面等离子体超衍射聚焦直写光刻

SP 聚焦直写光刻主要利用特殊设计的亚波长金属结构，激发局域 SP 模式，实现横向尺寸远小于波长的聚焦光斑，并结合近场扫描光学显微镜、磁头飞行等技术，以扫描方式实现纳米光刻图形的制备。

1. 基于表面等离子体透镜的聚焦直写光刻

2008 年，Zhang 等提出采用基于表面等离子体透镜的飞行直写系统，该透镜由亚波长同心圆环结构组成，紫外照明光通过此透镜在近场范围内形成 <100nm 直径的聚焦光斑，并作用在高速旋转的无机 TeO_x 热效应光刻胶薄膜记录层上实现曝光。为了保证表面等离子体透镜与记录层之间的距离在近场范围内，他们设计了一种 "自间距空气轴承 (Self-Spacing Air Bearing)" 结构，在旋转线速度为 4~12m/s 时能将两者之间的高度保持在 20nm 左右，最终获得了 80nm 线宽的直写结果。如果将该透镜阵列化将大大提高直写效率，例如：在 10m/s 的旋转速度下，若集成 1000 个该透镜阵列，刻写一片 12 英寸的晶圆只需要两分钟[49]。在此基础上，他们进一步设计了圆环 + 哑铃结构实现传播表面等离子体和局域表面等离子体的耦合。采用 355nm 皮秒激光器，使达到记录材料 $((TeO_2)_x Te_y Pd_z)$ 热阈值的光斑尺寸进一步压缩到 22nm；并结合改进后的 "空气轴承" 技术，成功地将飞行直写的分辨力提升到 22nm(图形深度约为 2nm，图 26.2-47)[50]。

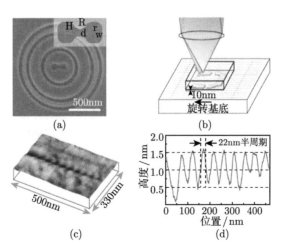

图 26.2-47　(a) 圆环 + 哑铃结构表面等离子体透镜的 SEM 图；(b) 直写系统结构示意图；(c) 直写结果的 AFM 扫描图；(d) 对应的截面曲线[50]

2. 纳米聚焦光刻

Bowtie 结构是一种蝶形的天线结构，由于具有两个相对的尖端，能实现特定波长光场的会聚和共振增强。Xu 等将 Bowtie 天线结构应用到超分辨直写光刻中，得到最小为 40nm×50nm 的光刻图形 [51]；进一步在 SNOM 探针尖端制备 Bowtie 天线结构，获得了最小线宽为 24nm 的光刻线条 [52]。在此基础上，他们还研究了阵列化 Bowtie 天线结构的并行直写技术，并通过直写过程中的精密间隙检测及控制 (图 26.2-48(a))，得到了最小特征尺寸为 22nm 的光刻结果，如图 26.2-48(b) 所示 [53-55]。Hahn 等也开展了超分辨直写光刻方面的研究 [56-58]，采用圆形接触探针结构可在 405nm 波长下获得 22nm 的最小线宽 [57]。

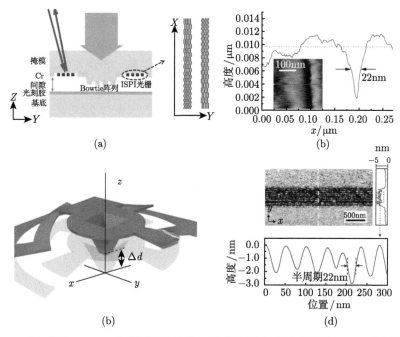

图 26.2-48　(a) 基于 Bowtie 的直写系统结构；(b) 通过 (a) 结构得到的 22nm 特征线宽直写结果 [55]；(c) 圆形接触探针的示意图；(d) 通过 (c) 结构获得的半周期为 22nm 的直写光刻结果 [57]

　　由 Bowtie 结构产生的局域光场仅束缚在结构表面，在垂直于结构表面方向上以指数形式衰减。这要求 Bowtie 结构与光刻胶之间的距离需控制在几个纳米的范围内；同时也会导致曝光深度浅、边缘模糊。Bowtie—金属—绝缘体—金属结构 (Bowtie-Metal-Insulator-Metal, BMIM) 是一种将 Bowtie 结构与 Ag-PR-Ag 波导结构相结合的增强型局域表面等离子体纳米聚焦光刻结构 [59]，如图 26.2-49(a) 所示。Bowtie 结构材料为 Al；Bowtie 结构下方分别为 5nm 的空气层、10nm 的 SiO$_2$

保护层、20nm 透射 Ag 层、30nm 光刻胶层和 50nm 反射 Ag 层。

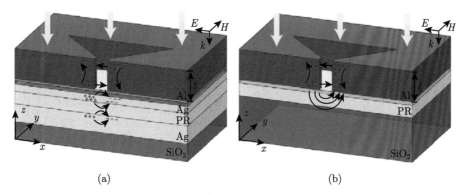

(a)   (b)

图 26.2-49   (a)BMIM 纳米聚焦光刻结构; (b)BI 纳米聚焦光刻结构[59]

当波长为 365nm，偏振方向垂直于 Bowtie 结构间隙的光垂直入射到 Bowtie 结构上表面时，Bowtie 结构所在金属层中的自由电子被激发并沿边缘进行重新排布，自由电子在 Bowtie 结构的尖端处大量堆积并急剧振荡，产生极强的极化电场。当极化电场中的波矢与表面等离子体的波矢相匹配时，便在结构尖端处激发得到局域表面等离子体。进一步地，通过间隙处局域表面等离子体形成纵向的类 F-P 腔共振和横向的表面等离子体共振，在 Bowtie 结构下表面的尖端处可形成超过衍射极限的聚焦光斑。

作为对比，图 26.2-49(b) 给出了传统基于 Bowtie 的纳米聚焦光刻结构，此处将其简称为 BI(Bowtie-Insulator) 光刻结构。其结构由 Bowtie、5nm 的空气层和 30nm 光刻胶组成。图 26.2-50 给出了 BMIM 和 BI 光刻结构焦斑强度和尺寸变化规律的数值计算结果。

由数值计算结果可看出上述两种光刻结构在光刻胶中形成的聚焦光斑强度和尺寸的变化趋势完全不同。如图 26.2-50(a)，(b) 所示，在 BI 结构中，透射光在小孔下表面的尖端处发生严重的散射，经过 5nm 的空气层后在光刻胶上表面处的强度仅有入射光强的 1.5 倍左右，导致焦斑尺寸的展宽，降低了曝光深度；而在 BMIM 结构中，透射光从 Bowtie 结构的下表面被耦合进 Ag-PR-Ag 组成的表面等离子体共振腔结构中，使得入射到光刻胶中的透射光保持了较高的强度及较好的光场分布，形成了类"纺锤形"的电场强度分布。图 (c)，(d) 给出了两种结构光刻胶中心位置附近聚焦光斑的电场分布情况，BI 结构在垂直于间隙方向上的聚焦光斑的 FWHM 为 86nm；而相同方向上，BMIM 结构下的焦斑尺寸仅为 28nm，相对于 BI 结构压缩了 67%，同时焦斑强度提升了近 10 倍。图 (e)，(f) 给出了两个结构光刻胶中聚焦光斑的强度增强因子与 FWHM 在光刻胶中的变化情况。BI 结构中，聚焦光斑的 FWHM 从光刻胶上表面的 40nm 迅速展宽到 125nm，同时强度增强因子

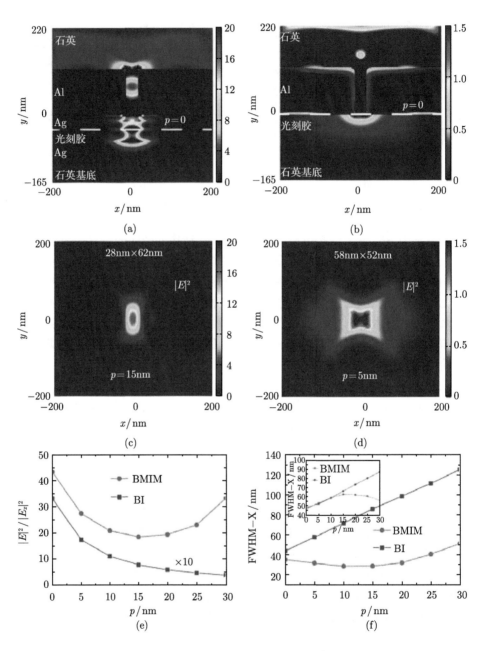

图 26.2-50　(a)BMIM 与 (b)BI 光刻结构中心截面电场强度分布；(c)BMIM 与 (d)BI 光刻结构光刻胶中焦斑电场强度分布；(e) 光刻胶沿 z 向各个位置强度增强因子；(f) 光刻胶沿 z 向各个位置的焦斑尺寸 (FWHM)[59]

由光刻胶上表面的 3 倍左右以指数形式衰减到 0.5 倍以下。而在 BMIM 结构的聚焦光斑始终保持在 40nm 以下，同时其强度保持为入射光强度的 5~10 倍，呈现两端强度高，中间强度低的变化趋势。因此，BMIM 结构相对于 BI 结构可有效抑制焦斑的展宽，并增加曝光深度。

值得指出的是，上述结构并非实现 SP 直写的唯一途径。将 BMIM 结构中的 Bowtie 替换为金属探针，可构成 TIM(Tip-Insulator-Metal) 直写结构[60]，当光刻胶厚度为 5nm 时，分辨率可达约 8nm，如图 26.2-51 所示。

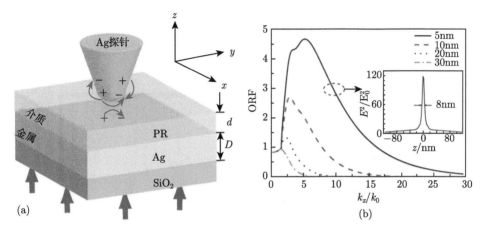

图 26.2-51　(a) TIM 结构示意图；(b) 光刻的厚度分别为 5nm，10nm，20nm 和 30nm 时，光刻胶和金属银层组成的基片的光反射频谱系数 (ORF)；插图为当 d=5nm 时，分辨率可达约 8nm[60]

26.3　远场超衍射光束直写光刻

缩短曝光波长和增大数值孔径是实现聚焦光束直写的基本途径，但受限于光的衍射特性，聚焦后的光束光斑 (或光场) 直径大小还处于衍射极限范围以内，这也大大限制了聚焦光束直写系统的加工分辨力。若在单光束的基础上用另外一束光 "包围" 原有的光场，并抑制光场的外围部分，能得到更小的光场分布 (或光斑)，其基本思想与受激辐射损耗 (STED) 荧光超分辨显微一致[61-64]。

直写系统同样包含两个光源，两束激光的作用分别类似于 STED 显微镜中的激发光和损耗光，不同之处在于超衍射直写无法通过控制荧光分子的状态来实现超分辨，因此需要找到一种类似于荧光分子的特殊材料。该技术目前主要有两个研究方向：一种是从寻找特殊的光刻胶着手，当一束光在光刻胶上写下一个衍射受限的光斑图案后，再用另一束光将图案外缘擦除，以此得到特征尺寸小于衍射极限的光刻图案，如图 26.3-1 所示；另一种则是通过光致变色材料来缩小直写光斑。

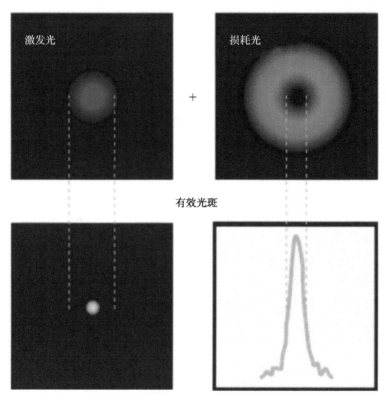

图 26.3-1 超衍射光束直写的基本原理

　　超衍射光束直写技术作为一种远场超分辨光刻技术，分辨力不再受衍射极限的限制，而主要由所使用的光刻胶和光致变色材料的性质所决定。超衍射光束直写光刻从具体实现形式上可分为如下几类。

26.3.1 基于多光子吸收效应的双光束超衍射直写

　　利用共轴的飞秒脉冲激光和连续激光可分别实现对材料的光学激发和抑制。2009 年，Fourkas 等采用了一种丙烯酸树脂作为感光材料，这种材料在 800nm 飞秒脉冲激光和相同波长的连续激光的照明下分别发生多光子聚合反应和去聚合反应。两束激光均由同一个钛宝石激光器产生，激光器的重复频率约为 76MHz，用于实现聚合反应 (激发光束) 的飞秒脉冲宽度为 200fs；用于去聚合的连续激光 (抑制光束) 则通过衍射光栅将脉宽展宽至约 50ps。800nm 连续激光的去聚合作用可减小聚合区域的大小，最终的叠加效果是在焦点位置形成了一个远小于衍射极限的聚焦光斑，从而可使沿光轴方向的分辨率小于 40nm(如图 26.3-2 (b) 所示)，达

到 λ/20 纵向分辨率 [65]。上述技术被称为光致去激活分辨力增强光刻 (Resolution Augmentation Through Photo-Induced Deactivation, RAPID)。

图 26.3-2(c), (d) 分别为多光子吸收聚合 (Multiphoton Absorption Polymerization, MAP) 与 RAPID 加工相同结构的对比，显然 RAPID 光刻在纵向上具有更高分辨力。但由于感光材料在双光子吸收截面、机械强度及光抑制方面还存在瓶颈，因而该方法还无法达到与电子束光刻相当的分辨力。

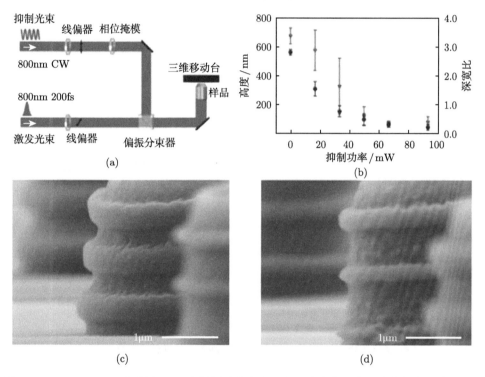

(a)

(b)

(c)

(d)

图 26.3-2 (a)RAPID 光路图; (b) 光刻图形高度和深宽比随去激活激光功率的变化情况, 在功率为 93mW 时纵向分辨力达到 40nm; (c) 和 (d) 分别为 MAP 与 RAPID 加工相同结构的对比 [65]

2013 年，Gan 等在上述方法基础上采用新的感光材料获得了特征尺寸最小为 9nm 的单线，及最小间距为 52nm 的双线光刻结果 (图 26.3-3(b))[66]，该方法还可加工高分辨力的三维图形 (图 (c), (d))。如图 26.3-3(a) 所示，抑制光束采用波长为 375nm 的连续激光，通过螺旋相位片产生环形的抑制光束。他们在单体为 SR399 的光刻胶中加入光引发剂 BDCC(2,5-bis(p-Dimethylaminocinn Amylidene)-Cyclopentanone) 作为感光材料，该材料具有以下几个特点：① 包含一个对双光子吸收具有高灵敏度的引发剂，只允许达到阈值条件的光斑感光；② 在环形抑制光场区域具有有效的双光子聚合抑制作用；③产生双光子聚合的激发光束阈值强度较低，可避免光损伤和不可控制的热过程；④ 具有足够的机械强度，在接近阈值条件曝光得到的高分辨力结构可承受显影、清洗过程等过程中不可避免的作用力。

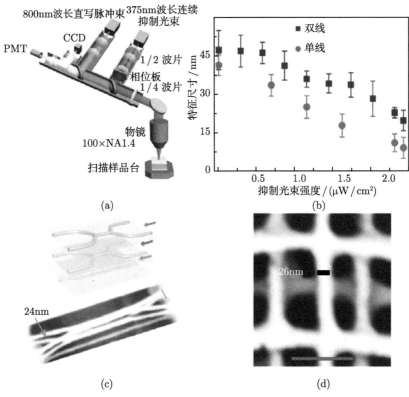

(a)

(b)

(c)

(d)

图 26.3-3　(a) 直写光路；(b) 最小特征尺寸随抑制激光光功率密度的变化；(c),(d) 三层和四层堆栈三维结构 [66]，(d) 中下方标尺为 100nm

26.3.2　基于单光子吸收的超衍射光束直写

不利用多光子吸收效应也可实现双光束的超分辨激光直写。Mcleod 等发展了基于单光子吸收的超衍射光束直写技术，并获得了 64nm 的光刻分辨力 [67]。相对于多光子吸收光刻过程而言，单光子吸收效率更高，加工时间更短。

如图 26.3-4(a) 所示，采用与受激辐射损耗显微镜类似的光路，激发光束为 473 nm 二极管泵浦的固体激光，364nm 波长氩离子激光通过二元衍射光栅产生抑制光束。采用的感光材料为包含单体、光敏引发剂、助引发剂和光抑制剂的一种新型聚合物材料。该材料的自由基聚合的引发和抑制分别由不同波长的入射激光控制，在非引发自由基的作用下可实现光诱导的抑制作用。这些自由基能与不断生长的聚合物链发生耦合，终止聚合并阻止链的生长。

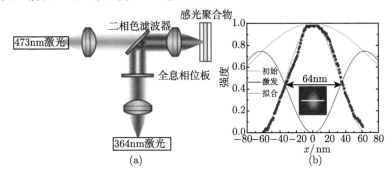

图 26.3-4 (a) 直写光路图；(b) 在蓝色激光功率为 $10\mu W$，紫色激光功率为 $110\mu W$，$1.3NA$ 物镜条件下的曝光结果 SEM 图 (插图)，黑色实心方块曲线为 SEM 图中白色实线位置的强度，半高全宽为 64nm，绿色曲线为期望聚合轮廓曲线 [67]

26.3.3 基于吸收率调制材料的超衍射光束直写

除了光聚合物，采用吸收率调制材料也可实现超衍射光束直写 [68]。吸收率调制材料是一种特殊材料，存在两种异构形态 A 和 B，当被波长为 λ_1 的光照明时会发生从 A 到 B 的转换，而当被波长为 λ_2 的光照明时会发生从 B 到 A 的转换，且 A 和 B 分别对 λ_1 不透明和透明。利用这种独特性质，当波长为 λ_1 的光聚焦为实心光斑，波长为 λ_2 的光聚焦为环形光斑，将两光斑中心重合同时照明到吸收率调制薄膜上时，λ_2 空心光斑可实现对 λ_1 实心光斑的尺寸压缩，从而使透过膜层的 λ_1 实心光斑的尺寸小于衍射极限，如果将光刻胶置于该膜层下方，即可实现超分辨光刻 (如图 26.3-5 所示)。透光窗口的尺寸与紫外光和可见光能量的比值成反比。

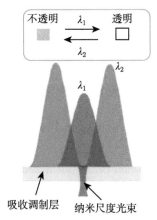

图 26.3-5 基于吸收率调制材料的超衍射光束直写原理图

Menon 小组前期采用偶氮苯聚合物作为吸收率调制材料 [69,70]，但由于偶氮苯聚合物的热稳定性较差，会导致底层光刻胶对 λ_2 存在一定的感光，因此无法得到 100nm 以下的分辨力。随后他们合成了一种性能更为优异的吸收率调制材料 (1,2-bis(5,5′-Dimethyl-2,2′-Bithiophen-yl) Perfluorocyclopent-1-ene)，利用该材料获得了特征尺寸为 36nm 的光刻结果 ($\sim 1/10\lambda$)(如图 26.3-6 所示)[71]。

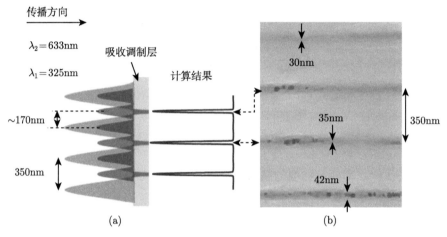

图 26.3-6   (a) 吸收率调制光刻示意图；(b) 光刻胶上光刻结果的 SEM 图 [71]

参 考 文 献

[1] Levenson M D, Viswanathan N S, Simson R A. Improving resolution in photolithography with a phase-shifting mask. IEEE T Electron Dev, 1982, 29: 1828–1836.

[2] Luehrmann P, Oorschot P V, Jasper H, et al. 0.35µm Lithography using off-axis illumination. Opt Laser Microlitho, 1993, 1927: 103–124.

[3] 姚汉民. 光学投影曝光微纳加工技术. 北京: 北京工业大学出版社, 2006.

[4] Lin B J. Optical lithography: here is why. Washington: SPIE Press, 2010.

[5] Luo X G, Ishihara T. Surface plasmon resonant interference nanolithography technique. Appl Phys Lett, 2004, 84: 478.

[6] Ozbay E. Plasmonics: Merging photonics and electronics at nanoscale dimensions. Science, 2006, 311: 189–193.

[7] Luo X, Yan L S. Surface plasmon polaritons and its applications. IEEE Photonics J, 2012, 4: 590–595.

[8] Xu T, Fang L, Zeng B B, et al. Subwavelength nanolithography based on unidirectional excitation of surface plasmons. J Opt A Pure Appl Opt, 2009, 11: 085003.

[9] Liu Z W,Wei, Q H, et al. Surface plasmon interference nanolithography. Nano Lett, 2005, 5: 957-961.

[10] Xu T, Fang L, Ma J, et al. Localizing surface plasmons with a metal-cladding superlens for projecting deep-subwavelength patterns. Appl Phys B, 2009, 97: 175–179.

[11] Guo X W, Du J L, Yao J. Large-area surface-plasmon polariton interference lithography. Opt Lett, 2006, 31: 2613–2615.

[12] Sreekanth K V, Murukeshan V M. Large-area maskless surface plasmon interference for one- and two-dimensional periodic nanoscale feature patterning. J Opt Soc Am A, 2010, 27: 95.

[13] Sreekanth K V, Murukeshan V M. Four beams surface plasmon interference nanoscale lithography for patterning of two-dimensional periodic features. J Vac Sci Technol B, 2010, 28: 128–130.

[14] Wang X X, Zhang D G, Chen Y, et al. Large area sub-wavelength azo-polymer gratings by waveguide modes interference lithography. Appl Phys Lett, 2013, 102: 031103.

[15] Xu T, Zhao Y, Ma J, et al. Sub-diffraction-limited interference photo-lithography with metamaterials. Opt Express, 2008, 18: 13579-13584.

[16] Zeng B B, Yang X F, Wang C T, et al. Plasmonic interference nanolithography with a double-layer planar silver lens structure. Opt Express, 2009, 17: 16783–16791.

[17] Liang G F, Wang C T, Zhao Z Y, et al. Squeezing bulk plasmon polaritons through hyperbolic metamaterials for large area deep subwavelength interference lithography. Adv Opt Mater, 2015, 3: 1248.

[18] Yang X F, Zeng B B, Wang C T, et al. Breaking the feature sizes down to sub-22 nm by plasmonic interference lithography using dielectric-metal multilayer. Opt Express, 2009, 17: 21560–21565.

[19] Li Y X, Liu F, Xiao L, et al. Two-surface-plasmon-polariton-absorption based nano-lithography. Appl Phys Lett, 2013, 102: 063113.

[20] Li Y X, Liu F, Ye Y, et al. Two-surface-plasmon-polariton-absorption based lithography using 400 nm femtosecond laser. Appl Phys Lett, 2014, 104: 081115.

[21] Pendry J B. Negative refraction makes a perfect lens. Phys. Rev. Lett., 2000, 85: 3966-3969.

[22] Fang N, Lee H, Sun C, et al. Sub-diffraction-limited optical imaging with a silver superlens. Science, 2005, 308: 534-537.

[23] Lee H, Xiong Y, Fang N, et al. Realization of optical superlens imaging below the diffraction limit. New J Phys, 2005, 7: 255.

[24] Melville D O S, Blaikie R J. Super-resolution imaging through a planar silver layer. Opt Express, 2005, 13: 2127-2134.

[25] Chaturvedi P, Wu W, Logeeswaran V J, et al. A smooth optical superlens. Appl Phys Lett, 2010, 96: 043102.

[26] Liu H, Wang B, Ke L, et al. High aspect subdiffraction-limit photolithography via a silver superlens. Nano Lett, 2012, 12: 1549–1554.

[27] Wang C T, Gao P, Zhao Z Y, et al. Deep sub-wavelength imaging lithography by a reflective plasmonics slab. Opt Express, 2013, 21: 20683-20691.

[28] Shao D B, Chen S C. Surface-plasmon-assisted nanoscale photolithography by polarized light. Appl Phys Lett, 2005, 86: 253107.

[29] Arnold M D, Blaikie R J. Subwavelength optical imaging of evanescent fields using reflections from plasmonic slabs. Opt Express, 2007, 15: 11542-11552.

[30] Holzwarth C W, Foulkes J E , Blaikie R J. Increased process latitude in absorbance-modulated lithography via a plasmonic reflector. Opt Express, 2011, 19: 17790-17798.

[31] Gao P, Yao N, Wang C T, et al. Enhancing aspect profile of half-pitch 32nm and 22nm lithography with plasmonic cavity lens. Appl Phys Lett, 2015, 106: 093110.

[32] Xu F Y, Chen G H, Wang C H, et al. Superlens imaging with a surface plasmon polariton cavity in imaging space. Opt Lett, 2013, 38: 3819-3822.

[33] Huang Q Z, Wang C T, Yao N, et al. Improving imaging contrast of non-contacted plasmonic lens by off-axis illumination with high numerical aperture. Plasmonics, 2014, 9: 699–706.

[34] Zhang W, Wang H, Wang C T, et al. Elongating the air working distance of near-field plasmonic lens by surface plasmon illumination. Plasmonics, 2015, 10: 51–56.

[35] Zhao Z Y, Luo Y F, Zhang W, et al. Going far beyond the near-field diffraction limit via plasmonic cavity lens with high spatial frequency spectrum off-axis illumination. Sci Rep, 2015, 5: 15320.

[36] Pendry J B, Ramakrishna S A. Refining the perfect lens, Physica B, 2003, 338: 329-332.

[37] Jacob Z, Alekseyev L V, Narimanov E. Optical Hyperlens: Far-field imaging beyond the diffraction limit, Opt Express, 2006, 14: 8247.

[38] Liu Z, Lee H, Xiong Y, et al. Far-field optical hyperlens magnifying sub-diffraction-limited objects, Science, 2007, 315: 1686.

[39] Rho J, Ye Z, Xiong Y, et al. Spherical hyperlens for two-dimensional sub-diffractional imaging at visible frequencies. Nat Commun, 2010, 1: 143.

[40] Ren G, Wang C, Yi G, et al. Subwavelength demagnification imaging and lithography using hyperlens with a plasmonic reflector layer, Plasmonics, 2013, 8: 1065-1072.

[41] Luo X. Subwavelength electromagnetics. Front Optoelectron, 2016, 9: 138–150.

[42] Xiong Y, Liu Z, Zhang X. A simple design of flat hyperlens for lithography and imaging with half-pitch resolution down to 20nm, Appl Phys Lett, 2009, 94: 203108.

[43] Tao X, Wang C, Zhao Z, et al. A method for uniform demagnification imaging beyond the diffraction limit: cascaded planar hyperlens. Appl Phy B, 2014, 114: 545-550.

[44] Zhang W, Yao N, Wang C, et al. Off axis illumination planar hyperlens for non-contacted deep subwavelength demagnifying lithography. Plasmonics, 2014, 9: 1333-

1339.

[45] Toshiki I, Tomohiro Y, Yasuhisa I, et al. Fabrication of half-pitch 32nm resist patterns using near-field lithography with a-Si mask. Appl Phys Lett, 2006, 89: 033113.

[46] Pires D, Hedrick J L, Silva A D, et al. Nanoscale three-dimensional patterning of molecular resist by scanning probes. Science, 2010, 328: 732-735.

[47] Cheong L L, Paul P, Holzner F. Thermal probe maskless lithography for 27.5 nm half-pitch Si technology. Nano Lett, 2013, 13: 4485-4491.

[48] Wolf H, Rawlings C, Mensch P. Sub-20nm silicon patterning and metal lift-off using thermal scanning probe lithography. J Vac Sci Technol, 2015, 33: 02B102.

[49] "Srituravanich W, Pan L, Wang Y, et al. Flying plasmonic lens in the near field for high-speed nanolithography. Nat Nanotechnol, 2008, 3: 733-737.

[50] Pan L, Park Y, Xiong Y, et al. Maskless plasmonic lithography at 22 nm resolution. Sci Rep, 2011, 1: 175.

[51] Wang L, Uppuluri S M, Jin E X, et al. Nanolithography using high transmission nanoscale bowtie apertures. Nano Lett, 2006, 6: 361-364.

[52] Dubay N M, Wang L, Kinzel E C, et al. Nanopatterning using NSOM probes integrated with high transmission nanoscale bowtie aperture. Opt Express, 2008, 16: 2584-2589.

[53] Uppuluri S M V, Kinzel E C, Li Y, et al. Parallel optical nanolithography using nano scale bowtie aperture array. Opt Express, 2010, 18: 7369-7375.

[54] Wen X L, Traverso L M, Srisungsitthisunti P, et al. High precision dynamic alignment and gap control for optical near-field nanolithography. J Vac Sci Technol B, 2013, 31: 041601.

[55] Wen X L, Traverso L M, Srisungsitthisunti P, et al. Optical nanolithography with $\lambda/15$ resolution using bowtie aperture array. Appl Phys A, 2014, 117: 307-311.

[56] Kim Y, Kim S, Jung H, et al. Plasmonic nano lithography with a high scan speed contact probe. Opt Express, 2009, 17: 19476-19485.

[57] Kim S, Jung H, Kim Y, et al. Resolution limit in plasmonic lithography for practical applications beyond 2x-nm half pitch. Adv Mater, 2012, 24: 337-344.

[58] Jung H, Kim S, Han D, et al. Plasmonic lithography for fabricating nanoimprint masters with multi-scale patterns. Micromech Microeng, 2015, 25: 055004.

[59] Wang Y H, Yao N, Zhang W, et al. Forming sub-32-nm high aspect plasmonic spot via bowtie aperture combined with metal-insulatormetal scheme. Plasmonics, 2015, 10: 1607–1613.

[60] Zhou J, Wang C T, Zhao Z Y, et al. Design and theoretical analyses of tip-insulator-metal structure with bottom-up light illumination: Formations of elongated symmetrical plasmonic hot spot at sub-10 nm resolution, Plasmonics, 2013, 8: 1073-1078.

[61] Hell S W, Wichmann J. Breaking the diffraction resolution limit by stimulated emission: stimulated-emission-depletion fluorescence microscopy. Opt Lett, 1994, 19: 780-782.

[62] Klar T A, Jakobs S, Dyba M, et al. Fluorescence microscopy with diffraction resolution barrier broken by stimulated emission. PNAS, 2000, 97: 8206-8210.

[63] Willig K I, Rizzoli S O, Westphal V, et al. STED microscopy reveals that synaptotagmin remains clustered after synaptic vesicle exocytosis. Nature, 2006, 440: 935-939.

[64] Rittweger E, Han K Y, Irvine S E, et al. STED microscopy reveals crystal colour centres with nanometric resolution. Nat Photon, 2009, 3: 144-147.

[65] Li L J, Gattass R R, Gershgoren E, et al. Achieving $\lambda/20$ Resolution by One-Color Initiation and Deactivation of Polymerization. Science, 2009, 324: 910-913.

[66] Gan Z S, Cao Y Y, Evans R A, et al. Three-dimensional deep sub-diffraction optical beam lithography with 9 nm feature size. Nat Commun, 2013, 4: 2061.

[67] Scott T F, Kowalski B A, Sullivan A C, et al. Two-color single-photon photoinitiation and photoinhibition for subdiffraction photolithography. Science, 2009, 324: 913-917.

[68] Menon R, Smith H I. Absorbance-modulation optical lithography. J Opt Soc Am A, 2006, 23: 2290.

[69] Menon R, Tsai H Y, Thomas S W. Far-field generation of localized light fields using absorbance modulation. Phys Rev Lett, 2007, 98: 043905.

[70] Tsai H Y, Wallraff G M, Menon R. Spatial-frequency multiplication via absorbance modulation. Appl Phys Lett, 2007, 91: 094103.

[71] Andrew T L, Tsai H Y, Menon R. Confining light to deep subwavelength dimensions to enable optical nanopatterning. Science, 2009, 324: 917–921 .

第 27 章　超衍射传输

随着信息传输容量的不断增加，传统的电子器件已经无法满足未来高速通信的发展需求，于是信息容量更高的光子器件引起了人们的广泛关注。尽管光子器件能够携带的信息量是电子器件的 100 倍以上，但其体积也是电子器件的 100 倍左右，因此将二者集成于同一回路中面临诸多技术难题。在光子器件小型化的过程中，当其尺寸缩小到与波长相比拟时，光子的传输会由于衍射极限而受阻。与传统的硅基波导和光子晶体波导分别依靠高折射率和光子带隙中的全反射实现亚波长尺度下的传输不同，表面等离子体波导能够实现真正意义上的超衍射传输。本章主要介绍表面等离子体波导、基于波导的光子器件以及波导系统中的新颖电磁现象。

27.1　表面等离子体波导

能够实现亚波长局域的光波导结构对实现光子集成至关重要。表面等离子体 (SP) 波导可以将导模的横向尺度控制在波长量级以下，实现超衍射传输。常见的 SP 波导类型主要有：链状的纳米金属颗粒波导、金属纳米线波导、短程/长程表面等离子体波导、金属–介质–金属型波导、混合波导等。这些波导在传播长度和有效模面积等方面各有不同，因此应用场合不同。为了实现超衍射传输，需要构建有效模面积更小、传播长度更长的 SP 波导结构，从而提高光子器件的集成度和信号的传播距离。

27.1.1　金属纳米颗粒波导

金属纳米颗粒波导通常是由间距非常小的金属纳米颗粒阵列形成的链式结构。在外界光的照射下，金属颗粒中的电子会发生群体移动，从而使得金属颗粒中的电子密度重新排布，在金属颗粒界面内外重新产生电场，即为局域表面等离子体 (LSP)。由于纳米金属颗粒波导中纳米颗粒的间距很小 (处于 SP 倏逝场范围内)，临近颗粒的 LSP 通过相互耦合沿波导链传播。尽管这种波导结构可以将导模的横向尺度控制在波长量级以下，但理论和实验结果都表明，由于金属内部的本征吸收，这种波导总是伴随着较大的传播损耗。2003 年，Maier 等人在掺氧化铟锡 (ITO) 的衬底上制备了尺寸为 90nm×30nm×30nm，间距为 50nm 的一维银纳米颗粒阵列，实验测得每 100nm 的传输损耗为 3dB[1]。若定义强度下降为初始值的 $1/e$ 时，表面等离子体波所传播的长度为传输长度，则金属颗粒阵列波导的传输长度只有亚微米量级。而且,这种颗粒阵列型波导也难以与其他平面光波导集成,目前报道的相对成熟的表面等离子体波导器件只有直波导和 T 形分支等 [2,3]。由于其较强的局域场增强能力,此类波导的被广泛应用于生物光子学领域,比如表面增强拉曼散射、生物标签及诊断应用等,如图 27.1-1 所示。

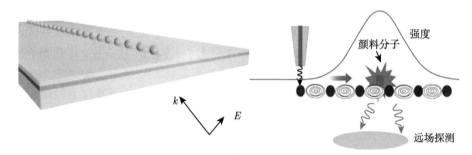

图 27.1-1   金属纳米颗粒波导结构示意图及典型应用 [1,2]

27.1.2   金属薄膜、条带及纳米线波导

相比金属纳米颗粒波导,金属薄膜波导具有非常大的优势且易于实现平面集成。当金属薄膜厚度减小到一定尺度 (通常为几十纳米) 时,金属薄膜上下两个界面产生的表面等离子体波相互耦合,   形成了两种新的   SP   模式,   如图 27.1-2(a) 所示。当金属薄膜上、下表面的电荷反对称振动时,SP 波的能量主要集中在金属内部,会产生较大的焦耳热损耗,因而其传输长度较短,被称为短程表面等离子体激元 (Short Range Surface Plasmon Polaritons,SRSPPs)。当金属层上、下表面电荷对称振动时,SP 波的能量主要集中在介质层中,焦耳热损耗较低,因而其传输距离较长,可达几毫米甚至几厘米,被称为长程表面等离激元 (Long Range Surface Plasmon Polaritons,LRSPPs)。

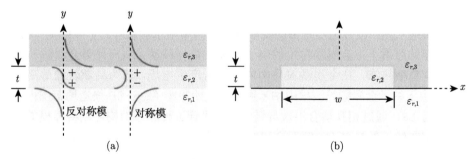

图 27.1-2   (a) 金属薄膜波导和 (b) 金属条带波导 [4]

为了实现对 SP 波在横向两个方向上的约束,可以将有限宽度的金属薄膜 (即金属条带波导) 嵌入介质中实现表面等离子体波的传输 [5],如图 27.1-2(b) 所示。

相比金属纳米颗粒波导，金属条带波导结构简单、辐射损耗小、传播距离可达几十微米。目前，基于此类波导的器件包括耦合器、分束器、干涉器、布拉格光栅等得到了广泛的研究，如图 27.1-3 所示。

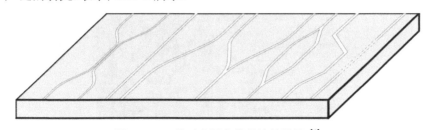

图 27.1-3　基于金属条带的波导器件 [6]

相比金属条带波导，金属纳米线波导具有更强的横向约束能力，因此导模的有效模面积更小、能量更集中，通过和增益介质结合可构造表面等离子体激光器。通过调节金属纳米线条的宽度或直径可以控制波导的传播距离和有效模面积。然而，此类波导的不足在于，随着弯曲程度的增加，其传输损耗指数增加。从图 27.1-4 中可以看出，纳米线波导弯曲程度足够大时，在输出端几乎探测不到光强。

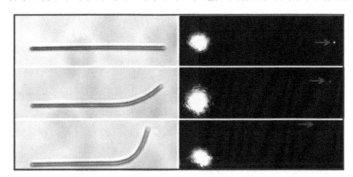

图 27.1-4　不同弯曲半径的金属纳米线波导及对应的传输效果 [7]

27.1.3　金属狭缝波导

由于 SP 波在金属中的穿透深度远小于其在介质中的穿透深度，金属狭缝波导相比金属条带波导具有更强的横向束缚能力。根据狭缝的类型不同又可分为 V 形槽波导和凹槽形波导，即金属—介质—金属 (MIM) 波导。金属表面刻蚀 V 形槽的波导结构具有非常显著的亚波长光场束缚能力，同时其传播损耗也相对较低 [8]。相比金属纳米线波导，V 形槽波导结构即使在弯曲程度比较大的情况下，表面等离子体波的传播距离也可以达到几十微米。目前，基于该类波导的 Y 形分束器、马赫-曾德干涉仪和环形谐振腔滤波器等众多器件得到了广泛研究，如图 27.1-5 所示。此外，对于图 27.1-6 所示的 MIM 波导，由于其纳米尺度的光场限

制性、几十微米的长传播距离、相对简单的结构以及便于加工制作等特点，基于该
波导的纳米光场调控和器件设计成为如今的研究热点之一。

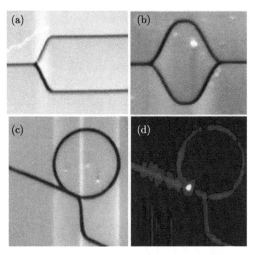

图 27.1-5　基于 V 型槽波导的分束器、干涉仪和滤波器及其场图 [9]

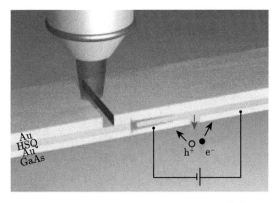

图 27.1-6　金属–介质–金属波导结构 [10]

27.1.4　混合型表面等离子体波导

　　由于金属本身存在欧姆损耗，等离子体波导均面临着长传播距离和小有效模
面积的矛盾。将 SP 波束缚在具有低损耗的介质中能有效地缓解这一矛盾。为此，
研究者们提出了一种新的表面等离子体波导结构，即通过介质波导和金属等离子
体波导的耦合，形成一种低损耗和高能量局域性的混合等离子波导，如图 27.1-7
所示。混合波导能够将电场高度局域在二者的间隙中，因此该波导同时具有低传输
损耗和较小的有效模面积。理论和实验表明，该波导能够实现百微米左右的长距离

传输，同时其有效模面积约为衍射极限的百分之一。

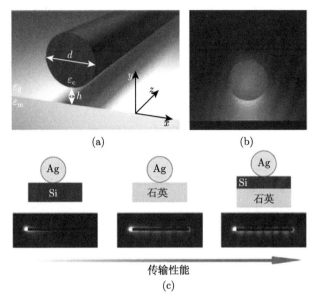

图 27.1-7 (a) 混合表面等离子体波导结构示意图与 (b) 模式的电场强度分布图 [11]；
(c) 不同衬底时金属纳米线波导的传输性能 [12]

27.1.5 石墨烯表面等离子体波导

由于石墨烯在掺杂条件下显示出很强的金属性，因此可以替代传统金属作为表面等离子体的传输载体。此外，由于石墨烯具有优越的电学和光学性能，石墨烯材料中的表面等离子体也显示出了诸多优越性。

(1) 可调性。掺杂石墨烯的光学性质取决于其掺杂水平，其费米能级可通过化学掺杂、外加静电场、静磁场以及门电压等方式改变，从而调节石墨烯的表面等离子体谐振频率。

(2) 较强的场局域特性。石墨烯上所激发的表面等离子体波长比自由空间中的波长小 1~3 个数量级。

(3) 低损耗。石墨烯材料具有极大的电导率，使得表面等离子谐振的弛豫时间达到 10^{-13}s，而金属中是 10^{-14}s，因此石墨烯中的表面等离子波的传播距离远大于金属中的表面等离子波。

目前，基于石墨烯表面等离子体的波导器件的研究取得了长足的进展。国内外围绕石墨烯表面等离子体的研究主要分为：①石墨烯波导的传播模式和色散关系的研究，如石墨烯薄膜和有限宽度的石墨烯条带的色散和传输特性 [13]，以及石墨烯纳米条带之间的电磁场耦合特性 [14]，如图 27.1-8 所示。②石墨烯表面等离子体波导内 SPP 的传输与控制研究，即通过在石墨烯膜层或者衬底上制备一些特殊的结构，实现对 SPP 的控制，如直波导、Y 形分束支节，还可以与其他波导结合构成调制器等，如图 27.1-9 所示 [15]。

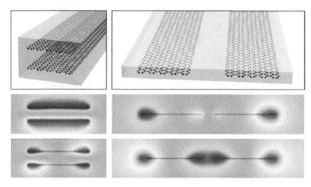

图 27.1-8　基于石墨烯纳米条带波导的 SPP 的耦合与杂化 [14]

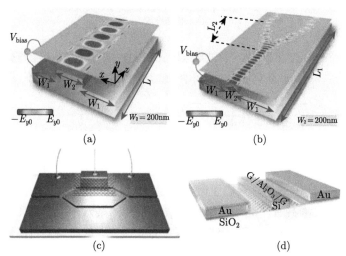

图 27.1-9　不同类型的带状石墨烯表面等离子体波导器件 [15−17]

(a) 直波导；(b)Y 形分束器；(c) 马赫–曾德调制器；(d) 光吸收调制器

27.1.6　有源和非线性波导

通过优化设计波导结构，可以尽可能地减少表面等离子体波导的弯曲损耗和辐射损耗，但金属内在的欧姆损耗无法避免。使用增益介质来降低甚至抵消表面等离子体波导的损耗是一种可行的技术途径 [18]。Maier[19] 通过计算指出，在 1550nm 波长下，芯层宽度为 50nm 和 100nm 的 MIM 波导，实现无损耗传输所需要的半导体增益系数分别为 4830cm^{-1} 及 1625cm^{-1}，这都在目前半导体增益介质所能提供的增益能力范围之内。由于 MIM 的损耗随着芯层介质折射率的减小而降低，因此,当芯层材料使用聚合物等低折射率材料时,所需要的增益更小。

非线性光学效应在实现激光光谱控制、超宽带脉冲产生、全光信息处理和超快光开关中发挥着重要的作用。这些光学器件利用材料的非线性效应可实现对光的有源主动控制,但仍存在以下问题:①器件的功耗比较大,为了产生足够强的非线性效应通常需要高的输入功率;②为了提供比较高的光学输出,器件的尺寸通常也比较大。为了适应未来纳米集成光学的发展与应用,迫切需要发展纳米尺度的弱光非线性光学技术[20]。在金属与非线性光学材料复合结构中,表面等离子体的局域场增强特性可以大大增强材料的非线性效应,近年来引起人们的广泛关注。

表面等离子体实现非线性光学效应的增强主要依靠以下几种方式:①利用表面等离子体的局域场增强特性,例如利用表面增强拉曼散射 (Surface-Enhanced Raman Scattering, SERS) 可以将拉曼信号增强几个量级,从而实现单分子探测。②表面等离子体的激发对金属和周围介质材料的电介质特性十分敏感,即金属表面很小的折射率变化便能导致表面等离子体共振发生明显的变化,这便是无标记表面等离子体传感的基础。此外,这种特性为非线性光学中实现全光控制和信息处理提供了可能。③表面等离子体响应的速率在飞秒量级,因此能够实现超快的光信息处理。目前,基于表面等离子体波导的非线性效应,包括二次谐波产生、四波混频、全光开关、孤子传输等现象得到了广泛的研究。例如,Park 等人在近红外光照射下,利用锥形等离子体波导的聚焦效应,使得锥形波导顶端的电场显著增强,实现了二次谐波的产生,产生极紫外光;Davoyan 等人利用强泵浦条件下的自聚焦效应实现了 SP 的孤子传输,如图 27.1-10 所示。如图 27.1-11 所示,通过狭缝或光栅耦合进入等离子波导的信号光可以由照射在等离子体波导上的泵浦光直接控制,比基于电光效应、热光效应的调制方式速度快 5 个数量级。

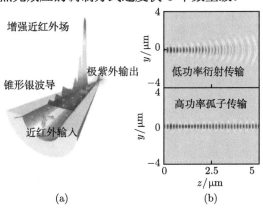

(a)　　　　(b)

图 27.1-10　(a) 基于锥形银波导的二次谐波产生[21];(b) 强泵浦作用下非线性等离子体波导的孤子传输[22]

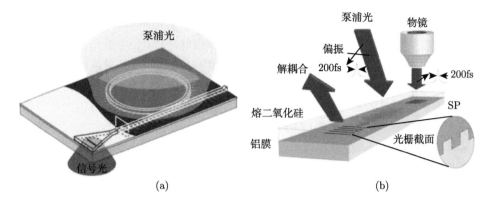

图 27.1-11   基于表面等离子体波导的超快有源光子器件 [23,24]

27.1.7   等离子体波导与传统光学纳米线的融合

等离子体波导具有将光场能量约束至小于 $\lambda/10$ 的能力，然而，在可见光或者近红外波段，电磁波在金属中传输时都不可避免地具有欧姆损耗而导致严重衰减。如果在不需要强约束的地方，使用低损耗的介质纳米波导代替部分金属纳米波导，有可能在保持表面等离子体波导强约束的同时从整体上降低或补偿器件损耗，如图 27.1-12 所示。

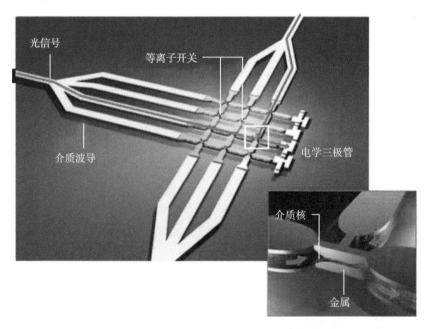

图 27.1-12   基于等离子体波导与传统介质波导融合的光子回路 [25]

近年来, 金属纳米线与传统的半导体或介质纳米线的融合成为一种发展趋势。金属纳米线的耦合激发需要满足必要的动量匹配, 已有的激发方法主要包括透镜聚焦 (图 27.1-13(a))、Kretsehmann 棱镜耦合、或者利用纳米颗粒散射实现动量补偿等方法, 这些方法往往需要大体积的耦合器件 (如物镜或者棱镜) 把光耦合进纳米线里, 因此器件的整体尺寸庞大, 降低了器件集成度。Pyayt 等提出将金属纳米线与聚合物矩形波导集成的方法, 但是矩形波导本身尺寸在微米量级, 而且耦合效率很低, 只有不到 1%(图 27.1-13(b))[26]。为了克服上述不足, Tong 等人通过实验实现了金属纳米线波导与传统半导体纳米线的直接耦合, 并构建了一系列的集成光子器件, 如图 27.1-14 和图 27.1-15 所示 [27]。

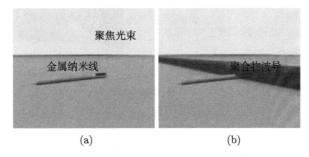

图 27.1-13 金属纳米线的激发方式 [26]

(a) 基于聚焦光束的激发方式; (b) 基于聚合物波导的激发方式

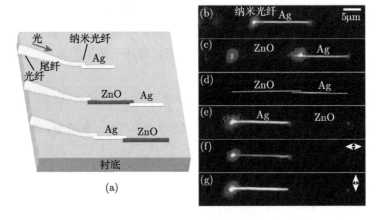

图 27.1-14 (a) 光纤与 Ag 纳米线直接耦合 (上图), 间接耦合激发 SP(中图), 光纤与 Ag 纳米线直接耦合激发 SP 后与 ZnO 纳米线耦合再次转换为光 (下图); (b), (c), (e) 对应图 (a) 中不同情形的观测结果; (d) 为图 (c) 中的样品电镜图; (f), (g) 图 (e) 中取不同偏振后的观测结果 [27]

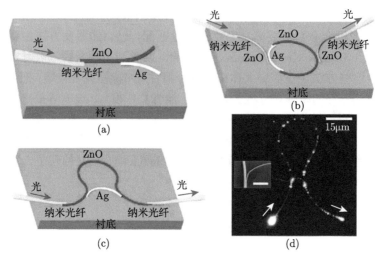

图 27.1-15　基于金属和半导体纳米线直接耦合的波导器件 [27]

(a) 分束器；(b) 环形微腔；(c) 马赫–曾德干涉仪；(d) 对应 (c) 中的观测结果

27.2　表面等离子体波导器件

随着微纳加工技术的发展，人们的研究已经不仅仅着眼于波导结构，而是希望使用表面等离子体器件代替绝大多数传统的光子器件，实现整个光子系统的集成化。研究者们相继提出了基于表面等离子体波导的激光器、滤波器、分束器、调制器、耦合器、波分复用器、光开关等一系列新型光子器件。这些器件不仅在性能上要高于传统的光子器件，并且很好地利用了表面等离子体波的短波长特性，为实现光子集成提供了无尽的可能。

27.2.1　激光器

现代通信技术的发展与激光器技术的进步密不可分，高质量、高能量、小体积的相干光源是实现光电集成的关键。从八十年代开始，人们相继提出了基于 GaAs 的激光器、基于 InP 材料的激光器等，并在此基础上提出了将光子器件与电子器件相结合的方案，将其共同制作在半导体基片上实现集成。此后，光子晶体微腔等技术被用来进一步缩小激光器的尺寸，但该方案仍然是基于光的全反射，本质上并没有克服衍射极限的限制，无论激光模式分布还是激光器的物理尺寸都远大于响应波长，因此实现与电子器件尺度兼容的纳米激光器仍是一项具有挑战性的工作。2009 年，加州伯克利大学 Oulton 等报道了一种纳米线表面等离子体激光器 [28]，该激光器采用 CdS 纳米线作为增益介质。纳米线产生的光子与金属层耦合形成表面等离子体，导模沿纳米线方向传播，并在纳米线两端反射形成的法布里 —

珀罗腔内传输振荡，被增益介质放大并实现激射，其光学有效模面积比衍射极限小近百倍，被称为深度亚波长表面等离子体激光器。该结构使用 405nm 波长的激光器进行光泵浦，出射激光的波长为 489nm。由于该结构具有非常强的模式限制，激子自发辐射速率提高到原来的 6 倍，自发辐射因子达到 0.8，这使得阈值大幅降低。由于实际传输的模式主要位于间隙层形成的微腔中，金属中的能量损耗大大降低，再加上微腔增强效应，使得表面等离子体波的传播距离更远，可用于远程表面等离子体波传输。由于该类激光的光场尺寸已经达到了微电子学中晶体管的尺寸，因此在光电集成上具有潜在应用价值。

27.2.2 滤波器

滤波器作为一种重要的光学器件在通信领域发挥了极其重要的作用。现有的表面等离子滤波器从结构上大体上可以分为基于周期性结构 (如布拉格光栅) 的滤波器 [29~31] 和基于单个选频结构 (如共振腔) 的滤波器两类 [32~36]。

1. 基于周期性结构的 SP 滤波器

为了实现 SP 滤波，可以将光子晶体中的禁带与带隙的概念引入到 MIM 波导结构中，如图 27.2-1 所示。光子禁带的形成依赖于折射率的周期性调制，MIM 波导中的光子禁带主要通过以下四种方式实现：①交替改变 MIM 波导中的金属材料；②交替改变 MIM 波导中的电介质材料；③交替改变 MIM 波导的宽度；④上述方式的任意组合。然而，由于大部分金属传播损耗都比较大，方式①中可供选择的金属材料并不多，较为常用的是方式②和方式③。

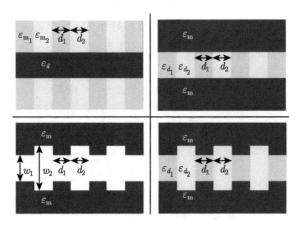

图 27.2-1　基于周期性 MIM 结构的 SP 滤波器

此外，类似于光子晶体，在周期性的 SP 凹槽结构中引入缺陷结构，可在宽的禁带中形成窄的透射谱。值得注意的是，光栅的周期在 400~600nm 就能满足通信

波长 (1550nm) 的滤波需求。如果通过尺寸缩放在可见光波段实现同样的功能，则光栅周期要缩小到 100~200nm。

2. 基于谐振腔的 SP 滤波器

当周期数目较多时，周期性结构的 SP 滤波器的尺寸就会超出亚波长的范围，同时损耗也比较大。与之相比，基于谐振腔结构的表面等离子滤波器在传输损耗和集成化方面存在优势，近年来得到了广泛的研究，如图 27.2-2 所示。通过对谐振腔结构耦合方式的调节可分别实现带通和带阻滤波。

图 27.2-2   基于 MIM 波导谐振腔的 SP 滤波器

在通信系统中，尤其是波分复用 (WDM) 系统中需要同时对多个波长进行上/下路复用，仅靠滤波器进行处理不能满足通信中的大容量需求，为此需要设计表面等离子体复用器/解复用器。图 27.2-3 所示的表面等离子体复用器/解复用器，由多个具有不同谐振频率的谐振腔和直波导组成，每个谐振腔独立响应一个复用信道。

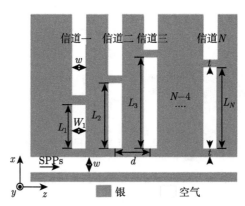

图 27.2-3   基于 MIM 波导谐振腔的复用/解复用器 [37]

3. 信道间距可变的 SP 滤波器

众所周知,基于法布里–珀罗谐振腔的表面等离子体滤波器,信道中心波长与共振腔长度呈线性关系。当多个共振模式同时存在时,信道中心波长之比近似满足 $1:1/2:1/n$,其中 n 为共振模的阶数。例如,图 27.2-4(a) 所示的表面等离子体滤波器,在腔长 L=500nm 时的透射谱如图 27.2-4(c) 中虚线所示。可以看出透射谱中出现两个信道,信道的中心波长分别为 1507nm 和 768nm。根据图 27.2-5 所示的信道中心波长处的磁场分布,可以确定滤波器的两个输出信道分别对应矩形谐振腔的一阶模和二阶模。其中,一阶模的磁场复振幅关于矩形腔中心呈奇对称分布,波节位置在矩形腔中心;二阶模的磁场复振幅关于矩形腔中心呈偶对称分布,波节位置在偏移矩形腔中心 $L/4$ 处。

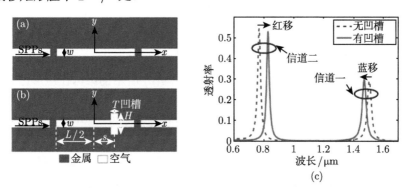

图 27.2-4 基于 MIM 波导谐振腔的表面等离子体滤波器 [32]

(a) 无凹槽的矩形波导谐振腔; (b) 有凹槽的矩形波导谐振腔; (c) 两种情况下滤波器的透射谱

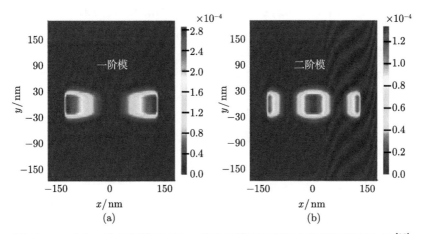

图 27.2-5 (a) 一阶共振模和 (b) 二阶共振模在共振腔内的磁场幅度分布 [32]

实际上，矩形谐振腔中磁场的分布规律也可以通过数学解析的形式反映出来。一阶和二阶模沿谐振腔的磁场分布满足 [35,36]

$$\left|\overline{H_1}(x)\right| = \left|\frac{4\overline{H_0}\sin(\mathrm{Re}(\beta_1)x)}{\sigma}\right| \tag{27.2-1}$$

$$\left|\overline{H_2}(x)\right| = \left|\frac{4\overline{H_0}\cos(\mathrm{Re}(\beta_2)x)}{\sigma}\right| \tag{27.2-2}$$

其中，$\overline{H_0}$ 为入射磁场，σ 为矩形腔的损耗系数，β_m 为 m 阶谐振模的传播常数。进一步，利用谐振条件可以得到上述模式的波节和波腹位置，即

$$\left|\overline{H_1}(x=0)\right| = 0, \left|\overline{H_1}(x=\pm L/2)\right| = \max(|\overline{H_1}(x)|) \tag{27.2-3}$$

$$\left|\overline{H_2}(x=\pm L/2)\right| = 0, \left|\overline{H_2}(x=0)\right| = \max(|\overline{H_2}(x)|) \tag{27.2-4}$$

上述结果与图 27.2-5 中的磁场幅度分布规律相吻合，因此在具有对称性的谐振腔中该规律具有一般性。

相比图 27.2-4(a) 所示的传统结构，图 27.2-4(b) 所示的结构在矩形谐振腔中引入宽度 T=50nm，高度 H=100nm 的凹槽。这里定义 s 代表凹槽偏离矩形腔中心的距离，其中 s=0 代表在矩形腔中心，s 为负值代表在矩形腔中心的左侧，s 为正值代表在矩形腔中心的右侧。

当 s=0 时，即凹槽位于矩形腔一阶模磁场的波节处，二阶模磁场的波腹处，此时凹槽共振腔的透射谱如图 27.2-4(c) 中实线所示。与没有凹槽时的透射谱对比发现，信道一的中心波长由初始的 1507nm 蓝移到 1469nm，信道二的中心波长由初始的 768nm 红移到 828nm。与此对应，滤波器两个信道之间的间距由初始的 739nm 减小为 641nm。从图 27.2-6 所示的不同深度的凹槽对应的透射谱可看出，增加凹槽的深度 H，信道二的中心波长线性红移，而信道一的中心波长基本不变，滤波器信道间距持续减小，直到两个信道完全重合。

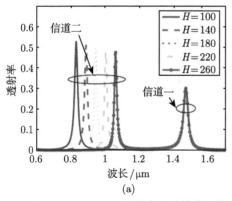
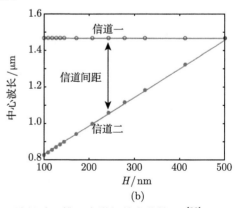

(a)   (b)

图 27.2-6 s=0 时滤波器透射谱和信道中心波长随凹槽深度增加的变化情况 [32]

当 $s=L/4$ 时，凹槽位于矩形腔二阶模磁场的波节处。在此位置处增加凹槽的深度，可发现信道一的中心波长线性红移，而信道二的中心波长基本不变，滤波器信道间距持续增大，如图 27.2-7 所示。

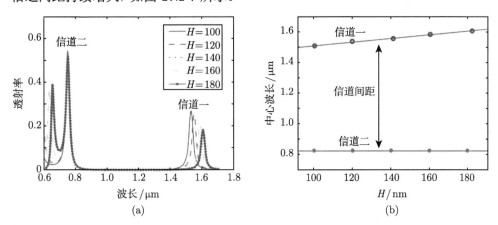

图 27.2-7　(a) 不同深度凹槽表面等离子体滤波器的透射谱 ($s= L/2$)；(b) 信道中心波长随
凹槽深度 H 的变化规律 [32]

除了改变凹槽的深度外，还可以通过改变凹槽的位置实现滤波器信道间距的调节。滤波器传输谱和信道中心波长随凹槽位置 s 的变化规律如图 27.2-8(a) 所示，两个信道的中心波长的变化范围分别为 1469~1585nm 和 751~828nm。与此对应，信道间距可以在 641~803nm 内调节。

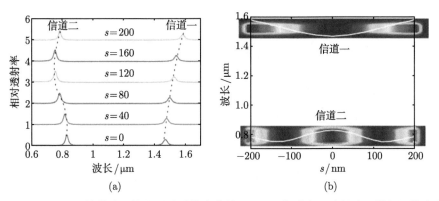

图 27.2-8　(a) 透射谱随凹槽位置移动的变化情况；(b) 信道中心波长随凹槽位置的变化
规律 [32]

对比图 27.2-8(b) 中信道中心波长的变化规律和谐振模的磁场分布规律，可以得到以下结论：①在不改变共振腔总长度的情况下，改变凹槽的位置也会使滤波器输出信道的中心波长及信道间距发生变化；②两信道中心波长随凹槽位置的变化规律并不相同，这与其对应的磁场分布相关；③由于矩形共振腔具有对称性，信道中心波长随凹槽位置的变化规律同样具有对称性；④凹槽位于磁场的波节处时，信道的中心波长最短；凹槽位于磁场的波腹处时，对应的中心波长最长。

根据以上分析，结合图 27.2-9 中不同凹槽深度下谐振模的磁场分布情况，可给出凹槽共振腔的分析模型。如果将凹槽看作是一个"容器"，该"容器"具有以下特点：①该"容器"可将附近的磁场束缚在容器中，附近的磁场越强，"容器"束缚的磁场就越多；当附近磁场强度为 0 时，"容器"对该磁场的作用基本可以忽略，如图 27.2-9(a)~(c) 所示；②"容器"对原磁场的扰动与其结构参数有关，容器越深则其对原磁场的扰动程度越大，如图 27.2-9(d)~(f) 所示；③"容器"对信道中心波长的影响通过以下两方面体现：一方面，通过将附近的磁场束缚在容器中从而增加谐振腔的等效长度；另一方面，"容器"的存在导致其附近区域等效折射率降低。上述两种作用同时存在，当前者作用大于后者作用时信道的中心波长产生红移，反之信道的中心波长则产生蓝移。

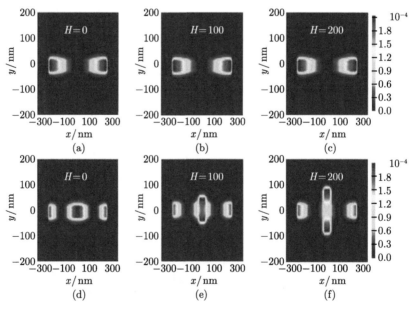

图 27.2-9   不同凹槽深度时矩形腔中共振模的磁场分布 [32]

(a)~(c) 一阶模；(d)~(f) 二阶模

27.2.3   分束器

1. 基于波导支节的分束器

早期的表面等离子体分束器结构都比较简单，通常利用波导中的支节结构实现分束, 如图 27.2-10 和 27.2-11(a) 所示的 T 形支节[38] 和 Y 形支节[39]。支节结构内在的对称性使得沿不同方向输出的 SPP 波具有完全相同的透射谱, 从而实现 1×2 的分束。通过调节输入波导和输出波导的宽度, 使其满足阻抗匹配条件, 可以减少分束器的反射率。对于图 27.2-10 所示的 T 形支节, 当输出波导宽度 d_{out} 为输入波导宽度 d_{in} 的 1/2.25 时, 可以实现无反射的高效输出。在上述支节波导的基础上引入谐振腔可以实现对不同频率 SPP 波的分束, 如图 27.2-11(b) 所示, 但这里谐振腔仅起到频率选择的作用。

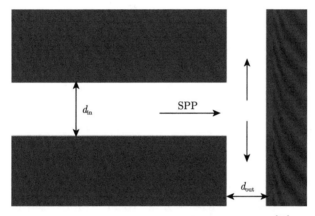

图 27.2-10 T 形 MIM 波导分束器结构示意图[38]

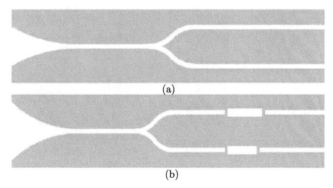

(a)

(b)

图 27.2-11 (a) Y 形 MIM 波导功率分束器; (b)Y 形 MIM 波导频率分束器[39]

2. 基于单个谐振腔的分束器

(1) 频率分束

以上介绍的表面等离子体频率分束器, 通常需要多个不同尺寸的谐振腔才能实现频率分束的功能, 如图 27.2-11(b) 所示。这里介绍一种基于单个谐振腔的分束器, 如图 27.2-12 所示。当两个输出端口分别位于矩形谐振腔的中心和偏移中心

$L/4$ 处时 (图 27.2-12(a))，两个信道分别从端口 1 和端口 2 输出，几乎没有串扰，隔离度高达 35dB(图 27.2-12(b))。这是由于上述位置分别对应一个共振模磁场的波节，因此只有一个共振模能够输出。

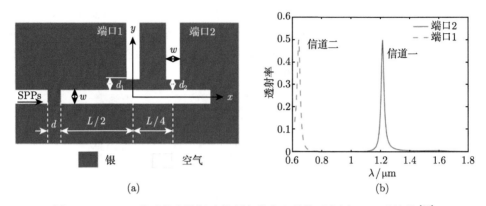

图 27.2-12　(a) 基于单个谐振腔的频率分束器结构示意图; (b) 透射谱[35]

(2) 1×2 功率分束

除了能实现频率分束外，仅需改变输出端口的位置，使两个端口关于 y 轴对称 $(|s| = L/4)$，可以实现 1×2 的功率分束 (图 27.2-13(a))。如图 27.2-13(b) 所示，由于结构的对称性，两个输出端口的输出信号强度完全相同。

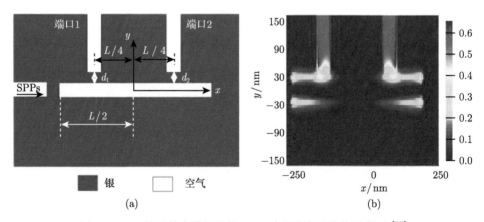

图 27.2-13　基于单个谐振腔的 1×2 功率分束器结构示意图[35]

为了实现非等分的功率分束，需要调节两个输出端口与谐振腔的耦合距离，使其不再相同。$d_1=20$nm，$d_2=15$nm 时 1×2 分束器的传输谱和电场强度分布如图 27.2-14 所示。从图中可以看出，耦合距离较小的输出端口具有更强的能量输出。通过此种方式，可以获得两个端口之间任意输出功率比。

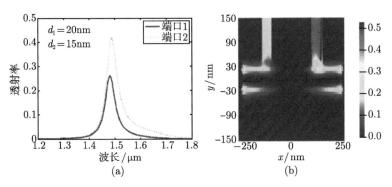

图 27.2-14　(a) 不同耦合距离下 1×2 功率分束器的传输谱；(b)1470nm 处的电场强度
分布[35]

(3) 1×3 和 1×4 功率分束

由于谐振腔内的磁场分布不仅关于 y 轴对称，同样关于 x 轴对称。因此，在上述关于 x 轴对称的位置上再增加一个或两个输出端口，可以构成 1×3 和 1×4 的功率分束器，如图 27.2-15(a) 和图 27.2-15(b) 所示。同样地，通过调节输出波导的耦合距离或填充材料的折射率可以实现具有任意分光比的 1×3 和 1×4 功率分束器，如图 27.2-15(c)~(f) 所示。

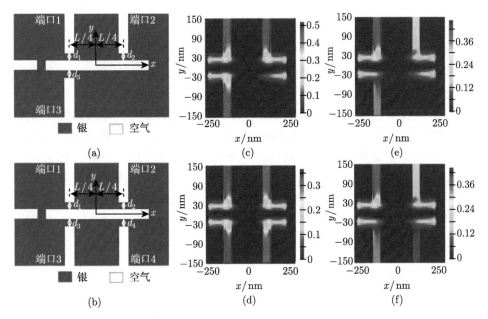

图 27.2-15　(a)1×3 分束器结构示意图，及 (c) 等分和 (e) 非等分情况下的电场强度分布；(b)1×4 分束器结构示意图，及 (d) 等分和 (f) 非等分情况下的电场强度分布

27.2.4　调制器

调制器在通信系统中扮演着重要的角色，它将频率较低的直流或射频信号调制在光载波上，借助光纤等媒质实现信息的大容量、长距离传输。作为微电子领域的传统材料，硅材料在加工工艺和制作成本上有着其他材料无可比拟的优势，因此硅基调制器是发展最早也是目前最成熟的调制器。由于硅属于间接带隙材料，电光效应较弱，为了获得具有足够调制深度的硅基调制器，研究人员提出多种方法增强调制器的调制效率。根据实现方式的不同可将这些调制器分为共振型和非共振型两类。前者通过和高品质因数的光学谐振腔集成在一起，将调制效率提高几个量级，因此可构造高集成度的调制器。但此类调制器件的工作带宽通常比较窄，不仅需要复杂的光学设计、严格的加工条件，而且对环境温度的变化也十分敏感。相比共振型的硅基调制器，非共振型的硅基调制器具有较大的工作带宽，其主要通过延长光在调制器中的作用时间来增加射频信号的调制深度，器件的尺寸通常为毫米量级，因此不仅难以实现集成而且增加了射频信号的传输损耗。随后出现了很多替代性的解决方案，例如采用锗和复合半导体等电光效率高的材料，但这类器件无法与目前成熟的硅基电子和光子平台兼容，限制了其应用。随着通信系统向着高容量、小型化的方向发展，人们迫切需要寻求与 CMOS(互补金属氧化物半导体) 兼容、有足够调制速度和调制深度、同时适合片上集成的新型光调制器。

1. 相位型调制器

表面等离子体波导具有良好的局域场增强能力，能够增强光和物质的相互作用，是实现集成调制器件的理想选择之一。如图 27.2-16 所示的表面等离子体相位调制器，沟槽型表面等离子体波导中的非线性电光聚合物具有很强的普克尔效应，能够实现高效的电光调制，波导中 SP 波的相位可通过调节门电压调控。这种非共振的表面等离子体调制器的调制速度可以达到 40Gbit· s^{-1}，在射频信号的频率为 65GHz 时，仍能获得均匀的调制深度。该调制器的长度仅为 29μm，体积和基于共振型的硅基调制器的体积相当，但其工作带宽远大于共振型的硅基调制器，在1550nm 中心附近具有 120nm 的工作带宽，因此能够覆盖大部分光通信波段，且在温度高达 85 ℃时仍能保持良好的热稳定性。

2. 宽带光吸收调制器

由于石墨烯具有宽带的光吸收特性，且其吸收特性随费米能级的改变而变化，因此有望作为调制器中的有源器件，加之其高迁移率等特性，在高速电子和光学调制器件上具有显著优势。然而，由于单层石墨烯的吸收率有限导致调制深度受限，因此不能直接用来构造调制器，如何增强石墨烯与光的相互作用是实现石墨烯调制器的关键。

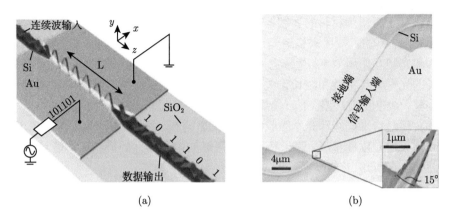

图 27.2-16 表面等离子体相位调制器的 (a) 结构示意图和 (b) 扫描电镜图[40]

(1) 电调谐型

2011 年，加州伯克利大学 Liu 等研发出一种工作在红外通信波段 (1.35μm 到 1.6μm) 的石墨烯调制器，其面积仅为 25μm² 左右。如图 27.2-17 所示，通过改变驱动电压可以实现对光子的吸收调制：当驱动电压在 −1∼3.8V 内调节时，石墨烯的费米能级接近狄拉克点，允许电子的带间跃迁，此时石墨烯能够吸收入射光子，产生 0.1dB·μm⁻¹ 的调制深度。当驱动电压大于 3.8V 时，费米能级上移到导带内，此时的导带由于电子的占据使得电子不能跃迁，所以不存在光吸收；当驱动电压小于 −1V 时，费米能级下移到价带内，此时无电子跃迁所以不存在光吸收。

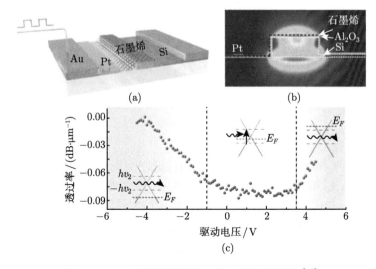

图 27.2-17 基于石墨烯的宽带光吸收调制器[41]

(a) 结构示意图；(b) 模拟的光模式分布；(c) 不同驱动电压下的静态电光响应

这种基于石墨烯材料的调制器有以下显著优势：①效率高。由于单层石墨烯的吸收率有限，不能直接用来构造光调制器，通过将其和光波导集成的方式能够增加石墨烯和光相互作用效率。②带宽大。由于狄拉克费米子的高频动态导电率为常数，石墨烯的光学吸收特性和波长无关，因此几乎可覆盖所有的通信波段、中红外和远红外波段。③速度快。室温下石墨烯的载流子移动速度高达 $2\times10^{6}\mathrm{cm}^{2}\cdot\mathrm{V}^{-1}\cdot\mathrm{s}^{-1}$，因此能够实现对费米能级和光学吸收特性的快速调制。此外，由于石墨烯中载流子的产生和湮灭均在皮秒量级，意味着基于石墨烯的电子器件的调制速率能够达到 500 GHz。④与 CMOS 工艺兼容。

(2) 光调谐型

上述调制器中驱动信号采用门电压驱动的方式，其调制速率和工作带宽受到驱动电路的限制，为此人们提出了全光调制的方式。如图 27.2-18 所示的调制器由石墨烯包覆的微光纤结构组成。其工作原理为：弱红外信号耦合进入该结构时，由于石墨烯的吸收作用，信号剧烈衰减。引入开关信号后，通过激发石墨烯材料中的载流子并通过泡利阻塞带间跃迁将石墨烯的吸收范围移动到更高的频率。此时，红外信号的衰减可以忽略。开关信号的通断实现了对微光纤输出信号的调制，由于该调制器的响应速率仅受限于激发载流子的弛豫时间 (约为 2.2ps)，因此理论上可实现带宽为 200GHz 的高斯脉冲调制[42]。

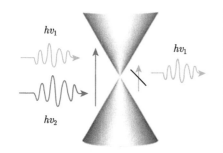

图 27.2-18　基于石墨烯的全光调制器[42]

3. 马赫–曾德干涉型调制器

马赫–曾德干涉仪是一种典型的通过相位调制实现强度调制的器件，广泛应用于各种信号调制器和开关中。目前，商用的马赫–曾德调制器多基于铌酸锂材料，尺寸在厘米量级。相比铌酸锂调制器，硅调制器的带宽可大于 55GHz，成本低廉，尺寸在几百平方微米到平方毫米量级。尽管如此，硅调制器仍然难以达到集成电路中晶体管的尺寸。基于金属和石墨烯的表面等离子体具有突破衍射极限的潜力，为实现高集成度的光调制器提供了可行方案。

(1) 基于少层石墨烯的电调谐调制器

图 27.2-19 为基于少层 (层数少于 5) 石墨烯和波导相结合的调制器，由两个 3dB 耦合器和相移臂组成。3dB 耦合器起到对入射光分束和合束的作用，相移臂则对在相移臂波导中传播的光的相位进行调制。当一束光进入 3dB 耦合器输入端的单模波导后，被 3dB 耦合器分为强度和相位完全相同的两束光进入相移臂。如果两相移臂完全对称，在不加调制的情况下，这两束光到达第二个 3dB 耦合器时强度和相位完全一样，经过 3dB 耦合器的干涉作用，合束为与输出光强度相等的一束光并由单模波导输出 (假定波导的损耗可以忽略)。如果在相移臂上加上调制电压 (通常只在一个相移臂上加调制或在两个相移臂上加不同的调制电压)，相移臂波导的折射率发生改变，从而使得在两个相移臂上两束光的相位不再相等。这样在经过相移臂的传输后，两束光到达第二个 3dB 耦合器时的强度相等但存在一个相位差 (假设光场在受到调制时没有强度衰减)，这两束光在第二个 3dB 耦合器内发生干涉，输出光强将随相位差的不同而变化，即输出光强受到调制信号的调制。当相位差为 π 的奇数倍时，理论上可以达到完全消光，即输出端光强度为零。

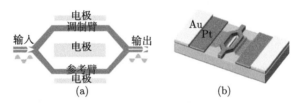

图 27.2-19　基于少层石墨烯的电调谐马赫–曾德调制器 [43]

图 27.2-19(b) 中的调制器采用三层石墨烯材料，该调制器的臂长只有 16.5μm 且驱动电压不超过 1V，能量成本为 8fJ/bit，消光比高达 31.8dB。

(2) 基于非线性材料的光调谐调制器

相比采用电调谐的方式，全光调谐方式具有更快的调制速度和更大的工作带宽，下面介绍基于非线性材料的马赫–曾德型调制器。图 27.2-20 插图所示为等离子体波导耦合器结构，由耦合模理论可知，当信号从端口 1 输入，位置 z 处的磁场分布可以表示为对称模式和反对称模式的叠加，即

$$a(z) = \frac{\exp(-\mathrm{i}\beta_a z) + \exp(-\mathrm{i}\beta_s z)}{2} = \cos(\kappa z)\exp(-\mathrm{i}\beta z) \tag{27.2-5}$$

$$b(z) = \frac{\exp(-\mathrm{i}\beta_a z) - \exp(-\mathrm{i}\beta_s z)}{2} = -\mathrm{i}\sin(\kappa z)\exp(-\mathrm{i}\beta z) \tag{27.2-6}$$

其中，β_a 和 β_s 是对称模式和反对称模式的传播常数，β 和 $\kappa = (\beta_a - \beta_s)/2$ 分别为单个波导的传播常数以及两个波导之间的耦合常数。利用传输矩阵方法可计算出这种耦合器中两种模式的等效折射率，如图 27.2-20 所示。可以看出，反对称模式

的等效折射率明显大于对称模式的折射率。定义能量从一个波导完全耦合到另一
个波导所经历的传播长度为耦合长度，间距为 d 的两个等离子体波导之间的耦合
长度随波长的变化规律曲线如图 27.2-21 所示。可以看出，与传统介质波导耦合器
不同，等离子体波导耦合的耦合长度与波长近似成正比。在传统定向耦合器中，介
质介电常数的值为正数，并且几乎与波长无关，因此其耦合长度与波长成反比。而
MIM 波导构成的耦合器，由于中间银层的介电常数为负值，且其绝对值随波长增
大迅速增大，因此呈现相反的变化规律。

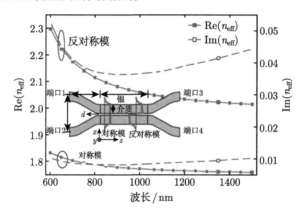

图 27.2-20   耦合器中对称模式和反对称模式的有效折射率 [44]

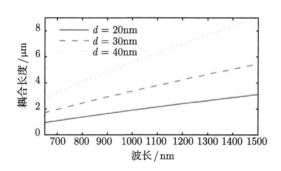

图 27.2-21   不同间隔 d 对应的耦合长度与波长的关系 [44]

值得注意的是，这种基于 SP 波导的耦合器损耗较大，模式的传播长度对耦合
器的性质也有很大影响。可以采用耦合长度与平均传播长度 $(2/\mathrm{Im}(\beta_s+\beta_a))$ 的比
值来表征其影响，其值越小则意味着耦合性能越好。对于图 27.2-22 所示的耦合器
而言，在波长 1064nm 处，比值为 0.2566。另外，耦合器两个输出端口处极大值和
极小值并不重合，这是由对称模式和反对称模式的传播损耗不一致导致的。

上述的耦合器可用于构造非线性马赫-曾德干涉仪，其结构如图 27.2-22 所示。
两个耦合器通过波导相连，其中一臂填充 Kerr 非线性材料。Kerr 介质的折射率

与入射电磁波的强度有关，可以表示为 $n = n_0 + n_L I$，I 是输入信号的光强，n_0 和 n_L 分别为线性折射率和非线性系数。例如 MEH-PPV 材料，在 1064nm 波长处，n_0=1.6494，n_L =1.8×10^{13}cm^2/W。没有泵浦光时，端口 1 入射的 SP 波被第一个耦合器等分到马赫–曾德两个波导臂中传播。由于两臂填充材料的折射率不同，两臂中的 SP 波经过一定长度的波导传输后，会产生 π 的位相差，因此 SP 波经第二个耦合器输出后在端口 3 处相干增强，在端口 4 处相干相消。

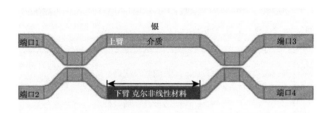

图 27.2-22 非线性马赫–曾德干涉仪示意图

端口 3 和端口 4 输出功率随入射功率的变化情况如图 27.2-23(a) 所示。当输入功率为 5×10^{8}W/m 时，端口 3 和端口 4 的归一化功率分别为 0.096 和 0.0002，对应消光比为 16.8dB。当输入功率增加到 4.45×10^{9}W/m 时，端口 3、4 的归一化功率分别为 0.001512 和 0.09528，对应消光比为 18dB。上述两种情形下，马赫–曾德调制器中的磁场分布如图 27.2-23(b)(c) 所示，这种随入射强度变化的传输特性可以用于构建被动光学器件，如 1×2 的光学路由器。

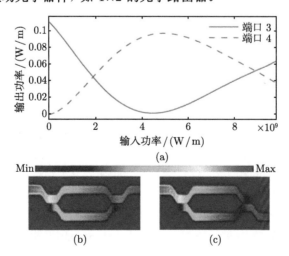

图 27.2-23 (a) 输出功率随输入功率的变化关系；(b) 输入功率为 5×10^{8}W/m 和 (c) 4.45×10^{9}W/m 时的磁场分布[44]

为了实现全光开关，端口 1 采用波长为 1064nm 的连续光作为泵浦源，经过第一个耦合器全部耦合到下臂，然后由第二个耦合器全部耦合到端口 3。与此同时，波长为 860nm 的信号光从端口 2 输入并被耦合器均分，通过泵浦光的强度改变信号光的相位，实现交叉相位调制。如图 27.2-24 所示，当泵浦光功率为 7.6×10^7 W/m 时，端口 4、3 的归一化信号光功率分别为 0.00065 和 0.0184，对应消光比为 14.5dB。当泵浦光功率增加到 9.9×10^8W/m 时，端口 4 和端口 3 的归一化信号光功率为 0.0188 和 0.00048，对应消光比为 15.9dB。因此，可以将泵浦光的开关态分别定为 7.6×10^7W/m 和 9.9×10^8W/m。

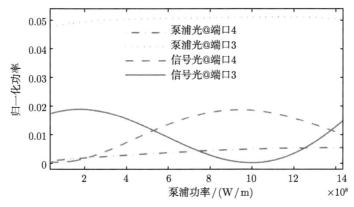

图 27.2-24 端口 3 和端口 4 的归一化功率与泵浦光功率的关系[44]

27.3 表面等离子体波导中的新颖现象

前面介绍了常见的表面等离子波导及波导器件，接下来介绍表面等离子体波导中的几种新颖现象。

27.3.1 类电磁诱导透明

当一束相干电磁场 (探测场 ω_p) 作用于物质原子的一对跃迁能级时，物质会在其共振频率处对入射光场有较大吸收。此时，如果在某一跃迁能级与另外的原子能级之间加入一个较强的相干场 (耦合场 ω_c，如图 27.3-1(a))，当耦合场和探测场满足一定的条件时 (探测场的频率失谐 Δ_1 与耦合场的频率失谐 Δ_2 相等)，物质对探测场的吸收峰处会形成一个凹陷 (如图 27.3-1(b))，即原子系统对探测光场的吸收减弱或者消失。这种在电磁场作用下使物质由不透明到透明的现象被称为电磁诱导透明 (Electromagnetically Induced Transparency，EIT)。显然，EIT 是光与物质相互作用中电磁场与原子能级系统之间产生的一种量子干涉效应。

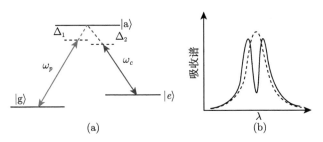

图 27.3-1 (a) 三能级原子结构中的 EIT 示意图；(b) 有无耦合光时的吸收谱 [45]

EIT 现象在慢光、非线性光学、光存储等方面具有重要的应用。然而，最初的三能级原子结构中实现诱导透明需要苛刻的条件，限制了它的进一步应用。为了克服上述问题，人们提出了很多新的结构来模拟经典三能级原子结构中的电磁诱导透明现象，即类电磁诱导透明 [46-52]。本节主要介绍表面等离子体波导系统中的类电磁诱导透明。开口谐振环 (Split Ring Resonators, SRR) 作为人工电磁材料中一种常用的单元结构，可用经典 LC 共振电路进行解释，其 U 形金属臂相当于电感，两个 U 形金属臂之间的间隙相当于电容，其共振频率可以通过对应的 LC 共振电路进行计算 [53,54]。将原来的 U 形金属臂变为 U 形腔，其电磁特性同样可以用 LC 共振模型来进行解释。图 27.3-2 所示为基于开口谐振环互补结构 (Complementary Split Ring Resonators，CSRR) 的类电磁诱导透明波导系统，由主波导和与之耦合的 CSRR 组成。从物理机制上看，CSRR 可以看作是两个相互耦合的 U 形共振腔，耦合距离 (中间金属挡板厚度) 为 g。其中，下部的 U 形共振腔与主波导的距离比较近，能够被主波导直接激发，即为亮模；上部的 U 形共振腔与主波导的距离较远，不能直接被主波导所激发，但可通过与下部 U 形腔的耦合，实现与主波导的间接耦合，即为暗模。

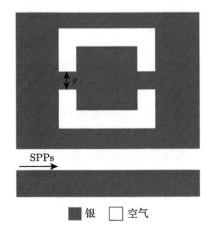

■ 银　□ 空气

图 27.3-2 基于 CSRR 的表面等离子体波导系统 [48]

1. 基于单个 CSRR 的类电磁诱导透明现象

当亮模与暗模之间的耦合距离 g 远大于 SP 波在金属中的穿透深度, 可以认为此时仅有亮模存在 (27.3-3(a) 中的插图), 亮模与暗模之间不存在相互耦合, 透射谱在 1102nm 处出现了一个透射谷 (图 27.3-3(a)), 其对应的磁场分布如图 27.3-3(b) 所示。可以看出, 场被束缚在亮模内形成强烈的共振, 无法通过主波导输出, 即波导系统表现为不透明。当亮模与暗模之间的耦合距离 g 小于 SP 的穿透深度 (g=20nm) 时 (图 27.3-3(c) 中的插图), 亮模与暗模相互耦合使得原来的透射谷处出现了透射峰, 而在其两侧 1046nm 和 1166nm 处出现了两个新的透射谷, 即产生了类电磁诱导透明传输。图 27.3-3(d) 所示为透射峰处结构的电磁分布情况。可以看出, 此时暗模通过与亮模的耦合被激发, 而亮模中的电磁共振与暗模产生了相干相消, 场通过主波导得以输出, 即波导系统表现为透明。

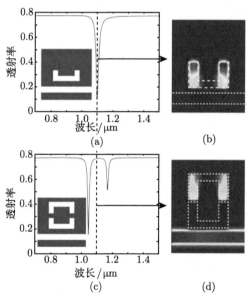

图 27.3-3　(a) 单个亮模对应的传输谱; (b) 波谷处的磁场分布; (c) 亮模与暗模共存时传输谱; (d)1102nm 波长处的磁场分布[48]

表征 EIT 特性的主要参量之一是其透明窗口的宽度, 其值取决于图 27.3-1 中两个非公共能级 ($|g\rangle$ 和 $|e\rangle$) 之间的相干性。前面仅考虑了 CSRR 结构对称的情况, 接下来考虑 CSRR 非对称时的情况。如图 27.3-4 所示, 定义 s 为金属挡板偏移 CSRR 中心位置的距离, 其值越大 CSRR 的非对称度也越大, 其值为 0 时 CSRR 结构上下对称。随着 CSRR 非对称程度的增加 (s=0nm, s=5nm 和 s=10nm), 两个非公共能级之间的相干程度下降, 透明窗口的宽度也逐渐增大, 如图 27.3-4 所示。

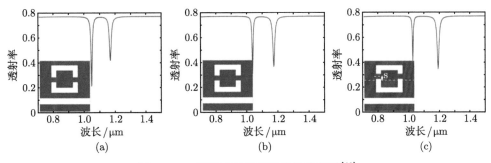

图 27.3-4 不同对称度下结构的透射谱[48]

(a)s=0nm; (b)s=5nm; (c)s=10nm

图 27.3-5 所示为亮模与暗模不同耦合距离时的透射谱, 可以看出随着耦合距离的增大, 透明窗口的宽度逐渐减小, 即通过改变耦合距离可以控制亮模和暗模的耦合强度。

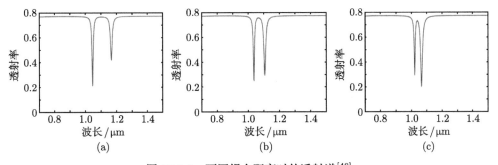

图 27.3-5 不同耦合距离时的透射谱[48]

(a) g=20nm; (b) g=30nm; (c)g=40nm

2. 基于级联 CSRR 的类电磁诱导透明现象

级联 CSRR 与单个 CSRR 的类电磁诱导透明现象在物理机制上基本一致, 区别在于此时的 CSRR 只有一个开口。类似的, 下部的 CSRR 相当于亮模, 上部的 CSRR 相当于暗模。仅有亮模存在时, 结构的透射谱如图 27.3-6(a) 所示, 透射谱在可见光波段 (768nm) 和近红外波段 (1055nm) 分别出现了一个透射谷。此时, 场被束缚在亮模内形成强烈的共振, 无法通过主波导输出, 即波导系统表现为不透明, 如图 27.3-6(b) 所示。当亮模与暗模之间的耦合距离 g 小于 SP 的穿透深度, 亮模与暗模相互耦合使得原来的透射谷处出现了透射峰, 原来不透明的波长处分别出现了一个透明窗口, 同时在每个透明窗口附近分别出现了两个新的透射谷, 即类电磁诱导透明传输。此时暗模通过与亮模的耦合被激发, 而亮模中的电磁共振与暗模产生了相干相消, 场通过主波导得以输出, 即波导系统表现为透明。

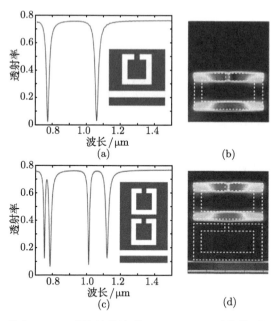

图 27.3-6　(a)，(b) 单个 CSRR 系统的传输谱及 1055nm 下结构的磁场分布；(c)，(d) 级联
CSRR 系统的传输谱及 1055nm 下结构的磁场分布[48]

　　图 27.3-7 所示为不同耦合距离下级联 CSRR 的透射谱。从图中可以看出，随
着耦合距离的增大，透明窗口的宽度逐渐变小，透射峰不断下降。尤其是当耦合距
离增大到 50nm 时，可见光波段处的透明窗口基本上消失了。因此，适当的耦合距
离是保证类电磁诱导透明传输的一个重要因素。

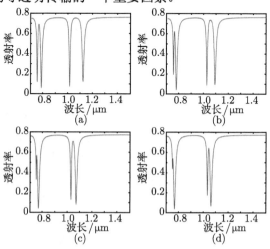

图 27.3-7　不同耦合距离下级联 CSRR 的透射谱[48]

(a)20nm；(b)30nm；(c)40nm；(d)50nm

27.3.2 轨道角动量的超衍射传输

在过去的四十年中，随着先进调制方式的不断涌现和相干接收技术的发展，单根光纤的频谱效率得到了极大的提升，目前已超过 6bit/s/Hz。凭借时分复用、波分复用、正交频分复用和偏振复用等技术的不断进步，不久之后单根单模光纤的容量将会逼近 Shannon(香农) 极限。进一步提高系统传输容量只能依靠以空分复用技术为代表的多维传输技术。近年来，携带轨道角动量的光子，由于其空间模式的正交性，被用来提高光纤通信系统的传输容量，如图 27.3-8 所示[55]。然而，光纤中的 OAM 复用存在以下问题：①光纤的体积较大，不易实现光子集成；②光纤中传播的 OAM 的模式尺寸比较大，约为几个波长，不能实现超衍射传输；③光纤中不同 OAM 模式之间的串扰比较大，因此仅能实现拓扑荷为 ±1 的 OAM 的复用，限制了其拓展通信容量的潜力。因此，需要寻找同时支持多个不同拓扑荷 OAM 超衍射传输的新型波导。

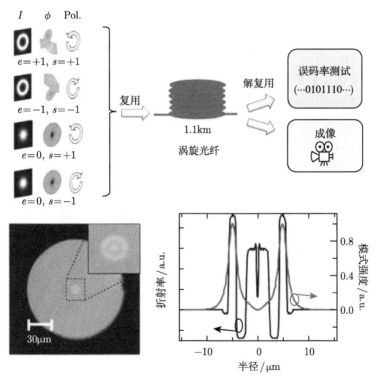

图 27.3-8　光纤通信中的 OAM 复用[55]

SP 波导无疑具有满足上述需求的潜力。图 27.3-9 为可支持多种 OAM 模式超衍射传输的圆柱形金属波导。携带 OAM 的光入射后转换为具有超衍射特性的

SPPs 并沿圆柱形导传播。根据轨道角动量光场传播理论,在内径为 d 的圆柱形波导中,能够传播的轨道角动量的拓扑荷数上限为 $l=\pi d/\lambda_{\mathrm{eff}}$,其中 λ_{eff} 为 SPPs 的等效波长。因此内径为 400nm 的圆柱形波导在波长 532nm 处,能够支持拓扑荷为 ± 1 和 ± 2 的 OAM 传输。

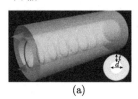
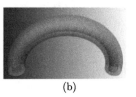

(a)   (b)

图 27.3-9   传播轨道角动量的等离子体波导结构示意图 [56]

采用如图 27.3-10(a) 所示的模式叠加方法来分析不同拓扑荷的 OAM 在圆柱形波导中的传播情况。拓扑荷为 1 和 2 的 OAM 经过 3μm 长圆柱形金属波导后的透射率如图 27.3-10(b) 所示。可以看出,在 500~550nm 波长内,拓扑荷为 1 的 OAM 透过率为 −8dB,而拓扑荷为 2 的 OAM 透过率最大仅为 −25dB,且随着波长的增大,透过率进一步降低。这里,透过率由入射电场和出射电场之间的关系定义,$|E_{\mathrm{out}}| = |E_{\mathrm{in}}| \cdot C_{\mathrm{coup}} \cdot \beta \cdot L$,其中 C_{coup} 为入射光耦合进入圆柱形金属波导的效率,β 和 L 分别为波导的传输系数 (单位为 dB/μm) 和长度。通过计算不同长度波导的 OAM 透射率,得到波长为 532nm 处拓扑荷为 1 和 2 的 OAM 的传输系数分别为 −2.73dB/μm 和 −6.0dB/μm,可见拓扑荷为 2 的 OAM 的传输损耗要大于拓扑荷为 1 的 OAM。

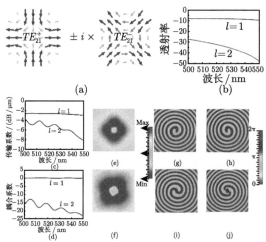

图 27.3-10   OAM 在等离子体波导中的传输 [56]

(a) 模式变换法产生 OAM,拓扑荷为 1 和 2 的 OAM 的 (b) 透射率;(c) 传输系数;(d) 耦合系数;(e),(f) 电场强度分布;(g),(h) 拓扑荷为 ±1 的 OAM 的波前;(i),(j) 拓扑荷为 ±2 的 OAM 的波前

图 27.3-10(e) 和图 27.3-10(f) 分别为拓扑荷数为 1 和 2 的 OAM 经圆柱形波导后的电场强度分布图，呈现类似面包圈的分布，且模式尺度小于入射波长。图 27.3-10(g)，(h)，(i)，(j) 分别为拓扑荷数为 ±1 和 ±2 的 OAM 经圆柱形波导后的相位分布图，反映了该圆柱形金属波导能够支持上述几种模式的超衍射传输。图 27.3-11 反映了携带拓扑荷数分别为 ±1 和 ±2 的 OAM 在圆柱形金属波导中的复用传输情况，其中 27.3-11(a) 和 (b) 为入射电场分布，图 27.3-11(c) 和 (d) 为出射电场分布。可见经圆柱形金属波导传输后，OAM 复用系统的电场分布基本保持不变，证明了该圆柱形金属波导能够支持 OAM 的复用传输。值得注意的是，由于携带相反拓扑荷 OAM 之间的相干性，拓扑荷数为 ±1 的 OAM 叠加场的强度分布呈现两瓣的花瓣状，而拓扑荷数为 ±2 的 OAM 叠加场的强度分布呈现四瓣的花瓣状。

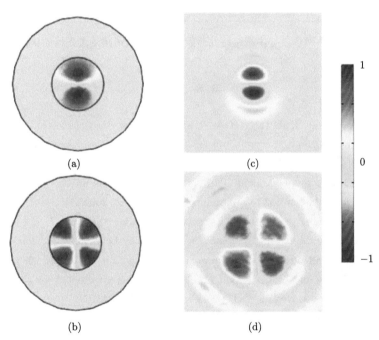

图 27.3-11 拓扑荷分别为 ±1, ±2 的 OAM 复用传输 [56]

(a), (b) 入射端口处电场强度分布；(c), (d) 出射端口处电场强度分布

同时，由于表面等离子体波导的弯曲损耗比较小，OAM 同样能够很好地在弯曲的圆柱形金属波导中传输。如图 27.3-12 所示为在内径为 500nm，弯曲半径为 5μm 的等离子体波导中 OAM 的传播特性。从图中的电场分布情况可以明显看出，拓扑荷数为 ±2 的 OAM 可以在该弯曲的波导中稳定地传播。这种能够在纳米尺度稳定传播轨道角动量的等离子体波导可以大大增加通信容量。

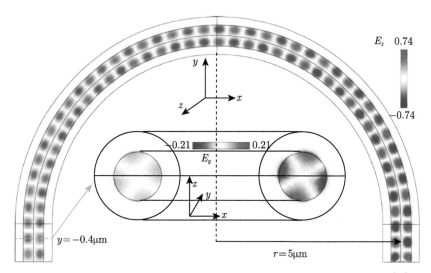

图 27.3-12　弯曲波导中携带拓扑荷数为 ±2 的轨道角动量光场的传播 [56]

参 考 文 献

[1] Maier S A, Kik P G, Atwater H A, et al. Local detection of electromagnetic energy transport below the diffraction limit in metal nanoparticle plasmon waveguides. Nat Mater, 2003, 2: 229–232.

[2] Brunazzo D, Descrovi E, Martin O J F. Narrowband optical interactions in a plasmonic nanoparticle chain coupled to a metallic film. Opt Lett, 2009, 34: 1405–1407.

[3] Krenn J R, Dereux A, Weeber J C, et al. Squeezing the optical near-field zone by plasmon coupling of metallic nanoparticles. Phys Rev Lett, 1999, 82: 2590–2593.

[4] Berini P. Long-range surface plasmon polaritons. Adv Opt Photonics, 2009, 1: 484–588.

[5] Berini P, Charbonneau R, Lahoud N, et al. Characterization of long-range surface-plasmon-polariton waveguides. J Appl Phys, 2005, 98: 043109.

[6] Ebbesen T W, Genet C, Bozhevolnyi S I. Surface-plasmon circuitry. Phys Today, 2008, 61: 44.

[7] Wang W, Yang Q, Fan F, et al. Light propagation in curved silver nanowire plasmonic waveguides. Nano Lett, 2011, 11: 1603–1608.

[8] Bozhevolnyi S I, Volkov V S, Devaux E, et al. Channel plasmon subwavelength waveguide components including interferometers and ring resonators. Nature, 2006, 440: 508–511.

[9] Gao H, Shi H, Wang C, et al. Surface plasmon polariton propagation and combination in Y-shaped metallic channels. Opt Express, 2005, 13: 10795–10800.

[10] Neutens P, Van Dorpe P, de Vlaminck I, et al. Electrical detection of confined gap

plasmons in metal-insulator-metal waveguides. Nat Photon, 2009, 3: 283–286.

[11] Oulton R F, Sorger V J, Genov D A, et al. A hybrid plasmonic waveguide for subwavelength confinement and long-range propagation. Nat Photon, 2008, 2: 496–500.

[12] Zhang S, Xu H. Optimizing substrate-mediated plasmon coupling toward high-performance plasmonic nanowire waveguides. ACS Nano, 2012, 6: 8128–8135.

[13] Jablan M, Buljan H, Soljačić M. Plasmonics in graphene at infrared frequencies. Phys Rev B, 2009, 80: 245235.

[14] Christensen J, Manjavacas A, Thongrattanasiri S, et al. Graphene plasmon waveguiding and hybridization in individual and paired nanoribbons. ACS Nano, 2012, 6: 431–440.

[15] Vakil A, Engheta N. Transformation optics using graphene. Science, 2011, 332: 1291–1294.

[16] Grigorenko A N, Polini M, Novoselov K S. Graphene plasmonics. Nat Photon, 2012, 6: 749–758.

[17] Liu M, Yin X, Zhang X. Double-layer graphene optical modulator. Nano Lett, 2012, 12: 1482–1485.

[18] Nezhad M P, Tetz K, Fainman Y. Gain assisted propagation of surface plasmon polaritons on planar metallic waveguides. Opt Express, 2004, 12: 4072–4079.

[19] Maier S A. Gain-assisted propagation of electromagnetic energy in subwavelength surface plasmon polariton gap waveguides. Opt Commun, 2006, 258: 295–299.

[20] 任梦昕, 许京军. 表面等离子体激元增强非线性的原理及应用. 中国激光, 2013, 50: 080002.

[21] Park I Y, Kim S, Choi J, et al. Plasmonic generation of ultrashort extreme-ultraviolet light pulses. Nat Photon, 2011, 5: 677–681.

[22] Davoyan A R, Shadrivov I V, Kivshar Y S. Self-focusing and spatial plasmon-polariton solitons. Opt Express, 2009, 17: 21732–21737.

[23] Krasavin A V, Randhawa S, Bouillard J S, et al. Optically-programmable nonlinear photonic component for dielectric-loaded plasmonic circuitry. Opt Express, 2011, 19: 25222–25229.

[24] MacDonald K F, Samson Z L, Stockman M I, et al. Ultrafast active plasmonics. Nat Photon, 2009, 3: 55–58.

[25] Atwater H A. The promise of plasmonics. Sci Am, 2007, 296: 56–62.

[26] Pyayt A L, Wiley B, Xia Y, et al. Integration of photonic and silver nanowire plasmonic waveguides. Nat Nano, 2008, 3: 660–665.

[27] Guo X, Qiu M, Bao J, et al. Direct coupling of plasmonic and photonic nanowires for hybrid nanophotonic components and circuits. Nano Lett, 2009, 9: 4515–4519.

[28] Oulton R F, Sorger V J, Zentgraf T, et al. Plasmon lasers at deep subwavelength scale. Nature, 2009, 461: 629–632.

[29] Liu J, Wang L, He M, et al. A wide bandgap plasmonic Bragg reflector. Opt Express, 2008, 16: 4888–4894.

[30] Hosseini A, Nejati H, Massoud Y. Modeling and design methodology for metal-insulator-metal plasmonic Bragg reflectors. Opt Express, 2008, 16: 1475–1480.

[31] Park J, Kim H, Lee B. High order plasmonic Bragg reflection in the metal-insulator-metal waveguide Bragg grating. Opt Express, 2008, 16: 413–425.

[32] Guo Y, Yan L, Pan W, et al. Characteristics of plasmonic filters with a notch Local along rectangular resonators. Plasmonics, 2012, 8: 167–171.

[33] Hu F, Yi H, Zhou Z. Band-pass plasmonic slot filter with band selection and spectrally splitting capabilities. Opt Express, 2011, 19: 4848–4855.

[34] Lin X, Huang X. Tooth-shaped plasmonic waveguide filters with nanometeric sizes. Opt Lett, 2008, 33: 2874–2876.

[35] Guo Y, Yan L, Pan W, et al. A plasmonic splitter based on slot cavity. Opt Express, 2011, 19: 13831–13838.

[36] Guo Y, Yan L, Pan W, et al. Transmission characteristics of the aperture-coupled rectangular resonators based on metal–insulator–metal waveguides. Opt Commun, 2013, 300: 277–281.

[37] Hu F, Yi H, Zhou Z. Wavelength demultiplexing structure based on arrayed plasmonic slot cavities. Opt Lett, 2011, 36: 1500–1502.

[38] Veronis G, Fan S. Bends and splitters in metal-dielectric-metal subwavelength plasmonic waveguides. Appl Phys Lett, 2005, 87: 131102.

[39] Noual A, Akjouj A, Pennec Y, et al. Modeling of two-dimensional nanoscale Y-bent plasmonic waveguides with cavities for demultiplexing of the telecommunication wavelengths. New J Phys, 2009, 11: 103020.

[40] Melikyan A, Alloatti L, Muslija A, et al. High-speed plasmonic phase modulators. Nat Photon, 2014, 8: 229–233.

[41] Liu M, Yin X, Ulin-Avila E, et al. A graphene-based broadband optical modulator. Nature, 2011, 474: 64–67.

[42] Li W, Chen B, Meng C, et al. Ultrafast all-optical graphene modulator. Nano Lett, 2014, 14: 955–959.

[43] Du W, Hao R, Li EP. The study of few-layer graphene based Mach-Zehnder modulator. Opt Commun, 2014, 323: 49–53.

[44] Pu M, Yao N, Hu C, et al. Directional coupler and nonlinear Mach-Zehnder interferometer based on metal-insulator-metal plasmonic waveguide. Opt Express, 2010, 18: 21030–21037.

[45] Fleischhauer M, Imamoglu A, Marangos J P. Electromagnetically induced transparency: Optics in coherent media. Rev Mod Phys, 2005, 77: 633–673.

[46] Alzar C L G, Martinez M A G, Nussenzveig P. Classical analog of electromagnetically induced transparency. Am J Phys, 2002, 70: 37–41.

[47] Cetin A E, Artar A, Turkmen M, et al. Plasmon induced transparency in cascaded pi-shaped metamaterials. Opt Express, 2011, 19: 22607–22618.

[48] Guo Y, Yan L, Pan W, et al. Electromagnetically induced transparency (EIT)-like transmission in side-coupled complementary split-ring resonators. Opt Express, 2012, 20: 24348–24355.

[49] Guo Y, Yan L, Pan W, et al. Electromagnetic induced transparency (EIT)-like transmission in orthogonal-coupled slot cavities. Mod Phys Lett B, 2012, 27: 1350009.

[50] Harris S E. Electromagnetically induced transparency. Phys Today, 2008, 50: 36–42.

[51] Liu N, Langguth L, Weiss T, et al. Plasmonic analogue of electromagnetically induced transparency at the Drude damping limit. Nat Mater, 2009, 8: 758–762.

[52] Papasimakis N, Fedotov V A, Zheludev N I, et al. Metamaterial analog of electromagnetically induced transparency. Phys Rev Lett, 2008, 101.

[53] Feng Q, Pu M, Hu C, et al. Engineering the dispersion of metamaterial surface for broadband infrared absorption. Opt Lett, 2012, 37: 2133–2135.

[54] Guo Y, Wang Y, Pu M, et al. Dispersion management of anisotropic metamirror for super-octave bandwidth polarization conversion. Sci Rep, 2015, 5: 8434.

[55] Bozinovic N, Yue Y, Ren Y, et al. Terabit-scale orbital angular momentum mode division multiplexing in fibers. Science, 2013, 340: 1545–1548.

[56] Wang Y, Ma X, Pu M, et al. Transfer of orbital angular momentum through sub-wavelength waveguides. Opt Express, 2015, 23: 2857–2862.

后　　记

本书主要介绍了亚波长电磁学 (Sweology) 的概念、内涵和迄今为止的重要研究成果。简而言之，亚波长电磁学主要研究的是亚波长尺度各种信息流、能量流和物质流的传递和转换行为、机理及其应用，其中包含了电磁学、光学、光电子学、热力学、材料学、半导体及量子力学等诸多内容。从某种程度上说，所有特征尺寸 (包括长度、宽度、厚度、面型精度等) 远小于波长的光学和电磁现象均属于本学科的研究范畴。随着对机械波 (声波、地震波、冲击波)、物质波和引力波的深入研究，亚波长电磁学还在向亚波长学 (Subwaveology) 拓展，有望在未来形成更为庞大且具有巨大影响力的研究领域。

亚波长电磁学也是一个在不断蓬勃发展中的学科，尽管目前许多研究已逐步向实际应用转化，在本书完稿之际，新的研究成果仍在不断涌现，大量相关报道不断出现在国际知名学术刊物上。但究其根本，它们的基本方法仍没有脱离亚波长电磁学的框架。值得一提的是，最近 Capasso 等在 *Science* 上报道的平面透镜 [1] 也是前期亚波长电磁学研究的延续 [2]。

总结近二十年的发展历程，我们认为亚波长电磁学未来的一大趋势是在各学科深度交叉融合的基础上，以创新、创造为驱动，开展系统、深入的研究。具体而言，我们认为亚波长电磁学的后续发展方向应包含以下六个方面 (如图 1)：

(1) 继续探索亚波长尺度的新现象和新效应；

(2) 非线性及量子亚波长结构；

(3) 共形及柔性可穿戴亚波长器件；

(4) 智能亚波长结构及系统；

(5) 亚波长结构材料基因工程；

(6) 拓扑电磁学。

1. 亚波长尺度的新现象和新效应

一百多年来，人们已经发现了多种亚波长尺度的特殊现象，这些现象启发研究人员对其物理机理进行研究，并由此开发出多种性能优异的新型电磁功能器件。然而，这些已经发现的现象并不是亚波长领域的全部，其中必然蕴藏着更大的财富，等待着大家去发掘。

根据对近年来研究现状的总结，以下列出几个代表性的、可能具有重要意义的新现象及应用。当然，由于亚波长电磁学的研究分支众多，还有大量的未知领域等待人们去探索。

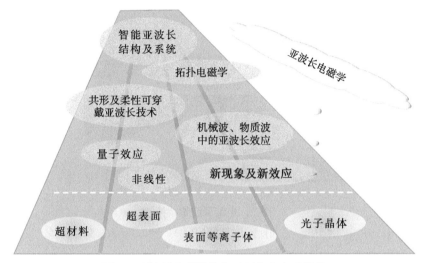

图 1　亚波长电磁学的主要研究方向及趋势

(1) 大视场平面透镜。根据现有理论, 超表面平面透镜具有很大的离轴像差 (主要是慧差)[3], 这种视场限制实际上也属于一种 "广义衍射极限"。如何在保证透镜平面特性的同时, 拓展视场是下一步的一个研究重点和难点。

(2) 突破平面衍射透镜的带宽极限。现有超表面透镜和传统平面衍射透镜 (如波带片) 大多存在严重的色差, 虽然近年来出现了一些拓展工作带宽的方法 [4,5], 但这些方法效率较低、效果有限。未来如果能从根本上突破这一 "衍射极限", 将为成像技术带来颠覆性的革命。

(3) 众所周知, 当偏振方向平行于入射面的电磁波以布儒斯特角入射到介质表面, 会无反射地透过。因此, 一束自然光在以布儒斯特角反射时会变成线偏振光。在很多情况下, 这种偏振现象对实际应用是不利的, 需要采取一些精细的方法消除 [6]。然而, 现有基于介质光子晶体的消偏振方法十分复杂 [7], 如何通过超表面或其他亚波长结构实现该功能是亚波长电磁学的一大挑战 [8]。

有必要指出, 亚波长技术实际上不仅局限于电磁波。正如前期的一些研究表明 (图 2), 亚波长这一概念本身对所有形式的波均有效。因此, 在可以预见的将来, 会出现越来越多的新型亚波长技术, 可对机械波 (声波、水波、地震波、冲击波等)、电磁波、物质波/德布罗意波、甚至是引力波进行调控。此外, 通过力学和热学方程与麦克斯韦方程组类比, 结构材料还可用于实现对各种力学和热学性质的控制。

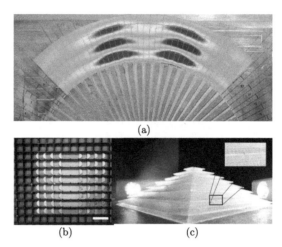

图 2　声波亚波长结构

(a) 为声波双曲透镜 [9]；(b) 为声波低频吸波材料 [10]；(c) 为声波隐身地毯 [11]

亚波长结构在声学领域的典型应用包括超声聚焦、成像、吸收、声波拓扑绝缘体等。虽然一般认为由于声波是纵波，许多电磁学的概念难以应用到声学体系，但近期研究表明之前的许多判断并不完全准确。以相干吸收为例，有结果证明利用亚波长小孔中空气的黏滞特性，完全可以实现与电磁波类似的声波超宽带高效吸收，从而解决传统理论中存在的低频声波吸收难题以及吸收带宽–厚度极限 [8]。

2. 非线性及量子亚波长结构

传统光学的基础之一是傅里叶光学，没有考虑系统的非线性。随着以激光为代表的高功率电磁波源的出现，电磁系统中的非线性响应变得越来越重要。在这一范畴内，亚波长结构由于其内在的局域场增强效应，可进一步提高非线性效应的强度，在"单向传输"、"电磁限幅"、"超分辨成像和光刻"等方面具有广阔的应用前景 [12,13]。

随着亚波长电磁学研究对象特征尺度的逐渐减小，特别是考虑到亚波长尺度光子的产生和吸收等问题时，量子效应逐渐显现，而这些效应对于人类进一步认识亚波长尺度的物理现象，以及高效率的光子操控技术至关重要。比如，量子阱和超晶格技术即是通过结构化的半导体材料，实现对电子波函数的调控，进而改变电子能带，并通过光子和电子的相互作用操控光子的行为。研究表明，量子阱可用于高效红外探测和太赫兹辐射 [14,15] 等领域。

值得注意的是，量子阱也可用于增强光学非线性，多量子阱材料的非线性响应强度可达到传统晶体材料的一百万倍以上 [16]。此外，结合光学超表面 (图 3)，可实现非线性效应的进一步增强。由于超表面厚度可以忽略不计，因此该类器件非常适用于集成非线性光学系统。可以预期，这种复合的电子/光子亚波长结构，在未来五到十年内将会产生一大批重要科研成果。

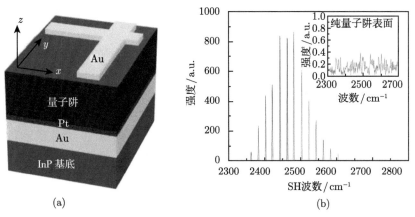

(a)　　　　　　　　　　　　　(b)

图 3　基于多量子阱的非线性亚波长结构 [16]

(a) 为结构示意, (b) 为二次谐波强度 (插图为没有超表面的对比结果)

3. 共形及柔性可穿戴亚波长器件

亚波长电磁学的另一个发展趋势是和三维目标集成。如图 4 所示，通过共形设计，亚波长结构材料可与包括坦克、飞机、舰船在内的各种目标的表面集成，实现对微波、红外甚至可见光探测器以及声呐的隐身 [2]。

图 4　共形亚波长结构的应用前景

柔性亚波长结构的另外一个重要应用为可穿戴式电磁器件 (包括传感器、虚拟现实及三维显示)，这些器件可与柔性衬底结合，为用户提供成像监视、通信等电磁功能。

共形及柔性亚波长器件面临的关键科学问题如下：

(1) 针对任意复杂曲面目标的共形设计；

(2) 复杂面型柔性亚波长结构的大面积制备。

4. 智能亚波长结构及系统

亚波长结构材料的电磁特性与其结构形式密切相关。通常情况下，特定的结构仅能实现一种或几种有限的电磁功能。近年来，亚波长结构已经逐步由被动向主动、由无源向有源发展。通过在结构中引入一些电磁参数可人为改变的器件或材料，例如二极管、液晶、石墨烯、掺杂半导体、相变材料、瞬态材料等，可以在外加电场、磁场以及光照强度的条件下实现材料电磁参数的调节，进而拓展亚波长结构器件的功能和应用范围[2]。

基于上述动态亚波长结构和各种传感器，可构建智能化亚波长结构系统，模仿自然界的生命系统，感知环境变化并智能地做出响应。在军事方面，智能亚波长技术可在实现对敌远程探测、快速识别的同时，动态改变复杂战场环境下军事目标的电磁特征，降低被探测的几率，提高其战场生存能力；在民用技术中，智能亚波长技术可用于构建集传感、分析、显示、通信于一体的集成系统，为疾病诊断和监测等需求提供方便、快速且有效的手段。

智能亚波长技术目前还存在以下几个问题：

(1) 在许多实际系统中，智能亚波长结构的单元数量庞大，如何对各个单元的电磁响应进行独立控制是一大难点；

(2) 现有智能亚波长结构尚不具备自我修复的能力，因此在局部遭到损坏时性能将会大幅降低甚至失效。如何构建可自我修复的智能亚波长结构是下一步研究的重点。

5. 亚波长结构材料基因工程

"人类基因组计划"是一项旨在测定人类染色体中所包含的 30 亿个碱基对核苷酸序列，从而破译人类遗传信息的重大科学工程。2011 年，美国正式提出"材料基因组计划"，拟通过实验技术、理论计算和数据库之间的协作和共享，使新材料的研发周期和成本得到大幅缩减。"材料基因组计划"的关键问题之一在于确定材料的"基因"。与生物体不同，材料的基因并不是一种类似于 DNA 的实体。在某种意义上，材料的基因可视作材料中不同原子、分子的排列和组合方式。

亚波长结构材料作为一种特殊的新型材料，具有异于普通材料的物理性质。显然，构建亚波长结构材料的基因数据将有望改变目前材料设计对经验和试错的依赖，为亚波长结构的设计提供有力指导，大幅缩短新型亚波长结构材料的设计周期和成本。亚波长结构材料基因工程实施的关键点主要有两个方面：跨尺度高效设计软件和开放式大容量数据库。在软件和数据库的基础上，可进一步基于遗传算法模拟基因的遗传变异，从而实现更高性能的材料设计。

6. 拓扑电磁学

如前所述，通过微观结构的合理设计，亚波长电磁学可精确调控电磁波的产生、传输、变换及探测过程。尽管亚波长结构的形式千变万化，但近年来发现可以通过结构的拓扑特性进行分类，以下作简要介绍。

　　要了解拓扑电磁学，首先应掌握 "拓扑" 这一数学名词的基本含义。所谓拓扑，指的是在数学空间中连续变形时，体系保持不变的一种数学性质。简单而言，一个物体中的孔洞数目即可表征其拓扑特性。比如一个圆球和一个方块，一个圆环与一个茶杯分别具有相同的拓扑值。

　　在光学和电磁学中，拓扑也具有多方面的含义。

　　首先，电磁波在偏振转换过程中产生的几何相位也被称为拓扑相位[17]，其值与传播距离无关，取决于初始和最终偏振形成的几何关系。几何拓扑相位在亚波长相位和波前调控中具有重要意义[18,19]。

　　其次，拓扑可以表征电磁波的相位分布。以涡旋光束为例，其角向相位分布可以表示为 $\exp(il\varphi)$，其中 l 为拓扑荷值，表示沿角向一周相位变化 $2l\pi$，相应地每个光子具有 $l\hbar$ 的轨道角动量。在实空间中，涡旋光束的中心强度为 0，值得指出的是，此处任意拓扑荷的光束只有一个孔洞，与一般数学中的拓扑定义不太一样[20]。

　　另外，拓扑可以表征材料在频谱空间的几何特性。比如由金属-介质多层膜组成的各向异性材料，其色散曲线可以为椭圆或双曲线型，分别对应于普通材料和双曲材料。二者之间的变化可称为一种拓扑转化[21]。

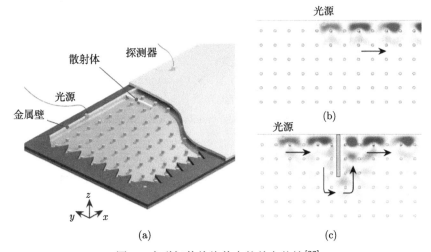

图 4　电磁拓扑绝缘体中的单向传输[22]

(a) 波导结构示意图；(b) 电磁波向右单向传输；(c) 电磁波绕过障碍物向右传播

　　除了上述两种含义，拓扑电磁学近来的一个研究重点与电子系统中的拓扑相变和拓扑相 (获得 2016 年诺贝尔物理学奖) 有关。电子体系的拓扑相变可以解释二维材料中的量子霍尔效应等异常现象，是现代物理学取得的重要成就。由于周期性的光子晶体具有许多与电子晶体类似的特性，人们很自然地想到光子和电磁波可能也具有拓扑相和拓扑相变。当然，这主要是通过数学上的类比得到的结论。近年来，光子和电磁波的拓扑研究取得了诸多重要进展，学术界提出了光子拓扑绝缘体、声学拓扑绝缘体、狄拉克材料、外尔材料等新型材料的实现方法 [16-22]，初步验证了上述理论。在光子拓扑绝缘体方面，通过结合光子自旋 — 轨道相互作用与时间反演对称性，可以构建光学拓扑边缘态，使电磁波在材料表面单向传输 (如图 5 所示)。这种无反射的边缘态为集成光子学提供了新的机遇，有望对下一代光子计算、光通信领域产生重要影响。

参 考 文 献

[1] Khorasaninejad M, Chen W T, Devlin R C, et al. Metalenses at visible wavelengths: Diffraction-limited focusing and subwavelength resolution imaging. Science, 2016, 352: 1190–1194.

[2] Luo X. Principles of electromagnetic waves in metasurfaces. Sci China-Phys Mech Astron, 2015, 58: 594201.

[3] Aieta F, Genevet P, Kats M, et al. Aberrations of flat lenses and aplanatic metasurfaces. Opt Express, 2013, 21: 31530–31539.

[4] Aieta F, Kats M A, Genevet P, et al. Multiwavelength achromatic metasurfaces by dispersive phase compensation. Science, 2015, 347: 1342–1345.

[5] Zhao Z, Pu M, Gao H, et al. Multispectral optical metasurfaces enabled by achromatic phase transition. Sci Rep, 2015, 5: 15781.

[6] Jordan T M, Partridge J C, Roberts N W. Non-polarizing broadband multilayer reflectors in fish. Nat Photonics, 2012, 6: 759–763.

[7] Fink Y, Winn J N, Fan S, et al. A dielectric omnidirectional reflector. Science, 1998, 282: 1679–1682.

[8] Luo X, Pu M, Ma X, et al. Taming the electromagnetic boundaries via metasurfaces: from theory and fabrication to functional devices. Int J Antennas Propag, 2015, 2015: 204127.

[9] Li J, Fok L, Yin X, et al. Experimental demonstration of an acoustic magnifying hyperlens. Nat Mater, 2009, 8: 931–934.

[10] Mei J, Ma G, Yang M, et al. Dark acoustic metamaterials as super absorbers for low-frequency sound. Nat Commun, 2012, 3: 756.

[11] Zigoneanu L, Popa B I, Cummer S A. Three-dimensional broadband omnidirectional acoustic ground cloak. Nat Mater, 2014, 13: 352–355.

[12] Lapine M, Shadrivov I V, Kivshar Y S. Colloquium: Nonlinear metamaterials. Rev Mod Phys, 2014, 86: 1093–1123.

[13] Minovich A E, Miroshnichenko A E, Bykov A Y, et al. Functional and nonlinear optical

metasurfaces. Laser Photonics Rev, 2015, 9: 195–213.

[14] Waschke C, Roskos H G, Schwedler R, et al. Coherent submillimeter-wave emission from Bloch oscillations in a semiconductor superlattice. Phys Rev Lett, 1993, 70: 3319–3322.

[15] Levine B F. Quantum-well infrared photodetectors. J Appl Phys, 1993, 74: R1.

[16] Lee J, Tymchenko M, Argyropoulos C, et al. Giant nonlinear response from plasmonic metasurfaces coupled to intersubband transitions. Nature, 2014, 511: 65–69.

[17] Bhandari R. Polarization of light and topological phases. Phys Rep, 1997, 281: 1–64

[18] Anandan J. The geometric phase. Nature, 1992, 360: 307–313

[19] Pu M, Li X, Ma X, et al. Catenary optics for achromatic generation of perfect optical angular momentum. Sci Adv, 2015, 1: e1500396

[20] Allen L, Beijersbergen M W, Spreeuw R J C, et al. Orbital angular-momentum of light and the transformation of Laguerre-Gaussian laser modes. Phys Rev A, 1992, 45: 8185–8189

[21] Krishnamoorthy H N S, Jacob Z, Narimanov E, et al. Topological transitions in metamaterials. Science, 2012, 336: 205–209

[22] Wang Z, Chong Y, Joannopoulos J D, et al. Observation of unidirectional backscattering-immune topological electromagnetic states. Nature, 2009, 461: 772–775

[23] Lu L, Joannopoulos J D, Soljačic M. Topological photonics. Nat Photonics, 2014, 8: 821–829

[24] Lu L, Fu L, Joannopoulos J D, et al. Weyl points and line nodes in gyroid photonic crystals. Nat Photonics, 2013, 7: 294–299

[25] Yang Z, Gao F, Shi X, et al. Topological acoustics. Phys Rev Lett, 2015, 114: 114301

[26] Cheng X, Jouvaud C, Ni X, et al. Robust reconfigurable electromagnetic pathways within a photonic topological insulator. Nat Mater, 2016, 15: 542–548

名 词 索 引

A

Aharonov-Bohm 效应 Aharonov-Bohm
  effect   1.2.3
ALD 窗口 ALD window   9.2.5
艾里斑 Airy spot   24.1.2
暗放电 dark discharge   9.2.2
暗模 dark mode   27.3.1
凹面镜 concave mirror   15.1.1
奥氏体相 austenite phase   2.4.3

B

Berry 相位 Berry phase   1.2.3
Bosch 工艺 Bosch process   9.4.5
Bowtie 结构 Bowtie structure   19.3.3
白光干涉测量技术 white light
  interferometry technique   12.3.5
白石墨 white graphite   2.5.3
半波带 half-period zone   23.2
半导体材料 semiconductor material   2.3.1
半导体的能带理论 band theory of
  semiconductors   2.3.1
半经典理论 semi-classical theory   7.1.3
伴随网格 secondary grid   3.3
饱和结构光照明显微镜 saturated
  structured illumination
  microscope   24.2.2
贝塞尔光束 Bessel beam   14.2.5
贝塞尔光束产生器 Bessel beam
  generator   14.2.5
背散射离子 back scattering ions   9.3.1
本构参数 constitutive parameters   13.1
本构关系 constitutive relation   4.1.1

本征半导体 intrinsic semiconductor   2.3.1
避雷针效应 lightning effect   19.3.2
边界条件 boundary condition   3.1.4
边缘相移掩模 rim phase shifting
  mask   26.1.1
变换光学 transformation optics   1.2.2
标量角谱理论 scalar angular spectrum
  theory   24.3.3
表面波 surface wave   5.1.2
表面弛豫 surface relaxation   2.3.1
表面等离子体 surface plasmon   1.1.6
表面等离子体波导 surface plasmon
  waveguide   27.1
表面等离子体成像光刻 surface plasmon
  imaging photolithography   26.2.2
表面等离子体干涉光刻 surface plasmon
  interference photolithography   26.2.1
表面等离子体共振 surface plasmon
  resonance   1.2.1
表面等离子体共振成像 surface plasmon
  resonance imaging   19.1.3
表面等离子体共振传感 surface plasmon
  resonance sensor   19.1
表面等离子体激光器 surface plasmon
  laser   18.7
表面等离子体激元 surface plasmon
  polaritons, SPPs   1.2.1
表面等离子体平面透镜 surface plasmon
  flat lens   6.5.2
表面贴装技术 surface mount
  technology   10.3

表面增强拉曼散射 surface enhanced Raman scattering 1.2.1

并行激光直写 parallel laser lithography 9.3.1

并矢格林函数 dyadic Green's function，DGF 3.5

波带片 zone plate 23.2

波片 wave plate 17.2.1

波束扫描天线 beam scanning antenna 18.3.3

C

CPA 条件 condition of coherent perfect absorption 16.8

测地线透镜 geodesic lens 15.1.2

层析法 chromatography 14.2.6

叉状衍射光栅测量法 fork diffraction grating measurement method 13.6.1

常压化学气相沉积 Atmospheric pressure chemical vapor deposition 9.2.4

超表面 metasurface 1.1.8

超表面辅助的电磁吸收理论 metasurface-assisted absorption theory 5.3.4

超表面辅助的菲涅耳方程 metasurface-assisted Fresnel's equations 5.2.3

超表面辅助的偏振转换定律 metasurface-assisted law of polarization conversion 5.3.3

超表面辅助的衍射理论 metasurface-assisted diffraction theory 5.3.1

超表面辅助的折反射定律 metasurface-assisted law of refraction and reflection 5.3.2

超表面红外成像 metasurface infrared imaging 23.5

超波长 super wavelength 1.1.1

超材料 metamaterials 1.1.7

超高折射率 ultrahigh refractive index 4.8

超级反射镜 metamirror 5.3.3

超连续谱 supercontinuum spectrum 8.4.10

超视距雷达 over-the-horizon radar 20.4.2

超手性场 super chiral field 17.4.8

超透镜 superlens 1.2.1

超衍射光学 sub-diffraction optics 24.1.3

超窄带滤波器 ultra narrow-band filter 8.4.2

超振荡 superoscillation 1.2.3

超振荡透镜 superoscillatory lens 1.2.3

程函方程 eikonal equation 7.1.3

弛豫 relaxation 2.1.1

弛豫时间 relaxation time 2.1.1

传播常数 propagation constant 5.2.4

传输矩阵法 transfer matrix method 3.4

传输损耗 transmission loss 8.4.1

传输线 transmission line 4.6.1

传输线理论 transmission line theory 4.6.1

垂直腔表面发射激光器 vertical cavity surface emitting laser 8.4.3

磁壁 magnetic wall 3.1.4

磁等离子体频率 magnetic plasma frequency 4.3.2

磁负材料 negative magnetic permeability materials (mu-negative) 4.7

磁化 magnetization 2.6.3

磁控溅射 magnetron sputtering 9.2.2

磁控型记忆合金 magnetic controlled shape memory alloy 2.4.3

磁流变抛光 magnetorheological finishing 9.1.2

磁偶极极化效应 magnetic dipole polarization effect 8.4.6

磁四极极化效应 magnetic quadrupole polarization effect 8.4.6

磁通量 magnetic flux 3.3

磁谐振频率 magnetic resonance frequency 4.3.2

磁压 magnetic pressure 3.3

D

Debye 弛豫模型 Debye relaxation
　　model 2.1.1

Drude 模型 Drude model 2.1.1

Dyakonov-Tam 表面波 Dyakonov-Tam
　　surface waves 5.1.2

带隙 bandgap 2.3.1

单程形状记忆效应 one-way shape memory
　　effect 2.4.3

单光束激光直写 single beam laser
　　lithography 9.3.1

单极子天线 monopole antenna 18.3.1

单晶 single crystal 2.2.2

单粒子翻转 single particle flip 2.6.3

单粒子烧毁 single particle burning 2.6.3

单粒子锁定 single particle locking 2.6.3

单轴晶体 uniaxial crystal 2.2.2

导带 conductive band 2.3.1

导模 guided mode 8.4.1

道斯判据 Dawes criterion 24.1.1

等离子体辅助化学气相沉积 plasma assisted
　　chemical vapor deposition 9.2.4

等离子体隐身 plasma stealth 20.1.3

等离子体增强 ALD Plasma enhanced
　　ALD 9.2.5

等离子体增强化学气相沉积 plasma enhanced
　　chemical vapor deposition 9.2.4

等强度悬链线 catenary of equation
　　strength 15.2.1

等效磁导率 equivalent permeability 4.3.2

等效电子密度 equivalent density of
　　electron 4.3.1

等效电子质量 equivalent mass of
　　electron 4.3.1

等效介电常数 equivalent dielectric
　　constant 4.3.1

等效介质理论 effective medium theory 4.2

等效折射率 equivalent refractive
　　index 4.3.3

等效阻抗 equivalent impedance 4.3.3

低副瓣 low sidelobe level 18.4.3

低温共烧结陶瓷 low temperature co-fired
　　ceramic 10.2

低压化学气相沉积 low pressure chemical
　　vapor deposition 9.2.4

狄拉克点 Dirac point 8.4.8

狄拉克锥 Dirac cone 8.4.8

第一零点波束宽度 beamwidth between first
　　nulls 18.1.1

点扩散函数 point spreading function 24.3.4

点匹配技术 point matching
　　technology 3.6.3

点衍射干涉仪 point diffraction
　　interferometer 12.2.3

点源法 method of point source 14.2.6

电壁 electrical wall 3.1.4

电磁表面波 electromagnetic surface
　　wave 5.1.2

电磁带隙 electromagnetic bandgap 1.1.9

电磁黑洞 electromagnetic black hole 1.3.2

电磁模密度 density of electromagnetic
　　modes 8.3

电磁偏折器 electromagnetic
　　deflector 14.2.1

电磁隧穿效应 magnetic tunneling
　　effect 1.2.2

电磁隐身衣 electromagnetic invisible
　　cloak 20.3.1

电磁诱导透明 electromagnetic induced
　　transparency 1.3.2

电导率 conductivity 2.1.1

电镀 electroplating 9.2.6

电感耦合等离子体 inductively coupled
　　plasma 9.4.5

电光效应 electro-optic effect　2.2.1

电化学反应 electrochemistry reaction　2.6.3

电极化率 electric susceptibility　2.2.1

电介质 dielectric　2.2.1

电流密度 current density　2.1.1

电流引导扫描探针直写 current-controlled
　-scanning probe lithography　9.3.1

电偶极极化效应 electric dipole polarization
　effect　8.4.6

电偶极矩 electric dipole moment　2.1.1

电热效应 electro-thermal effect　2.2.1

电四极极化效应 electric quadrupole polariza-
　tion effect　8.4.6

电位移矢量 electric displacement
　vector　2.2.1

电压 voltage　3.3

电泳法 electrophoresis　9.3.5

电晕放电 corona discharge　9.2.2

电致变色材料 electrochromic
　materials　2.4.2

电致伸缩 electrostriction　2.2.1

电滞回线 electric hysteresis loop　2.2.1

电子浓度 electron concentration　2.3.1

电子迁移率 electron mobility　2.3.1

电子束抗蚀剂 electron beam resist　9.3.1

电子束蒸发沉积 electron beam evaporation
　deposition　9.2.1

电子束直写 electron beam lithography　9.3.1

电子拓扑绝缘体 electronic topological
　insulators　8.4.9

电阻蒸发沉积 resistance evaporation
　deposition　9.2.1

定向表面波耦合器件 directional surface wave
　coupler　14.4.1

定向辐射天线 directional radiation
　antenna　18.3.1

短波长效应 short-wavelength effect　6.5.1

短程表面等离子体 short range surface
　plasmon　27.1.2

对流自组装法 convective self-assembly
　method　9.3.5

对映结构体 antipodal structure　17.4.8

多方向定向辐射 multi-directional
　radiation　18.5.3

多光子吸收聚合 multiphoton absorption
　polymerization　26.3.1

多晶 polycrystalline　2.2.2

多孔硅 porous silicon　2.6.4

多通道可调谐偏振滤波器 multi-channel
　tunable polarization filter　8.4.2

多芯 PCF multi-fiber PCF　8.4.10

多芯光纤 multi-fiber　8.4.10

多重 BPP 干涉光刻 multiple BPP
　interference photolithography　26.2.1

多重多极子程序法 multiple multipole
　program, MMP　3.6

E

Eaton 透镜 Eaton lens　15.1.2

扼流槽 choke groove　18.6.1

二次溅射光刻 secondary sputtering
　lithography　9.4.3

二次谐波产生 second harmonic
　generation　8.4.6

二次溅射 secondary sputtering　9.2.2

二维材料 two dimensional materials　2.5

二维电子气 two dimensional electron
　gas　2.3.1

二维光子晶体 two dimensional photonic
　crystal　8.1

二向色性 dichroism　17.2.1

二氧化钒 Vanadium dioxide　2.4.3

F

Fano 共振 Fano resonance　1.3.2

Fizeau 干涉仪 Fizeau interferometer　12.2.2

反激光 antilaser　16.8

反射率 reflectivity　2.1.3

反射腔共振镜 reflective cavity resonance mirror　1.2.1

反射式 SP 成像光刻 reflective SP imaging photolithography　26.2.2

反射系数 reflection coefficient　18.1.4

反应溅射 reactive sputtering　9.2.2

反应离子刻蚀 reactive ion etching　9.4.4

反应离子深刻蚀 deep reactive ion etching　9.4.5

方向性系数 directivity　18.1.2

非本征半导体 extrinsic semiconductor　2.3.1

非本征手性 extrinsic chirality　17.4.7

非弹性散射 Inelastic scattering　21.2.3

非对称传输 asymmetric transmission　7.5.3

非接触模式原子力显微镜 non-contact mode atomic force microscope　12.4.3

非平衡载流子 non-equilibrium carriers　2.3.1

非球面镜 aspheric mirror　15.1.1

非色散型光谱仪 non dispersive spectrometer　13.2.4

非线性光学 nonlinear optics　1.3.3

非线性四波混频 nonlinear four-wave mixing　6.2.2

非线性亚波长电磁结构 nonlinear subwave-length electromagnetic structures　1.3.3

菲涅耳区 Fresnel zone　13.4.1

费马原理 Fermat principle　15.1.2

费米能级 Fermi level　8.4.9

费米速度 Fermi velocity　2.1.1

分束器 beam splitter　27.2.3

分支波导 branch waveguide　8.4.1

分子束外延 molecular beam epitaxy　9.2.3

分子自组装 molecular self-assembly　9.3.5

夫琅禾费区 Fraunhofer zone　13.4.1

弗洛奎特周期性边界 Floquet periodicity boundary　3.1.4

辐射边界条件 radiation boundary condition　3.1.4

辐射效率 radiation efficiency　18.1.3

辐射压 radiation pressure　1.3.2

负性液晶 negative liquid crystal　2.4.4

负折射材料 negative refraction material　1.2.2

负折射率理论 negative index theory　4.1

复反射系数 complex reflection coefficient　8.3.2

复共轭 complex conjugate　3.2

复合左右手传输线 compound left- and right-handed transmission line　4.6.2

复介电常数 complex dielectric constant　2.1.1

复透射系数 complex transmission coefficient　8.3.2

复眼 compound eye　21.1.2

复折射率 complex refractive index　2.1.1

副瓣 sidelobe　18.1.1

副瓣电平 sidelobe level　18.1.1

G

GST 材料 GST material　2.4.3

GS 算法 GS algorithm　14.2.6

伽辽金 (Galerkin) 法 Galerkin method　3.2

钙钛矿 perovskite　2.3.3

干涉叠加理论 interference superposition theory　16.1

干涉调制器 interferometric modulator　21.4.2

高方向性天线 highly directional antenna　18.3.1

高频微波介质陶瓷 high frequency microwave dielectric ceramic　2.2.3

高双折射光子晶体光纤 high birefringence photonic crystal fiber 8.4.10

各向同性光学晶体 isotropic optical crystal 2.2.2

各向同性晶体 isotropic crystals 7.1.1

各向异性超材料 anisotropic metamaterial 1.2.2

各向异性超透镜 anisotropic superlens 25.2.2

功能失效型瞬态材料 function failure transient material 2.6.3

功能转换型瞬态材料 function transformation transient materials 2.6.2

拱形法 arch method 13.2.1

共聚焦 confocal 24.2.1

共聚焦激光扫描光学显微 confocal laser scanning microscope 12.3.1

共振散射区 resonant scattering area 1.1.2

沟槽效应 groove effect 9.4.3

固溶半导体 solid solution semiconductor 2.3.2

光/热解瞬变材料 photolysis/ pyrolysis transient materials 2.6.4

光/热解损毁型瞬变材料 photolysis/ pyrolysis damage transient materials 2.6.4

光度式椭偏仪 luminosity ellipsometer 13.1.2

光激活定位显微 photo-activated localization microscopy 24.5.2

光镊 optical tweezer 1.3.2

光谱椭偏仪 spectrum ellipsometer 13.1.2

光谱型 SPR 传感器 spectral SPR sensor 19.1.1

光束直写光刻 optical beam lithography 26.3

光天线 optical antenna 18.4.2

光瞳滤波器 pupil filter 24.3.1

光学 CT optical CT 12.3.1

光学玻璃 optical glass 2.2.2

光学测地线 optical geodesic 15.1.2

光学二极管 optical diode 1.3.2

光学晶体 optical crystal 2.2.2

光学力 optical force 1.3.2

光学邻近效应 optical proximity effect 26.1.3

光学散射区 optical scattering area 1.1.2

光学塑料 optical plastic 2.2.2

光学显微技术 optical microscopy 12.1

光学相衬成像 optical phase contrast imaging 25.3.1

光学悬链线 optical catenary 15.2

光栅耦合法 grating coupling method 6.2.2

光致变色材料 photochromic materials 2.4.2

光致去激活分辨力增强 resolution augmentation through photo-induced deactivation 26.3.1

光子带隙 photonic bandgap 1.2.4

光子带隙光纤 photonic bandgap fibers 1.2.4

光子晶体 photonic crystal 1.1.9

光子晶体薄板 photonic crystal slab 8.1

光子晶体超棱镜 Photonic crystal superprism 1.2.4

光子晶体垂直腔表面发射激光器 photonic crystal-vertical cavity surface emitting laser 8.4.3

光子晶体带边激光器 photonic crystal band edge laser 8.4.3

光子晶体光纤 photonic crystal fiber 8.4.10

光子晶体微腔激光器 photonic crystal microcavity laser 8.4.3

光子纳米喷流 photonic nanojet 24.4

光子筛 photon sieve 23.3

光子态密度 photonic density of states 8.3

光子拓扑绝缘体 photonic topological insulator 1.3.2

光子自旋霍尔效应 photonic spin Hall effect 1.3.2

广义布儒斯特定律 generalized Brewster's law 1.3.1

广义衍射极限 generalized diffraction limit 1.3.1

广义折反射定律 generalized law of refraction and reflection 1.3.1

归一化阻抗 normalized impedance 17.4.1

硅烯 silicene 2.5.4

硅橡胶 silicone rubber 2.4.4

硅油 silicone oil 2.4.4

H

红外光谱仪 infrared spectrometer 13.2.3

红外探测系统 infrared detection system 20.4.2

红外隐身 infrared stealth 20.1.4

宏观极化率 macroscopic polarizability 2.1.1

厚度–带宽极限 thickness-bandwidth limit 1.2.3

弧光放电 arc discharge 9.2.2

化合物半导体 compound semiconductor 2.3.2

化学 (电荷转移) 增强机理 chemistry (charge transfer) enhancement mechanism 19.3.2

化学机械抛光 chemical mechanical polishing 9.1.1

化学气相沉积 chemical vapor deposition 9.2.4

辉光放电 glow discharge 9.2.2

回波损耗 return loss 18.1.4

回转二次曲面 revolution quadric surface 15.1.1

混合表面等离子体模式 hybrid plasmonic mode 18.7

J

Jaumann 吸收体 Jaumann absorber 16.1.2

机械式探针扫描轮廓仪 mechanical scanning probe contourgraph 12.4.1

基网格 primary grid 3.3

基于机械力学的扫描探针直写 mechanical-scanning probe lithography 9.3.1

基于热化学的扫描探针直写 thermochemical-scanning probe lithography 9.3.1

基于氧化作用的扫描探针直写 oxidation-scanning probe lithography 9.3.1

激光干涉光刻 laser interference lithography 9.3.2

激光雷达 ladar/lidar 20.4.2

激光器 laser 27.2.1

激光直写技术 laser direct writing 9.3.1

极化 polarization 2.2

极紫外光刻 extreme ultraviolet lithography 9.3.2

极紫外投影曝光 extreme ultraviolet projection exposure 9.3.2

集成含能材料 integrated energetic materials 2.6.4

几何相位 geometric phase 1.2.3

记忆合金 memory alloy 2.4.3

价带 valence band 2.3.1

价态变化记忆效应 valence change memory effect 2.4.1

间接带隙 indirect bandgap 2.3.1

溅射 sputtering 9.3.1

溅射沉积 sputtering deposition 9.2.2

溅射率 sputtering rate 9.2.2

溅射阈值 sputtering threshold 9.2.2

交替相移掩模 alternating phase shift mask 26.1.1

焦深 focal depth 26.1

角度型 SPR 传感器 angular SPR sensor 19.1.1

接触模式原子力显微镜 contact mode atomic force microscope 12.4.3

接近接触式光刻 contact and proximity lithography 9.3.2

结构光照明显微镜 structured illumination microscope 24.2.2

结构色 structural color 21.1.1

结构色滤光片 structural color filter 21.4.2

介电常数 dielectric constant 2.1.1

介质–金属–介质波导 insulator-metal-insulator waveguide 6.4.1

介质损耗 dielectric loss 2.1.1

金属薄膜波导 metal film waveguide 27.1.2

金属–介质–金属波导 metal-insulator-metal waveguide 6.4.1

金属有机化学气相沉积 metal organic chemical vapor deposition 9.2.4

近场 near-field 13.4.2

近场激发 near-field excitation 6.2.2

近场扫描光学显微镜 near-field scanning optical microscope 13.4.2

近场衍射极限 near-field diffraction limit 24.1.3

禁带 forbidden band 2.3.1

静态相对介电常数 static relative dielectric constant 2.1.1

局域表面等离子体 localized surface plasmon 6.3

局域表面等离子共振 localized surface plasmon resonance 6.5.5

局域表面等离子体共振传感 localized surface plasmon resonance sensor 19.2.1

局域场增强 local field enhancement 18.4.3

局域电场 local electric field 2.1.1

聚二甲基硅氧烷 polydimethylsiloxane 2.4.4

聚合物笔纳米光刻 polymer pen lithography 9.3.1

聚焦离子束 focused ion beam 9.3.1

绝对增益测量 absolute gain measurement 13.3.1

K

Kretschmann 结构 Kretschmann configuration 6.2.2

可变材料 variable material 2.4

可调谐吸波材料 tunable absorbing material 16.9.2

可延展材料 stretchable material 2.4.4

克劳修斯莫索提方程 Clausius-Mossotti equation 2.1.1

空穴浓度 hole concentration 2.3.1

空穴迁移率 hole mobility 2.3.1

宽带贴片天线 broadband patch antenna 18.3.4

L

Lorentz-Drude 模型 Lorentz-Drude model 2.1.1

Lorentz 模型 Lorentz model 2.1.1

Luneburg 透镜 Luneburg lens 15.1.2

拉曼光谱仪 Raman spectrometer 13.2.4

拉曼效应 Raman effect 13.2.4

喇叭天线 horn antenna 18.2.2

雷达散射截面 radar cross section 20.1.3

雷达散射截面缩减 radar cross section reduction 20.3.3

雷达隐身 radar stealth 20.1.3

离散旋度算子 discrete divergence operator 3.3

离轴照明 off-axis illumination 26.1.2

离子束溅射 ion beam sputtering 9.2.2

离子束刻蚀 ion beam etching 9.4.3

离子束修形 ion beam figuring 9.1.3

离子注入 ion implantation 9.3.1

里兹 (Ritz) 变分法 Ritz variational
method 3.2

理想吸收超表面 ideal absorbing
metasurface 16.2.3

立体光固化成型 solid light curing 10.4.2

粒子自组装 particle self-assembly
particle 9.3.5

两波互换 two-waves exchange 5.3.4

亮模 bright mode 27.3.1

邻近效应校正 optical proximity
correction 26.1.3

临界耦合条件 critical coupling
condition 6.2.2

灵敏度 sensitivity 19.1.2

零级等效近似 zero order equivalent
approximate 4.2

零折射材料 zero refractive index
material 4.7

流延 tape casting 10.2.2

六方氮化硼 hexagonal boron nitride 2.5.3

卤化物单晶 halide crystal 2.2.2

洛伦兹洛伦茨方程 Lorentz-Lorenz
equation 2.1.1.2

滤波器 filter 27.2.2

M

MIS 结构 MIS structure 2.3.1

MOS 结构 MOS structure 2.3.1

马氏体相 martensite phase 2.4.3

慢光波导 slow light waveguide 8.4.1

慢光效应 slow light effect 8.4.1

米氏散射 Mie scattering 21.2.3

模板法 template method 9.3.5

膜层阻抗 film impedance 1.2.3

N

纳米光学天线 nano optical antenna 18.4

纳米激光器 nano laser 18.7

纳米粒子表面等离子体激光器 nanoparticle
surface plasmon laser 18.7

纳米球光刻 nanosphere lithography 19.2.3

纳米线激光器 nanowire laser 18.7

纳米压印 nanoimprint lithography 9.3.4

能隙 energy gap 2.3.1

逆多普勒效应 inverse Doppler effect 1.2.2

逆契伦科夫辐射 inverse Cherenkov
radiation 1.2.2

逆契伦科夫效应 inverse Cherenkov
effect 1.2.2

O

Otto 结构 Otto configuration 6.2.2

Ovshinsky 效应 Ovshinsky effect 1.3.3

偶极子天线 dipole antenna 18.2.3

P

Pancharatnam–Berry(PB) 相位
Pancharatnam-Berry (PB) phase 1.2.3

Pancharatnam 相位 Pancharatnam
phase 1.2.3

Planck-Rozanov 极限 Planck-Rozanov
limit 1.2.3

Purcell 因子 Purcell factor 6.5.5

庞加莱球方法 Poincare sphere
method 17.1.2

旁瓣 sidelobe 18.1.1

抛物面镜 parabolic mirror 15.1.1

偏心率 eccentricity 15.1.1

偏压引导扫描探针直写技术 bias-induced
scanning probe lithography 9.3.1

偏振成像 polarization imaging 20.4.2

偏振度 degree of polarization　17.1.2

偏振干涉成像 polarization interference imaging　12.3.3

偏振态 polarization state　2.2

偏振调制天线 polarization modulation antenna　18.3.2

偏振位移键控技术 polarization shift keying modulation technology　17.2.2

偏振旋转角 polarization rotation angle　17.4.1

漂移迁移率 drift mobility　2.3.1

频率选择表面 frequency selective surface　1.2.3

品质因数 figure of merit　19.1.2

平板双曲透镜 flat hyperbolic lens　7.5.1

平均自由路径 mean free path　2.1.1

平面波干涉测量法 plane wave interferometry measurement　13.6.2

平面透镜 flat lens　14.2.2

平面衍射成像 planar diffractive imaging　23.4

平面衍射透镜 planar diffractive lens　23.4.1

平面直波导 planar straight waveguide　8.4.1

普通悬链线方程 ordinary catenary equation　15.2.1

Q

气相沉积 vapor deposition　2.5.4

契伦科夫角 Cherenkov angle　1.2.2

迁移率 mobility　2.3.1

浅能级 shallow level　2.3.1

浅施主能级 shallow donor level　2.3.1

浅受主能级 shallow acceptor level　2.3.1

嵌段共聚物 block copolymer　9.3.5

轻敲模式原子力显微镜 tapping mode atomic force microscope　12.4.3

琼斯矩阵 Jones matrix　17.1.2

球面镜 spherical mirror　15.1.1

全息 holography　14.2.6

缺陷 defect　2.3.1

群速度 group velocity　8.4.1

群折射率 group refractive index　8.4.1

群折射率带宽积 group index-bandwidth product　8.4.1

R

Rozanov 极限 Rozanov limit　1.2.3

热原子层沉积 thermal-atomic layer deposition　9.2.5

热点 hot spot　18.4.2

热电晶体 thermoelectric crystal　2.2.1

热电效应 thermoelectric effect　2.2.1

热化学效应 thermal chemical memory effect　2.4.1

热纳米压印 Thermal nano-imprinting　9.3.4

热扫描探针直写技术 thermal-scanning probe lithography　9.3.1

热效应 thermal effect　2.4.1

溶解/水解瞬态材料 dissolved/hydrolysis transient materials　2.6.4.3

溶脱剥离 lift-off　9.4.1

柔性材料 flexible material　2.4.4

软边界 soft boundary　3.1.4

瑞利里兹法 Rayleigh-Ritz method　3.2

瑞利判据 Rayleigh criterion　24.1.1

瑞利散射 Rayleigh scattering　21.2.3

瑞利散射区 Rayleigh scattering area　1.1.2

S

3D 打印 3D print　10.4

4D 打印 4D print　10.5

Salisbury 吸收屏 Salisbury absorbing screen　16.1.1

Schupmann 消色差模型 Schupmann achromatic model　23.4.3

SHG 共振增强 SHG resonance enhancement 8.4.6

SPP 聚束效应 SPP beaming effect 1.2.1

SPR 生物传感器 SPR biosensor 19.1.1

S 参数反演法 S-parameter retrieval method 4.3.3

三维光子晶体 three-dimensional photonic crystal 8.1

散射 scattering 1.1.2

扫描电子显微镜 sacnning electron microscope 12.5.1

扫描近场光学显微镜 scanning near-field optical microscope 13.4.2

扫描隧道显微镜 scanning tunnelling microscope 12.4.2

扫描探针显微镜 scanning probe microscope 9.3.1

色变材料 color changing material 2.4.2

色变瞬态材料 color changing transient material 2.6.2

色散 dispersion 3.1.3

色散媒质 dispersion medium 3.1.3

色散系数 dispersion coefficient 2.2.2

色散型光谱仪 dispersion type spectrometer 13.2.4

色素色 pigment color 21.2

烧结 sintering 10.2.2

射频溅射 radio frequency sputtering 9.2.2

声学拓扑绝缘体 acoustic topological insulators 8.4.9

声子晶体 phononic crystal 8.4.9

湿法腐蚀 wet etching 9.4.2

石墨烯 graphene 2.5.1

时域有限差分法 finite difference time domain method 3.1

手性边缘态 chiral edge states 8.4.9

手性超材料 chiral metamaterial 1.2.2

手性分束器 chiral beam splitter 8.4.4

手性因子 chiral factor 17.4.1

受激辐射损耗 stimulated emission depletion 24.5.1

输入阻抗 input impedance 18.1.4

束缚能级 bound energy level 2.3.1

数值色散 numerical dispersion 3.1.3

数值色散关系 numerical dispersion relation 3.1.3

数字全息 digital holography 14.2.6

衰减相移掩模 damping phase shift mask 26.1.1

衰减因子 decay factor 2.1.1

双 (多) 站雷达 dual (multi) radar 20.4.2

双 SPP 吸收 two surface plasmon polariton absorption 26.2.1

双表面等离子体激元干涉光刻 two surface plasmon polariton interference lithography 26.2.1

双负材料 double-negative material 4.7

双光子聚合 two-photon polymerization 9.3.1

双光子吸收 two-photon absorption 9.3.1

双曲面镜 hyperboloid mirror 15.1.1

双曲色散材料 hyperbolic material 7.1

双曲色散超表面 hyperbolic metasurface 7.6

双曲透镜 hyperlens 1.2.1

双折射率 birefringence 2.2.2

双正材料 double-positive material 4.7

双轴晶体 biaxial crystal 2.2.2

瞬态材料 transient material 2.6.1

瞬态电子器件 transient electronics 2.6.1

瞬态亚波长电磁结构 transient subwavelength electromagnetic structure 1.3.3

斯派罗判据 Sparrow criterion 24.1.1

斯托克斯矩阵 Stokes matrix 17.1.2

随机光重构显微 stochastic optical reconstruction microscopy 24.5.2

损耗 loss 4.3.1

T

Talbot 像 Talbot image 9.3.2

Talbot 效应 Talbot effect 9.3.2

Twyman-Green 干涉仪 Twyman-Green interferometer 12.2.1

台阶仪 step profiler 12.4.1

太赫兹时域光谱技术 Terahertz time-domain spectroscopy technology 13.2.2

态密度 density of states 8.3

梯度力 gradient force 1.3.2

体等离子体激元 bulk plasmon polaritons 6.2.4

体等离子体激元干涉光刻 bulk plasmon polaritons interference lithography 26.2.1

天线 antenna 18.1

天线带宽 bandwidth of antenna 18.1.6

天线的功率增益 power gain of antenna 13.3.1

贴片天线 patch antenna 18.2.1

铁电居里温度 ferroelectric Curie temperature 2.2.1

铁电性 ferroelectricity 2.2.1

同轴探头法 coaxial probe method 13.1.2

投影光刻 projection lithography 9.3.2

透光鉴 (镜) transparent mirror 1.2.3

透明金属电极 transparent metallic electrode 11.2.2

透射率 transmittance 2.1.3

透射式电子显微镜 transmission electron microscope 12.5.2

透射式太赫兹时域光谱仪 transmission type Terahertz time-domain spectroscopy 13.2.2

凸面镜 convex mirror 15.1.1

椭偏率 ellipticity 17.4.4

椭球面镜 ellipsoidal mirror 15.1.1

椭圆偏振 elliptic polarization 17.1.1

椭圆偏振测量法 ellipsometry 13.1.2

拓扑电磁场学 topological electromagnetic 后记

拓扑光子学 topological photonics 后记

拓扑绝缘体 topological insulator 1.3.2

W

Woltersdorff 厚度 Woltersdorff thickness 16.8.1

外部损耗 external loss 18.1.3

外层刻蚀 outer layer etching 10.1.2

外差干涉测量 heterodyne interferometry 12.3.4

完美成像 perfect imaging 1.2.2

完美电导体 perfect electric conductor 1.2.1

完美透镜 perfect lens 1.2.1

完美吸收材料 perfect absorbing material 1.2.2

完美柱面透镜 perfect cylindrical lens 1.2.1

完美阻抗匹配层 perfect impedance matched surface 5.3.4

微波介质 microwave dielectric 2.2.3

微波介质陶瓷 microwave dielectric ceramic 2.2.3

微波拓扑绝缘体 microwave topological insulators 8.4.9.3

微带天线 microstrip antenna 18.2.1

微带贴片天线 microstrip patch antenna 18.6.3

微结构光纤 micro-structured optical fiber 8.4.10.1

微纳结构 micro/nano structure 23.2

微球超衍射成像 microsphere sub-diffraction imaging　24.4

伪饱和 false saturation　9.2.5

位移极化 displacement polarization　2.2.1

温控型形状记忆合金 temperature controlled shape memory alloy　2.4.3

涡旋光束 vortex beam　13.6

无铬相移掩模 chromium-free phase shift mask　26.1.1

无光放电区 dark discharge area　9.2.2

无衍射光束 non-diffracting beam　14.2.5

无源制冷 passive cooling　8.4.7

物理 (电磁场) 增强机理 physical (electromagnetic field) enhancement mechanism　19.3.2

物理气相沉积 physical vapor deposition 2.5.4

物理色 physical color　21.1.1

X

吸波材料 absorbing material　16.1

吸收边界条件 absorbing boundary condition　3.1.4

吸收型超表面 absorbing metasurface　1.2.3

线偏振 linear polarization　17.1.1

线偏振天线 linearly polarized antenna　18.1.5

相位 phase　2.4.3

相位型超表面 phase type metasurface　14.1

相位型计算全息 phase type CGH　14.2.6

相变 phase change　2.4.1

相变材料 phase changing material　1.3.3

相对介电常数 relative dielectric constant　2.2.1

相对增益测量 relative gain measurement　13.3.1

相干完美偏振旋转 coherent perfect polarization rotation　17.5

相干完美吸收 coherent perfect absorption　16.8

相速度 phase velocity　8.4.1

相移掩模 phase shift mask　26.1.1

像差 aberration　2.2.2

像素间隔 pixel spacing　9.3.1

消反射 anti-reflection　21.3.2

消光 extinction　19.2.1

小孔成像 pinhole imaging　23.1

新月结构 crescent structure　19.3.3

形式双折射 form birefringence　1.2.2

虚拟赋形 virtual shaping　20.3.2

悬链线 catenary　15.2.1

悬链线测地线 catenary geodesic　15.2.3

悬镀线光学 catenary optics　15.1

旋光性 optical activity　17.4

旋涂法 spin coating　9.3.5

旋转天线法 rotating antenna method　13.3.1

选择性激光烧结 selective laser sintering　10.4.2

Y

Yee 网格 Yee grids　3.1

压电效应 piezoelectric effect　2.2.1

亚波长 subwavelength　前言

亚波长电磁学 subwavelength electromagnetics　前言

亚波长电磁学 Sweology　前言

亚波长仿生学 subwavelength bionics　1.3.2

亚波长声学 subwavelength acoustics　1.3.2

亚波长学 Subwaveology　后记

严格耦合波分析 rigorous coupled-wave analysis　3.7

衍射 diffraction　1.1.2

衍射极限 diffraction limit　1.1.3

衍射受限 diffraction limited　1.1.3

阳极氧化铝 anodic aluminum oxide　9.3.5

阳离子效应 positive ion effect 2.4.1

氧化物单晶 oxide single crystal 2.2.2

液晶 liquid crystal 2.4.5

液相生长 liquid phase growth 2.5.4

一维光子晶体 one-dimensional photonic crystal 8.1

异常偏折 abnormal deflection 15.3.1

异常透射 extraordinary optical transmission 1.2.1

阴极溅射 cathode sputtering 9.2.2

阴离子效应 negative ion effect 2.4.1

引力透镜 gravitational lens 1.3.2

隐身 (技术) stealth; cloaking 20.1

隐身地毯 carpet cloak 20.3.1

印制电路板 printed circuit board 10.1

荧光超衍射成像 fluorescence sub-diffraction imaging 24.5

应力破碎瞬态材料 stress broken transient materials 2.6.4

硬边界 hard boundary 3.1.4

有机半导体 organic semiconductor 2.3.2

有限积分 finite integral method 3.3

有限元法 finite element method 3.2

有源频率选择表面 active FSS 22.2

右手传输线 right-handed transmission line 4.6.2

右旋圆偏振 right-handed circular polarization 17.1.1

鱼眼透镜 Maxwell's fish-eye 15.1.2

原子层沉积 atomic layer deposition 9.2.5

原子层刻蚀 atomic layer etching 9.4.6

原子力显微镜 atomic force microscope 12.4.3

圆二向色性 circular dichroism 17.2.1

圆偏振 circular polarization 17.1.1

圆偏振天线 circularly polarized antenna 18.1.5

远场辐射方向性 far-field radiation directivity 18.4.3

Z

载流子复合 carrier recombination 2.3.1

载流子浓度 carrier concentration 2.3.1

增材制造 additive manufacturing 10.4

增益 gain 18.1.3

粘塑性介质 viscoplastic medium 9.1.2

蘸笔纳米光刻技术 dip-pen nanolithography 9.3.1

折射率 refractive index 2.2.2

折射率灵敏度 refractive index sensitivity 19.1.2

真空蒸发沉积 vacuum evaporation deposition 9.2.1

振子模型 oscillator model 2.1.1.2

振子强度 oscillator strength 2.1.1.2

正常辉光放电区 normal glow discharge area 9.2.2

正性液晶 positive liquid crystal 2.4.4

直接带隙 direct bandgap 2.3.1

智能电磁吸收 intelligent electromagnetic absorption 22.2

智能亚波长电磁结构 intelligent subwavelength electromagnetic structure 1.3.3

中间场 mesofield 13.5

重力沉降法 gravity settling method 9.3.5

轴比 axial ratio 17.3.3

主瓣 main lobe 18.1.1

主瓣宽度 main lobe width 18.1.1

主波束 main beam 18.1.1

驻极体 electret 2.2.1

准局域表面等离子体 spoof localized surface plasmon 6.3.2

准表面等离子体 spoof surface plasmon 1.1.6

准位相匹配 quasi phase matching   8.4.6

子域 subdomain   3.2

紫外固化纳米压印 UV curing
nano-imprinting   9.3.4

紫外可见分光光谱 UV-Vis spectra   13.2.4

紫外探测系统 ultraviolet detection
system   20.4.2

紫外透明 ultraviolet transparency   2.1.2

自饱和性 self-saturability   9.2.5

自发辐射 spontaneous radiation   7.5.4

自发辐射增强 spontaneous radiation
enhancement   7.5.4

自然沉降法 natural sedimentation
method   9.3.5

自限制性 self-restrictive   9.2.5

自旋霍尔效应 spin Hall effect   1.3.2

自组装膜 self-assembled film   9.3.5

阻变材料 resistance changing material   2.4.1

阻变瞬态材料 resistance changing
transient materials   2.6.2

阻焊 resistance welding   10.1.2

阻抗 impedance   4.3.3

阻抗匹配理论 impedance matching
theory   16.1

阻尼力 damping force   2.1.1

阻尼系数 damping constant   2.1.1

左手传输线 left-handed transmission line
4.6.1

左旋圆偏振 left-handed circular
polarization   17.1.1

缩 写 索 引

A

AAO (Anodic Aluminum Oxide)
阳极氧化铝　9.3.5

ABC (Absorbing Boundary Conditions)
吸收边界条件　3.1.4

AFM (Atomic Force Microscope)
原子力显微镜　12.4.3

AgFON (Ag Film Over Nanosphere)
纳米球上覆盖银膜　19.3.4

ALD (Atomic Layer Deposition)
原子层沉积　9.2.5

ALE (Atomic Layer Etching)
原子层刻蚀　9.4.6

AMC (Artificial Magnetic Conductor)
人工磁导体　18.3.1

AMIL (Absorbance-Modulation
Interference Lithography) 吸收调制
干涉光刻　26.2.2

AR (Axial Ratio) 轴比　17.3.3

ATR (Attenuated Total Reflectance)
衰减全内反射　26.2.1

B

BBM (Bessel Beam Microscope)
贝赛尔光束显微镜　24.3.2

BMIM(Bowtie-Metal-Insulator-Metal)
蝶形金属介质金属结构　26.2.3

BPPs (Bulk Plasmon Polaritons)
体等离子激元　6.2.4

b-SPL (bias-induced-Scanning Probe
Lithography) 偏压引导扫描探针
直写技术　9.3.1

BTD (Bias Target Deposition)
偏压靶沉积　11.4.1

C

CBS(Chiral Beam Splitter)
手性分束器　8.4.4

CCD (Charge Coupled Device)
电荷耦合器件　19.1.3

CCOS (Computer Controlled Optical
Surfacing) 计算机控制光学表面
成形　9.1.3

CESs(Chiral Edge States) 手性边缘态　8.9.4

CLSM (Confocal Laser Scanning
Microscope) 共聚焦激光扫描光学显
微镜　12.3.1

CMOS(Complementary Metal-Oxide-
Semiconductor) 互补金属氧化物半导
体　27.2.4

CMP (Chemical Mechanical Polishing)
化学机械抛光　9.1.1

CPA (Coherent Perfect Absorption)
相干完美吸收　16.8

CPR (Coherent Perfect Rotation) 相干
偏振转换　17.5

c-SPL (Current-controlled-Scanning Probe
Lithography) 电流引导扫描探针
直写技术　9.3.1

CSRR (Complementary Split Ring
Resonator) 开口谐振环互补结构　27.3.1

CVD (Chemical Vapor Deposition) 化学
气相沉积　9.2.4

D

DGF (Dyadic Green's Function) 并矢
格林函数　3.5

DMD (Digital Micromirror Device)
数字微镜器件　24.2.2

DNG (Double-Negative) 双负材料　4.7

DNZ(Double-Near-Zero) 双零材料　4.7

DOF(Depth of Focus) 焦深　26.1

DPN(Dip-Pen Nanolithography)
蘸笔纳米光刻技术　9.3.1

DPS (Double-Positive) 双正材料　4.7

dp-SPL (dip-pen Scanning Probe
Lithography) 蘸笔扫描探针直写
技术　9.3.1

DRIE (Deep Reactive Ion Etching) 反应
离子深刻蚀　9.4.5

DWDM (Dense Wavelength Division
Multiplexing) 密集波分复用　8.4.2

E

EBG (Electromagnetic Band Gap)
电磁带隙　1.1.9

EBL (Electron Beam Lithography)
电子束光刻　19.3.3

EBM (Electron Beam Melting) 电子束
熔化成型　10.4.2

EDOM(Density of Electro-magnetic
Mode) 电磁模密度　8.3

EDP(Electric Dipole Polarization) 电偶
极极化　8.4.6

EF (Enhancement Factor) 增强
因子　19.3.3

EIT (Electromagnetically Induced
Transparency) 电磁诱导透明　1.3.2

EMC(Electro Magnetic Compatibility)
电磁兼容性　3.8.2

EMI(Electro Magnetic Interference)
电磁干扰　3.8.2

EMP(Electro Magnetic Pulse)
电磁脉冲　3.8.2

EMT (Effective Media Theory) 等效
介质理论　4.2

ENG (Epsilon-Negative) 负介电常数　4.7

ENZ(Epsilon-Near-Zero) 近零介电
常数　4.7

EOT (Extraordinary Optical Transmission)
异常透射　1.2.1

EQP(Electric Quadrupole Polarization)
电四极极化　8.4.6

ESA(European Space Agency) 欧洲
航天局　23.2

EUVL (Extreme Ultraviolet Lithography)
极紫外光刻　9.3.2

F

FBMS(Fixed-Beam Moving Stage) 固定
束移动工作台　9.3.1

FCC (Face-Centered Cubic) 面心立方　1.2.4

FDM (Fused Deposition Modeling)
熔融沉积快速成型　10.4.2

FDTD (Finite Difference Time Domain)
时域有限差分法　3.1

FEM (Finite Element Method)
有限元法　3.2

FIB (Focused Ion Beam) 聚焦离子束　9.3.1

FIM (Field Ion Microscope) 场发射
离子显微镜　9.3.1

FIT(Finite Integral Technique) 有限
积分法　3.3

FNBW (First Null Beam Width) 第一
零点波束宽度　18.1.1

FOM(Figure of Merit) 品质因数　4.8

F-P (Fabry-Perot) 法布里珀罗　18.3.1

FSS (Frequency Selective Surface) 频率
选择表面　1.2.3

FTIR (Fourier Transform Infrared
Spectrometer) 傅里叶变换红外光
谱仪 13.2.3

FWHM (Full Width at Half Maximum)
半高全宽 18.4.2

G

GBP (Group Index-Bandwidth Product)
群折射率带宽积 8.4.1

GFIS (Gas Field Ionization Source)
气体场发射离子源 9.3.1

GLAD (Glancing Angle Deposition)
掠入射角沉积 1.2.2

GO (Graphene Oxide) 石墨烯氧化物 9.3.1

GPC (Growth Per Cycle) 一个循环
所沉积的厚度 9.2.5

GS (Gerchberg-Saxton) 盖斯伯格萨克斯
通算法 14.2.7.1

GST (GeSbTe) 锗锑碲 1.3.3

H

HM (Hard Mask) 硬掩模 26.2.2

HOMO (Highest Occupied Molecular
Orbital) 最高占据分子轨道 19.3.2

HSL (Hard-tip, Soft-spring Lithography)
硬探针、软弹簧光刻 9.3.1

HTM (Hole Transport Material) 空穴
传输材料 2.3.3

I

IBE (Ion Beam Etching) 离子束刻蚀 9.4.3

IBF (Ion Beam Figuring) 离子束修形 9.1.3

IBL (Ion Beam Lithography) 离子束
光刻 9.3.1

ICP (Inductively Coupled Plasma) 电感
耦合等离子体 9.4.5

IMI(Insulator-Metal-Insulator) 介质 —
金属 — 介质 5.2.3

ITO (Indium Tin Oxide) 氧化铟锡 11.2.2

K

K-K (Kramers-Kronig) 克喇末 –
克罗尼格 16.8.1

L

LC (Liquid Crystal) 液晶 2.4.5

LCD (Liquid Crystal Display)
液晶显示 21.4.2

LCP(Left-handed Circular Polarization)
左旋圆偏振 14.5.3

LCPM (Liquid Crystal Phase Modulator)
液晶相位调制器 25.3.1

LDW (Laser Direct Writing) 激光直写
技术 9.3.1

LEED(Low-Energy Electron Diffraction)
低能电子衍射 9.2.3

LMAIS (Liquid Metal Alloy Ion Sources)
液态合金离子源 9.3.1

LMIS (Liquid Metal Ion Source) 液态
金属离子源 9.3.1

LO (Low Observability) 低可观测性 20.1.1

LOM (Laminated Object Manufacturing)
分层实体制造 10.4.2

LPCVD (Low Pressure Chemical Vapor
Deposition) 低压化学气相沉积 9.2.4

LRSPPs (Long Range Surface Plasmon
Polaritons) 长程表面等离子体激元 27.1.2

LSP (Localized Surface Plasmon) 局域
表面等离子体 6.3

LSPR (Localized Surface Plasmon
Resonance) 局域表面等离子体
共振 1.2.1

LTCC (Low Temperature Co-fired
Ceramic) 低温共烧结陶瓷 10.2

LUMO (Lowest Un-occupied Molecular
Orbital) 最低非占据分子轨道 19.3.2

M

MAFE(Metasurface-Assisted Fresnel's
Equations) 超表面辅助的菲涅耳
方程   5.2.3

MAP (Multiphoton Absorption
Polymerization) 多光子吸收
聚合   26.3.1

MAT (Metasurface-assisted Absorption
Theory) 超表面辅助的电磁吸收
理论   5.3.4

MBE (Molecular Beam Epitaxy) 分子
束外延   9.2.3

MDP(Magnetic Dipole Polarization)
磁偶极极化   8.4.6

MDT (Metasurface-assisted Diffraction
Theory) 超表面辅助的衍射理论   5.3.1

MEMS (Micro-Electro-Mechanical
System) 微机电系统   9.1.1

MFON(Metal Film Over Nanosphere)
纳米球上覆盖金属膜   19.3.4

MIM (Metal-Insulator-Metal) 金属 —
介质 — 金属   4.4.3

MIS (Metal Insulator Semiconductor)
金属 — 绝缘 — 半导体   2.2.2

MLPC (Metasurface-assisted Law of
Polarization Conversion) 超表面辅助
的偏振转换定律   5.3.3

MLRR(Metasurface-assisted Law of
Refraction and Reflection) 超表面辅助
的折反射定律   5.3.2

MMP (Multiple Multipole Program
Method) 多重多级子程序法   3.6

MNG (Mu-Negative) 负磁导率   4.7

MNZ(Mu-Near-Zero) 磁导率近零   4.7

MOCVD (Metal Organic Chemical
Vapor Deposition) 金属有机化学气
相沉积   9.2.4

MOF(Micro-structure Optical Fiber)
微结构光纤   8.4.10

MOM(Mass Optical Memory) 大容量
光存储器   3.8.4

MOS(Metal-Oxide Semiconductor) 金属
氧化物半导体   2.2.2

MQP(Magnetic Quadrupole Polarization)
磁四极极化   8.4.6

MRF (Magnetorheological Finishing)
磁流变抛光   9.1.2

MSL (Microstereo lithography) 微立体
光刻   10.4.2

m-SPL (mechanical-Scanning
Probe Lithography) 基于机械力学的扫描
探针直写光刻   9.3.1

MTF (Modulation Transfer Function)
调制传递函数   23.4.4

N

NGL (Next Generation Lithography)
下一代光刻技术   9.3.4

NIL (Nanoimprint Lithography)
纳米压印技术   9.3.4

NPCVD (Normal Pressure Chemical
Vapor Deposition) 常压化学气相
沉积   9.2.4

NRS (Normal Raman Scattering)
正常拉曼散射   19.4.3

NSL (Nano sphere Lithography) 纳米
球光刻   19.2.3

NSOM (Near-field Scanning Optical
Microscope) 近场扫描光学显
微镜   13.4.2

O

OAM (Orbital Angular Momentum)
轨道角动量   1.2.1

OPC (Optical Proximity Correction)

光学邻近效应校正 26.1.3

OPE (Optical Proximity Effect) 光学
邻近效应 26.1.3

o-SPL (oxidation-Scanning Probe
Lithography) 基于氧化作用的扫描
探针直写技术 9.3.1

OTF (Optical Transfer Function) 光学
传递函数 7.2.1

P

PALM (Photo-Activated Localization
Microscopy) 光激活定位显微 24.5.2

PBA(Perfect Boundary Approximate)
理想的边界拟合 3.3

PBG (Photonic Band Gap) 光子
带隙 1.2.4

PbI (Polybenzimidazoles) 聚苯并
咪唑 8.4.6

PCB(Printed Circuit Board) 印制
电路板 10.1

PCF (Photonic Crystal Fiber) 光子晶体
光纤 8.4.10

PC-VCSEL(Photonic Crystal-Vertical
Cavity Surface Emitting Laser) 光子
晶体垂直腔表面发射激光器 8.4.3

PDMS (Polydimethylsiloxane) 聚二甲
基硅氧烷 2.4.4

PDOS (Photonic Density Of States)
光子态密度 7.5.4

PE-ALD (Plasma Enhanced Atomic
Layer Deposition) 等离子体增强原子层
沉积 9.2.5

PECVD (Plasma Enhanced Chemical
Vapor Deposition) 等离子体增强化学
气相沉积 9.2.4

PEC (Perfect Electric Conductor) 完美
电导体 1.2.1

PET (Polyethylene Terephthalate) 聚对
苯二甲酸乙二醇酯 2.4.4

PHEMA (Poly 2-Hydroxyethyl
Methacrylate) 聚 2- 羟乙基甲基丙烯
酸甲酯 2.2.2

PIMS(Perfect Impedance Matched Surface)
完美阻抗匹配表面 5.3.4

PIN(P-Intrinsic-N)P 型半导体–本征
半导体–N 型半导体节 16.9.2

PI(Polyimide) 聚酰亚胺 2.4.4

PMC(Perfect Magnetic Conductor)
完美磁导体 4.7.2

PML (Perfectly Matched Layer) 完美匹配
层 3.1.4

PMMA (Polymethyl Methacrylate)
聚甲基丙烯酸甲酯 2.2.2

PO (Physical Optics) 物理光学法 3.8.4

PPL (Polymer Pen Lithography) 聚合物
纳米笔光刻 9.3.1

PPLN (Periodically Poled Lithium Niobate)
周期性极化铌酸锂 8.4.6

PPWG (Parallel Plate Waveguide) 金属
平行板波导 15.2.3

PRS (Partially Reflective Surface) 部分
反射表面 18.3.1

PS (Polystrene) 聚苯乙烯 19.3.4

PSF (Point Spreading Function) 点扩散
函数 24.3.4

PSi (Porous Silicon) 多孔硅 2.6.4

PSM (Phase Shift Mask) 相移掩模 26.1.1

PSWF (Prolate Spheroidal Wave
Functions) 长椭球波函数 24.3.3

PTFE(Polytetrafluoroethylene) 聚四氟
乙烯 10.1.1

PVD (Physical Vapor Deposition) 物理
气相沉积 9.1.3

Q

QCL(Quantum Cascaded Laser) 量子
　级联激光器　14.6.4

QPCM (Quasi Perfect Conductor Model)
　准理想导体模型　18.5.1

QPM(Quasi Phase Matching) 准相
　位匹配　8.4.6

QWIP (Quantum Well Infrared
　Photodetector) 量子阱红外探测
　器　6.5.4

R

RAE (Rotating-Analyzer Ellipsometer)
　旋转检偏器型椭偏仪　13.1.2

RAPID (Resolution Augmentation
　through Photo-Induced Deactivation)
　光致去激活分辨力增强　26.3.1

RBC (Radiation Boundary Conditions)
　辐射边界条件　3.1.4

RCE (Rotating-Compensator Ellipsometer)
　旋转补偿器型椭偏仪　13.1.2

RCP (Right-handed Circular Polarization)
　右旋圆偏振　17.1.1

RCS (Radar Cross Section) 雷达
　散射截面　1.2.3

RCSR (Radar Cross Section Reduction)
　雷达散射截面缩减　20.1.1

RCWA (Rigorous Coupled-Wave
　Analysis) 严格耦合波分析　3.7

RF-MEMS(Radio Frequency Micro-
　Electro-Mechanical Systems) 射频
　微机电系统　22.1.3

RGB(Red, Green, Blue) 红、绿、蓝
　三原色　14.5.1

RGO (Reduced Graphene Oxide) 还原
　石墨烯氧化物　9.3.1

RIS (Refractive Index Sensitivity) 折射

率灵敏度　19.1.2

RLC (Resistance-Inductance-
　Capacitance) 电阻 — 电感 — 电容　16.5

RMS (Root Mean Square) 均方根　9.1.2

RPE (Rotating-Polarizer Ellipsometer)
　旋转起偏器型椭偏仪　13.1.2

S

SAM(Spin Angular Momentum) 自旋
　角动量　14.2.4

SAMPL (Self-Aligned Membrane
　Projection Lithography) 自对准薄膜
　投影光刻　11.1.1

SAMs (Self-Assembled Monolayers)
　自组装单层膜　9.3.5

SCCM (Standard-state Cubic Centimeter
　per Minute) 标准立方厘米/分钟　26.2.2

SCS (Signature Control or Suppression)
　特征信号控制　20.1.1

SEM (Scanning Electron Microscope)
　扫描电子显微镜　12.5.1

SERS (Surface Enhanced Raman Scattering)
　表面增强拉曼散射　1.2.1

SESHG (Surface Enhanced Second Harmonic
　Generation) 表面增强二次谐波产生　1.2.1

SHG(Second Harmonic Generation)
　二次谐波产生　8.4.6

SIM (Structured Illumination Microscope)
　结构光照明显微镜　24.2.2

SL (Stereo Lithography) 立体光刻　10.4.2

SLM(Spatial Light Modulator) 空间
　光调制器　5.1

SLS (Selective Laser Sintering) 选择
　性激光烧结　10.4.2

SMT(Surface Mount Technologe) 表面
　贴装技术　10.3

SNOM (Scanning Near-field Optical
　Microscope) 近场扫描光学显微镜　1.2.4

SOL (Super-Oscillation Lens) 超振荡
透镜 1.2.3

SP (Surface Plasmon) 表面等离子体 6.2

SPASER (Surface Plasmon Amplification
by Stimulated Emission of Radiation)
表面等离子体受激辐射放大 18.7

SPM (Scanning Probe Microscopy) 扫描
探针显微镜 9.3.1

SPP (Surface Plasmon Polaritons) 表面
等离激元 1.2.1

SPR (Surface Plasmon Resonance) 表面
等离子体共振 1.2.1

SPRi (Surface Plasmon Resonance
imaging) 表面等离子体共振成像 19.1.3

SRR (Split Ring Resonator) 开口
谐振环 4.3.2

SRSPP (Short Range Surface Plasmon
Polariton) 短程表面等离子体
激元 27.1.2

SSIM (Saturated Structured
Illumination Microscope) 饱和结构
光照明显微镜 24.2.2

s-SNOM (scattering Scanning Near-field
Optical Microscope) 散射近场扫描
光学显微镜 13.4.2

SSP (Spoof Surface Plasmon) 准表面等
离子体 1.1.6

STED (Stimulated Emission Depletion)
受激发射损耗 14.5.1

STM (Scanning Tunnelling Microscope)
扫描隧道显微镜 12.4.2

STORM (Stochastic Optical Reconstruction
Microscope) 随机光重构显微镜 24.5.2

Sweology(Subwavelength Electromagnetics-
ology) 亚波长电磁学 前言

Subwaveology(Subwavelength-ology) 亚波
长学 后记

T

tc-SPL (thermochemical-Scanning
Probe Lithography) 热化学扫描探针
直写技术 9.3.1

TE(Transverse Electric) 横电波 3.7

TEM (Transmission Electron Microscope)
透射式电子显微镜 12.5.2

THz-TDS (Terahertz Time-Domain
Spectroscopy) 太赫兹时域光谱 13.2.2

TIM(Tip-Insulator-Metal) 针尖-绝缘体-
金属结构 26.2.3

TM(Transverse Magnetic) 横磁波 3.7

TMDE (Time Multiplexed Deep Etching)
交替复合深刻蚀工艺 9.4.5

TMM (Transfer Matrix Method) 传输
矩阵法 3.4

T-NIL (Thermal Nano Imprint Lithography)
热纳米压印 9.3.4

TO (Transformation Optics)
变换光学 1.2.2

TPV(Thermophotovotaic) 热光伏 16.9.3

t-SPL (thermal-Scanning Probe
Lithography) 热扫描探针直写技术 9.3.1

TSPPA (Two Surface Plasmon Polariton
Absorption) 双表面等离子体激元吸收
26.2.1

U

UHF (Ultra-High Frequency)
超高频 20.4.1

UTD (Uniform Theory of Diffraction)
一致性衍射理论 3.8.4

UV-NIL (Ultraviolet Nanoimprint
Lithography) 紫外固化纳米压印 9.3.4

V

VCSEL (Vertical Cavity Surface Emitting
Laser) 垂直腔表面发射激光器   8.4.3.4

VSWR(Voltage Standing Wave Ratio)
电压驻波比   18.1.4

W

WDM (Wavelength Division Multiplexing)
波分复用   8.4.10